Quasar in einer riesigen elliptischen Galaxis, die einen großen Galaxienhaufen beherrscht. Darstellung von Adolf Schaller.

Carl Sagan

UNSER KOSMOS

Eine Reise durch das Weltall

Mit 500 meist farbigen Abbildungen

Übersetzung von Siglinde Summerer und Gerda Kurz

Droemer Knaur

Ann Druyan zugeeignet

Welche Freude für mich,
in der Weite des Raums und der Unendlichkeit der Zeit den gleichen Planeten
und die gleiche Epoche mit Annie zu teilen.

CIP-Kurztitelaufnahme der Deutschen Bibliothek
Sagan, Carl:
Unser Kosmos – e. Reise durch d. Weltall / Carl Sagan.
Übers. von Siglinde Summerer u. Gerda Kurz.
München ; Zürich : Droemer Knaur, 1982.
Einheitssacht.: Cosmos
ISBN 3-426-26058-1

Titel der amerikanischen Ausgabe: »Cosmos«
Gestaltung und Herstellung: von Delbrück, München
Umschlaggestaltung: Franz Wöllzenmüller, München
Satz und Druck: Appl, Wemding
Aufbindung: Großbuchbinderei Sigloch, Künzelsau
Printed in Germany 12 11 10
ISBN 3-426-26058-1

Inhalt

Einleitung

Die Zeit wird kommen,
wenn eifriges Forschen über lange Zeiträume hinweg Dinge ans Licht bringt, die jetzt noch verborgen liegen.
Das Leben eines Menschen, auch wenn er es ganz dem Himmel widmete,
reichte nicht aus, ein so weites Feld zu ergründen …
Und so wird sich die Kenntnis davon nur über Generationen hinweg entfalten.
Es wird aber auch eine Zeit kommen,
wenn unsere Nachfahren staunen, daß wir Dinge, die ihnen so einfach erscheinen, nicht wußten …
Viele Entdeckungen aber sind künftigen Jahrhunderten vorbehalten,
wenn wir längst vergessen sind.
Unser Universum wäre betrüblich unbedeutend,
hätte es nicht jeder Generation neue Probleme zu bieten …
Die Natur gibt ihre Geheimnisse nicht ein für allemal preis.

Seneca, Naturales quaestiones, 7. Buch
1. Jahrhundert n. Chr.

In alten Zeiten wurden in Reden und Gebräuchen des Alltags
noch die allerirdischsten Vorgänge mit den größten kosmischen Ereignissen in Verbindung gebracht.
Ein köstliches Beispiel dafür ist eine Zauberformel gegen den Wurm,
dem die Assyrer 1000 v. Chr. schuld an den Zahnschmerzen gaben.
Die Beschwörung beginnt mit dem Ursprung des Universums und endet mit der Behandlung von Zahnweh:

Nachdem Anu den Himmel erschaffen hatte,
Und der Himmel die Erde erschaffen hatte,
Und die Erde die Flüsse erschaffen hatte,
Und die Flüsse die Kanäle erschaffen hatten,
Und die Kanäle den Sumpf erschaffen hatten,
Und der Sumpf den Wurm erschaffen hatte,
Kam der Wurm weinend zu Samas,
Und seine Tränen flossen vor Ea:
»Was willst du mir zu essen geben,
Was willst du mir zu trinken geben?«
»Ich will dir die getrocknete Feige
und die Aprikose geben.«
»Was sind mir die getrocknete Feige
und die Aprikose!
Heb mich empor, und laß mich zwischen den Zähnen
und dem Zahnfleisch wohnen! …«
Weil du das gesagt hast, o Wurm,
soll Ea dich mit der Kraft
Seiner Hand erschlagen!
(Zauberformel gegen Zahnschmerz.)

Seine Behandlung:
Zweitklassiges Bier … und Öl sollst du vermischen;
darauf sollst du den Zahn dreimal besprechen und die Medizin draufgeben.

Unsere Vorfahren waren begierig, die Welt zu verstehen, waren aber noch nicht auf die richtige Methode gestoßen. Sie stellten sich ein kleines, anheimelndes, sauberes Universum vor, in dem die beherrschenden Kräfte Götter wie Anu, Ea und Samas waren. In diesem Universum spielte der Mensch, der aufs engste mit der Natur verbunden war, eine wichtige, wenn nicht zentrale Rolle. Dementsprechend wurde sogar die Behandlung von Zahnweh mit den tiefsten kosmologischen Geheimnissen in Beziehung gebracht.

Heute nun verfügt der Mensch über eine äußerst wirksame und elegante Möglichkeit, das Universum zu verstehen, eine Methode, genannt Wissenschaft, die uns ein Universum so alt und unermeßlich enthüllt, daß unser Tun und Lassen daneben auf den ersten Blick völlig belanglos erscheint. Oberflächlich betrachtet haben wir uns dem Kosmos entfremdet. Er wirkt fern und ohne Bezug zum menschlichen Alltag. Aber die Wissenschaft hat nicht nur herausgefunden, daß das Universum von unvorstellbarer Ausdehnung ist, sie hat auch den Menschen den Kosmos verstehen und begreifen gelehrt und gezeigt, daß er in einem sehr handfesten und tiefen Sinn Teil dieses Kosmos ist, von ihm geboren und ihm durch sein Geschick zutiefst verbunden. Die wichtigsten wie die unwichtigsten Ereignisse der menschlichen Geschichte lassen sich ins Universum und bis zu seinen Ursprüngen zurückverfolgen. Und der Erhellung dieser kosmischen Perspektive ist auch das vorliegende Buch gewidmet.

Im Sommer und Herbst 1976 war ich als Mitglied des *Viking Lander Imaging Flight Team* zusammen mit hundert Wissenschaftlerkollegen mit der Erforschung des Planeten Mars beschäftigt. Erstmals in der Geschichte der Menschheit hatten wir zwei Raumsonden auf der Oberfläche einer anderen Welt gelandet. Die in Kapitel fünf ausführlicher beschriebenen Resultate waren aufsehenerregend, die historische Bedeutung des Ereignisses nicht zu übersehen, dennoch erfuhr die Öffentlichkeit so gut wie nichts davon. Die Presse zeigte sich weitgehend desinteressiert; und das Fernsehen überging das Unternehmen nahezu gänzlich. Als sich herausstellte, daß eine endgültige Klärung der Frage nach dem Leben auf dem Mars nicht zu erwarten war, sank das Interesse fast auf den Nullpunkt – Ungewißheiten waren nicht gefragt –, und als wir gar korrigieren mußten, die Marsatmosphäre sei nicht, wie anfangs irrtümlich berichtet, blau, sondern eher gelblichrosa, wurden wir von den versammelten Reportern gutmütig ausgebuht. Der Mars sollte, selbst in dieser Hinsicht, der Erde gleichen. Andernfalls drohte ihnen das Publikum ihrer Meinung nach trotz der überwältigenden Oberflächenaufnahmen und der atemberaubenden Rundblicke gänzlich davonzulaufen. Ich dagegen bin aus eigener Erfahrung überzeugt, daß die Öffentlichkeit ganz im Gegenteil sogar äußerst regen Anteil an der Erforschung der Planeten und an verwandten wissenschaftlichen Themen – wie denen nach den Ursprüngen des Lebens, der Erde und des Kosmos, unserer Verbindung mit dem All und der Suche nach extraterrestrischen Wesen – nimmt und daß dieses Interesse durch ein so publikumswirksames Medium wie das Fernsehen ohne weiteres geweckt werden kann.

Da B. Gentry Lee, der *Viking Data Analysis and Mission Planning Director*, ein Mann von außergewöhnlichen organisatorischen Fähigkeiten, eine ähnliche Ansicht vertritt, beschlossen wir mutig, die Sache selber in die Hand zu nehmen. Lee schlug die Bildung einer Produktionsgesellschaft vor, die sich um die Verbreitung wissenschaftlicher Fakten in einer gleichzeitig fesselnden und verständlichen Form bemühen sollte. In den folgenden Monaten wurden uns dann zahlreiche Projekte vorgeschlagen. Der bei weitem interessanteste Vorschlag kam von der KCET, einer Abteilung des *Public Broadcasting Service* in Los Angeles, mit der wir schließlich die Produktion einer dreizehnteiligen Fernsehserie vereinbarten. Diese Sendereihe sollte unter Einbeziehung möglichst vieler menschlicher Lebensbereiche die Astronomie einem breiten Publikum näherbringen, Auge und Ohr (durch musikalische Untermalung) überwältigen und Verstand und Gemüt gleichermaßen ansprechen. Wir unterhielten uns mit Versicherungsgesellschaften, stellten einen Produktionsleiter ein und sahen uns mit einem Schlag in ein Dreijahresprojekt namens *Cosmos* verwickelt, für das wir uns eine Einschaltquote von 140 Millionen bzw. drei Prozent der menschlichen Bevölkerung des Planeten Erde erhoffen, denn wir sind überzeugt, daß die Öffentlichkeit weit intelligenter ist, als man ihr allgemein zugestehen will, und daß sich eine riesige Zahl von Leuten für die tiefsten naturwissenschaftlichen Probleme und den Ursprung der Welt interessiert, ja begeistert. Gegenwärtig ist unsere Zivilisation, womöglich sogar unsere ganze Spezies, an einem Scheideweg angelangt. Aber welche Richtung wir auch einschlagen, unser Schicksal ist unauflöslich mit der Wissenschaft verknüpft. Allein schon um zu überleben müssen wir wissenschaftlich denken können. Darüber hinaus ist die Wissenschaft auch ein Vergnügen, hat doch die Evolution dafür gesorgt, daß wir am Begreifen Freude finden – denn diejenigen, die verstehen, haben die besseren Überlebenschancen. Mit dem vorliegenden Buch und der Fernsehreihe *Cosmos* wollen wir den optimistischen Versuch unternehmen, der Allgemeinheit wenigstens einige der Ideen, Methoden und Freuden, die die Wissenschaft bereithält, zu vermitteln.

Buch und Sendereihe sind zur gleichen Zeit entstanden, ja bauen sogar in gewisser Hinsicht aufeinander auf. So liegen vielen Illustrationen des Buches die für die Fernsehserie vorbereiteten eindrucksvollen Bilder zugrunde. Alles in allem aber haben Buch und Fernsehserie weder ganz dasselbe Publikum noch ganz dieselbe Art und Weise, den Stoff anzupacken. Einer der großen Vorzüge des Buches ist zum Beispiel, daß es dem Leser die Möglichkeit bietet, sich dunkle oder schwerverständliche Passagen immer wieder vorzunehmen, während das Fernsehen hier mit der Entwicklung des Videorecorders erst am Anfang steht. Außerdem hat der Autor bei der Entscheidung, wie ausführlich und tiefschürfend er ein Thema behandeln will, in einem Buchkapitel viel freiere Hand als in den starr festgelegten 58 Minuten, 30 Sekunden eines nichtkommerziellen Fernsehprogrammes. So geht das Buch auch vielen Dingen genauer auf den Grund als die Fernsehserie. Es werden Themen diskutiert, die in die Sendereihe nicht aufgenommen wurden. Zu meiner großen Freude konnte Browns reizende Zeichenfolge nach Tenniel über die Auswirkung der Schwerkraft auf Alice und ihre Freunde, die zum Zeitpunkt, in dem ich dies schrieb, beim Fernsehen der Schere zum Opfer zu fallen drohte, samt Erläuterungen wenigstens hier im Buch eine Heimstatt finden. Auf der anderen Seite bringt die Sendereihe eine ausführliche Darstellung des Kosmischen Kalenders, die im Buch nicht enthalten ist, weil ich mich schon in meinem Buch »Die Drachen von Eden« (Droemer Knaur) darüber ausgelassen habe. Im großen und ganzen jedoch halten sich die einzelnen Sendungen ziemlich eng an die entsprechenden Kapitel des Buches, und beide werden sich, so hoffe ich jedenfalls, gegenseitig in einer Weise ergänzen, daß Lesen und Schauen zu einem einzigen Vergnügen werden.

In einer Reihe von Fällen habe ich, um das noch klarzustellen, einen neuen Gedanken anfangs nur kurz angetippt, später aber wieder aufgegriffen und vertieft. Zum Beispiel in Kapitel eins die Objekte im Kosmos, die später noch ausführlicher behandelt werden; oder die Frage der Mutation, der Enzyme und Nukleinsäuren in Kapitel zwei. In einigen wenigen Fällen habe ich mich über die historische Reihenfolge hinweggesetzt. So werden zum Beispiel die Vorstellungen der altgriechischen Wissenschaftler erst in Kapitel sieben, das Weltbild des Johannes Kepler dagegen bereits in Kapitel drei behandelt. Meines Erachtens aber wird man den Griechen eher gerecht, wenn man sieht, wie weit sie bereits gekommen sind.

Da aber die Wissenschaft mit den anderen Bestrebungen des Menschen untrennbar verbunden ist, müssen wir in unsere Untersuchung auch soziale, politische, religiöse und philosophische Fragen mit einbeziehen. Zum Beispiel ist es unmöglich, eine Sendereihe über Naturwissenschaften zu drehen, ohne weltweit mit dem Vorrang militärischer Aktivitäten konfrontiert zu werden. So wurden wir, als wir in der Wüste Mohave mit einer maßstabgetreuen Nachbildung des *Viking Lander* die Erforschung des Mars simulierten, wiederholt von der Luftwaffe der Vereinigten Staaten gestört, die in einem nahegelegenen Testgebiet Zielanflüge durchführte. In Alexandria in Ägypten war unser Hotel allmorgendlich von neun bis elf Ziel für Bombenabwurfübungen der ägyptischen Luftwaffe. Auf der griechischen Insel Samos wurde uns aufgrund von NATO-Manövern und dem Bau unterirdischer Geschützstände die Dreherlaubnis bis zum allerletzten Augenblick vorenthalten. In der Tschechoslowakei erregte der Gebrauch von Sprechfunkgeräten auf einer Landstraße zur Organisation unseres Trosses die Aufmerksamkeit eines Flugzeugs der tschechischen Luftwaffe, das über uns kreiste, bis wir ihm auf tschechisch versicherten, daß wir keinen Anschlag auf die nationale Sicherheit planten. Und außerdem wurde unser Filmteam in Griechenland, Ägypten und der Tschechoslowakei auf Schritt und Tritt von Sicherheitsbeamten begleitet. Anfragen wegen Filmaufnahmen in Kaluga in der UdSSR, um über das Leben des russischen Pioniers der Weltraumforschung, Konstantin Ziolkowski, zu berichten, wurden abschlägig beschieden. Später erfuhren wir, daß dort gerade Dissidenten der Prozeß gemacht wurde. Auf der anderen Seite erlebten wir in allen Ländern, in die wir kamen, viel Freundlichkeit; überall aber war das Militär allgegenwärtig, und Angst saß den Menschen im Nacken. Diese Erfahrung bestärkte mich in meinem Vorsatz, sowohl in der Sendereihe als auch im Buch, wo immer möglich, soziale Fragen mit einzubeziehen.

Es liegt im Wesen der Wissenschaft, daß sie sich selbst korrigiert. Durch neue Versuche und neue Ideen werden immer wieder alte Rätsel gelöst. Zum Beispiel diskutieren wir in Kapitel neun den Umstand, daß die Sonne zu wenige der schwer nachweisbaren sogenannten Neutrinos zu erzeugen scheint und führen einige der vorgeschlagenen Erklärungen an. In Kapitel zehn werfen wir die Frage auf, ob es im All genügend Materie gibt, um die Flucht ferner Galaxien schließlich aufzuhalten, ferner ob das Universum unendlich alt und deshalb unerschaffen ist. Auf beide Fragen nun könnten Experimente, die Frederick Reines von der University of California jüngst durchgeführt hat, Antwort geben. Er glaubt entdeckt zu haben, daß Neutrinos in drei verschiedenen Zuständen vorkommen, von denen nur einer mit unseren gegenwärtigen Hilfsmitteln auf der Sonne festzustellen wäre; und daß Neutrinos – im Gegensatz zum Licht – eine Masse haben, so daß die Schwerkraft aller Neutrinos im Raum verhindern würde, daß der Kosmos sich ewig weiter ausdehnt. Künftige Experimente werden zeigen, ob diese Vorstellungen zutreffen.

Bei einem Unternehmen dieser Größenordnung ist es unmöglich, allen für ihren Beitrag zu danken. Besonderen Dank aber schulde ich B. Gentry Lee; dem *Cosmos*-Produktionsstab, darunter Geoffrey Haines-Stiles und David Kennard und dem Produktionsleiter Adrian Malone; den Künstlern Jon Lomberg (der Konzeption und Visualisierung der *Cosmos*-Sendungen entscheidend beeinflußte), John Allison, Adolf Schaller, Rick Sternbach, Don Davis, Brown und Anne Norcia; den Beratern Donald Goldsmith, Owen Gingerich, Paul Fox und Diane Ackerman; Cameron Beck; dem KCET-Management, insbesondere Greg Andorfer, der uns den KCET-Vorschlag schmackhaft machte, Chuck Allen, William Lamb und James Loper; ferner den Versicherungsgesellschaften und Koproduzenten der *Cosmos*-Fernsehserie, darunter der Atlantic Richfield Company, der Corporation for Public Broadcasting, den Arthur Vining Davis Foundations, der Alfred P. Sloan Foundation, der British Broadcasting Corporation und der Polytel International. Andere Personen, die zur Klärung des Stoffes und seiner Darstellung beitrugen, finden sich in der Danksagung aufgeführt. Die letzte Verantwortung für den Inhalt des Buches liegt natürlich bei mir. Danken möchte ich an dieser Stelle auch den Mitarbeitern von Random House, vornehmlich meiner Lektorin Anne Freedgood und dem Graphiker Robert Aulicino für ihre sachdienliche Mitarbeit und ihre Geduld bei der schwierigen Abstimmung von Sendereihe und Buchpublikation. Einen wesentlichen Beitrag zum Zustandekommen des *Cosmos*-Projektes leistete ferner Shirley Arden, die die ersten Manuskriptentwürfe tippte, alle folgenden Herstellungsphasen mit ihrer gewohnten fröhlichen Zuversicht begleitete und sich überhaupt um das Projekt auf vielfältige Weise verdient machte. Ihr gilt, wie auch der Verwaltung der Cornell University für den mir gewährten zweijährigen Urlaub, meinen dortigen Kollegen und Studenten sowie meinen Kollegen bei der NASA, JPL und beim *Voyager Imaging Team*, mein verbindlicher Dank.

In besonderem Maße verpflichtet aber fühle ich mich Ann Druyan und Steven Soter, meinen Koautoren der Sendereihe, für ihre vielen sachdienlichen Anregungen zur Behandlung der Grundideen und deren Verknüpfung, zur Gestaltung der einzelnen Sachbereiche sowie für ihren treffenden Stil. Auch für die kritische Lektüre der ersten Buchfassungen, ihre konstruktiven und kreativen Vorschläge bei der Durchsicht der zahlreichen nachfolgenden Entwürfe und ihren erheblichen Beitrag zum Fernsehskript, das den Inhalt dieses Buches in vielerlei Hinsicht beeinflußte, schulde ich ihnen tiefsten Dank. Das Vergnügen, das mir unsere vielen Diskussionen bereiteten, gehört mit zu den schönsten Belohnungen, die mir das *Cosmos*-Projekt gebracht hat.

Carl Sagan
Ithaca und Los Angeles

UNSER KOSMOS

Kleiner Galaxienhaufen mit Spiral- und elliptischer Galaxis. Darstellung von Adolf Schaller.

1. Kapitel
Die Ufer des kosmischen Ozeans

Dies sind die Namen der ersten Menschen, die geschaffen und geformt wurden:
Waldjaguar, der erste. Der zweite Nachtjaguar. Nachtherr war der dritte. Und der vierte Mondjaguar ...
Vernunft war ihnen gegeben.
Sie schauten, und sogleich sahen sie in die Ferne; sie erreichten, alles zu sehen,
alles zu kennen, was es in der Welt gibt.
Wenn sie schauten, sahen sie sogleich alles im Umkreis,
und ringsherum sahen sie die Kuppel des Himmels und das Innere der Erde ...
(Darauf sagte der Schöpfer und der Former:)
»Alles wissen sie ... was sollen wir jetzt mit jenen tun?«
»Daß sie nur das Nahe sehen, nur ein wenig vom Antlitz der Erde ...
Sind sie nicht, wie sie sind, bloße Geschöpfe und Machwerke?
Sollen sie gleichfalls Götter sein?«

Popol Vuh (Buch des Rates), heiliges Buch der Quiché-Maya

Hast du erkannt, wie breit die Erde ist?
Welches ist der Weg dahin, wo das Licht wohnt,
und welches ist die Stätte der Finsternis ...?

Hiob 38,18

Nicht im Raume darf ich meine Würde suchen,
sondern in der Ordnung meiner Gedanken. Ich wäre nicht größer, wenn ich Länder besäße.
Durch die Ausdehnung umgreift mich das Weltall
und verschlingt mich wie einen Punkt; durch den Gedanken umgreife ich es.

Blaise Pascal, *Gedanken*

Das Bekannte ist endlich, das Unbekannte unendlich;
geistig stehen wir auf einem Inselchen inmitten eines grenzenlosen Ozeans von Unerklärlichem.
Unsere Aufgabe ist es,
von Generation zu Generation ein klein wenig mehr Land trockenzulegen.

T. H. Huxley, 1887

Ausgedehnterer Galaxienhaufen mit unregelmäßiger Galaxis (unten rechts). Darstellung von Adolf Schaller und Rick Sternbach.

Seltene Ringgalaxis mit einem in einem Supernovaausbruch blau aufleuchtenden Stern. Darstellung von Adolf Schaller.

Der Kosmos ist alles, was ist oder je war oder je sein wird. Noch die beiläufigsten Betrachtungen über den Kosmos rühren uns seltsam an – die Stimme stockt uns, ein Kribbeln läuft uns über den Rücken, ein Gefühl wie von einer fernen Erinnerung, von einem Sturz aus großer Höhe dämmert auf: Wir spüren, daß wir vor dem größten aller Geheimnisse stehen.

Ausdehnung und Alter des Kosmos überschreiten die gewohnten menschlichen Begriffe. Verloren zwischen Unendlichkeit und Ewigkeit, folgt unser winziger Planet seiner Bahn. Unsere menschlichen Belange erscheinen aus kosmischer Sicht unbedeutend, ja unwesentlich. Und doch ist unsere Spezies jung und wissensdurstig, mutig und vielversprechend. In den letzten paar Jahrtausenden haben wir höchst erstaunliche und unerwartete Entdeckungen über den Kosmos und unseren Platz in ihm gemacht, Entdekkungen, die die Betrachtung lohnen, erinnern sie uns doch daran, daß der Mensch kraft seiner Evolution zum Staunen geboren ist, daß Begreifen Freude bereitet und daß Wissen eine Voraussetzung für unser Überleben bildet. Ich jedenfalls bin davon überzeugt, daß unsere Zukunft davon abhängt, wie gut wir diesen Kosmos kennen, in dem wir dahintreiben wie ein Staubkorn am Morgenhimmel.

Diese Entdeckungen erforderten zugleich Skepsis und Phantasie. Phantasie, weil wir – auch wenn sie uns oft zu Welten trägt, die es nie gegeben hat – ohne sie nirgendwohin kämen, und Skepsis, weil sie uns befähigt, zwischen Einbildung und Tatsachen zu unterscheiden und unsere Gedankengänge zu überprüfen. Der Kosmos birgt einen unermeßlichen Reichtum an eleganten Fakten und wunderbaren Wechselbeziehungen, durch die er uns in Staunen und Ehrfurcht versetzt.

Die Erdoberfläche ist die Küste des kosmischen Ozeans. Hier haben wir mehr oder minder unser ganzes Wissen gesammelt. Erst in jüngster Zeit sind wir ein Stückchen in die See hinausgewatet, gerade so weit, daß sie unsere Zehen befeuchtet oder höchstens unsere Knöchel benetzt. Doch das Wasser scheint einladend, der Ozean lockt. Tief in unserem Innern wissen wir, daß wir von dorther kommen, und sehnen uns zurück – eine Sehnsucht, der in meinen Augen nichts Ungebührliches anhaftet, mag sie auch an den herrschenden Göttern rütteln.

Die Ausmaße des Kosmos sind so gewaltig, daß uns vertraute und auf der Erde so brauchbare Maße wie Meter oder Kilometer wenig Sinn hätten. Statt dessen messen wir die Entfernung mit der Geschwindigkeit des Lichts. Ein Lichtstrahl legt pro Sekunde fast 300000 Kilometer zurück, das heißt, er umrundet in einer Sekunde siebenmal die Erde, gelangt in acht Minuten von der Sonne zur Erde, die demnach acht Lichtminuten von uns entfernt ist, und durchmißt in einem Jahr fast 10 Billionen Kilometer Raum. Diese in einem Jahr zurückgelegte Längeneinheit heißt ein Lichtjahr. Ein Lichtjahr ist also kein Zeit-, sondern ein Längenmaß für unvorstellbare Entfernungen.

Die Erde ist ein Ort, aber keineswegs der einzige, ja nicht einmal ein typischer, denn kein Planet oder Stern und keine Galaxis kann typisch sein, da der Kosmos überwiegend leer ist. Der einzig typische Ort in dieser riesigen, kalten, allumfassenden Leere ist die ewige Nacht des intergalaktischen Raums – ein Ort, so fremdartig und trostlos verlassen, daß Planeten, Sterne und Galaxien daneben ob ihrer Seltenheit ergreifend schön anmuten. Würden wir aufs Geratewohl in den Kosmos geworfen, stünden die Chancen, daß wir auf oder auch nur nahe bei einem Planeten landeten, nicht einmal eins zu 10^{33} (eine Eins gefolgt von 33 Nullen). Im Alltag würden wir eine solche Wahrscheinlichkeit gleich null veranschlagen. Wie man sieht, haben Welten Seltenheitswert.

Könnten wir den Kosmos von einem intergalaktischen Punkt aus überschauen, zögen sich vor unseren Augen zahllose schwach leuchtende, dünne Lichtbänder gleich Schaumkronen auf den Wellen des Raums hin. Das sind die Galaxien, die zum Teil einsam dahinwandern, sich größtenteils jedoch zu ungeordneten Haufen zusammendrängen und endlos im großen kosmischen Dunkel dahindriften. Vor uns erstreckt sich der Kosmos in seiner größten uns bekannten Ausdehnung. Wir befinden uns im Bereich der Nebelwolken, acht Milliarden Lichtjahre von der Erde entfernt, auf halbem Weg zu den äußersten Zonen des bekannten Universums.

Eine Galaxis setzt sich aus Gas, Staub und Sternen zusammen – Milliarden und Abermilliarden von Sternen, von denen jeder für irgend jemanden eine Sonne sein mag. Von innen betrachtet besteht eine Galaxis aus Sternen und Welten mit möglicherweise wimmelndem Leben und intelligenten Wesen und Raumfahrtzivilisationen. Aus der Ferne jedoch erinnert sie eher an eine Ansammlung wunderschöner Zufallsfunde wie Muscheln oder Korallen, die die Natur im Laufe der Äonen im kosmischen Ozean hervorgebracht hat.

Alles in allem gibt es mehrere hundert Milliarden (10^{11}) Galaxien, von denen jede durchschnittlich hundert Milliarden Sterne umfaßt. Dazu kommen in allen Galaxien vermutlich ebenso viele Planeten wie Sterne, $10^{11} \times 10^{11} = 10^{22}$, zehn Milliarden Billionen. Angesichts solch unvorstellbarer Zahlen aber scheint es doch recht unwahrscheinlich, daß lediglich ein ein-

Explodierende Radiogalaxis mit symmetrischen Strahlen. Darstellung von Adolf Schaller.

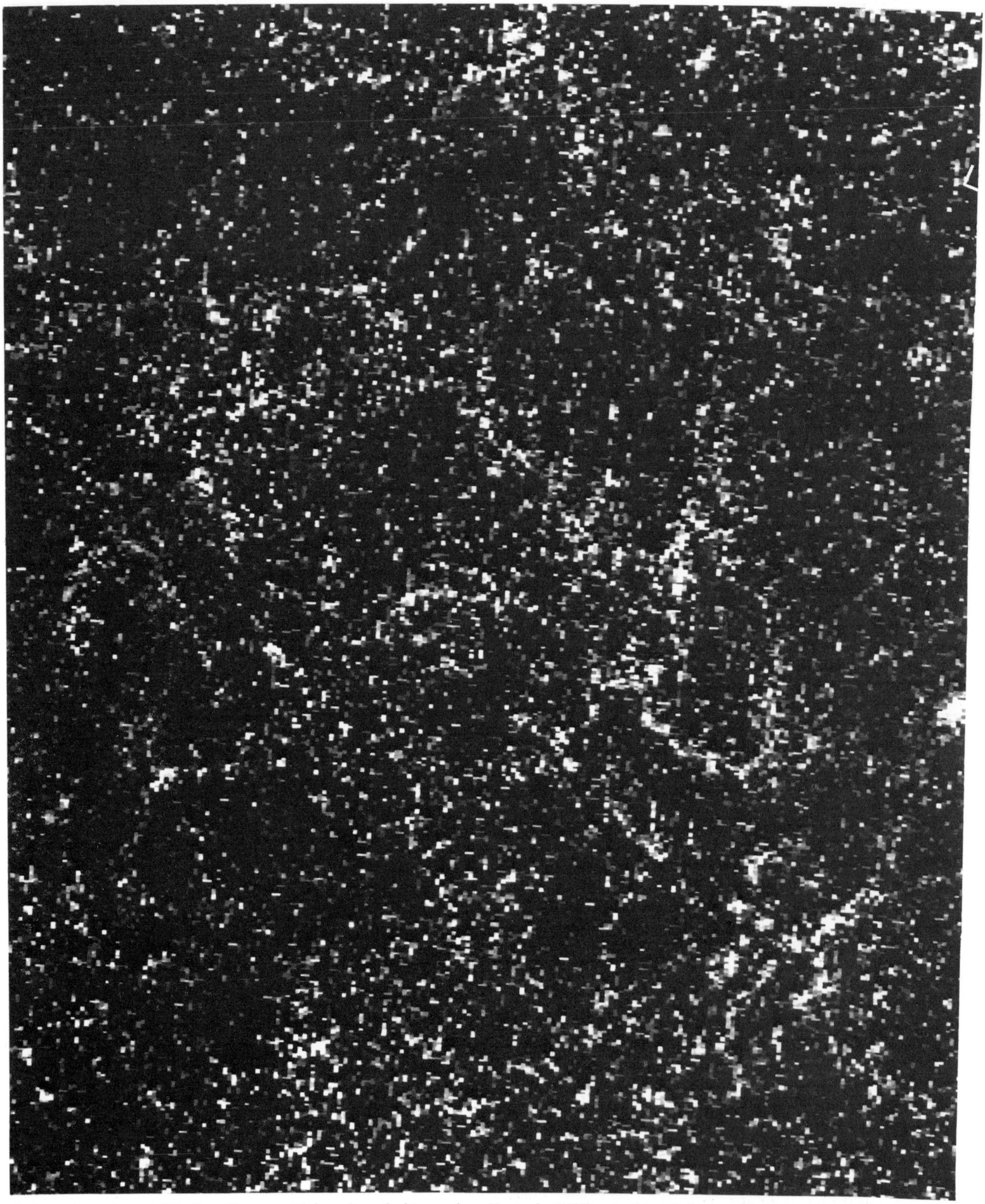

Aufbau des außergalaktischen Kosmos: Kleiner Ausschnitt aus einer Karte der Million hellster Galaxien, die bis zu einer Milliarde Lichtjahre von der Erde entfernt sind. Jedes kleine Rechteck stellt eine Galaxis mit Milliarden Sternen dar. Die Karte beruht auf der zwölfjährigen Beobachtungsreihe Donald Shanes und Carl Wirtanens vom Lick Observatory der University of California. M. frdl. Gen. v. Stewart Brand.

ziger, noch dazu ganz gewöhnlicher Stern, die Sonne, von einem bewohnten Planeten begleitet sein sollte. Warum sollten ausgerechnet wir in unserem abgelegenen und vergessenen Winkel des Kosmos vom Glück so begünstigt sein? Weit wahrscheinlicher kommt mir vor, daß das Universum von Leben überquillt – nur wissen wir es noch nicht. Schließlich stehen wir erst am Anfang unserer Forschungen. Aus einer Entfernung von acht Milliarden Lichtjahren von der Erde jedenfalls fällt es uns schwer, auch nur die Ansammlung von Galaxien ausfindig zu machen, in der unsere Milchstraße liegt – geschweige denn die Sonne oder die Erde, den einzigen Planeten, von dem wir mit Sicherheit wissen, daß er bewohnt ist, jenes winzige, durch das reflektierte Sonnenlicht schwach leuchtende Bröcklein Fels und Metall, das irgendwo in weiter Ferne seine Bahn zieht.
Von unserem intergalaktischen Punkt setzen wir nun unsere Reise zur Lokalen Gruppe fort, wie die Astronomen die Anhäufung von gut 20 Galaxien mit einem Durchmesser von mehreren Millionen Lichtjahren bezeich-

Balkenspirale wird diese Galaxis aufgrund des quer durch den Kern verlaufenden Balkens aus Sternen und Staub genannt. Darstellung von Jon Lomberg.

Eine typische Spiralgalaxis. Darstellung von Jon Lomberg.

nen, zu der auch unser Milchstraßensystem gehört. Ebenfalls gehört dazu, von der Erde aus gesehen, im Sternbild der Andromeda die sogenannte Galaxis M 31, wie andere Spiralsysteme ein riesiges Feuerrad aus Sternen, Gas und Staub mit zwei kleinen Anhängseln, elliptischen Zwerggalaxien, die durch die Schwerkraft festgehalten werden wie ich auf meinem Stuhl. Denn die Naturgesetze gelten im gesamten All. Mittlerweile aber haben wir uns unserer Heimat bis auf zwei Millionen Lichtjahre genähert.

Jenseits von M 31 stoßen wir auf eine andere, ganz ähnliche Galaxis, unser Milchstraßensystem, dessen Spiralarme sich langsam alle 250 Jahrmillionen einmal drehen. Von hier, vierzigtausend Lichtjahre von zu Hause entfernt, fallen wir auf das Zentrum der Milchstraße zu. Also müssen wir, wollen wir wieder zur Erde zurück, unseren Kurs korrigieren und auf die fernen Außenbezirke der Galaxis zusteuern, auf einen obskuren Ort am Rande eines fernen Spiralarms.

Bei dieser Reise durch die Milchstraße bietet sich uns, sogar zwischen den Spiralarmen, ein überwältigender Anblick vorbeiziehender Sterne – eine unabsehbare Schar heller, selbstleuchtender Sterne, teils dünn wie Seifenblasen und so groß, daß sie zehntausend Sonnen oder eine Billion Erden umspannen könnten, teils von den Ausmaßen einer Kleinstadt, aber hundertbillionenmal dichter als Blei. Manche Sterne, wie die Sonne, sind Ein-

Die Milchstraße, von einem etwas oberhalb ihrer durch Milliarden heißer junger blauer Sterne erleuchteten Spiralarme gelegenen Standort aus gesehen. Weiter hinten der von älteren rötlichen Sternen erleuchtete galaktische Kern. Darstellung von Jon Lomberg.

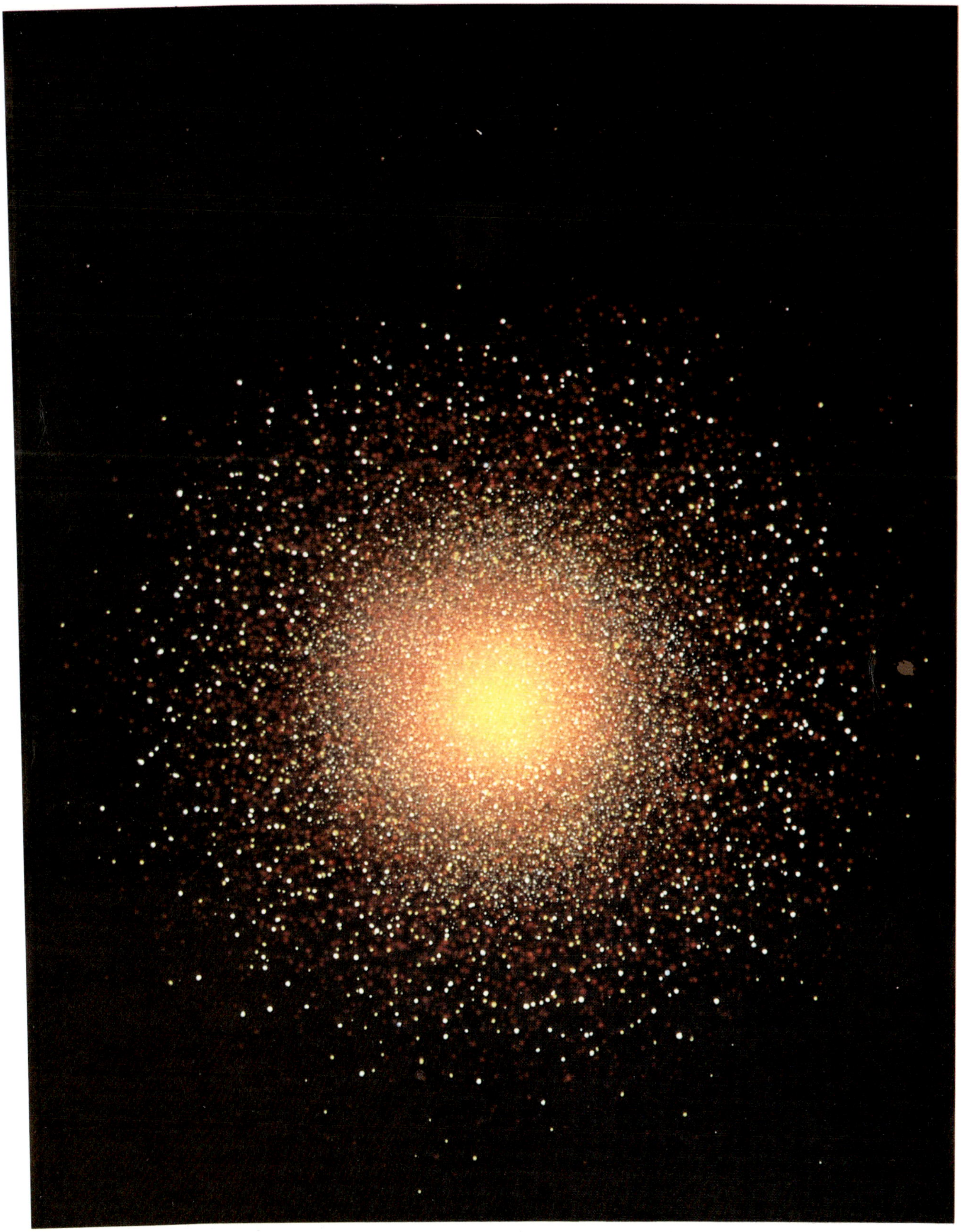

Um das Zentrum der Galaxis rotierender Kugelsternhaufen. Darstellung von Anne Norcia.

zelsterne. Die meisten aber haben Begleiter. Am häufigsten sind Doppelsysteme, das heißt zwei Sterne, die sich umeinander drehen. Daran schließt sich eine kontinuierliche Folge von Dreifachsystemen, offenen Sternhaufen von einigen Dutzend Sternen bis zu den großen kugelförmigen Sternhaufen an, die von einer Million Sonnen erstrahlen. Manche Doppelsterne stehen derart dicht beieinander, daß sie sich berühren und Sternmasse vom einen zum anderen strömt; die meisten jedoch liegen so weit auseinander wie Jupiter und Sonne. Einige Sterne, die Supernovae, entfalten dieselbe Leuchtkraft wie die ganze übrige Galaxis, der sie angehören; andere, die Schwarzen Löcher, sind schon aus wenigen Kilometern Entfernung nicht mehr zu sehen. Manche leuchten mit gleichbleibender Helligkeit; andere flackern unstet oder blinken in einem bestimmten Rhythmus. Wieder andere drehen sich mit imposanter Eleganz oder rotieren so fieberhaft, daß sie sich zu abgeplatteten Kugeln verzerren. Die meisten senden sichtbares und infrarotes Licht aus; etliche dazu noch Röntgenstrahlen oder Radiowellen. Blaue Sterne sind heiß und jung; die gelben – uns am vertrautesten – sind mittleren Alters, rote oft alt, ja schon am Verlöschen; und kleine weiße oder schwarze Sterne befinden sich bereits in den letzten Zügen. Von all diesen Sternen, die sich, einer komplizierten Ordnung gehorchend, anmutig bewegen, enthält die Milchstraße über 400 Milliarden. Und von all diesen Sternen kennen die Bewohner der Erde bis heute nur *einen* näher.

Jedes Sternsystem ist eine durch Lichtjahre von seinen Nachbarn getrennte Insel im Raum. Vielleicht gibt es auf zahllosen Welten Wesen, die ein ahnendes Wissen entfalten und anfangs alle ihren unbedeutenden Planeten und ihre nichtige Sonne für das ganze All halten. So wie wir, die wir in der Vereinzelung heranwachsen und den Kosmos nur ganz allmählich erfassen.

Manche Sterne mögen von Millionen unbelebter, felsiger kleiner Welten umgeben sein, Planetensystemen, die in einem frühen Stadium ihrer Entwicklung stehengeblieben sind; viele andere mögen vielleicht ein dem unseren ähnliches Planetensystem aufweisen: an der Peripherie große gasförmige Planeten mit einem Ring und eisigen Monden und näher beim Zen-

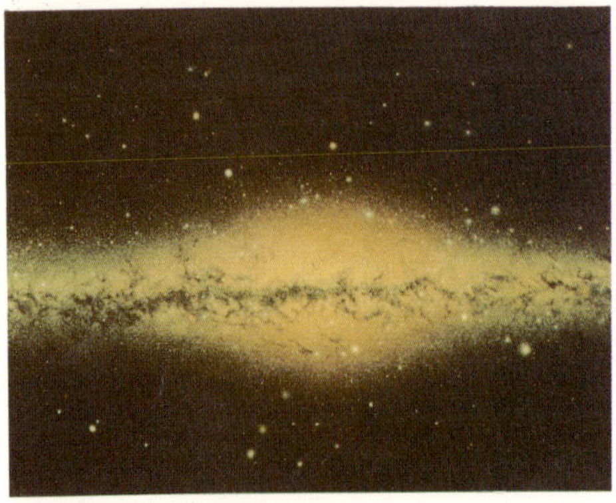

Kern der Milchstraße, von der Seite gesehen. Darstellung von Adolf Schaller.

Im Vordergrund ein Roter Riese, dahinter ein Spiralarm in Seitenansicht. Darstellung von John Allison und Adolf Schaller.

Eine Dunkelwolke und von Gasnebeln eingehüllte Sterne; im Hintergrund die Milchstraße, von der Seite gesehen. Darstellung von Adolf Schaller und John Allison.

trum kleine, warme, blauweiße, wolkenbedeckte Welten. Auf einigen mögen sich intelligente Lebewesen entwickelt haben und die Oberfläche ihres Planeten im Zuge größerer technischer Eingriffe umgestalten. Das wären unsere Brüder und Schwestern im Kosmos, und wir wüßten zu gern, worin sie sich von uns unterscheiden und wie ihre äußere Erscheinung, Biochemie, Neurobiologie, Geschichte, Politik, Wissenschaft, Technologie, Kunst, Musik, Religion, Philosophie aussieht. Aber vielleicht werden wir sie ja eines Tages noch kennenlernen.

Mittlerweile sind wir, ein Lichtjahr von der Erde entfernt, in unserem eigenen Hinterhof angelangt, bei dem Schwarm von Riesenschneebällen aus Eis und Fels und organischen Molekülen – den Kometenkernen –, der unsere Sonne wie eine Wolke umgibt. Ab und an erhält einer durch einen vorüberziehenden Stern einen kleinen gravitativen Stoß und torkelt prompt ins innere Sonnensystem. Dort verdunstet durch die Sonnenhitze das Eis, wodurch ein wunderhübscher Kometenschweif entsteht.

Nun nähern wir uns den Planeten unseres Systems, ziemlich großen Welten, die, durch die Schwerkraft an die Sonne gebunden, ihr im wesentlichen ihre Wärme verdanken und sie in fast kreisförmigen Bahnen umrunden. Der äußerste, der von Methaneis bedeckte, von einem einzigen Riesenmond, Charon, begleitete Pluto, wird zwar ebenfalls noch von der fernen Sonne erleuchtet, die aber nur noch als heller Lichtpunkt am pechschwarzen Himmel erscheint. Auch die riesigen Gaswelten Neptun, Uranus, Saturn – das Kleinod des Sonnensystems – und Jupiter haben samt und sonders ein Gefolge von vereisten Monden. Weiter innen zur Sonne hin schließen sich warme, felsige Provinzen an. So zum Beispiel der Rote Planet Mars mit seinen hoch aufragenden Vulkanen, tiefen Senkungsgräben, gewaltigen, planetenweiten Sandstürmen und möglicherweise sogar einigen einfachen Lebensformen. Alle Planeten kreisen um die Sonne, die als wahres Inferno thermonuklearer Reaktionen von Wasserstoff und Heliumgas das Sonnensystem mit Licht überflutet.

Endlich sind wir am Ende unserer Wanderschaft angelangt und kehren zu unserer winzigen, zerbrechlichen, blauweißen Welt zurück, verloren in ei-

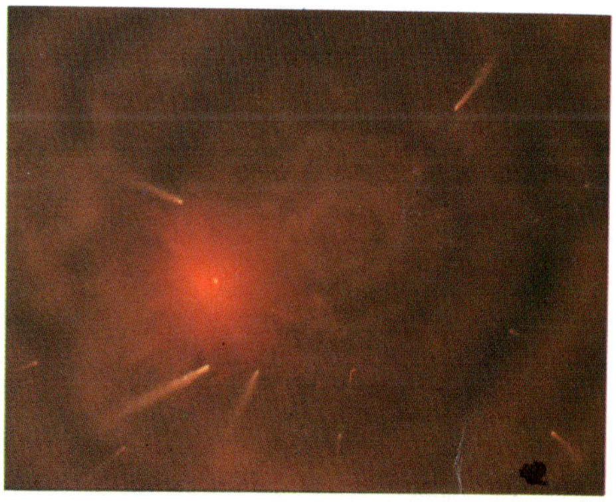

Das Innere einer Dunkelwolke, in der junge Sterne zu leuchten beginnen. Benachbarte eisige Planeten verdunsten, wobei das freigesetzte Gas wie ein Kometenschweif weggeblasen wird. Darstellung von Adolf Schaller.

Schnell rotierender, Lichtblitze aussendender Pulsar im Zentrum eines Supernovaüberrests. Darstellung von John Allison.

Nebel oder erleuchtete Gaswolke um einen Supernovaausbruch. Darstellung von John Allison.

Die von der Erde aus nicht sichtbare Seite des Orionnebels. Die drei blauen Sterne zeigen den Gürtel in der uns geläufigen Konstellation. Darstellung von John Allison.

nem kosmischen Ozean, dessen Ausmaße unsere kühnsten Vorstellungen übertreffen. Sie ist nur eine Welt unter zahllosen anderen, die uns doch einzig etwas bedeutet, denn schließlich ist die Erde unsere Wohnstatt, unsere Stamm-Mutter. Hier hat sich unsere Lebensform entfaltet und weiterentwickelt, hier tun wir gegenwärtig den Schritt in die Mündigkeit. Auf dieser Welt ist unsere Leidenschaft, das All zu erforschen, erwacht, und hier gestalten wir mit einiger Mühsal, doch ohne Gewähr, unser künftiges Geschick.

Willkommen auf dem Planeten Erde – einem Ort mit einer blauen Stickstoffatmosphäre, Ozeanen flüssigen Wassers, kühlen Wäldern und sanften Wiesen, einer Welt, die von Leben wimmelt, aus kosmischer Perspektive, wie gesagt, geradezu schmerzlich schön und selten, bis jetzt sogar einzig in ihrer Art. Jedenfalls haben wir auf unserer Reise durch Raum und Zeit bis heute keine Welt entdeckt, auf der die kosmische Materie unseres Wissens mit Sicherheit ebenfalls zu Leben und Bewußtsein erwacht wäre. Zwar muß es solche Welten im All verstreut in großer Zahl geben, aber unsere Suche nach ihnen beginnt erst hier, auf Erden, auf der Grundlage all des Wissens, das unsere Spezies über eine Million Jahre hinweg unter großer Mühsal zusammengetragen hat. Wir müßten uns glücklich preisen, unter so

Auf dem Weg ins Innere des großen Orionnebels, der von der Erde aus mit bloßem Auge zu sehen ist. Durch das Licht heißer Sterne angeregt, leuchtet das Gas in verschiedenen Farben. Ein Teil des Nebels ist durch eine absorbierende Staubwolke verdunkelt. Darstellung von John Allison.

Durch den dunklen Staub des Orionnebels stoßen wir in sein verborgenes, von heißen jungen Sternen hell erleuchtetes Inneres vor. Darstellung von John Allison.

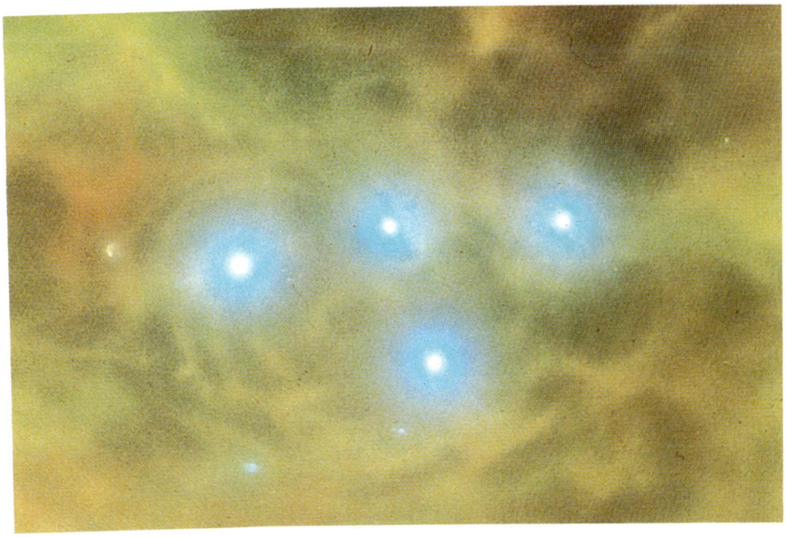

Das Trapez. Vier neu entstandene Sterne im Orionnebel. Darstellung von John Allison.

Die Plejaden, ein junges Sternbild, das erst vor kurzem den Nebel, in dem es entstanden ist, verlassen hat und noch erleuchtete Staubwolken hinter sich herzieht.

Der von gefrorenem Methan bedeckte Pluto mit seinem Riesenmond Charon. Gewöhnlich der äußerste oder, wie die Astronomen sagen, »oberste« Planet, hat er vor kurzem auf seiner Bahn einen innerhalb der Neptunbahn gelegenen Punkt erreicht. Darstellung von John Allison.

Saturn. Modell von Adolf Schaller, Rick Sternbach und John Allison.

Io, der große innerste Jupitermond. Modell von Don Davis.

glänzend begabten Wesen mit einem so leidenschaftlichen Wissensdurst zu leben, noch dazu in einer Zeit, in der Forschung und Wissen allgemein hochgehalten werden. Die Menschen, letztlich Geschöpfe der Sterne und für eine Weile Bewohner einer Welt namens Erde, haben ihre lange Rückreise nach Hause angetreten.

Die Entdeckung, daß die Erde eine *kleine* Welt ist, wurde, wie so viele wichtige menschliche Entdeckungen, im Nahen Osten in einer Zeit gemacht, die ein Teil der Menschheit das 3. Jahrhundert v. Chr. nennt. In jener Epoche lebte in der damals größten Stadt, Alexandria in Ägypten, ein Mann namens Eratosthenes, dem ein neidischer Zeitgenosse nach dem zweiten Buchstaben des griechischen Alphabets den Spitznamen »Beta« gab, um anzudeuten, daß er in allem auf der Welt der Zweitbeste sei. In Wirklichkeit aber dürfte Eratosthenes nahezu in allem »Alpha« gewesen sein – und er war viel: Astronom, Historiker, Geograph, Philosoph, Poet, Theaterkritiker und Mathematiker. Die Titel seiner Werke reichen von der *Astronomie* bis zu einer Abhandlung *Über die Freiheit von Schmerzen.* Außerdem war er Vorsteher der großen Bibliothek in Alexandria, wo er eines Tages in einer Papyrusrolle auf eine interessante Beobachtung stieß. Demnach sollten am 21. Juni, dem Tag der Sommersonnenwende und längsten Tag des Jahres, in dem nahe dem ersten Nilkatarakt gelegenen Grenzort Syene (Assuan) senkrecht in den Boden gesteckte Stäbe um zwölf Uhr mittags keinen Schatten werfen, die Schatten der Tempelsäulen gegen Mittag zu immer kürzer werden und um zwölf Uhr gleichfalls verschwinden, dafür aber das Spiegelbild der senkrecht über der Stadt stehenden Sonne am Grunde eines tiefen Brunnens zu sehen sein.

Eine solche Beobachtung hätten wohl die meisten als belanglos abgetan. Stecken, Schatten, Spiegelungen in Brunnen, die Stellung der Sonne – was sollten solch alltägliche Dinge schon besagen? Aber Eratosthenes war Wissenschaftler und dachte über diese Gemeinplätze nach, und seine Erkenntnisse sollten die Welt verändern, ja, in gewisser Hinsicht erst zur Welt machen. Jedenfalls hatte er den Gedankenblitz, dasselbe Experiment am Mittag des 21. Juni in Alexandria durchzuführen.

Da die Stöcke hier aber sogar recht beträchtliche Schatten warfen, fragte sich Eratosthenes, warum das zur gleichen Zeit weiter südlich in Syene nicht der Fall war. Man stelle sich eine Karte des alten Ägypten mit zwei senkrecht eingepflanzten Stöcken gleicher Länge, den einen in Alexandria, den anderen in Syene, vor, und nehme den Fall an, beide würfen zu einem bestimmten Zeitpunkt keinen Schatten: Dies wäre leicht begreiflich, sofern die Erde flach wäre und die Sonne direkt über ihnen stünde. Ebenso verständlich wäre auf einer flachen Erde auch, wenn beide Stöcke gleich lange Schatten würfen: Dann fielen die Sonnenstrahlen an beiden Punkten im selben Winkel ein. Wie aber erklärte sich der lange Schatten in Alexandria bei gleichzeitiger Schattenlosigkeit in Syene (s. S. 28)?

Darauf konnte es, das erkannte Eratosthenes klar, nur eine Antwort geben: Die Erdoberfläche mußte gekrümmt sein. Aber er erkannte noch mehr. Je stärker die Krümmung, desto größer der Unterschied in der Schattenlänge. Denn die Sonne ist so weit entfernt, daß ihre Strahlen parallel auf die Erde auftreffen. Also werfen Stöcke, die in verschiedenen Winkeln zu den Sonnenstrahlen aufgestellt werden, auch Schatten von unterschiedlicher Länge. Nach dem beobachteten Längenunterschied mußte die Entfernung zwischen Alexandria und Syene rund sieben Grad auf der Erdoberfläche betragen, denn in den Erdmittelpunkt verlängert gedacht, stießen die beiden Stöcke in einem Winkel von sieben Grad zusammen. Sieben Grad aber entsprachen etwa einem Fünfzigstel der dreihundertsechzig Grad einer Kugel. Und da Eratosthenes einen Mann angeheuert hatte, die Entfernung von Alexandria nach Syene abzuschreiten, brauchte er bloß das Ergebnis, ca. 800 Kilometer, mit 50 zu multiplizieren und hatte den Erdumfang: 40000 km.

Seine Rechnung stimmte. Und dabei waren Eratosthenes' einzige Werkzeuge Stöcke, Augen, Füße und Köpfchen, mit Experimentierlust gepaart. Mit ihrer Hilfe bestimmte er vor 2200 Jahren den Umfang der Erde bis auf wenige Prozent genau – eine bemerkenswerte Leistung – und war somit der erste Mensch, der die Größe eines Planeten errechnete.

Die Mittelmeerwelt war zu Eratosthenes' Zeit für ihre blühende Seefahrt berühmt, Alexandria der größte Hafen des ganzen Planeten. Die Erkenntnis, daß die Erde eine Kugel von bescheidenem Durchmesser ist, muß wie ein Blitz eingeschlagen und den Wunsch wachgerufen haben, zu Forschungsreisen aufzubrechen, nach unentdeckten Ländern zu suchen und womöglich sogar den Versuch zu machen, den Planeten zu umsegeln. Bereits vierhundert Jahre vor Eratosthenes hatte eine phönizische Flotte im Auftrag des ägyptischen Pharao Necho Afrika umschifft. Die Männer waren, vermutlich in leichten offenen Schiffen, vom Roten Meer ausgelaufen, an der afrikanischen Ostküste entlang in den Atlantik gesegelt und über das Mittelmeer zurückgekehrt. Das heldenhafte Unternehmen hatte drei Jahre, ungefähr ebenso lange wie der Flug einer modernen Voyager-Sonde von der Erde zum Saturn, gedauert.

Nach Eratosthenes' Entdeckung brachen viele wagemutige und abenteuerlustige Männer in winzigen Schiffen mit primitiven Navigationsinstrumenten zu großen Reisen auf. Sie benützten gegißtes Besteck und folgten nach Möglichkeit dem Küstenverlauf, da sie sich auf einem unbekannten und unerforschten Ozean nur mäßig orientieren konnten. Die allnächtliche Beobachtung der Sternbilder und die Bestimmung ihrer Stellung zum Horizont erlaubten lediglich die Feststellung der geographischen Breite, nicht aber der geographischen Länge. Welcher Trost müssen unter diesen Umständen die vertrauten Sternbilder gewesen sein, die überhaupt die Freunde der Forscher und Entdecker sind – damals der Seefahrer auf Erden, heute der Kosmonauten im All. Die Erdumsegelung aber gelang erst zur Zeit Magalhães', auch wenn sich nach Eratosthenes manche daran versucht haben mögen. Welch spannende Abenteuergeschichten müssen damals die Runde gemacht haben, als Männer der Praxis im Vertrauen auf die Mathematik eines Wissenschaftlers aus Alexandria kühn ihr Leben aufs Spiel setzten!

Schon zu Eratosthenes' Zeit wurden Globen hergestellt, die die Erde vom All aus gesehen darstellten. Sie gaben den gut erforschten Mittelmeerraum im wesentlichen richtig wieder, wurden aber mit zunehmender Entfernung immer ungenauer – eine ebenso unerfreuliche wie unvermeidliche Eigenart, die auch unserem Wissen vom All anhaftet. Im 1. Jahrhundert schrieb der alexandrinische Geograph Strabo:

»Diejenigen, die den Versuch, die Welt zu umsegeln, abbrachen und zurückkehrten, wurden nach eigenen Aussagen nicht durch einen Kontinent an der Fortsetzung ihrer Reise gehindert, denn die See blieb völlig offen,

Olympus Mons (Olymp), ein 30 Kilometer hoher und 500 Kilometer breiter Riesenvulkan auf dem Mars. Modell von Don Davis.

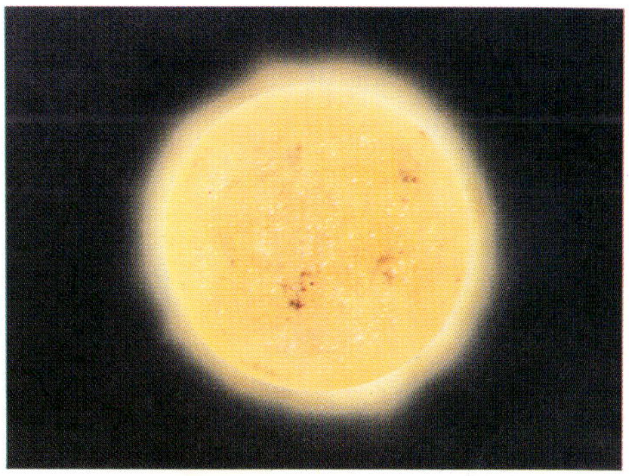

Die Sonne. Darstellung von Anne Norcia.

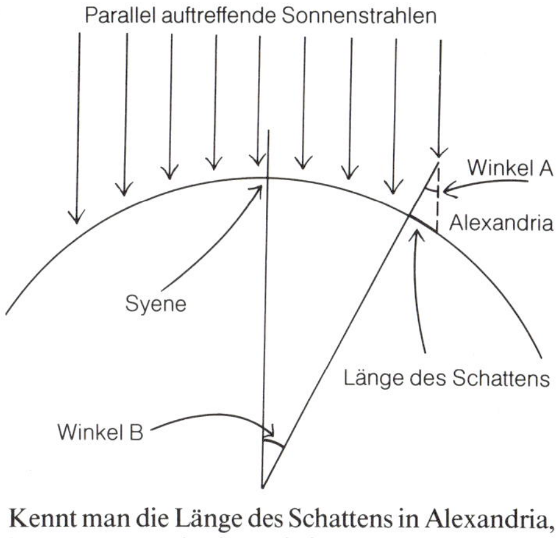

Kennt man die Länge des Schattens in Alexandria, kann man nach dem einfachen geometrischen Satz, »daß, wenn zwei parallele Gerade von einer dritten geschnitten werden, die beiden inneren Winkel gleich groß sind«, den Winkel A errechnen (: A = B). So maß Eratosthenes die Länge des Schattens in Alexandria und zog daraus den Schluß, daß Syene A = B = 7° auf dem Erdumfang von Alexandria entfernt ist.

Aufnahme vom Grund des Brunnens im antiken, in der Nähe des heutigen Abu Simbel (Ägypten) gelegenen Syene, der nach örtlicher Überlieferung den Anstoß zu Eratosthenes' Untersuchung des Erdumfangs gegeben haben soll.

sondern eher durch Mangel an Entschlußkraft und Knappheit des Proviants ... Wenn die Ausdehnung des Atlantischen Ozeans kein Hindernis wäre, könnten wir laut Eratosthenes ohne weiteres von Iberien nach Indien segeln ... Es ist durchaus möglich, daß sich in den gemäßigten Breiten ein oder zwei bewohnbare Landstriche finden ... Gewißlich aber würde [dieser andere Teil der Welt], wenn er bewohnt wäre, nicht von ebensolchen Menschen besiedelt wie der unsere und müßte demnach als andere bewohnte Welt betrachtet werden.«

So begann sich der Mensch allmählich in fast jeder Hinsicht zu anderen Welten vorzuwagen.

Zunächst aber wurde die Erforschung unserer eigenen Welt, der Erde, in Angriff genommen, unter anderem durch Reisen von und nach China und Polynesien. Den Höhepunkt bildeten die Entdeckung Amerikas durch Christoph Kolumbus und die Forschungsreisen der nachfolgenden Jahrhunderte, die das geographische Bild der Erde abrundeten. Kolumbus' erste Reise geht übrigens direkt auf Eratosthenes' Berechnungen zurück, die den Seemann so faszinierten, daß er, willens, die aufregende Prophezeiung wahrzumachen und direkt von »Iberien nach Indien« zu segeln, kühn in den unbekannten Ozean nach Westen vorstieß, statt an der afrikanischen Küste entlang und dann nach Osten zu fahren.

Kolumbus, der früher einmal mit alten Landkarten hausieren gegangen war, hatte die Bücher von und über die alten Geographen, darunter auch Eratosthenes, Strabo und Ptolemäus, gierig verschlungen. Da aber, vorausgesetzt, Eratosthenes' Berechnungen stimmten, die Reise nach Indien für Schiff und Mannschaft zu lang war, hatte er, wie die Universität Salamanca bei einer Überprüfung ganz richtig feststellte, bei seinen Kalkulationen kurzerhand gemogelt, indem er aus den ihm verfügbaren Schriften den kleinst-

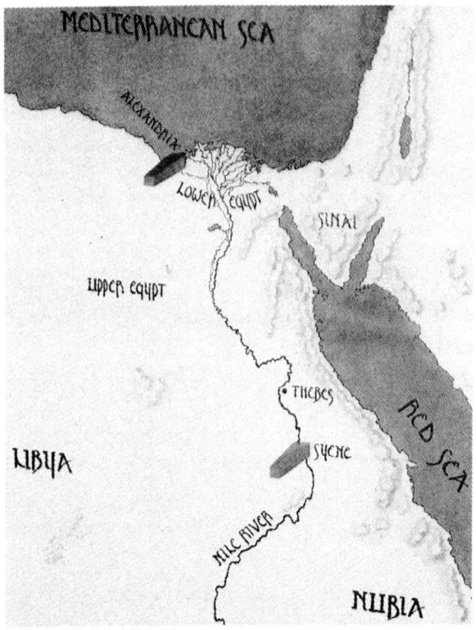

Plane Karte des alten Ägypten. Steht die Sonne im Zenith, werfen senkrechte Obelisken weder in Alexandria noch in Syene Schatten.

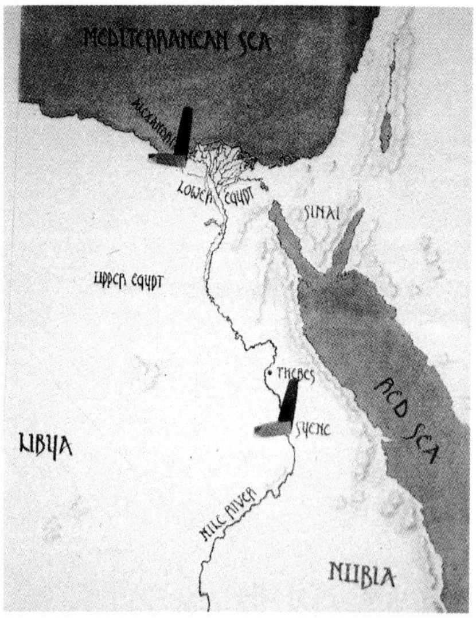

Plane Karte des alten Ägypten. Steht die Sonne nicht im Zenith, werfen senkrechte Obelisken in Alexandria und Syene gleich lange Schatten.

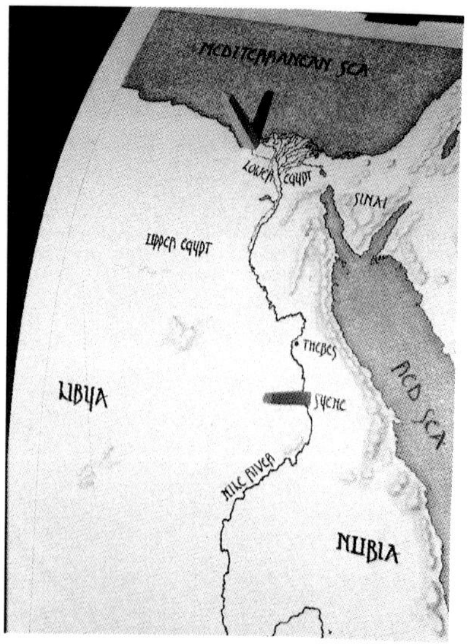

Karte des alten Ägypten, die die Erdkrümmung berücksichtigt. Steht die Sonne direkt über Syene, kann sie nicht auch direkt über Alexandria stehen, weshalb der Obelisk in diesem Fall in Syene keinen, in Alexandria dagegen einen deutlich sichtbaren Schatten wirft.

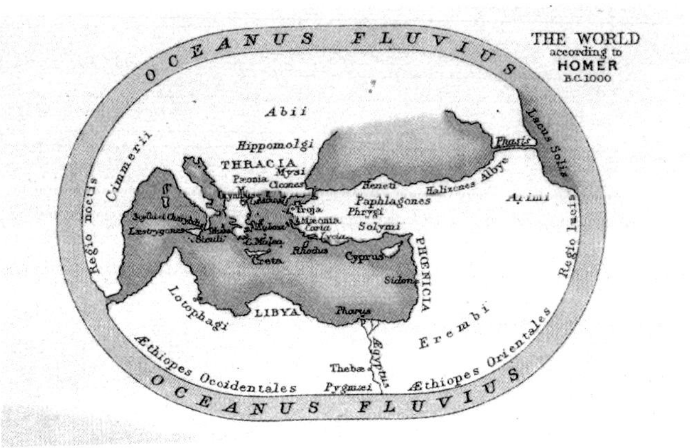

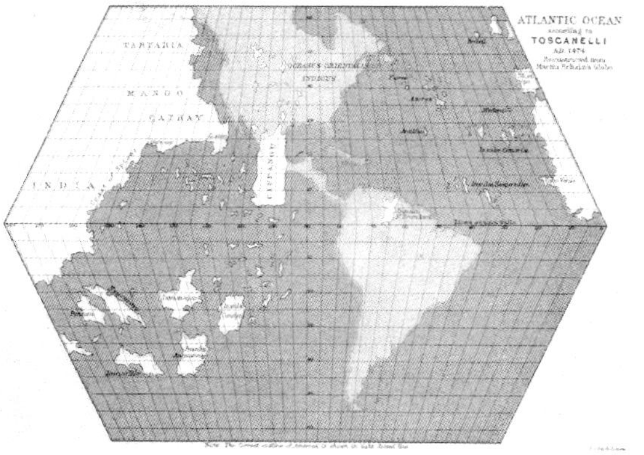

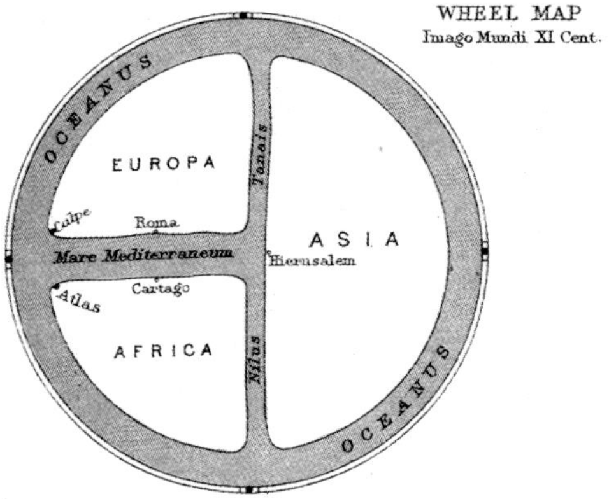

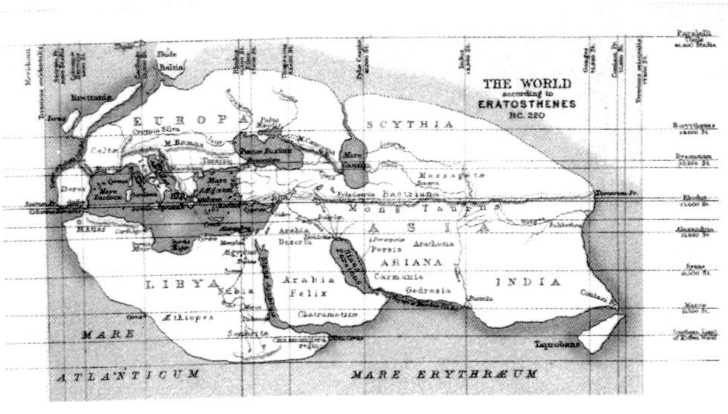

Verschiedene Weltkarten. Zu Homers Zeiten glaubte man, die Welt ende am Rande des Mittelmeerbeckens, das man sich von einem Weltozean umgeben dachte. Eratosthenes und Ptolemäus führten dann bereits wesentliche Verbesserungen ein. Im 11. Jahrhundert jedoch waren die von den Arabern überlieferten (und bis China verbreiteten) geographischen Kenntnisse der Antike in Europa fast gänzlich in Vergessenheit geraten. Man hielt die Erde für flach und Jerusalem für ihren Mittelpunkt. Die letzte Karte vor der Entdeckung Amerikas (hier im Umriß abgebildet) stammt vom Florentiner Astronomen Toscanelli und wurde möglicherweise von Kolumbus auf seiner ersten Reise mitgeführt. Den Vorschlag, den neuentdeckten Kontinent zur Erinnerung an Kolumbus' Freund Amerigo Vespucci Amerika zu nennen, machte Waldseemüller in seiner 1507 veröffentlichten »Einführung in die Kosmographie«. M. frdl. Gen. d. *Scottish Geographical Magazine.*

möglichen Erdumfang und die größte Ausdehnung Asiens nach Osten herausgegriffen und selbst diese Angaben noch frisiert hatte. Und in der Tat wäre die Expedition auch vollständig gescheitert, wäre er unterwegs nicht auf Amerika gestoßen.

Heute ist die Erde bis in die letzten Winkel hinein erforscht, die Entdekkung neuer Kontinente oder untergegangener Reiche nicht mehr zu erwarten. Mit Hilfe der Technik, mit der wir unseren Planeten noch in den fernsten Regionen erkundet und bewohnbar gemacht haben, können wir ihn bereits verlassen und uns ins All hinauswagen, um andere Welten zu erforschen. Ein Blick von dort oben auf unsere Erde zurück zeigt sie uns als die feste, von Eratosthenes berechnete Kugel, und die Umrisse ihrer Kontinente zeugen von der bemerkenswerten Sachkenntnis vieler alter Kartographen. Welch freudige Genugtuung hätte ihr Anblick den alexandrinischen Geographen und vor allem Eratosthenes bereitet!

Der Grundstock zu diesem geistigen Abenteuer, das uns an die Ufer des Weltraums führen sollte, wurde zwischen 300 v.Chr. und 300 n.Chr. in Alexandria gelegt, jener ruhmreichen marmornen Stadt der Ptolemäer, von deren Eleganz und Ausstrahlung nichts erhalten blieb. Unterdrückung und Angst vor der Gelehrsamkeit haben die Erinnerung an die alte Metropole mit ihrem außerordentlich interessanten bunten Völkergemisch fast gänzlich ausgelöscht. Während ihrer Blütezeit vereinte die Stadt mazedonische und später römische Soldaten, ägyptische Priester, griechische Aristokraten, phönizische Seefahrer, jüdische Kaufleute sowie Besucher aus Indien und Südafrika – die zahlreichen Sklaven allerdings ausgenommen – in Harmonie und gegenseitiger Achtung in ihren Mauern.

Der Gründer dieser Weltstadt, Alexander der Große, der sich laut Überlieferung in der ersten Taucherglocke der Welt ins Rote Meer absinken ließ (ein aufschlußreiches Detail, gleichviel, ob wahr oder erfunden), förderte von allem Anfang an die Achtung vor fremden Kulturen und wissenschaftliche Aufgeschlossenheit. Er ermunterte seine Generäle und Soldaten, Perserinnen und Inderinnen zu ehelichen, respektierte seinerseits die Götter anderer Völker und sammelte exotische Lebewesen, darunter einen Elefanten für seinen Lehrer Aristoteles. Seine als Weltmittelpunkt des Handels, der Kultur und der Gelehrsamkeit geplante Stadt wurde in großzügigem Stil mit dreißig Meter breiten Straßen, eleganten Bauwerken und Standbildern, einem monumentalen Grabdenkmal für den Gründer und einem gewaltigen Leuchtturm angelegt, dem Pharos, der als eins der sieben Weltwunder galt.

Das größte Wunder Alexandrias aber war die legendäre Bibliothek und das ihr angegliederte Museum (wörtlich: der Sitz der neun Musen und der von ihnen beschirmten Künste), von der heute nur noch ein dumpfer, vergessener Keller des Serapeums, eines Anbaus, der einst als Tempel diente, später aber wieder der Wissenschaft geweiht wurde, und ein paar vermoderte alte Bücherregale zeugen. Und doch war dieser Ort einst das Gehirn und der Stolz der größten Stadt unseres Planeten, das erste regelrechte Forschungsinstitut der Weltgeschichte, in dem Gelehrte den gesamten Kosmos studierten. (*Kosmos,* das griechische Wort für die Ordnung des Universums, also in gewisser Hinsicht das Gegenteil von *Chaos,* beinhaltet unter anderem auch die tiefe Verbundenheit aller Dinge und flößt Ehrfurcht vor dem klug ineinandergreifenden Gefüge des Universums ein.) Und ganz in diesem Sinne arbeitete auch die Gelehrtengemeinschaft auf den verschiedensten

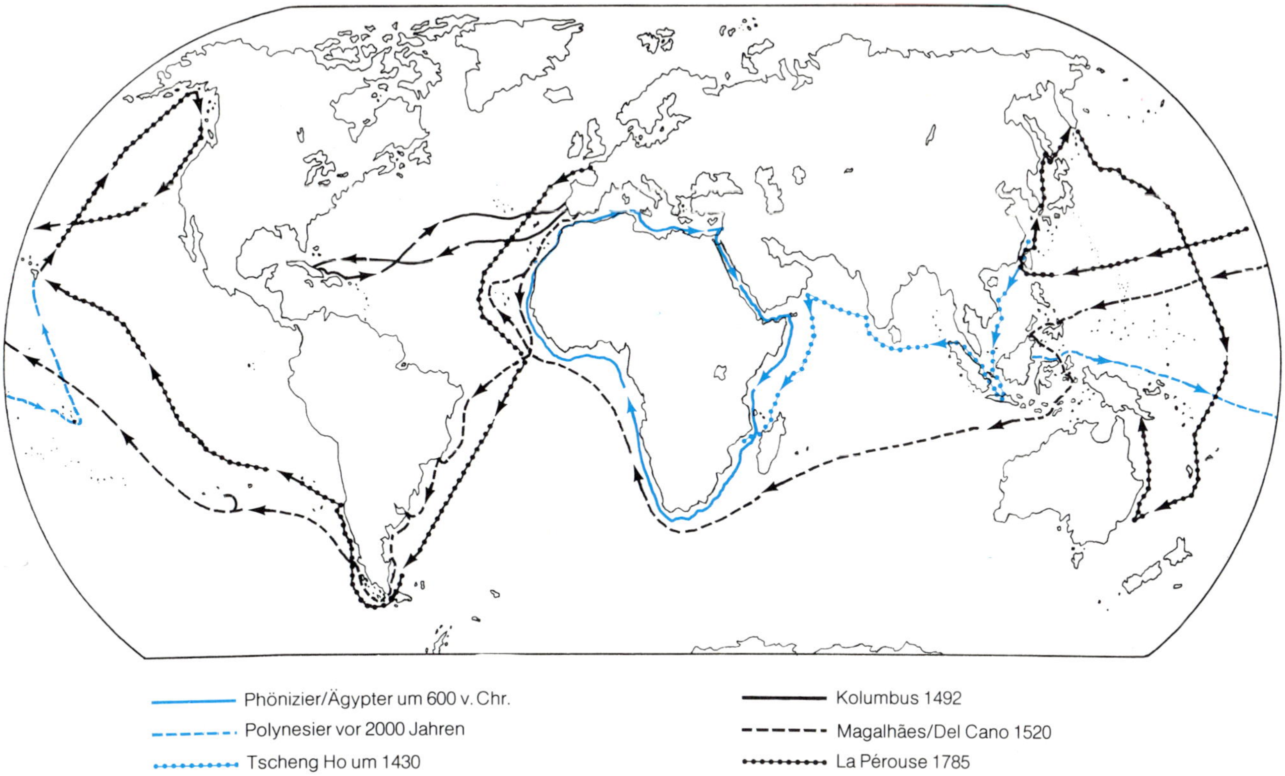

Einige der wichtigsten Entdeckungsfahrten und ihre Routen.

Gebieten, der Physik, Literatur, Medizin, Astronomie, Geographie, Philosophie, Mathematik, Biologie und der Maschinenbaukunst, zusammen. Wissenschaft und Gelehrsamkeit waren endlich mündig geworden, der menschliche Erfindungsgeist konnte sich voll entfalten. Hier, in der Alexandrinischen Bibliothek, machte sich der Mensch erstmals daran, das Wissen der Welt sorgfältig und systematisch zu sammeln.

Außer Eratosthenes arbeiteten hier der Astronom Hipparch, der Himmelskarten anfertigte und die Helligkeit der Sterne einstufte; Euklid, der die Geometrie zu einem brillanten System zusammenfaßte und seinem König, der sich mit einem schwierigen mathematischen Problem herumschlug, erklärte: »Es gibt keinen Königsweg zur Geometrie«; Dionysios Thrax, der die Teile der Rede definierte und der Sprache denselben Dienst erwies wie Euklid der Geometrie; der Physiologe Herophilos, der anstelle des Herzens das Gehirn als Sitz der Intelligenz erkannte; Heron von Alexandrien, der Erfinder von Zahnradgetriebe und Dampfmaschine und Autor der *Automata,* des ersten Buches über Roboter; Apollonios von Perge, der Mathematiker, der die Kegelschnitte* – Ellipse, Parabel und Hyperbel – untersuchte, also die Kurven, die bekanntlich den Planeten-, Kometen- und Sternenbahnen zugrunde liegen; Archimedes, das größte Genie auf dem Gebiet der Mechanik bis zu Leonardo da Vinci; und der Astronom und Geograph Ptolemäus, ein eifriger Kompilator, auf den ein großer Teil der heutigen Pseudowissenschaft Astrologie zurückgeht und dessen geozentrisches

* So genannt, weil sie sich dadurch ergeben, daß man einen Kegel in verschiedenen Winkeln durchschneidet. Achtzehn Jahrhunderte später erkannte Kepler, dem die Schriften des Apollonios über die Kegelschnitte wohlbekannt waren, als erster ihre Bedeutung für das Verständnis der Bewegung der Himmelskörper.

Serapis, eine aus griechischen und ägyptischen Attributen künstlich geschaffene Göttergestalt, wurde von Ptolemaios I. im 3. Jahrhundert vor Christus in Ägypten eingeführt. Hier mit Zepter und Zerberus, dem dreiköpfigen Hund der Unterwelt, zu seinen Füßen.

Alexander der Große mit Krummstabzepter und Zeremonialwedel, wie er in der Bibliothek zu Alexandria verewigt worden sein soll.

System 1500 Jahre lang die Welt beherrschte, uns Heutigen gewissermaßen ein Mahnmal dafür, daß Geisteskraft mitnichten gegen Irrtum feit; und schließlich unter all diesen großen Männern auch eine große Frau, die Mathematikerin und Astronomin Hypatia, die letzte Leuchte dieser glorreichen Institution, die bei der Zerstörung der Bibliothek siebenhundert Jahre nach ihrer Gründung vom Pöbel erschlagen wurde – eine Geschichte, auf die wir noch zurückkommen werden.

Alexanders griechische Nachfolger auf dem ägyptischen Thron nahmen es mit der Wissenschaft ernst. Jahrhundertelang förderten sie die Forschung und boten den besten Geistern der Zeit in der Bibliothek die Möglichkeit zu arbeiten. Der Komplex umfaßte zehn geräumige, jeweils einem bestimmten Gebiet vorbehaltene Forschungssäle; Brunnen und Säulengänge; botanische Gärten; einen Zoo; Sezierräume; ein Observatorium; einen großen Speisesaal, wo die Ideen in aller Muße diskutiert werden konnten.

Das Kernstück der Bibliothek aber bildete ihre Büchersammlung, in der alle Kulturen und Sprachen der Welt vertreten waren, denn die Herrscher schickten Agenten ins Ausland, um ganze Büchereien aufzukaufen, und Handelsschiffe, die in Alexandria anlegten, wurden von der Polizei durchsucht – nicht etwa auf Schmuggelware, sondern nach Büchern. Diese wurden ausgeliehen, abgeschrieben und dann ihren Eigentümern zurückgegeben. Genaue Zahlen lassen sich freilich nicht ermitteln, doch dürfte die Bibliothek alles in allem wohl etwa eine halbe Million handgeschriebener Papyrusrollen besessen haben.

Was aber ist aus all den Büchern geworden? Die klassische Kultur, die sie hervorgebracht hatte, ging zugrunde, und die Bibliothek selbst wurde absichtlich zerstört. Nur ein Bruchteil der Werke überstand die Zeiten zusammen mit ein paar kläglichen, in aller Welt verstreuten Fragmenten, die uns erst die Größe unseres Verlustes vor Augen führen. So befand sich in den Regalen unter anderem ein Buch des Astronomen Aristarchos aus Samos, der die Erde für einen die Sonne umkreisenden Planeten und die Sterne für unvorstellbar weit entfernt hielt – also völlig richtige Schlüsse gezogen hatte, auf deren Wiederentdeckung wir fast 2000 Jahre lang warten mußten. Welcher Verlust für uns! Multiplizieren wir ihn mit hunderttausend, können wir die Leistung der klassischen Kultur und die Tragik ihrer Zerstörung ungefähr ermessen.

Zwar haben wir die Antike an Wissen mittlerweile weit überflügelt, doch in unseren historischen Kenntnissen klaffen unüberbrückbare Lücken. Wie viele Rätsel unserer Vergangenheit aber könnten wir mit einer Leihkarte für die Alexandrinische Bibliothek lösen! Dort stand, wie wir wissen, die verlorengegangene dreibändige Weltgeschichte eines babylonischen Priesters namens Berossus, der den im ersten Band behandelten Zeitraum von der Schöpfung bis zur Sintflut mit 432000 Jahren, also etwa hundertmal länger als die Chronologie des Alten Testamentes, veranschlagte und dessen sonstige Ansichten ich zu gern gekannt hätte.

Schon die Antike wußte, daß die Welt sehr alt ist, und versuchte ins Dunkel der Zeiten zurückzuschauen. Heute wissen wir, daß der Kosmos weit älter ist, als sie sich träumen ließ, und versuchen das Universum räumlich auszuloten. Dabei haben wir entdeckt, daß wir auf einem Staubkorn leben, das einen ganz alltäglichen Stern in einem der entferntesten Winkel einer unbedeutenden Galaxis umkreist. Und wie wir nur ein Punkt in der Unermeß-

Rekonstruktion des großen Saals der Bibliothek im ägyptischen Alexandria.

lichkeit des Raumes sind, so umspannt unsere Geschichte auch nur einen Augenblick in der endlosen Abfolge der Zeiten.

Wir wissen heute, daß unser Universum – oder zumindest seine letzte Verkörperung – zwischen fünfzehn und zwanzig Jahrmilliarden alt ist. Zu Beginn dieses Zeitraums ereignete sich eine ungeheure Explosion, der sogenannte Urknall. Am Anfang unseres Universums gab es weder Galaxien noch Sterne oder Planeten, noch Leben oder Zivilisationen, sondern nur einen gleichförmigen helleuchtenden Feuerball, der das ganze All erfüllte. Der Übergang vom Chaos des Urknalls zum Kosmos, den wir allmählich erkunden, aber ist die ehrfurchtgebietendste Umwandlung von Materie und Energie, die sich erdenken läßt. Und solange wir nicht auf einem anderen Planeten auf intelligentere Wesen stoßen, sind wir der aufsehenerregendste Teil dieses Vorgangs, die fernen Abkömmlinge des Urknalls, dazu bestimmt, den Kosmos, aus dem wir kommen, zu verstehen und immer weiter umzuwandeln.

So könnten die verlorengegangenen Bücher des Aristarch ehedem in der alexandrinischen Bibliothek ausgesehen haben.

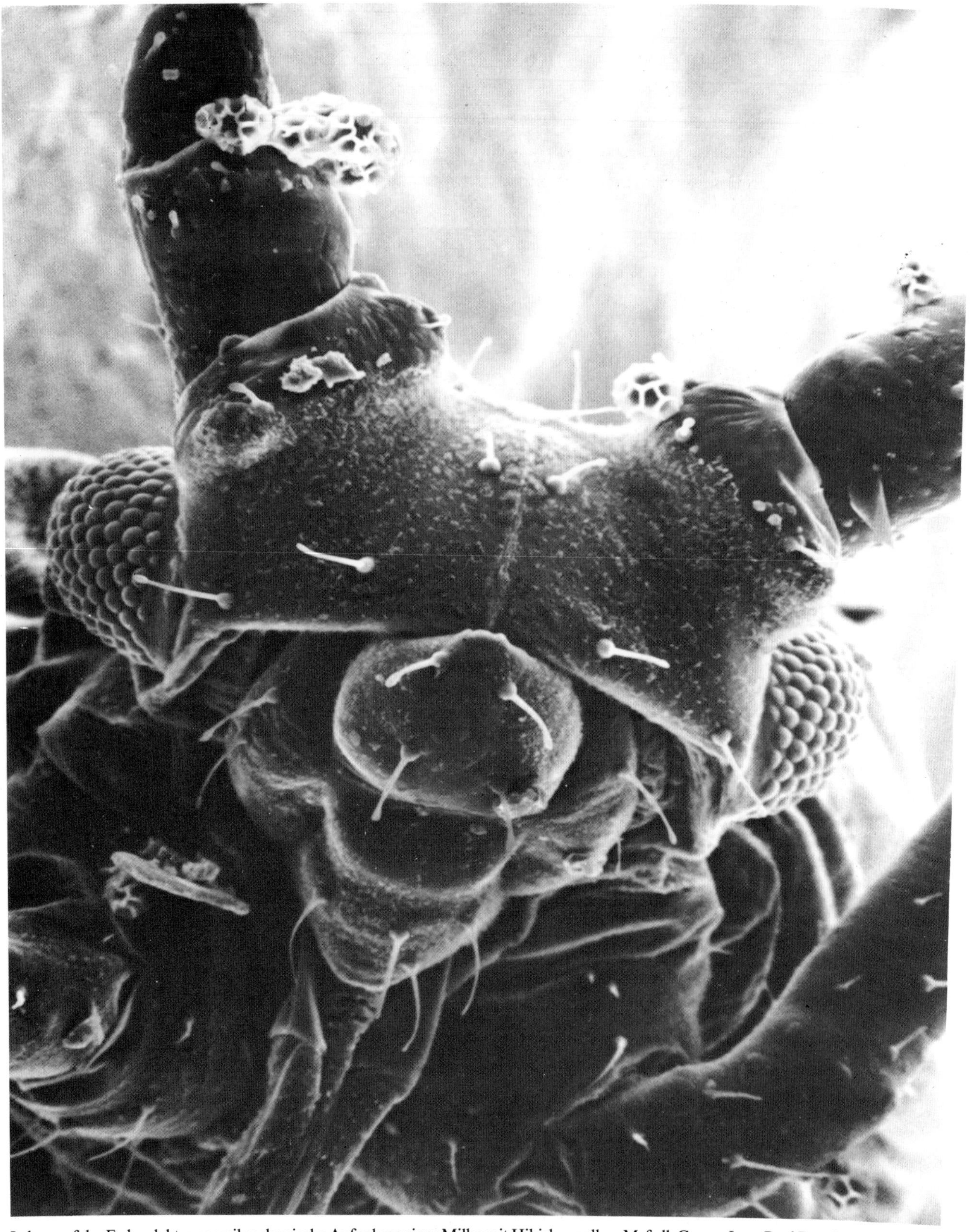

Leben auf der Erde: elektronenmikroskopische Aufnahme einer Milbe mit Hibiskuspollen. M. frdl. Gen. v. Jean-Paul Revel vom California Institute of Technology.

2. Kapitel
Eine Stimme in der kosmischen Fuge

Geboten ward mir, mich zu ergeben dem Herrn der Welten.
Er ist's, der euch erschuf aus Staub ...

Der Koran, 40. Sure 68,69

Die älteste aller Philosophien, die der Evolution,
wurde während des Millenniums theologischer Scholastik an Händen und Füßen
gefesselt in tiefster Finsternis gefangengehalten.
Aber dann kam Darwin und hauchte den alten Ideen neues Leben ein, und die Fesseln barsten,
und das wiederbelebte Denken der alten Griechen erwies sich als geeigneterer Ausdruck
für die universale Ordnung der Dinge als irgendeines der Schemata,
die durch die Leichtgläubigkeit und den Aberglauben der siebzig nachfolgenden
Generationen Eingang gefunden hatten.

T. H. Huxley, 1887

... so müssen wir auch die gemeinsame Abkunft
aller organischen Wesen, die jemals auf der Erde gelebt haben,
von einer einzigen ursprünglichen Form zugeben ...
Es ist wirklich ein erhabener Gedanke ..., daß, während unser Planet, streng den Gesetzen der
Schwerkraft folgend, in seinen Bahnen sich weiter dahinwälzt,
sich aus einem so einfachen Anfang eine unübersehbare Reihe
der schönsten und wunderbarsten Formen entwickelt hat und noch immer entwickelt.

Charles Darwin, *Die Entstehung der Arten durch natürliche Zuchtwahl,* 1859

Dem gesamten sichtbaren Universum scheint dieselbe Materie gemein,
kommen doch viele der auf Sonne und Erde verbreiteten Elemente auch auf den Sternen vor.
Besondere Beachtung verdient dabei, daß die im Sternenheer häufigsten Elemente
wie Wasserstoff, Natrium, Magnesium und Eisen
am engsten mit den Lebewesen unseres Erdballs verknüpft sind.
Könnte es da nicht sein, daß zumindest die helleren Sterne wie unsere Sonne
den erhaltenden und energiespendenden Mittelpunkt von Weltsystemen bildeten,
die sich durchaus als Wohnstatt für Lebewesen eigneten?

William Huggins, 1865

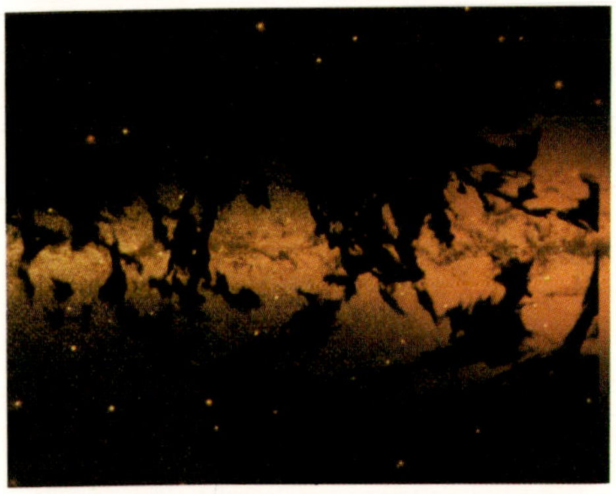

Dunkelwolken aus interstellarem Staub sind voller einfacher organischer Gase. Sogar die einzelnen Staubkörner können bereits teilweise aus organischen Molekülen bestehen. Darstellung von Adolf Schaller.

Mein ganzes Leben lang hat mich die Frage beschäftigt, ob es womöglich auch außerhalb der Erde Leben gibt, wie man es sich vorstellen müßte und woraus es aufgebaut sein könnte. Auf unserem Planeten besteht alles Lebendige aus organischen Molekülen – komplexen mikroskopischen Strukturen, in denen das Kohlenstoffatom eine zentrale Rolle spielt. Einst gab es eine Zeit ohne Leben, in der die Erde öd und leer war. Heute dagegen quillt unsere Welt von Leben über. Wie ist es dazu gekommen? Wie konnten organische Moleküle auf Kohlenstoffbasis ohne Leben entstehen? Wie ist es zur Bildung der ersten Lebensansätze gekommen? Wie hat sich das Leben entwickelt, damit sich schließlich so vielschichtige und hochentwickelte Wesen wie wir herausbilden konnten, die sogar imstande sind, das Geheimnis ihres eigenen Ursprungs zu erforschen?

Und wie mag es auf den zahllosen anderen Planeten aussehen, die andere Sonnen umkreisen? Gibt es dort ebenfalls Leben? Und ist extraterrestrisches Leben, falls es existiert, aus denselben organischen Molekülen aufgebaut wie das Leben auf unserer Erde? Sehen die Lebewesen auf anderen Welten ähnlich oder infolge der Anpassung an andere Umweltverhältnisse völlig anders aus? Was sonst ist möglich? Letztlich aber ist die Suche nach Leben auf anderen Planeten, genau wie die Erforschung des Lebens auf unserer Erde, nur eine Suche nach uns selbst, nur ein Weg zur Lösung der Frage: Wer sind wir?

Im großen Dunkel zwischen den Sternen finden sich Wolken aus Gas und Staub und organischer Materie. Mit Hilfe von Radioteleskopen wurden in ihnen Dutzende verschiedener organischer Moleküle entdeckt. Ihr reiches Vorkommen legt nahe, daß sich die Bausteine des Lebens überall finden. Sind Entstehung und Evolution des Lebens im Kosmos auf die Dauer also unvermeidlich? Auf einigen der Milliarden Planeten der Milchstraße mag nie Leben entstehen. Auf anderen dagegen mag es entstehen und wieder aussterben oder nie über die einfachsten Formen hinausgelangen. Und auf einem kleinen Bruchteil von Welten mögen sich intelligentere Wesen und fortgeschrittenere Zivilisationen herausbilden als auf unserer Erde.

Gelegentlich kann man hören, welch glücklicher Zufall es doch sei, daß die Erde alle Voraussetzungen fürs Leben biete – gemäßigte Temperaturen, klares Wasser, Sauerstoffatmosphäre und so weiter. Aber das heißt, zumindest teilweise, Ursache und Wirkung verwechseln. Wir, die Erdenbewohner, haben uns den Umweltgegebenheiten unseres Planeten so vollendet angepaßt, weil wir hier aufgewachsen sind. Frühere, weniger gut angepaßte Lebensformen sind wieder ausgestorben. Wir dagegen stammen von erfolgreichen Organismen ab und können unseren Planeten nur rühmen – wie zweifellos Organismen, die sich auf einer ganz anderen Welt entwikkeln, den ihren preisen werden.

Alles Leben auf Erden ist eng miteinander verwandt. Wir besitzen eine gemeinsame organische Chemie und ein gemeinsames entwicklungsgeschichtliches Erbe. Das heißt andererseits aber auch, daß unsere Biologen einen recht beschränkten Horizont haben, erforschen sie doch nur eine einzige Art Biologie, ein vereinzeltes Motiv in der Musik des Lebens. Ist dieser schwache Piepston die einzige Stimme im Umkreis von Tausenden von Lichtjahren? Oder gibt es eine Art kosmischer Fuge mit Themen und Kontrapunkten, Dissonanzen und Harmonien, einer Milliarde verschiedener Stimmen, die die Lebensmusik der Galaxis anstimmen?

An dieser Stelle möchte ich eine Geschichte über eine kleine Phrase in der

Musik des Lebens auf Erden einflechten. Im Jahr 1185 war der japanische Kaiser ein siebenjähriger Junge namens Antoku. Er war der nominelle Führer eines Samuraiclans, der Heike, die schon seit langem mit einem anderen Samuraiclan, den Genji, im Krieg lagen, da beide Parteien Anrechte auf den Kaiserthron geltend machten. Am 24. April 1185 kam es bei Danno-ura am Japanischen Meer zur Entscheidungsschlacht. Die zahlenmäßig unterlegenen Heike wurden überlistet, und viele kamen um. Die Überlebenden warfen sich scharenweise in das Meer und ertranken. Auch die Dame Nii, die Großmutter des Kaisers, beschloß, sich und Antoku nicht vom Feind gefangennehmen zu lassen.

Samurai im Waffenkleid des alten Japan. Das *Heike-Monogatari* hat für die japanische Literatur eine ähnliche Bedeutung wie die *Ilias* für die des Westens. M. frdl. Gen. v. C. C. Lee.

Der Kaiser, fährt das *Heike-Monogatari* fort, war erst sieben Jahre alt, sah aber viel älter aus. Er war so lieblich, daß ein helles Strahlen von ihm auszugehen schien. Sein langes schwarzes Haar fiel ihm lose über den Rücken. Mit dem Ausdruck ängstlicher Überraschung auf dem Angesicht fragte er die Dame Nii: »Wohin willst du mich führen?«
Sie wandte sich dem jugendlichen Herrscher zu, die Tränen strömten ihr übers Antlitz, und ... tröstete ihn, während sie ihm das lange Haar mit dem taubengrauen Umhang aufband. Blind vor Tränen legte das kaiserliche Kind seine schönen kleinen Hände zusammen, wandte sich erst nach Osten, um dem Gott Ise Lebewohl zu sagen, und dann nach Westen, um das Nembutsu [ein Gebet an den Amida Buddha] zu wiederholen. Die Dame Nii schloß ihn fest in die Arme, und mit den Worten »In den Tiefen des Meeres ist unsere Hauptstadt« versank sie mit ihm in den Wellen.

Die gesamte Kriegsflotte der Heike wurde vernichtet. Lediglich dreiundvierzig Frauen blieben am Leben, Hofdamen, die gezwungen wurden, den Fischern in der Nähe des Schlachtfeldes Blumen und ihre Gunst zu verkaufen. So verschwanden die Heike fast gänzlich von der Bildfläche. Aber eine Gruppe der ehemaligen Hofdamen und ihrer Nachkommenschaft mit den Fischern führten zur Erinnerung an die Schlacht ein Fest ein, das bis in die Gegenwart alljährlich am 24. April begangen wird. An diesem Tag legen die Heikenachkömmlinge ein Gewand aus Hanf und eine schwarze Kopfbedeckung an und ziehen zum Akamaheiligtum, das das Mausoleum des ertrunkenen Kaisers beherbergt. Hier werden die auf die Schlacht von Danno-ura folgenden Ereignisse in einem Schauspiel geschildert. Jahrhunderte später glaubten die Einheimischen noch die Geister der Samuraiheere sich vergeblich abmühen zu sehen, das Meer auszuschöpfen und von Blut, Niederlage und Demütigung zu reinigen.
Den Fischern zufolge wandern die Heikesamurai noch heute über den Boden des Japanischen Meeres – als Krabben. Tatsächlich finden sich hier Krabben mit einer sonderbaren Zeichnung auf dem Rückenpanzer, dessen Erhebungen und Kerben verblüffend an ein Samuraigesicht erinnern. Werden diese Krabben gefangen, werden sie nicht gegessen, sondern in Erinnerung an die Ereignisse von Danno-ura wieder in die See zurückgeworfen.
Diese Legende wirft ein spannendes Problem auf. Wie kommt es, daß in den Rückenpanzer einer Krabbe das Gesicht eines Kriegers eingeschnitten ist? Da scheinen doch Menschen am Werk gewesen zu sein! Aber die Muster auf der Schale werden vererbt. Allerdings gibt es bei den Krabben, genau wie bei den Menschen, verschiedene Abstammungslinien. Angenommen, unter den frühen Vorfahren dieser Krabbe hätte sich eine befunden,

Heikekrabbe aus dem Japanischen Meer.

deren Muster bereits entfernt einem menschlichen Gesicht ähnelte, dann werden die Fischer sie schon vor der Schlacht von Danno-ura wieder ins Wasser zurückgeworfen und dadurch einen entwicklungsgeschichtlichen Prozeß in Gang gesetzt haben: Eine Krabbe mit gewöhnlichem Rückenpanzer wurde von den Menschen gegessen; ihr Stamm hinterließ weniger Nachkommen als eine Krabbe, die aufgrund ihres entfernt gesichtsähnlichen Rückenpanzers wieder ins Wasser geworfen wurde, das heißt, deren Zeichnung eine handfeste Schutzvorrichtung bedeutete. Im Laufe der Generationen überlebten vorzugsweise die Krabben, deren Muster am stärksten an ein Samuraigesicht erinnerten, so daß schließlich nicht nur ein menschliches oder ein japanisches Gesicht, sondern das eines wilden, finsteren Samurai vererbt wurde. Mit den Bedürfnissen der Krabben selbst hatte dies alles nicht das geringste zu tun. Die Auslese oder »Zuchtwahl« erfolgte vielmehr von außen: Je stärker eine Krabbe einem Samurai glich, desto höher ihre Überlebenschancen; so kam es, daß es schließlich eine ganze Menge dieser Samuraikrabben gab.

Dieser Vorgang wird als künstliche Zuchtwahl bezeichnet. Im Fall der Heikekrabbe war sie das mehr oder weniger unbewußte Werk der Fischer ohne Zutun seitens der Krabben. In anderen Fällen aber haben die Menschen die Wahl, welche Pflanzen und Tiere überleben und welche aussterben sollten, bereits vor Jahrtausenden bewußt getroffen. Von frühester Kindheit an sind wir von vertrauten Haustieren, Früchten, Bäumen und anderen Nutzpflanzen umgeben. Wo aber kommen sie her? Haben sie einst auch wild und in Freiheit gelebt und erst durch die Verpflanzung auf den Bauernhof zu einem bequemeren Leben gefunden? Keineswegs. Die meisten von ihnen sind nämlich unser Werk.

Vor zehntausend Jahren hat es weder Milchkühe noch Spürhunde, noch große Ähren gegeben. Erst wir haben die Stammformen dieser Pflanzen und Tiere – die zum Teil noch völlig anders aussahen – domestiziert, indem wir ihre Fortpflanzung kontrollierten. Das heißt, wir achteten darauf, daß sich vorzugsweise die Variante mit den uns wünschenswert erscheinenden Eigenschaften vermehrte. Wenn wir also zum Beispiel Hunde zum Schafehüten brauchten, wählten wir Rassen, die neben Gelehrigkeit und Gehorsam angeborene Hüteeigenschaften mitbrachten. Die gewaltig angeschwollenen Euter der Milchkühe gehen auf das menschliche Interesse an Milchprodukten zurück. Und unser Mais ist über zehntausend Generationen durch Züchtung immer wohlschmeckenderer und nahrhafterer Sorten gegenüber der ertragsarmen Stammform so verändert worden, daß er sich ohne menschliche Mitwirkung nicht einmal mehr fortpflanzen könnte.

Das Wesen der künstlichen Auslese besteht – bei Heikekrabbe, Hund, Kuh oder Getreideähre – darin, daß viele im Erbgut verankerte physische Merkmale und Verhaltensweisen bei Pflanze und Tier in reiner Form an die Nachkommen weitergegeben werden und daß der Mensch aus unterschiedlichen Gründen die Fortpflanzung bestimmter Spielarten fördert, die anderer dagegen unterbindet. Während nun die selektierte, vorzugsweise zur Fortpflanzung gelangende Variante an Zahl stetig zunimmt, geht die nicht selektierte zurück und stirbt schließlich unter Umständen sogar aus.

Wenn aber der Mensch imstande ist, im Pflanzen- und Tierreich neue Varianten hervorzubringen, kann, ja muß es die Natur dann nicht auch? Sie macht es in der Tat, und der entsprechende Vorgang wird als natürliche

Zuchtwahl bezeichnet. Daß sich das Leben über die Weltzeitalter hin grundlegend geändert haben muß, geht aus zweierlei eindeutig hervor: 1. aus den Umformungen, die wir in der kurzen Zeit seit unserem Auftauchen auf der Erde an Tieren und Pflanzen bewirkt haben, und 2. aus den Fossilfunden, die eindeutig beweisen, daß mittlerweile völlig ausgestorbene Lebewesen* einst äußerst zahlreich vertreten waren. Alles in allem sind weit mehr Arten im Laufe der Erdgeschichte ausgestorben als heute leben. Sie stellen gewissermaßen die abgeschlossenen Experimente der Evolution dar.

Die durch die Domestikation herbeigeführten Veränderungen im Erbgut haben sich sehr schnell vollzogen. Das Kaninchen zum Beispiel wurde erst im Frühmittelalter gezähmt (und zwar von französischen Mönchen, die es in dem Glauben hielten, seine neugeborenen Jungen seien Fisch und daher von den Fastenvorschriften der katholischen Kirche ausgenommen); der Kaffeestrauch wurde im 15., die Zuckerrübe im 19. Jahrhundert zur Kulturpflanze; und der Nerz befindet sich noch in den Anfangsstadien der Domestikation. In knapp zehntausend Jahren ist das Wollgewicht der Schafe durch Züchtung von weniger als einem Kilogramm groben Grannenhaars auf zehn bis zwanzig Kilogramm einheitlich feinen Flaumenhaars, der Milchertrag der Kühe pro Säugezeit von ein paar hundert auf eine Million Kubikzentimeter angehoben worden. Wenn aber schon die künstliche Zuchtwahl in so kurzer Zeit solch einschneidende Veränderungen zustande bringt, was muß da erst die natürliche Selektion im Laufe der Jahrmilliarden bewirken? Die Antwort lautet: all die Schönheit und Vielfalt der belebten Welt. Die Evolution ist Tatsache, keine Theorie.

Daß sich die Evolution als Werkzeug der natürlichen Auslese bedient – diese große Entdeckung ist mit den Namen von Charles Darwin und Alfred Russel Wallace verbunden. Vor über einem Jahrhundert betonten sie immer wieder, daß die Natur weit mehr Tiere und Pflanzen hervorbringt, als überleben können, und daß daher die Umweltbedingungen eine natürliche Auslese der zufällig besser fürs Überleben ausgerüsteten Varianten bewirken. Mutationen – plötzliche Veränderungen des Erbgutes – vererben sich rein weiter. Sie stellen der Evolution das Rohmaterial. Die Umweltverhältnisse bringen jene wenigen Mutationen, die die Überlebenschancen erhöhen, zur Wirkung, wodurch eine Lebensform durch eine Reihe von Umwandlungen ganz allmählich in eine andere übergeht und eine neue Art entsteht.**

Dazu Darwin in seiner *Entstehung der Arten durch natürliche Zuchtwahl:*
»Der Mensch ist nicht die wirkliche Ursache der Variabilität: Er setzt nur

* Auch wenn die westliche Religion nachdrücklich das Gegenteil verfocht. So schrieb John Wesley 1770: »Es ist dem Tode nicht gestattet, auch nur die geringste Art zu vernichten.«

** Im heiligen Buch der Maya, dem Popol Vuh, werden die verschiedenen Lebensformen als mißglückte Versuche der Götter, Menschen zu erschaffen, gedeutet. Die ersten Anläufe gingen noch weit daneben, dabei entstanden die niederen Tiere; und so weiter, denn die Götter widmeten sich diesen Experimenten mit großem Eifer, bis herauf zum vorletzten, beinahe schon geglückten Versuch, dem Affen. Nach einem chinesischen Mythos entstanden die Menschen aus den Körperläusen eines Gottes namens P'an Ku. Und im 18. Jahrhundert vertrat de Buffon, der die Erde für wesentlich älter hielt als in der Heiligen Schrift angegeben, bereits die Meinung, die Lebensformen unterlägen im Laufe der Jahrtausende wohl irgendwelchen langsamen Veränderungen, deutete aber die Affen noch als degenerierte Abkömmlinge des Menschen. In all diesen Vorstellungen klingt, wie auch in den Ansichten von Demokrit, Empedokles und anderen frühen ionischen Philosophen (vgl. Kapitel sieben) eine vage Vorahnung des von Darwin und Wallace beschriebenen Evolutionsprozesses an.

unabsichtlich organische Wesen neuen Lebensbedingungen aus, und dann wirkt die Natur auf die Organisation und verursacht Veränderungen. Aber der Mensch kann, und tut es auch, die Veränderungen, die ihm von der Natur dargeboten werden, für die Fortpflanzung auswählen, er häuft dieselben auf diese Weise in irgendeiner gewünschten Richtung. So macht er Tiere und Pflanzen zu seinem Vorteil oder zu seinem Vergnügen geeignet. Er kann dies absichtlich tun oder auch unabsichtlich durch die Erhaltung derjenigen Individuen, die ihm am nützlichsten sind oder ihm am meisten gefallen, ohne darum irgendwie einen Plan zur Veränderung der Rasse zu hegen ... Es ist kein Grund vorhanden, warum das, was im Kulturzustande so mächtig gewirkt hat, nicht auch im Naturzustande tätig gewesen sein könne ... Es kommen mehr Individuen zur Welt als möglicherweise am Leben bleiben können ... Der geringste Vorteil, den einzelne Individuen in einem gewissen Alter oder einer gewissen Jahreszeit vor den andern, mit denen sie in Konkurrenz geraten, voraus haben, oder eine bessere Anpassung an die vorhandenen Lebensbedingungen wird, wie gering sie auch sein möge, entscheiden.«

T. H. Huxley, der als einflußreichster Verteidiger der Evolutionstheorie im vorigen Jahrhundert ein breites Publikum mit Darwins und Wallaces Schriften bekannt machte, nannte diese einen »Lichtstrahl, der einem in dunkler Nacht Verirrten plötzlich einen Weg zeigt, der ihn vielleicht nicht gerade unmittelbar nach Hause, aber doch jedenfalls in die rechte Richtung führt ... Mein erster Gedanke, nachdem ich mich mit der zentralen Idee der *Entstehung der Arten* vertraut gemacht hatte, war: ›Wie außerordentlich dumm, nicht darauf gekommen zu sein!‹ Und so ähnlich müssen wohl auch Kolumbus' Gefährten gedacht haben ... Die Tatsachen: Variabilität, Kampf ums Dasein, Anpassung an die vorhandenen Lebensbedingungen, waren doch bekannt genug; aber keiner von uns war auf die Idee gekommen, der Weg zum Kern des Artproblems könne darüber führen, bis Darwin und Wallace das Dunkel zerstreuten.«

Beide Vorstellungen jedoch – die der Evolution wie die der natürlichen Zuchtwahl – waren und sind zum Teil auch heute noch für viele ein Ärgernis. Unsere Vorfahren sahen in der vollendeten Schönheit der irdischen Lebensformen, in dem ihren jeweiligen Funktionen so vollkommen angemessenen Bauplan der Lebewesen den Beweis für die Existenz eines großen Weltenplaners. Schließlich ist der einfachste Einzeller ein viel komplizierterer Mechanismus als die raffinierteste Taschenuhr. Und doch haben sich die Taschenuhren nicht in eigener Regie spontan in langsamen Etappen aus Großvaters Uhr entwickelt. Eine Uhr setzt einen Uhrmacher voraus. Wie also sollten sich Atome und Moleküle spontan so zusammenfinden, daß Wesen von solch ehrfurchtgebietender Vielschichtigkeit und raffinierter Funktionstüchtigkeit entstanden, wie sie die Erde noch bis in die fernsten Regionen bevölkern? Im übrigen wußten unsere Vorfahren so wenig von der geschichtlichen Entwicklung des Lebens, daß die Annahme, alles Lebendige sei eigens entworfen worden – ebenso wie die von der Unveränderlichkeit der Arten –, durchaus in den Rahmen der damaligen Vorstellungswelt paßte. Außerdem verlieh die Idee eines Weltenplaners, der jeden Organismus bis ins kleinste konstruierte, der Natur Bedeutung und eine höhere Ordnung und dem Menschen ein Gewicht, auf das wir auch heute noch nicht gern verzichten. Die Welt des Lebendigen auf einen Baumeister zurückzuführen ist durchaus natürlich und ansprechend und zutiefst menschlich. Daneben aber gibt es, wie Darwin und Wallace gezeigt haben, noch einen anderen, nicht minder ansprechenden, nicht minder menschlichen, aber weit zwingenderen Weg: die natürliche Auslese, die die Musik des Lebens im Laufe der Zeitalter immer herrlicher erklingen läßt.

Zur Not ließen sich die fossilen Funde mit der Idee eines großen Konstrukteurs zwar vereinbaren; schließlich könnte er einige Arten aus Unzufriedenheit vernichtet und dafür in neuen Experimenten bessere Möglichkeiten erprobt haben. Etwas stört mich an dieser Vorstellung aber dennoch. Angesichts des hohen Vollendungsgrades aller Pflanzen und Tiere will mir nicht recht einleuchten, daß ein so durch und durch sachkundiger Konstrukteur nicht imstande gewesen sein sollte, die beabsichtigte Vielfalt von allem Anfang an zu schaffen. Die fossilen Funde aber zeugen von Versuch und Fehlschlag und damit von der Unfähigkeit, die Zukunft vorauszusehen – Züge, die zu einem so allmächtigen Konstrukteur nicht passen (wohl aber zu einem entrückteren, eher indirekt wirkenden).

In meiner Studienzeit Anfang der fünfziger Jahre hatte ich das Glück, im Laboratorium des großen Genetikers H.J. Muller arbeiten zu dürfen, dem wir die Entdeckung verdanken, daß Bestrahlung Mutationen hervorruft. Er hat mich auch als erster auf die Heikekrabben als Beispiel für die künstliche Zuchtwahl aufmerksam gemacht. Um die praktische Seite der Genetik kennenzulernen, arbeitete ich viele Monate lang mit Taufliegen der Art *Drosophila melanogaster* – winzigen, harmlosen Wesen mit zwei Flügeln und großen Augen, die wir in Halbliter-Milchflaschen hielten. Um zu sehen, welch neue Formen sich aus der Umgruppierung der elterlichen Gene und aus natürlichen und künstlich herbeigeführten Mutationen ergeben, kreuzten wir zwei Varianten. Die Weibchen setzten ihre Eier auf einer Art Melasse in den Flaschen ab, die verschlossen wurden, woraufhin sich im Verlauf von vierzehn Tagen aus den befruchteten Eiern Larven und aus diesen Puppen bildeten, aus denen Taufliegen schlüpften.

Als ich eines Tages einen neuen Schub mit Äther betäubter Taufliegen durchs Präpariermikroskop betrachtete und emsig die verschiedenen Varianten mit einem Kamelhaarpinsel trennte, stieß ich zu meiner Überraschung auf eine ziemlich ungewöhnlich aussehende Fliege, die nicht nur eine *kleine* Abweichung wie rote Augen statt weißer oder einen beborsteten statt eines unbeborsteten Brustabschnitts aufwies, bei ihr handelte es sich vielmehr um ein anderes, sehr lebenstüchtiges Geschöpf mit viel größeren Flügeln und langen gefiederten Fühlern. Ich schloß daraus, das Schicksal müsse Muller den Streich gespielt haben, seine Lehre in seinem eigenen Labor zu widerlegen: Ganz offensichtlich hatte hier die Evolution in einer einzigen Generation einen »Sprung« gemacht (was es laut Muller nicht geben konnte), und ausgerechnet mir fiel die Aufgabe zu, ihn aufzuklären.

Beklommen klopfte ich an die Tür seines Arbeitszimmers und betrat auf sein gedämpftes »Herein« den abgedunkelten, nur durch die kleine Lampe am Fuß des Mikroskops, an dem er gerade arbeitete, erleuchteten Raum. Stotternd begann ich in das Dunkel hinein meine Erklärung, daß ich eine stark abweichende Art von Fliege gefunden hätte, die aber zweifelsohne aus einer der Puppen in der Melasse geschlüpft sein müsse. Ich wolle ihn ja nicht stören, aber ... »Gleicht sie mehr den Lepidoptera als den Diptera?« wollte er wissen und, als ich nicht begriff: »Hat sie große Flügel? Und gefiederte Fühler?« Finster nickte ich.

Muller knipste die Deckenbeleuchtung an, lächelte wohlwollend und klärte mich nun seinerseits über eine altbekannte Geschichte auf: In den Labors für Vererbungsforschung, in denen mit Taufliegen experimentiert wird, treibt eine Mottenart ihr Wesen, die mit den Taufliegen nichts zu tun hat (noch zu tun haben will), sondern es lediglich auf die Melasse abgesehen hat. Diese Motte nutzt den kurzen Augenblick, in dem die Milchflaschen – beispielsweise zwecks Zugabe weiterer Taufliegen – geöffnet werden, um im Sturzflug ihre Eier auf den schmackhaften Nährboden hinabzuschießen. Ich hatte also mitnichten eine Makromutation entdeckt, sondern war lediglich auf eine andere reizvolle Anpassung der Natur gestoßen, die ihrerseits das Ergebnis kleiner Mutationsschritte im Rahmen der natürlichen Auslese darstellt.

Die Geheimnisse der Evolution heißen Tod und Zeit – Tod insofern, als eine gewaltige Anzahl von Lebensformen, die ihrer Umwelt unvollkommen angepaßt sind, aussterben; und Zeit insofern, als sich durch die lange Abfolge kleiner, *zufälliger* Mutationen im Laufe der Jahrtausende, ja Jahrmillionen ganz allmählich eine wachsende Anzahl günstiger Anpassungen herausbildet. Der Widerstand gegen Darwin und Wallace geht nicht zuletzt darauf zurück, daß wir uns solche Zeiträume nicht vorzustellen vermögen. Was besagen siebzig Millionen Jahre schon einem Wesen, dessen Dasein nur ein Millionstel dieser Spanne ausmacht? Wir gleichen Schmetterlingen, die einen Tag lang leben und ihn für die Ewigkeit halten.

Im großen und ganzen mögen die Vorgänge auf der Erde für die Evolution des Lebens auf vielen Welten typisch sein; in Einzelheiten wie der Chemie der Proteine oder der Hirnneurologie dagegen könnte die Geschichte des Lebens auf Erden in der gesamten Milchstraße einzigartig dastehen. Vor rund 4,6 Milliarden Jahren verdichtete sich unsere Erde aus interstellaren Gasen und Staub. Schon bald darauf, vielleicht vor etwa 4 Milliarden Jahren, entstand, wie wir von fossilen Funden wissen, in den Tümpeln und Meeren der Urerde erstes Leben. Doch waren diese ersten Ansätze keineswegs schon so komplexe und vergleichsweise hochentwickelte Lebensformen wie die heutigen einzelligen Organismen, sondern noch weit bescheidener. In jener fernen Zeit spalteten Blitze und das ultraviolette Sonnenlicht die einfachen wasserstoffreichen Moleküle der Uratmosphäre, deren Bruchstücke sich daraufhin spontan zu immer verwickelter gebauten Molekülen zusammenschlossen. Durch Lösung dieser frühen chemischen Verbindungen in den Meeren entstand eine zusehends komplexere organische »Ursuppe«, in der dann eines Tages zufällig ein Molekül auftrat, das unter Zuhilfenahme anderer in der Suppe enthaltener molekularer Bausteine grobe Kopien seiner selbst zustande brachte. (Wir werden auf dieses Thema später noch zurückkommen.)

Damit aber war der früheste Vorläufer der Desoxyribonukleinsäure (abgekürzt DNS), des Schlüsselmoleküls allen irdischen Lebens, entstanden. Es hat die Form einer spiralenförmigen Leiter, deren Sprossen von vier verschiedenen Molekülen, gewissermaßen den vier Buchstaben des genetischen Codes, gebildet werden. Diese Sprossen, die sogenannten Nukleotide, buchstabieren die Erbinformationen zum Aufbau eines bestimmten Organismus. Jede Lebensform auf Erden weist einen anderen Satz im wesentlichen in derselben Sprache geschriebener Informationen auf. Die Verschiedenartigkeit der Organismen liegt mithin also in ihren unterschiedlichen Nukleinsäureinformationen beschlossen. Eine Mutation ist eine Veränderung in einem dieser Nukleotide, die in der nächsten Generation kopiert wird und sich weitervererbt. Aufgrund ihres *Zufalls*charakters sind die meisten Mutationen schädlich oder sogar tödlich, da sie die Lebensfunktionen störende Enzyme entstehen lassen. Mutationen im Sinne einer Verbesserung der Funktionen sind selten. Und dennoch ist es gerade dieses unwahrscheinliche Ereignis, eine kleine positive Mutation in einem Nukleotid von zehnmillionstel Zentimeter Durchmesser, das die Evolution in Gang hält.

Vor vier Milliarden Jahren war die Erde ein Garten Eden der Moleküle. Raubtiere gab es noch nicht. Einige Moleküle reproduzierten sich unzulänglich, wetteiferten darin, sich mit anderen zusammenzuschließen, und hinterließen grobe Kopien ihrer selbst. Mit Reproduktion, Mutation und selektiver Ausschaltung der untauglichsten Varianten hat die Evolution auf der molekularen Stufe begonnen. Mit der Zeit verbesserten sich die Reproduktionsverfahren. Und schließlich schlossen sich Moleküle mit spezialisierten Funktionen zu einer Art Molekülkollektiv – der ersten Zelle – zusammen. Heute unterhalten die Pflanzenzellen winzige Molekülfabriken, genannt Chloroplasten, die mit der Photosynthese, der Umwandlung von Sonnenlicht, Wasser und Kohlendioxid in Kohlenhydrate und Sauerstoff befaßt sind. Ganz ähnlich haben die Molekülfabriken in den Blutzellen, die sogenannten Mitochondrien, die Aufgabe, durch Verbindung von Nährstoffen und Sauerstoff Energie zu gewinnen. Diese heute im Inneren der pflanzlichen und tierischen Zellen wirkenden Fabriken waren nach heutiger Auffassung einst ihrerseits freilebende Zellen.

Vor drei Milliarden Jahren hatte sich eine Anzahl einzelliger Pflanzen zusammengeschlossen, vielleicht, weil die Trennung nach der Zellteilung durch eine Mutation verhindert wurde. Damit waren die ersten vielzelligen Organismen entstanden. Da aber jede Zelle unseres Körpers eine Art Kommune aus ehedem freilebenden Teilen darstellt, die sich zum allgemeinen Wohl vereinigt haben, und wir insgesamt aus rund hundert Billionen Zellen bestehen, sind wir – ist jeder einzelne von uns – eine Vielheit.

Die Sexualität scheint vor rund zwei Milliarden Jahren erfunden worden zu sein. Vorher konnten sich neue Varianten nur durch Anhäufung zufälliger Mutationen herausbilden – das heißt, die Selektion konnte nur durch buchstabenweise Änderungen in den genetischen Instruktionen vonstatten gehen. Damals muß die Evolution quälend langsam vorangekommen sein. Mit der Erfindung der Geschlechter dagegen konnten zwei Organismen ganze Absätze, Seiten und Bücher ihrer DNS austauschen und so neue Spielarten hervorbringen, die nur noch das Sieb der Selektion zu passieren brauchten. Die natürliche Auslese begünstigt Organismen, die sich sexuell betätigen – diejenigen, die es nicht tun, sterben schnell aus. Und das trifft nicht nur auf die Mikroben vor zwei Milliarden Jahren zu. Auch wir Menschen verspüren die handgreifliche Neigung, Segmente der DNS auszutauschen.

Vor einer Jahrmilliarde hatte sich dank der Lebenstätigkeit algenähnlicher Pflanzen ein erstaunlicher Wandel in den auf unserer Erde herrschenden Umweltverhältnissen vollzogen. Grünpflanzen erzeugen nämlich Sauerstoffmoleküle. Da aber zu diesem Zeitpunkt die Meere von einfachen Grünpflanzen wimmelten, wurde Sauerstoff zu einem bedeutenden Bestandteil der Erdatmosphäre, die auf diese Weise unwiderruflich ihren ur-

Fossile Trilobiten. *Oben* drei rund eine halbe Milliarde Jahre alte augenlose Exemplare. *Mitte und unten* spätere, höherentwickelte Formen mit gut erhaltenen Augen. Die Trilobiten gehören zu den vielen in der Kambrischen Explosion entstandenen Lebewesen. Aus: *Trilobites* von Riccardo Levi-Setti, University of Chicago Press 1975.

sprünglich wasserstoffreichen Charakter verlor. Damit aber ging auch die Epoche der Erdgeschichte zu Ende, in der durch abiogene Prozesse die Bausteine des Lebens entstanden. Allerdings bewirkt Sauerstoff häufig den Zerfall organischer Moleküle. Er ist, so sehr wir ihn auch schätzen, für die ungeschützte organische Materie eigentlich Gift. So brachte der Übergang zu einer mit Sauerstoff angereicherten Atmosphäre in der Geschichte des Lebens eine schwere Krise mit sich, und zahlreiche Organismen, die mit der neuen Situation nicht fertig wurden, gingen zugrunde. Einige wenige primitive Formen, wie der *Bacillus botulinus* und der Tetanusbazillus, konnten sich bis zum heutigen Tag halten, wenn auch nur in sauerstofffreier Umgebung. Der Stickstoff in der Erdatmosphäre ist chemisch weit träger und deshalb auch weit harmloser als Sauerstoff. Aber auch er entsteht durch biologische Prozesse. So ist die Erdatmosphäre zu neunundneunzig Prozent biogenen Ursprungs. Oder anders gesagt, der Himmel ist eine Schöpfung des Lebens.

Während des größten Teils der im Anschluß an die Entstehung des Lebens abrollenden vier Jahrmilliarden waren die mikroskopisch kleinen Blaugrünen Algen, die die Meere bedeckten und füllten, die dominierenden Organismen. Dann, vor rund sechshundert Jahrmillionen, wurde ihr Monopol plötzlich gebrochen, und in der sogenannten Kambrischen Explosion tauchte eine ungeheure Vielzahl neuer Lebensformen auf. Zwar war fast unmittelbar nach der Entstehung der Erde bereits auch Leben entstanden, was nahelegt, daß Leben auf erdähnlichen Planeten ein fast unvermeidlicher chemischer Prozeß ist. Aber drei Milliarden Jahre lang war es kaum über die Blaugrünen Algen hinausgekommen, was nahelegt, daß große Lebensformen mit spezialisierten Organen sich nur schwer entwickeln, schwerer als das Leben selbst. Möglicherweise finden sich viele Planeten, auf denen es heute massenhaft Mikroben, aber keine großen Tiere und Pflanzen gibt.

Bald nach der Kambrischen Explosion wimmelten die Meere von verschiedenartigsten Lebensformen. Vor rund fünfhundert Millionen Jahren lebten Riesenscharen von Trilobiten, wunderschön gebaute, entfernt an große Insekten erinnernde Tiere, die zum Teil im Verband auf dem Meeresboden jagten und mit Hilfe in die Augen eingelagerter Kristalle polarisiertes Licht wahrnehmen konnten. Seit zweihundert Millionen Jahren aber sind sie völlig von der Erdoberfläche verschwunden – wie eine ganze Reihe weiterer urtümlicher Pflanzen und Tiere. Umgekehrt haben die heute lebenden Arten natürlich damals noch nicht existiert. In den alten Ablagerungen findet sich keine Spur von Tieren wie uns. Arten entstehen, behaupten sich kürzer oder länger und erlöschen dann wieder.

Vor der Kambrischen Explosion scheinen die Arten ziemlich langsam aufeinander gefolgt zu sein. Zum Teil mag es uns auch nur so erscheinen, denn die Informationsfülle nimmt schnell ab, je weiter wir in die Vergangenheit zurückschauen, da in der Frühgeschichte unseres Planeten nur wenige Organismen harte Teile besaßen und Weichtiere kaum fossile Überreste hinterlassen. Zum Teil aber entspricht dieses äußerst zögernde Auftauchen einschneidend neuer Formen doch auch der Wirklichkeit; denn die mühselige Evolution der Zellstruktur und -biochemie hat keinen unmittelbaren Niederschlag in der durch Fossilfunde belegbaren äußeren Form gefunden. Nach der Kambrischen Explosion jedoch folgten vollendet angepaßte neue Formen in vergleichsweise atemberaubendem Tempo aufeinander.

Schlag auf Schlag tauchten die ersten Fische und die ersten Wirbeltiere auf; Pflanzen, bis dahin aufs Wasser beschränkt, begannen das Land zu erobern; die Urinsekten entstanden, deren Abkömmlinge zu Pionieren der Landnahme durch die Tiere wurden; Fluginsekten entwickelten sich zusammen mit den Lurchen, jenen an die Lungenfische erinnernden Tieren, die sowohl im Wasser als auch an Land leben können; erste Bäume und Reptilien bildeten sich heraus; Dinosaurier folgten; dann Säugetiere und schließlich die Vögel; Blumen tauchten auf; die Dinosaurier starben wieder aus; zugleich mit den frühesten Walformen, den Ahnen unserer Delphine und heutigen Wale, entwickelten sich die Primaten – die Vorfahren der Affen, Menschenaffen und Menschen. Vor knapp zehn Millionen Jahren entstanden dann erstmals Wesen, die den Menschen schon recht nahekamen und ein viel größeres Gehirn besaßen, und nur wenige Jahrmillionen später tauchten schließlich wirklich die ersten Menschen auf.

Die Menschenentwicklung begann in den Wäldern, weshalb wir uns heute noch zum Wald besonders hingezogen fühlen. Wie schön ist doch so ein himmelwärts strebender Baum! Seine Blätter fangen Sonnenlicht für die Photosynthese ein, und so versucht er, seine Nachbarn im Kampf ums Dasein in den Schatten zu stellen. Bei näherem Zusehen kann man oft zwei entdecken, die sich mit sehnsuchtsvoller Anmut zum Licht drängen. Bäume sind große, schöne, vom Sonnenlicht angetriebene Maschinen, die Wasser aus dem Boden und Kohlendioxid aus der Luft aufnehmen und in Nahrung für sich und uns umwandeln. Die so erzeugten Kohlenhydrate dienen der Pflanze als Energiequelle für ihre Lebensvorgänge. Und wir Tiere, die wir letztlich genau besehen Schmarotzer auf Kosten der Pflanzen sind, stehlen die Kohlenhydrate, um *unser* Leben fristen zu können. Das heißt, wir essen die Pflanzen, um die Kohlenhydrate mit Sauerstoff zu verbrennen, der aufgrund unserer Veranlagung, Luft zu atmen, in unserem Blut gelöst ist, und gewinnen so die erforderliche Betriebsenergie. Dabei atmen wir Kohlendioxid aus, das die Pflanzen wiederum in einem Recycling-Prozeß in Kohlenhydrate umwandeln. Wie wunderbar diese Vorgänge ineinandergreifen: Pflanzen und Tiere atmen die gegenseitigen Ausatmungsprodukte ein, praktizieren also eine Art planetenweiter gegenseitiger Mund-zu-Mund-Beatmung, und dieser ganze nahtlos funktionierende Kreislauf wird von einem einhundertfünfzig Millionen Kilometer entfernten Stern in Gang gehalten.

Eiche und Mensch: zwei nahe Verwandte. M. frdl. Gen. v. Bill Ray

Alles in allem gibt es Milliarden bekannter Arten von organischen Molekülen, von denen jedoch nur rund fünfzig für den Lebensbetrieb Bedeutung besitzen. Immer und immer wieder werden dieselben Muster stur und einfallsreich zugleich für verschiedene Funktionen verwendet. Im Zentrum des Lebens finden wir bei Pflanzen und Tieren im wesentlichen die gleichen Moleküle, nämlich die Proteine, die die Zellchemie steuern, und die Nukleinsäuren, die die Erbinformationen speichern. Eine Eiche und ich sind also aus demselben Stoff gemacht. Und wenn wir weit genug zurückgehen, stoßen wir auf einen gemeinsamen Vorfahren.

Die lebende Zelle ist in ihrer Ordnung ebenso vielschichtig und schön wie das Reich der Galaxien und Sterne. Ihre sorgfältig und raffiniert aufeinander abgestimmten Funktionen haben sich in einer langsamen, über vier Milliarden Jahre dauernden Entwicklung herausgebildet. Nahrungsteilchen werden im Zellmechanismus umgesetzt, das weiße Blutkörperchen von heute ist der Rahmspinat von gestern. Wie stellt die Zelle das an? Von

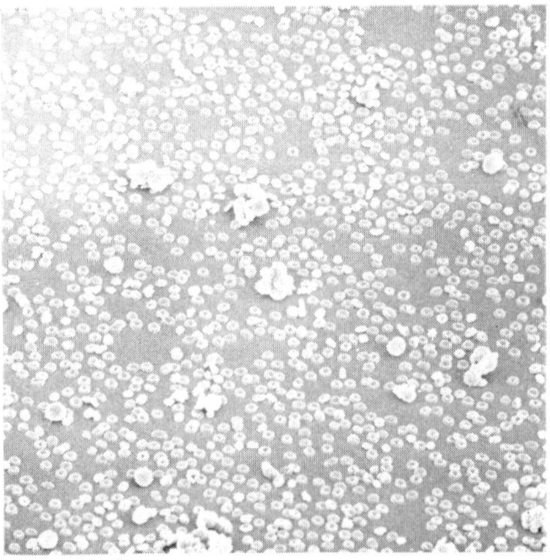

Mikroaufnahme menschlicher Blutzellen (m. frdl. Gen. v. D. Golde, UCLA). Die kringelförmigen Gebilde, normale rote Blutkörperchen, transportieren Sauerstoff; die größeren Klumpen, die weißen Blutkörperchen, verschlingen körperfremde Mikroorganismen.

innen betrachtet ist sie ein verwickelt und kunstvoll gebautes Gebilde, das sich selbst erhält, Moleküle umwandelt, Energie speichert und sich auf Selbstvermehrung vorbereitet. Könnten wir eine Zelle betreten, würden wir eine ganze Reihe von Molekülklümpchen wahrnehmen, darunter viele Proteinmoleküle, die sich teils in wahnwitziger Geschäftigkeit, teils im Wartezustand befinden. Die wichtigsten Proteine sind die Enzyme, Moleküle, die die chemischen Reaktionen der Zelle steuern. Sie sind wie Fließbandarbeiter auf eine ganz bestimmte Aufgabe spezialisiert, zum Beispiel auf Schritt vier beim Aufbau des Nukleotids Guanosinphosphat oder Schritt elf beim Abbau eines Zuckermoleküls zur Gewinnung von Energie, die Währung, mit der die anderen Arbeiten in der Zelle bezahlt werden. Aber die Enzyme sind nicht die Direktoren. Sie erhalten ihrerseits Weisungen von den Chef-Molekülen, den Nukleinsäuren, auf deren Befehl hin sie auch selbst zusammengesetzt wurden. Diese Befehlshaber leben zurückgezogen in einer verbotenen Stadt im tiefsten Inneren, im Zellkern.

Könnten wir durch eine Pore in den Zellkern eindringen, fänden wir einen Zustand wie nach einer Explosion in einer Spaghettifabrik vor – ein wirres Durcheinander faden- und strangartiger Gebilde aus den beiden Nukleinsäuren DNS, die weiß, was zu geschehen hat, und RNS, die die von der DNS erteilten Anweisungen an die übrige Zelle weitergibt. In diesen beiden Molekülen haben die vier Milliarden Jahre Evolution ihren Höhepunkt erreicht. Sie enthalten das gesamte Informationsmaterial über den richtigen Ablauf der Funktionen einer Zelle, eines Baumes, eines Menschen. Die in der DNS des Menschen gespeicherte Information würde, in gewöhnlicher Sprache ausgeschrieben, hundert dicke Bände füllen. Und mehr noch, die DNS-Moleküle wissen auch, wie sie – von sehr wenigen Ausnahmen abgesehen – identische Kopien ihrer selbst machen können. Mit einem Wort, sie wissen unerhört viel.

Die DNS ist eine Doppelspirale mit zwei schraubenförmig umeinander gewundenen, einer Wendeltreppe gleichenden Strängen, verbunden durch Stufen, den Nukleotiden, deren Abfolge oder Anordnung die Sprache des Lebens darstellt. Bei der Reproduktion trennen sich die beiden Spiralstränge unter Einwirkung eines entspiralisierenden Proteins, um anschließend aus den in der zähen Flüssigkeit des Zellkerns enthaltenen nukleotiden Bausteinen identische Kopien der jeweils anderen Hälfte aufzubauen. Hat der Trennungsprozeß einmal eingesetzt, sorgt ein wichtiges Enzym namens DNS-Polymerase für die genaue Ausführung der Kopie. Unterläuft dennoch ein Fehler, wird er von diesem Enzym ausgeschaltet und die falsche Base durch die richtige ersetzt. Man sieht, über welch ehrfurchtgebietende Macht die DNS-Polymerase verfügt.

Aber die Kern-DNS kann nicht nur genaue Kopien ihrer selbst anfertigen – also die Voraussetzung für die Vererbung schaffen –, sondern auch die Zelltätigkeiten, das heißt die Stoffwechselvorgänge steuern, indem sie eine andere Nukleinsäure, die Boten- oder Messenger-RNS, zusammensetzt, die in die extranuklearen Bezirke wandert, um dort zur rechten Zeit am rechten Ort den Bau eines Enzyms zu überwachen, das dann seinerseits einen bestimmten Vorgang des Zellchemismus lenkt.

Beim Menschen ist die DNS eine Leiter mit einer Milliarde Sprossen. Die allermeisten möglichen Nukleotidkombinationen würden zu nichts führen oder richtiger, zur Synthese von Proteinen ohne nützliche Funktion. Für so komplizierte Lebensformen wie uns kommt nur eine sehr begrenzte Anzahl von Nukleinsäuremolekülen in Frage. Dennoch ist die Zahl brauchbarer Kombinationsmöglichkeiten überraschend groß – vermutlich weit größer als die Zahl sämtlicher Elektronen und Protonen im Universum. Dementsprechend ist die Zahl möglicher Individuen unvergleichlich größer als die Zahl aller Menschen, die je gelebt haben. Mit anderen Worten, das noch nicht erschlossene Potential der menschlichen Spezies ist unerhört. Darüber hinaus muß es aber auch noch Möglichkeiten geben, die Nukleinsäuren in einer in jeder Hinsicht funktionstüchtigeren Weise zu kombinieren, als es jemals bei einem Menschen der Fall war. Zum Glück sind wir bis jetzt außerstande, andere Nukleotidsequenzen und damit nach Wunsch andersartige Menschen ins Dasein zu rufen, doch könnte uns das in Zukunft noch glücken – eine ebenso ernüchternde wie beunruhigende Aussicht.

Die Werkzeuge der Evolution sind Mutation und Selektion. Zu Mutationen kann es bei der DNS-Replikation kommen, wenn dem Enzym DNS-Polymerase ein Fehler unterläuft, was jedoch nur selten eintritt. Außerdem können Mutationen durch Umwelteinflüsse wie Radioaktivität, ultraviolettes Sonnenlicht, kosmische Strahlen oder Chemikalien verursacht werden, die allesamt die Nukleotide verändern oder die Kernsäuren zusammenknäueln können. Liegt die Mutationsrate aber zu hoch, verlieren wir das Erbe von vier Milliarden Jahren fortgesetzter Evolution; liegt sie zu niedrig, fehlt es an neuen Varianten, die sich Umweltveränderungen anpassen könnten. Das heißt, die Voraussetzung für die Evolution des Lebens ist, daß sich Mutation und Selektion mehr oder weniger genau die Waage halten. Herrscht dieses Gleichgewicht, kommt es zu bemerkenswerten Anpassungen.

Die Änderung eines einzelnen Nukleotids in einem Nukleinsäuremolekül führt zur Änderung einer Aminosäure des dazugehörigen Proteinmoleküls, für dessen Aufbau jene Nukleinsäure die Informationen enthält. So sind zum Beispiel die roten Blutkörperchen bei Europäern in etwa kugelig, bei einigen Menschen afrikanischer Abstammung dagegen sichel- oder halbmondförmig. Sichelzellen führen weniger Sauerstoff und verbreiten eine Art Blutarmut, stellen aber andererseits einen gewissen Schutz gegen Malaria dar. Und es bedarf wohl keiner Frage, was besser ist, Blutarmut oder Tod. Diese doch recht beträchtliche Beeinflussung der Funktion des Blutes – im übrigen so auffallend, daß sie auf Photographien von roten Blutkörperchen ohne weiteres zu erkennen ist – ergibt sich aus der Veränderung eines einzigen der in der DNS einer menschlichen Zelle enthaltenen zehn Milliarden Nukleotide. Wie sich Veränderungen der anderen Nukleotide auswirken würden, wissen wir in den allermeisten Fällen nicht.

Wir Menschen sehen nicht gerade wie Bäume aus und erfahren die Welt ohne Zweifel auch anders. Gehen wir aber in die Tiefe der Zeiten zur Wurzel des Lebens, dem Molekül, zurück, sind Bäume und Menschen im wesentlichen identisch. Beide benutzen Nukleinsäuren für die Vererbung und Eiweißstoffe in Form von Enzymen zur Steuerung des Zellchemismus. Noch wichtiger aber, beide benutzen bei der Übersetzung der Kernsäureinformation in Proteininformation genau denselben Code – wie im übrigen fast alle Lebewesen auf unserem Planeten.* Die Erklärung für diese Über-

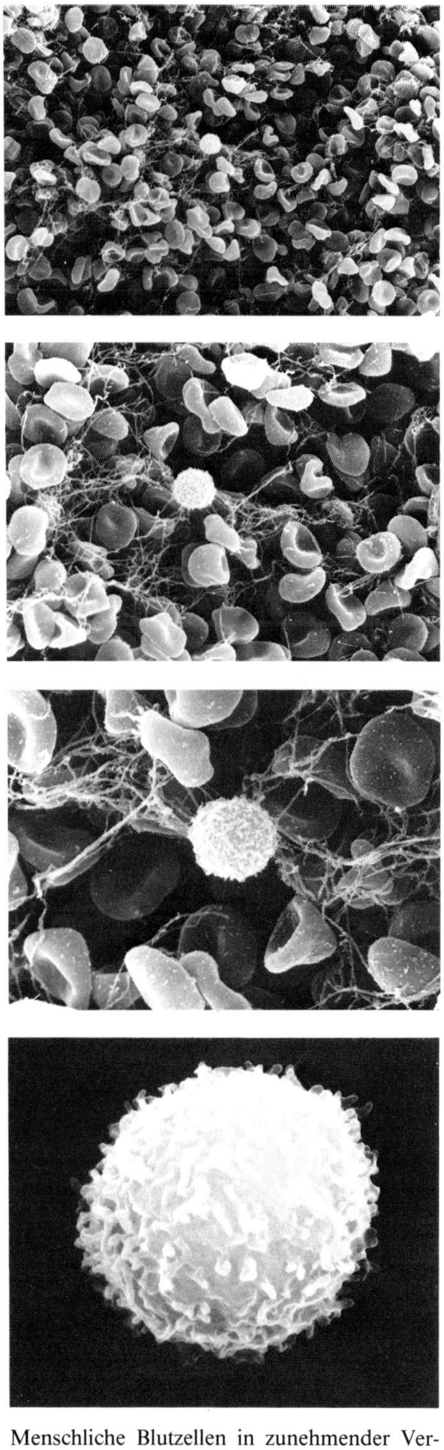

Menschliche Blutzellen in zunehmender Vergrößerung durchs Elektronenmikroskop gesehen. Während es sich bei den meisten Zellen auf der *oberen* Abbildung um rote Blutkörperchen handelt, sehen wir in der Mitte des Bildes eine B-Lymphozyte (Durchmesser: 0,0001 cm). Diese schauen wir uns aus immer größerer Nähe an und dringen *umseitig* sogar in sie ein. M. frdl. Gen. v. Jean-Paul Revel vom California Institute of Technology.

* Allerdings hat sich herausgestellt, daß nicht alle Organismen der Erde einen in allen Teilen identischen genetischen Code aufweisen. Zumindest in einigen bekannten Fällen erfolgt die Transkription der DNS-Information in Proteininformation in einem Mitochondrion nach einem anderen Code als dem von den Genen im Kern derselben Zelle verwendeten. Das läßt darauf schließen, daß sich die genetischen Codes der Mitochondrien und der Kerne bereits zu ei-

a

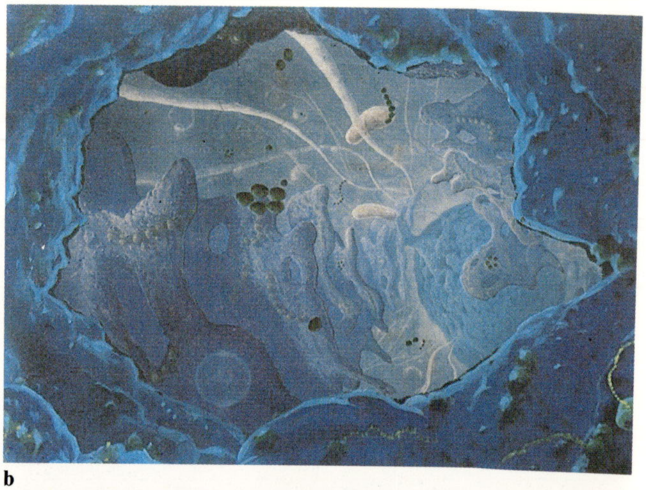

b

c

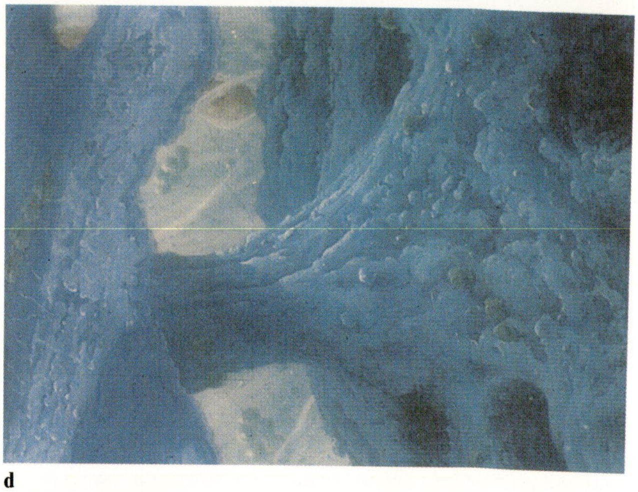

d

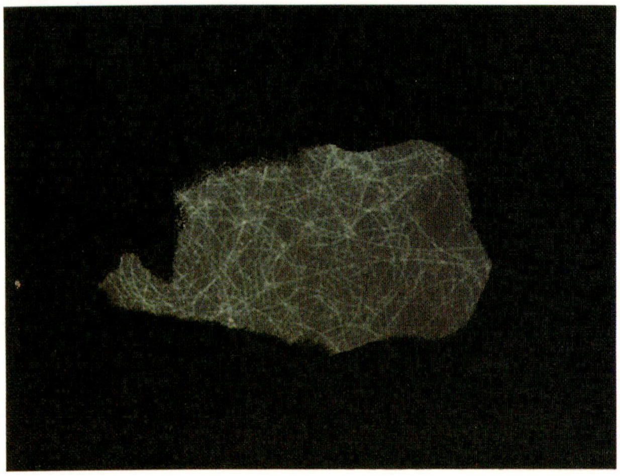

e

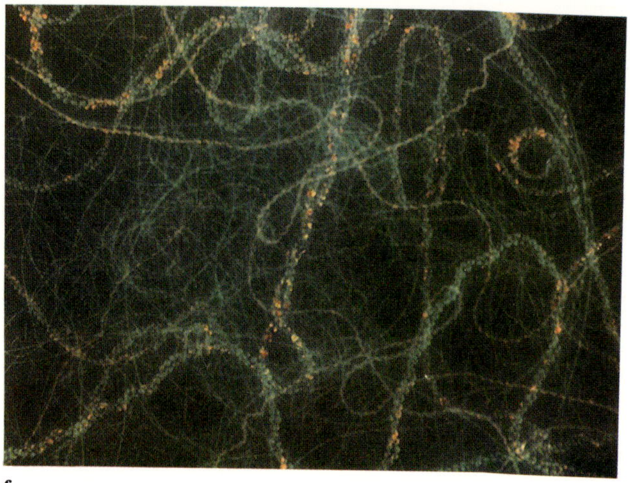

f

Fortsetzung der Fußnote von Seite 47

nem relativ frühen Zeitpunkt der Evolution trennten und daß die Mitochondrien einst freilebende Organismen waren, die der Zelle vor Jahrmilliarden in Symbiose einverleibt wurden. Die Entwicklung und zunehmende Verfeinerung dieser Symbiose dürfte übrigens die Antwort auf die Frage liefern, welchen Verlauf die Evolution in der Zeitspanne zwischen der Entwicklung der Zelle und dem massierten Auftreten vielzelliger Organismen in der Kambrischen Explosion genommen hat.

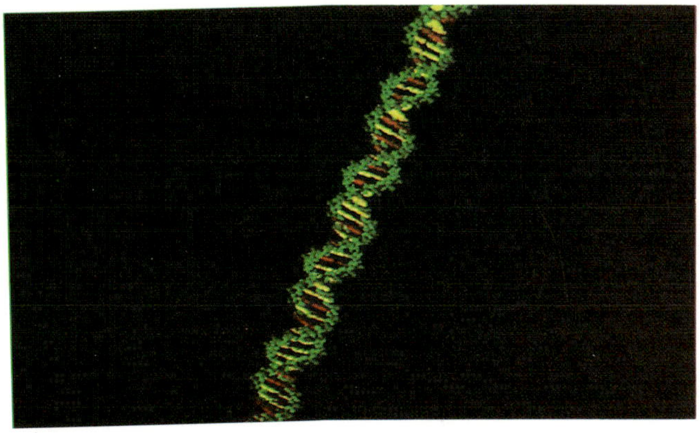

g

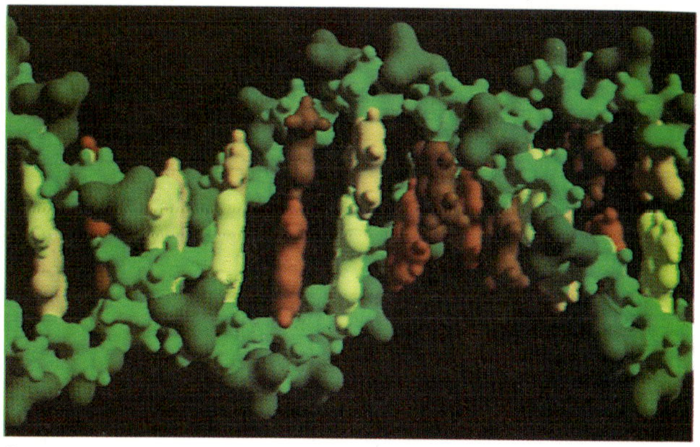

h

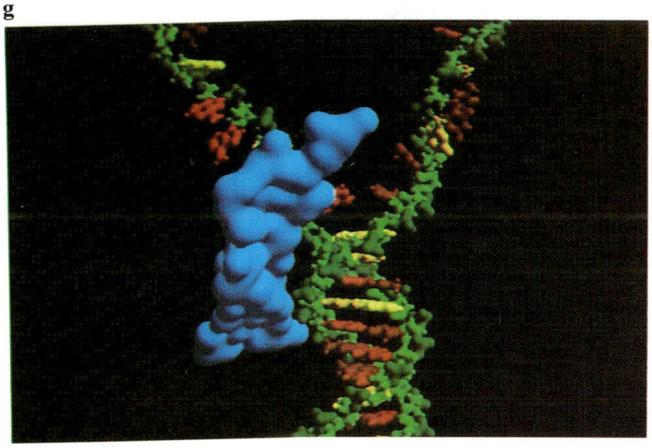

i

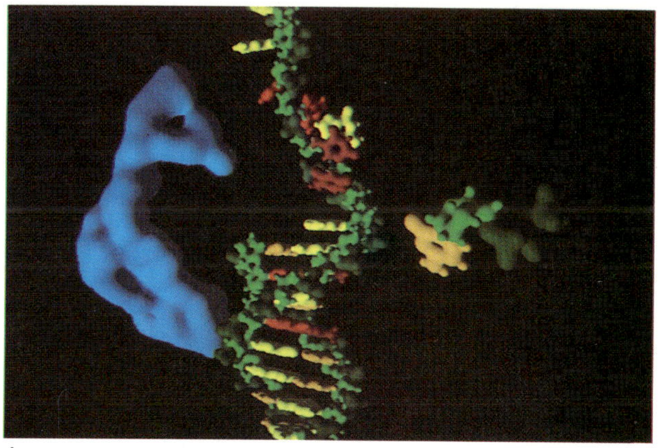

j

Eine Reise in die lebende Zelle. Die für höhere Organismen der Erde typischen menschlichen Lymphozyten weisen eine durchschnittliche Größe von etwa hundert Mikrometern (µm) auf (= 0,1 Millimeter, das kleinste Objekt, das das unbewaffnete menschliche Auge noch sehen kann). Nachdem wir durch die 0,01 µm dicke Zellmembran eingedrungen sind, stoßen wir auf ein eigenartiges Netzwerk dichter, langgestreckter Gebilde **(a)**, das sogenannte endoplasmatische Retikulum (ER), das eine wesentliche Rolle für die Zellarchitektur spielt. Im Zytoplasma oder Zelleib **(b)** sehen wir einige der vielen Ribosomen (z. B. die fünf dunklen Kugeln), die zum Teil mit Proteinen oder Boten-RNS verbunden sind, den Überträgern der genetischen Information vom Zellkern. Die Ribosomen sind etwa 0,02 µm groß. Die auf den hellblauen Kern im Hintergrund zulaufenden fadenförmigen Gebilde sind Mikrotubuli. Die wurstförmigen Gebilde, die rund 1 µm dicken und 10 µm langen Mitochondrien **(b, c)**, decken den Energiebedarf der Zelle und besitzen ihre eigene DNS; möglicherweise waren ihre Vorfahren einst freilebende Mikroben. Das ER ist mit dem Zellkern verbunden **(c, d)**. Durch eine porenförmige (0,05 µm große) Öffnung in der Kernmembran **(e)** dringen wir in den Zellkern selbst **(f)** ein, in dem es aufgrund der vielen DNS-Stränge wie nach einer »Explosion in einer Spaghettifabrik« aussieht. Abbildung **(g)** zeigt fünf volle Drehungen oder Windungen einer DNS-Doppelhelix, die aus rund 4000 Atomen bestehen. Ein ganzes DNS-Molekül des Menschen setzt sich aus etwa hundert Millionen solcher Windungen und ca. hundert Milliarden Atomen zusammen, was in etwa der Zahl der Sterne einer typischen Galaxis entspricht. **(h)** zeigt eine solche Windung. Die beiden grünen Stränge, gewissermaßen das »Rückgrat« des Moleküls, werden aus regelmäßig miteinander abwechselnden Phosphorsäure- und Zuckermolekülresten gebildet. Miteinander verbunden sind diese beiden Stränge durch die gelben, beigen, roten und braunen, gewissermaßen die Stufen der Wendeltreppe bildenden, stickstoffhaltigen Nukleobasen Adenin, Thymin, Guanin und Cytosin, von denen sich jedoch Adenin nur mit Thymin und Guanin nur mit Cytosin paart. Die Abfolge der Nukleobasen bestimmt die Sprache des Lebens. Die Kügelchen in dem naturgetreu nachgebildeten Modell stellen die Kohlenstoff-, Stickstoff-, Sauerstoff-, Phosphor und Wasserstoffatome (die kleinsten) dar. Das Entspiralisierungsenzym Helicase (blau dargestellt, **(i)**) steuert die der DNS-Reproduktion voraufgehende Trennung der chemischen Bande zwischen den zusammenstoßenden Nukleobasen. Bei der Replikation katalysiert ein Molekül des Enzyms DNS-Polymerase die Angliederung naher Bausteine an einen der DNS-Stränge **(j)**. So kopiert jeder Strang einer ursprünglichen Doppelhelix den anderen in Selbstverdoppelung. Paßt ein ankommendes Nukleotid nicht zu seinem Partner, wird es von der DNS-Polymerase entfernt – ein Vorgang, den die Molekularbiologen als »Korrekturlesen« bezeichnen. Wird einmal ein Fehler übersehen, kommt es durch Änderung der genetischen Informationen zu einer Mutation. Beim Menschen verknüpft eine typische DNS-Polymerase einige Dutzend Nukleotide pro Sekunde, wobei während der Replikation zehntausend an einem DNS-Molekül am Werk sein können. Dieselben hervorragend funktionierenden Molekularmechanismen existieren in jeder Pflanze, jedem Tier, ja selbst in jedem Mikroorganismus der Erde. Darstellungen **(a–f)** von Frank Armitage, John Allison und Adolf Schaller. Computerdarstellungen **(g–j)** von James Blinn und Pat Cole vom Jet Propulsion Laboratory.

Alle Farben sind willkürlich gewählt.

einstimmung auf molekularer Ebene ist darin zu suchen, daß wir alle – ob Bäume oder Menschen, Seeteufel, Schleimpilze oder Pantoffeltierchen – auf einen einzigen gemeinsamen Lebensursprung in der Frühzeit unseres Planeten zurückgehen. Wie aber sind diese ausschlaggebenden Moleküle entstanden?

In meinem Laboratorium an der Cornell-Universität, wo wir unter anderem abiogene organische Chemie treiben, ist es uns gelungen, einige Noten der Musik des Lebens nachzukomponieren. Wir haben die Gase der Urerde: Wasserstoff, Wasserdampf, Ammoniak, Methan, Schwefelwasserstoff, die übrigens heute noch alle auf dem Planeten Jupiter sowie im ganzen Kosmos zu finden sind, zusammengemischt und in Entsprechung zu den auf beiden Planeten aufgetretenen und auftretenden Blitzen durch das Gasgemisch Funken geschickt. Zehn Minuten später begannen sich die Wandungen des ursprünglich durchsichtigen Versuchsgefäßes – denn zunächst waren die Gase völlig unsichtbar – in sonderbaren Streifen braun zu färben, bis sie schließlich, mit einem dicken braunen Teerbelag überzogen, gänzlich undurchsichtig geworden waren. Hätten wir mit ultraviolettem Licht die Ursonne simuliert, wäre das Ergebnis ähnlich ausgefallen. Der teerähnliche Belag entpuppte sich als außerordentlich reiche Ansammlung komplexer organischer Moleküle, einschließlich der Bestandteile von Proteinen und Nukleinsäuren. Die Bausteine des Lebens lassen sich demnach sogar sehr leicht gewinnen.

Erstmals wurden solche Experimente Anfang der fünfziger Jahre von Stanley Miller durchgeführt, der damals bei dem Chemiker Harold Urey promovierte. Dieser hatte zwingend gefolgert, daß die Uratmosphäre wasserstoffreich gewesen sein müsse wie der größte Teil des Kosmos; daß sich der Wasserstoff seither von der Erde, nicht aber vom größeren Jupiter in den Weltraum verflüchtigt habe und daß das Leben vor dem Abwandern des Wasserstoffs entstanden sei. Als Urey den Vorschlag machte, durch ein der Uratmosphäre entsprechendes Gasgemisch Funken zu schicken, wurde er gefragt, was er sich von einem derartigen Experiment verspreche. Er antwortete lakonisch: *»Beilstein«*. So heißt das achtundzwanzigbändige deutsche Kompendium aller bekannten organischen Moleküle.

Demnach lassen sich also aus den Gasen, die die Urerde umgaben (wobei wir uns auf die wichtigsten beschränken können), mit Hilfe nahezu jeder Energie, die chemische Verbindungen zerbricht, die wesentlichen Bausteine des Lebens gewinnen. Damit aber haben wir lediglich die Noten der Lebensmusik, noch nicht diese selbst eingefangen. Die Molekularbausteine müssen erst noch in der richtigen Reihenfolge miteinander verbunden werden. Das Leben ist eben mehr als die Aminosäuren, aus denen die Proteine bestehen, und die Nukleotide, aus denen sich die Nukleinsäuren zusammensetzen. Doch selbst bei der Anordnung dieser Bausteine zu langen Kettenmolekülen konnte im Labor ein beträchtlicher Fortschritt erzielt werden. Tatsächlich ist es geglückt: 1. Aminosäuren unter Bedingungen, wie sie auf der Urerde herrschten, zu eiweißähnlichen Molekülen zu verbinden, die bereits erste Ansätze zur Steuerung nützlicher chemischer Reaktionen erkennen lassen, also eine ähnliche Funktion wie die Enzyme erfüllen; 2. Nukleotide zu einigen Dutzend Einheiten langen Nukleinsäuresträngen zusammenzuschließen sowie 3. unter den geeigneten Bedingungen im Reagenzglas kurze Nukleinsäuren herzustellen, die identische Kopien ihrer selbst aufzubauen vermögen.

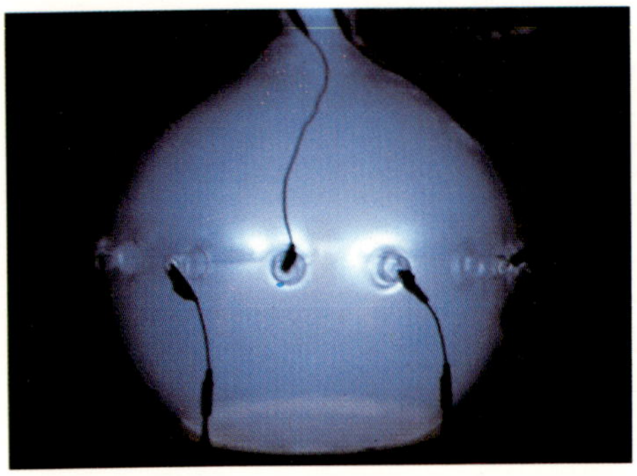

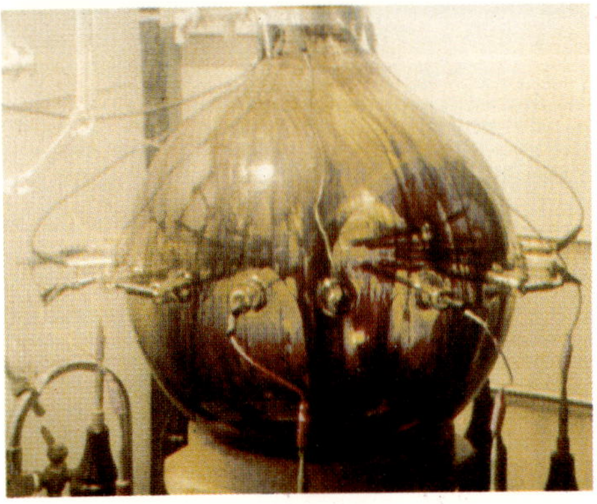

Die Synthese organischer Stoffe im Laboratory for Planetary Studies der Cornell University. Durch ein durchsichtiges Gasgemisch aus Methan, Ammoniak, Schwefelwasserstoff und Wasserdampf werden Funken geschickt *(oben)*. Wenige Stunden später hat sich an der Innenwand des Glasgefäßes ein Niederschlag aus allen möglichen organischen Molekülen, den Bausteinen des Lebens *(unten)*, gebildet. M. frdl. Gen. v. Bishun Khare.

Bis jetzt allerdings hat noch keiner die Gase und das Wasser der Urerde so zu mischen verstanden, daß hinterher etwas aus dem Reagenzglas herausgekrabbelt wäre. Die kleinsten bekannten Lebewesen, die Viroiden, bestehen aus nicht einmal zehntausend Atomen. Sie erregen verschiedene Krankheiten bei Kulturpflanzen, sind aber ihrerseits vermutlich nicht aus einfacheren, sondern erst jüngst aus komplexeren Organismen entstanden. In der Tat lassen sich einfachere, noch in irgendeiner Hinsicht lebendige Organismen kaum vorstellen. Diese lediglich aus einem einzigen linearen oder ringförmigen RNS-Strang bestehenden Viroiden, die sich im Gegensatz zu den immerhin noch mit einer Proteinhülle umgebenen Viren ausschließlich aus Nukleinsäure zusammensetzen, können trotz ihrer Winzigkeit gedeihen, da sie sich energisch und unermüdlich als Schmarotzer betätigen. Genau wie die Viren, übernehmen sie einfach die molekulare Apparatur einer viel größeren, funktionstüchtigen Zelle und wandeln diese Zellproduktionsanlage in eine Viroidproduktionsanlage um.

Die kleinsten heute bekannten freilebenden Organismen sind die PPLO *(pleuropneumonia-like organisms)* und ähnliche Winzlinge, die aus etwa fünfzig Millionen Atomen bestehen. Da sie stärker auf sich selber angewiesen sind als Viroiden und Viren, sind sie auch komplizierter gebaut. Aber solch einfache Lebensformen tun sich heute auf der Erde schwer. Die Umweltbedingungen sind ungünstig für sie, und außerdem müssen sie auf der Hut vor Räubern sein. In der Frühzeit unseres Planeten dagegen, als in der wasserstoffreichen Atmosphäre vom Sonnenlicht riesige Mengen organischer Moleküle erzeugt wurden, bot sich solch allereinfachsten nichtparasitären Organismen durchaus eine Überlebenschance. Die ersten Lebewesen könnten etwas wie freilebende Viroiden von nur ein paar hundert Nukleotiden gewesen sein. Möglicherweise können wir gegen Ende des Jahrhunderts darangehen, solche Wesen experimentell in der Retorte herzustellen. Vorher müssen wir allerdings erst noch vieles über den Ursprung des Lebens und des genetischen Codes in Erfahrung bringen. Alles in allem aber schneiden wir gar nicht so schlecht ab. Schließlich beschäftigen wir uns mit solchen Experimenten erst seit gut dreißig Jahren, während die Natur über einen Vorsprung von vier Jahrmilliarden verfügt.

Im übrigen werden diese Experimente nicht nur über das Leben auf der Erde Aufschluß geben: Die dabei verwendeten Gase und Energiequellen sind überall im Kosmos vorhanden. Chemische Reaktionen, wie wir sie in unseren Laboratorien in Gang setzen, können die Entstehung organischer Materie im interstellaren Raum und die Bildung der in Meteoriten gefundenen Aminosäuren erklären. Und ähnliche chemische Prozesse müssen sich auch auf Milliarden anderer Welten in der Milchstraße vollzogen haben. Der Kosmos ist von Molekülen des Lebens erfüllt.

Doch wenn das Leben auf anderen Planeten auf derselben Molekularchemie beruht wie auf Erden, ist das noch lange kein Grund, dort ähnliche Organismen zu vermuten. Man bedenke nur, in welch unglaublicher Vielfalt sich das Leben auf unserem Planeten Erde auf der Grundlage ein- und derselben Molekularbiologie entfaltet hat. Jene anderen Tiere und Pflanzen aber könnten sich von den uns bekannten Organismen grundlegend unterscheiden. Zwar mag die Evolution in manchen Punkten überall denselben Verlauf genommen haben, da es für bestimmte Umweltprobleme unter Umständen nur eine optimale Lösung gibt – zum Beispiel zwei Augen für räumliches Sehen bei Lichtwellen. Im allgemeinen aber dürften durch den

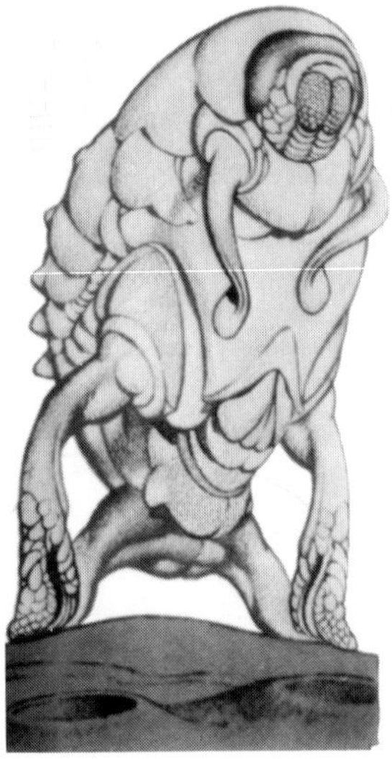

Extraterrestrier in der Sicht der Science-fiction. Man vergleiche dieses Phantasiegeschöpf von Edd Cartier mit der am Kapitelanfang abgebildeten elektronenmikroskopischen Aufnahme einer irdischen Milbe. M. frdl. Gen. d. Hamlyn Group Picture Library.

Zufallscharakter des Evolutionsprozesses extraterrestrische Wesen entstanden sein, die sich von den uns vertrauten Lebensformen stark unterscheiden.

Ich kann mir nicht vorstellen, wie solche extraterrestrischen Wesen aussehen mögen; denn da ich nur eine Ausformung des Lebens, eben die irdische, kenne, sind meiner Phantasie betrüblich enge Grenzen gezogen. Manche Leute – Science-fiction-Autoren und Künstler zum Beispiel – haben Spekulationen über solch andersartige Wesen angestellt, denen ich jedoch skeptisch gegenüberstehe. Meines Erachtens gehen sie allzusehr von uns bereits bekannten Lebensformen aus. Jeder Organismus aber ist das Ergebnis einer langen Reihe unwahrscheinlicher Schritte. Und deshalb glaube ich nicht, daß das Leben andernorts reptilien-, insekten- oder menschenähnliche Formen hervorgebracht hat, die sich lediglich durch kleine Schönheitskorrekturen wie grüne Hautfarbe, Spitzohren und Fühler von den unseren unterscheiden. Nach meiner Meinung gedrängt, würde ich versuchen, mir sogar etwas ziemlich anderes auszudenken:

Auf einem riesigen Gasplaneten wie dem Jupiter mit einer Wasserstoff-, Helium-, Methan-, Wasserdampf- und Ammoniakatmosphäre etwa gibt es keine bewohnbare feste Oberfläche, sondern nur eine dichte, wolkige Atmosphäre, in der organische Moleküle ähnlich wie die Produkte unserer Laborexperimente wie Manna vom Himmel fallen. Auf einem solchen Planeten hätte das Leben ein ganz bestimmtes Hindernis zu überwinden: Da sich die Atmosphäre in heftiger Bewegung befindet, in der Tiefe darunter jedoch sehr hohe Temperaturen herrschen, müssen sich Organismen davor in acht nehmen, nach unten getragen und geröstet zu werden. Dennoch wäre Leben auf einem so andersartigen Planeten nicht unmöglich, wie mein Kollege E. E. Salpeter von der Cornell-Universität und ich anhand einer Computersimulation nachgewiesen haben. Natürlich können wir nicht genau sagen, welche Art Leben sich an einem solchen Ort entwickeln würde, aber wir wollten wissen, ob im Rahmen der physikalischen und chemischen Gesetze eine Welt dieser Art bewohnt sein könnte.

Eine Möglichkeit, unter den beschriebenen Bedingungen zu leben, bestände darin, sich fortzupflanzen, ehe man gegrillt wird, und zu hoffen, daß einige Nachkommen durch Konvektion in höhere und kühlere Schichten der Atmosphäre hinaufgetragen werden. Solche Organismen könnten sehr klein sein. Nennen wir sie »Sinker«. Daneben aber könnte es auch »Schweber« geben, einige große Wasserstoffballons, die das Helium und die schwereren Gase aus ihrem Inneren hinausgepumpt und nur das leichteste, Wasserstoff, zurückbehalten hätten; oder Heißluftballons, die dadurch für den nötigen Auftrieb sorgten, daß sie ihr Inneres durch die aus der aufgenommenen Nahrung gewonnene Energie warm hielten. Wie bei den uns vertrauten irdischen Ballons ist die Auftriebskraft, die den Ballon in höhere, kühlere, sicherere Regionen der Atmosphäre zurückträgt, um so größer, je tiefer er herabgesunken ist. Ein solcher Schweber könnte sich von vorhandenen organischen Molekülen ernähren oder, ähnlich wie unsere Pflanzen, seine Nahrung selbst aus Sonnenlicht und Luft gewinnen. Bei diesen Wesen wüchse die Leistungsfähigkeit bis zu einem gewissen Punkt mit der Größe. So könnten nach Salpeter und mir Schweber von mehreren Kilometern Durchmesser existieren, Geschöpfe von den Dimensionen einer Stadt, neben denen die größten Wale, die es je auf Erden gab, zu Zwergen zusammenschrumpften.

Diese Schweber könnten sich wie Düsenjäger oder Raketen mittels Gasstößen durch die Planetenatmosphäre fortbewegen und sich zu unermeßlich großen, trägen Herden zusammenschließen. Die Musterung ihrer Haut, eine Tarntracht, würde anzeigen, daß auch sie ihre Probleme haben. Denn in einer solchen Umwelt gäbe es mindestens noch *eine* weitere ökologische Nische: jagen. Die Jäger aber wären schnell und leicht beweglich und würden die Schweber ihrer organischen Moleküle und ihres Vorrats an reinem Wasserstoff wegen verzehren. So könnten sich aus den hohlen Sinkern die ersten Schweber, und aus selbstangetriebenen Schwebern erste Jäger entwickelt haben. Allzu viele Jäger dürfte es allerdings nicht geben, da sie, wenn sie alle Schweber aufgezehrt hätten, ihrerseits zum Aussterben verdammt wären.

Solche bei einiger Phantasie durchaus reizvolle Lebensformen wären im Rahmen der gültigen physikalischen und chemischen Gesetze durchaus möglich und denkbar, was freilich nicht heißt, daß die Natur unseren Spekulationen auch gefolgt sein muß. Aber wenn anders es in der Milchstraße Milliarden bewohnter Welten gibt, befinden sich vielleicht auch einige von Sinkern, Schwebern und Jägern bewohnte darunter, wie sie uns unsere Phantasie unter Berücksichtigung der physikalisch-chemischen Gesetze ausmalt.

Die Biologie ist eher mit der Geschichte als mit der Physik verwandt. Um die Gegenwart zu verstehen, muß man die Vergangenheit kennen, und zwar bis in Einzelheiten hinein. Bis heute jedoch haben beide Disziplinen keine Theorie der Zukunftsvorhersage entwickelt, und zwar beide Male aus dem nämlichen Grund: Beide Gebiete sind noch zu kompliziert für uns. Doch anhand fremder Beispiele lernen wir uns selbst besser verstehen. Schon die Untersuchung eines einzigen Beispiels extraterrestrischen Lebens, wie bescheiden auch immer, würde genügen, unsere Biologie aus ihrem Provinzialismus zu befreien, wüßten unsere Biologen dann doch erstmals, welch andere Lebensarten möglich sind. Auch wenn wir die Suche nach Leben im All befürworten, können wir nicht garantieren, daß es leicht zu finden ist; wir können nur betonen, daß es unter allen Umständen gesucht zu werden verdient.

Bis jetzt kennen wir zwar nur die Stimme des Lebens auf einer einzigen kleinen Welt. Dafür aber haben wir endlich begonnen, auf die anderen Stimmen der kosmischen Fuge zu lauschen.

Verschiedene außerirdische Geschöpfe aus dem Arsenal der Science-fiction.

Jäger und Schweber, Phantasiewesen, wie sie in der Atmosphäre eines jupiterähnlichen Planeten leben könnten. Die meisten der dargestellten Wolkenbildungen wurden von der Voyager-Raumsonde auf dem Jupiter entdeckt. Das Halo um die Sonne geht auf Eiskristalle in den höheren Schichten der Atmosphäre zurück. Die Ausschnitte auf der *gegenüberliegenden Seite* zeigen **(a)** eine Herde Schweber im Aufwind über einem atmosphärischen Sturmsystem; **(b)** Schweber, durch ein Loch in den Wolken gesehen; **(c)** Schweber hoch über Ammoniak-Zirruswolken; **(d)** und **(e)** Großansichten von Schwebern, man beachte die dem Schutz vor den Jägern dienende Tarntracht mit ihrer eigentümlichen Färbung und Zeichnung; **(f)** Jäger beim Angriff; **(g)** Gruppe gleichfalls getarnter Jäger in großer Höhe. Darstellung von Adolf Schaller.

a

b

c

d

e

f

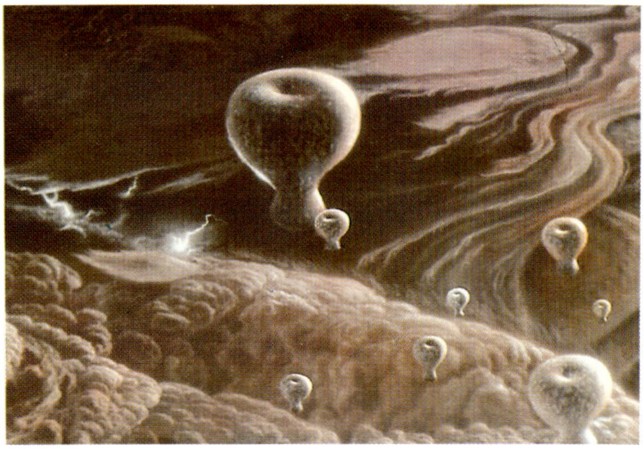

g

Dieser dekorative Ausschnitt aus einem »Papiercomputer« zur Bestimmung der Länge des Erdschattens auf dem Mond während einer Mondfinsternis wurde 1540, drei Jahre vor Veröffentlichung des Buches von Kopernikus und einunddreißig Jahre vor Johannes Keplers Geburt gedruckt. Aus dem *Astronomicum Caesarium* des Petrus Apianus, Ingolstadt.

3. Kapitel
Die Harmonie der Welten

Weißt du des Himmels Ordnungen,
oder bestimmst du seine Herrschaft über die Erde?

Hiob 38,33

Alles Wohlergehen und alles Mißgeschick,
das dem Menschen und den anderen Geschöpfen widerfährt,
kommt durch die Sieben und die Zwölf. Die zwölf Tierkreiszeichen sind,
wie uns die Religion lehrt, die zwölf Gebieter auf seiten des Lichts,
und die sieben Planeten die sieben Gebieter auf seiten der Finsternis.
Die sieben Planeten unterdrücken die gesamte Schöpfung
und liefern sie dem Tod und allen Arten von Übeln aus; denn die zwölf
Tierkreiszeichen und die sieben Planeten beherrschen
das Schicksal der Welt.

Das spätzoroastrische Buch *Menok i Xrat*

Die Feststellung,
ein jeglich Ding sei mit einer nur ihm eigenen geheimen Eigenschaft ausgestattet,
durch welche es tätig werde und sichtbare Wirkungen hervorbringe,
besagt nichts; könnte man hingegen aus den
Erscheinungen zwei oder drei allgemeine Bewegungsgesetze ableiten
und aus diesen offenbaren Prinzipien
sodann die Eigenschaften und Wirkweisen aller körperhaften Dinge erklären,
wäre ein großer Schritt getan.

Isaac Newton, *Optics*

Wie wir nicht fragen, zu welch nützlichem Zweck
die Vögel singen, da sie zum Singen erschaffen worden und der Gesang für sie eine Lust;
so sollten wir auch nicht fragen, warum sich der menschliche Geist damit müht,
die Geheimnisse des Himmels auszuloten ...
Sind doch die Naturerscheinungen deshalb so mannigfaltig
und die am Himmel verborgenen Schätze so reich,
damit es dem menschlichen Geiste nie an frischer Nahrung mangle.

Johannes Kepler, *Mysterium Cosmographicum*

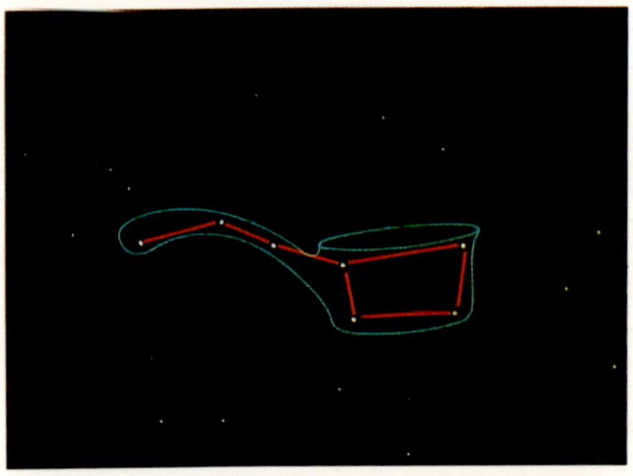

Das nördliche Sternbild des *»Big Dipper«* (der »Großen Schöpfkelle«), wie es in Nordamerika, oder der *»Casserole«*, wie es in Frankreich heißt.

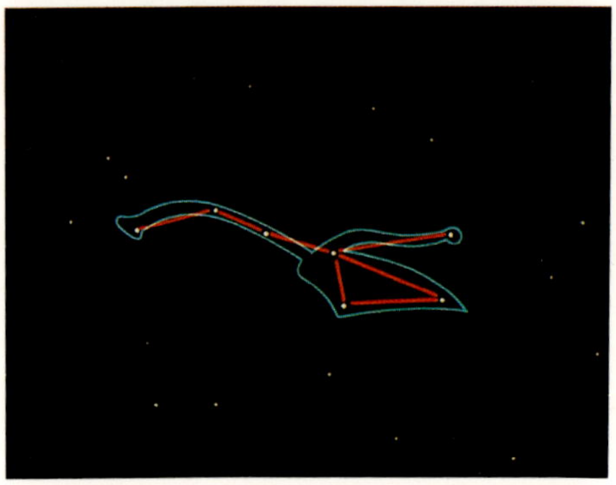

In England wird dieselbe Sterngruppe (die sieben Sterne sind durch rote Linien verbunden) *»The Plough«* (»Der Pflug«) genannt.

In China sah man darin den auf einer Wolke thronenden Himmlischen Hofbeamten, der in Begleitung seiner ewig hoffnungsfrohen Bittsteller seine Runde um den Nordpol des Himmels zieht. Gezeichnet und photographiert von Judy Kreijanovsky, Cartoon Kitchen.

Lebten wir auf einem Planeten, auf dem sich nie etwas änderte, gäbe es für uns wenig zu tun. Vor allem brauchten wir uns nicht den Kopf zu zerbrechen oder hätten, anders ausgedrückt, keinen Anlaß, Wissenschaft zu treiben. Lebten wir umgekehrt in einer unberechenbaren Welt, in der alles dem Zufall überlassen bliebe oder ganz verzwickt zuginge, könnten wir ebenfalls die Hände in den Schoß legen, denn wir kämen doch nicht hinter die Zusammenhänge. In Wirklichkeit aber stellt unser Universum eine Art Mittelding zwischen diesen beiden Möglichkeiten dar, d.h., es unterliegt zwar mannigfaltigen Veränderungen, die aber nicht vom Zufall, sondern von Mustern, Regeln oder, wie wir sie nennen, Naturgesetzen bestimmt werden. Werfe ich einen Stock in die Luft, fällt er unweigerlich zu Boden. Geht die Sonne im Westen unter, steigt sie unfehlbar am nächsten Morgen im Osten wieder auf. Und so ist es uns möglich, den Dingen auf den Grund zu gehen, d.h. Wissenschaft zu treiben und auf diese Weise unser Leben angenehmer zu gestalten.

Wir Menschen haben – und hatten von jeher – eine gewisse Gabe, die Welt zu verstehen. So vermochten wir nur deshalb zu jagen oder Feuer zu entzünden, weil wir einige Zusammenhänge begriffen – und zwar ehe es Fernsehen oder Kino, Radio oder Bücher gab. Ja, die allerlängste Zeit lebte die Menschheit ohne diese Dinge. Und an der verglimmenden Glut ihrer Lagerfeuer schauten unsere Vorfahren in mondlosen Nächten zu den Sternen auf.

Denn der Nachthimmel fasziniert den Menschen. Ganz von selbst scheinen sich die Sterne zu Bildern zusammenzufügen. So findet sich am nördlichen Himmel eine Konstellation, die entfernt an einen Bären erinnert und auch prompt in einigen Kulturen der Große Bär heißt, um nur eins von vielen Beispielen herauszugreifen. Natürlich existieren diese Bilder am Nachthimmel nicht *wirklich;* wir selbst haben sie dorthin projiziert, und zwar, da wir einst Jäger waren: Jäger und Hunde, Bären und junge Frauen, kurzum, lauter Dinge, die uns interessierten. Als europäische Seefahrer im 16. Jahrhundert erstmals in die südliche Hemisphäre vorstießen, entdeckten sie das am Himmel, was ihre Zeit bewegte – Tukane und Pfauen, Fernrohre und Mikroskope, Kompasse und Schiffshecks. Hätte das 20. Jahrhundert die Namen zu vergeben, hätte es vermutlich Autos und Kühlschränke, Rock and Roll-»Stars« und vielleicht sogar Atompilze, also seine Hoffnungen und Ängste, in die Sterne projiziert.

Von Zeit zu Zeit sahen unsere Vorfahren einen besonders hellen Stern mit Schweif über den Himmel schießen, einen »fallenden Stern«, wie sie ihn etwas irreführend nannten, da die Sterne hinterher immer noch alle vollzählig am Himmel standen. In manchen Jahreszeiten konnten sie viele solche Sterne beobachten, in anderen dagegen nur sehr wenige, denn auch hierin waltet eine gewisse Regelmäßigkeit.

Genau wie Sonne und Mond, gehen auch die Sterne immer im Osten auf und im Westen unter und brauchen die ganze Nacht, um den Himmel zu überqueren. Im übrigen wechseln mit den Jahreszeiten auch die Konstellationen. So tauchen manche immer zu Herbstanfang auf. Nie aber kommt es vor, daß plötzlich eine neue Konstellation im Osten aufgeht, denn der Lauf der Gestirne unterliegt einer festen und vorhersehbaren Ordnung, was sie den Menschen in gewisser Hinsicht tröstlich erscheinen läßt.

Einige Sterne gehen unmittelbar vor oder nach der Sonne auf bzw. unter und wechseln so im Lauf des Jahres Erscheinungszeit und -ort. Deshalb kann man nach jahrelangen genauen Sternbeobachtungen und deren Aufzeichnung die Jahreszeiten und anhand des Punktes am Horizont, an dem die Sonne aufgeht, den Fortgang des Jahres ablesen. Mit anderen Worten, das Firmament ist und war ein großer Kalender für jedermann, der ihn lange und aufmerksam studierte und über die Möglichkeit verfügte, das Gesehene aufzuzeichnen.

Unsere Vorfahren ersannen Mittel und Wege, die Abfolge der Jahreszeiten zu messen. So steht z. B. im Chaco Canyon, New Mexico, eine große dachlose Kiva, ein Zeremonienbau aus dem 11. Jahrhundert, in den das Licht am 21. Juni, dem längsten Tag des Jahres, bei Sonnenaufgang so durch ein Fenster einfällt, daß es langsam über eine bestimmte Nische wandert. Dieser Vorgang vollzieht sich nur am Sommersonnenwendtag, und ich kann mir lebhaft vorstellen, wie sich hier die stolzen Anasazi, die sich selbst »die Alten« nannten, alljährlich am 21. Juni im vollen Federschmuck türkisblau gewandet mit ihren Klappern versammelten, um die Macht der Sonne zu verherrlichen. Im übrigen verfolgten sie auch die scheinbare Bewegung des Mondes: Die 28 höhergelegenen Nischen der Kiva dürften die Anzahl der Tage darstellen, die der Mond braucht, um zu seinem Ausgangspunkt unter den Sternbildern zurückzukehren. Allem Anschein nach beschäftigte sich dieses Volk eingehend mit Sonne, Mond und Sternen. Ähnliche Einrichtungen finden sich aber auch andernorts, so in Angkor Vat, Kambodscha; Stonehenge, England; Abu Simbel, Ägypten; Chichen Itza, Mexiko; und in den Great Plains von Nordamerika.

Bei manchen Bauten mag sich die Kalenderfunktion nebenbei ergeben haben – etwa, indem das durch ein Fenster einfallende Licht am 21. Juni zufällig auf eine Nische traf. Andere dagegen müssen von vornherein diesem Zweck gedient haben. So wurden an einem Ort im amerikanischen Südwesten vor rund tausend Jahren drei Steinplatten dergestalt aufgestellt, daß eine in den Fels gehauene milchstraßenähnliche Spirale bei Sommerbeginn am 21. Juni von einem durch einen Spalt fallenden Lichtstrahl durchschnitten und zu Winteranfang am 21. Dezember von zwei Strahlen eingerahmt wird – eine einzigartige Ausnutzung der Mittagssonne, um den Himmelskalender zu entziffern.

Warum aber gaben sich die Menschen in aller Welt solche Mühe mit der Sternkunde? Weil wir Gazellen, Antilopen und Büffel jagten, die jahreszeitliche Wanderungen unternehmen, Früchte und Nüsse pflückten, die nur in bestimmten Monaten reifen, und nach der Erfindung des Ackerbaus zur rechten Zeit säen und ernten mußten. Außerdem hatten die weitverstreuten Nomadenstämme bestimmte jährliche Zusammenkünfte anberaumt. So entschied die Fähigkeit, den Himmelskalender zu lesen, buchstäblich über Leben oder Tod. Überdies zeugte das Wiederauftauchen des zunehmenden Mondes nach Neumond, die Rückkehr der Sonne nach einer totalen Sonnenfinsternis, ihr allmorgendlicher Aufgang nach ihrer beklemmenden Abwesenheit über Nacht – Vorgänge, die die Menschen rund um den Erdball beobachteten – von der Möglichkeit, den Tod zu überwinden, mit anderen Worten, der Himmel galt den Menschen auch als Symbol der Unsterblichkeit.

In den Cañons im amerikanischen Südwesten, durch die der Wind peitscht, ohne daß ihn außer uns jemand hört, lebten vor uns Heutigen vierzigtausend Generationen denkender Menschen, über die wir fast nichts wissen. Eine Generation lernte von der anderen, und so hatte sich im Lauf der Jahr-

Im mittelalterlichen Europa deutete man dieselbe Konstellation als »Großen Wagen«.

Die alten Griechen wie die Ureinwohner Amerikas sahen darin den Schwanz des »Großen Bären« – *Ursa Major*.

Die alten Ägypter faßten den »Großen Wagen« mit einer anderen Sterngruppe zu einer sonderbaren Prozession zusammen: Die Spitze bildete ein Stier, gefolgt von einem waagrecht dargestellten Menschen oder Gott und einem Nilpferd mit einem Krokodil auf dem Rücken. Gezeichnet und photographiert von Judy Kreijanovsky, Cartoon Kitchen.

Casa Bonita, ein Etagenhaus der Anasazi mit achthundert Räumen (11. Jahrhundert).

Casa Rincañada, ein nahezu exakt in der Ost-West-Achse angelegter Tempel der Anasazi.

Innenansicht der *Casa Rincañada* mit sechs höher und zwei tiefer gelegenen Nischen.

hunderte immer mehr Wissen angesammelt. Je genauer aber Stellung und Bewegung von Sonne, Mond und Sternen bekannt waren, desto zuverlässiger ließ sich die geeignete Zeit für Jagd, Saat und Ernte sowie für die Stammesversammlungen voraussagen. Und da mit zunehmender Präzision der Messungen auch eine Art Buchführung erforderlich wurde, förderte die Astronomie nicht nur die Beobachtung, sondern auch die Mathematik und die Entwicklung der Schrift.

Viel später kam dann eine reichlich seltsame Idee auf, mit der Mystizismus und Aberglauben in die bis dahin überwiegend von der empirischen Wissenschaft beherrschte Domäne einbrachen. Sonne und Sterne – so viel war bereits bekannt – regulierten Jahreszeiten, Nahrungsangebot und Temperatur, während der Mond die Gezeiten, die Lebenszyklen vieler Tiere, möglicherweise auch die menschliche Menstruationsperiode bestimmte* – für eine auf Nachwuchs bedachte Spezies von erstrangiger Bedeutung. Doch gab es am Himmel noch eine andere Art Sterne: die herumvagabundierenden Wandersterne, genannt Planeten, zu denen sich unsere nomadisierenden Vorfahren besonders hingezogen fühlen mußten. Sonne und Mond nicht mitgezählt, waren fünf zu beobachten, die sich vor dem Hintergrund fernerer Sterne bewegten. Verfolgte man über Monate hin ihren scheinbaren Lauf, zeigte sich, daß sie von einem Sternbild zum anderen wanderten und dabei ab und zu sogar eine Art langsamer Schleife zogen. Man fragte sich mit einemmal, da doch offenbar alle Himmelskörper Einfluß auf das Leben der Menschen nahmen, welche besondere Rolle sie wohl spielen mochten.

In der westlichen Gesellschaft heute an einem Zeitungsstand ein astrologisches Magazin zu kaufen ist kein Problem; weit schwerer ist es, eins über Astronomie zu finden. In Amerika, wo es zehnmal so viele Astrologen wie Astronomen gibt, bringt praktisch jede Zeitung täglich eine Astrologiespalte, kaum eine dagegen auch nur wöchentlich eine Kolumne über Astronomie. Und auf Partys werde ich von Leuten, die meinen Beruf nicht kennen, manchmal gefragt: »Sind Sie Zwilling?« oder: »In welchem Sternzeichen sind Sie geboren?«, aber kaum je: »Haben Sie schon gehört, daß bei den Supernovaexplosionen Gold entsteht?« oder: »Wann, glauben Sie, wird der Kongreß einen Mars-Rover genehmigen?«

Die Astrologie behauptet, das Sternbild, in dem die Planeten bei der Geburt eines Menschen stehen, beeinflusse auch sein weiteres Schicksal. Als vor ein paar Jahrtausenden die Idee aufkam, der Lauf der Planeten bestimme das Geschick von Königen, ganzen Dynastien und Reichen, begannen Astrologen die Planetenbahnen zu studieren und sich zu fragen, was etwa beim letzten Eintritt der Venus ins Zeichen des Steinbocks geschehen war, konnte sich doch etwas Ähnliches wieder ereignen. Das Ganze war eine reichlich fragwürdige Angelegenheit, die viel Fingerspitzengefühl erforderte, zumal die Astrologen in den Diensten des Staates standen. Ja, in einer ganzen Reihe von Ländern war die Himmelserforschung zum Zwecke der Zukunftsdeutung allen anderen sogar bei Todesstrafe untersagt, bot die Prophezeiung des Niedergangs eines Regimes doch eine gute Möglichkeit zu seinem Sturz. In China stand auf falsche Vorhersagen der Tod. Natürlich wurden die Berichte oft erst nachträglich den Ereignissen angepaßt, und so entwickelte sich die Astrologie zu einer sonderbaren Mischung aus

* Die Wortwurzel bedeutet »Mond«.

Beobachtung, Mathematik, sorgfältiger Buchführung und wirrem Denken, untermischt mit frommem Betrug.

Aber wenn die Planeten das Geschick ganzer Völker bestimmten, mußten sie wohl auch das Schicksal des einzelnen beeinflussen. Auf der Grundlage dieses Gedankens bildete sich vor rund zweitausend Jahren im alexandrinischen Ägypten die Vorstellung einer persönlichen Astrologie heraus, die sich dann in der gesamten griechischen und römischen Welt ausbreitete. Noch heute erkennt man den Uraltcharakter der Astrologie an Wörtern wie englisch *disaster*, das aus dem Griechischen kommt und »schlechter Stern« bedeutet, oder italienisch *influenza*, »Einfluß« (zu ergänzen: der Sterne). Ähnliches gilt für das hebräische – letztlich babylonische – *mazeltov* (»gute Konstellation«) und das jiddische *Schlamassel* (für das einen Menschen hartnäckig verfolgende Mißgeschick), das sich ebenfalls bis zum astronomischen Lexikon der alten Babylonier zurückverfolgen läßt. Laut Plinius wurde im alten Rom manch einer »von den Gestirnen geschlagen« (lat. *sideratio*), wie die Planeten überhaupt weithin als direkte Todesursache galten.

So gingen von den 1632 in der City of London registrierten 9535 Todesfällen zwar die meisten auf die erschreckend hohe Säuglings- und Kindersterblichkeit und so ausgefallene Krankheiten wie »Steigen der Lichter« und das »Königsübel« zurück, doch kamen immerhin angeblich dreizehn Menschen durch »Planeten« – mehr als durch Krebs – zu Tode, wobei man sich fragt, wie wohl die Symptome ausgesehen haben. Umgekehrt bedeutet das englische Wort *consider* (»betrachten, erwägen«) nichts weiter als »mit den Planeten«, was offensichtlich als Voraussetzung für ernsthafte Betrachtungen angesehen wurde.

Die persönliche Astrologie hat sich bis heute erhalten. Schauen wir uns einmal die Horoskope zweier verschiedener, in derselben Stadt am selben Tag erschienener Zeitungen, etwa der *New York Post* und der *New York Daily News* vom 21. September 1979 an.

Da wird den Waage-Geborenen (23. September bis 22. Oktober) laut *Post* »ein Kompromiß die Spannung abbauen helfen« – eine vielleicht nützliche, aber etwas vage Auskunft –, während sie nach Meinung des Astrologen von der *Daily News* »mehr von sich fordern müssen« – ein ebenfalls vager, aber anders orientierter Rat. Im Grunde nämlich sind die »Vorhersagen« gar keine Vorhersagen, sondern eher Ratschläge, die sagen, was man tun soll, nicht, was geschehen wird, und die absichtlich so allgemein gehalten sind, daß sie auf jedermann zutreffen. Ganz abgesehen davon stimmen sie, wie aufgezeigt, keineswegs miteinander überein. Warum sie dennoch kommentarlos wie Sporttabellen und Börsenberichte veröffentlicht werden, bleibt ein Rätsel.

Überprüfen wir die Stichhaltigkeit der Astrologie am Schicksal von Zwillingen, so zeigt sich, daß vielfach der eine bereits in der Kindheit durch einen Reitunfall, Blitzschlag oder dergleichen ums Leben kam, während sich der andere bis ins hohe Alter blühender Gesundheit erfreute. Und doch kamen beide am selben Ort im Abstand von nur wenigen Minuten zur Welt. Zum Zeitpunkt ihrer Geburt waren genau dieselben Planeten am Aufgehen. Wie also könnten, wenn die Astrologie Gültigkeit besäße, Zwillinge ein so grundverschiedenes Schicksal haben? Außerdem können sich die Astrologen nachweislich auch untereinander über die Bedeutung eines bestimmten Horoskops nicht einigen. Bei sorgfältigen Tests jedenfalls haben

Casa Rincañada am 21. Juni kurz nach Sonnenaufgang: Das Licht fällt durch ein Fenster auf eine Nische.

Eindrucksvoller Sonnenwendanzeiger der Anasazi (um das Jahr 1000). M. frdl. Gen. v. Bill Ray.

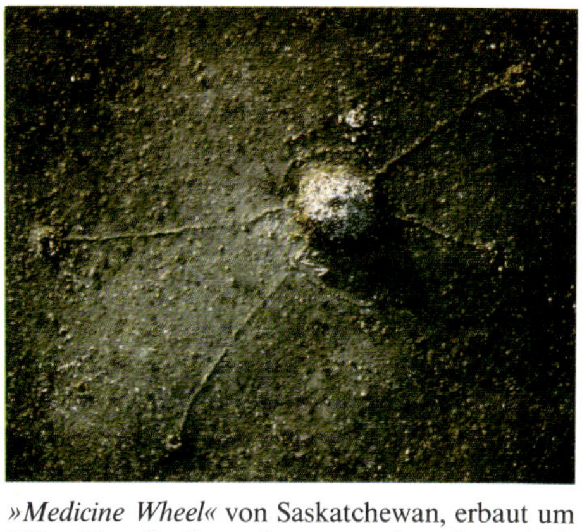

»Medicine Wheel« von Saskatchewan, erbaut um 600 v. Chr.: die älteste Sternwarte Amerikas mit einem Durchmesser von rund 80 Metern. Vom Steinhügel links aus beobachtete man am Tag der Sommersonnenwende den Sonnenaufgang. Photo Dr. John Eddy.

Die rote Linie zeigt die rückläufige Bewegung, die der Planet Mars im Verlauf vieler Monate vor dem Hintergrund der Sternbilder vollführt.

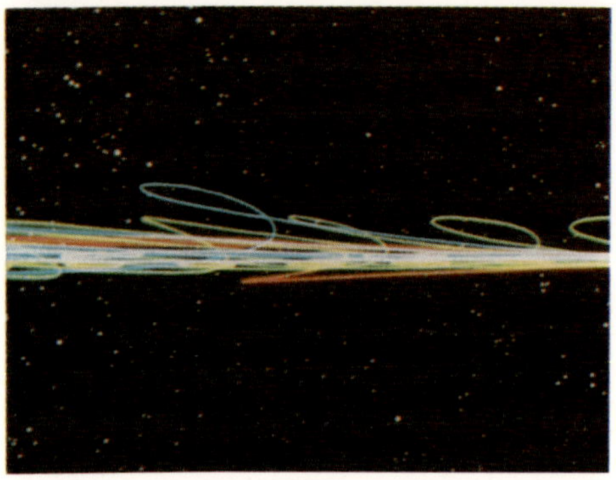

Die scheinbare Bewegung, die mehrere Planeten im Verlauf von Monaten vor dem Hintergrund derselben Sternbilder vollführen.

sie sich als unfähig erwiesen, Charakter und Zukunft von Leuten vorherzusagen, von denen sie außer Geburtszeit und -ort nichts wußten.*
Sonderbarerweise führen die Nationen unseres Planeten Erde gern Sterne in ihren Nationalflaggen: die USA 50, die Sowjetunion und Israel je einen, Burma 14, Grenada und Venezuela sieben, China fünf, der Irak drei, São Tomé e Príncipe zwei; Japan, Uruguay, Malawi, Bangladesch und Taiwan haben die Sonne gewählt; Brasilien eine Himmelskugel; Australien, Westsamoa, Neuseeland und Papua-Neuguinea das Kreuz des Südens; Bhutan die Drachenperle, Symbol der Erde; Kambodscha die Sternwarte von Angkor Vat; Indien, Südkorea und die Mongolische Volksrepublik andere kosmologische Symbole. Viele sozialistische Nationen haben sich für Sterne entschieden, viele islamische Länder für den Halbmond. Alles in allem sind fast auf der Hälfte unserer Nationalfahnen astronomische Symbole abgebildet.
Mit einem Wort, wir haben es hier mit einem weltweiten, von Kultur und Religion unabhängigen Phänomen zu tun, das sich im übrigen keineswegs auf unsere Zeit beschränkt: Schon auf sumerischen Rollsiegeln aus dem dritten vorchristlichen Jahrtausend oder auf den taoistischen Flaggen im vorrevolutionären China waren Sternbilder dargestellt.
Dem liegt zweifelsohne das Bestreben zugrunde, etwas von der Macht und Glaubwürdigkeit des Himmels auf den eigenen Staat zu übertragen, d.h., wir suchen eine Verbindung mit dem Kosmos, wollen an der großen Weltordnung beteiligt sein. Und wie sich zeigt, existiert eine solche Verbindung tatsächlich, wenn auch nicht in jener einfallslosen Art, in jenem kleinen Maßstab, wie sich die Astrologen das in der Annahme einer persönlichen Beziehung vorstellen, sondern auf einer viel ursprünglicheren Ebene, der der Entstehung der Materie, der Bewohnbarkeit der Erde, der Evolution und des Schicksals der menschlichen Spezies – lauter Themen, auf die wir später noch zurückkommen werden.

Die moderne volkstümliche Astrologie geht in direkter Linie auf Claudius Ptolemäus zurück, der im 2. Jahrhundert n. Chr. in der Bibliothek von Alexandria arbeitete. All das Abrakadabra über Planeten, die in diesem oder jenem »Tag-« oder »Nachthaus« im »Zeitalter des Wassermanns« aufsteigen, stammt von Ptolemäus, der die astrologische Überlieferung der alten Babylonier sammelte und systematisch aufzeichnete.
Hier ein typisches, in Griechisch auf Papyrus geschriebenes Horoskop aus Ptolemäus' Zeit für ein kleines Mädchen, Jahrgang 150:
»Philoe, geboren im zehnten Jahr der Herrschaft von Antoninus Caesar, 15./16. Phamenoth, erste Stunde der Nacht. Sonne in den Fischen, Jupiter und Merkur im Widder, Saturn im Krebs, Mars im Löwen, Venus und Mond im Wassermann, Horoskop Steinbock.«
An der Methode der Aufzählung von Monaten und Jahren hat sich im Lauf

* Skepsis gegenüber der Astrologie und verwandten Lehren ist weder neu noch auf den Westen beschränkt. So lesen wir z. B. in Yoshida Kenkos 1332 verfaßtem *Tsurezuregusa* (»Aufzeichnungen in Mußestunden«):
Die [japanischen] Yin-Yang-Lehren haben zum Thema der Tage der Roten Zunge nichts zu sagen. Ehedem mieden die Leute diese Tage nicht, neuerdings jedoch – ich möchte nur wissen, wer für die Einführung dieser Sitte verantwortlich ist – kann man oft Redensarten hören wie: »Was man an einem Tag der Roten Zunge beginnt, kommt nie zu Ende« oder: »Alles, was man an einem Tag der Roten Zunge sagt oder tut, erweist sich als Schlag ins Wasser: Man verliert, was man gewann, und Pläne bleiben ungetan.« Welcher Unfug! Würde man die an sorgfältig ausgesuchten »Glückstagen« begonnenen Unternehmungen, die letztlich auch zu nichts führen, zusammenzählen, käme man vermutlich zu einem ähnlichen Ergebnis.

der Jahrhunderte weit mehr geändert als an den astrologischen Spitzfindigkeiten selbst. Eine typische Stelle aus Ptolemäus' astrologischem Werk *Tetrabiblos* etwa lautet: »Die unter Saturn im Osten Geborenen sind in ihrer Erscheinung dunkelhäutig, stämmig, besitzen schwarzgelocktes Haupthaar und dichtes Brusthaar, mäßig große Augen, mittlere Größe und ein Temperament, bei dem das Feuchte, Kalte überwiegt.« Laut Ptolemäus sind also Planeten und Sterne für die Verhaltensweisen verantwortlich, darüber hinaus aber auch für Statur, Hautfarbe, Nationalcharakter, ja selbst angeborene körperliche Mißbildungen und anderes mehr. In diesem Punkt allerdings scheinen die modernen Astrologen etwas vorsichtiger geworden zu sein.

Andererseits haben sie die Präzession oder das Vorrücken der Nachtgleichenpunkte vergessen, die Ptolemäus durchaus geläufig war, lassen sie das Refraktionsgesetz unbeachtet, das er in seinem Werk abhandelt, und scheren sich wenig um all die Monde und Planeten, Asteroiden und Kometen, Quasare und Pulsare, explodierenden Galaxien, symbiotischen Sterne, veränderlichen Sterne und Röntgenstrahlenquellen, die in der Zwischenzeit entdeckt worden sind. Die Astronomie ist eine Wissenschaft, die das Universum erforscht, wie es ist, die Astrologie eine Pseudowissenschaft, die die unbewiesene Behauptung aufstellt, die anderen Planeten beeinflußten das Alltagsleben. Zu Ptolemäus' Zeiten konnte man zwischen Astronomie und Astrologie noch nicht genau unterscheiden – heute dagegen kann man es sehr wohl.

Als Astronom gab Ptolemäus den Sternen Namen, stufte ihre Helligkeit ein, führte gute Gründe für die Annahme der Kugelgestalt der Erde an, stellte Regeln für die Vorhersage von Sonnen- und Mondfinsternissen auf und – vielleicht am wichtigsten – versuchte die sonderbare Bewegung der Planeten vor dem Hintergrund ferner Sternbilder zu erklären. So entwickelte er ein Modell zur Vorhersage dieser Bewegungen und entzifferte die Botschaft des Himmels. Die Betrachtung des Alls konnte ihn geradezu in Verzückung versetzen. »Sterblich, wie ich bin«, schrieb er, »weiß ich, daß ich nur für einen Tag geboren bin. Wenn ich aber zu meiner Freude der dichtgedrängten Schar der Sterne auf ihrer Kreisbahn folge, berühren meine Füße nicht länger die Erde ...«

In seinem Weltbild ruhte die Erde im Mittelpunkt des Universums, während sich Sonne, Mond, Planeten und Sterne um sie drehten. Eine durchaus naheliegende Vorstellung, denn die Erde scheint unbeweglich festzustehen, während die Himmelskörper, wir sehen es doch, Tag für Tag auf- und untergehen. Kein Wunder also, daß sich alle Kulturen auf diese geozentrische Hypothese geworfen haben. Auch Johannes Kepler hielt es nach eigenem Bekunden für ausgeschlossen, daß sich der unaufgeklärte Geist die Erde anders vorstellen sollte denn als geräumiges Haus, überdacht vom unverrückbaren Himmelsgewölbe, an dem die winzige Sonne wie ein Vogel in der Luft von Ort zu Ort wandert. Wie aber sollte man sich in diesem Weltbild die scheinbaren Planetenbewegungen erklären, die schon Jahrtausende vor Ptolemäus bekannt waren, die des Mars z. B., der von den alten Ägyptern *sekded-ef em khetkhet,* »der rückwärts Wandernde«, genannt wurde, eindeutig eine Anspielung auf seine scheinbar rückläufige Schleifenbewegung.

Das ptolemäische Modell der Planetenbahnen läßt sich mit einer kleinen Apparatur veranschaulichen, wie sie bereits zu Ptolemäus' Zeiten gebaut

Natural and *Political*

OBSERVATIONS

Mentioned in a following INDEX,

and made upon the

Bills of Mortality.

By *JOHN GRAUNT,*

Citizen of

LONDON.

With reference to the *Government, Religion, Trade, Growth, Ayre, Diseases,* and the several Changes of the said CITY.

—— Non, me ut miretur Turba, laboro.
Contentus paucis Lectoribus ——

LONDON,

Printed by *Tho: Roycroft,* for *John Martin, James Allestry,* and *Tho: Dicas,* at the Sign of the *Bell* in St. *Paul's* Church-yard, MDCLXII.

The Diseases, and Casualties this year being 1632.

Abortive, and Stilborn	445	Grief	11
Affrighted	1	Jaundies	43
Aged	628	Jawfaln	8
Ague	43	Impostume	74
Apoplex, and Meagrom	17	Kil'd by several accidents	46
Bit with a mad dog	1	King's Evil	38
Bleeding	3	Lethargie	2
Bloody flux, scowring, and flux	348	Livergrown	87
Brused, Issues, sores, and ulcers,	28	Lunatique	5
Burnt, and Scalded	5	Made away themselves	15
Burst, and Rupture	9	Measles	80
Cancer, and Wolf	10	Murthered	7
Canker	1	Over-laid, and starved at nurse	7
Childbed	171	Palsie	25
Chrisomes, and Infants	2268	Piles	1
Cold, and Cough	55	Plague	8
Colick, Stone, and Strangury	56	Planet	13
Consumption	1797	Pleurisie, and Spleen	36
Convulsion	241	Purples, and spotted Feaver	38
Cut of the Stone	5	Quinsie	7
Dead in the street, and starved	6	Rising of the Lights	98
Dropsie, and Swelling	267	Sciatica	1
Drowned	34	Scurvey, and Itch	9
Executed, and prest to death	18	Suddenly	62
Falling Sickness	7	Surfet	86
Fever	1108	Swine Pox	6
Fistula	13	Teeth	470
Flocks, and small Pox	531	Thrush, and Sore mouth	40
French Pox	12	Tympany	13
Gangrene	5	Tissick	34
Gout	4	Vomiting	1
		Worms	27

Christened { Males .... 4994, Females .. 4590, In all .... 9584 } Buried { Males .... 4932, Females .. 4603, In all .... 9535 } Whereof, of the Plague. 8

Increased in the Burials in the 122 Parishes, and at the Pest-house this year 993

Decreased of the Plague in the 122 Parishes, and at the Pest-house this year .... 266 [10]

Die Titelseite aus John Graunts statistischem Jahrbuch von 1632. Todesursachen in London im Jahr 1632.

Nikolaus Kopernikus, Gemälde von Jean-Léon Huens. M. frdl. Gen. d. National Geographic Society.

Johannes Kepler, an der Wand ein Bildnis Tycho Brahes, Gemälde von Jean-Léon Huens. M. frdl. Gen. d. National Geographic Society.

wurde,* um die »wahre« Bewegung der Planeten von oben »außen« mit ihrer scheinbaren von unten »innen« exakt zur Deckung zu bringen.
Dieser Konzeption zufolge umkreisen die Planeten, an vollkommen durchsichtigen Sphären befestigt, die Erde, doch dachte man sie sich nicht direkt, sondern indirekt, durch eine Art exzentrisches Rad, an die Sphären geheftet: Die Sphäre kreist, das kleine Rad dreht sich, und damit durchläuft Mars, von der Erde aus gesehen, seine Schleifenbahn. Tatsächlich ermöglichte dieses Modell eine annähernd korrekte Voraussage der Planetenbewegung, die jedenfalls für die damals mögliche Meßgenauigkeit, ja selbst noch viele Jahrhunderte nach Ptolemäus, vollauf genügte.
Auch die heute noch geläufigen Begriffe Sphärenmusik und Siebter Himmel (es gab einen »Himmel« oder eine Sphäre für Sonne und Mond, Merkur, Venus, Mars, Jupiter, Saturn sowie eine siebte für die Sterne) sind letztlich Ausfluß antiker Vorstellungen. Das Mittelalter stellte sie sich aus Kristall vor. Diese Zeit, die die Erde in den Mittelpunkt des Universums rückte und die irdischen Geschehnisse zum Angelpunkt der Schöpfung erhob, sah wenig Anlaß zu astronomischen Beobachtungen, zumal sich der Himmel nach Prinzipien aufbaute, die mit den auf der Erde gültigen nicht das geringste zu tun hatten. So unterstützten sich die ptolemäische Sphärentheorie und die Kirche im Mittelalter gegenseitig, um den Fortschritt der Astro-

* Schon vierhundert Jahre früher war ein solcher Mechanismus von Archimedes konstruiert, vom römischen General Marcellus, dessen Soldaten den siebzigjährigen Wissenschaftler gegen ausdrücklichen Befehl ermordet hatten, nach Rom gebracht und später dort von Cicero untersucht und beschrieben worden.

nomie für ein Jahrtausend aufzuhalten. 1543 erst wurde von einem katholischen Geistlichen, dem in Thorn geborenen Nikolaus Kopernikus, eine völlig andere Hypothese zur Erklärung der scheinbaren Planetenbewegung veröffentlicht, eine höchst mutige Hypothese, derzufolge die Sonne im Mittelpunkt des Universums stand, während die Erde zu einem Planeten unter anderen degradiert wurde, dem dritten von der Sonne, der eine perfekte Kreisbahn beschrieb. (Auch Ptolemäus hatte ein solches heliozentrisches Modell in Betracht gezogen, es aber sofort wieder verworfen, da die in diesem Fall von der aristotelischen Physik implizierte heftige Rotation der Erde jeglicher Beobachtung zu widersprechen schien.)
Obwohl dieses Modell die scheinbare Planetenbewegung mindestens ebenso gut erklärte wie die ptolemäischen Sphären, nahmen viele daran Anstoß. 1616 setzte die katholische Kirche Kopernikus' Werk »bis zur Berichtigung« durch lokale kirchliche Zensoren auf den Index, wo es bis 1835* blieb. Auch Martin Luther nannte Kopernikus einen Emporkömmling unter den Astrologen, einen Narren, der die gesamte Wissenschaft der Astronomie auf den Kopf stellen wolle. Schließlich stehe in der Heiligen Schrift ausdrücklich zu lesen, daß Josua der Sonne und nicht der Erde stillzustehen befahl. Ja, sogar manche seiner Bewunderer meinten, Kopernikus habe gar nicht an ein heliozentrisches Universum geglaubt, sondern es lediglich postuliert, um die Planetenbahnen besser berechnen zu können.
Ihren Höhepunkt erreichte die epochale Konfrontation der beiden Weltsysteme – des geozentrischen und des heliozentrischen – im 16./17. Jahrhundert in der Person eines Mannes, der wie Ptolemäus gleichzeitig Astrologe und Astronom war, zu einer Zeit, in der der menschliche Geist in Fesseln und der Verstand in Ketten lag. Urteile, die die Kirche ein Jahrtausend zuvor in Dingen der Wissenschaft gefällt hatte, galten als verläßlicher als die Entdeckungen, die die Zeitgenossen mit Hilfe neuer, den Alten noch unbekannter Techniken machten; Abweichungen von den vorherrschenden doxologischen Vorlieben wurden selbst bei den abwegigsten theologischen Fragen auf katholischer wie auf protestantischer Seite mit Demütigungen, Besteuerung, Exil, Folter oder Tod bestraft. Den Himmel dachte man sich von Engeln und Dämonen bevölkert, während die Hand Gottes die kristallenen Planetensphären bewegte. Die Gelehrten kamen nicht im Traum auf die Idee, den Naturerscheinungen könnten die Gesetze der Physik zugrunde liegen. In dieser Welt entzündete Johannes Kepler in einem mutigen und einsamen Kampf das Feuer der wissenschaftlichen Revolution.
Der 1571 in Weil der Stadt in Württemberg geborene Kepler besuchte zur Vorbereitung auf die geistliche Laufbahn die evangelische Klosterschule des Provinzstädtchens Maulbronn, eine Art militärischer Drillanstalt, in der junge Geister im Gebrauch theologischer Waffen gegen die Festung des römischen Katholizismus geübt wurden. In diesem Ort verbrachte Kepler, ein eigenwilliger, intelligenter, von brennendem Unabhängigkeitsdrang beseelter Knabe zwei Jahre ohne Freunde, in denen er sich ganz auf sich selbst zurückzog und mit seiner eingebildeten Unwürdigkeit vor Gott herumquälte. Er bereute tausend Allerweltssünden und gab jegliche Hoffnung auf, jemals Gnade vor den Augen des Allerhöchsten zu finden.

* Eine erst vor kurzem durchgeführte umfassende Bestandsaufnahme der aus dem 16. Jahrhundert stammenden Kopernikusausgaben offenbarte die Machtlosigkeit der Zensur: Laut Owen Gingerich waren in Italien nur 60 Prozent aller Exemplare und in Spanien kein einziges »berichtigt« worden.

Kalenderblatt für November mit einer Abbildung des Schützen. Aus einem deutschen astrologischen Manuskript um 1450.

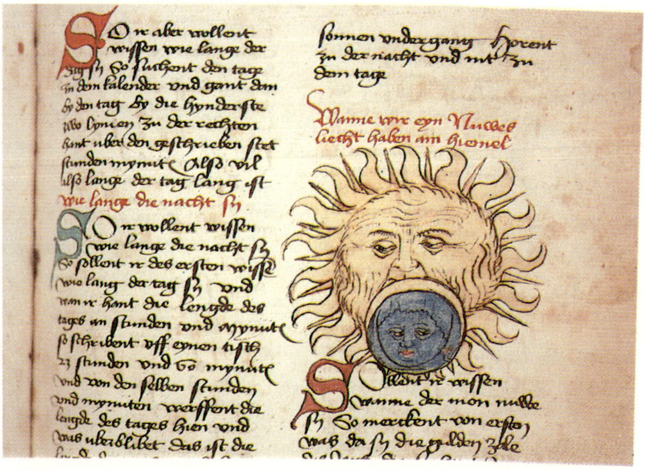

Mittelalterliche Abhandlung über die relative Länge von Tag und Nacht.

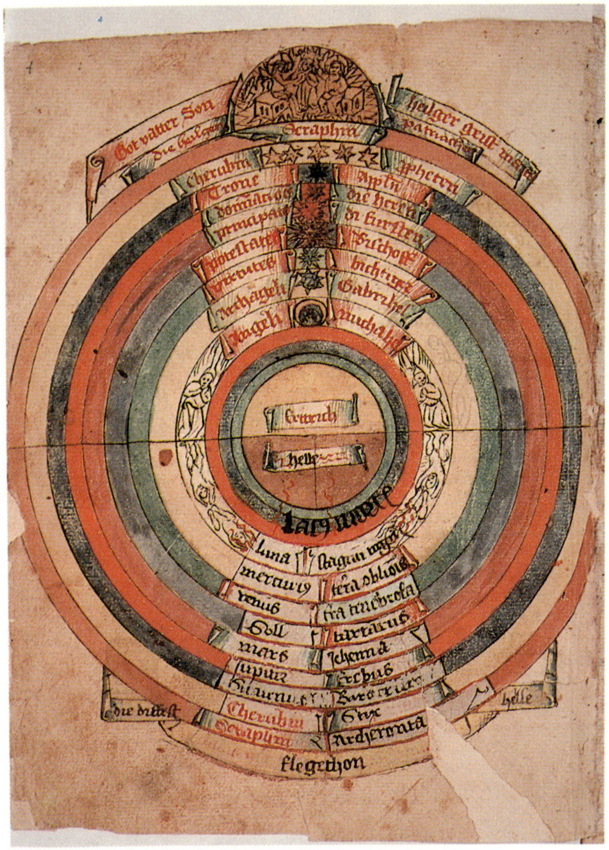

Das geozentrische vorkopernikanische Weltbild des christlichen Europa. Im Mittelpunkt die Erde, in Himmel (beige) und Hölle (braun) geteilt und von den Elementen Wasser (grün), Luft (blau) und Feuer (rot) umgeben. Daran anschließend in konzentrischen Kreisen die Sphären mit den sieben Planeten, dem Mond und der Sonne sowie den »Zwölf Ordnungen der seligen Geister«, den Cherubim und den Seraphim. Deutsches Manuskript um 1450.

Die Tierkreiszeichen mit Sonne und Mond in der Mitte. In den Ecken die vier Winde. Die Farben beziehen sich auf die vier irdischen Elemente Erde (braun), Luft (blau), Wasser (grün) und Feuer (rot). Deutsches astrologisches Manuskript um 1450.

»Papiercomputer« mit vier beweglichen Scheiben zur Vorhersage von Sonnen- und Mondfinsternissen. Aus dem *Astronomicum Caesarium* des Petrus Apianus (1540).

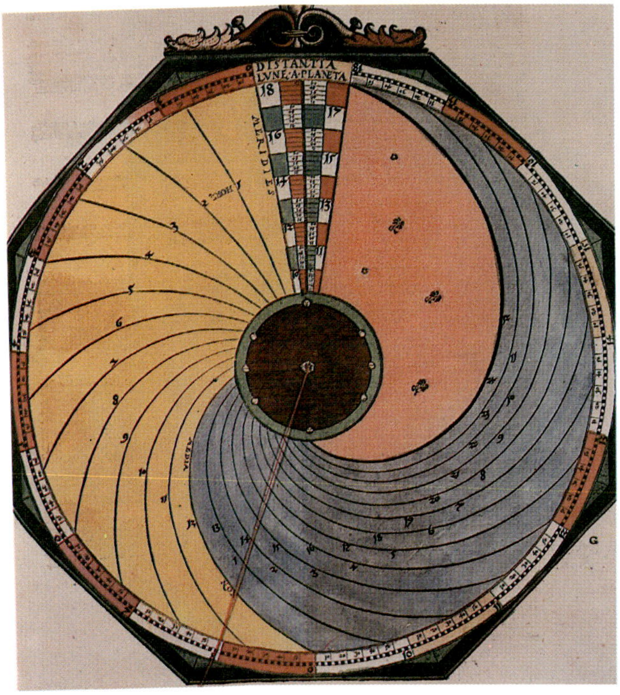

»Papiercomputer« zur Bestimmung der Mondphasen im Hinblick auf einen Planeten. (An dem Faden wurde eine Perle angebracht.) Aus dem *Astronomicum Caesarium*.

»Planetenblatt« für Merkur. Dieser ist als dunkelblaues Kreissymbol, von verschiedenen Sternbildern umgeben, dargestellt (zu seinen Füßen sitzend Cassiopeja, rechts daneben Orion, ein Tier tötend). Unten im Bild verschiedene menschliche Tätigkeiten, die nach Meinung der Astrologen unter dem Einfluß der Planeten standen. Deutsches astrologisches Manuskript um 1450.

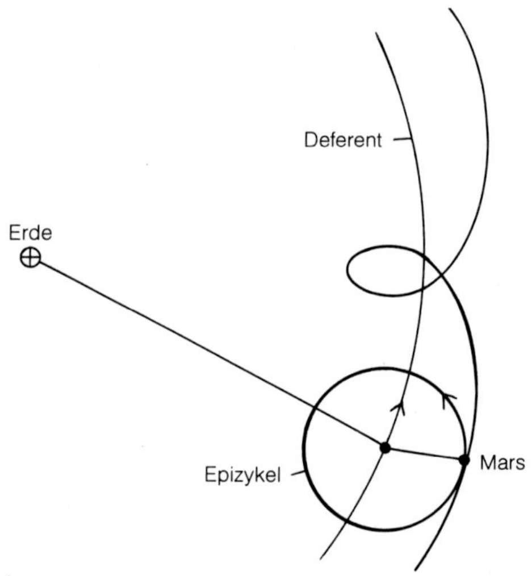

Nach dem geozentrischen ptolemäischen Weltbild beschreibt der Mars einen kleinen Kreis, den sog. Epizykel, der seinerseits auf einen größeren sich drehenden Kreis aufgesetzt ist, wodurch vor dem Hintergrund ferner Sterne eine scheinbar rückläufige Bewegung zustande kommt.

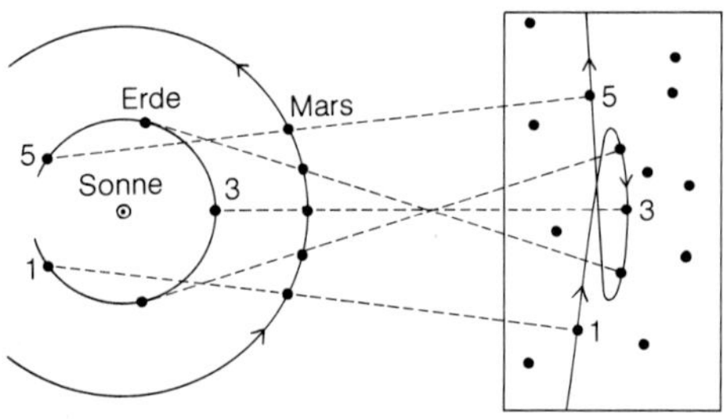

Nach dem kopernikanischen Weltbild, in dem die Erde und die anderen Planeten um die Sonne kreisen, kommt die scheinbar rückläufige Bewegung in dem Augenblick zustande, in dem der Mars von der Erde überholt wird.

Doch letztlich wuchs sein Gottesbegriff über den Sühne heischenden zornigen Rächer hinaus. Keplers Gott wurde die schöpferische Kraft des Kosmos, und mit der Zeit obsiegte die Neugier des Jungen über seine Angst. Er wollte Sinn und Zweck der Welt ergründen und wagte über den Geist Gottes nachzudenken. Ein gefährliches Unterfangen, das anfangs vage Visionen auslöste, schon bald aber in Besessenheit umschlug, die ihn zeitlebens nicht mehr loslassen sollte.

Die Wissenschaften des klassischen Altertums waren schon fast tausend Jahre verstummt, da begannen sich im Spätmittelalter von arabischen Gelehrten bewahrte Reste ins europäische Bildungsprogramm einzuschleichen. Neben Theologie, Griechisch und Latein hörte Kepler in Maulbronn auch Musik und Mathematik, und in der euklidischen Geometrie glaubte er einen Blick auf die Vollkommenheit und Herrlichkeit des Kosmos zu erhaschen. »Die Geometrie«, schrieb er später, »existierte schon vor der Schöpfung. Sie ist ewig wie der Geist Gottes ... Die Geometrie gab Gott ein Vorbild für die Schöpfung an die Hand ... Die Geometrie ist Gott selbst.« Aber weder seine Begeisterung für die Mathematik noch sein zurückgezogenes Leben konnten Kepler so gegen die Außenwelt abschirmen, daß deren Unvollkommenheiten und Schwächen nicht seinen Charakter mitgeprägt hätten. Zu seiner Zeit bildete der Aberglaube ein gängiges Allheilmittel gegen Hunger, Pestilenz und mörderische Lehrstreitigkeiten, denen sich die Menschen schutzlos ausgeliefert sahen. Für viele gab es nur eine Sicherheit, die Sterne, und in den Hinterhöfen und Schenken florierte die alte Astrologie. Kepler selbst stand ihr sein ganzes Leben lang zwiespältig gegenüber. Ihm ging es vor allem darum, hinter dem scheinbaren Chaos des täglichen Lebens verborgene Gesetze zu suchen. Mußte man die Welt, wenn sie von Gott erschaffen worden war, nicht genau anschauen? War nicht die ganze Schöpfung Ausdruck der Harmonie des göttlichen Geistes? Ein Jahrtausend lang hatte das Buch der Natur auf einen Leser gewartet, der es nun endlich aufschlug.

1589 verließ Kepler Maulbronn, um sein Theologiestudium an der Universität Tübingen fortzusetzen, wo er sich wie befreit fühlte. Nicht nur, daß er hier auf die lebendigsten geistigen Strömungen der Zeit stieß, sein Genie wurde von seinen Lehrern auf Anhieb erkannt. Ohne zu zögern, führten sie ihn in die gefährlichen Mysterien der kopernikanischen Hypothese ein, und da ein heliozentrisches Universum ganz Keplers religiösem Empfinden entsprach, stürzte er sich begeistert darauf. Die Sonne war ihm Sinnbild für Gott, um den sich alles dreht. Dennoch griff er, als ihm vor der Ordination eine verlockende weltliche Stelle angeboten wurde, mit beiden Händen zu – offenbar fühlte er sich für die geistliche Laufbahn doch nicht unbedingt geeignet. Jedenfalls zog er es vor, an der evangelischen Stadtschule im steiermärkischen Graz Mathematik zu lehren und astronomische und meteorologische Almanache zu verfassen und Horoskope zu erstellen. »Gott hat jedem Lebewesen die Mittel zu seinem Unterhalt gegeben«, schrieb er, »so dem Astronomen die Astrologie.«

Kepler, obwohl ein glänzender Denker und scharfsinniger Autor, war ein miserabler Lehrer, der nuschelte, vom Thema abschweifte und zu Zeiten völlig unverständlich daherredete. Schon im ersten Grazer Jahr hatte er nur eine Handvoll Schüler, im zweiten blieben sie ganz aus. Außerdem war er zerstreut, da immer neue Assoziationen und Spekulationen sein Denken beschäftigten, und eines schönen Sommertages wurde ihm mitten in einem seiner nicht enden wollenden Lehrvorträge eine Offenbarung zuteil, die die Zukunft der Astronomie von Grund auf ändern sollte. Möglich, daß er mitten im Satz abbrach, doch dürften seine unaufmerksamen Schüler, die nur das Ende des Tages herbeisehnten, den historischen Augenblick wohl kaum bemerkt haben.

Zu Keplers Zeit waren lediglich sechs Planeten – Merkur, Venus, Erde, Mars, Jupiter und Saturn – bekannt. Warum aber, fragte sich Kepler, gab es ausgerechnet sechs und nicht 20 oder 100? Und weshalb hatten ihre Bahnen ausgerechnet den von Kopernikus abgeleiteten Abstand zueinander? Solche Fragen hatte vor ihm noch keiner gestellt. Kepler nun brachte sie in Zusammenhang mit den seit Pythagoras in der griechischen Mathematik bekannten fünf regelmäßigen oder »platonischen« Körpern, deren Seiten aus regelmäßigen Vielecken bestehen. Von dieser Idee ausgehend, gelangte er zu der Überzeugung, daß die beiden Zahlen etwas miteinander zu tun haben müßten, d. h., daß der Grund für die Beschränkung der Planeten auf sechs in der Fünfzahl der regelmäßigen Körper zu suchen sei, die, ineinandergepackt oder -gesteckt, den Abstand der Planeten zur Sonne bestimmten. In diesen vollkommenen Formen glaubte er die unsichtbaren Träger der sechs Planetensphären erkannt zu haben. Diese Offenbarung nannte er »Das Weltgeheimnis« *(Mysterium Cosmographicum)*, hinter dem er die Hand Gottes, des Himmlischen Geometers, zu entdecken vermeinte, denn in seinen Augen ließ eine solche Verknüpfung nur diese eine Deutung zu. Kepler konnte kaum glauben, daß Gott einen Sünder wie ihn für diese große Entdeckung auserwählt haben sollte. Er wandte sich an den Herzog von Württemberg mit der Bitte, seine Forschung finanziell zu unterstützen, und erbot sich, dafür die Konstruktion der ineinandergesteckten Körper in Form eines dreidimensionalen Modells zu überwachen, damit die Schönheit der heiligen Geometrie allen offenbar würde. Dieses Modell könnte, so fügte er an, in Silber getrieben und mit Edelsteinen verziert, dem Herzog gleichzeitig als Pokal dienen. Aber der Vorschlag wurde mit der freundlichen Empfehlung abgelehnt, er möge erst eine billigere Ausfertigung aus Papier herstellen, was Kepler auch auf der Stelle versuchte: »Die ungeheure Freude, mit der mich diese Entdeckung erfüllte, läßt sich nicht in Worte fassen ... Ich scheute keine Berechnung, wie schwierig sie auch sein mochte. Tag und Nacht brachte ich über mathematischen Arbeiten zu, denn ich wollte wissen, ob meine Hypothese mit den Bahnen des Kopernikus übereinstimmte oder ob sich meine Freude in Luft auflösen sollte.« Aber sosehr er sich auch bemühte, Körper und Planetenbahnen wollten sich nicht recht in Einklang bringen lassen. Die Eleganz und Großartigkeit der Theorie jedoch verleitete ihn, die Richtigkeit der Beobachtungen anzuzweifeln – eine Einstellung, die in der Geschichte der Wissenschaft viele Theoretiker vor und nach ihm gegenüber nicht in ihr Denkschema passenden Beobachtungen bezogen haben. Zu Keplers Zeit gab es nur einen Mann auf der Welt, der über genauere Beobachtungen der scheinbaren Planetenpositionen verfügte, einen dänischen Adligen, der freiwillig ins Exil gegangen war und am Hof des Kaisers des Heiligen Römischen Reiches den Posten eines kaiserlichen Mathematikers bekleidete: Tycho Brahe. Zufällig hatte dieser zum fraglichen Zeitpunkt Kepler, der sich in der Mathematik allmählich einen Namen machte, auf Anregung Rudolfs II. nach Prag eingeladen.

Zwar traute der nur einigen wenigen Mathematikern bekannte Provinzschulmeister niedriger Herkunft Tychos Angebot nicht so recht, doch wur-

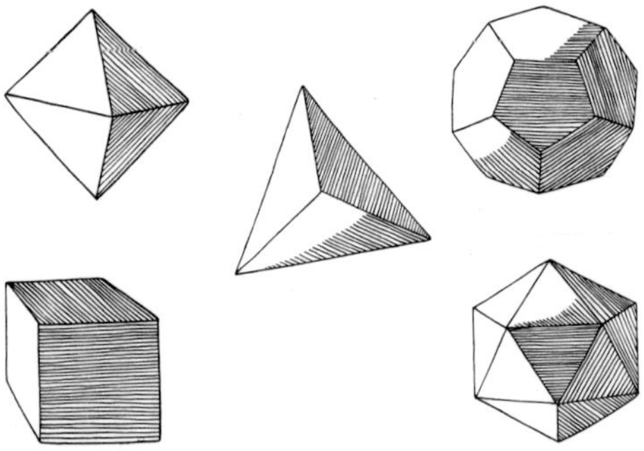

Die fünf regelmäßigen Körper des Pythagoras (vgl. Anhang 2). Zeichnung von Brown.

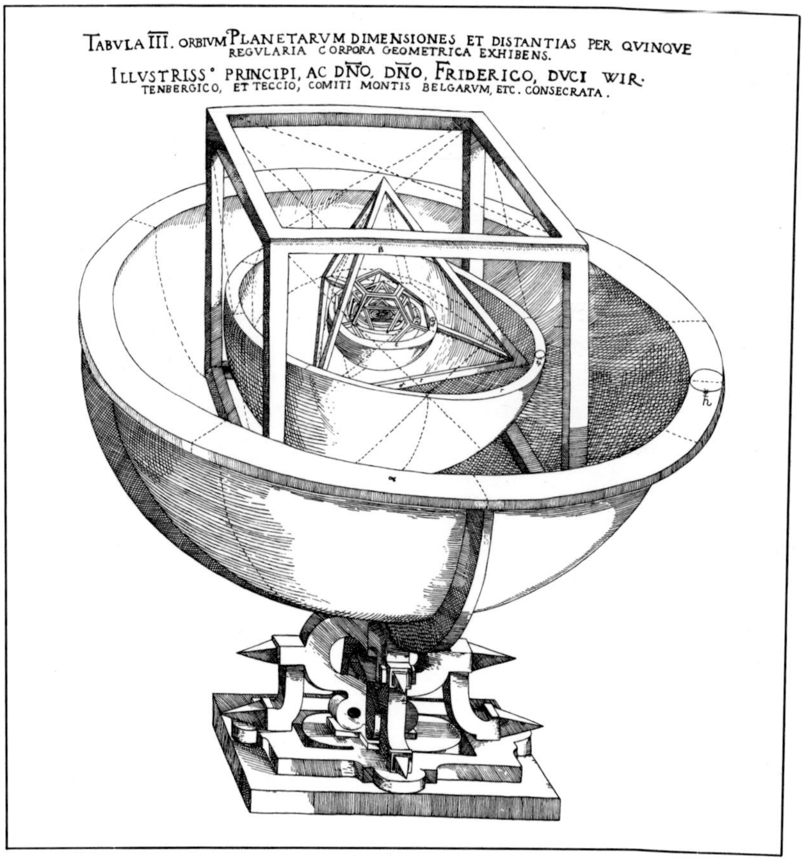

Keplers Weltgeheimnis, die in die fünf regelmäßigen Körper des Pythagoras eingepaßten sechs Planetensphären. Die äußerste Sphäre wird vom Kubus getragen. Zeichnung von Brown.

de ihm die Entscheidung durch eines der vielen unheimlichen Ereignisse, die den Dreißigjährigen Krieg ankündigten, abgenommen: 1598 gelobte der österreichische Erzherzog, ein Anhänger der katholischen Lehre, »sein Land lieber in eine Wüstenei zu verwandeln, als über Ketzer herrschen zu wollen«.* Protestanten wurden von Wirtschaft und Politik ausgeschlossen, Keplers Schule geschlossen und als häretisch gebrandmarkte Bücher, Gebete und Kirchenlieder verboten. Schließlich wurden die Grazer Bürger einzeln vorgeladen, einer hochnotpeinlichen Überprüfung ihrer privaten Glaubensansichten unterzogen und, soweit sie sich nicht zum römischen Katholizismus bekannten, mit einer Geldbuße in Höhe des zehnten Teils ihres Vermögens belegt und bei Todesstrafe für immer aus der Stadt verbannt.

So kehrte er mit Frau und Stieftochter Graz den Rücken, um die beschwerliche Reise nach Prag anzutreten. Im übrigen war die Ehe nicht sonderlich glücklich. Keplers aus dem niederen Landadel stammende, mit einem chronischen Leiden behaftete Frau, die kurz zuvor zwei kleine Kinder verloren hatte, soll »dumm, übellaunig, eigenbrötlerisch und melancholisch« gewesen sein und für die Arbeit ihres Mannes kein Verständnis aufgebracht, ja, seine brotlosen Künste regelrecht verachtet haben. Er für seinen Teil dagegen ließ ihr entweder tadelnde Ermahnungen angedeihen oder

* Eine im mittelalterlichen Europa und im Europa der Reformationszeit keineswegs überzogene Bemerkung. So soll Domingo de Guzmán, der spätere heilige Dominikus, auf die Frage, wie man bei der Belagerung einer albigensischen Stadt denn die Rechtgläubigen von den Ungläubigen unterscheiden solle, geantwortet haben: »Alle umbringen. Gott kennt die Seinen schon.«

schenkte ihr keine weitere Beachtung, »denn meine Studien machten mich zuweilen gedankenlos; aber ich lernte meine Lektion, lernte Geduld mit ihr zu haben. Wenn ich sah, wie sie sich meine Worte zu Herzen nahm, hätte ich mir lieber den Finger abgebissen, als sie noch mehr zu kränken.« An seiner Arbeitsbesessenheit änderte das allerdings nichts.

Tychos Wirkungsbereich schwebte Kepler als Zufluchtsstätte vor den Übeln der Zeit vor, als Ort, an dem sein Weltgeheimnis Bestätigung finden würde. Er hoffte, der Kollege des großen Mannes zu werden, der sich vor der Erfindung des Fernrohrs 35 Jahre lang mit der zahlenmäßigen Erfassung eines geordneten, mit uhrwerksähnlicher Genauigkeit funktionierenden Universums beschäftigt hatte. Aber Keplers Erwartungen sollten enttäuscht werden. Tycho selbst war eine auffallende Erscheinung mit einer Nase aus Gold, da er seine als Student bei einem Duell verloren hatte. Anlaß zu diesem Zweikampf war ein Streit, wer der größere Mathematiker sei. Tychos Prager Gefolgschaft, ein ungehobelter Haufen von Helfern, Schmeichlern, entfernten Verwandten und Schmarotzern, ihre endlosen Saufgelage, Sticheleien und Intrigen, ihr grausamer Spott über den frommen und gelehrten Tölpel vom Land bedrückten und betrübten Kepler: »Tycho ... ist überaus reich, weiß aber mit seinem Reichtum nichts anzufangen. Ein einziges seiner Instrumente kostet mehr als mein und meiner ganzen Familie Vermögen zusammengenommen.«

Von Ungeduld, Einsicht in Tychos astronomische Daten zu nehmen, verzehrt, mußte sich Kepler mit den paar Brocken begnügen, die ihm von Zeit zu Zeit vorgeworfen wurden. »Tycho gab mir keine Gelegenheit, seine Erfahrungen zu teilen. Bei den Mahlzeiten erwähnte er lediglich beiläufig heute die Zahl der Erdferne eines Planeten, morgen die Knoten eines anderen ... Tycho verfügt zwar über die besten Beobachtungen ... Er hat auch Mitarbeiter. Nur der Baumeister, der dies alles sinnvoll zusammenfügen kann, fehlt.« In der Tat war Tycho das größte Beobachtungsgenie der Zeit und Kepler ihr bedeutendster Theoretiker. Jeder von beiden wußte sich außerstande, die Synthese des fast schon zum Greifen nahen, präzisen Weltsystems wirklich zu vollbringen. Aber Tycho war nicht willens, dem wesentlich jüngeren Rivalen sein Lebenswerk einfach zu überlassen, und die Veröffentlichung der gemeinsamen Arbeitsergebnisse (wofern überhaupt vorhanden) kam offenbar aus irgendwelchen Gründen gleichfalls nicht in Betracht. So wurde die Geburt der modernen Wissenschaft – Sproß von Theorie und Beobachtung – durch das wechselseitige Mißtrauen der beiden Männer ernstlich in Frage gestellt. In den Tycho noch verbleibenden eineinhalb Lebensjahren kam es wiederholt zu Streit und Versöhnung, bis Tycho bei einem Bankett des Barons von Rosenberg »die Höflichkeit über die Gesundheit stellte« und seinem natürlichen Drang nicht stattgab, da er es unschicklich fand, das Gelage in Anwesenheit des Barons auch nur kurzfristig zu verlassen. Die Folge war eine Harnvergiftung, die sich durch Tychos entschiedene Weigerung, sich im Essen und Trinken zu mäßigen, zusehends verschlimmerte. Auf dem Sterbebett vermachte er Kepler seine Beobachtungen, und »in der letzten Nacht wiederholte er, von sanftem Fieberwahn umfangen, als schriebe er ein Gedicht, die Worte: ›Möge mein Leben vergebens nicht scheinen ... Möge mein Leben vergebens nicht scheinen.‹«

Nach Tychos Tod gelang es dem nun seinerseits zum kaiserlichen Mathematiker aufgerückten Kepler, die seit langem begehrten Beobachtungen gegen den Widerstand der Familie an sich zu bringen. Aber Tychos Daten bestätigten seine Vermutung, die Planetenbahnen könnten mit den Halbmessern der den platonischen Körpern ein- oder umbeschriebenen Kugeln in Zusammenhang stehen, so wenig wie die kopernikanischen. Seine endgültige Widerlegung fand Keplers »Weltgeheimnis« erst wesentlich später durch die Entdeckung der Planeten Uranus, Neptun und Pluto, deren Abstand von der Sonne sich mangels weiterer platonischer Körper* nicht mehr auf diese Weise bestimmen ließ. Außerdem waren die von Galilei neu entdeckten vier großen Jupitermonde reichlich entmutigend, zumal sich schon der Erdenmond nicht recht in die ineinander verschachtelten pythagoreischen Körper hatte einfügen wollen. Doch weit davon entfernt, den Kopf hängenzulassen, wünschte sich Kepler, seinerseits zusätzliche Trabanten auszumachen, und überlegte, wie viele die einzelnen Planeten wohl haben mochten. »Ich begann sofort darüber nachzudenken«, schrieb er an Galilei, »wie sich eine Ausweitung der Planetenzahl mit meinem *Mysterium Cosmographicum* vereinbaren ließe, demzufolge sich bei fünf regelmäßigen euklidischen Körpern ja nur sechs Planeten um die Sonne bewegen können ... Es liegt mir so fern, die Existenz der vier Jupiterplaneten zu bezweifeln, daß ich mir ein Fernrohr wünschte, um Euch womöglich zuvorzukommen und zwei um den Mars zu entdecken, wie es seiner Größe gemäß scheint, sechs oder acht um den Saturn und vielleicht je einen um Merkur und Venus.« Tatsächlich hat Mars, wie von Kepler vermutet, zwei kleine Monde, weshalb eine bedeutendere Erhebung auf dem größeren nach ihm benannt wurde. Bei Saturn, Merkur und Venus jedoch irrte er sich gründlich, und Jupiter hat weit mehr Monde als von Galilei entdeckt. Warum es insgesamt nur neun Planeten gibt und weshalb sie gerade die gegebenen relativen Abstände von der Sonne haben, wissen wir bis heute nicht. (Vgl. Kap. 8.)

Tycho hatte die scheinbare Bewegung des Mars und anderer Planeten durch die Konstellationen über viele Jahre hin beobachtet und dabei in den letzten Jahrzehnten vor der Erfindung des Fernrohrs die genauesten bis dahin verfügbaren Daten gesammelt. Kepler machte sich mit leidenschaftlichem Eifer an ihre Deutung: Welche tatsächliche Bewegung mußten Erde und Mars um die Sonne vollführen, um in genauer Übereinstimmung mit den Messungen die scheinbare Bewegung des letztgenannten einschließlich seiner rückläufigen Schleifen vor dem Hintergrund der Konstellationen zu erklären? Tycho hatte Kepler den Mars besonders ans Herz gelegt, da dessen scheinbare Bewegung völlig anomal, d.h. am schwersten mit einer Kreisbahn vereinbar schien. (Den angesichts der vielen Berechnungen gelangweilten Leser tröstete Kepler später: »Wenn dich die langwierige Prozedur mühselig anmutet, hab Mitleid mit mir, der mindestens siebzig Versuche durchführte.«)

Seit dem sechsten vorchristlichen Jahrhundert, seit Pythagoras, zweifelte keiner, weder Plato noch Ptolemäus, noch all die christlichen Astronomen vor Kepler, daran, daß die Planeten Kreisbahnen beschrieben, da der Kreis als »vollkommene« geometrische Figur und die aller irdischen »Verderbtheit« entrückten Planeten hoch droben am Himmel gleichfalls als Symbol der »Vollkommenheit« galten. Ganz dieser Tradition verhaftet, waren auch Galilei, Tycho und Kopernikus auf eine gleichförmige Kreisbewe-

* Der Beweis für diese Behauptung findet sich im Anhang 2.

gung der Planeten eingeschworen, ja, Kopernikus hatte sich sogar zu der Behauptung verstiegen, »den Geist schaudere« vor einer anderen Möglichkeit, da »es unwürdig wäre, dergleichen in einer auf bestmögliche Weise aufgebauten Schöpfung auch nur anzunehmen«. Kein Wunder also, daß auch Kepler bei der Deutung von Brahes Beobachtungen zunächst von dieser Annahme ausging.
Nachdem er sich drei Jahre lang mit Berechnungen herumgeschlagen hatte, glaubte er endlich die richtigen Werte für eine Kreisbahn des Mars gefunden zu haben, die mit zehn von Tychos Beobachtungen bis auf zwei Bogenminuten übereinstimmten. Denn da 60 Bogenminuten erst einen Winkelgrad ergeben und der Winkel zwischen Horizont und Zenit 90 Grad beträgt, fallen ein paar Bogenminuten – vor allem ohne Fernrohr – kaum ins Gewicht. Sie entsprechen einem Fünfzehntel des Winkeldurchmessers des Vollmonds von der Erde aus. Doch bald schlug Keplers Begeisterung in Enttäuschung um: Zwei weitere Beobachtungen Tychos wichen von seiner Kreisbahn um acht Bogenminuten ab:

»Die Göttliche Vorsehung schenkte uns in Tycho Brahe einen so sorgfältigen Beobachter, daß durch seine Beobachtungen in dieser ... Berechnung ein Fehler von acht Minuten offenbar wurde; es ist aber nur recht und billig, die Gaben Gottes dankbar anzunehmen ... Hätte ich es für tunlich befunden, mich über diese acht Minuten hinwegzusetzen, hätte ich meine Hypothese entsprechend aufgestellt. Da dies jedoch nicht anging, wiesen besagte acht Minuten den Weg zu einer vollständigen Umgestaltung der Astronomie.«

Der Unterschied zwischen Kreisbahn und wahrer Bahn ließ sich nur durch genaue Messungen und Mut ermitteln. Man mußte den Tatsachen unerschrocken ins Auge sehen: »Wohl ist das Universum durch harmonische Proportionen geziert, aber auch Harmonien müssen mit der Erfahrung übereinstimmen.« Es erschütterte Kepler, die Kreisbahn aufgeben und seinen Glauben an den Göttlichen Geometer in Zweifel ziehen zu müssen. Dennoch zwang er sich, den Augiasstall der Astronomie von Kreisen und Spiralen zu säubern und blieb nach getaner Arbeit seinen eigenen Worten zufolge »nur mit einem einzigen Karren Mist« zurück, einem länglich ausgezogenen, einem Oval gleichenden Kreis.
Nach und nach gelangte er zu der Einsicht, daß er sich mit seiner Begeisterung für den Kreis auf dem Holzweg befunden hatte. Schließlich war auch die Erde laut Kopernikus ein Planet, und dennoch von Krieg, Pestilenz, Hunger und Unglück heimgesucht, also ganz offensichtlich von Vollkommenheit weit entfernt. So äußerte Kepler als einer der ersten seit dem Altertum die Vermutung, die Planeten seien, wie die Erde, materielle Körper aus unvollkommenem Stoff. Wenn aber die Planeten selbst »unvollkommen« waren, konnten es wohl auch ihre Bahnen sein. Von diesem Gedanken ausgehend, versuchte Kepler sein Glück mit verschiedenen ovalen Kurven, stellte Berechnungen über Berechnungen an, wobei ihm einige arithmetische Fehler unterliefen (die ihn veranlaßten, die richtige Antwort zunächst zu verwerfen), und probierte es Monate später ohne große Hoffnung mit der Formel für die Ellipse, die erstmals von Apollonios von Perge in der Alexandrinischen Bibliothek aufgestellt worden war. Zu seiner Überraschung stimmte sie mit Tychos Beobachtungen großartig überein: »Die

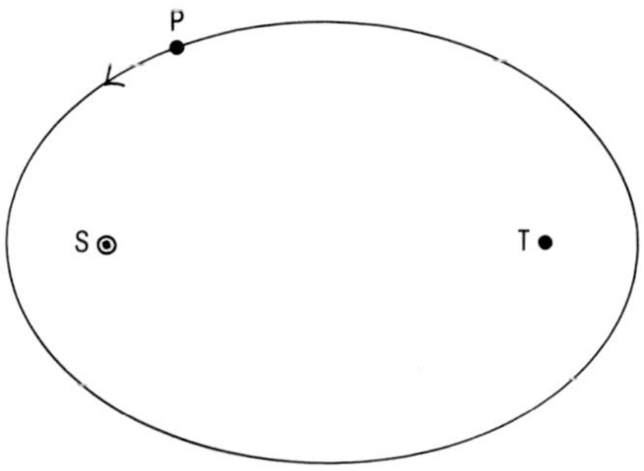

Das 1. Keplersche Gesetz: Planeten (P) bewegen sich in Ellipsen, in deren einem Brennpunkt die Sonne (S) steht.

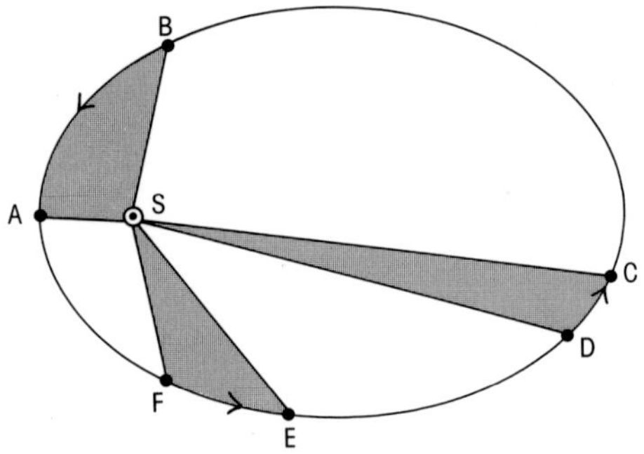

Das 2. Keplersche Gesetz: Die Verbindungslinie Sonne–Planet überstreicht in gleichen Zeiten gleiche Flächen. Ein Planet braucht also von B nach A genauso lange wie von F nach E oder von D nach C; die gestrichelten Flächen BSA, FSE und DSC sind gleich groß.

Wahrheit der Natur, die ich verworfen, ja verscheucht hatte, stahl sich nun in anderem Gewand, auf daß ich sie annähme, durch die Hinterpforte wieder herein ... Ach, was für ein Tor ich doch war!«

Kepler hatte herausgefunden, daß der Mars nicht einen Kreis, sondern eine Ellipse um die Sonne beschreibt, was auch für die anderen Planeten gilt, nur daß der Ellipsencharakter ihrer Bahn weit weniger hervortritt. Hätte ihn Tycho also beispielsweise gedrängt, die Bewegung der Venus zu studieren, wäre der wahre Sachverhalt von ihm unter Umständen nie entdeckt worden. Bei einer elliptischen Bahn aber steht die Sonne nicht im Mittelpunkt, sondern in einem der beiden Brennpunkte der Ellipse. Am sonnennächsten Punkt beschleunigt sich die Bewegung der Planeten, am sonnenfernsten verlangsamt sie sich dagegen. Aus diesem Grund scheinen die Planeten in alle Ewigkeit auf die Sonne zuzufallen, ohne sie doch je zu erreichen. Das Erste Keplersche Gesetz über die Bewegung der Planeten lautet demnach einfach: Planeten bewegen sich in Ellipsen, in deren einem Brennpunkt die Sonne steht.

Ein Körper, der sich auf einem Kreis gleichmäßig fortbewegt, überstreicht in gleichbleibenden Zeitabständen jeweils einen bestimmten Winkel oder Sektor des Kreisbogens. Er braucht z. B. doppelt so lang, um zwei Drittel des Kreisumfangs zurückzulegen wie ein Drittel. Bei elliptischen Bahnen dagegen gelten, wie Kepler entdeckte, andere Regeln: Ein Planet, der eine Ellipse beschreibt, überstreicht, wenn wir uns eine Verbindungslinie zwischen ihm und der Sonne denken, eine keilförmige Fläche in der Ellipse. Befindet er sich in Sonnennähe, legt er in einem bestimmten Zeitraum zwar eine weite Strecke zurück, die überstrichene Fläche jedoch ist aufgrund seiner Nähe zur Sonne klein. Befindet er sich dagegen an einem sonnenfernen Punkt, legt er im selben Zeitraum eine viel kürzere Strecke auf dem Bogen zurück, überstreicht aber aufgrund seiner Ferne zur Sonne eine viel länger ausgezogene Fläche. Kepler fand heraus, daß sich beide Flächen genau entsprechen: Die lange schmale, die bei größerer, und die kurze breite, die bei geringerer Entfernung von der Sonne entsteht, sind genau gleich groß. Damit haben wir das Zweite Keplersche Gesetz über die Planetenbewegung: Der Leitstrahl oder Radiusvektor, d. h. die Verbindungslinie Sonne-Planet, überstreicht in gleichen Zeiten gleiche Flächen.

Diese beiden Gesetze mögen etwas abstrakt und wirklichkeitsfern anmuten: Planeten bewegen sich in Ellipsen und überstreichen in gleichen Zeiten gleiche Flächen. Recht und gut, aber was sollen wir damit? Die Kreisbewegung ist leichter zu fassen. Womöglich fühlen wir uns versucht, diese Gesetze als mathematische Spielerei abzutun, die mit unserem Alltagsleben wenig zu tun hat. Aber das stimmt nicht, denn diesen Gesetzen gehorcht unser Planet, während wir, von der Schwerkraft auf die Erdoberfläche gebannt, durch den interplanetaren Raum sausen. Wir bewegen uns also in Übereinstimmung mit Naturgesetzen, die Kepler als erster entdeckte und auf die wir überall im Universum stoßen, ob wir nun Raumfahrzeuge zu anderen Planeten senden, Doppelsterne beobachten oder die Bewegung ferner Galaxien untersuchen.

Jahre später entdeckte Kepler sein Drittes und letztes Gesetz, das die Bewegung der Planeten untereinander beschreibt und das Uhrwerk des Sonnensystems enthüllt. Ihm widmete er die *Harmonice mundi* (»Weltharmonik«, 1619; deutsch 1939), wobei er unter Harmonie die Ordnung und Schönheit der Planetenbewegung, die mathematischen Gesetze zu ihrer Erklärung (eine auf Pythagoras zurückgehende Idee) und schließlich die Harmonie im musikalischen Sinn, die »Sphärenharmonie«, verstand. Im Gegensatz zu den Bahnen von Merkur und Mars weichen die der anderen Planeten so wenig von der Kreisform ab, daß wir ihren wahren Verlauf nicht einmal anhand des genauesten Diagramms bestimmen können. Ort unserer Beobachtung ist die Erde, ihrerseits eine Art bewegter Plattform. Von ihr aus haben wir festgestellt, daß sich der innere Planet schnell auf seiner Bahn fortbewegt – daher der Name Merkur (nach dem antiken Götterboten) –, während Venus, Erde und Mars zunehmend langsamer um die Sonne kreisen. Die äußeren Planeten wie Jupiter und Saturn schließlich bewegen sich besonders langsam und majestätisch, wie es sich für die Könige der Götter geziemt.

Das Dritte Keplersche Gesetz besagt, daß sich die Quadrate der Umlaufszeiten der Planeten wie die Kuben ihrer mittleren Entfernung von der Sonne verhalten; d.h., je weiter der Planet von der Sonne entfernt ist, desto langsamer bewegt er sich, wofür es ein genaues mathematisches Gesetz gibt: $P^2 = a^3$, wobei P die Umlaufszeit des Planeten um die Sonne in Jahren und a seine Entfernung von der Sonne in »astronomischen Einheiten« bezeichnet. Eine astronomische Einheit entspricht der Entfernung der Erde von der Sonne. Jupiter z.B. ist 5 astronomische Einheiten von der Sonne entfernt. Somit ist $a^3 = 5 \times 5 \times 5 = 125$. Das Quadrat von welcher Zahl kommt 125 nahe? Die Antwort lautet 11. Und in der Tat braucht Jupiter 11 Jahre für einen Umlauf um die Sonne. Das gleiche Gesetz gilt auch für die anderen Planeten sowie für Asteroiden und Kometen.

Nicht zufrieden damit, der Natur die Gesetze der Planetenbewegung entrissen zu haben, versuchte Kepler, dahinter eine noch grundlegendere Ursache zu finden, irgendeinen Einfluß der Sonne auf die Kinematik (Getriebelehre) der Welten. Die Planeten beschleunigen ihr Tempo, wenn sie sich der Sonne nähern und verlangsamen es, wenn sie sich von ihr entfernen. Das bedeutet doch, daß sie, so fern sie der Sonne auch sein mögen, ihre Gegenwart irgendwie wahrnehmen. Nun kannte man damals aber bereits eine fernwirkende Kraft, nämlich den Magnetismus, und so kam Kepler in einer erstaunlichen Vorwegnahme der Vorstellung von der allgemeinen Schwerkraft auf die Idee, es müsse sich um eine dem Magnetismus verwandte Kraft handeln:

»Meine Absicht dabei ist, aufzuzeigen, daß die Himmelsmechanik nicht einem göttlichen Gefüge, sondern eher einem Uhrwerk verglichen werden muß ... insofern nämlich, als all die vielfältigen Bewegungen mittels einer einzigen, recht einfachen magnetischen Kraft erfolgen, wie bei einem Uhrwerk alle Bewegungen durch ein schlichtes Gewicht bewirkt werden.«

Natürlich ist Magnetismus nicht dasselbe wie Schwerkraft; dennoch verschlägt einem die dahintersteckende neue Idee fast den Atem: Die auf der Erde gültigen, quantitativen physikalischen Gesetze könnten den quantitativen physikalischen Gesetzen, die den Himmel regieren, zugrunde liegen. Zum erstenmal wurde so die Bewegung der Himmelskörper auf nichtmystische Weise erklärt und die Erde zu einer Provinz des Kosmos abgestempelt. »Die Astronomie«, sagt Kepler, »ist Teil der Physik.« Damit steht er als letzter wissenschaftlicher Astrologe und erster Astrophysiker an einem Wendepunkt der Geschichte.

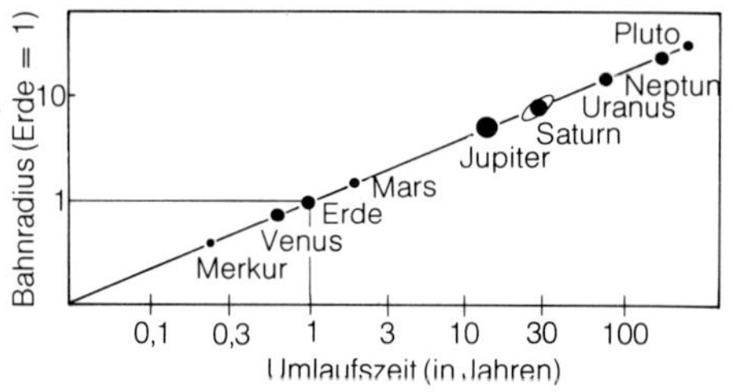

Das 3. Keplersche Gesetz stellt die exakte Beziehung zwischen Bahn und Umlaufszeit eines Planeten um die Sonne her. Es gilt auch für die erst lange nach Keplers Tod entdeckten Planeten Uranus, Neptun und Pluto.

Er selbst schätzte, zu stiller Untertreibung nicht geneigt, seine Entdeckungen so ein:

»Mit dieser Symphonie der Stimmen kann man die Ewigkeit der Zeit in einer knappen Stunde durchspielen und das Entzücken Gottes, des Höchsten Künstlers, von fern erahnen ... Ohne Bedenken überlasse ich mich dieser geheiligten Raserei ... die Würfel sind gefallen, ich schreibe das Buch – gleichviel, ob es jetzt oder erst von der Nachwelt gelesen wird. Es kann hundert Jahre auf einen Leser warten, wie Gott Selbst sechstausend Jahre auf einen Zeugen gewartet hat.«

Die »Symphonie der Stimmen« ergab sich seiner Meinung nach aus der Geschwindigkeit der einzelnen Planeten, die bestimmten Noten der zu seiner Zeit in der Solmisation gebräuchlichen Tonsilben *do re mi fa sol la si do* entsprach. Die Erde summte in dieser Sphärenharmonie in alle Ewigkeit hinein *fa* und *mi,* in seinen Ohren *fames,* das lateinische Wort für Hunger, denn, so argumentierte er recht überzeugend, besser als durch dieses schmerzliche Wort lasse sich die Erde nicht beschreiben.
Genau acht Tage, nachdem Kepler sein Drittes Gesetz aufgestellt hatte, kam es zum Prager Fenstersturz, der den Dreißigjährigen Krieg auslösen sollte. Die Kriegswirren zerrütteten das Leben von Millionen, darunter auch das von Kepler. Er verlor Frau und Sohn durch eine von der Soldateska verbreitete Epidemie, sein kaiserlicher Schirmherr wurde abgesetzt und er selbst aufgrund seines kompromißlosen Individualismus in Fragen der Lehre aus der lutherischen Kirche ausgeschlossen. Wieder war Kepler ein Flüchtling – und dabei handelte es sich gar nicht so sehr um einen heiligen Krieg, wozu ihn Katholiken wie Protestanten abzustempeln suchten, sondern vielmehr um einen Kampf um Land und Macht, bei dem der religiöse Fanatismus lediglich geschickt ausgebeutet wurde. In der Vergangenheit pflegten Kriege dann zu enden, wenn die kriegführenden Fürsten ihre Mittel erschöpft hatten, diesmal jedoch wurde die organisierte Plünderung als Mittel zum Unterhalt der Heere eingeführt. Hilflos mußte die überfallene Bevölkerung Europas zusehen, wie Pflugscharen und Sensen buchstäblich zu Schwertern und Lanzen umgeschmiedet wurden.*
Bald liefen die tollsten Gerüchte um, Wahnsinn erfaßte die Menschen. Die Leidtragenden waren die Wehrlosen, nicht zuletzt alleinstehende ältere Frauen, die der Hexerei bezichtigt wurden. Auch Keplers Mutter fiel diesem Wahn zum Opfer und wurde bei Nacht und Nebel in einer Wäschetruhe fortgeschafft. Zwischen 1615 und 1629 wurden in Keplers Geburtsstädtchen Weil der Stadt jährlich durchschnittlich drei Frauen gefoltert und als Hexen verbrannt. Und Katharina Kepler war ein zanksüchtiges altes Weib. Sie ließ sich in Dispute ein, die den einheimischen Adel verdrossen, und verkaufte für ihren Lebensunterhalt Betäubungsmittel, vielleicht sogar Halluzinogene. Der arme Kepler aber gab sich die Schuld an ihrer Verhaftung. Er glaubte nämlich, mit seinem *Somnium* (»Der Traum«), einem der ersten Werke der Science-fiction, das das Ziel verfolgte, die Wissenschaft zu popularisieren, selber den Anstoß dazu gegeben zu haben. Thema dieses Buches bildeten eine Reise zum Mond und die Eindrücke, die die auf der Oberfläche des Erdtrabanten stehenden Mondfahrer vom langsam über ih-

* Im Grazer Zeughaus sind heute noch einige Exemplare ausgestellt.

nen am Himmel dahinziehenden schönen Planeten Erde gewannen. Durch diesen Wechsel des Blickpunktes wollte Kepler die Himmelsmechanik veranschaulichen. Einer der Haupteinwände gegen die Drehung der Erde berief sich damals auf das Unvermögen, diese Bewegung wahrzunehmen. Kepler aber lag viel daran, die Rotation der Erde plausibel, packend und verständlich zu machen: »Solange die Mehrheit nicht irrt ... möchte ich auf seiten der vielen stehen. Deshalb gebe ich mir große Mühe, die Zusammenhänge möglichst vielen Leuten zu erklären.« (Bei anderer Gelegenheit schrieb er in einem Brief: »Verdammt mich nicht gänzlich zur Tretmühle mathematischer Berechnungen – laßt mir Zeit für philosophische Spekulationen, die meine einzige Freude sind.«)*

Mit der Erfindung des Fernrohrs wurde, um mit Kepler zu sprechen, auch die »Mondgeographie« möglich. Im *Somnium* beschreibt er unseren Trabanten als eine mit Bergen und Tälern bedeckte Kugel, »porös, als wäre sie von Löchern und zusammenhängenden Höhlen durchzogen« – eine Anspielung auf die von Galilei kurz zuvor mit dem ersten astronomischen Fernrohr entdeckten Mondkrater. Außerdem vermutet er den Unbilden der Umgebung gut angepaßte Bewohner auf dem Himmelskörper, die zu der langsam über ihrem Kopf am Firmament dahinziehenden Erde aufschauen und in deren Kontinenten und Meeren Gestalten erblicken (wie wir den Mann im Mond), vielleicht Südspanien und Nordafrika an der Meerenge von Gibraltar als junges Mädchen in fließendem Gewand deuten, das sich anschickt, den Geliebten zu küssen (in meinen Augen wollen sie allerdings eher die Nase aneinander reiben).

Aufgrund der langen Tage und Nächte herrsche auf dem Mond, so Kepler, »ein äußerst unausgeglichenes Klima mit den heftigsten Schwankungen zwischen glühender Hitze und eisiger Kälte«, was in der Tat auch stimmt. Natürlich treffen nicht all seine Vermutungen zu, so seine Annahme, daß der Mond eine Atmosphäre, Ozeane und Bewohner besitze. Oder nehmen wir seine erstaunliche Ansicht über den Ursprung der Mondkrater, die den »Mond dem Angesicht eines von den Blattern entstellten Jünglings nicht unähnlich machen«, und in denen er ganz richtig eher Vertiefungen als Erhebungen vermutete. Durch eigene Beobachtungen hatte er bei vielen Wälle und zentrale Erhebungen entdeckt. Ihre regelmäßige Kreisform aber schien ihm ein solches Maß an Ordnung zu verraten, daß er daraus auf das Werk vernunftbegabter Wesen schloß. Der Gedanke, große, vom Himmel stürzende Steinbrocken könnten nach allen Richtungen vollständig symmetrische Einsturztrichter hinterlassen haben, kam ihm dagegen nicht. Kepler sah darin den Beweis für »die Existenz einer Rasse, die genügend

* Wie Kepler war auch Brahe weit davon entfernt, die Astrologie bekämpfen zu wollen. Allerdings unterschied er sorgfältig zwischen seiner eigenen Version und den zu seiner Zeit allgemeiner verbreiteten Ausformungen, die seiner Meinung nach leicht in Aberglauben umschlagen konnten. In seinem 1598 veröffentlichten Buch *Astronomiae Instauratae Mechanica* nannte Brahe die Astrologie »zuverlässiger als man gemeinhin anzunehmen geneigt«, vorausgesetzt, die Sternkarten würden entsprechend verbessert. »Von meinem dreiundzwanzigsten Jahr an«, schrieb er, »habe ich mich ebensosehr mit der Alchimie wie mit dem Studium des Himmels befaßt«. Beide Pseudowissenschaften bargen seiner Ansicht nach Geheimnisse, die sie für den gemeinen Pöbel viel zu gefährlich machten (bei jenen Fürsten und Königen, von denen er sich Förderung erhoffte, hingegen sicher aufgehoben schienen). Er schloß sich also der langen, höchst bedenklichen Tradition jener Wissenschaftler an, die geheimes Wissen nur bei sich und der weltlichen und geistlichen Obrigkeit in verläßlichen Händen glauben: »Da es keinem nützlichen Zweck diente, wäre es unvernünftig, solche Dinge publik zu machen.« Ganz anders dagegen Kepler, der Astronomie an Schulen lehrte, viel und oft auf eigene Kosten publizierte und – sicher nicht in erster Linie für seine Wissenschaftlerkollegen – sein *Somnium* schrieb. Wenn er auch noch kein populärwissenschaftlicher Autor im heutigen Sinne war, ist der Wechsel in der Einstellung innerhalb einer einzigen Generation doch beachtlich.

Der Mond von einem unmittelbar außerhalb der Erdatmosphäre gelegenen Blickpunkt aus.

Verstand besitzt, diese Vertiefungen auf der Mondoberfläche anzulegen. Diese Rasse muß viele Individuen umfassen, so daß die eine Gruppe ein Loch in Betrieb nehmen kann, während die andere schon das nächste gräbt.« Den Einwand, solch große Projekte seien doch recht unwahrscheinlich, tat er mit dem Hinweis auf die ägyptischen Pyramiden und die chinesische Mauer ab, die man, wie sich in unserer Zeit herausgestellt hat, tatsächlich von einer Umlaufbahn um die Erde aus sehen kann. Die Verknüpfung von geometrischer Ordnung und Intelligenz war für Keplers Denken bezeichnend. Im übrigen nimmt seine Argumentation über die Mondkrater bereits die Kontroverse über die Marskanäle vorweg (vgl. Kap. 5). Interessant jedenfalls, daß das Fernrohr von derselben Generation, die es erfand, auch gleich in den Dienst der Suche nach extraterrestrischem Leben gestellt wurde, und noch dazu vom größten Theoretiker der damaligen Zeit, Johannes Kepler.

Manche Stellen des *Somnium* tragen eindeutig autobiographische Züge. So besucht der Held Tycho Brahe; seine Eltern verkaufen Drogen; seine Mutter pflegt Umgang mit Geistern und Dämonen, von denen einer auch die Mondreise ermöglicht. Uns heute ist klar, daß der Mensch, wie es im *Somnium* heißt, »im Traum die Freiheit haben muß, sich gelegentlich auch etwas vorzustellen, was es in der Welt der sinnlichen Wahrnehmung nie gegeben hat«. Für Keplers Zeitgenossen jedoch war das keine Selbstverständlichkeit. Zur Zeit des Dreißigjährigen Krieges war Science-fiction noch etwas Neues, und so konnte Keplers Buch als Beweis für die Hexerei seiner Mutter herangezogen werden.

Trotz eigener schwerer Probleme eilte Kepler nach Württemberg, wo seine vierundsiebzigjährige Mutter in einem Kerker von Protestanten gefangengehalten wurde und, wie Galilei von Katholiken, der Folter unterzogen werden sollte. Wie bei einem Naturwissenschaftler nicht anders zu erwarten, versuchte er, die verschiedenen der Anklage zugrundegelegten Vorfälle, darunter leichte Erkrankungen, die Katharina Keplers württembergische Mitbürger ihren Hexenkünsten anlasteten, auf natürliche Weise zu erklären, was ihm offenbar auch überzeugend gelang. Jedenfalls erzielte er mit seinen Nachforschungen den gewünschten Erfolg und verhalf – wie in seinem restlichen Leben noch so oft – der Vernunft zum Sieg über den Aberglauben. Seine Mutter wurde bei Todesstrafe lebenslänglich aus Württemberg verbannt und die Anberaumung weiterer Hexenprozesse auf der Grundlage solch schwachen Beweismaterials von dem von Keplers Verteidigung offenbar beeindruckten Herzog in einem Erlaß verboten.

Durch die Kriegswirren verlor Kepler ein gut Teil seines Unterhalts und mußte sich gegen Ende seines Lebens mit Geldsorgen und der Suche nach Gönnern herumschlagen. So stellte er nun, wie ehedem Rudolf II., Wallenstein Horoskope und verbrachte die letzten Jahre seines Lebens in der Wallenstein gehörenden schlesischen Stadt Sagan. Seine selbstverfaßte Grabinschrift lautete: »Ich maß die Himmel, und nun messe ich die Schatten. Himmelstrebend war mein Geist, erdgebunden ruht mein Leib.« Sollte ihm heute anstelle seines im Dreißigjährigen Krieg zerstörten Grabes eine Gedenktafel gewidmet werden, könnte man in Bewunderung seines Mutes als Wissenschaftler die Inschrift wählen: »Er zog die harte Wahrheit seinen liebsten Illusionen vor.«

Johannes Kepler hegte die feste Überzeugung, daß eines Tages »Luftschiffe über das Firmament kreuzen, die eigens dafür geschaffenen Segel von den Winden des Himmels geschwellt«, bemannt mit Forschern, die »die Weite [des Raums] nicht scheuen«. Eben diesen Forschern, Menschen wie Robotern, dienen heute die drei Gesetze der Planetenbewegung, die Kepler in seinem von Arbeit und ekstatischer Entdeckerfreude erfüllten Leben herausfand, bei ihren Reisen durch die Weite des Raums als zuverlässige Richtschnur.

Die Erde vom Mond aus: der Anblick, von dem Kepler träumte.

Johannes Keplers lebenslanges Bestreben, die Bewegungen der Planeten zu verstehen und die Harmonie des Himmels offenzulegen, fand 36 Jahre nach seinem Tod im Werk Isaac Newtons seine Krönung. Newton, am 4. Januar 1643 geboren, war bei seiner Geburt so klein, daß er, wie ihm seine Mutter später erzählte, in einen Maßkrug gepaßt hätte. Kränklich, streitsüchtig, ungesellig, fühlte er sich von seinen Eltern vernachlässigt und berührte bis zu seinem Tode keine Frau. Dennoch war er möglicherweise das größte wissenschaftliche Genie, das je das Licht der Welt erblickte.
Schon den jungen Newton stimmten am Kern der Sache vorbeizielende Fragen wie: »Ist das Licht eine Substanz oder ein Akzidens?« oder: »Wie kann die Schwerkraft über ein Vakuum hinweg wirksam sein?« ungeduldig. Außerdem war er bereits früh zu dem Schluß gelangt, der konventionelle christliche Glaube an die Dreieinigkeit sei eine Mißdeutung der Heiligen Schrift. Seinem Biographen John Maynard Keynes zufolge

»... war er eher ein jüdischer Monotheist aus der Schule des Maimonides. Zu diesem Schluß war er nicht aufgrund sogenannter vernünftiger oder skeptischer Erwägungen gelangt, sondern lediglich durch die Lektüre alter Autoritäten. Er war überzeugt, daß die offenbarten Schriften für die durch spätere Fälschungen entstandenen trinitarischen Doktrinen keinen Anhaltspunkt boten. Aber das war ein schreckliches Geheimnis, das zu hüten er sich zeit seines Lebens verzweifelt mühte.«

Wie Kepler, war auch Newton nicht gegen die abergläubischen Anwandlungen seiner Zeit gefeit und fand viele Berührungspunkte mit dem Mystizismus. Ja, auf die Spannung zwischen Rationalismus und Mystizismus geht sogar ein Gutteil seiner geistigen Entwicklung zurück. So erstand er 1663 als Zwanzigjähriger auf dem Jahrmarkt von Stourbridge »aus purer Neugierde« ein Buch über Astrologie, und da er bei der Lektüre auf eine ihm unverständliche trigonometrische Abbildung stieß, ein weiteres über Trigonometrie, das er jedoch ebenfalls bald aus der Hand legen mußte, da er der geometrischen Argumentation nicht folgen konnte. So besorgte er sich schließlich Euklids *Elemente der Geometrie* und erfand zwei Jahre später seinerseits die Differentialrechnung.
Schon als Student war Newton vom Licht fasziniert und der Sonne verfallen und wandte das gefährliche Verfahren an, das Abbild der Sonne in einem Spiegel zu betrachten:

»In wenigen Stunden hatte ich meine Augen in einen solch kritischen Zustand versetzt, daß ich kein helles Objekt mehr anschauen konnte, weder mit dem einen noch mit dem anderen Auge, ohne die Sonne vor mir zu sehen, so daß ich weder zu schreiben noch zu lesen wagte, sondern mich, um den Gebrauch meiner Sehkraft wiederzuerlangen, drei Tage lang in mein verdunkeltes Zimmer einschloß und meine Vorstellung nach Kräften von der Sonne abzulenken versuchte. Denn ich brauchte nur an sie zu denken, um sogleich ihr Bild vor mir zu sehen, obwohl ich mich doch im Dunkeln befand.«

Als der Dreiundzwanzigjährige 1666, damals Student an der Universität Cambridge, durch den Ausbruch der Pest ein Jahr lang in seinem Geburtsort, dem abgelegenen Dorf Woolsthorpe, festgehalten wurde, vertrieb er sich während dieses erzwungenen Müßiggangs die Zeit mit der Erfindung der Differential- und Integralrechnung und mit allerlei fundamentalen Entdeckungen über das Wesen des Lichtes. Außerdem legte er die Grundlagen für die Theorie der allgemeinen Massenanziehung – kurzum, es war ein regelrechtes »Jahr der Wunder«, wie es sich in der Geschichte der Physik nur noch einmal wiederholte: 1905, als Einstein seine umwälzenden Artikel schrieb. Auf die Frage, wie ihm so erstaunliche Entdeckungen gelungen seien, antwortete Newton wenig hilfreich: »Durch Nachdenken.« Sein Cambridger Mathematiklehrer Isaac Barrow schätzte die Bedeutung dieser Leistung so hoch ein, daß er fünf Jahre nach Rückkehr des jungen Studenten an die Universität Newton seinen Lehrstuhl abtrat.

Als Mittvierziger wird Newton von seinem Diener folgendermaßen beschrieben:

»Ich habe niemals erlebt, daß er sich je eine Erholung oder einen Zeitvertreib wie Ausreiten, Spazierengehen oder Kegeln gegönnt oder sonst irgendeinen Sport getrieben hätte, deuchte ihn doch jede Stunde verloren, die er nicht mit seinen Studien verbrachte. Diese verfolgte er mit solchem Eifer, daß er nur selten sein Zimmer verließ, außer um eine Vorlesung zu halten ... die so wenige besuchten und noch weniger verstanden, daß er oft in Ermangelung von Hörern gewissermaßen vor leeren Bänken dozierte.«

Weder Keplers noch Newtons Studenten ahnten, was sie sich entgehen ließen.

Newton entdeckte den Trägheitssatz, d.h. die Eigenschaft eines Körpers, seine Bewegung in geradliniger Bahn fortzusetzen, solange ihn keine von außen wirkenden Kräfte veranlassen, diesen Zustand zu verändern. Auch der Mond würde also laut Newton geradlinig davonfliegen, und zwar tangential zu seiner Bahn, wenn er nicht durch eine andere Kraft dauerhaft in Richtung Erde in eine fast kreisförmige Bahn gezwungen würde. Diese Kraft nannte Newton die Massenanziehungskraft und definierte sie als Kraft, die Entfernungen überwinden kann. Schließlich gibt es ja zwischen Erde und Mond keine physische Verbindung, und doch zieht die Erde den Mond ständig an. Mit Hilfe des Dritten Keplerschen Gesetzes leitete Newton die Natur der Schwerkraft mathematisch ab* und zeigte, daß dieselbe Kraft, die einen Apfel zu Boden fallen läßt, den Mond auf seiner Umlaufbahn hält, wie sie auch für die Umdrehung der erst vor kurzem entdeckten Jupitermonde um den fernen Planeten verantwortlich zeichnet.

Seit Anbeginn der Zeiten waren Dinge zu Boden gefallen, wie der Mensch seit Menschengedenken wußte, daß sich der Mond um die Erde dreht. Der erste aber, der eine Verbindung zwischen diesen Phänomenen herstellte, war Newton, der beide Erscheinungen auf dieselbe Kraft, nämlich auf die

* Leider erkennt Newton in seinem Meisterwerk *Principia* nicht an, wie sehr er in Keplers Schuld steht. Dafür schreibt er 1686 in einem Brief an Edmund Halley über sein Gravitationsgesetz: »Ich kann bestätigen, daß ich es vor rund zwanzig Jahren aus Keplers Theorem ableitete.«

Gravitation oder »allgemeine« (weil überall im Universum wirksame) Massenanziehung zurückführte.
Laut Newtons Gesetz ist diese Kraft umgekehrt proportional dem Quadrat der Entfernung, d.h., sie nimmt mit wachsender Entfernung ab: Werden zwei Massen doppelt so weit voneinander getrennt, beträgt die zwischen ihnen wirksame Anziehungskraft nur noch ein Viertel ihres ursprünglichen Wertes. Werden sie zehnmal so weit getrennt, beträgt sie nur noch 10 im Quadrat, ist also $10^2 = 100$mal kleiner geworden. Daß die Kraft in gewissem Sinn indirekt oder umgekehrt wirken, d.h. mit der Entfernung abnehmen muß, leuchtet ein. Würde sie direkt wirken, also mit der Entfernung wachsen, würden die am weitesten entfernten Objekte am stärksten angezogen, bis schließlich die gesamte Materie im All in einem einzigen kosmischen Klumpen zusammenstürzte. Da dem jedoch nicht so ist, muß die Massenanziehungskraft mit der Entfernung abnehmen, und das ist auch der Grund, warum ein Komet oder Planet sich ferner von der Sonne langsamer bewegt als in ihrer Nähe – die auf ihn ausgeübte Anziehungskraft nimmt mit wachsender Entfernung von der Sonne ab.
Aus den Newtonschen Prinzipien lassen sich alle drei Keplerschen Gesetze der Planetenbewegung ableiten. Aber während Keplers Gesetze empirischen Charakter tragen und auf Tycho Brahes sorgfältigen Beobachtungen beruhen, sind Newtons Gesetze Theorie, d.h. ziemlich einfache mathematische Abstraktionen, aus denen sich letztlich alle Messungen Tychos ableiten lassen. Anhand dieser Gesetze, schrieb Newton in seinen *Principia* mit unverhohlenem Stolz, »demonstriere ich jetzt das Gefüge des Weltsystems«.
Später wurde er zum Präsidenten der Royal Society, einer Vereinigung namhafter Wissenschaftler, berufen und zum Master of the Mint ernannt, in welcher Eigenschaft er der Falschmünzerei nach Kräften einen Riegel vorzuschieben suchte. Seine angeborene Launenhaftigkeit und seine Neigung zur Abkapselung nahmen zu, und da er außerdem beschloß, jene wissenschaftlichen Ambitionen aufzugeben, die ihm nur Ärger und Prioritätsstreitigkeiten mit Kollegen eintrugen, kam bald das Gerücht auf, er habe das damalige Äquivalent zu einem heutigen »Nervenzusammenbruch« erlitten. Wahrscheinlicher als ein psychisch bedingtes Leiden jedoch ist, daß er, der zeitlebens Experimente im Grenzbereich zwischen Alchimie und Chemie betrieb, an einer schweren, durch systematische Einnahme kleiner Arsen- und Quecksilberquanten verursachten Metallvergiftung litt: Neuentdeckte Hinweise lassen den Schluß zu, daß auch er dem damals unter Chemikern gängigen Brauch, den Geschmackssinn als Werkzeug der Analyse einzusetzen, huldigte.
Seine ungewöhnliche Geisteskraft aber blieb ihm erhalten. 1696 forderte der Schweizer Mathematiker Johann Bernoulli seine Kollegen auf, das Problem der Brachistochrone zu lösen und die durch die Verbindung zweier seitlich gegeneinander verschobener Punkte gebildete Kurve zu spezifizieren, auf der ein nur unter dem Einfluß der Schwerkraft stehender Körper in kürzester Zeit entlangfällt. Ursprünglich hatte Bernoulli für die Lösung ein halbes Jahr angesetzt, die Frist dann aber auf Ersuchen von Leibniz, einem der führenden Gelehrten der Zeit, der unabhängig von Newton ein zweites Mal die Differential- und Integralrechnung erfunden hatte, auf eineinhalb Jahre verlängert. Newton jedoch, der am 29.Januar 1697 um 4 Uhr nachmittags von dieser Ausschreibung erfuhr, hatte bereits am näch-

Isaac Newton. Gemälde von Jean-Léon Huens. M. frdl. Gen. d. National Geographic Society.

sten Morgen, ehe er zur Vorlesung ging, einen ganz neuen Zweig der Mathematik, die sogenannte Variationsrechnung, entwickelt, mit ihrer Hilfe das fragliche Problem gelöst und die Lösung abgeschickt, die auf seine Bitte hin anonym veröffentlicht wurde. Aber die Brillanz und Originalität der Arbeit verriet den Autor. Bernoulli jedenfalls meinte angesichts der Lösung: »Man erkennt den Leu an seiner Klaue« (Newton stand damals in seinem 55. Lebensjahr).

In seinen letzten Jahren widmete er sich in erster Linie geschichtlichen Arbeiten nach Art der antiken Historiker Manetho, Strabo und Eratosthenes, d.h., er überprüfte die Chronologien alter Kulturen, um sie aufeinander abzustimmen. In seinem letzten, postum erschienenen Werk, der »Verbesserten Chronologie Alter Königreiche«, bestimmte er historische Ereignisse wiederholt anhand astronomischer Daten; machte er sich Gedanken über eine architektonische Rekonstruktion von Salomos Tempel; stellte er die provokative Forderung, alle Sternbilder der nördlichen Hemisphäre nach Personen, Gerätschaften und Ereignissen aus der griechischen Sage von Jason und den Argonauten zu benennen; und erklärte er die Götter sämtlicher Kulturen zu ehemaligen, erst von späteren Generationen vergöttlichten Königen und Helden – ausgenommen einzig seinen eigenen Gott.

Kepler und Newton stehen an einem Wendepunkt der Menschheitsgeschichte. Sie haben uns die Entdeckung gebracht, daß in der gesamten Natur relativ einfache mathematische Gesetze walten; daß am Himmel wie auf Erden dieselben Regeln gelten; und daß unser Denken in gewisser Hinsicht die Funktionsgesetze der Welt widerspiegelt. Sie hielten sich unerschütterlich an exakte, durch Beobachtung gewonnene Daten und lieferten mit ihren erstaunlich präzisen Vorhersagen der Planetenbewegung den zwingenden Beweis, daß der Mensch den Kosmos in unvermutet tiefgründiger Weise zu begreifen vermag. So sind wir ihnen zutiefst zu Dank verpflichtet, wäre doch ohne ihre Erkenntnisse weder unsere moderne weltumspannende Zivilisation noch unsere Weltsicht oder die Erforschung des Universums denkbar.

Newton, der zwar mit seinen Kollegen in glühendem Ehrgeiz wetteiferte und seine Entdeckungen mit niemandem teilen mochte, publizierte seine 1665/66 entdeckte Gravitationstheorie aber erst rund zwanzig Jahre später, nämlich 1687. Angesichts der Großartigkeit und komplexen Vielfalt der Natur jedoch zeigte er dieselbe freudige Erregung und entwaffnende Bescheidenheit wie Ptolemäus und Kepler. Unmittelbar vor seinem Tod schrieb er:

»Ich weiß nicht, wie ich in den Augen der Welt dastehen mag; mir selbst jedenfalls erscheine ich nur wie ein kleiner Junge, der am Strand spielt und sich damit vergnügt, ab und an einen außergewöhnlich glatten Kiesel oder eine besonders hübsche Muschel zu entdecken, während der große Ozean der Wahrheit gänzlich unerforscht vor ihm liegt.«

Komet West, im Februar 1976 von der Erde aus aufgenommen (Photo Martin Grossmann, Gronau, Bundesrepublik Deutschland). Der Schweif wird von einem von der Sonne ausgehenden Protonen- und Elektronenwind vom vereisten Kern des Kometen weggeblasen.

4. Kapitel
Himmel und Hölle

An neun Welten kann ich mich erinnern.

Die isländische Edda von Snorri Sturluson, 1200

Ich bin dem Tod begegnet, dem Weltenzerschmetterer.

Bhagavad Gita

Die Tore zu Himmel und Hölle liegen dicht nebeneinander und gleichen einander aufs Haar.

Nikos Kazantzakis, *Die letzte Versuchung*

Der sowjetische Geologe L. A. Kulik (rechts) mit einem Assistenten bei der Untersuchung des Zentrums der Tunguska-Explosion von 1908. Der Wissenschaftler stellt gerade einen Theodoliten ein. M. frdl. Gen. v. Sovfoto.

Die Erde ist ein lieblicher, mehr oder minder friedlicher Ort. Wohl ändert sich auf unserem Planeten allerlei, aber nur langsam. Wir können ein durchaus erfülltes Dasein führen, ohne je eine heftigere Naturkatastrophe als ein Gewitter zu erleben. Und so werden wir in unserem Wohlbehagen nachlässig und gleichgültig. Doch die Naturgeschichte spricht eine andere Sprache. Ganze Welten sind vernichtet worden. Und selbst wir Menschen haben die zweifelhafte technische Fähigkeit erlangt, absichtlich oder versehentlich Katastrophen heraufzubeschwören. Auf anderen Planeten, deren Landschaft die Spuren der Vergangenheit bewahrt hat, finden sich reichlich Beweise für größere Katastrophen. Letztlich ist alles nur eine Frage des Zeitmaßes. Ein Ereignis, das im Verlauf von hundert Jahren undenkbar erscheint, kann in hundert Jahrmillionen unausweichlich sein. Selbst auf der Erde, selbst in unserem eigenen Jahrhundert, ist es zu höchst absonderlichen Naturereignissen gekommen.

So raste in den frühen Morgenstunden des 30. Juni 1908 ein riesiger Feuerball über den Himmel des mittelsibirischen Berglands und löste an der Stelle, an der er den Horizont berührte, eine gewaltige Explosion aus: Im Umkreis von 2000 Quadratkilometern wurden die Waldbestände verwüstet, während in der Nähe der Einschlagstelle Tausende von Bäumen in Flammen aufgingen. Eine Stoßwelle lief zweimal um die Erde, und noch zwei Tage später war die Atmosphäre dermaßen mit feinem Staub angereichert, daß man im 10000 Kilometer entfernten London nachts in dem auf der Straße herrschenden diffusen Licht Zeitung lesen konnte.

Die Regierung des zaristischen Rußland mochte sich mit der Untersuchung eines so trivialen Vorfalls freilich nicht befassen. Schließlich war der Ort des Geschehens weit entfernt und nur das rückständige Volk der sibirischen Tungusen betroffen. So kam es, daß erst zehn Jahre nach der Oktoberrevolution eine Expedition in der Taiga eintraf, um den Boden zu untersuchen und Augenzeugen zu befragen. Hier einige der gesammelten Berichte:

»Frühmorgens, als noch alle schliefen, wurde das Zelt samt Insassen in die Luft gehoben. Beim Herunterfallen erlitt die ganze Familie leichte Verletzungen, Akulina und Iwan aber verloren das Bewußtsein. Als sie wieder zu sich kamen, hörten sie ein lautes Getöse und sahen, daß der Wald ringsum brannte und großenteils verwüstet war.«

»Ich saß um die Frühstückszeit, das Gesicht nach Norden gewandt, auf der Veranda des Hauses bei der Handelsniederlassung Wanawara und hatte gerade mit der Axt ausgeholt, um den Reifen auf das Faß zu treiben, als sich der Himmel plötzlich spaltete und der ganze nördliche Teil über dem Wald in Flammen zu stehen schien. Im selben Augenblick verspürte ich eine glühende Hitze, als hätte mein Hemd Feuer gefangen ... Ich wollte es mir gerade vom Leib reißen, da hörte ich einen Knall und ein gewaltiges Krachen und wurde etwa sechs Meter von der Veranda entfernt zu Boden geschleudert, daß mir einen Moment die Sinne schwanden. Meine Frau kam herausgerannt und schleppte mich in die Hütte. Dann folgte ein Geräusch wie von niederprasselnden Steinen oder von Kanonendonner. Die Erde bebte, und wie ich so am Boden lag, bedeckte ich den Kopf mit den Händen, um ihn vor dem Steinschlag zu schützen. Im gleichen Augenblick, in dem der Himmel barst, fegte ein heißer Wind wie der Sog einer Kanonenkugel aus nördlicher Richtung an den Hütten vorbei und hinterließ am Boden seine Spur ...«

»Als ich mich neben dem Pflug zum Frühstück niedersetzte, hörte ich plötzlich ein Donnern wie von Kanonenfeuer. Mein Pferd brach in die Knie. Auf der Nordseite des Waldes schossen Flammen empor ... Dann sah ich, daß der Wald vom Wind geknickt war und dachte an einen Orkan. Mit beiden Händen hielt ich mich an meinem Pflug fest, um nicht fortgerissen zu werden. Der Wind war so stark, daß er Erde vom Boden hochwirbelte, und dann trieb der Sturm eine mauerhohe Welle die Angara herauf. Das alles sah ich ganz deutlich, weil mein Acker auf einer Anhöhe liegt.«

»Der Donner machte die Pferde so scheu, daß sie teils in wilder Panik davongaloppierten und die Pflüge in verschiedene Richtungen zerrten, teils einfach zusammensackten.«

»Nach dem ersten und zweiten Knall hatten sich die Zimmerleute wie betäubt bekreuzigt. Beim dritten fielen sie hintenüber in die Holzspäne. Manche waren so außer sich, so zu Tode geängstigt, daß ich sie beruhigen mußte. Wir alle legten die Arbeit nieder und gingen ins Dorf, wo die Leute schon zuhauf auf den Straßen zusammengeströmt waren und über den Vorfall redeten.«

»Ich war auf dem Feld, hatte ein Pferd vor den Pflug gespannt und wollte gerade das andere anspannen, als ich ein Geräusch wie von einem einzigen lauten Schuß von rechts hörte. Ich wandte mich sofort um und sah ein längliches flammendes Objekt über den Himmel fliegen. Es erschien im vorderen Teil wesentlich breiter als am Hinterende und erinnerte in der Farbe an Feuer bei Tag. Zwar war es viel größer als die Sonne, aber auch viel gedämpfter, so daß man es mit bloßem Auge anschauen konnte. Hinter den Flammen zog etwas drein, was wie Staub aussah und sich zu kleinen Wölkchen zusammenkräuselte, und die Flammen hinterließen blauleuchtende Streifen ... Kaum war die Flamme verschwunden, krachte es lauter als von Kanonenschüssen, der Boden erbebte spürbar, und die Fensterscheiben in der Hütte zerbarsten.«

»Ich wusch gerade Wolle am Ufer des Flusses Kan. Da hörte ich plötzlich ein Geräusch wie Flügelrauschen eines aufgeschreckten Vogels ... und eine Art Wellenberg kam den Fluß herauf. Danach folgte ein einziger, so lauter Knall, daß einer der Arbeiter ... ins Wasser fiel.«

Dieses bemerkenswerte, als Tunguska-Explosion bekanntgewordene Ereignis wird von den Wissenschaftlern unterschiedlich erklärt. Nach Auffassung der einen soll es durch ein Stück herunterprasselnder Antimaterie verursacht worden sein, das sich, durch die Berührung mit der Erdmaterie vernichtet, in einem Gammastrahlenblitz verflüchtigte, wogegen allerdings das Fehlen von Radioaktivität an der Aufprallstelle spricht. Andere glauben, daß ein winziges Schwarzes Loch in Sibirien die Erde durchschlagen hat, also auf der anderen Seite wieder herausgekommen ist, nur daß die Stoßwellenaufzeichnungen keinerlei Hinweise auf ein noch am selben Tag aus dem Nordatlantik herausschießendes Objekt liefern. Und wieder ande-

Die verwüstete Taiga bei Tunguska. Die Aufnahme entstand einundzwanzig Jahre nach der Explosion fünf Kilometer vom Bodennullpunkt entfernt. Die umgestürzten Bäume weisen alle von der Einschlagstelle nach außen. M. frdl. Gen. v. Sovfoto.

re erwägen die Möglichkeit eines Raumschiffabsturzes aufgrund eines nicht behebbaren Maschinenschadens, nur daß das Gefährt dieser unvorstellbar fortgeschrittenen extraterrestrischen Zivilisation in dem verlorenen Winkel eines obskuren Planeten keinerlei Spur hinterlassen hätte. So weit die mehr oder minder ernstgemeinten Erklärungsversuche, von denen sich jedoch keiner so recht mit dem vorhandenen Beweismaterial deckt. Gehen wir jedoch von den wesentlichen Fakten aus – der gewaltigen Explosion, der starken Druckwelle, dem ausgedehnten Waldbrand und dem Fehlen eines Einschlagkraters –, so scheint es nur eine einzige sinnvolle Erklärung zu geben: 1908 muß ein Kometenrest auf die Erde gestürzt sein.

In den gewaltigen Räumen zwischen den Planeten finden sich zahlreiche aus Gestein, Metall, Eis und zu einem gewissen Prozentsatz auch aus organischen Molekülen zusammengesetzte Objekte von staubkorngroßen Teilchen bis zu unregelmäßig geformten Brocken von der Größe Nicaraguas oder Bhutans. Manchmal aber kommt diesen Objekten zufällig ein Planet in den Weg, und so könnte auch die Tunguska-Explosion durch einen Kometen bzw. richtiger ein Kometenfragment verursacht worden sein – einen Eisbrocken von etwa hundert Meter Durchmesser (was der Größe eines Fußballfeldes entspräche) und einem Gewicht von einer Million Tonnen. Würde ein solcher Brocken heute mit einer Geschwindigkeit von rund 30 km/sec auf die Erde herabsausen, könnte, zumindest in der ersten Panik, leicht der Eindruck einer Atombombenexplosion entstehen. Immerhin gliche vom Feuerball bis zur Pilzwolke alles der Explosion einer Megatonnenbombe, nur daß keine Gammastrahlung und kein radioaktiver Niederschlag aufträten. Angesichts dieser Übereinstimmung aber drängt sich die bange Frage auf, ob durch ein solch seltenes Naturereignis nicht unter Umständen ein Atomkrieg ausgelöst werden könnte. Sonderbares Drehbuch: Ein kleiner Komet stürzt, wie schon Millionen vor ihm, auf die Erde herunter, was unsere Zivilisation prompt mit Selbstvernichtung beantwortet. Deshalb schiene es mir durchaus geraten, ein besseres Verständnis der Kometen, Zusammenstöße und Katastrophen anzustreben.

Nehmen wir ein Beispiel, das sich vor kurzem tatsächlich ereignet hat: Am 22. September 1979 entdeckte ein amerikanischer Vela-Hotel-Satellit im Bereich Südatlantik – westlicher Indischer Ozean einen gewaltigen Doppelblitz. Die ersten Vermutungen lauteten: heimlicher Kernwaffentest, ver-

Ausschnitt aus dem Teppich von Bayeux (11. Jahrhundert), der das Erscheinen des Kometen Halley im April 1066 festhält. Die lateinische Legende links vom stark stilisierten Kometen erläutert: »Diese Männer bestaunen den Stern.« Ein Höfling meldet das Ereignis Harold von England, dessen Bezwingung durch Wilhelm den Eroberer der Komet nach volkstümlicher Auffassung ankündigte (Invasionsschiffe am unteren Rand). Der Teppich war von Königin Mathilde, Wilhelms Frau, in Auftrag gegeben worden.

mutlich Zündung einer Zweikilotonnenbombe (ca. ein Sechstel der Sprengkraft der Hiroshima-Bombe) durch Südafrika oder Israel. Alle Welt sprach von ernsten politischen Konsequenzen. Gesetzt den Fall aber, die Blitze wären durch den Aufschlag eines kleinen Asteroiden oder eines Kometenrests verursacht worden – im übrigen durchaus im Bereich des Möglichen, da sich beim Überfliegen der näheren Umgebung keine Spur von ungewöhnlicher Radioaktivität in der Luft fand –, was dann? Das Beispiel macht deutlich, welche Gefahren uns im Zeitalter der Kernwaffen drohen, wenn wir die Geschosse aus dem All nicht besser überwachen als bisher.

Giotto deutet in seiner *Anbetung der Heiligen Drei Könige* (um 1304) den Stern von Bethlehem vermutlich als Kometen und nicht als übernatürliche Erscheinung. Als Vorbild dürfte ihm der 1301 beobachtete Halleysche Komet gedient haben. M. frdl. Gen. v. SCALA Editorial Photocolor Archives.

Aztekische Darstellung: König Montezuma, beobachtet einen hellen Kometen und zieht sich, da er ihn in Übereinstimmung mit dem Volksaberglauben als Vorboten einer Katastrophe deutet, niedergeschlagen und bekümmert zurück. Damit leistete er der Eroberung durch die Spanier unwillkürlich Vorschub. Aus: *Historia de las Indias de Nueva España* von Diego Duran.

Ein Komet besteht größtenteils aus Eis – gefrorenem Wasser (H_2O) mit geringen Beimischungen von Methan- (CH_4) und Ammoniakeis (NH_3). Stößt auch nur ein bescheidenes Kometenfragment mit der Erdatmosphäre zusammen, entsteht ein großer, helleuchtender Feuerball und eine mächtige Stoßwelle, die unter einem weltweit hörbaren Donnern Bäume verbrennen und ganze Wälder niedermähen würden. Am Boden aber wäre unter Umständen fast kein Einschlagkrater zu sehen und so gut wie kein erkennbarer Kometenüberrest zu finden, da die verschiedenen Eise während des Eindringens alle geschmolzen wären. Die einzige Ausnahme könnten kleine Körnchen nichtvereister Teile des Kometenkerns bilden. Tatsächlich hat der sowjetische Wissenschaftler E. Sobotowitsch vor kurzem an der Tunguska-Einschlagstelle große Mengen winziger, weitverstreuter Diamanten gefunden, wie wir sie von Meteoriten, die den Aufprall überstanden, her kennen, die also letztlich von Kometen stammen könnten.

Der Große Komet von 1577 in einer türkischen Darstellung (vergleiche die Abbildung unten). Die Aufregung über das Auftauchen des Kometen führte unmittelbar zur Gründung der Istanbuler Sternwarte. M. frdl. Gen. d. Istanbuler Universitätsbücherei.

Der Große Komet von 1577 auf einem Prager Flugblatt von Peter Codicillus. Bei Laternenlicht skizziert ein Künstler den über Mond und Saturn stehenden Kometen. Aus der Beobachtung, daß dieser Komet weiter von der Erde entfernt sein müsse als der Mond, hatte Tycho Brahe den richtigen Schluß gezogen, Kometen seien keine irdischen Erscheinungen, sondern Himmelskörper. Aus der Wikiana-Sammlung der Zentralbibliothek Zürich, Photo von Owen Gingerich.

Wer in klaren Nächten geduldig zum Himmel aufschaut, kann oftmals einen vereinzelten Meteor aufleuchten sehen und in manchen, Jahr für Jahr gleichbleibenden Nächten sogar ganze Meteorströme beobachten, also gewissermaßen einem Feuerwerk der Natur beiwohnen. Diese Meteore werden von winzigen, nicht einmal senfkorngroßen Partikelchen erzeugt, einer Art niederfallendem Flaum, der beim Eintritt in die Erdatmosphäre aufleuchtet und in etwa 100 km Höhe durch Reibung erhitzt und vernichtet wird. Meteore sind Kometenreste.* Alte Kometen, die ihre Bahn schon wiederholt in Sonnennähe geführt hat, zerfallen unter der Einwirkung der Sonnenstrahlen schließlich, verdampfen und lösen sich auf. Die Reste eines solch zerfallenden Kometen verteilen sich im Lauf der Zeit über seine ganze Bahn. Am Kreuzungspunkt zwischen Kometen- und Erdbahn kommt es dann zu einer Häufung der Meteorerscheinungen: Ein ganzer Meteorschwarm geht auf uns nieder. Und da sich an diesem Schnittpunkt stets ein Teil des Schwarmes befindet, beobachten wir auch alljährlich am selben Tag einen Meteorschauer. Am 30. Juni 1908 aber kreuzte der Enckesche Komet die Erdbahn, wobei es zum β-Tauriden-Schwarm kam. So scheint die Tunguska-Explosion durch einen Klumpen des Enckeschen Kometen verursacht worden zu sein, der allerdings wesentlich größer gewesen sein müßte als jene winzigen Bruchstücke, die die glitzernden, harmlosen Meteorschauer hervorrufen.

Kometen haben den Menschen stets Furcht und Scheu eingeflößt und Aberglauben ausgelöst. Ihr gelegentliches Auftauchen ließ sich mit der Vorstellung eines unveränderbaren, von Gott geordneten Kosmos nur schwer vereinbaren. Es schien unvorstellbar, daß ein so auffälliger milchweißer Streifen, der Nacht für Nacht mit den Sternen auf- und unterging, nicht aus einem ganz bestimmten Grund da sein, daß er mit den menschlichen Angelegenheiten nichts zu tun haben sollte. So verfielen die Menschen auf die Idee, die Kometen als Vorboten des Unheils, als Zeichen des göttlichen Zorns zu deuten, die den Tod von Fürsten und den Untergang von Königreichen ankündigten. Die Babylonier sahen in ihnen Himmels-

* Eine Verbindung zwischen Meteoren, Meteoriten und Kometen findet sich erstmals in Alexander von Humboldts zwischen 1845 und 1862 veröffentlichtem, breitangelegtem gesamtwissenschaftlichem Popularisierungswerk *Kosmos*. Übrigens hatte der junge Charles Darwin über der Lektüre von Humboldts früheren Schriften in seiner Begeisterung beschlossen, die Laufbahn des geographischen Forschers mit dem Studium der Naturgeschichte zu verbinden und bald darauf als Naturforscher an Bord der *Beagle* Beobachtungen angestellt, die später zur Abfassung seiner *Entstehung der Arten* führen sollten.

bärte, die Griechen fliegendes Haar, die Araber Flammenschwerter. Zu Ptolemäus' Zeit wurden sie ausführlich je nach ihrer Gestalt als »Balken«, »Trompeten«, »Krüge« und so weiter klassifiziert. Laut Ptolemäus selbst brachten sie Kriege, heiße Witterung und »unruhige Zeiten«.

Im Mittelalter glichen Kometendarstellungen nicht selten UFOs in Kruzifixform. Und ein lutherischer »Superintendent«, der Bischof von Magdeburg Andreas Celichius, brachte 1578 eine »Theologische Erinnerung an den Neuen Kometen« heraus, in der er die wahrhaft erleuchtete Auffassung vertrat, besagte Himmelserscheinung sei der dicke, alltäglich, allstündlich, ja in jedem Augenblick stinkend und abscheulich vor Gottes Angesicht aufsteigende und sich schließlich zu einem Kometen mit gelockten und geflochtenen Zöpfen verdichtende Brodem menschlicher Sünden, der vom heißen und feurigen Zorn des Höchsten Himmlischen Richters in Brand gesteckt werde. Wogegen andere einwandten, daß der Himmel, wenn dem so wäre, von Kometen nur so wimmeln müßte.

Der älteste, aus dem Jahr 1057 v. Chr. stammende Bericht über das Erscheinen des Halleyschen (oder irgendeines anderen) Kometen findet sich im chinesischen *Buch des Fürsten Huai Nan,* der mit König Wu gegen Zhou von Yin marschierte. 66 n. Chr. berichtete Josephus von einem Schwert, das ein ganzes Jahr lang über Jerusalem hing – vermutlich gleichfalls der Halleysche Komet, und 1066 beobachteten die Normannen eine weitere Wiederkehr dieses Himmelskörpers, die sie in der Meinung, sie kündige den Fall *irgendeines* Königtums an, zum Angriff auf England ermutigte, ja antrieb. Im übrigen wurde der Komet auch in dem berühmten Teppich von Bayeux gebührend vermerkt, wie später Giotto, einer der Begründer der modernen Malerei, sein Wiederauftauchen 1301 in seine Nativität aufnahm. 1466 trat der Halleysche Komet erneut in Erscheinung und versetzte als der Große Komet das ganze christliche Abendland in Angst und Schrecken, schien doch, da die Türken gerade Konstantinopel erobert hatten, Gott, der die Kometen sendet, auf seiten der Ungläubigen zu stehen.

Im 16. und 17. Jahrhundert zeigten sich die führenden Astronomen von den Kometen besonders fasziniert. Selbst Newton ließ sich von ihnen bis zu einem gewissen Grad den Kopf verdrehen. Kepler verglich sie mit Fischen, die durchs Meer schießen, und schloß aus ihrem stets sonnenabgewandten Schweif auf eine Ablenkung durch die Sonnenstrahlen. Und ein so eingefleischter Rationalist wie David Hume bezeichnete sie spielerisch als die Fortpflanzungszellen – Eier oder Spermien – des Planetensystems, was eine Art interstellaren Sex voraussetzen würde. Newton, der in seiner Studienzeit vor der Erfindung des Spiegelteleskops ganze Nächte damit zubrachte, den Himmel mit bloßem Auge nach ihnen abzusuchen, bis er sich schließlich vor Erschöpfung ganz krank fühlte, gelangte wie Tycho und Kepler zu dem Schluß, sie bewegten sich entgegen der Ansicht des Aristoteles und anderer nicht innerhalb der Erdatmosphäre. Seiner Ansicht nach waren sie weiter von der Erde entfernt als der Mond, wenn auch nicht so weit wie Saturn, geschweige denn, da sie wie die Planeten im reflektierten Sonnenlicht leuchten, wie die Fixsterne: »Diejenigen, die sie fast so weit hinausrücken wie die Fixsterne, irren gewaltig, könnten die Kometen doch in diesem Fall von der Sonne nicht mehr Licht erhalten als unsere Planeten von den Fixsternen.«

Ihre Bahn beschrieb er, wie die der Planeten, als elliptisch: »Die Kometen sind eine Art auf sehr exzentrischen Bahnen um die Sonne kreisender Pla-

Stark stilisierte Darstellung des Kometen von 1556 über einer deutschen Stadt, vermutlich Nürnberg. Wikiana-Sammlung, Photo von Owen Gingerich.

Der 1965 von zwei japanischen Amateurastronomen entdeckte Komet Ikeya-Seki. Der Schweif ist etwa fünfzig Millionen Kilometer lang. Aufgenommen von Michael Belton im Kitt Peak National Observatory.

neten.« Diese Entmystifizierung durch die Vorhersage regelmäßiger Kometenbahnen ließ in seinem Freund Halley 1707 den Verdacht aufkeimen, die Kometenerscheinungen von 1531, 1607 und 1682 könnten auf denselben Kometen mit einer Umlaufszeit von 76 Jahren zurückgehen. Von da bis zur Prophezeiung seiner Wiederkehr für 1758 war nur noch ein Schritt. Als er dann, wie angekündigt, tatsächlich termingerecht eintraf, wurde er postum nach seinem Entdecker benannt. Wie sich hinterher herausstellte, hat der Halleysche Komet in der menschlichen Geschichte eine interessante Rolle gespielt, die bei seiner nächsten Wiederkehr 1986 ihre Krönung finden könnte, ist doch geplant, die erste Kometen-Raumsonde in seinen Kern zu schießen.

Nach Ansicht moderner Planetenforscher könnte die Atmosphäre eines Planeten durch den Zusammenstoß mit einem Kometen eine wesentliche Veränderung erfahren. So könnte das ganze Wasser in der Marsatmosphäre auf den Aufprall eines kleinen Kometen zurückgehen. Ganz ähnlich glaubte Newton, daß sich die Materie im Kometenschweif im interplanetaren Raum zerstreut, dem Kometen verlorengeht und nach und nach von benachbarten Planeten gravitativ angezogen wird. So scheint er auch die irdischen Ozeane auf solchen Ursprung zurückgeführt und Leben auf der Erde überhaupt nur dank der auf unseren Planeten herunterfallenden Kometenmaterie für möglich gehalten zu haben. Seiner Ansicht nach nämlich nahm das Wasser auf der Erde allmählich ab, da es »durch die Vegetation und die Verwesung aufgezehrt und in trockene Erde umgewandelt wird … so daß die Flüssigkeit, sofern nicht von außen ergänzt, stetig abnehmen muß, bis sie gänzlich aufgebraucht ist«.

Doch Newton ging noch einen Schritt weiter. In einer Art mystischer Träumerei schrieb er: »Ich vermute sogar, daß auch der Lebenshauch hauptsächlich von den Kometen kommt, der zwar kleinste, aber feinste und nützlichste Teil unserer Luft, ohne den das Leben all der Dinge um uns her gar nicht denkbar wäre.«

Bereits 1868 stellte der Astronom William Huggins fest, daß sich das Spektrum eines Kometen teilweise mit dem von Erdgas oder »ölbildendem Gas« deckt. Mit anderen Worten, Huggins hatte organische Materie in den Kometen gefunden. In den folgenden Jahren wurde dann im Kometenschweif die Kohlenstoff-Stickstoff-Verbindung Cyan (CN), ein Bestandteil der Cyanide, entdeckt. Was Wunder, daß die Leute in Panik gerieten, als 1910 der Durchgang der Erde durch den Schweif des Halleyschen Kometen angekündigt wurde. Sie übersahen dabei freilich, daß der außerordentlich weit auseinandergezogene Schweif des Kometen eine wesentlich geringere Gefahr darstellte als die bereits 1910 durch industrielle Abgase bedenklich verschmutzte Großstadtluft.

Doch wer glaubte das schon. So finden sich z. B. im San Franciscoer *Chronicle* vom 15. Mai 1910 Schlagzeilen wie »Hausgroße Kometenkamera«, »Komet kommt, Ehemann bessert sich«, »Kometenpartys, der letzte Schrei in New York«, während der Los Angeles *Examiner* einen leichten Ton anschlägt: »Hat Sie der Komet schon cyanisiert? … Kostenloses Gasbad für die ganze Menschheit«, »Jubel, Trubel, Heiterkeit zu erwarten«, »Viele spüren scharfen Cyangeschmack auf der Zunge«, »Opfer klettert auf Bäume und versucht Kometen anzurufen«. Allenthalben wurden rauschende Feste gefeiert, um das Leben vor dem Weltuntergang durch Cyanverschmutzung noch zu genießen, und geschäftstüchtige Händler boten

Eine ungewöhnliche Aufnahme des Halleyschen Kometen von 1910 mit der Venus links unten im Bild. M. frdl. Gen. d. Camera Press-Photo Trends.

Antikometenpillen und Gasmasken feil – eine unheimliche Vorwegnahme der Schlachtfelder des Ersten Weltkriegs.
Aber selbst in unserer Zeit können Kometen noch für Unruhe und Aufregung sorgen. So klingelte 1957 eines Nachts, als ich mich allein im Yerkes Observatory der University of Chicago befand, endlos das Telephon. Als ich den Hörer abnahm, sagte eine Stimme, der man den fortgeschrittenen Alkoholisierungsgrad anmerkte: »Gem se mir n Aschdronom.« – »Kann ich Ihnen helfen?« – »Naja, sehn se, wir ham n Gartenfest hier draußen in Wilmette, un irgenwas is da am Himmel. Das Komische dran is, schauste hin, is es weg, schauste weg, is es da.« Nun liegt der sensitivste Teil der Netzhaut nicht in der Mitte des Gesichtsfeldes. Schwach leuchtende Sterne oder andere Objekte sieht man am besten, wenn man den Blick etwas abwendet. Außerdem wußte ich, daß sich ein neuentdeckter, um diese Zeit allerdings kaum sichtbarer Komet namens Arend-Roland am Himmel befand. So erteilte ich die Auskunft, vermutlich handle es sich um einen Kometen. Nach einer Pause ertönte die Stimme wieder: »Wasn das, n Ko-

Der Kopf des Halleyschen Kometen, aufgenommen im Mai 1910 von H. Knox Shaw mit dem 30-Zoll-Spiegelteleskop der Heluan-Sternwarte in Ägypten.

Der 1961 mit dem 48-Zoll-Schmidt-Teleskop der Hale-Sternwarte aufgenommene, nach seinem Entdecker Milton Humason benannte Komet Humason. Die Streifen sind ferne Sterne (Zeitaufnahme).

met?« – »Ein Komet«, erwiderte ich, »ist ein Schneeball von gut einem Kilometer Durchmesser.« Eine noch längere Pause folgte, dann forderte der Anrufer: »Gem se mir n *echtn* Aschdronom.« Wer weiß, was die politischen Führer 1986 bei der Wiederkehr des Halleyschen Kometen alles fürchten werden, wer weiß, welche Narreteien uns dann plagen.

Die Planeten laufen, wie wir gesehen haben, auf *schwach* elliptischen, auf den ersten Blick fast kreisförmig anmutenden Bahnen um die Sonne. Im Gegensatz dazu folgen die Kometen – vornehmlich die langperiodischen – stark elliptischen Bahnen. Die Planeten sind gewissermaßen die Oldtimer im inneren Sonnensystem, die Kometen die Neuankömmlinge. Warum aber sind die Planetenbahnen nahezu kreisförmig und fein säuberlich voneinander getrennt? Weil es, wären es Ellipsen, so daß sich die Pfade der Planeten kreuzten, über kurz oder lang zu Zusammenstößen käme. In der Frühgeschichte des Sonnensystems, als vermutlich viele Planeten im Entstehen begriffen waren, bestand bei denjenigen mit elliptischen, sich kreuzenden Bahnen große Kollisions- und damit Selbstvernichtungsgefahr, während die mit Kreisbahnen große Chancen zu wachsen und zu überleben hatten. Anders gesagt: Die Bahnen unserer heutigen Planeten sind die Bahnen derer, die die natürliche Auslese durch Zusammenstoß überdauert haben; unser Sonnensystem ist nach Kollisionskatastrophen in der Jugend in sein stabiles Mittelalter eingetreten.

Im äußersten Bereich des Sonnensystems, in der weit hinter den Planeten liegenden Dunkelheit, dreht sich eine kugelförmige Wolke von Billionen Kometenkernen um die Sonne, nicht schneller als ein Rennwagen bei einem Autorennen.* Ein halbwegs typischer Komet sieht ungefähr wie ein riesiger, sich überschlagender Schneeball von rund einem Kilometer Durchmesser aus. Nur selten dringt einer von ihnen über die von Plutos Bahn markierte Grenze ins Innere des Sonnensystems vor. Gelegentlich aber entsteht durch einen vorüberziehenden Stern ein gravitatives Durcheinander, Bewegung kommt in die Kometenwolke, und mit einemmal schlägt eine Gruppe einen stark elliptischen Kurs ein. In der Folge durch Jupiter oder Saturn erneut gravitativ von ihrem Weg abgelenkt, saust sie schließlich – so etwas kommt rund alle hundert Jahre einmal vor – doch auf das innere Sonnensystem zu. Irgendwo zwischen der Jupiter- und der Marsbahn beginnt sie sich dann aufzuheizen und zu verdampfen. Staub- und Eisteilchen werden vom solaren Partikelstrom mitgerissen und vom Sonnenwind hinter den Kometen geblasen, so daß erste Schweifansätze entstehen.

Stellen wir uns Jupiter auf einen Meter Durchmesser verkleinert vor, wäre unser Komet nicht einmal staubkorngroß; dennoch würde sein voll entwikkelter Schweif die Entfernung zwischen den Welten überbrücken und den Erdenbürgern bei seiner Rückkehr jedesmal erneut Anlaß geben, sich in abergläubische Dummheiten zu stürzen, bis sie schließlich doch begriffen,

* Die Erde ist $r = 1$ astronomische Einheit $= 150\,000\,000$ km von der Sonne entfernt. Demnach beträgt der Umfang ihrer annähernd kreisförmigen Bahn $2\pi r \simeq 10^9$ km. Diese Strecke legt unser Planet einmal im Jahr zurück. Ein Jahr $= 3 \times 10^7$ Sekunden. Die Umlaufsgeschwindigkeit der Erde beträgt also 10^9 km/3×10^7 sec $\simeq 30$ km/sec. Nehmen wir nun die zirkumsolare Kometenwolke, die nach Schätzung vieler Astronomen ca. 100 000 astronomische Einheiten von der Sonne entfernt ist (der nächste Stern ist gut doppelt so weit entfernt). Nach dem Dritten Keplerschen Gesetz (S. 75) berechnet sich ihre Umlaufszeit um die Sonne auf ungefähr $(10^5)^{3/2} = 10^{7,5} \simeq 3 \times 10^7$ oder 30 Millionen Jahre. So lange braucht man in den Randbezirken des Sonnensystems für eine Reise um die Sonne. Die Bahn der Kometen ist $2\pi a = 2\pi \times 10^5 \times 1{,}5 \times 10^8$ km $\simeq 10^{14}$ km lang und ihre Geschwindigkeit deshalb nicht größer als 10^{14} km/10^{15} sec $= 0{,}1$ km/sec $\simeq 350$ km/h.

daß er nicht in ihrer Atmosphäre, sondern draußen zwischen den Planeten dahinzieht. Dann würden sie seine Bahn berechnen und eines Tages vielleicht sogar versuchen, den Gast aus dem Reich der Sterne mittels eines kleinen Raumfahrzeugs zu erforschen.

Früher oder später stoßen Kometen mit Planeten zusammen. Auch die Erde und ihr Begleiter, der Mond, müssen im Laufe ihrer Existenz von Kometen und kleinen Asteroiden, Resten aus der Entstehungszeit des Sonnensystems, nur so bombardiert worden sein. Da es unter diesen Objekten mehr kleine als große gibt, müssen auch mehr kleine auf die Planeten heruntergestürzt sein. Die Erde z.B. dürfte etwa alle tausend Jahre mit einem kleinen Kometenrest wie bei der Tunguska-Explosion zusammenstoßen, aber nur einmal pro Jahrmilliarde mit einem großen Kometen wie dem Halleyschen mit seinem rund 20 Kilometer großen Kern.

Beim Aufprall eines kleinen Eisbrockens tragen Planet oder Mond keine besondere Schramme davon. Bei der Kollision mit einem größeren oder vornehmlich aus Gestein bestehenden Objekt dagegen kommt es beim Aufprall zu einer Explosion, die einen halbkugelförmigen Einschlagkrater in den Boden reißt. Wird dieser Krater nicht durch irgendeinen Prozeß verwischt oder aufgefüllt, kann er sich Jahrmilliarden halten. So auf dem Mond, der fast keiner Erosion unterliegt und dessen Oberfläche dementsprechend von Einbruchsbecken überzogen ist – im übrigen in einem Ausmaß, das in Anbetracht der heute eher dünngesäten Kometen- und Asteroidenreste im inneren Sonnensystem wundernimmt. In der Tat stammen auch viele Krater aus einem früheren, Jahrmilliarden zurückliegenden Zeitalter, in dem, wie die Mondoberfläche beweist, ganze Welten zu Bruch gingen.

Nun sind Einschlagkrater nicht auf den Mond beschränkt, sondern im inneren Sonnensystem überall zu finden – auf dem sonnennächsten Planeten Merkur ebensogut wie auf der wolkenbedeckten Venus oder auf dem Mars mit seinen kleinen Monden Phobos und Deimos. Diese sog. terrestrischen oder Erdplaneten, unsere eigene Weltenfamilie, gleichen mehr oder weniger der Erde. Sie haben eine feste Oberfläche, einen Kern aus Eisen und Stein und eine Atmosphäre, die beim Mars sehr dünn, bei der Venus dagegen äußerst dicht ist und deren Druck den auf der Erde herrschenden um das Neunzigfache übertreffen kann. Sie alle drängen sich um die Sonne, Quelle des Lichts und der Wärme, wie Camper ums Zeltfeuer, sind durchweg rund 4,6 Milliarden Jahre alt und, wie der Mond, vom Kollisionszeitalter der Frühgeschichte des Sonnensystems gezeichnet.

Jenseits des Mars beginnt dann das völlig andersartige Reich Jupiters und der anderen »Riesenplaneten«, jener großen, weitgehend aus Wasserstoff und Helium mit geringeren Beimischungen von wasserstoffreichen Gasen wie Methan, Ammoniak und Wasserdampf bestehenden Welten. Bei ihnen sehen wir keine feste Oberfläche, sondern nur die Atmosphäre mit ihren vielfarbigen Wolken. Das sind ernstzunehmende Planeten, nicht so kleine Weltsplitter wie die Erde, die tausendmal im Jupiter Platz fände. Aber obwohl ein in die Jupiteratmosphäre eindringender Komet oder Asteroid keinen sichtbaren Krater, sondern nur ein momentanes Loch in die Wolken risse, wissen wir, daß auch das äußere Sonnensystem viele Jahrmilliarden lang mit allen möglichen Geschossen bombardiert worden ist: Jupiter besitzt ein großes Mondsystem mit über einem Dutzend Trabanten, von denen fünf von der Voyager-Sonde recht genau untersucht

Auflösung des Kometen West in vier Kerne (vergleiche das Photo am Kapitelanfang). Aufnahme von C.F. Knuckles und A.S. Murrell vom New Mexico State University Observatory.

Der Meteorkrater von Arizona. Dieser Krater von 1,2 Kilometer Durchmesser wurde vermutlich vor 40000 bis 15000 Jahren durch einen mit einer Geschwindigkeit von 15 km/sec herabstürzenden, 25 Meter großen Eisenbrocken geschlagen. Dabei wurde dieselbe Energie freigesetzt wie bei der Explosion einer 4-Megatonnen-Bombe.

Sonnenaufgang am unmittelbar nördlich des Mondäquators gelegenen Krater Copernicus. Dieser Krater von 100 Kilometer Durchmesser hat ein stark ausgeprägtes, auf unserer Aufnahme allerdings nicht erkennbares, da nur bei Sonneneinfall in Erscheinung tretendes Strahlensystem. Apollo-Orbiter-Aufnahme, m. frdl. Gen. d. NASA.

Erdaufgang über den welligen Hügeln und den einander vielfältig überlagernden Kratern des Mondes. Apollo-Orbiter-Aufnahme, m. frdl. Gen. d. NASA.

wurden. Und auch hier haben wir Beweise für frühere Katastrophen gefunden. Ähnliches dürfte im übrigen für das ganze Sonnensystem gelten, was wir freilich erst dann mit Sicherheit wissen werden, wenn einmal alle neun Welten von Merkur bis Pluto samt all den kleineren Monden, Kometen und Asteroiden erforscht sind.

Auf der erdnahen, durch unsere Teleskope beobachtbaren Seite des Mondes, wurden rund 10000 Krater gezählt, die meisten davon in den alten *Terrae* oder Hochländern. Diese stammen aus der Zeit, in der der Mond aus interplanetaren Trümmern zusammengewachsen ist. In den *Maria* (lateinisch »Meere«), den ebenen Steinwüsten, die kurz nach der Bildung des Mondes, vielleicht von Lava, überflutet wurden, finden sich nur rund 1000 über einen Kilometer weite Krater, da die zuvor vorhandenen durch diese Überflutung aufgefüllt wurden. Diesen Zahlen nach müßten kraterbildende Katastrophen auf dem Mond heute in einer Rate von rund 10^9 Jahre/10^4 Krater = 10^5 Jahre/Krater, also alle hunderttausend Jahre auftreten. Da es jedoch vor ein paar Jahrmilliarden mehr interplanetare Trümmer gegeben hat als heute, könnte die Entstehung des nächsten Mondkraters vielleicht in noch weiterer Ferne liegen. Auf der Erde könnte es aufgrund ihrer größeren Fläche etwa alle zehntausend Jahre zu Zusammenstößen kommen, die Krater von einem Kilometer Durchmesser hinterlassen. Beleg für diese groben Kalkulationen sind die auf der Erde beobachteten Spuren, so der Meteor Crater in Arizona, ein Krater von rund einem Kilometer Durchmesser, der vor zwanzig- bis dreißigtausend Jahren entstanden sein dürfte. Die durch den Aufprall eines kleinen Kometen oder eines Asteroiden auf dem Mond verursachte Explosion wäre aufgrund ihrer Helligkeit von der Erde aus sichtbar. Wir könnten uns auch ohne weiteres vorstellen, daß unsere Vorfahren eines Nachts vor hunderttausend Jahren müßig zu unserem Trabanten hinaufschauten und vom nicht erleuchteten Teil des Mondes plötzlich eine sonderbare, von den Sonnenstrahlen getroffene Wolke aufsteigen sahen. In historischen Zeiten dagegen erscheint ein solcher Vorfall unvorstellbar. Die Chancen stehen höchstens 1:100! Und doch gibt es eine geschichtliche Notiz, die in der Tat einen mit bloßem Auge von der Erde aus beobachteten Aufprall auf den Mond beschreiben könnte. Der Chronist Gervasius von Canterbury, ein allgemein für glaubwürdig erachteter Berichterstatter politischer und kultureller Ereignisse seiner Zeit, verzeichnete für den 25. Juni 1178 ein höchst sonderbares Ereignis, für dessen Wahrheit sich die Augenzeugen, fünf britische Mönche, unter Eid verbürgt hatten. Gervasius schreibt:

»Es schien ein heller Neumond, dessen Hörner, wie in dieser Phase üblich, gen Osten zeigten. Plötzlich spaltete sich das obere, und aus dem Mittelpunkt der Spaltung schoß eine Flammenfackel empor, die Feuer, heiße Kohlen und Funken ausspie.«

Der Krater Bruno mit seinem Strahlensystem (oben). Apollo-Orbiter-Aufnahme, m. frdl. Gen. d. NASA.

Nach Berechnungen der Astronomen Derral Mulholland und Odile Calame würde die durch einen Aufprall auf den Mond verursachte Staubwolke ein ähnliches Erscheinungsbild aufweisen.
Wäre aber tatsächlich vor 800 Jahren ein Aufprall erfolgt, müßte der Krater heute noch zu sehen sein. Denn da es auf dem Mond mangels Luft und Wasser kaum zu Erosion kommt, sind selbst kleine Krater noch nach Jahr-

Ein Apollo-16-Astronaut stellt Laser-Retroreflektoren auf dem Mond auf. M. frdl. Gen. d. NASA.

Von dem 82-Zoll-Spiegelteleskop des McDonald Observatory der University of Texas wird ein Laserstrahl zu den Retroreflektoren auf den Mond hinaufgeschickt.

milliarden relativ gut erhalten, und aus Gervasius' Bericht läßt sich die Aufprallstelle ziemlich genau bestimmen. Eine Explosion auf dem Mond hinterläßt strahlenförmige Streifen feinen Staubs, wie wir sie von den jüngsten Mondkratern her kennen, z. B. von den nach Aristarch, Kopernikus und Kepler benannten. Diese Strahlen aber halten im Gegensatz zu den Kratern selbst der Erosion nicht stand, da sie außerordentlich dünn sind. Sie werden im Laufe der Zeit durch Mikrometeoriten – feinen Staub aus dem All – aufgewirbelt und zugedeckt, bis sie schließlich ganz verschwunden sind. Das aber bedeutet, daß Strahlen stets einen Hinweis auf einen jungen Krater liefern.

In der Tat findet sich nach den Angaben des Meteorforschers Jack Hartung genau an der von den Mönchen aus Canterbury bezeichneten Stelle ein ganz junger, noch sehr frisch aussehender kleiner Krater mit deutlich sichtbarem Strahlensystem, benannt nach Giordano Bruno. (Dieser katholische Gelehrte des 16. Jahrhunderts war aufgrund seiner Überzeugung, daß es unzählige und darunter auch viele bewohnte Welten gebe, sowie aufgrund anderer Verbrechen im Jahr 1600 verbrannt worden.)

Aber Calame und Mulholland können noch mit einem weiteren, mit dieser Deutung übereinstimmenden Beweis aufwarten. Ein mit hoher Geschwindigkeit auf den Mond stürzendes Objekt würde unseren Trabanten in leichte Schwingungen versetzen, die sich zwar zusehends abschwächten und schließlich ganz abebbten, aber nicht in einem so kurzen Zeitraum wie 800 Jahre. Dank der Laserreflexionstechnik sind wir heute in der Lage, solchen Phänomenen nachzugehen. So haben die Apolloastronauten bei ihrem Mondflug an verschiedenen Punkten unseres Trabanten Spezialspiegel, sog. Laserreflektoren, aufgestellt, die von der Erde aus hinaufgeschickte Laserstrahlen zurückwerfen. Die Zeit, die ein solcher Strahl für seine Rundreise braucht, kann mit erstaunlicher Genauigkeit gemessen werden. Das Meßergebnis wird dann mit der Lichtgeschwindigkeit multipliziert, wodurch wir die augenblickliche Entfernung des Mondes von der Erde mit ebenfalls bemerkenswerter Genauigkeit erhalten. Diese über eine Reihe von Jahren fortgesetzten Messungen haben gezeigt, daß der Mond mit einer Periode (3 Jahre) und einer Amplitude (3 m) pendelt oder schwankt, die sich durchaus mit der Vorstellung, der Krater Giordano Bruno sei noch keine tausend Jahre alt, vereinbaren lassen.

All das sind aber keine direkten Beweise, und die Wahrscheinlichkeit spricht, wie gesagt, gegen ein solches Ereignis in historischer Zeit. Allerdings zeigen die Tunguska-Explosion und der Meteorkrater von Arizona, daß sich nicht alle Kollisionskatastrophen in der Frühgeschichte unseres Sonnensystems abgespielt haben. Und außerdem gibt es, wie die Existenz einiger weniger Krater mit und vieler ohne Strahlensystem zeigt, auch auf dem Mond Erosion in geringem Ausmaß.* Im großen und ganzen können wir durch die Erforschung der Überlappungen der einzelnen Krater sowie anhand anderer Merkmale der Mondoberfläche die Abfolge von Kollisionen und Verflüssigungen des Mondgesteins, deren jüngstes Beispiel vielleicht die Entstehung des Kraters Bruno ist, recht gut rekonstruieren. (Die Bilderfolge auf S. 100/101 soll diese Vorgänge, die die Oberfläche der erdzugewandten Mondhalbkugel geprägt haben, veranschaulichen.)

Erde und Mond sind sehr nah benachbart. Doch während der Mond von Einsturzkratern regelrecht überzogen ist, finden sich auf der Erde fast keine. Warum? Sollten Kometen und Asteroiden so rücksichtsvoll sein, bewohnte Planeten zu verschonen? Wohl kaum. Alles in allem dürften die Kollisionsquoten auf Erde und Mond gleich hoch liegen, nur daß die Krater auf dem luft- und wasserlosen Mond über enorme Zeiten weg erhalten blieben, während sie auf der Erde durch Erosion langsam eingeebnet oder aufgefüllt wurden. Wassererosion, Sandverwehungen und Gebirgsbildungen sind zwar außerordentlich langsame Prozesse, können aber im Laufe von Jahrmillionen oder Jahrmilliarden selbst große Krater restlos beseitigen.

Auf die Oberfläche eines jeden Mondes oder Planeten wirken Kräfte von außen wie auftreffende Materie aus dem Weltraum und Kräfte von innen wie Erdbeben ein; Kräfte, die plötzliche Katastrophen, etwa Vulkanausbrüche, auslösen, und Kräfte, die unausdenklich langsame Vorgänge wie die Veränderung einer Oberfläche durch winzige angewehte Sandkörner in Gang setzen. Die Frage, welche Kräfte und Prozesse vorherrschen, die von außen oder die von innen, die seltenen, aber heftigen, oder die alltäglichen, kaum wahrnehmbaren, läßt sich nicht allgemein beantworten. Auf dem Mond überwiegen die katastrophenauslösenden Kräfte von außen, auf der Erde die langsamen Prozesse von innen, während Mars ein Mittelding zwischen diesen beiden Möglichkeiten darstellt.

Zwischen den Bahnen von Mars und Jupiter wurden zahllose Asteroiden, kleinste terrestrische Planeten, entdeckt, von denen die größten einen Durchmesser von ein paar hundert Kilometern und viele eine längliche Form aufweisen, die sie regelrecht durch den Raum purzeln läßt. Manchmal scheinen sich zwei oder mehrere in engen Bahnen zu umkreisen, und nicht selten kommt es zu Kollisionen, bei denen gelegentlich ein Stück absplittert, das schließlich als Meteorit auf der Erde landet. Auf den Regalen

Die mit Kratern übersäte, erdabgewandte, dem Menschen vor dem Raumfahrtzeitalter gänzlich unbekannte Seite des Mondes, die erstmals von den Luna-Sonden der Sowjetunion aufgenommen wurde. Daß uns der Mond immer dieselbe Seite zukehrt, wird durch die Gezeitenkräfte der Erde verursacht, unter deren Einwirkung unser Trabant unseren Planeten einmal monatlich umkreist. Die dunklen Flecken oben rechts sind kleine Maria. Auf der erdzugewandten Seite treten die Maria, siehe »Mann im Mond«, deutlicher in Erscheinung. Apollo-Orbiter-Aufnahme, m. frdl. Gen. d. NASA.

* Infolge der wesentlich stärkeren Erosion finden sich unter den vielen Marskratern, wie zu erwarten, praktisch keine mit Strahlensystem.

a

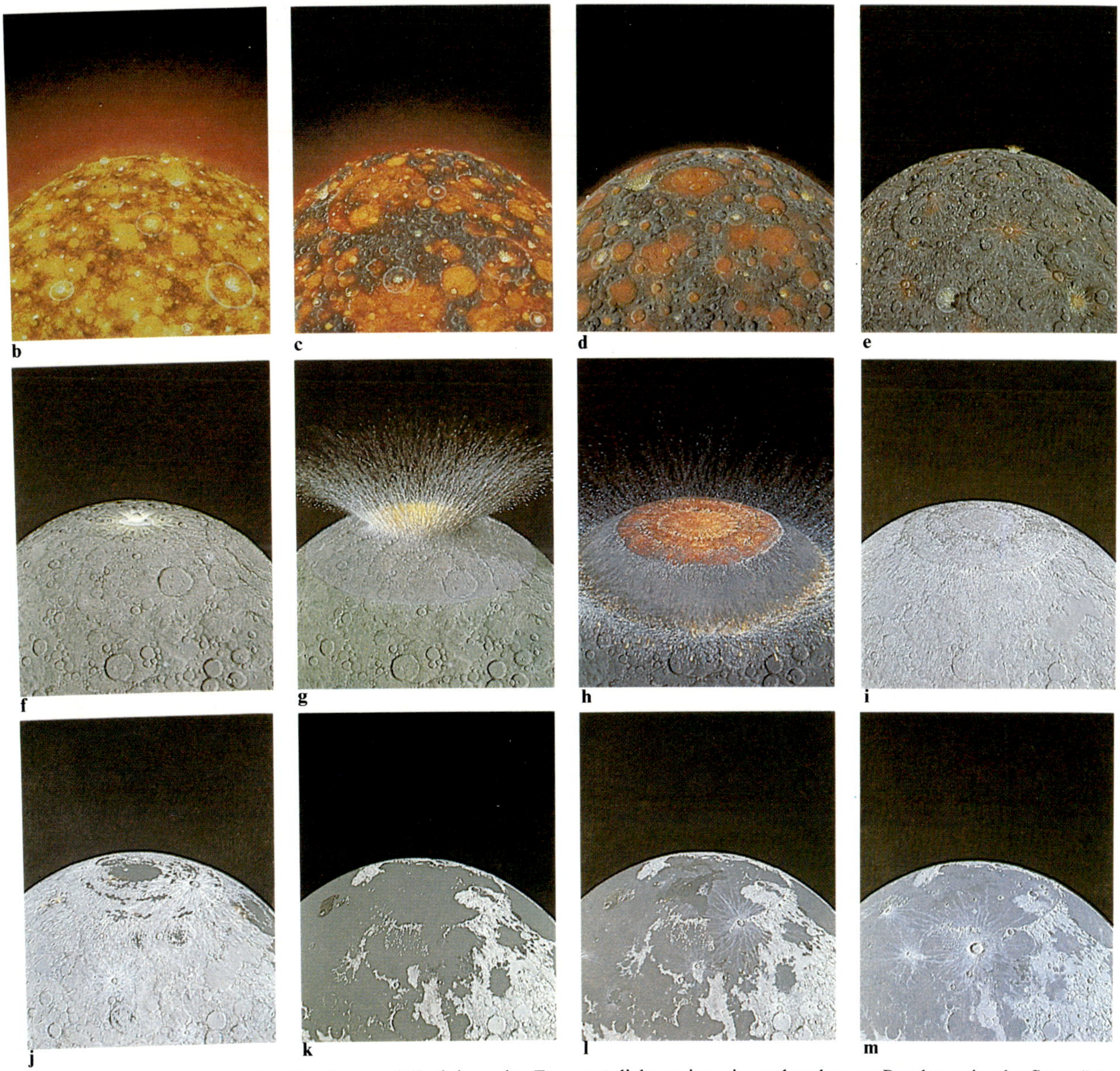

Die Oberflächengestaltung des Mondes. **(a–d)** Endphase des Zusammenwachsens (vor ca. 4,6–5 Milliarden Jahren). Unter Einwirkung der durch die letzte auf den Mond niedergehende Geschoßgeneration ausgelösten Energie schmilzt die Mondoberfläche, kühlt aber nach Einfangen der meisten herumschwirrenden Trümmer allmählich wieder ab. **(e–i)** Durch Einschlag eines Asteroiden (vor 3,9 Milliarden Jahren) entsteht ein Krater; gleichzeitig wird Materie hochgeschleudert, eine Schockwelle breitet sich aus, die Oberfläche erhitzt sich erneut. Das entstandene Becken **(i)** wird möglicherweise mit geschmolzenem Basaltgestein überflutet **(j–k**; vor etwa 2,7 Milliarden Jahren). Das als Mare Imbrium bekannte dunkle Becken ist von der Erde aus mit bloßem Auge zu erkennen. Die Krater Eratosthenes **(l)** und Copernicus **(m)** mit ihren Strahlensystemen gehen auf jüngere Einschläge zurück. Durch langsame Erosion hat sich der Kontrast zwischen dem Mare Imbrium und seiner Umgebung etwas verwischt. Darstellung von Don Davis unter Beratung der Astrogeologischen Abteilung des U.S. Geological Survey.

Mariner-10-Aufnahme der Südhalbkugel des Planeten Merkur mit einander überlagernden Kratern und auffälligen Kratern mit Strahlensystem. Die Ähnlichkeit zwischen Merkur- und Mondoberfläche erklärt sich durch gewaltige Einschlagexplosionen vor Jahrmilliarden und nur geringe Oberflächenerosion. Photomosaikbild von Mariner 10. Von den dunklen Ausschnitten ganz unten existieren keine Aufnahmen. M. frdl. Gen. d. NASA.

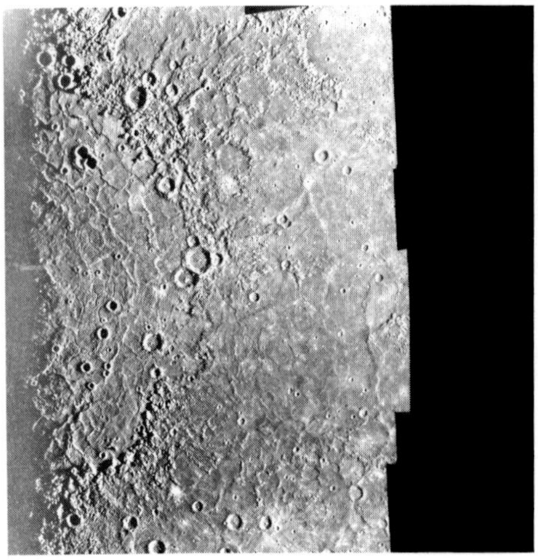

Die konzentrischen Spalten und Wälle links bilden die Randbezirke des großen Caloris-Beckens auf der glühend heißen Merkuroberfläche. Mariner-10-Photomosaikbild, m. frdl. Gen. d. NASA.

unserer Museen häufen sich die Bruchstücke ferner Welten. Dieser Asteroidengürtel ist eine große Mühle, die kleinere und immer kleinere Trümmer bis herunter zu Staubkorngröße produziert. Die größeren werden zusammen mit den Kometen für die meisten jungen Krater auf den Planeten verantwortlich gemacht. Über den Asteroidengürtel selbst gehen die Ansichten auseinander. Hier könnte einst ein Planet durch die Gezeitenkräfte des benachbarten Riesenplaneten Jupiter am Entstehen gehindert worden sein, umgekehrt aber könnten die Asteroiden oder Planetoiden auch die verstreuten Überreste eines Planeten darstellen, der sich selbst in die Luft sprengte; allerdings insofern etwas unwahrscheinlich, als kein Wissenschaftler auf Erden weiß, wie ein Planet das anstellen sollte – was möglicherweise kein Schaden ist.

Eine gewisse Ähnlichkeit mit dem Asteroidengürtel haben die Ringe des Saturn. Sie bestehen aus Billionen kleiner eisiger Möndchen, die den Planeten umkreisen. Dabei kann es sich um Bruchstücke handeln, die durch die Schwerkraft des Saturn nicht zu einem Mond zusammenwachsen konnten, oder umgekehrt um die Überreste eines Mondes, der dem Planeten zu nahe gekommen ist und von den Gezeitenkräften in Stücke gerissen wurde. Es könnte sich aber auch um den festen Gleichgewichtszustand zwischen dem von einem Saturnmond wie Titan ausgestoßenen Material und dem in die Planetenatmosphäre einfallenden Material handeln. Auch Jupiter und Uranus haben ein von der Erde aus fast unsichtbares, erst vor kurzem entdecktes Ringsystem. Und bei Neptun ist diese Frage noch ungelöst, steht jedoch auf dem Forschungsplan der Planetenwissenschaftler obenan. Schließlich könnten Ringe ein für alle jupiterähnlichen Planeten im gesamten Kosmos typischer Schmuck sein.

Zu größeren Zusammenstößen soll es nach den Spekulationen des Psychiaters Immanuel Velikovsky in jüngster Zeit von Saturn bis Venus gekommen sein. Velikovsky zufolge entstand im Jupitersystem ein von ihm als Komet bezeichnetes Objekt von Planetenmasse, das vor rund 3500 Jahren ins innere Sonnensystem vordrang, wo es wiederholt zu Begegnungen mit Erde und Mars kam. Eine Folge dieser Begegnungen wäre unter anderem die Teilung des Roten Meeres gewesen, die Moses und den Israeliten die Flucht vor Pharao ermöglichte, eine andere, daß die Erde auf Josuas Geheiß in ihrem Lauf innehielt. Außerdem sollen sie eine ausgedehnte Vulkantätigkeit und Überflutungen ausgelöst haben.* Nach einem verwickelten Billardspiel mit den Planeten hätte der Komet dann laut Velikovsky eine fast kreisförmige Bahn eingeschlagen und sich in den bis dahin nicht vorhandenen Planeten Venus verwandelt.

Diese Vorstellungen sind, wie ich an anderer Stelle ausführlicher dargelegt habe, mit Sicherheit falsch. Die Astronomen haben zwar nichts gegen die Idee größerer Zusammenstöße, wohl aber etwas gegen die Idee größerer Zusammenstöße *in jüngerer Zeit* einzuwenden. Dieser Einwand würde in dem Moment einleuchten, in dem man die Planeten im selben Maßstab darstellte wie ihre Bahnen. Angesichts der dann winzigen, ja fast unsichtbaren Staubkörnchen begriffe man leicht, wie außerordentlich gering die Wahrscheinlichkeit eines Zusammenstoßes zwischen einem Kometen und der Erde im Verlauf einiger Jahrtausende ist. Außerdem ist Venus ein felsiger, metallischer, wasserstoffarmer Planet, während Jupiter – woher sie nach Velikovskys Darstellung kommen soll – fast gänzlich aus Wasserstoff besteht. Des weiteren fehlt es Jupiter an Energiequellen, um Kometen oder Planeten auszustoßen, und ebensowenig könnte die Erde durch einen vorüberziehenden Himmelskörper in ihrem Lauf »angehalten«, geschweige denn wieder in ihre frühere Bewegung zurückversetzt werden. Für eine außergewöhnliche Häufung der Vulkantätigkeit oder Überflutungen vor 3500 Jahren fehlen die geologischen Beweise, und zudem erwähnen mesopotamische Inschriften bereits vor dem von Velikovsky für die Umwandlung des Kometen zum Planeten angesetzten Zeitpunkt die Venus.** Schließlich und endlich ist es sehr unwahrscheinlich, daß ein Körper mit einer so stark elliptischen Bahn plötzlich eine fast vollendete Kreisbahn beschreiben sollte wie Venus heute. Und so weiter und so fort.

Viele von Wissenschaftlern wie Nichtwissenschaftlern aufgestellte Thesen erweisen sich als falsch. Aber die Wissenschaft korrigiert sich selbst, und um angenommen zu werden, müssen neue Ideen ständig harte Prüfungen bestehen. Das schlimmste an den Vorstellungen Velikovskys ist nicht, daß sie im Widerspruch zu unantastbaren Fakten stehen, sondern daß Wissenschaftler sein Werk zu unterdrücken suchten. Die von der freien Forschung getragene Wissenschaft sollte ihrerseits nur der freien Forschung dienen. Das aber bedeutet, daß jede Hypothese, so sonderbar sie auch anmuten mag, auf ihre Stichhaltigkeit zu prüfen ist. Die Unterdrückung unbequemer Ideen mag in Religion und Politik an der Tagesordnung sein, ist aber gewiß kein Weg zur Wahrheit und hat insofern in der Wissenschaft nichts zu suchen: Wir wissen nicht von vornherein, wer grundlegend neue Einsichten entwickeln wird.

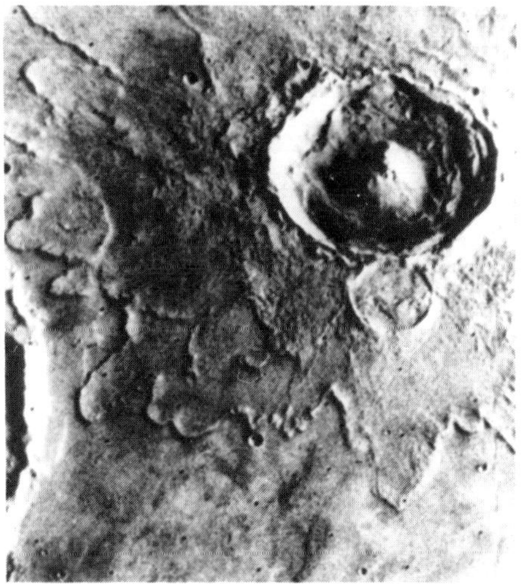

Der Marskrater Yuty auf 22° N und 34° W inmitten verschiedener Schichten des beim Einschlag hochgeschleuderten Oberflächenmaterials. Das Spritzmuster legt nahe, daß die Auswurfmasse auf einer Art Gleitmittel – möglicherweise durch den Einschlag aufgetautes Grundeis – nach außen floß. Wie der unmittelbar unterhalb von Yuty erkennbare kleine ältere Krater zeigt, ist die Auswurfschicht nur dünn. Mariner-9-Aufnahme, m. frdl. Gen. d. NASA.

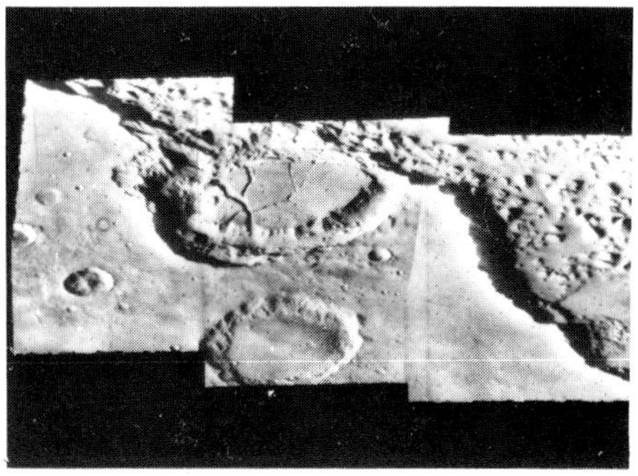

Krater auf dem nördlichen Steilhang von Capri Chasma auf dem Mars. Aufgrund der langsamen Vergrößerung des Tals beginnt der Krater zu bersten und zu verwittern. Mariner-9-Photomosaik, m. frdl. Gen. d. NASA.

* Den ersten Versuch, ein biblisches Ereignis nicht mystisch zu erklären, machte meines Wissens Edmund Halley, der die Sintflut auf »den zufälligen Schock durch einen Kometen« zurückführte.

** Inanna, die Göttin der Venus, des Morgensterns, und Vorläuferin der babylonischen Ischtar, findet sich bereits auf dem Adda-Rollsiegel aus der Mitte des 3. vorchristlichen Jahrtausends.

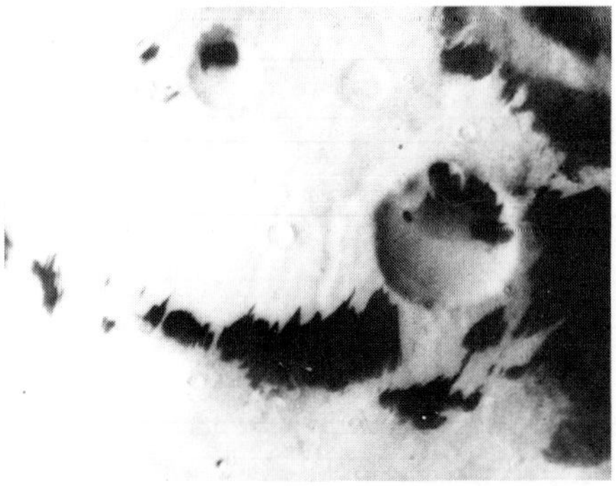

Veränderliche dunkle Stellen im Inneren und im Umfeld der Krater in Memnonia auf dem Mars. Heller Treibsand und Staub verhüllen teilweise das darunterliegende dunkle Material. Außerdem sind Krater und andere geologische Formationen von windgetragenen Partikeln bedeckt, die die Verwitterung fördern. Mariner-9-Aufnahme, m. frdl. Gen. d. NASA.

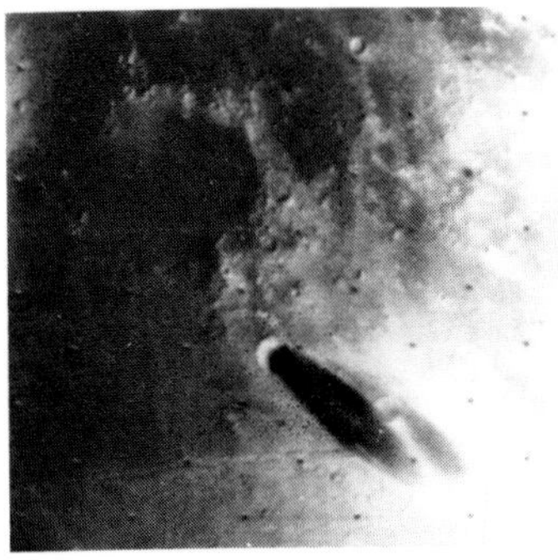

Von den Winden aus einem Krater in Mesogaea auf dem Mars herausgetragenes dunkles Material, womöglich vulkanischen Ursprungs. Mariner-9-Aufnahme, m. frdl. Gen. d. NASA.

Venus, als der uns nächste Planet jahrhundertelang als Schwester der Erde dargestellt, hat annähernd dieselbe Masse,* Größe und Dichte. Ist sie aufgrund ihrer größeren Sonnennähe ein milder Sommerplanet, etwas wärmer als die Erde? Hat sie ebenfalls Meteorkrater? Oder sind sie alle verwittert? Gibt es Vulkane? Berge? Meere? Leben?

Der erste Mensch, der ein Fernrohr auf die Venus richtete, war Galilei. Aber was er 1609 damit sah, war eine Scheibe ohne Besonderheiten, die wie der Mond alle Phasen von der dünnen Sichel bis zum vollen Rund durchlief, und zwar aus demselben Grund: Eine Zeitlang schauen wir nämlich überwiegend auf die Nachtseite der Venus, eine Zeitlang überwiegend auf ihre Tagseite – eine Entdeckung, die übrigens die Auffassung bekräftigte, daß sich die Erde um die Sonne dreht und nicht umgekehrt. Als die optischen Teleskope größer wurden und ihr Auflösungsvermögen (d.h. die Fähigkeit, Einzelheiten zu entdecken) besser, nahm man sich die Venus systematisch vor. Doch auch durch die verbesserten Geräte kam nicht mehr zu Tage als durch Galileis Fernrohr. Offensichtlich war der Planet von einer dichten, alles verhüllenden Wolkenschicht umgeben. In der Tat sehen wir, ob wir am Morgen oder am Abend zu ihm aufschauen, nur das von der Wolkendecke reflektierte Sonnenlicht. Und diese Wolkendecke blieb selbst nach ihrer Entdeckung noch jahrhundertelang in ihrer Zusammensetzung völlig unbekannt.

Der Umstand, daß auf der Venus nichts zu sehen war, verleitete manche Wissenschaftler zu dem sonderbaren Schluß, ihre Oberfläche müsse, wie die der Erde im Karbon, von Sümpfen bedeckt sein. Die Beweisführung – um es einmal hochtrabend so zu nennen – lautete etwa folgendermaßen:

»Ich kann auf der Venus nicht das geringste erkennen.«
»Warum nicht?«
»Weil sie ganz mit Wolken verhangen ist.«
»Woraus bestehen Wolken?«
»Aus Wasserdampf.«
»Warum hat die Venus dickere Wolken als die Erde?«
»Weil sie mehr Wasserdampf enthalten.«
»Wenn sie aber mehr Wasserdampf enthalten, muß es auch mehr Wasser auf der Oberfläche geben. Welche Oberflächen sind besonders feucht?«
»Sümpfe.«

Und wenn es auf der Venus schon Sümpfe gab, warum dann nicht auch Libellen und womöglich sogar Dinosaurier? Aus der Beobachtung, daß auf der Venus absolut nichts zu sehen ist, zog man den Schluß, sie müsse von Leben wimmeln. Die allesverhüllende Wolkendecke reflektierte offenbar unsere eigenen Vorstellungen. Denn als Lebewesen sind wir von der Vorstellung besessen, daß es auch anderswo Leben geben muß. Ob aber eine Welt bewohnt ist oder nicht, läßt sich nur nach sorgfältiger Sammlung und Sichtung des Beweismaterials beurteilen. Und Venus erfüllt, wie sich zeigt, unsere Erwartungen nicht.

Den ersten wirklichen Aufschluß über ihre Natur lieferten Spektralanalysen mittels Glasprismen und sogenannten Beugungsgittern, beschichteten Glasplatten, in die sich in gleichbleibenden Abständen zahlreiche parallele

* Sie ist, nebenbei bemerkt, gut dreißigmillionenmal massereicher als der massereichste bekannte Komet.

Linien eingeritzt finden. Schickt man einen starken Strahl gewöhnlichen weißen Lichtes durch einen schmalen Spalt und anschließend durch ein solches Prisma oder Gitter, wird er in einen Regenbogen – ein Spektrum – zerlegt. Dieses umfaßt das sichtbare (d.h. für uns wahrnehmbare) Licht mit seinen von Violett über Blau, Grün, Gelb, Orange bis hin zu Rot abnehmenden Wellenlängen,* darüber hinaus aber noch eine ganze Abfolge für das menschliche Auge nicht mehr erkennbarer, zu- bzw. abnehmender Wellenlängen: So schließt sich an Violett der ultraviolette Teil des Spektrums an, ein durchaus reales, mikrobenabtötendes, von Hummeln und photoelektrischen Zellen ohne weiteres registriertes Licht – die Welt ist eben weit umfassender als wir sehen können –, und an den ultravioletten Teil der Bereich der Röntgen- und schließlich der der Gammastrahlen. Und am anderen Ende, jenseits von Rot, also im Bereich der abnehmenden Wellenlängen, folgt der unserem Auge dunkel erscheinende Infrarotsektor. Dieser wurde mit Hilfe eines lichtempfindlichen Thermometers entdeckt, das steigende Temperaturen anzeigte, obwohl das aufs Thermometer fallende Licht dem menschlichen Auge unsichtbar blieb. Klapperschlangen und bestimmte Halbleiter sprechen übrigens auf Infrarotstrahlung an. An diesen Infrarotbereich schließt sich die ausgedehnte Region der Radiowellen an. Und in all diesen Sektoren, von den Gammastrahlen bis hin zu den Radiowellen, haben wir es mit gleich beachtlichen Lichtarten zu tun, die wir in der Astronomie samt und sonders brauchen können, auch wenn wir aufgrund unseres Sehvermögens für das Spektrum des sichtbaren Lichts eine entschiedene Vorliebe hegen.

1844 wählte der Philosoph Auguste Comte als Beispiel für einen uns auf ewig verschlossenen Wissenszweig die Zusammensetzung ferner Sterne und Planeten. Wie sollten wir, da wir nicht dorthin gelangen und keine Stichproben sammeln könnten, je etwas darüber in Erfahrung bringen? Aber schon drei Jahre nach Comtes Tod entdeckte man, daß sich die chemischen Bestandteile ferner Objekte anhand ihres Spektrums bestimmen lassen. Moleküle und chemische Elemente absorbieren verschiedene Wel-

* Das Licht muß als Wellenvorgang aufgefaßt werden; unter Frequenz versteht man die Anzahl der Wellenkämme, die in einer bestimmten Zeiteinheit, etwa 1 sec., auf die Netzhaut auftreffen. Dabei gilt: Je höher die Frequenz, desto energiereicher die Strahlung.

Helles, durch einen Spalt und anschließend durch ein Glasprisma fallendes Licht wird in ein Spektrum zerlegt. Passiert der Lichtstrahl jedoch ein das sichtbare Licht stark absorbierendes Gas, wird das Regenbogenband durch eine Anzahl dunkler, für dieses Gas charakteristischer Linien unterbrochen.

Schematisches Diagramm des elektromagnetischen Spektrums von der kürzesten Wellenlänge (Gammastrahlen) bis zur längsten (Radiowellen). Die Wellenlänge des Lichts wird in Ångström (Å), Mikrometern (μm), Zentimetern (cm) und Metern (m) gemessen.

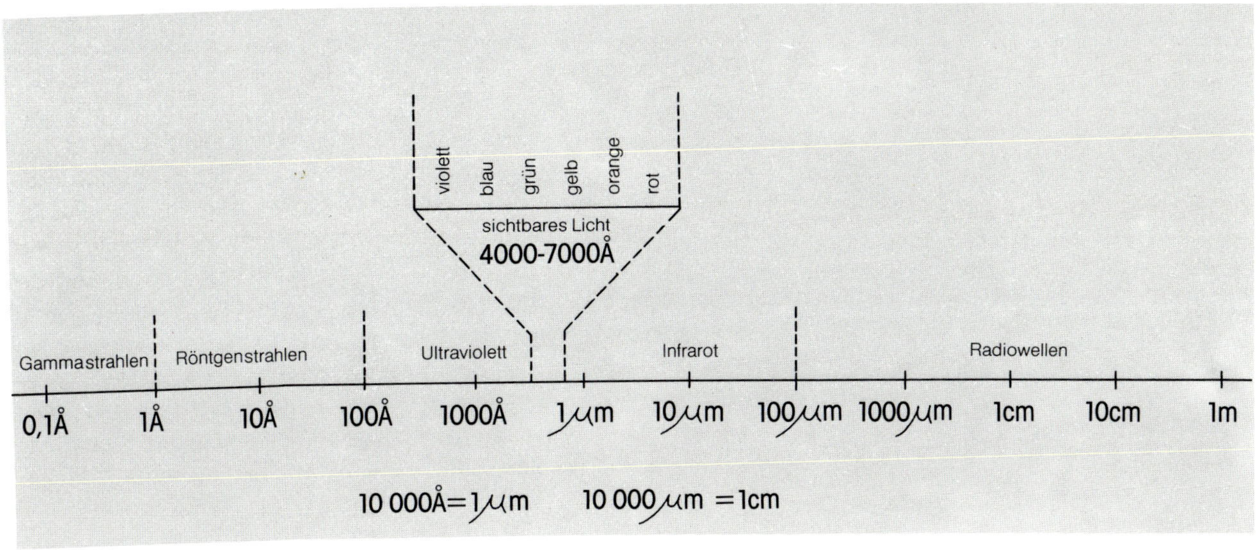

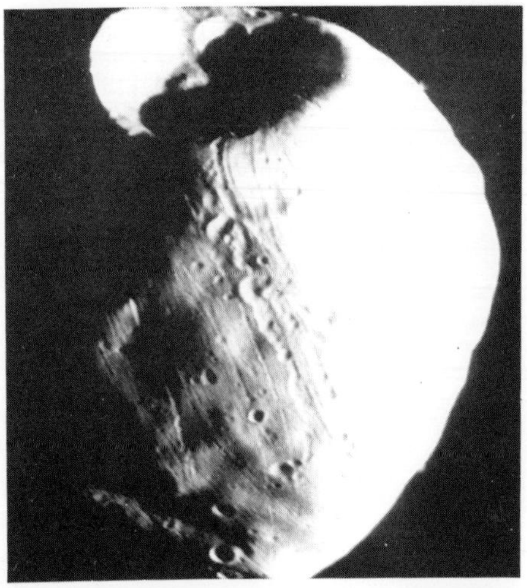

Phobos, der innerste Marsmond. Oben im Bild der Krater Stickney. Wäre das für diesen Krater verantwortliche Objekt noch ein bißchen größer gewesen, hätte es Phobos zertrümmern können. Viking-1-Orbiter-Aufnahme, m. frdl. Gen. d. NASA.

Nahaufnahme des möglicherweise durch die Gezeitenkräfte des Mars verursachten Rillensystems auf Phobos. Wie die dunkle Farbe vermuten läßt, könnten sich auf der Oberfläche von Phobos und seinem Brudertrabanten Deimos signifikante Mengen organischer Stoffe finden (beide Monde sind unter Umständen eingefangene Asteroiden). Die Maße dieses kleinen Mondes betragen rund 27 × 21 × 19 km, wobei seine lange Achse zum Marsmittelpunkt zeigt. Viking-1-Orbiter-Aufnahme, m. frdl. Gen. d. NASA.

lenlängen oder Farben des Lichtes teils im sichtbaren, teils im unsichtbaren Bereich. Eine schwarze Linie im Spektrum einer Planetenatmosphäre zeigt das Fehlen eines ganz bestimmten Lichts an, das bei seinem kurzen Durchgang durch die Luft einer anderen Welt von einer bestimmten Molekül- oder Atomart absorbiert worden ist. Dementsprechend hat jeder Stoff sein nur ihm eigenes Spektrum. So können wir die Gase auf der Venus von der Erde aus, also aus 60 Millionen Kilometer Entfernung, genau identifizieren; die Zusammensetzung der Sonne (in der erstmals das nach dem griechischen Sonnengott Helios benannte Helium gefunden wurde) oder der europiumreichen magnetischen A-Sterne erschließen; und durch die Spektralanalyse des kollektiven Lichts ihrer 100 Milliarden Sterne die chemischen Bestandteile ferner Galaxien erahnen. Kurzum, die astronomische Spektroskopie ist eine nahezu magische, für mich auch heute noch erstaunliche Methode, die Auguste Comtes Beispiel gründlich *ad absurdum* führte. Wäre die Venus tatsächlich triefend naß, müßten sich in ihrem Spektrum die typischen Wasserdampflinien finden. Aber die ersten, 1920 vom Mount Wilson Observatory angestellten spektroskopischen Untersuchungen ergaben über den Wolken des Planeten nicht die geringste Spur von Wasserdampf, so daß man auf eine ausgetrocknete, wüstenähnliche Oberfläche, umhüllt von Wolken feinen, driftenden Silikatstaubs, schloß. Als weitere Untersuchungen enorme Mengen Kohlendioxid in der Atmosphäre anzeigten, vermuteten einige Wissenschaftler, daß sich das gesamte Wasser auf dem Planeten mit Kohlenwasserstoff zu Kohlendioxid verbunden habe und daß die Oberfläche der Venus deshalb ein Ölfeld, ein planetenweiter Petroleumsee, sei. Andere zogen aus dem Fehlen von Wasserdampf über den Wolken den Schluß, daß die Wolken sehr kalt seien und sich deshalb das ganze Wasser zu Wassertröpfchen verdichtet habe, die bekanntlich ein anderes Spektrum aufweisen als Wasserdampf. Ihrer Ansicht nach war der Planet bis auf vereinzelte Kalksteininseln nach Art der Klippen von Dover gänzlich überflutet. Allerdings sollte dieses Meer aufgrund der riesigen Kohlendioxidmengen in der Atmosphäre nicht aus gewöhnlichem, sondern nach den Gesetzen der physikalischen Chemie aus kohlensäurehaltigem Wasser bestehen, die Venus also von einem riesigen Selterswasser-Ozean bedeckt sein.

Die ersten Hinweise auf die wirkliche Beschaffenheit der Venusoberfläche kamen nicht aus der Spektralanalyse des sichtbaren oder des infraroten oder nah benachbarten Teils des Spektrums, sondern aus dem Radiobereich. Ein Radioteleskop, seiner Art nach eher ein Meßgerät als eine Kamera, wird auf eine relativ große Himmelsregion gerichtet und zeigt an, wieviel Energie einer bestimmten Radiofrequenz auf die Erde gelangt. Radiowellen jedoch sind uns nicht unbekannt. Sie werden von einer bestimmten Gruppe intelligenter Lebewesen – den Leuten, die die Funk- und Fernsehanstalten betreiben – übermittelt, aber auch von natürlichen Objekten aus vielerlei Gründen, etwa, weil sie heiß sind, ausgestrahlt. Als man 1956 eines der ersten Radioteleskope auf die Venus richtete, zeigte sich, daß sie Radiowellen ausstrahlt, die auf extrem hohe Temperaturen schließen ließen. Der endgültige Nachweis der auf ihrer Oberfläche herrschenden erstaunlichen Hitze jedoch gelang erst, als eine sowjetische Raumsonde der Venera-Reihe die alles verhüllenden Wolken durchdrang und auf der geheimnisvollen und unzugänglichen Oberfläche unseres nächsten Nachbarplaneten landete. Dabei zeigte sich, daß es auf der Venus glühend heiß ist und es weder

Sümpfe noch Ölfelder, noch Selterswasser-Ozeane gibt. Bei unzulänglichem Datenmaterial kann man sich eben leicht irren.

Wenn ich eine Freundin begrüße, sehe ich sie in dem von der Sonne oder auch von einer Glühbirne ausgestrahlten, reflektierten sichtbaren Licht. Die Lichtstrahlen prallen von ihr ab in meine Augen. Die Alten dagegen, darunter sogar ein Mann wie Euklid, glaubten, daß wir kraft irgendwelcher vom Auge ausgesandter Strahlen sehen, die das beobachtete Objekt aktiv berühren. Eine im Grunde ganz natürliche, auch heute noch gelegentlich geäußerte Vorstellung, die freilich nicht erklären kann, warum man in einem verdunkelten Raum nichts sieht. Im übrigen stellen wir heute den Kontakt mit fernen Objekten tatsächlich her, indem wir einen Laserstrahl und eine Photozelle oder einen Radarsender und ein Radioteleskop miteinander koppeln. So werden in der Radioastronomie Radiowellen durch ein Teleskop von der Erde zu der uns gerade zugewandten Venusseite geschickt, von wo sie wieder zur Erde zurückprallen. Bei vielen Wellenlängen zeigen sich Wolken und Atmosphäre der Venus für Radiowellen völlig durchlässig. An manchen Stellen der Oberfläche aber werden sie absorbiert oder bei sehr rauhen Flächen auch seitlich abgelenkt, so daß im Spektrum dunkle Stellen auftreten.

Durch Beobachtung der durch die Rotation der Venus bedingten Verschiebung dieser Oberflächenmerkmale konnte man erstmals die Länge eines Venustages zuverlässig bestimmen, also mit Sicherheit sagen, wie lange sie braucht, um sich einmal um die eigene Achse zu drehen: 243 Erdentage (im Hinblick auf die Sterne), wobei sie sich jedoch rückwärts, d.h. im Gegensinn zu allen anderen Planeten des inneren Sonnensystems dreht. Folglich geht die Sonne auf der Venus im Westen auf und im Osten unter, während von einem Sonnenaufgang zum anderen 118 Erdentage verstreichen. Aber mehr noch, der Planet kehrt uns, wenn er uns am nächsten kommt, immer nahezu exakt dieselbe Seite zu. Wie immer die Schwerkraft der Erde Venus in diese erdabhängige Rotation versetzt haben mag, schnell kann es nicht gegangen sein – womit Venus auch nicht erst seit ein paar Jahrtausenden bestehen kann, sondern im Grunde genauso alt sein muß wie all die anderen Objekte im inneren Sonnensystem.

Die Radarbilder der Venus, die teils von Radarteleskopen auf der Erde, teils von der den Planeten umkreisenden Pioneer-Venus-Raumsonde aufgenommen wurden, lassen ganz deutlich Krater erkennen. Demnach gibt es auf der Venus offensichtlich ebenso viele Krater mittlerer Größe wie in den Hochländern oder Terrae des Mondes, die auf einen uralten Planeten schließen lassen. Allerdings sind die Venuskrater viel flacher, gerade, als hätte sich unter den hohen Oberflächentemperaturen eine Gesteinsart herausgebildet, die zähflüssig wie Karamel oder Kitt das Relief allmählich abrundet und erst nach langer Zeit erstarrt. Es gibt große Tafelländer von der doppelten Höhe des tibetanischen Hochlandes, einen gewaltigen Senkungsgraben, möglicherweise Riesenvulkane und ein Gebirge so hoch wie der Everest. So sehen wir dank der Erforschung durch Radar und der Erkundung durch Raumfahrzeuge heute eine Welt vor uns, die uns bis vor kurzem noch gänzlich durch Wolken verborgen war.

Wie aus der Radioastronomie abgeleitet und von direkten Messungen durch Raumsonden bestätigt, herrschen auf der Venus Temperaturen bis zu 480° C – mehr als im heißesten Kochherd. Der entsprechende Oberflächendruck beträgt 90 Atmosphären, d.h., die Atmosphäre lastet neunzig-

Radarkarte vom Venusäquator. Von den hellen Stellen werden genügend Radiowellen zurückgeworfen, die Kreise bezeichnen die genauer untersuchten Gebiete. Eine ausführlichere Gesamtkarte der Venus findet man auf Seite 340. Goldstone Tracking Station, Jet Propulsion Laboratory.

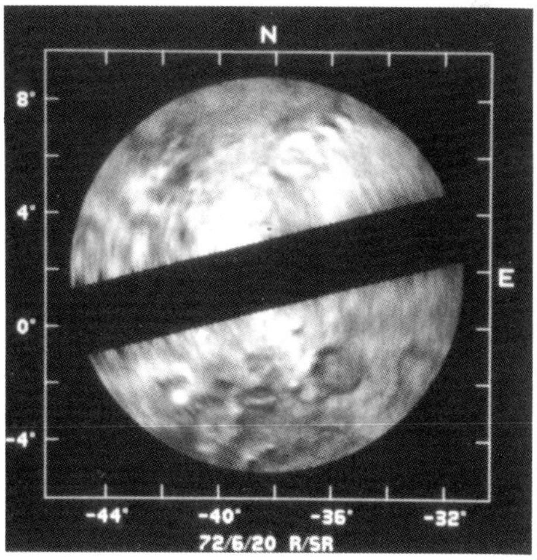

Nahansicht eines äquatornahen, mittels Radarastronomie von der Erde aus aufgenommenen Gebiets auf der Venus. Das dunkle Diagonalband bezeichnet eine Region, aus der keine brauchbaren Daten vorliegen. Die Aufnahme läßt mehrere Krater mit Durchmessern bis zu knapp 200 Kilometern erkennen, die jedoch im Vergleich zu gleich großen Kratern auf anderen Welten ausgesprochen flach sind, was auf einen besonderen Erosionsmechanismus hindeutet. Goldstone Tracking Station, Jet Propulsion Laboratory.

Kallisto, der große äußerste Jupitermond. Die hellen, kreisförmigen Flecken bezeichnen gewaltige Einschlagkrater. Aufgenommen von Voyager 2 aus einer Million Kilometer Entfernung. M. frdl. Gen. d. NASA.

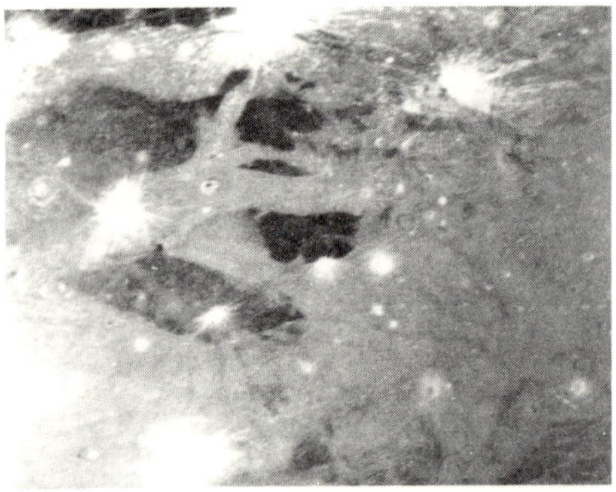

Landschaft auf Ganymed, dem größten Jupitermond, mit hellen Kratern und sonstigen Einschlagspuren. Die beiden anderen großen Jupitersatelliten, Io und Europa, weisen, wie die Erde, nur wenige beziehungsweise überhaupt keine Einschlagkrater auf, was auf eine wesentlich stärkere Erosion als auf Ganymed und Kallisto hindeutet. Voyager-2-Aufnahme, m. frdl. Gen. d. NASA.

mal schwerer auf der Venus- als auf der Erdoberfläche, was dem Wasserdruck 1000 Meter unter dem Meeresspiegel entspricht. Um sich längere Zeit auf der Venus aufhalten zu können, müßte ein Raumfahrzeug also entsprechend gekühlt und wie ein Tiefseetauchboot gebaut sein.

Rund ein Dutzend russischer und amerikanischer Raumsonden sind in die dichte Venusatmosphäre eingetreten und durch die Wolken vorgedrungen, ja, einige haben sogar noch rund eine Stunde auf der Oberfläche funktioniert,* wobei es zwei Sonden der sowjetischen Venera-Serie glückte, Bodenaufnahmen zu machen. Auf den Spuren dieser Pionierunternehmen wollen auch wir dieser anderen Welt einen Besuch abstatten.

Im gewöhnlichen sichtbaren Licht können wir, wie Galilei als erster feststellte, die schwach gelblich getönten Wolken der Venus erkennen, die jedoch keinerlei Besonderheiten aufweisen. Im ultravioletten Bereich aber machen die Kameras in der Hochatmosphäre ein anmutiges, komplex wirbelndes Wettersystem aus, dessen Winde eine Geschwindigkeit von ca. 100 m/sec oder gut 360 km/h erreichen. Die Venusatmosphäre selbst besteht zu 96% aus Kohlendioxid mit kleinen Beimischungen von Stickstoff, Wasserdampf, Argon, Kohlenmonoxid und anderen Gasen, während der Kohlenwasserstoffanteil weniger als 0,1 Teile pro Million beträgt. Die Wolken der Venus wiederum erweisen sich im wesentlichen als konzentrierte Schwefelsäurelösung, untermischt mit kleinen Mengen Salzsäure und Fluorwasserstoffsäure. So entpuppt sich unser Nachbarplanet selbst im hohen kühlen Bereich der Wolken als durch und durch abscheulicher Ort.

Hoch über der sichtbaren Wolkendecke in rund 70 km Höhe stoßen wir auf einen geschlossenen Nebelschleier aus kleinen Partikeln, 10 km darunter tauchen wir in die Wolken ein und finden uns von Tröpfchen konzentrierter Schwefelsäure umgeben. Je tiefer wir gehen, desto größer werden die Wolkenpartikel, und im unteren Bereich der Atmosphäre stoßen wir dann auf Spuren des stechenden Schwefeldioxidgases SO_2, das von hier über die Wolkendecke hinaufgetragen, durch die Wirkung des ultravioletten Sonnenlichts zersetzt wird und sich mit Wasser zu Schwefelsäure verbindet. Diese kondensiert sich zu Tröpfchen, sinkt ab und spaltet sich weiter unten durch die Wärmeeinwirkung in SO_2 und Wasser auf, womit sich der Kreislauf schließt. D.h., es regnet unablässig Schwefelsäure auf den ganzen Planeten herunter, ohne daß je ein Tropfen die Oberfläche erreicht.

Der schwefelfarbene Nebel zieht sich bis in gut 45 km Höhe herunter. Dann tauchen wir in die dichte, aber kristallklare Venusatmosphäre ein. Dennoch können wir aufgrund des hohen Luftdrucks die Oberfläche nicht sehen, da das Sonnenlicht dergestalt von den Luftmolekülen abprallt, daß sich alle Bilder verwischen. Es gibt weder Staub noch Wolken hier. Nur die Atmosphäre wird spürbar dichter. Die darüberliegende Wolkenschicht läßt etwa ebensoviel Sonnenlicht durch wie an einem bedeckten Tag auf der Erde.

* Im Zuge des erfolgreichen amerikanischen Unternehmens *Pioneer Venus* wurden 1978/79 eine Sonde in eine Venusumlaufbahn und vier weitere direkt auf den Planeten geschossen, von denen zwei trotz der ungünstigen Bedingungen nach der Landung noch kurze Zeit funktionierten. Im übrigen kommt es beim Bau von Geräten zur Erforschung der Planeten zu mancherlei unerwarteten Zwischenfällen. So sollte, um hier nur ein Beispiel herauszugreifen, in eine der Landekapseln ein Durchflußmeßgerät zur simultanen Messung der in der Venusatmosphäre auf- und abwärtsströmenden Infrarotenergie eingebaut werden. Dieses Instrument aber erforderte die Anbringung eines festen, für Infrarotstrahlung durchlässigen Fensters. Zu diesem Zweck wurde unter Entrichtung von 12000 Dollar Einfuhrzoll ein 13,5karätiger Diamant importiert und zu dem gewünschten Fenster verarbeitet. Später jedoch erstattete der US-Zoll dem Hersteller mit der Begründung, zur Venus hinaufgeschossene Diamanten seien keine Handelsware mehr, den Betrag zurück.

Mit ihrer sengenden Hitze, dem zermalmenden Druck, den schädlichen Gasen und dem diffusen, schaurig rötlichen Lichtschimmer gleicht Venus weniger der Göttin der Liebe als einer Inkarnation der Hölle. Soweit wir erkennen können, sind immerhin einige Stellen der Oberfläche mit durcheinandergewirbelten, abgeschliffenen, unregelmäßigen Felsbrocken übersät. Davon abgesehen wird die Monotonie der abweisenden Landschaft nur noch da und dort durch die zerfressenen Überreste eines zerschellten Raumschiffs von einem anderen Planeten unterbrochen, Relikten, die dem Auge jedoch durch die dichte, wolkige, giftige Atmosphäre weitgehend verborgen bleiben.*

Venus zeugt von einer Art planetenweiter Katastrophe. Ihre hohen Oberflächentemperaturen lassen sich nach unseren heutigen Erkenntnissen durch einen Treibhauseffekt erklären. Da Atmosphäre und Wolken für das sichtbare Licht halbdurchlässig sind, fällt Sonnenlicht auf die Oberfläche, die sich erwärmt und das Licht in den Raum zurückzustrahlen sucht. Da die Venus jedoch viel kälter ist als die Sonne, reflektiert sie weniger das sichtbare Licht als Strahlen aus dem infraroten Spektralbereich. Nun ist aber ihre Atmosphäre infolge ihres Kohlendioxid- und Wasserdampfgehalts** für Infrarotstrahlungen fast völlig undurchlässig, so daß die Sonnenwärme gefangen bleibt und die Oberflächentemperatur weiter anheizt, bis die geringe, aus dieser dichten Atmosphäre hinaussickernde Infrarotstrahlung dem von den unteren Schichten der Atmosphäre und von der Oberfläche absorbierten Sonnenlicht die Waage hält.

Kurzum, unsere Nachbarwelt erweist sich als geradezu schauerlicher, wenn auch auf seine Weise faszinierender Ort. Schließlich haben viele Helden des griechischen Mythos und der altnordischen Mythologie der Hölle denkwürdige Besuche abgestattet. Und außerdem können wir durch einen Vergleich mit ihr auch so manches über unseren eigenen Planeten in Erfahrung bringen, der uns daneben wie das reinste Paradies erscheint.

Die Sphinx, halb Mensch, halb Löwe, wurde vor über 5500 Jahren geschaffen. Ihr Gesicht, einst scharf und klar modelliert, ist im Lauf der Jahrtausen-

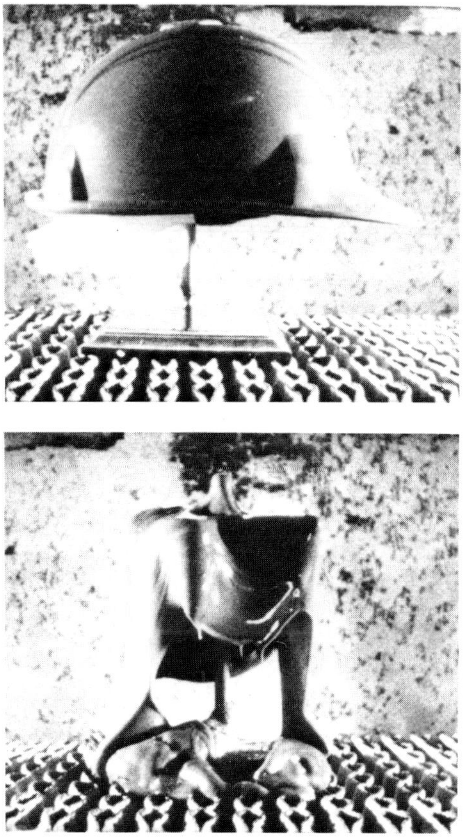

Ein Plastikschutzhelm für Bauarbeiter *(oben)* und seine Verformung unter Temperaturen, wie sie auf der Venusoberfläche herrschen *(unten)*. Aufnahme Southwest Research Institute, San Antonio, Texas.

* Höchstwahrscheinlich gedeiht unter diesen erstickenden Umständen kein Leben, und sei es von dem auf der Erde noch so verschieden. Organische und andere vorstellbare biologische Moleküle würden schlicht zerfallen. Nehmen wir aber dennoch einmal an, auf einem solchen Planeten entwickelten sich intelligente Lebewesen, so fragt sich, ob sie imstande wären, die Naturwissenschaft zu erfinden. Denn während bei uns auf der Erde die Entwicklung der Wissenschaft durch die Beobachtung der regelmäßigen Vorgänge am Himmel angespornt wurde, sind auf der völlig wolkenverhangenen Venus die Nächte zwar erfreulich lang – rund 59 Erdentage –, am Nachthimmel aber weder Sterne noch Planeten zu beobachten. Und selbst die Sonne bleibt am Tage unsichtbar; ihr Licht verteilt sich als gleichförmige, alles umfließende diffuse Helligkeit, wie sie Taucher vom Meer her kennen, über den ganzen Himmel. Die Venusbewohner könnten Sonne, Erde und andere ferne Objekte nur mit einem Radioteleskop aufspüren. Sie könnten die Existenz der Sterne also, gesetzt den Fall, sie würden trotz der ungünstigen Voraussetzungen eine Astrophysik entwickeln, nur aus den Grundsätzen der Physik ableiten, mit anderen Worten, nur rein theoretisch erschließen. Wie, so frage ich mich manchmal, würden sie sich wohl verhalten, wenn sie eines Tages fliegen, durch die dichte Luft segeln und den geheimnisvollen Wolkenschleier in 45 km Höhe durchbrechen könnten und erstmals in ihrem Leben das wunderbare All mit Sonne, Planeten und Sternen erblickten?

** Gegenwärtig herrscht noch eine gewisse Unsicherheit über die Wasserdampfhäufigkeit auf der Venus. Der Gaschromatograph der *Pioneer Venus* zeigte für die unteren Gasschichten einige Zehntel Prozent an, die Infrarotmessungen der Sowjetsonden Venera 11 und 12 dagegen nur ein Hundertstel Prozent. Stimmt der erstgenannte Wert, wird die Oberflächenwärmestrahlung allein vom Kohlendioxid und Wasserdampf zurückgedämmt. Stimmt die zweite Zahl – die meiner Ansicht nach die zuverlässigere Schätzung darstellt –, halten Kohlendioxid und Wasserdampf die Oberflächentemperatur bei nur rund 380° C, d. h., die in diesem Fall für die infraroten Wellenlängen im Treibhaus der Atmosphäre noch offenen Fenster werden durch andere Bestandteile geschlossen – nämlich durch die in der Venusatmosphäre gleichfalls entdeckten, für diesen Zweck offenbar ausreichenden kleinen Mengen an SO_2, CO und HCl. Damit scheint die Theorie vom Treibhauseffekt als Ursache der hohen Oberflächentemperaturen durch die amerikanischen und sowjetischen Venussonden in *jüngster* Zeit endgültig bestätigt worden zu sein.

Panoramaphotos zweier verschiedener Venusregionen, aufgenommen durch die sowjetischen Raumsonden Venera 9 und 10. Man beachte die verwitterten Formen des Oberflächengesteins. Der Horizont befindet sich in beiden Fällen rechts oben. M. frdl. Gen. d. Instituts für kosmische Forschung der Sowjetischen Akademie der Wissenschaften in Moskau.

de durch die Sandstürme der ägyptischen Wüste und gelegentliche Regengüsse abgeschliffen worden und verwittert. Die Inschriften auf Cleopatra's Needle, einem im New Yorker Central Park aufgestellten, ebenfalls aus Ägypten stammenden Obelisken, dagegen sind im Zeitraum von nur rund hundert Jahren durch Smog und Industrieabgase – also durch chemische Erosion, wie wir sie auch in der Venusatmosphäre finden – fast gänzlich unleserlich geworden. So wischt die Erosion auf der Erde alle möglichen Informationen langsam aus. Da sich diese Vorgänge – das Niederprasseln des Regentropfens, der Aufprall des Sandkorns – allmählich vollziehen, sind sie leicht zu übersehen. Große Naturformationen wie Gebirgszüge können sich 10 Jahrmillionen und länger, kleinere Krater vielleicht 100000 Jahre,* monumentale Werke des Menschen dagegen nur ein paar tausend Jahre halten. Zu diesem langsamen, gleichförmigen Erosionsprozeß kommt noch die Zerstörung durch größere und kleinere Katastrophen. So fehlt der Sphinx die Nase, die ihr ein müßiger Heiligtumsschänder – nach den einen ein türkischer Mameluk, nach den anderen ein napoleonischer Soldat – zum Zeitvertreib wegschoß.

Auf der Venus wie auf der Erde und andernorts im Sonnensystem finden sich Hinweise auf katastrophenartige Zerstörungen, die jedoch durch langsamere, einförmigere Prozesse verwischt oder überformt worden sind. So auf der Erde durch den zu Rinnsalen, Bächen und Flüssen zusammenströmenden, riesige Schwemmlandschaften bildenden Regen; auf dem Mars gibt es die Überreste alter, einst vielleicht unterirdisch entsprungener Flüsse; auf dem Jupitermond Io die, wie es scheint, durch dahinströmenden flüssigen Schwefel gegrabenen breiten Kanäle. Dazu kommen auf der Erde und in den oberen Schichten der Venus- und Jupiteratmosphäre gewaltige Wettersysteme; auf Erde und Mars Sandstürme; auf Jupiter, Venus und Erde Blitze sowie auf Erde und Io Vulkane, die Trümmer in die Atmosphä-

* Genauer: Ein Kollisionskrater von 10 km Durchmesser, wie er auf der Erde etwa alle 500000 Jahre entsteht, würde die Erosion in geologisch stabilen Gebieten wie Europa und Nordamerika ca. 300 Millionen Jahre überdauern. Kleinere, häufiger vorkommende Krater werden, vornehmlich in geologisch aktiven Regionen, schneller zerstört.

Zwei Rekonstruktionsversuche der Venusoberfläche. Auf dem *unteren* eine in der unwirtlichen Umgebung unseres Schwesterplaneten langsam verrottende Venera-Raumsonde mit längst verglühter Elektronik.

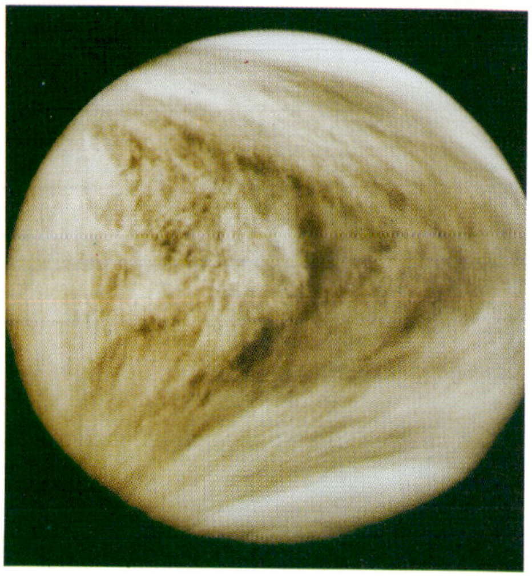

Die volle Venusscheibe, in ultraviolettem Licht aufgenommen und in den Farben des sichtbaren Spektrums wiedergegeben. Die Muster gehen auf hoch oben in der Venusatmosphäre von rechts nach links rotierende Wolken zurück. Pioneer-Venus-Orbiter-Photo, m. frdl. Gen. d. NASA.

Die Venussichel im sichtbaren Licht. Wir sehen nur die aus Schwefelsäurelösung bestehende Wolkendecke. Die Gelbtönung könnte auf kleine Mengen reinen Schwefels zurückgehen. Pioneer-Venus-Orbiter-Photo, m. frdl. Gen. d. NASA.

re schleudern. Innere geologische Prozesse verformen langsam die Oberfläche von Venus, Mars, Ganymed, Europa und Erde; Gletscher, sprichwörtlich für ihre Langsamkeit, prägen auf der Erde und wahrscheinlich auch auf dem Mars der Landschaft ihren Stempel auf – im übrigen lauter Prozesse, die sich nicht notwendig stetig in gleicher Weise fortsetzen: So war Europa einst größtenteils von Gletschern bedeckt und die Stelle, an der heute Chicago steht, vor einigen Jahrmillionen unter einer drei Kilometer dicken Eisschicht begraben. Auch auf dem Mars und anderen Planeten unseres Sonnensystems finden sich Charakteristika, die heute nicht entstehen könnten, Landschaften, die sich vor vielen hundert Jahrmillionen oder Jahrmilliarden unter vermutlich ganz anderen klimatischen Verhältnissen herausgebildet haben.

Zu diesen Faktoren aber kommt auf der Erde noch ein weiterer, der Landschaft und Klima zu beeinflussen vermag: intelligente Lebewesen, die ihre

a

b

c

d

e

f

g

h

i

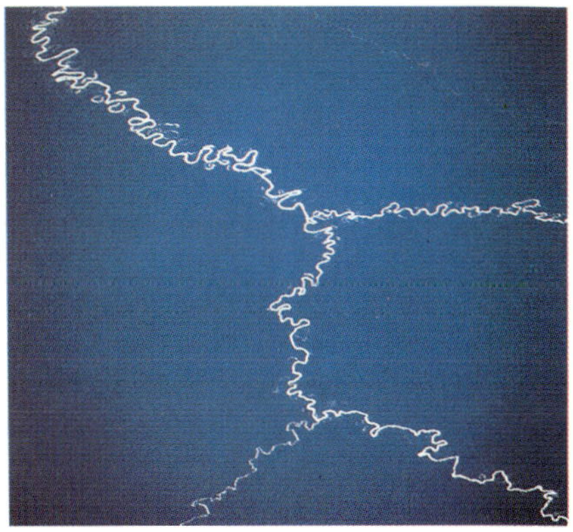
j

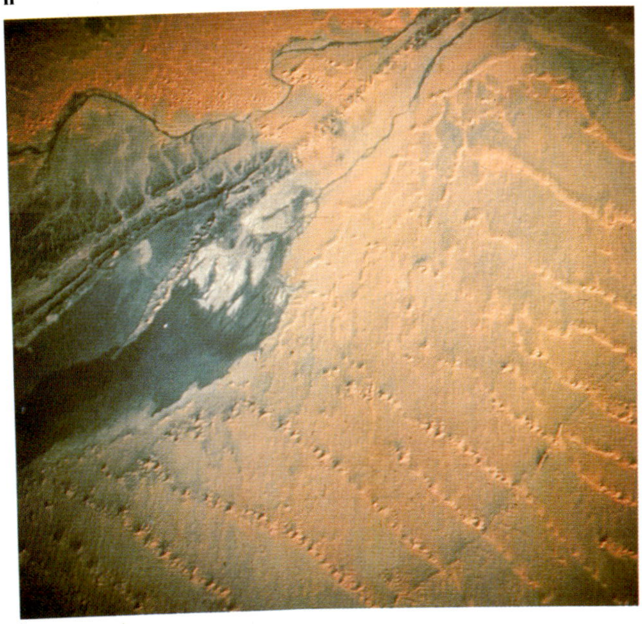
k

l

Landschaftsveränderung auf einer kleinen bewohnbaren Welt durch natürliche Prozesse: Die Erde, aus ein paar hundert Kilometern Höhe von Apollo- und Landsat-Sonden aufgenommen. **(a)** Arabien, Afrika und zwischen den Wolken die antarktische Polkappe. **(b** **und c)** Tropische Sturmsysteme über Florida und dem Golf von Mexiko: Wetter auf einem Planeten mit bescheidener Atmosphäre. **(d)** Die zum Teil schneebedeckten Rocky Mountains westlich von Denver. **(e)** Die Insel Hawaii – ein Vulkanberg. **(f)** Faltengebirge im südlichen Swasiland. **(g)** Das Nildelta. **(h)** Gefrorenes Wasser ist weniger dicht als flüssiges: Packeis im St.-Lorenz-Golf. **(i)** Gletscher und Flüsse in der Brooks-Kette, Alaska. **(j)** Die Bodengestalt prägendes bergabwärts fließendes Wasser: Jurua, Embira und Tarauca, drei Nebenflüsse des Amazonas. **(k)** Landschaftsprägender Treibsand: Sicheldünen im Süden der Arabischen Halbinsel. **(l)** Mündungstrichter des Tschu-Kiang. Kaum zu erkennen Kanton *(Mitte)* und Hongkong *(rechts unten)*. **(m)** Die karibische Küste Venezuelas. Der ins Meer hinausgespülte Schlick ist deutlich zu sehen. M. frdl. Gen. d. NASA.

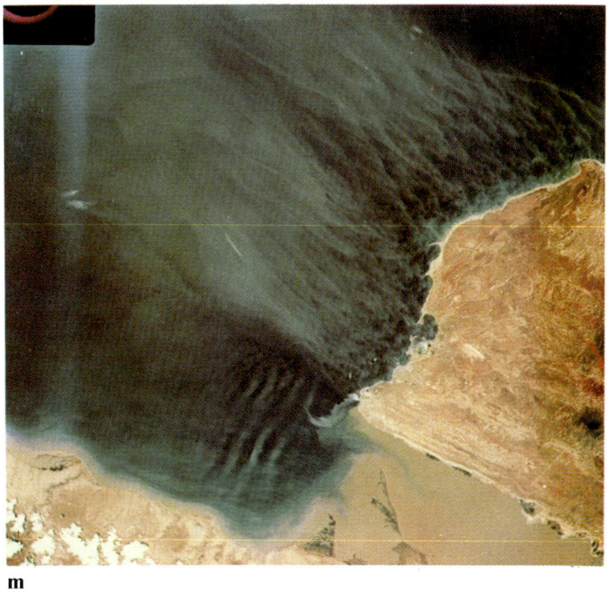
m

Umwelt einschneidend verändern. Wie auf der Venus, ist auch auf der Erde ein durch Kohlendioxid und Wasserdampf bewirkter Treibhauseffekt zu beobachten, ohne den die Temperatur auf unserem Planeten unter dem Gefrierpunkt des Wassers läge. Nur er hält die Meere flüssig und ermöglicht das Leben. Mit anderen Worten, ein bißchen Treibhausatmosphäre ist durchaus förderlich und zuträglich. Die Erde hat, wie die Venus, rund 90 Prozent Kohlendioxid, wenn auch nicht in der Atmosphäre, sondern in der Erdkruste in Form von Kalkstein und anderen Karbonaten. Schon eine geringfügige Annäherung an die Sonne brächte einen leichten Temperaturanstieg mit sich, der etwas CO_2 aus dem Oberflächengestein freisetzen und dadurch den Treibhauseffekt verstärken würde, der seinerseits eine stärkere Erwärmung der Oberfläche zur Folge hätte. Eine wärmere Oberfläche aber würde mehr Karbonate zu CO_2 verdampfen lassen und so immer weiter, bis sehr hohe Temperaturen erreicht wären. Ähnlich stellen wir uns die Frühgeschichte der Venus aufgrund ihrer größeren Sonnennähe vor. Ihre Oberflächenstruktur sollte uns eine Warnung sein, führt sie uns doch deutlich vor Augen, welch schreckliches Schicksal einen erdähnlichen Planeten ereilen kann.

Die wichtigsten Energiequellen unserer gegenwärtigen Industriezivilisation sind die sog. fossilen Brennstoffe. Wir verbrennen Holz und Erdöl, Kohle und Erdgas, wobei Abgase, hauptsächlich CO_2, freigesetzt werden, die den Kohlendioxidgehalt der Erdatmosphäre drastisch steigern. Die Möglichkeit aber, daß der Treibhauseffekt zu einer Schraube ohne Ende wird, sollte uns zur Vorsicht mahnen: Schon ein Temperaturanstieg von ein bis zwei Grad kann katastrophale Folgen nach sich ziehen. Außerdem wird die Atmosphäre durch Verbrennung von Kohle, Erdöl und Benzin mit Schwefelsäure angereichert. Dabei enthält unsere Stratosphäre bereits jetzt einen an die Venus erinnernden feinen Nebel winziger Schwefelsäuretröpfchen. Unsere Großstädte sind mit Schadstoffen verseucht. Und wir haben keine Ahnung, wie sich unser Tun und Treiben auf die Dauer auswirken wird.

Unser Klima haben wir im genau entgegengesetzten Sinn gestört. Über Hunderttausende von Jahren haben die Menschen Wälder geschlagen und niedergebrannt und durch ihre Weidewirtschaft die Grasländer zerstört. Industrielle Ausbeutung des Tropenwaldes und Überweidung nehmen immer weiter zu. Da aber Wälder dunkler sind als Weiden und Weiden dunkler als Wüsten, hat die vom Boden absorbierte Lichtmenge stetig abgenommen, d.h., durch die veränderte Bodennutzung senken wir die Oberflächentemperatur unseres Planeten. Fragt sich nun, ob aufgrund dieser Abkühlung die polaren Eiskappen wachsen und damit auch die hellen Flächen, so daß noch mehr Sonnenlicht reflektiert wird und der Planet weiter auskühlt, bis sich auch der Albedoeffekt* wie eine Schraube ohne Ende weiterdreht.

Unser schöner blauer Planet bietet unseres Wissens als einziger dem Leben eine Heimstatt. Venus ist zu heiß, Mars zu kalt. Nur die Erde ist gerade richtig, ein Paradies für uns Menschen. Schließlich haben wir uns hier ja auch entwickelt. Aber das uns so zuträgliche Klima könnte durch unser Treiben gefährdet werden, indem es unseren armen Planeten auf ebenso bedenkli-

* Die Albedo gibt an, welcher Bruchteil des einfallenden Sonnenlichts von einem Planeten ins All zurückgestrahlt wird. Bei der Erde beträgt die Albedo etwa 30 bis 35 Prozent. Der Rest des Sonnenlichts wird vom Boden absorbiert und bestimmt damit die mittlere Oberflächentemperatur.

che wie widersprüchliche Weise aus dem Lot bringt. Ob wir auf das Schicksal des Höllenplaneten Venus oder des Mars mit seiner globalen Eiszeit zutreiben, vermag niemand zu sagen, da die Erforschung der weltweit herrschenden Klimaverhältnisse und der Vergleich der Erde mit anderen Welten noch in den Kinderschuhen steckt. Die Mittel für diese Forschungszweige fließen spärlich und werden nur widerstrebend bewilligt. So fahren wir in unserem Tun fort, verschmutzen einerseits die Atmosphäre und holzen andererseits immer mehr Wald ab ohne Rücksicht darauf, daß sich die Langzeitfolgen weitgehend unserer Kenntnis entziehen.

Als vor einigen Jahrmillionen die ersten Menschen auftauchten, befand sich die Erde bereits im Mittelalter und hatte das Ungestüm und die Katastrophen ihrer Jugend schon seit 4,6 Milliarden Jahren hinter sich. In uns aber ist ihr womöglich ein neuer, entscheidender Faktor erwachsen. Immerhin verfügen wir aufgrund unserer Intelligenz und unserer Technologie über die Macht, das Klima zu beeinflussen. Wie aber werden wir von dieser Macht Gebrauch machen? Sind wir bereit, in diesen die ganze Menschheit betreffenden Belangen Ignoranz und Selbstgefälligkeit zu dulden? Stellen wir kurzfristige Vorteile über das Wohl der Erde? Oder denken wir in größeren Zeiträumen, sorgen wir uns um die Zukunft unserer Kinder und Kindeskinder und versuchen wir die vielschichtigen, lebenerhaltenden Systeme unseres Planeten zu schützen? Unsere Erde ist eine kleine, zerbrechliche Welt, die gehegt und gepflegt werden muß.

Der Kopf der Sphinx aus der 1809 veröffentlichten *Description de l'Égypte*. Die damals noch vom Sand bedeckten und dadurch erosionsgeschützten Pranken wurden erst später freigelegt und sind wesentlich besser erhalten als das Gesicht.

Frost in Utopia im Oktober 1977 auf 44 Grad nördlicher Breite. Zu Beginn des nördlichen Winters bedeckt eine dünne Reifschicht aus Wasser den Marsboden. Die senkrechte Konstruktion trägt die Kommando-Empfangsantenne, die Viking 2 direkt mit der Erde verbindet. Die farbigen Quadrate und schwarzen Streifen dienen zur Einstellung der Kameras. Das schwarze, weiß umrandete Quadrat unten links enthält in winzigsten Lettern die Unterschriften von 10000 für Planung, Herstellung, Testung, Abschuß und Bodensteuerung der Viking-Sonde Verantwortlichen. So werden wir Menschen nahezu unmerklich zu einer gleichzeitig auf mehreren Planeten präsenten Spezies. M. frdl. Gen. d. NASA.

5. Kapitel
Blues für einen roten Planeten

In den Obstgärten der Götter überwacht er die Kanäle …

Enuma Elish, Sumer, um 2500 v. Chr.

Wer diese unsere Erde mit Kopernikus
für einen um die Sonne kreisenden und von ihr erleuchteten Planeten hält …
kann sich zuweilen der Vorstellung nicht erwehren …
auch die anderen Planeten möchten ihr eigenes Gewand, ihre Ausstattung und Bewohner
haben wie unsere Erde …
Stets jedoch neigten wir dem Schlusse zu, es sei vergeblich nachzuforschen,
was es der Natur dort zu tun beliebte,
schien es doch ganz und gar unmöglich, die Untersuchung je zu Ende zu bringen …
Vor einiger Zeit aber, als ich etwas ernsthafter darüber nachsann
(nicht, daß ich mich für geistig reger hielte als jene Großen [der Vergangenheit],
doch habe ich das Glück, nach den meisten von ihnen zu leben),
deuchte mich die Untersuchung weder so undurchführbar
noch der Weg dergestalt mit Schwierigkeiten versperrt,
daß nicht genügend Spielraum für wahrscheinliche Mutmaßungen bliebe.

Christiaan Huygens, *Neue Mutmaßungen über die Planetenwelten, ihre Bewohner und Erzeugnisse,* um 1690

Eine Zeit wird kommen,
da die Menschen den Blick auf ferne Dinge lenken …
und die Planeten wie unsere Erde betrachten.

Christopher Wren, Ansprache bei der Eröffnung von Gresham College, 1657

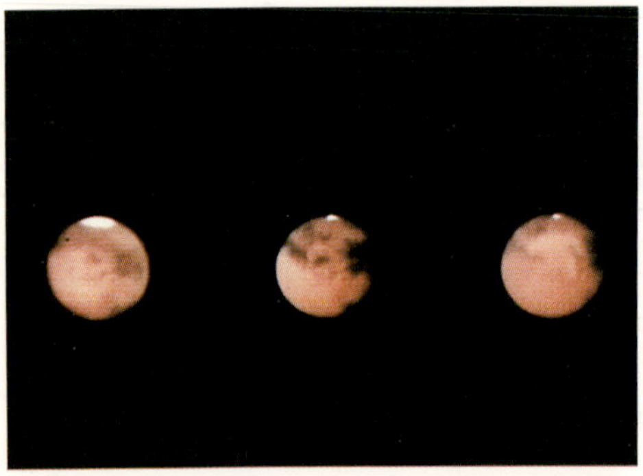

Drei Aufnahmen derselben Marsseite mit Polkappe, hellen und dunklen Flecken, jedoch ohne Spur der klassischen Kanäle. Im Winter *(links)* dominiert die Kappe, während der Kontrast zwischen hellen und dunklen Einzelheiten stark abgeschwächt erscheint. Im Frühjahr *(Mitte)* hat sich die Kappe zurückgezogen, der Gegensatz zwischen hellen und dunklen Partien tritt nun stark hervor. Diese jahreszeitlichen Wechsel führte Percival Lowell auf die Ausbreitung und den Rückgang der Marsvegetation zurück. Im Frühsommer *(rechts)* werden die Oberflächeneinzelheiten von einer großen gelblichweißen Staubwolke verdeckt, die den Schlüssel zu den geheimnisvollen jahreszeitlichen Veränderungen auf dem Mars liefert. M. frdl. Gen. d. Observatoriums der New Mexico State University.

Vor vielen Jahren soll ein berühmter Zeitungsverleger einem namhaften Astronomen telegraphiert haben: ERBITTEN UMGEHEND RP-TELEGRAMM 500 WORTE OB LEBEN AUF MARS. Pflichtschuldigst kabelte der Astronom zurück: WEISS NIEMAND, WEISS NIEMAND, WEISS NIEMAND ... zweihundertfünfzigmal. Diese so hartnäckig wiederholte Unwissenheitsbekundung eines Fachmanns beeindruckte indessen niemand, und so ist das Pro und Kontra bis heute nicht verstummt. Während die einen Leben auf dem Mars herbeisehnen, wünschen ihn sich die anderen unbelebt. Beide Lager haben sich zu Übertreibungen hinreißen lassen und die Debatte mit einer Leidenschaft geführt, die von der für die Wissenschaft so wichtigen Offenheit nach allen Seiten nichts mehr erkennen läßt. Aber offenbar wollen viele schlicht eine Antwort, egal, welche, wenn sie ihnen nur die Mühe, sich zwei einander ausschließende Möglichkeiten merken zu sollen, abnimmt. So haben manche Wissenschaftler anhand dürftigster Beweismittel (wie sich später herausstellte) Leben auf dem Mars postuliert und andere jegliches Leben nur deshalb ausgeschlossen, weil die Suche nach ganz bestimmten Lebensformen negativ oder jedenfalls nicht eindeutig ausgefallen war. Zwei Blues auf den Roten Planeten, oft aufgespielt und mittlerweile sattsam bekannt... Aber warum haben sich Spekulation und Phantasie ausgerechnet mit solchem Eifer auf Mars geworfen und nicht auf Saturn oder Pluto? Weil Mars als der nächste Planet, dessen Oberfläche wir sehen können, auf den ersten Blick unserer Erde sehr ähnlich erscheint. Er weist polare Eiskappen, ziehende weiße Wolken, heftig tobende Sandstürme, jahreszeitlich wechselnde Muster auf seiner roten Oberfläche und sogar einen Vierundzwanzigstundentag auf – alles verlockend genug, ihn für eine bewohnte Welt zu halten. So ist er für uns eine Art mythischer Arena geworden, in die wir unsere irdischen Hoffnungen und Befürchtungen projizieren. Dennoch sollten wir uns von unseren persönlichen Vorlieben nicht zu einem unbedachten Für oder Wider verleiten lassen. Einzig Beweise zählen, und über sie verfügen wir noch nicht. Der Mars ist eine Welt der Überraschungen und Wunder, und was uns die Zukunft über ihn enthüllen wird, wahrscheinlich weit aufregender als all unsere früheren Vorstellungen. Schon in unserer Zeit hat sich ein jahrhundertealter Traum erfüllt. Wir haben Marssand unter die Lupe genommen, wir sind auf dem Roten Planeten gelandet!

»Niemand hätte in den letzten Jahren des XIX. Jahrhunderts geglaubt, daß unser menschliches Tun und Lassen beobachtet werden könnte; daß andere Intelligenzen, größer als die menschlichen und doch ebenso sterblich, uns bei unserem Tagwerk fast ebenso eindringlich belauschen und erforschen könnten, wie ein Mann mit seinem Mikroskop jene vergänglichen Lebewesen erforscht, die in einem Wassertropfen ihr Wesen treiben und sich darin vermehren. Mit unendlichem Behagen schlenderte die Menschheit mit ihren kleinen Sorgen kreuz und quer auf dem Erdball umher, in gelassenem Vertrauen auf ihre Herrschaft über die Materie. Es ist möglich, daß die Infusorien unter der Lupe dasselbe tun. Niemand dachte daran, daß älteren Weltkörpern Gefahren für die Menschheit entspringen könnten. Jede Vorstellung, daß sie bewohnt sein könnten, wurde als unwahrscheinlich oder unmöglich aufgegeben. Es ist seltsam, sich heute der geistigen Verfassung jener vergangenen Tage zu entsinnen. Es kam höchstens vor, daß Erdenbewohner sich einbildeten, es könnten Wesen auf dem Mars leben, minderwertige vielleicht, jedenfalls aber solche, die eine irdische

Forschungsreise freudig begrüßen würden. Aber jenseits des gähnenden Weltenraums blickten Geister, uns überlegen wie wir den Tieren, ungeheure, kalte und unheimliche Geister, mit neidischen Augen auf unsere Erde. Bedächtig und sicher schmiedeten sie ihre Pläne gegen uns.«

Diese Worte, mit denen H.G.Wells seinen 1897 erschienenen klassischen Science-fiction-Roman *Der Krieg der Welten* einleitet, haben ihre unheimliche Macht bis heute nicht eingebüßt.* Von Anbeginn an zog sich die Angst vor bzw. die Hoffnung auf Leben außerhalb der Erde durch die Menschheitsgeschichte. In den letzten hundert Jahren hat sich diese Vorahnung auf einen hellen roten Lichtpunkt am Nachthimmel konzentriert. Drei Jahre vor der Veröffentlichung von Wells' Roman hatte der Bostoner Percival Lowell ein bedeutendes Observatorium gegründet, wo recht ausführliche Theorien über das Leben auf dem Mars entwickelt werden sollten. Lowell, der sich in jungen Jahren oberflächlich mit Astronomie beschäftigt, in Harvard studiert und anschließend eine halbamtliche diplomatische Funktion in Korea und andere Reicheleutebeschäftigungen ausgeübt hatte, leistete einen wesentlichen Beitrag zur Aufhellung der Natur und Entwicklung der Planeten. Außerdem trug er entscheidend zur Vorstellung eines expandierenden Kosmos und zur Entdeckung des Planeten Pluto bei, dessen Anfangsbuchstaben seine Initialen wiedergeben und dessen Symbol ♇ sein Monogramm unsterblich machte.

Lowells ganz besondere Liebe galt dem Mars, und so war es nicht weiter erstaunlich, daß ihn die 1877 verbreitete Meldung, der italienische Astronom Giovanni Schiaparelli habe auf dem Planeten *canali* entdeckt, geradezu elektrisierte. Schiaparelli hatte in den hellen Regionen des damals besonders erdnahen Himmelskörpers ein verwickeltes Netz einfacher und doppelter, einander vielfach überschneidender gerader Linien ausgemacht und sie als *canali* bezeichnet. Dieser im Italienischen sowohl für Kanäle als auch für Rinnen oder Furchen verwendete Begriff wurde prompt mit *canals* und »Kanäle« übersetzt und erhielt so den Beigeschmack intelligenter Planung, was in Europa und Amerika das reinste Marsfieber auslöste, das auch Lowell erfaßte.

Als Schiaparelli 1892 wegen nachlassender Sehkraft die Marsbeobachtung einstellen mußte, beschloß Lowell, das Werk des Italieners fortzusetzen. Dazu aber benötigte er einen erstklassigen Beobachtungsort mit einer weder durch Wolken noch durch die Lichterfülle einer Stadt beeinträchtigten guten »Sicht«, wie der Astronomenausdruck für eine ruhige, das Flimmern der astronomischen Bilder im Teleskop auf ein Minimum reduzierende Atmosphäre lautet. Schlechte Sicht, durch geringfügige Turbulenzen in der Atmosphäre über dem Teleskop verursacht, läßt die Sterne unruhig blinken. So wählte Lowell für sein Observatorium den fernen Mars Hill in Flagstaff, Arizona,** wo er die Oberflächengestalt und mit besonderer Vorliebe die Kanäle des Mars skizzierte, die ihn regelrecht faszinierten.

Beobachtungen dieser Art aber sind alles andere als einfach. Man muß stundenlang in der kühlen Morgendämmerung am Teleskop ausharren. Oft ist die Sicht schlecht, das Bild des Mars verwischt und verzerrt und in

Percival Lowell im Alter von neunundfünfzig Jahren in Flagstaff. Aufnahme des Lowell Observatory.

Marskarte nach Schiaparelli von Brown. Die geraden und gekurvten Linien stellen die »Kanäle« dar. Schiaparelli benannte viele Einzelheiten und Örtlichkeiten nach Stätten der klassischen Geschichte und Mythologie und legte damit die Grundlage für die heutigen Bezeichnungen, so auch für Chryse und Utopia, die Landeplätze von Viking 1 und 2.

* 1938 löste Orson Welles mit seiner Funkversion, in der er die Invasion der Marsbewohner von England in den Osten der USA verlegte, bei Millionen in Kriegshysterie lebender Amerikaner, die den Angriff für bare Münze nahmen, Panik aus.

** Isaac Newton hatte geschrieben: »Selbst wenn die Theorie des Teleskopbaus einmal völlig

Lowell im Jahre 1900 am 24-Zoll-Spiegelteleskop seiner Sternwarte. Aufnahme des Lowell Observatory.

keiner Weise zu gebrauchen. Manchmal aber festigt sich das Bild, und für einen Augenblick leuchten die Merkmale des Planeten wunderbar deutlich auf. Dann gilt es, das Gesehene im Gedächtnis zu behalten und anschließend korrekt zu Papier zu bringen. Dazu aber muß man alle Voreingenommenheit ablegen und die Wunder des Mars mit offenen Sinnen aufnehmen.

Percival Lowells Notizbücher zeigen, was er zu sehen vermeinte: helle und dunkle Bereiche, die Andeutung einer Polkappe und vor allem Kanäle, einen mit Kanälen überzogenen Planeten. Lowell glaubte ein den ganzen Himmelskörper umspannendes Netz großer Bewässerungskanäle wahrzunehmen, die den durstigen Bewohnern der äquatornahen Städte Wasser von den schmelzenden Polkappen zuführten. Er glaubte, daß der Planet von einer älteren und weiseren, von uns möglicherweise völlig verschiedenen Rasse bewohnt werde. Er glaubte, daß die in den dunklen Bereichen beobachtbaren jahreszeitlichen Veränderungen auf Wachstum und Verfall der Vegetation zurückgingen. Und er glaubte schließlich, daß der Mars der Erde recht ähnlich sei. Alles in allem aber glaubte er zu viel.

Lowell stellte sich den Mars als alte, ausgetrocknete, verwitterte Welt, als eine riesige, dennoch aber sehr erdähnliche Wüste vor, die viele Züge mit dem amerikanischen Südwesten, in dem sein Observatorium stand, gemein hatte. Die Temperaturen setzte er eher kühl, aber doch so angenehm wie in »Südengland« an. Die Luft war seiner Meinung nach dünn, jedoch sauerstoffreich genug zum Atmen; das Wasser zwar Mangelware, aber dank des eleganten Kanalnetzes in ausreichendem Maß über den ganzen Planeten verteilt.

Der, wie sich im Rückblick herausstellt, handfesteste zeitgenössische Einwand gegen Lowells Ideen kam aus einer Ecke, aus der man ihn am wenigsten vermutet hätte. 1907 wurde Alfred Russel Wallace, der Mitentdecker der Evolution durch natürliche Zuchtwahl, aufgefordert, eins von Lowells Büchern zu besprechen. Und der gelernte Ingenieur Wallace packte trotz einer gewissen Leichtgläubigkeit in Fragen der außersinnlichen Wahrnehmung die These von der Bewohnbarkeit des Mars mit bemerkenswerter Skepsis an. Er wies Lowell mehrere Irrtümer nach: Die mittleren Marstemperaturen ließen sich seinen Ausführungen nach keineswegs mit dem gemäßigten Klima Südenglands vergleichen, sondern lagen bis auf wenige Ausnahmen überall unter dem Gefrierpunkt des Wassers, was einen dauerhaft gefrorenen Boden (Permafrost) nahelegte; die Luft war viel dünner und die Zahl der Krater so groß wie auf dem Mond. Was das Wasser in den Kanälen betraf, schrieb er:

»Jeder Versuch, diesen spärlichen Überschuß [an Wasser] mittels Überlaufkanälen durch die nach Herrn Lowells Darstellung einem wolkenlosen Himmel ausgesetzten, schrecklichen Wüstenregionen über den Äquator in die gegenüberliegende Hemisphäre zu leiten, wäre eher das Werk einer Gruppe von Wahnsinnigen als von intelligenten Lebewesen. Man darf sicher sein, daß bereits hundert Meilen vom Ausgangspunkt entfernt alles bis auf den letzten Tropfen verdunstet oder versickert wäre.«

in die Praxis umgesetzt werden könnte, wären dem Fernrohr doch nach wie vor gewisse Grenzen gezogen. Denn die Luft, durch die wir zu den Sternen hinaufschauen, befindet sich in ständiger Bewegung … Dagegen kann einzig eine möglichst klare und ruhige Luft Abhilfe schaffen, wie sie vielleicht auf den höchsten Bergen über den dichteren Wolken zu finden ist.«

Als Wallace diese für Lowells Hypothese so vernichtende, im großen und ganzen zutreffende physikalische Analyse schrieb, stand er in seinem 84. Lebensjahr. Seine Schlußfolgerung lautete: Leben auf dem Mars, worunter er an Hydraulik interessierte Ingenieure verstand, ist unmöglich. Über Mikroorganismen ließ er sich nicht aus.

Aber trotz Wallaces Kritik, und obwohl andere Astronomen mit ebenso guten Teleskopen und an ebenso guten Beobachtungsorten von den sagenhaften Marskanälen keine Spur entdecken konnten, schlug Lowells Vision allgemein ein. Sie sprach den Hang der Menschen zum Geheimnisvollen an. Sehr förderlich wirkte sich in diesem Zusammenhang auch aus, daß das 19. Jahrhundert wahre Glanzleistungen der Ingenieurkunst vollbrachte, darunter den Bau gewaltiger Kanäle: 1869 wurde der Suezkanal vollendet; 1893 der Kanal von Korinth; und in Lowells Heimat, den USA, entstanden die Schleusen an den Großen Seen, die Schiffahrtskanäle im Staat New York und die Bewässerungskanäle im Südwesten. Wenn aber Europäer und Amerikaner zu solchen Großtaten imstande waren, warum nicht auch die Marsbewohner? Ja, konnte eine ältere, weisere Spezies, die mutig die fortschreitende Austrocknung des Roten Planeten bekämpfte, nicht noch großartigere Anstrengungen unternommen haben?

Mittlerweile haben wir Erkundungssatelliten in Marsumlaufbahnen geschickt, den gesamten Planeten kartographisch erfaßt und zwei vollautomatisierte Versuchsstationen auf seiner Oberfläche gelandet. Dennoch ist der Rote Planet seit Lowells Tagen nur noch geheimnisvoller geworden. Von dem vielgepriesenen Kanalnetz haben wir auf den Bildern, die alles, was Lowell je auf dem Mars erblickte, an Genauigkeit weit übertreffen, keinen einzigen Arm, keine einzige Schleuse entdeckt. Lowell, Schiaparelli und andere, die ihre Beobachtungen unter schwierigen Sichtverhältnissen durchführten, haben sich vielleicht nicht zuletzt durch den Wunsch, Leben auf dem Mars zu finden, irreleiten lassen.

Die Notizbücher, in die Percival Lowell seine Beobachtungen eintrug, zeugen von seinen langjährigen zähen Bemühungen am Teleskop, zeigen aber auch deutlich, daß er sich der Skepsis anderer Astronomen hinsichtlich seiner Kanäle bewußt war. Sie enthüllen uns einen Mann, überzeugt, eine wichtige Entdeckung gemacht zu haben, aber ebenso deprimiert durch den Umstand, von den anderen verkannt zu werden. In seinem Notizbuch von 1905 findet sich unter dem 21. Januar der Eintrag: »Doppelkanäle blitzten auf, überzeugend wirklich.« Bei der Lektüre seiner Aufzeichnungen kann ich mich des unbehaglichen Gefühls nicht erwehren, daß er tatsächlich etwas sah. Aber was?

Als Paul Fox von der Cornell University und ich Lowells Marskarten mit dem von Mariner 9 gelieferten Bildmaterial – dessen Auflösungsvermögen das von Lowells Spiegelteleskopen teilweise ums Tausendfache übertraf – verglichen, konnten wir überhaupt keine Übereinstimmung feststellen. Auch die Annahme, Lowell könnte unzusammenhängende kleine Einzelheiten auf der Marsoberfläche eigenmächtig durch Gerade verbunden haben, erwies sich als falsch. Dort, wo er Kanäle eingetragen hatte, befand sich meist überhaupt nichts, höchst selten einmal eine gesprenkelte Stelle oder eine Kraterkette. Wie aber konnte er unter diesen Umständen Jahr für Jahr die gleichen Kanäle einzeichnen? Wie andere Astronomen, die seine Karten erst *nach* ihren eigenen Beobachtungen eingehender studiert hatten, dieselben Kanäle gesehen haben?

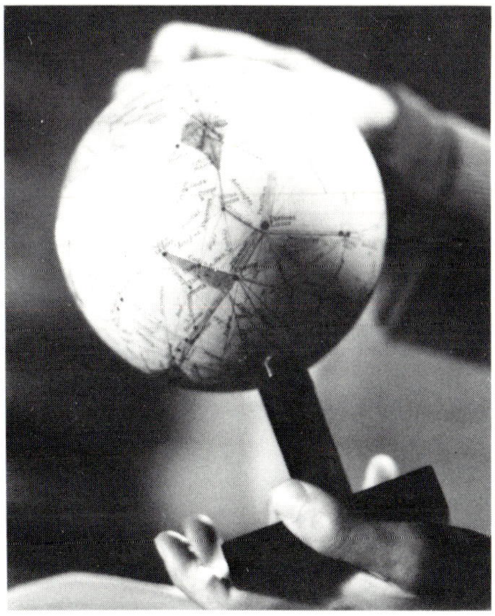

Einer von Lowells Marsgloben mit den auffälligsten und Namen tragenden Kanälen. M. frdl. Gen. d. Lowell Observatory.

Diese 1909 von E.-M. Antoniadi in Frankreich angefertigte Marszeichnung zeigt Polkappe und leichten Dunst am Rand, aber trotz bester »Sichtverhältnisse« praktisch keine Kanäle.

Mars als Science-fiction-Objekt bei Edgar Rice Burroughs. M. frdl. Gen. d. Ballantine Books.

Der russische Raketen- und Raumfahrtpionier Konstantin Eduardowitsch Ziolkowski (1857–1935), ein schwerhöriger Lehrer aus der Provinz, der sich sein Wissen weitgehend selbst angeeignet hatte, leistete grundlegende Beiträge zur Astronautik. Ziolkowski sah die Zeit kommen, in der die Menschen die Umweltverhältnisse auf anderen Welten durch ihre Technik umgestalten würden, und erörterte bereits 1896 Kommunikationsmöglichkeiten mit außerirdischer Intelligenz. 1903 beschrieb er bis in alle Einzelheiten, wie eine mit flüssigem Treibstoff angetriebene Stufenrakete Menschen über die Erdatmosphäre hinausbringen könnte. M. frdl. Gen. v. Sovfoto.

Zu den bedeutenden Entdeckungen der Mariner-9-Marsmission gehören vielfach mit den Wällen von Kratern zusammenfallende, zeitlich variierende, d.h. mit den Jahreszeiten wechselnde Streifen und Flecken auf der Marsoberfläche. Dabei handelt es sich um Staub, der von den Winden je nach Jahreszeit zu verschiedenen Mustern geblasen wird. Aber auch diese Streifen gleichen und entsprechen in ihrer Lage nicht den Lowellschen Kanälen und sind in keinem Fall groß genug, um für einen irdischen Beobachter einzeln in Erscheinung zu treten. Und die Möglichkeit, daß zu Beginn unseres Jahrhunderts bestimmte, Lowells Kanälen auch nur entfernt ähnliche Einzelheiten auf dem Mars existiert haben sollten, die mit dem Auftauchen der Raumkapseln spurlos verschwunden wären, scheidet doch wohl aus.

Demnach scheinen die Marskanäle auf eine Fehlleistung der Kombination Auge-Hand-Gehirn unter erschwerten Sichtbedingungen zurückzugehen (d.h. zumindest bei manchen, denn viele Astronomen, denen für ihre Beobachtungen ebenso gute Instrumente zur Verfügung standen, bestritten zu Lowells Lebzeiten wie auch später die Existenz von Kanälen). Doch auch diese Erklärung befriedigt nicht ganz, und so kann ich mich des Verdachts nicht erwehren, daß ein wesentlicher Punkt des Marskanalproblems noch gar nicht zutage gekommen ist. Lowell betonte immer wieder die Regelmäßigkeit der Kanäle, worin er einen unzweideutigen Hinweis auf intelligente Lebewesen sah, was auch zweifellos zutrifft. Fragt sich nur, auf welcher Seite des Teleskops.

Lowells Marsbewohner waren gütig, mild und hoffnungsfroh, ja sogar leicht gottähnlich, jedenfalls das genaue Gegenteil der von H.G. Wells und Orson Welles in *Der Krieg der Welten* geschilderten bösartigen, bedrohlichen Wesen. Durch Wochenendbeilagen in Zeitungen und durch Science-fiction-Romane wurden beide Vorstellungen Allgemeingut. Ich entsinne mich noch genau, wie ich als Kind Edgar Rice Burroughs Marsromane in atemloser Spannung verschlang. Ich begleitete John Carter, den Gentleman-Abenteurer aus Virginia, zu »Barsoom«, wie die Marsbewohner ihren Planeten nannten, folgte Herden achtbeiniger Lasttiere, gewann die Hand der lieblichen Dejah Thoris, Prinzessin von Helium, freundete mich mit einem vier Meter großen grünen Kämpen namens Tars Tarkas an, wanderte durch die Städte mit ihren Türmen und kuppelbedeckten Pumpwerken und schlenderte an den grünen Ufern des Nilosyrtis- und Nepentheskanals entlang.

Dabei plagte mich unentwegt die Frage, ob es wirklich – und nicht nur in der Phantasie – möglich wäre, sich mit John Carter ins Königreich Helium auf dem Planeten Mars vorzuwagen. Ob wir uns eines schönen Sommerabends einfach im Schein der beiden dahinsausenden Monde Barsooms auf den Weg machen und das atemberaubende wissenschaftliche Abenteuer antreten könnten. So hatten Lowells irrige Schlußfolgerungen über den Mars einschließlich der sagenhaften Kanäle doch auch ihr Gutes: Sie veranlaßten Generationen Achtjähriger, darunter auch mich, die Erforschung der Planeten als eine realisierbare Möglichkeit zu betrachten und sich zu fragen, ob man nicht eines Tages selbst die Reise zum Mars antreten könne. John Carter hatte sich dorthin versetzt, indem er auf freiem Feld die Hände ausgebreitet und es sich fest gewünscht hatte. Und so verbrachte ich als Kind so manche Stunde mit resolut ausgestreckten Armen auf einem leeren Sportplatz und flehte Mars oder was ich dafür hielt inständig an, mich zu sich zu holen. Geklappt hat es allerdings nie. Offenbar galt es, einen anderen Weg zu finden.

Genau wie Organismen durchlaufen auch Maschinen eine Evolution. Die Rakete kam, wie das als ihr Treibstoff verwendete Pulver, aus China, wo sie zeremoniellen und ästhetischen Zwecken diente. Im 14. Jahrhundert gelangte sie dann nach Europa, wo man sie zur Kriegführung einsetzte, bis sie der russische Lehrer Konstantin Ziolkowski im ausgehenden 19. Jahrhundert als Transportmittel zu den Planeten vorschlug und der amerikanische Wissenschaftler Robert Goddard erste, zum Flug in große Höhen geeignete Modelle entwickelte. Die im Zweiten Weltkrieg konstruierte deutsche V-2, die praktisch alle Erfindungen Goddards auswertete, brachte 1948 mit dem Abschuß der zweistufigen V-2/WAC-Corporal-Kombination in 400 km Höhe einen bis dahin unerreichten Höhepunkt. In den fünfziger Jahren konnten dann dank der in der Sowjetunion unter Leitung von Sergej Korolow und in den USA unter Wernher von Braun entwickelten Trägerraketen für Massenvernichtungswaffen erste künstliche Satelliten in eine Erdumlaufbahn geschossen werden.

Von da an ging es Schlag auf Schlag. Es folgten bemannte Flüge um die Erde, bemannte Raumflüge um den und Landungen auf dem Mond sowie unbemannte Raumkapseln im ganzen Sonnensystem. Mittlerweile haben noch viele andere Nationen Sonden ins All geschickt, darunter Großbritannien, Frankreich, Kanada, Japan und das eigentliche Heimatland der Rakete, China.

Und wie von Ziolkowski und Goddard (der in der Jugend Wells gelesen und durch Percival Lowells Vorträge mancherlei Anregungen empfangen hatte) erträumt, zählten zu den ersten Raumfahrtprojekten ein die Erde umkreisendes Wissenschaftslabor zur Überwachung unseres Planeten aus großer Höhe und eine Sonde, um nach Leben auf dem Mars zu fahnden. So schnell können in unserer Zeit Träume in Erfüllung gehen.

Stellen wir uns einmal vor, wir wären Besucher von einem anderen, völlig fremden Planeten und näherten uns unvoreingenommen der Erde. Mit wachsender Annäherung an den Planeten verbessern sich die Sichtverhältnisse, so daß wir immer mehr und immer feinere Einzelheiten erkennen können. Natürlich fragen wir uns, ob der Planet bewohnt ist. An welchem Punkt aber läßt sich diese Frage entscheiden? Falls es intelligente Lebewesen auf der Erde gibt, könnten sie kilometerlange, sich deutlich von der Umgebung abhebende technische Konstruktionen errichtet haben, die wir mit optischen Systemen mit entsprechendem Auflösungsvermögen ausmachen könnten. Aber aus diesem Abstand erscheint uns die Erde noch absolut öd und leer. Keine Spur von intelligentem oder sonstigem Leben an den von uns als Washington, New York, Boston, Moskau, London, Paris, Berlin, Tokio oder Peking benannten Stellen. Sollte es auf der Erde intelligente Lebewesen geben, haben sie jedenfalls die Landschaft wohl kaum durch regelmäßige, bei einem Auflösungsvermögen von Kilometern noch wahrnehmbare geometrische Muster umgestaltet.

Verzehnfachen wir nun das Auflösungsvermögen, ändert sich die Situation, denn jetzt nehmen wir Einzelheiten von nur 100 Meter Durchmesser wahr. Plötzlich scheinen sich auf der Erde viele Orte herauszukristallisieren; verschlungene Muster aus Quadraten und Rechtecken, Geraden und Kreisen zeichnen sich ab, bei denen es sich in der Tat um die technischen Konstruktionen intelligenter Lebewesen handelt: um Straßen, Autobah-

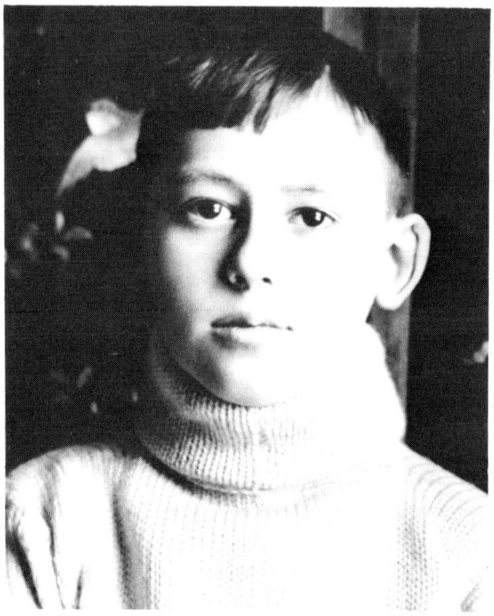

Robert Hutchings Goddard (1882–1945) im Alter von elf Jahren. Fünf Jahre später fing er bei der Lektüre von Wells' als Fortsetzungsroman veröffentlichtem *Der Krieg der Welten* Feuer und dachte sich im darauffolgenden Jahr, noch ehe jemand in einem Flugzeug geflogen war oder eine Radiosendung gehört hatte, auf einem Kirschbaum sitzend eine Marsrakete aus – eine Idee, deren Verwirklichung er sein ganzes restliches Leben widmete. M. frdl. Gen. d. Goddard Library, Clark University.

Goddard im Alter von dreiunddreißig Jahren bei der Montage einer Stahlbrennkammer für eine kleine, von festen Treibstoffen getriebene Rakete auf einem Testunterbau. M. frdl. Gen. d. Goddard Library, Clark University.

Die erste funktionstüchtige, mit flüssigem Treibstoff angetriebene Rakete, gestartet von Robert Goddard am 16. März 1926 auf der Farm seiner Tante Effie in Auburn in Massachusetts. Ihr Flug dauerte zweieinhalb Sekunden. M. frdl. Gen. d. Goddard Library, Clark University.

nen, Kanäle, landwirtschaftliche Nutzflächen, Stadtviertel – ein Muster, das zwei Leidenschaften des Menschen – seinen Hang zur euklidischen Geometrie und sein Revierdenken – widerspiegelt. Bei diesem Maßstab können wir die Spuren intelligenter Lebewesen in Boston, Washington und New York erkennen. Wirklich sichtbar aber wird das Ausmaß der Landschaftsumgestaltung bei einer Auflösung von zehn Metern. Jetzt erst zeigt sich, wie emsig die Menschen waren. Doch all diese Bilder sind bei Tageslicht entstanden. In der Dämmerung und nachts wird anderes sichtbar: die Feuer auf den Bohrfeldern Libyens und am Persischen Golf; die Tiefseescheinwerfer der japanischen Kalmar-Fangflotte; die hellen Lichter der Großstädte. Verbessern wir das Auflösungsvermögen noch weiter, so daß wir bei Tageslicht Objekte von einem Meter Durchmesser erkennen können, entdecken wir endlich auch einzelne Lebewesen – Wale, Kühe, Flamingos, Menschen.

Wie die geometrische Regelmäßigkeit der technischen Konstruktionen die Anwesenheit intelligenter Lebewesen auf der Erde angezeigt hat, so würde auch Lowells Kanalnetz, würde es tatsächlich existieren, den Rückschluß auf intelligente Marsbewohner zwingend nahelegen. Oder anders herum gesagt, Leben wäre auf den von einer Umlaufbahn um den Planeten aus aufgenommenen Bildern nur dann festzustellen, wenn es die Oberfläche merklich umgestaltet hätte. Technische Zivilisationen, Kanalbauten, wären leicht auszumachen. Mit Ausnahme von einer oder zwei rätselhaften Einzelheiten aber tritt auf den zahlreichen ausgezeichneten Bildern, die unbemannte Raumkapseln von der Marsoberfläche zur Erde gefunkt haben, nichts Derartiges in Erscheinung. Das läßt jedoch eine Vielzahl anderer Möglichkeiten offen – von großen Pflanzen und Tieren bis hin zu Mikroorganismen, ausgestorbenen Lebensformen und einem Planeten, der von Anbeginn an ohne Leben war.

Zu bedenken ist dabei, daß die Temperaturen auf dem Mars aufgrund seiner größeren Sonnenferne beträchtlich unter den auf der Erde herrschenden liegen; daß seine Luft dünn ist; daß sie überwiegend Kohlendioxid, aber auch etwas molekularen Stickstoff und Argon sowie winzige Mengen Wasserdampf, Sauerstoff und Ozon enthält. Offene Wasseransammlungen dagegen sind heute insofern unmöglich, als unter dem auf dem Mars herrschenden niedrigen atmosphärischen Druck selbst kaltes Wasser rasch zum Sieden käme. Flüssiges Wasser könnte höchstens in winzigen Mengen in Poren und haarfeinen Spalten im Boden auftreten. Der Sauerstoffgehalt der Luft würde für den menschlichen Bedarf bei weitem nicht ausreichen. Und die Ozonhäufigkeit ist so gering, daß die keimtötende ultraviolette Sonneneinstrahlung ungehindert auf die Oberfläche einfällt. Können unter solchen Bedingungen, in einer solchen Umwelt, überhaupt irgendwelche Organismen überleben?

Um diese Frage zu klären, haben meine Kollegen und ich vor Jahren die uns damals bekannten Mars-Umweltfaktoren in Versuchskammern, sog. Marskrügen (wie sollten sie auch anders heißen?), simuliert und in diese irdische Mikroorganismen eingeführt. In der sauerstoffarmen, überwiegend aus CO_2 und N_2 zusammengesetzten Atmosphäre der Marskrüge schwankte die Temperatur wie auf dem Roten Planeten zwischen wenigen Graden über dem Gefrierpunkt um die Mittagszeit und rund $-80°$ C unmittelbar vor Einbruch der Dämmerung. Ultraviolette Lampen ersetzten die starke Sonneneinstrahlung, flüssiges Wasser war lediglich in Form eines hauchdünnen Films auf vereinzelten Sandkörnern vorhanden. Unter diesen Bedingungen erfroren einige Mikroben schon während der ersten Nacht; andere »schnappten« nach Luft und gingen an Sauerstoffmangel ein; wieder andere verdursteten und etliche verschmorten unter der Einwirkung der Ultraviolettstrahlung. Eine ganze Anzahl irdischer Mikrobenarten aber benötigten keinen Sauerstoff, machten bei zu tief absinkenden Temperaturen einfach den Laden dicht und versteckten sich vor dem ultravioletten Licht unter Kieseln oder dünnen Sandschichten. Ja, als wir in einer anderen Versuchsreihe kleine Mengen flüssigen Wassers zusetzten, vermehrten sie sich sogar. Wenn aber irdische Mikroben unter marsähnlichen Umweltbedingungen überleben können, müssen Marsmikroben, falls es sie gibt, auf ihrem Heimatplaneten noch weit besser gedeihen. Doch erst einmal müßten wir sie nachweisen.

Die Sowjetunion treibt die Erforschung der Planeten durch unbemannte Raumkapseln sehr tatkräftig voran. Alle ein bis zwei Jahre gestatten die relativen Planetenpositionen im Verein mit der Keplerschen und Newtonschen Physik, eine Sonde unter geringstmöglichem Energieaufwand zum Mars oder zur Venus zu schicken. Seit Anfang der sechziger Jahre hat sich die UdSSR fast keine solche Gelegenheit entgehen lassen und für ihre Ausdauer und das technische Geschick ihrer Ingenieure auch den wohlverdienten Lohn geerntet. Fünf sowjetische Raumkapseln – Venera 8 bis 12 – sind auf der Venus gelandet und haben verschiedene Daten von ihrer Oberfläche zur Erde gefunkt – bei einer so heißen, dichten und zersetzenden Atmosphäre gewiß keine Kleinigkeit. Auf dem Mars dagegen ist den Sowjets trotz vieler Versuche bis jetzt noch keine Landung geglückt. Dabei macht dieser Planet mit seinen frostigen Temperaturen, seiner wesentlich dünneren, aus unschädlicheren Gasen zusammengesetzten Atmosphäre, seinen polaren Eiskappen, seinem klaren rosigen Himmel, seinen großen Sanddünen, alten Flußbetten, seinem ausgedehnten Senkungsgraben, dem größten uns bekannten Vulkan im ganzen Sonnensystem und seinen milden Sommernachmittagen am Äquator einen weitaus gastlicheren und viel erdähnlicheren Eindruck als die Venus.

1971 trat die sowjetische Raumkapsel Mars 3 in die Marsatmosphäre ein. Nach den automatisch zur Erde gefunkten Informationen glückte das Ausfahren der Landesysteme, die korrekte Abwärtsschwenkung des Hitzeschilds, die Entfaltung des großen Fallschirms und die Zündung der Bremsraketen gegen Ende des Abstiegs. All diesen Daten zufolge hätte die Landung auf dem Roten Planeten eigentlich gelingen müssen. Nach dem Aufsetzen jedoch funkte Mars 3 noch 20 Sekunden lang einen Bildausschnitt ohne irgendwelche erkennbaren Einzelheiten zur Erde und fiel dann mysteriöserweise aus. Ähnliches wiederholte sich 1973 bei der Mars-6-Landekapsel, nur daß in diesem Fall die Nachrichten schon eine Sekunde nach dem Aufsetzen ausblieben.

Was war falsch gelaufen?

Die erste Illustration einer Mars 3, die mir zu Gesicht kam, eine Darstellung auf einer sowjetischen Briefmarke (im Wert von 16 Kopeken), zeigt die niedergehende Kapsel in einer Art purpurroter Schmiere, offensichtlich ein Versuch des Künstlers, Staub und starke Winde anzudeuten, denn beim Eintritt der Kapsel in die Marsatmosphäre hatte ein planetenweiter Sandsturm gewütet. Von der amerikanischen Mariner-9-Mission her wissen wir, daß bodennahe Winde dabei ein Tempo von mehr als 140 m/sec erreichten

Diese später entwickelte, gleichfalls mit flüssigem Treibstoff angetriebene Stufenrakete geht in direkter Linie auf Goddards frühe Versuche zurück: Die Aufnahme zeigt den Start von Apollo 11 (Kommandant Neil Armstrong) am 16. Juli 1969 von Cape Canaveral in Florida zum dreitägigen Flug zum Mond. M. frdl. Gen. d. NASA.

a

b

c

d

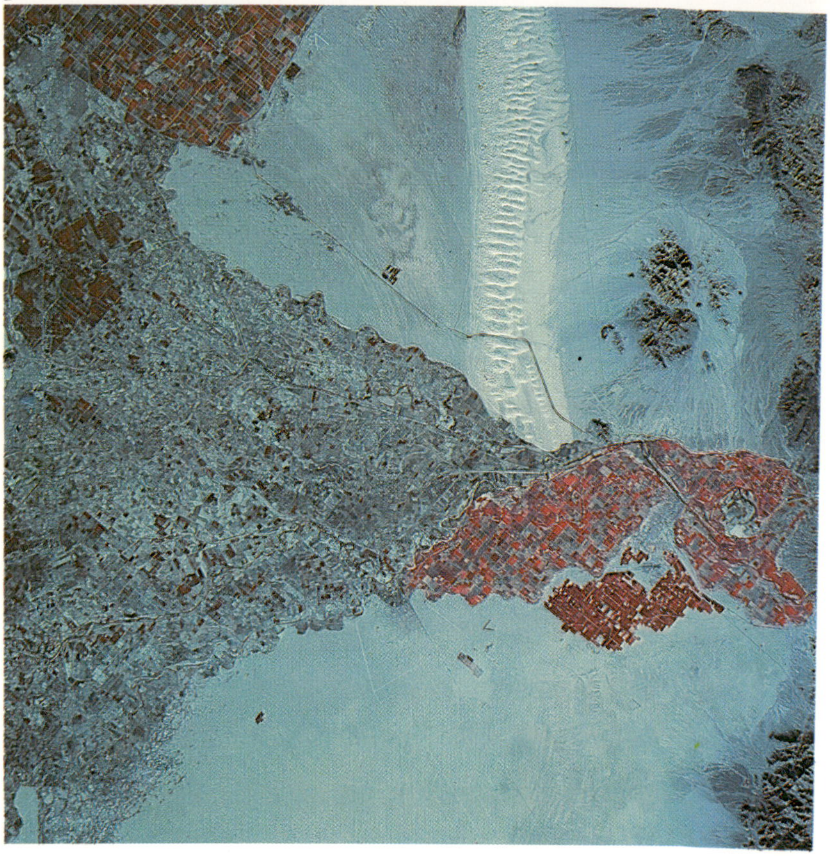

e

f

g

h

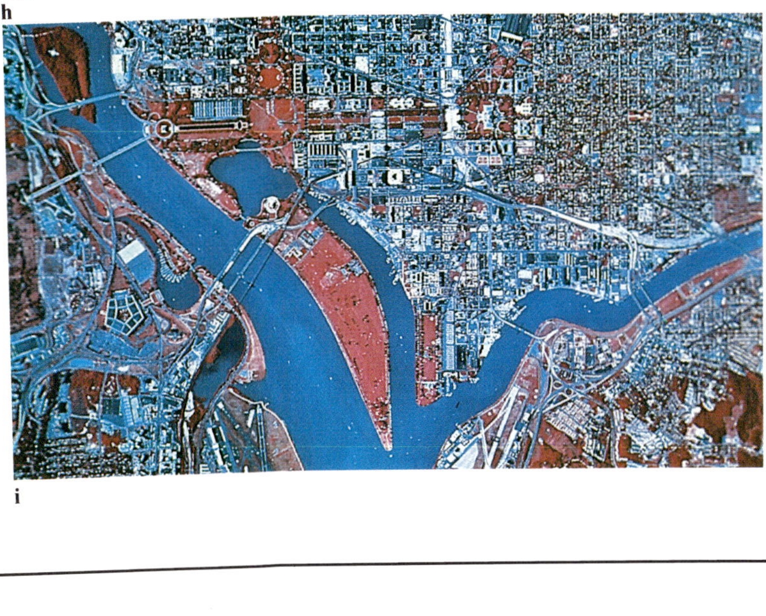

i

Die Suche nach Leben auf der Erde mit Hilfe des reflektierten Sonnenlichts – Bilder, von denen Goddard träumte: **(a)** Bei einer Auflösung von Hunderten von Kilometern ist auf der Erdsichel durch die Wolken Westafrika, aber keine Spur von Leben zu erkennen. **(b)** Ebenso leblos erscheint bei einer Auflösung von mehreren Dutzend Kilometern auf diesem Schrägluftbild der Nahe Osten im Bereich des Roten Meeres. **(c)** Auch an der Ostküste der Vereinigten Staaten ist auf diesem farbverschobenen Infrarotphoto bei einer Auflösung von rund zehn Kilometern weder in New York noch in Washington eine Andeutung von Leben zu entdekken. **(d)** Berry Island, Bahamas: Korallenriffe werden von Tierkolonien gebildet, was jedoch von oben nicht zu erkennen ist. Erst bei einer Auflösung von einigen Dutzend Metern treten auf der Erde Spuren intelligenten Lebens in Erscheinung, und zwar handelt es sich bei den roten Rechtecken um künstlich bewässertes landwirtschaftliches Nutzland im Bereich des Colorado-Deltas bei Yuma im Staate Arizona. Oben Mitte die Coachella Sand Hills, durch die sich der All-American Canal zieht. **(f, g)** Der Columbia River, der die Grenze zwischen den Staaten Washington und Oregon bildet, bei verschieden starker Auflösung. Die Kreise bezeichnen Weizenfelder mit Berieselungsanlagen. Bei einer Auflösung von mehreren Dutzend Metern treten, wie in Baton Rouge in Louisiana **(h)** und in Washington, D.C. **(i)**, die Spuren städtebildender Intelligenz deutlich hervor. Apollo-, Landsat- und RB-57-Aufnahmen, m. frdl. Gen. d. NASA.

Der Stadtkern von New York *(oben).* Diese in direkter Draufsicht geknipste Landsat-Infrarot-Nahaufnahme hat ein effektives Auflösungsvermögen von etwa 100 Metern. Die Linienführung der Straßen, Brücken und Schnellstraßen tritt deutlich hervor. Parks und baumbestandene Bereiche erscheinen auf diesem farbverschobenen Photo rot. In den blauschwarzen Wasserarmen zeichnen sich die Kielspuren von Schiffen ab. *Unten links:* In sichtbarem Licht von einem RB-57-Aufklärungsflugzeug aus aufgenommenes Schrägluftbild von New York mit bester Auflösung (etliche Dutzend Meter) für Brooklyn im Vordergrund. Hier tritt die vertikale Geometrie der Wolkenkratzer in Manhattan vornehmlich beim Doppelgebäude des World Trade Center mit den langen Schatten deutlich zutage. Bildmitte links die Freiheitsstatue; New Jersey verschwimmt in der Ferne. M. frdl. Gen. d. NASA. Bei einem Auflösungsvermögen von einem Meter oder darunter schließlich ist bei guter Kontrastwirkung auch die beherrschende Lebensform unseres Planeten zu erkennen *(unten rechts).* Hier einige Dutzend Menschen bei einem Schilanglauf-Wettbewerb. M. frdl. Gen. v. Photo Researchers, Aufnahme von Georg Gerster.

– über die Hälfte der Schallgeschwindigkeit auf dem Mars. In diese Winde geriet nach unserer und unserer sowjetischen Kollegen Ansicht die Mars-3-Raumkapsel mit entfaltetem Fallschirm, so daß sie in vertikaler Richtung zwar sanft, in horizontaler dagegen mit halsbrecherischer Geschwindigkeit landete. Ein an den Trageleinen eines großen Fallschirms niedergehendes Raumfahrzeug aber bietet horizontalen Winden eine besonders gute Angriffsfläche. So mag die Mars 3 nach der Landung noch ein paar Sätze vollführt haben, gegen einen Steinblock oder irgendeinen anderen Bestandteil des Marsreliefs geprallt und umgekippt sein und so die Funkverbindung zu ihrem »Trägerbus« verloren und Schiffbruch erlitten haben.

Warum aber ist Mars 3 in einen solchen Staubsturm hineingeflogen? Weil die ganze Mission auf der Erde starr vorprogrammiert und jeder anfallende Schritt von den Technikern schon vor dem Start in den Bordcomputer eingespeist worden war, so daß sich, als sich der große Staubsturm von 1971 in vollem Ausmaß abzuzeichnen begann, das Computerprogramm nicht mehr korrigieren ließ. Im Raumfahrerjargon: Die Mars-3-Mission war vorprogrammiert statt adaptiv. Rätselhafter dagegen ist das Mißlingen der Mars-6-Mission. Beim Eintritt dieser Kapsel in die Marsatmosphäre gab es weder Hinweise auf einen planetenweiten noch auf einen lokalen Sturm, wie er manchmal an Landeplätzen aufkommt. Möglicherweise versagte beim Aufsetzen irgendeine technische Apparatur. Vielleicht aber birgt die Marsoberfläche auch ganz besondere Gefahren.

Dieser Mißerfolg der für ihre geglückten Venuslandungen bekannten Sowjets gab uns im Hinblick auf die US-Viking-Mission natürlich zu denken, denn für den 4. Juli 1976, gewissermaßen als Geschenk zum 200. Geburtstag der USA, war die weiche Landung einer der beiden Kapseln auf der Marsoberfläche geplant. Sie sollte, wie bei den vorangegangenen sowjetischen Versuchen, mit Hilfe von Hitzeschild, Fallschirm und Bremsraketen erfolgen. Da die Marsatmosphäre nur ein Prozent der Dichte der Erdatmosphäre aufweist, war zum Abbremsen des Raumfahrzeugs beim Eintritt ein großer, 18 Meter breiter Fallschirm vonnöten. Ja, die Marsluft ist so dünn, daß eine Landung auf einem erhöhten Punkt nicht in Frage kam, da die Atmosphäre in diesem Fall zur Abbremsung nicht ausgereicht hätte und das Gefährt auf dem Boden zerschellt wäre. Der Landeplatz mußte also – Anforderung Nr. 1 – tief gelegen sein. Im übrigen kannten wir durch die von Mariner 9 zur Erde gefunkten Bilder sowie unsere eigenen Radaruntersuchungen eine ganze Reihe geeigneter Gebiete.

Um Viking das Schicksal von Mars 3 zu ersparen, wollten wir sichergehen, daß am Landeplatz zur vorgesehenen Zeit keine heftigen Winde wehten. Winde aber, die ein Raumfahrzeug zerschellen lassen, sind aller Wahrscheinlichkeit nach auch stark genug, um den Staub von der Oberfläche wegzufegen. Das heißt, wir durften, wenn der ausersehene Landeplatz nachweislich nicht mit driftenden Staubverwehungen bedeckt war, wohl mit einiger Berechtigung auf eine tragbare Windstärke schließen. Aus diesem und anderen Gründen koppelten wir die Landefähre mit einer Umlaufkapsel und schoben die Landung hinaus, bis diese den Landeplatz sondiert hatte. Wie mit Mariner 9 beobachtet, treten bei starken Winden in der für die Marsoberfläche so kennzeichnenden Hell-Dunkel-Musterung Veränderungen auf. Hätte uns die Umlaufkapsel vom vorgesehenen Landeplatz solch welchselnde Muster gefunkt, hätten wir diesen Ort natürlich als zu unsicher ausgeklammert. Hundertprozentig sicher konnten wir uns un-

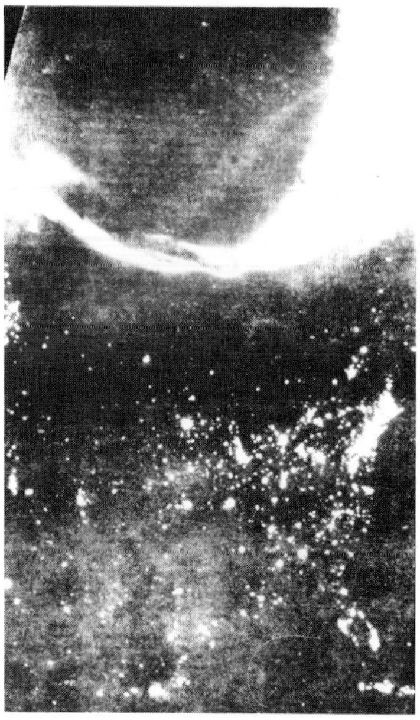

Nordamerika bei Nacht, durch die Lichter seiner Großstädte abgesteckt. Selbst der Umriß des Michigansees ist dank der Lichterfülle des Großraums Chicago zu erkennen. Diese Aufnahme liefert gewissermaßen den Indizienbeweis für Leben auf der Erde. Die hellste Lichtwirkung allerdings, der Halbmond über Kanada, wird nicht durch eine biologische Quelle, sondern durch das Nordlicht verursacht. M. frdl. Gen. d. Defense Meteorological Satellite Program.

Das westliche Mittelmeerbecken bei Nacht. Mitte rechts treten der italienische Stiefel und Sizilien dank der Großstadtlichter in ihren Umrissen deutlich hervor. Die auffallend hellen Lichtpunkte unten im Bild gehen auf brennendes Erdgas der algerischen Ölfelder zurück, mit dem sich offensichtlich ein guter Teil der europäischen Städte beleuchten ließe. M. frdl. Gen. d. Defense Meteorological Satellite Program.

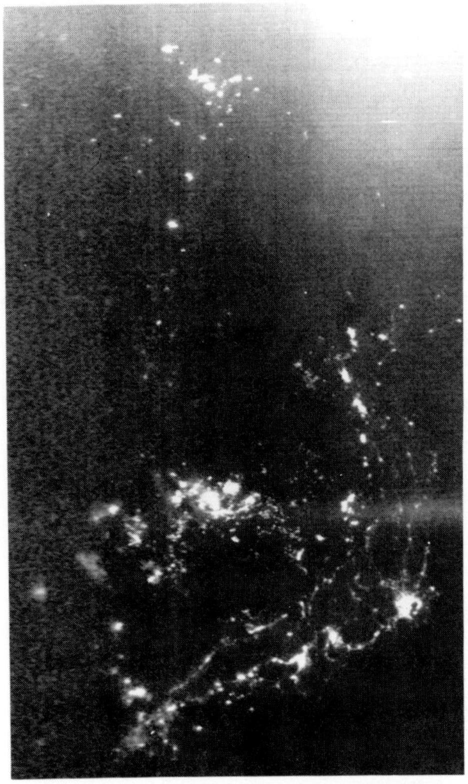

Nachtaufnahme der See um Japan. Bei den hellsten Lichtern handelt es sich um die Scheinwerfer, mit denen die rund 1300 Schiffe umfassende japanische und koreanische Fangflotte den Tintenfisch anlockt. M. frdl. Gen. d. Defense Meteorological Satellite Program.

Diese sowjetische Briefmarke zeigt die Landung der Mars-3-Sonde (noch mit Hitzeschild) während eines starken Staubsturms am 2. Dezember 1971 auf dem Mars.

serer Sache allerdings trotz all dieser Vorsichtsmaßnahmen nicht sein. Z. B. konnten an der angepeilten Stelle besonders heftige Winde schon allen beweglichen Staub weggeblasen haben, ohne daß uns dieser Sturm zur Kenntnis gelangte. Denn für den Mars lassen sich genaue Wettervorhersagen noch viel schwerer aufstellen als für die Erde. (Im übrigen verfolgten wir mit der Viking-Mission auch das Ziel, einen besseren Einblick ins Wettergeschehen beider Planeten zu gewinnen.)

Aus Kommunikations- und Temperaturgründen schieden die hohen Breiten für die Landung von vornherein aus. In den jenseits des 45. oder 50. Breitengrades gelegenen, polnahen Bereichen beider Hemisphären wäre sowohl die für eine nutzbringende Kommunikation mit der Erde verfügbare Zeit als auch die Spanne bis zum Eintritt bedenklich tiefer Temperaturen fatal kurz gewesen.

Ein Landeplatz auf allzu unebenem Gelände kam gleichfalls nicht in Frage, denn hier konnte die Raumkapsel umkippen und zerschellen. Zumindest aber bestand die Gefahr, daß ihr zum Einholen von Bodenproben bestimmter mechanischer Greifer eingeklemmt wurde bzw. hilflos einen Meter über der Oberfläche schwebte. Ebensowenig jedoch durfte der Landeplatz zu weich sein. Das Einsinken der drei Fährenbeine in lockeren Untergrund konnte verschiedene recht unerwünschte Folgen haben, darunter gleichfalls die Lahmlegung des Arms. Zu hart aber sollte das Gelände andererseits auch nicht sein. Wie sollte der Greifer beispielsweise auf einem glasartigen Lavafeld ohne pulverisiertes Oberflächenmaterial die für die geplanten chemischen und biologischen Experimente so wichtigen Proben sammeln?

Die besten damals verfügbaren, von Mariner 9 stammenden Photos zeigten nur Einzelheiten bis zu 90 Meter Durchmesser, und auch das gleichfalls von der Marsumlaufbahn aus aufgenommene Viking-Bildmaterial brachte kaum Verbesserungen. Ein Meter große Steinbrocken, die für die Viking-Kapsel vernichtende Folgen zeitigen konnten, waren auf diesen Photos ebensowenig zu erkennen wie tiefe weiche Staubschichten. Glücklicherweise aber verfügten wir über eine andere technische Möglichkeit, die Unebenheit oder Weichheit des vorgesehenen Landeplatzes zu testen: Radar. Eine sehr unebene Oberfläche streut nämlich den von der Erde hinaufgeschickten Radarstrahl seitlich, so daß nur wenig reflektiert wird; die Stelle erscheint radardunkel. Dasselbe gilt aufgrund der vielen Zwischenräume zwischen den einzelnen Sandkörnern für sehr lockere Böden. Ob uneben oder weich, läßt sich mit Radar allerdings nicht ausmachen – in unserem Fall aber insofern einerlei, als beide Möglichkeiten für die Landung gleich große Gefahren bargen. Voraufgegangenen Radaruntersuchungen zufolge schätzten wir ein Viertel bis ein Drittel der Marsoberfläche als radardunkel und somit für die Viking-Landekapsel gefährlich ein. Von der Erde aus läßt sich der Mars nämlich nur grob zwischen dem 25. nördlichen und dem 25. südlichen Breitengrad mit Radar abtasten, und die den Mars umkreisende Viking-Kapsel verfügte über kein eigenes Radarsystem zur kartographischen Erfassung der Oberfläche des Planeten.

Wie man sieht, gab es viele Faktoren zu berücksichtigen – nach unseren Befürchtungen vielleicht sogar zu viele. Unsere Landeplätze durften weder zu hoch gelegen noch zu windig, weder zu hart noch zu weich, weder zu uneben noch zu polnah sein. Erstaunlich, daß sich überhaupt Stellen auf dem Mars fanden, die all diesen Sicherheitskriterien genügten. Auf der anderen

Seite war klar, daß unsere Wahl unter den gegebenen Umständen auf ziemlich langweilige Landeplätze fallen mußte.

Mit dem Einschwenken des Viking-Gefährts in die Marsumlaufbahn war der *Breitengrad* der Landung ein für allemal festgelegt. Lag der marsnahe Punkt bei 21° nördlicher Marsbreite, mußte die Landekapsel unweigerlich bei 21° N aufsetzen. Nicht festgelegt dagegen war der *Längengrad,* der nach Belieben gewählt werden konnte: Man brauchte nur zu warten, bis sich der Planet entsprechend weitergedreht hatte. Deshalb suchte das Wissenschaftlerteam des Viking-Projekts Breitengrade mit mehreren vielversprechenden Landeplätzen aus. So für Viking 1 den 21. nördlichen Breitengrad und da wiederum vorzugsweise eine Region namens Chryse (griechisch »Goldland«) in der Nähe des Schnittpunktes von vier gewundenen, vermutlich in einer früheren Epoche der Marsgeschichte durch Fließwasser eingeschnittenen Rinnen. Dieser Landeplatz schien allen Sicherheitsansprüchen zu genügen, obwohl nur von einem benachbarten Gebiet Radarbeobachtungen vorlagen: Chryse selbst konnte aufgrund der Geometrie von Erde und Mars erst einige Wochen vor dem angesetzten Landedatum mit Radar abgetastet werden.

Für Viking 2 wurde der 44. nördliche Breitengrad gewählt und als Landeplatz vorrangig ein Ort namens Cydonia ins Auge gefaßt, an dem theoretisch zumindest zu bestimmten Zeiten des Marsjahres einige Aussicht auf kleine Mengen flüssigen Wassers bestanden. Da die im Zuge der Viking-Mission vorgesehenen biologischen Experimente weitgehend auf Organismen abgestimmt waren, die in flüssigem Wasser gedeihen, hielten verschiedene Naturwissenschaftler die Chance, auf Leben zu stoßen, in Cydonia für besonders groß. Dagegen stand allerdings das Argument, daß es auf einem so windigen Planeten wie dem Mars entweder nirgends oder überall Mikroorganismen geben müsse. Beide Standpunkte schienen nicht von der Hand zu weisen, und es war schwer, sich für einen zu entscheiden. Nicht zu rütteln dagegen war an der Tatsache, daß Radarerkundungen auf 44° N völlig ausgeschlossen waren. Das freilich hieß mit Viking 2 ein erhebliches Risiko eingehen. Dennoch plädierten manche dafür, sofern Viking 1 nach geglückter Landung reibungslos funktioniere. Ich selbst entwickelte in Anbetracht der investierten Forschungssumme von einer Milliarde Dollar äußerst konservative Vorstellungen. Z. B. plagte mich die Befürchtung, unmittelbar nach einer Bruchlandung in Cydonia könne ein wichtiges Instrument in Chryse ausfallen. Um den möglichen Aktionsradius der Vikingkapseln zu erweitern, wurden in radargesicherten Regionen nahe dem 4. südlichen Breitengrad zusätzliche, geologisch völlig andersartige Landeplätze ausgewählt. Der Beschluß, ob Viking 2 in hohen oder niederen Breiten aufsetzen sollte, wurde praktisch erst in letzter Minute gefaßt, als man sich für den Breitengrad von Cydonia und hier wiederum für einen Ort mit dem hoffnungsvollen Namen Utopia entschied.

Der ursprünglich für Viking 1 vorgesehene Landeplatz schien nach Sichtung der von der Umlaufbahn aus aufgenommenen Photos und der Radardaten, die zu guter Letzt noch von der Erde aus eingeholt werden konnten, allzu riskant. Eine Zeitlang fürchtete ich, Viking 1 könne wie der sagenhafte Fliegende Holländer dazu verdammt sein, in alle Ewigkeit über den Marshimmel zu ziehen, ohne jemals in einem sicheren Hafen zu landen. Schließlich aber entdeckten wir gleichfalls in Chryse, jedoch weit vom Schnittpunkt der vier alten Wasserrinnen entfernt, doch noch einen geeigneten

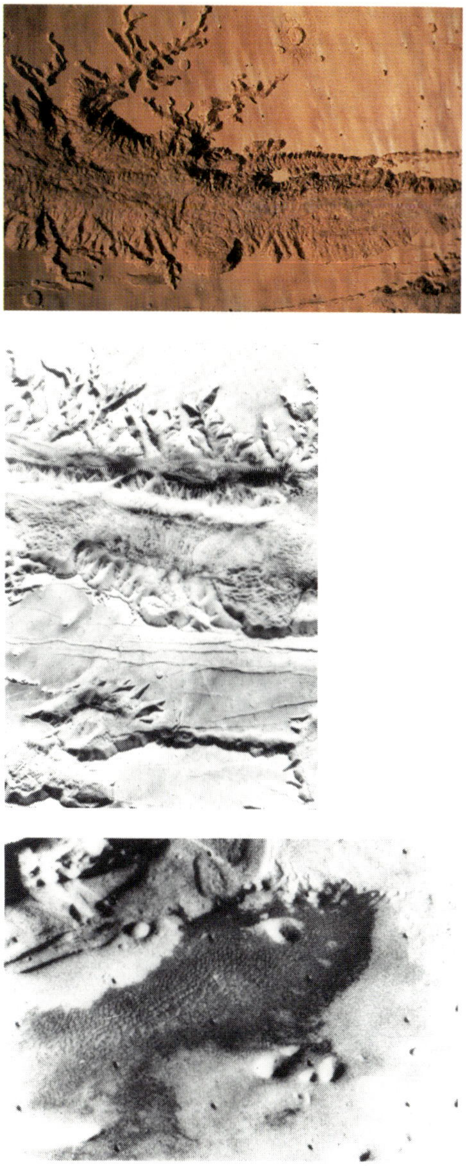

Ausschnitte aus dem großen Mariner Valley, Vallis Marineris, einem 5000 Kilometer langen und etwa 100 Kilometer breiten Tal, das 1971/72 von Mariner 9 entdeckt wurde. Das Modell *(oben)* zeigt möglicherweise durch fließendes Wasser entstandene Nebentäler und vom Wind verursachte Streifen hinter Einschlagkratern. Die Mariner-9-Photos *(Mitte und unten)* lassen durch Lawinen verbreiterte Täler und eine riesige dunkle Sanddüne auf der Talsohle von Vallis Marineris erkennen. M. frdl. Gen. d. NASA, Modell von Don Davis.

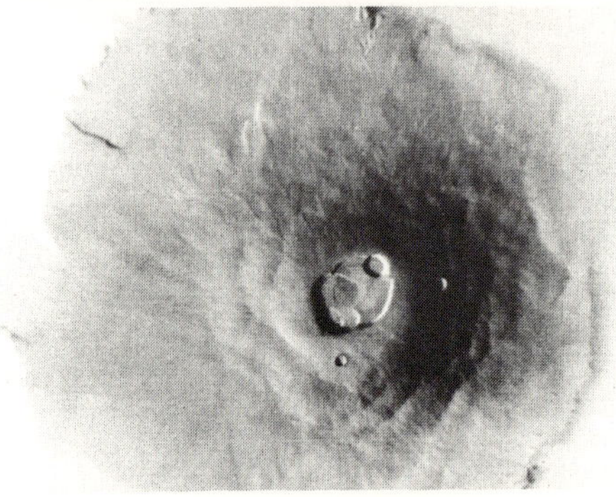

Oben: Viking-Orbiter-Photomosaik mit drei der vier großen Marsvulkane in Tharsis sowie den westlichen Provinzen des Vallis Marineris. *Mitte und unten:* Mariner-9-Aufnahme und Modell des Olympus Mons, des bislang größten im Sonnensystem mit Sicherheit identifizierten Vulkans, der eine Gesamtfläche von der Größe Arizonas und fast die dreifache Höhe des Mount Everest aufweist. Dieser Vulkan entstand vor rund einer Jahrmilliarde, als auf dem Mars eine starke geologische Aktivität herrschte.
M. frdl. Gen. d. NASA, Modell von Don Davis.

Ort. Aufgrund dieser Verzögerung konnte die Landung nicht, wie vorgesehen, am 4. Juli 1976 erfolgen, doch waren wir uns alle darin einig, daß eine Bruchlandung ein fragwürdiges Geschenk zum 200. Geburtstag der USA gewesen wäre. So verließ die Kapsel die Umlaufbahn erst 16 Tage später, um in die Marsatmosphäre einzutauchen.
Nach eineinhalbjährigem, 100 Millionen km langem interplanetarem Flug auf dem langen Weg um die Sonne schwenkten die beiden Umlauf-/Landekapsel-Kombinationen auf ihre Umlaufbahnen um den Mars ein; sichteten von hier aus die zur Wahl stehenden Landeplätze; traten die Landefähren auf Funkbefehl in die Marsatmosphäre ein, richteten die Hitzeschilde korrekt aus und entfalteten die Fallschirme, warfen die Schutzhüllen ab und zündeten die Bremsraketen. Und wenig später setzten erstmals in der Menschheitsgeschichte Raumkapseln weich und sicher auf dem Roten Planeten in Chryse und Utopia auf. Diese erfolgreichen Landungen waren großenteils der überaus sachkundigen Planung, Herstellung und Testung der Raumkapseln sowie den Fähigkeiten der Männer im Kontrollzentrum zu danken. Aber natürlich kam bei einem so gefährlichen und geheimnisvollen Planeten wie dem Mars auch eine Portion Glück ins Spiel.
Unmittelbar nach der Landung funkten die Kapseln bereits die ersten Bilder zur Erde. Wir wußten zwar, daß wir langweilige Stellen ausgesucht hatten, konnten aber immerhin hoffen. Die erste Aufnahme von Viking 1 sollte die Beine der Kapsel zeigen: Falls sie im Marstreibsand versank, wollten wir wenigstens ihr Verschwinden mitverfolgen. Langsam, Zeile um Zeile,

baute sich das Bild auf, bis wir zu unserer ungeheuren Erleichterung die Beine hoch und wohlbehalten über der Marsoberfläche erblickten. Bald folgten weitere Bilder, Element um Element zur Erde gefunkt.

Ich erinnere mich noch, daß ich die ersten Aufnahmen des Marshorizontes wie gebannt anstarrte. Das war keine fremde Welt. Ich selber kannte ganz ähnliche Orte in Colorado, Arizona und Nevada. Felsen, Flugsand und eine Anhöhe in der Ferne wirkten ebenso harmlos und natürlich wie irgendeine Landschaft auf der Erde. Mars war ein greifbarer, ein begreifbarer *Ort*. Natürlich hätte es mich erstaunt, plötzlich einen ergrauten Goldschürfer mit seinem Maultier um eine Düne biegen zu sehen, andererseits aber hätte er durchaus ins Bild gepaßt. In all den Stunden, die ich über der Analyse der Venera-9- und -10-Aufnahmen von der Venusoberfläche zugebracht hatte, wäre mir dergleichen nie in den Sinn gekommen. In diesem Fall jedoch hatte ich das unabweisbare Gefühl, daß wir auf die eine oder andere Weise auf diese Welt zurückkehren würden.

Die Landschaft ist kahl und rot und lieblich: Steinblöcke, bei der Entstehung eines Kraters irgendwo hinter dem Horizont herausgeschleudert, kleine Sanddünen, Felsen, die immer wieder von driftendem Staub überzogen und entblößt wurden, Fahnen aus feinkörnigem, windgetriebenem Material. Unwillkürlich fragt man sich: Wo kommen diese Felsen her? Wieviel Sand hat der Wind schon verweht? Wie erklären sich die kahlen Blöcke, die in den Sand eingesunkenen Findlinge, die vieleckigen Vertiefungen, wie mag die Vorgeschichte des Planeten ausgesehen haben? Woraus bestehen die Felsen? Aus dem gleichen Material wie der Sand? Und ist der Sand lediglich zermahlenes Gestein? Warum ist der Himmel rosa? Woraus setzt sich die Luft zusammen? Welche Geschwindigkeiten erreicht der Wind? Gibt es Marsbeben? Welche Veränderungen erfahren Luftdruck und Landschaftsbild im Wechsel der Jahreszeiten?

All diese Fragen hat die Viking-Mission bündig oder zumindest einleuchtend beantwortet. Sie hat uns einen unerhört interessanten Mars enthüllt, vor allem, wenn man sich vergegenwärtigt, daß wir uns ganz bewußt für langweilige Landeplätze entschieden hatten. Von Kanalbauern freilich fand sich auf den Bildern so wenig eine Spur wie von den Luftwagen und Kurzschwertern, den Prinzessinnen, Kämpen und achtbeinigen Lasttieren der Barsoomianer, ja, nicht einmal Fußabdrücke, Kakteen oder Känguruhratten waren zu entdecken. So weit das Auge reichte, keine Spur von Leben.*

Möglicherweise gibt es große Lebewesen auf dem Mars, auch wenn wir an unseren beiden Landeplätzen keine entdeckt haben. Mindestens ebensogut könnte es freilich in den Felsen und Sandkörnern kleinere geben. Auf der ursprünglich gleichfalls von einer kohlendioxidreichen, ozonlosen und deshalb für ultraviolettes Licht durchlässigen Atmosphäre umgebenen Erde, deren nicht von Wasser bedeckte Regionen während des größten Teils ihrer Geschichte ziemlich ähnlich aussahen wie heute der Mars, traten große Landpflanzen und -tiere schließlich auch erst im letzten Zehntel der Geschichte auf, während es Mikroorganismen bereits drei Jahrmilliarden

* Einen Moment lang allerdings herrschte große Aufregung, als auf einem kleinen Felsen in Chryse eine vermeintliche Marsritzzeichnung zutage trat: der Großbuchstabe B, der sich bei genauerer Analyse allerdings als eine durch das Spiel von Licht und Schatten und das menschliche Talent, überall Bildhaftes hineinzudeuten, bewirkte optische Täuschung erwies. Es wäre ja auch höchst erstaunlich, wenn die Marsbewohner unabhängig von uns auf das lateinische Alphabet verfallen sein sollten. Einen flüchtigen Augenblick lang aber erlag ich doch dem Echo eines Wortes aus meiner Jugendzeit – Barsoom.

Morgendunst und Frost im stark verwitterten Gelände des Noctis Labyrinthus, des Labyrinths der Nacht. Viking-Orbiter-Aufnahme, m. frdl. Gen. d. NASA.

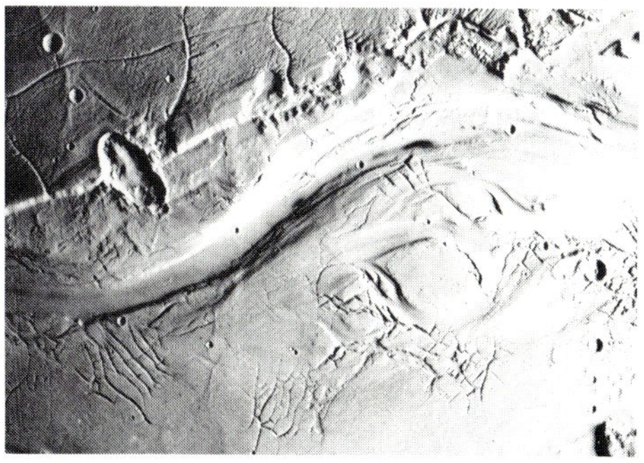

Ausschnitt aus dem Kasei Vallis, einem alten Flußtal auf dem Mars (Kasei ist die japanische Bezeichnung für Mars) mit Einschlagkratern am Grund des Flußbetts, die vom großen Alter des Tals zeugen. Offensichtlich fehlte es in der Frühgeschichte des Planeten nicht an flüssigem Oberflächenwasser. Zu diesem Zeitpunkt dürften demnach auch günstigere Lebensbedingungen geherrscht haben. Viking-Orbiter-Photo, m. frdl. Gen. d: NASA.

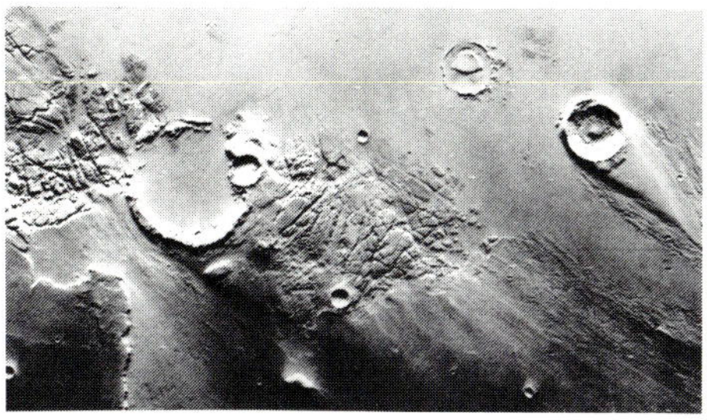

Kratergelände beim Chryse-Becken, das vor langer Zeit von Wasserströmen überflutet wurde. Nicht zuletzt deshalb wurde Chryse als Landeplatz für Viking 1 ausgewählt, aus Sicherheitsgründen dann aber wieder verworfen. M. frdl. Gen. d. NASA.

Viking-Landekapsel mit Wärmeschutzschild *(unten)* löst sich von der Trägerrakete und tritt von der Umlaufbahn in die dünne Marsatmosphäre ein. Tausende von Kilometern darunter der Mars mit deutlich sichtbarer Polkappe. Darstellung von Don Davis.

Viking-1-Landekapsel, noch immer mit Wärmeschutzschild, während sich der Fallschirm zu entfalten beginnt. Die von Don Davis vor der Landung angefertigte Darstellung zeigt noch den ursprünglich vorgesehenen Landeplatz in Chryse. Wie wir aus nach der Landung eingegangenen Daten inzwischen wissen, ist der Marshimmel nicht blau, sondern infolge feiner rostroter Schwefelteilchen eher gelblichrosa.

früher überall gegeben hatte. Und so müssen wir, wenn wir auf dem Mars nach Leben suchen, wohl auch in erster Linie nach Mikroben Ausschau halten.

Die Viking-Kapsel ist je nach dem angelegten Maßstab schlau wie eine Heuschrecke oder auch nur so intelligent wie eine Bakterie, was im übrigen nicht abträglich gemeint ist. Schließlich hat die Natur zur Entwicklung einer Bakterie Hunderte von Jahrmillionen und zu der einer Heuschrecke Jahrmilliarden gebraucht. Gemessen an unserer geringen Erfahrung auf diesem Gebiet haben wir es bereits recht weit gebracht. Viking hat, genau wie wir, zwei Augen, die jedoch im Gegensatz zu unseren auch im Infrarotbereich sehen; einen Sammelarm, der Steine wegschieben und Erdproben entnehmen und einholen kann; eine Art Finger, der, in die Luft gereckt, Windgeschwindigkeit und -richtung mißt; eine Nase und Geschmacksknospen, mit denen sie Spurenmoleküle wesentlich präziser wahrnimmt als wir; ein Innenohr, mit dem sie das Dröhnen von Marsbeben und das sanftere Rütteln des Raumfahrzeugs im Wind hören kann; und schließlich sogar eine Vorrichtung, um Mikroben aufzuspüren. Außerdem verfügt die Kapsel über eine eigene radioaktive Energiequelle und funkt sämtliche Informationen zur Erde, von wo sie auch ihre Anweisungen erhält, so daß wir ihr nach Begutachtung der übermittelten Resultate neue Aufträge erteilen können.

Welche Methode aber verspricht in Anbetracht der zwingenden Raum-, Kosten- und Energiebeschränkungen bei der Mikrobensuche auf dem Mars den besten Erfolg? Mikrobiologen können wir – zumindest fürs erste – nicht hinaufschicken. Einer meiner Freunde, der verstorbene Wolf Vishniac von der University of Rochester (New York), ein hervorragender Mikrobiologe, wurde Ende der fünfziger Jahre, als wir gerade damit begannen, die Suche nach Leben auf dem Mars ernsthaft in Angriff zu nehmen, auf einer wissenschaftlichen Tagung von einem Astronomen erstaunt gefragt, warum die Biologen noch kein einfaches und zuverlässiges automatisches »Mikroorganismensuchgerät« erfunden hätten, woraufhin er sich unverzüglich an die Arbeit machte.

Er entwickelte eine von seinen Freunden als Wolf-Falle bezeichnete Vorrichtung, ein kleines Gefäß mit organischer Nährlösung, die, auf dem Mars mit einer Bodenprobe vermischt, durch Veränderung der Flüssigkeitstrübung Aufschluß über das potentielle Wachstum von Marsbazillen (falls vorhanden) geben sollte. Zusammen mit drei weiteren mikrobiologischen Versuchsanlagen, von denen zwei die Marsmikroben gleichfalls mit Nahrung zu ködern trachteten, sollte die Wolf-Falle mit den Viking-Kapseln auf den Mars befördert werden. Voraussetzung für den Erfolg war eine gewisse Neigung der Marstierchen für flüssiges Wasser. Manche Biologen befürchteten denn auch, Vishniac könnte die kleinen Marsianer in seiner Falle glatt ersäufen. Ihr unbestreitbarer Vorzug aber lag darin, daß sie hinsichtlich der Nahrungsverwertung keinerlei Anforderungen an die Marsmikroben stellte. Sie brauchten nur zu wachsen. Alle anderen Experimente dagegen gingen von bestimmten Annahmen über die von besagten Mikroben abgegebenen oder aufgenommenen Gase aus – Annahmen, die naturgemäß nicht viel mehr als ein Ratespiel darstellten.

Die für das US-Planetenraumfahrtprogramm zuständige *National Aeronautics and Space Administration,* kurz NASA genannt, muß häufig unangekündigte Budgetkürzungen hinnehmen, wohingegen ihr nur höchst selten unerwartete Zuschüsse zuteil werden. Und da die wissenschaftlichen Unternehmungen der NASA bei der Regierung nur auf äußerst geringes Interesse stoßen, gehen Etatbeschneidungen meist zu Lasten der Wissenschaft. So wurde 1971 eins der vier mikrobiologischen Experimente gestrichen und die Wolf-Falle geopfert – für Vishniac, der zwölf Jahre seines Lebens auf ihre Entwicklung verwandt hatte, ein harter Schlag.

Viele andere hätten an seiner Stelle dem Viking-Biologenteam den Rücken gekehrt. Nicht so Vishniac, ein sanftmütiger Mann und besessener Forscher. Statt dessen beschloß er, der Suche nach Leben auf dem Mars auf der Erde zu dienen und seine Falle in einer möglichst marsähnlichen Umwelt zu erproben: in den Trockentälern der Antarktis. Diese waren zwar früher schon untersucht worden, wobei man nur wenige Mikroben entdeckt hatte, die nach damaliger Auffassung auch gar nicht hier beheimatet, sondern aus freundlicheren Regionen hierher verschlagen worden waren. Aufgrund der Marskrugexperimente jedoch mißtraute Vishniac diesen Ergebnissen. Er hielt das Leben für zäh und Mikroorganismen in der Antarktis durchaus für existenzfähig. Konnten in der Marserde Mikroben existieren, so gewiß erst recht in der alles in allem wärmeren, feuchteren, sauerstoffreicheren Antarktis mit ihrer geringeren ultravioletten Lichteinstrahlung. Und umgekehrt erhoffte sich Vishniac von der Entdeckung von Leben in den antarktischen Trockentälern erhöhte Chancen für den Nachweis von Leben auf dem Mars. Überdies war er überzeugt, daß vordem mit mangelhaften Methoden experimentiert worden war. Seiner Meinung nach waren die Nährlösungen wohl für die gemütliche Umwelt eines mikrobiologischen Universitätslabors, nicht aber für die aride Wüstenei am Pol geeignet.

So ließ er sich am 8. November mit seiner neuen mikrobiologischen Ausrüstung und einem Geologenkollegen von einem Hubschrauber von der McMurdo-Station in ein in der Nähe des Mount Balder gelegenes Trokkental in der Asgard Range bringen und pflanzte kleine mikrobiologische Versuchsstationen in den antarktischen Boden, um sie einen Monat später wieder einzusammeln. Sein Aufbruch zum Mount Balder am 10. Dezember 1973 wurde noch aus rund drei Kilometer Entfernung photographiert, dann sah ihn niemand mehr lebend wieder. 18 Stunden später wurde seine Leiche am Fuß einer Eisklippe gefunden. Er war in unerforschtes Gebiet vorgestoßen, offensichtlich auf dem Eis ausgerutscht und 150 Meter in die Tiefe gestürzt. Vielleicht hatte irgend etwas seine Aufmerksamkeit erregt, ein potentielles Mikrobenhabitat oder ein grünes Fleckchen, wo keines hätte sein dürfen. Wir werden es nie erfahren. Der letzte Eintrag in seinem kleinen braunen Notizbuch, das er an diesem Tag bei sich trug, lautet: »Station 202 eingesammelt. 10. Dezember 1973. 22.30^{h}. Bodentemperatur $-10°$. Lufttemperatur $-16°$« – ein typischer Marssommertag.

Viele von Vishniacs mikrobiologischen Stationen befinden sich noch heute in der Antarktis. Die eingeholten Proben jedoch wurden von seinen Berufskollegen und Freunden nach seinen eigenen Methoden untersucht, wobei man praktisch in jeder Stichprobe äußerst mannigfaltige Mikrobenbestände vorfand, die bei Anwendung konventioneller Methoden unentdeckt geblieben wären. Ja, seine Witwe Helen Simpson Vishniac fand sogar eine neue, allem Anschein nach auf die Antarktis beschränkte Hefeart. Als noch aufregender aber erwies sich der Fund von Imre Friedmann, der die großen, von dieser Antarktisexpedition stammenden Steine untersuchte und ein bis zwei Millimeter im Gestein auf eine faszinierende Mikrobiologie

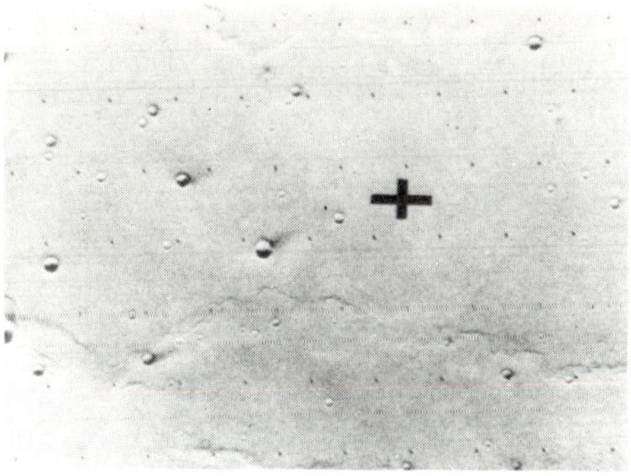

Landeplatz von Viking 1 im sanften Gelände von Chryse Planitia. Nach einem interplanetaren Flug von ein paar hundert Millionen Kilometern setzte die Kapsel nur wenige Kilometer vom angekreuzten Zielgebiet entfernt auf. M. frdl. Gen. d. NASA.

Simulation der Viking-Marslandung im kalifornischen Death Valley. Im letzten Abschnitt werden Bremsraketen gezündet. M. frdl. Gen. v. Bill Ray.

Der Mikrobiologe Wolf Vladimir Vishniac (1922–1973), aufgenommen in der Antarktis 1973. M. frdl. Gen. v. Zeddie Bowen.

Der Viking-1-Sammelarm holt Marsbodenproben für mikrobiologische Experimente ein *(links)* und hinterläßt dabei *(rechts)* eine flache Rinne. M. frdl. Gen. d. NASA.

stieß – Algen, die eine winzige Welt mit kleinen Mengen flüssigen Wassers besiedeln. Auf dem Mars wäre ein solcher Fundort sogar noch interessanter, da einerseits das für die Photosynthese unabdingbare sichtbare Licht bis in diese Tiefe eindringen könnte, das keimtötende ultraviolette Licht dagegen zumindest teilweise abgeschwächt wäre.

Da Weltraumflüge schon Jahre vor dem Start fest geplant werden, kamen die Ergebnisse von Vishniacs Antarktisexperimenten bei der Viking-Mission nicht mehr zur Anwendung, zumal er sich ja auch nicht mehr persönlich dafür einsetzen konnte. Ganz allgemein fanden die mikrobiologischen Experimente nicht bei den niedrigen Marsumwelttemperaturen statt und sahen meist auch keine langen Inkubationszeiten vor. Außerdem gingen sie samt und sonders von mehr oder minder festen Annahmen über die Stoffwechselvorgänge auf dem Mars aus, und im Gestein selbst nach Leben zu suchen war unmöglich.

Beide Landekapseln waren mit einem Greifer zum Einsammeln von Oberflächenmaterial ausgestattet, das sie langsam in ihr Inneres holten und auf kleinen, an einen Elektrozug erinnernden Selbstentladewagen zu fünf verschiedenen Experimenten beförderten; beim ersten wurde die anorganische chemische Bodenzusammensetzung untersucht, beim zweiten im Sand und Staub nach organischen Molekülen und bei den restlichen drei nach Mikroben geforscht. Bei der Suche nach Leben auf einem Planeten gehen wir naturgemäß von bestimmten Voraussetzungen aus. Zwar versuchen wir, uns das Leben tunlichst nicht wie bei uns auf der Erde vorzustellen, doch sind unserem guten Willen in diesem Punkt Grenzen gesetzt. Schließlich kennen wir nur das Leben auf unserem Planeten gründlich. Dementsprechend stellen die biologischen Experimente der Viking-Mission wohl erste Pionierversuche, jedoch keine definitive Methode, auf dem Mars nach Leben zu suchen, dar. Und ebenso quälend, ärgerlich, provozierend, anregend und, zumindest bis jetzt, im wesentlichen offen sind denn auch die Ergebnisse.

Jedes der drei mikrobiologischen Experimente sollte eine ganz bestimmte Frage klären, wobei alle diese Fragen um das Stoffwechselgeschehen auf dem Mars kreisten. Angenommen, es gäbe im Marsboden Mikroorganismen, so müßten sie Nahrung aufnehmen und Gase abgeben; oder Gase aus der Atmosphäre aufnehmen und sie, vielleicht mit Hilfe des Sonnenlichts, in brauchbare Stoffe umsetzen. Also bringen wir Nahrung auf den Mars in der Hoffnung, seine Bewohner, sofern vorhanden, möchten sich tüchtig bedienen. Dann schauen wir nach, ob interessante neue Gase aus dem Boden aufsteigen. Oder wir liefern unsererseits radioaktiv etikettierte Gase und warten ab, ob sie in organische Stoffe umgesetzt werden – was auf die Existenz kleiner Marsbewohner schließen ließe.

Nach den bereits vor dem Start aufgestellten Kriterien scheinen zwei der drei mikrobiologischen Experimente der Viking-Mission positive Ergebnisse erbracht zu haben. Das erste, bei dem Marserde mit einer sterilen organischen Suppe von der Erde vermischt wurde: denn irgend etwas in der Erde zersetzte die Suppe chemisch, fast als hätten sich atmende Mikroben mit Stoffwechsel über das irdische Freßpaket hergemacht. Und das zweite, bei dem Gase von der Erde in eine Marsbodenprobe eingeführt wurden: denn sie gingen mit der Erde eine chemische Verbindung ein, fast als hätten Mikroben durch Photosynthese die atmosphärischen Gase in organische Stoffe umgesetzt. Solch positive Resultate wurden bei sieben verschiedenen, an zwei 5000 Kilometer voneinander entfernten Punkten der Marsoberfläche entnommenen Proben erzielt.

Aber ganz so einfach liegen die Dinge nicht. Möglicherweise waren die Erfolgskriterien ungeeignet. Zwar gab man sich beim Aufbau der mikrobiologischen Experimente und ihrer Testung mit einer Vielzahl von Mikroben größte Mühe, zog aber die Einwirkung anorganischer Stoffe der Marsoberfläche kaum in Betracht. Doch der Mars ist nicht die Erde, und wie Percival Lowells Vermächtnis zeigt, kann uns unser Nachbarplanet nicht wenig narren. Vielleicht gibt es im Marsboden irgendwelche exotischen anorganischen Substanzen, die ohne Mitwirkung von Marsmikroben Nahrungsmittel zu oxidieren vermögen. Vielleicht gibt es im Boden einen besonderen anorganischen, nichtlebenden Katalysator, der atmosphärische Gase binden und in organische Moleküle umsetzen kann.

Jüngsten Experimenten zufolge scheint diese Möglichkeit nicht ausgeschlossen. Bei der Analyse der von Mariner 9 während des großen Staubsturms von 1971 mit dem Infrarotspektrometer auf dem Mars aufgenommenen Spektren stießen O. B. Toon, J. B. Pollack und ich auf bestimmte Eigenarten, die sich am ehesten mit Montmorillonit und anderen Tonerden erklären ließen. Spätere Beobachtungen der Viking-Landekapseln deuten in der Tat auf das Vorkommen vom Wind verwehter Tonarten auf dem Mars hin. Und tatsächlich ist es A. Banin und J. Rishpon gelungen, in Laborversuchen, bei denen sie den Marsboden durch solche Erden simulierten, die wichtigsten positiven oder »erfolgreichen« Ergebnisse der mikrobiologischen Viking-Experimente – d.h. die der Photosynthese und Atmung ähnlichen Vorgänge – zu wiederholen. Tone zeigen aufgrund ihrer komplexen aktiven Oberfläche die Neigung, Gase zu adsorbieren und freizusetzen, und dienen bei chemischen Reaktionen als Katalysator. Noch können wir nicht sagen, ob sich die Ergebnisse aller mikrobiologischen Viking-Experimente auf der Grundlage der anorganischen Chemie erklären lassen. Überraschen aber würde uns ein solches Ergebnis heute nicht mehr. Die Tonhypothese schließt zwar Leben auf dem Mars nicht aus, nötigt uns aber andererseits zu der Feststellung, daß kein zwingender Beweis für eine Mikrobiologie auf dem Roten Planeten vorliegt.

Dennoch sind Banins und Rishpons Resultate für die Biologie von großer Bedeutung: Sie zeigen, daß dort, wo es kein Leben gibt, eine Art Bodenchemismus einige der Leistungen vollbringen kann, die man bisher dem Leben vorbehalten glaubte. So könnten auch auf der Erde vor der Entstehung des Lebens im Boden ähnliche chemische Prozesse wie bei der Atmung und der Photosynthese stattgefunden haben. Außerdem dienen Montmorillonit-Tone bekanntlich als starke Katalysatoren beim Zusammenschluß von Aminosäuren zu langen, proteinähnlichen Kettenmolekülen. Demnach könnten die Tone der Urerde die Schmiede des Lebens gewesen sein und wir durch das Studium der chemischen Vorgänge auf dem Mars heute womöglich dem Ursprung und der Frühgeschichte des Lebens auf unserem Planeten auf die Spur kommen.

Die Oberfläche des Mars ist von Kratern durchlöchert, die allesamt nach einem Menschen, gewöhnlich nach einem Wissenschaftler, benannt sind. Krater Vishniac liegt, wie zu erwarten, in der Antarktis des Mars. Vishniac, der Leben auf dem Mars zwar nicht für notwendig, wohl aber für möglich hielt, maß der Klärung dieser Frage erstrangige Bedeutung bei. Denn im positiven Fall böte sich uns die einzigartige Gelegenheit zu überprüfen,

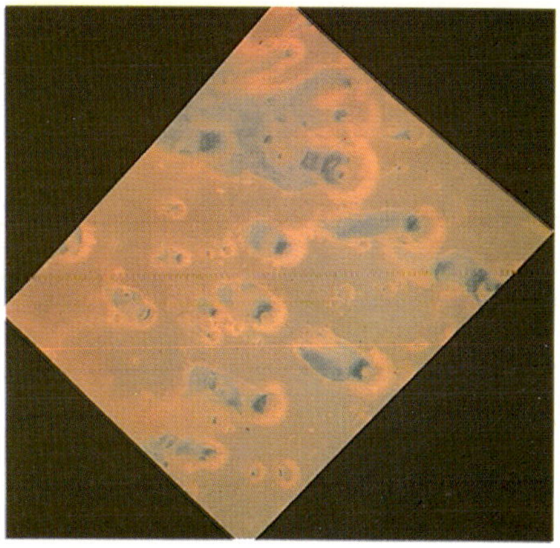

Vom Wind angewehter Sand und Staub auf der Leeseite von Einschlagkratern im Sinus Meridiani. M. frdl. Gen. d. NASA.

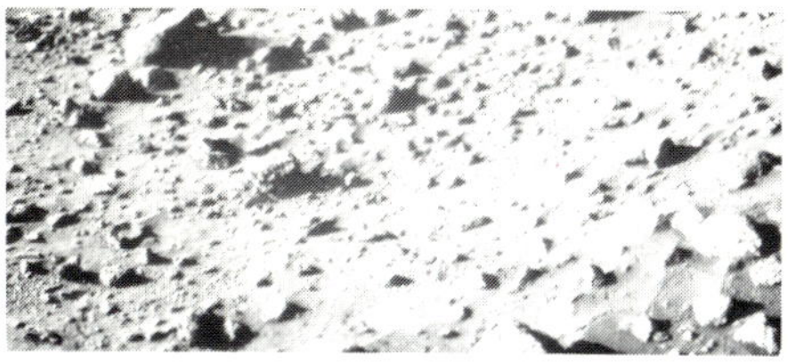

Vom Wind angewehter Sand und Staub auf der Leeseite kleiner Gesteinsbrocken am Viking-1-Landeort. M. frdl. Gen. d. NASA.

Der als »Big Joe« bekannte sandbedeckte Felsblock in Chryse. Hätte er sich direkt am Landeplatz befunden, wäre Viking 1 zerschellt. M. frdl. Gen. d. NASA.

wieweit die auf der Erde entstandene Form des Lebens Allgemeingültigkeit besitzt, und im negativen gälte es herauszufinden, warum es auf einem so erdähnlichen Planeten kein Leben gibt – zumal wir in diesem Fall, wie Vishniac betonte, über die klassische wissenschaftliche Gegenüberstellung von Experiment und Kontrolle verfügten.

Die Entdeckung, daß sich die Ergebnisse der mikrobiologischen Viking-Versuche durch Tone erklären lassen, also nicht notwendig auf Leben hindeuten, könnte zur Lösung eines anderen Rätsels beitragen: warum nämlich das Viking-Experiment in organischer Chemie keinerlei Hinweis auf organische Stoffe im Marsboden erbrachte. Denn wo wären, falls es Leben auf dem Mars gäbe, all die Kadaver geblieben? Beim chemischen Versuch aber fanden sich keine organischen Moleküle – weder Bausteine für Proteine und Kernsäuren noch einfache Kohlenwasserstoffe, nichts von alledem, woraus sich auf der Erde das Leben aufbaut. Das spricht insofern nicht notwendig gegen sein Vorhandensein auf dem Mars, als die (auf das Kohlenstoffatom als Vergleichsgröße bezogenen) tausendfach reagibleren mikrobiologischen Viking-Experimente im Marsboden aufgebaute organische Materie anzuzeigen schienen, aber viel Spielraum bleibt dennoch nicht. Während der Boden auf der Erde mit den organischen Überresten einst lebender Organismen überladen ist, finden sich im Marsboden weniger organische Stoffe als auf dem Mond. Um an der Lebenshypothese festhalten zu können, müßten wir annehmen, daß die Kadaver durch die chemisch reaktive, oxidierende Marsoberfläche zerstört worden wären – wie ein Mikroorganismus in einer Flasche Wasserstoffsuperoxid; oder daß für das Leben auf dem Mars die organische Chemie keine so zentrale Rolle spielt wie für das auf der Erde.

Diese Alternative aber scheint mir allzu spitzfindig: Ich selbst bin, auch wenn ich es nur ungern zugebe, ein Kohlenstoffchauvinist. Kohlenstoff kommt im ganzen Kosmos in Hülle und Fülle vor und bildet wunderbar komplexe, als Bausteine des Lebens geeignete Moleküle. Daneben aber bin ich auch ein Wasserchauvinist. Wasser ist für organische Stoffe ein ideales Lösemittel und bleibt in einem weiten Temperaturbereich flüssig. Manchmal aber frage ich mich doch, ob meine Vorliebe für diese beiden Stoffe nicht etwas mit der Tatsache zu tun hat, daß ich großenteils aus ihnen bestehe. Bauen wir etwa deshalb auf Kohlenstoff und Wasser auf, weil es diese Substanzen zum Zeitpunkt der Entstehung des Lebens auf der Erde so reichlich gab? Könnte sich das Leben an anderer Stelle – etwa auf dem Mars – aus anderen Elementen zusammensetzen?

Ich bin eine Ansammlung von Wasser, Kalzium und organischen Molekülen namens Carl Sagan. Sie, lieber Leser, sind eine Kollektion nahezu identischer Moleküle mit anderem Sammeletikett. Aber ist das schon alles? Sind wir nichts weiter als Moleküle? Mögen manche diese Idee als Herabsetzung der Menschenwürde empfinden, für mich hat sie etwas geradezu Erhebendes. Mich begeistert der Gedanke, daß in unserem Universum die Evolution so komplizierter, raffinierter Molekülmaschinen möglich ist, wie wir es sind.

Dennoch würde auch ich sagen, das Wesen des Lebens ist mit Atomen und einfachen Molekülen allein noch nicht eingefangen. Es liegt vielmehr in der Art und Weise ihrer Zusammensetzung. Hin und wieder können wir lesen, die Chemikalien, aus denen sich der menschliche Körper zusammensetzt, kosteten 97 Cent oder 10 Dollar oder dergleichen, und fühlen uns durch

Geringfügige, vielleicht durch den Wind verursachte Sandverschiebung am Fuß von »Big Joe«. M. frdl. Gen. d. NASA.

Viking-Landekapsel, bei einer Simulation im Death Valley in Kalifornien. Zwischen den beiden turmartigen Elementen mit den Fernsehkameras das Magazin mit dem noch nicht ausgefahrenen Sammelarm. M. frdl. Gen. v. Bill Ray.

diese geringe Bewertung unserer Leiblichkeit leicht gekränkt. Allerdings wird der Mensch bei diesen Schätzungen in seine simpelsten Komponenten zerlegt. Zum größten Teil bestehen wir aus Wasser, das fast nichts kostet; der Kohlenstoff wird nach den Kohlenpreisen, das Kalzium in unseren Knochen nach dem Kalkpreis berechnet; der Stickstoff in unseren Proteinen als Luft (ebenfalls billig) betrachtet; das Eisen in unserem Blut nach dem Preis rostiger Nägel veranschlagt. Nähmen wir nun aber all die Atome, aus denen wir bestehen, würfen sie in einen großen Topf und rührten tüchtig um (was wir, da wir es besser wissen, freilich nicht tun), so könnten wir so lange rühren, wie wir nur wollten – am Ende käme doch nur eine langweilige Atommixtur heraus, und etwas anderes hätten wir auch gar nicht erwartet.

Harold Morowitz hat eine andere Rechnung aufgemacht, nämlich, was es kosten würde, diejenigen *Molekular*bestandteile, die einen Menschen ausmachen, von chemischen Lieferfirmen zu beziehen und zusammensetzen zu lassen: rund zehn Millionen Dollar – eine Summe, die unser Selbstgefühl wieder etwas hebt. Doch auch diese Chemikalien können wir nicht einfach zusammenschütten und dem Gemisch einen Menschen entsteigen lassen. Diese Möglichkeit liegt wahrscheinlich noch auf unabsehbare Zeit jenseits unserer Fähigkeiten. Zum Glück gibt es billigere und doch höchst zuverlässige Methoden, Menschen zu machen.

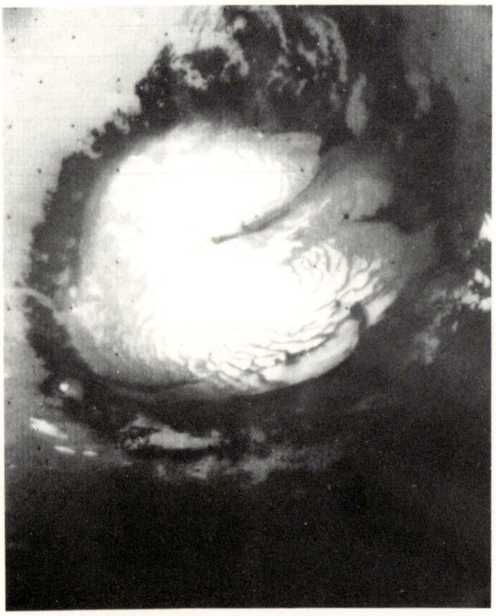

Die von dunklen Sanddünenfeldern umrahmte, überwiegend aus Wassereis bestehende Nordpolkappe des Mars. Um sie und die (hauptsächlich aus gefrorenem Kohlendioxid gebildete) Südpolkappe zum Abtauen abzudunkeln, müßte Material von der Erde auf den Mars befördert werden. Der umliegende Sand käme zwar wesentlich billiger, doch würde der Wind die Kappen wieder blankfegen. Mariner-9-Aufnahme, m. frdl. Gen. d. NASA.

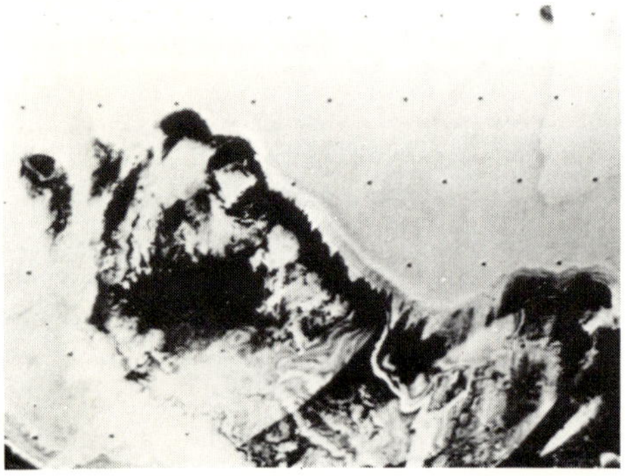

Gewaltige übereinandergeschichtete, in den Terrassen einen Kilometer hohe Eisklippen der Marsnordpolkappe. In regelmäßigen Abständen über die Aufnahme verteilt die dunklen Markierungspunkte des Mariner-9-Bildsystems. M. frdl. Gen. d. NASA.

Ich könnte mir vorstellen, daß die Lebensformen vieler anderer Welten im großen und ganzen aus denselben Atomen bestehen wie bei uns, vielleicht sogar aus denselben Grundmolekülen wie Proteinen und Kernsäuren, nur daß sie in einer uns ungewohnten Weise zusammengesetzt wären. Z. B. könnten uns Organismen, die in der dichten Atmosphäre ihrer Planeten schwimmen, in ihrem Atomhaushalt sehr ähnlich sein, wenn sie vielleicht auch kein Kalzium brauchten, da sie möglicherweise keine Knochen besäßen. Andernorts wiederum könnte ein anderes Lösemittel als Wasser üblich sein. Etwa Fluorwasserstoffsäure, obgleich im Kosmos nicht allzuviel Fluor vorkommt und Flußsäure der Art von Molekülen, aus denen wir bestehen, ziemlich zusetzt. Dafür aber läßt sie andere organische Moleküle, z. B. Paraffine, völlig unangetastet. Ein noch besseres Lösemittel wäre das im Kosmos ebenfalls sehr reichlich vorhandene Ammoniak, das allerdings nur auf viel kälteren Welten als der Erde oder dem Mars flüssig vorkommt. Normalerweise tritt Ammoniak auf der Erde – wie das Wasser auf der Venus – gasförmig auf. Möglicherweise aber gibt es sogar Lebewesen ohne Lösemittel, gewissermaßen Leben im festen Zustand, bei dem an die Stelle von Botenmolekülen elektrische Signale treten.

Doch all diese Überlegungen können nicht darüber hinwegtäuschen, daß die Experimente der Viking-Landekapsel den Beweis für Leben auf dem Mars schuldig geblieben sind. Gäbe es nämlich auf dieser doch sehr erdähnlichen Welt mit ihrem Kohlenstoff- und Wasserreichtum Leben, so höchstwahrscheinlich auf der Grundlage der organischen Chemie. Die diesbezüglichen Viking-Versuche aber ließen Ende der siebziger Jahre in den feinen Partikeln von Chryse und Utopia kein Leben erkennen – ein Ergebnis, dem auch Bildauswertung und mikrobiologische Resultate nicht widersprechen. Möglich, daß es sich (wie in den Trockentälern der Antarktis) einige Millimeter unter der Oberfläche in Gesteinen oder andernorts auf dem Planeten findet oder in früheren, milderen Zeiten fand. Nicht jedoch an den von uns untersuchten Punkten zu der von uns gewählten Zeit. Die Erforschung des Mars durch die Viking-Mission stellt einen bedeutenden Schritt dar: Erstmals in der Geschichte wurde ernstlich nach einer anderen Art von Leben gesucht; erstmals funktionierte ein Raumfahrzeug auf einem anderen Planeten über eine Stunde (Viking 1 sogar jahrelang); und außerdem haben die zur Erde übermittelten Daten unsere Einsicht in Geologie, Seismologie, Mineralogie, Meteorologie und ein Halbdutzend weitere Wissenszweige von einer anderen Welt erheblich vertieft. Wie sollen wir nun an diese spektakuläre Leistung anknüpfen, was als nächstes unternehmen?

Manche Wissenschaftler schlagen vor, einen Roboter auf dem Mars Bodenproben einsammeln und zur Erde zurückbringen zu lassen, wo sie in den großen, bestens ausgerüsteten Labors viel eingehender untersucht werden könnten als in den Miniaturlaboratorien, die wir zum Mars hinaufschicken können. Auf diese Weise ließen sich vermutlich die meisten Doppeldeutigkeiten der mikrobiologischen Viking-Experimente klären; Chemismus und Mineralogie des Marsbodens bestimmen; Felsbrocken aufbrechen, so daß man unter der Oberfläche nach Leben suchen kann. Zudem könnten unter immer neuen Versuchsbedingungen Hunderte von Tests, darunter direkte mikroskopische Untersuchungen, durchgeführt und damit u. U. eine organische Chemie und Leben nachgewiesen werden. Sogar Vishniacs Techniken könnten Anwendung finden. Ein solches Unternehmen käme zwar reichlich teuer, läge aber wahrscheinlich im Bereich unserer technischen Möglichkeiten.

Allerdings wäre damit auch eine ganz neuartige Gefahr verbunden: die der Verseuchung aus dem All. Denn wenn wir auf der Erde Marsbodenproben auf Mikroben untersuchen wollten, dürften wir diese Proben zuvor natürlich nicht sterilisieren. Schließlich wäre es ja das Ziel der Expedition, die Mikroorganismen lebend mitzubringen. Was aber dann? Immerhin könnten Marsmikroben für die Erde ein allgemeines Gesundheitsrisiko bedeuten. H. G. Wells' und Orson Welles' Marsbewohner merkten in ihrem Eifer, Bournemouth und Jersey City in ihre Gewalt zu bringen, auch erst viel zu spät, daß ihre Abwehrkräfte gegen die Erdmikroben versagten. Wäre nicht auch der umgekehrte Fall denkbar? Eine ernstzunehmende und schwierige Frage. Möglich, daß es gar keine Mikromarsbewohner gibt. Vielleicht sind sie so beschaffen, daß wir sie kiloweise vertilgen könnten, ohne Schaden zu nehmen. Aber wir wissen es nicht und gehen daher ein großes Risiko ein. Auf alle Fälle müßten wir, um unsterilisierte Marsproben zur Erde zu bringen, über idiotensichere Verschlußverfahren verfügen. Immerhin haben manche Nationen bakteriologische Waffen entwickelt und gelagert, und meines Wissens ist es bisher nur gelegentlich zu Unfällen, nicht aber zu einer globalen Verseuchung gekommen. Möglicherweise könnten also auch Marsproben gefahrlos zur Erde gebracht werden. Ich für meinen Teil würde unbedingt auf Nummer Sicher gehen, ehe ich ein solches Unternehmen in Betracht zöge.

Außerdem gibt es noch einen anderen Weg, den Mars zu erforschen und in den vollen Genuß all der Freuden und Entdeckungen zu kommen, die dieser fremdartige Planet für uns bereithält. Über der Arbeit mit dem Viking-Bildmaterial konnte ich ein Gefühl nicht loswerden: das der Frustration über unsere Unbeweglichkeit. Unablässig bedrängte ich die Landekapsel unbewußt, sich doch wenigstens auf die Zehenspitzen zu erheben, als ob dieses kraft Planung unbewegliche Labor sich aus purem Starrsinn weigerte, auch nur einen kleinen Hopser zu machen. Wie gern hätten wir den Greifarm zu jener Düne dirigiert, unter diesem Stein nach Leben gesucht und nachgeschaut, ob der Höhenrücken in der Ferne ein Kraterwall ist. Zudem wußte ich, daß gar nicht so weit entfernt im Südosten die vier gewundenen Rinnen Chryses liegen. Quälend und provozierend zugleich, und dabei kannte ich an die hundert noch weit interessanterer Plätze auf dem Mars.

Für solche Wünsche gäbe es ein ideales Hilfsmittel: einen Marsrover, der die Experimente, die chemischen und biologischen, fortsetzen und eine Unzahl weiterer Aufnahmen machen könnte. Die NASA entwickelt solche Fahrzeuge. Sie können selbsttätig Felsen überwinden, Schluchten umfahren und sich aus Engpässen herausmanövrieren. Und wir könnten sie auf den Mars schießen, damit sie ihre Umgebung analysieren, die interessantesten Stellen in ihrem Gesichtsfeld ermitteln und tags darauf um dieselbe Zeit dann erforschen. So könnten sie Tag um Tag von Ort zu Ort weiterfahren und die abwechslungsreiche Topographie dieses reizvollen Planeten auf einer vielfältig verschlungenen Route erkunden.

Eine solche Mission würde eine äußerst reiche wissenschaftliche Ausbeute bringen, selbst wenn es kein Leben auf dem Mars gäbe. Wir könnten die alten Flußtäler hinunter und die Hänge eines der großen Vulkangebirge hinauffahren, den seltsamen Stufenterrassen im Polareis folgen und zu den

Bislang ungedeutetes Linienmuster auf dem Tharsis-Plateau. Mariner-9-Photo, m. frdl. Gen. d. NASA.

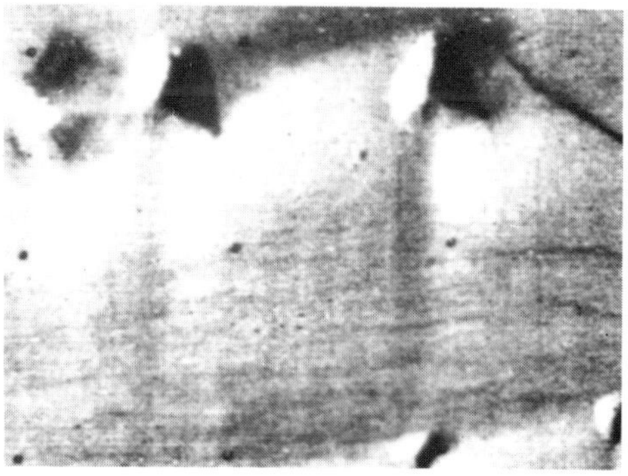

Die Pyramiden von Elysium. Mariner-9-Aufnahme, m. frdl. Gen. d. NASA.

Bilder aus einer anderen Welt: verstreute Steinbrocken und sanft gewellte Sanddünen am Viking-2-Landeplatz in Chryse. M. frdl. Gen. d. NASA.

Viking-Fernaufnahme der Marssichel mit einem Krater in der Nordpolkappe und orogenetischen Wolken auf der Leeseite des großen Marsvulkans Olympus Mons. M. frdl. Gen. d. NASA.

verlockenden Pyramiden rollen.* Eine solche Mission wäre für die Öffentlichkeit von erheblichem Interesse. Täglich lieferte uns das Fernsehen neue Bilder ins Haus. Wir könnten die Route verfolgen, über die Entdeckungen nachdenken, neue Zielorte vorschlagen. So könnte die Reise des von der Erde aus ferngesteuerten Fahrzeugs lange weitergehen. Wir hätten genügend Zeit, in den Plan neue Ideen einzubauen. Und eine Milliarde Menschen könnten die Erforschung einer anderen Welt miterleben.

Die Oberfläche des Mars ist genauso groß wie die Landfläche der Erde. Sie wirklich kennenzulernen, wäre also eine Aufgabe von Jahrhunderten. Dennoch käme einmal der Zeitpunkt, da der Planet von A–Z erforscht, aus der Luft von ferngesteuerten Raumkapseln vermessen und kartographiert, seine Oberfläche von Rovern durchkämmt, Proben aller Art sicher zur Erde spediert und Hunderte von Menschen über Marssand gegangen wären. Was dann? Was sollen wir dann mit dem Mars anfangen?

Angesichts des Mißbrauchs, den wir Menschen in so vielerlei Hinsicht mit unserer Erde treiben, läuft es mir allein bei der Formulierung dieser Frage kalt über den Rücken. Und deshalb möchte ich, falls es Leben auf dem Mars gibt, dafür plädieren, ihn den Marsbewohnern zu überlassen, auch wenn es nur Mikroben sind. Eine eigenständige Biologie auf einem nahen Planeten wäre für uns eine unschätzbare Bereicherung, und die Erhaltung dieses Lebens verdiente Vorrang vor jeder anderen möglichen Verwendung unseres Schwesterplaneten. Gesetzt den Fall jedoch, es fände sich kein Leben, so käme Mars als Rohstofflieferant wohl kaum in Frage: Die Fracht zur Erde wäre auf Jahrhunderte hinaus zu kostspielig. Aber vielleicht könnten wir uns selber auf ihm ansiedeln und ihn auf die eine oder andere Weise bewohnbar machen?

Eine liebliche Welt, gewiß, die aber für unseren beschränkten Horizont viele Nachteile birgt, vor allem den Mangel an flüssigem Wasser und die starke Ultraviolettstrahlung. (Die niedrigen Temperaturen stellen, wie die ganzjährig besetzten Forschungsstationen in der Antarktis beweisen, kein unüberwindliches Hindernis dar.) All diese Probleme ließen sich mit einem Schlag lösen, wenn es uns gelänge, mehr Luft zu erzeugen. Denn bei größerem Luftdruck gäbe es fließendes Wasser, bei mehr Sauerstoff könnten wir die Luft atmen, und das Ozon würde die Oberfläche gegen die Ultraviolettstrahlung der Sonne abschirmen. Die gewundenen Flußbetten, die polaren Eiskappen und anderes mehr deuten darauf hin, daß Mars einst eine solch dichtere Atmosphäre besaß. Es ist aber unwahrscheinlich, daß sich diese Gase verflüchtigt haben sollten – sie dürften vielmehr noch irgendwo auf dem Planeten zu finden sein. Manche sind wohl eine chemische Verbindung mit dem Oberflächengestein eingegangen, andere haben sich im Bodeneis versteckt, die meisten aber dürften sich in den Eiskappen an den Polen finden.

Um diese Kappen zum Verdunsten zu bringen, müßten wir sie erwärmen; vielleicht könnten wir sie zu diesem Zweck mit dunklem Staub überpudern und so durch Absorption von mehr Sonnenlicht aufheizen (das Gegenteil von dem, was wir der Erde durch Abholzung der Wälder und Zerstörung

* Die größten Marspyramiden weisen einen Basisdurchmesser von 3 km und eine Höhe von 1 km auf, sind also wesentlich größer als die Pyramiden Sumers, Ägyptens und Mexikos. Dem alten, verwitterten Aussehen nach könnte es sich zwar auch nur um kleine, jahrhundertelang mit einer Art Sandstrahlgebläse bearbeitete Berge handeln, doch lohnt es unbedingt, sie aus der Nähe zu begutachten.

Das erste Bild der Marsoberfläche, das am 20. Juli 1976 zur Erde gefunkt wurde. Rechts Teil des sicher auf dem Marsboden stehenden Landebeins 2. Ein anderes Bein war, wie sich später zeigte, in den Sand eingesunken. Der blasige Stein in der Bildmitte weist einen Durchmesser von rund zehn Zentimetern auf.

Utopia, von Viking 2 aufgenommen. Links im Bild der Sammelarm, der während des Flugs in der rechts am Boden liegenden Metallhülse steckte. An keinem der beiden Viking-Landeplätze wurden irgendwelche Spuren lebender Organismen oder auf intelligente Lebewesen hindeutende Artefakte gefunden.

Drei verschiedene Örtlichkeiten im Sonnensystem: *Links* Chryse auf dem Mars. *Rechts oben:* Hangausschnitt vom Mauna Kea auf Hawaii. *Rechts unten:* vereister Marsboden in Utopia. Wie man sieht, sind sich Mars und Erde recht ähnlich. M. frdl. Gen. d. NASA und von Richard Wells.

der Grasländer angedeihen lassen). Der Transport des Staubs von der Erde zum Mars würde allerdings in Anbetracht der riesigen Ausdehnung der beiden Kappen 1200 Saturn-5-Trägerraketen erfordern, und außerdem bestünde die Gefahr, daß die Winde den Staub von den Polkappen wegfegten. Weitaus empfehlenswerter wäre, sich irgendeinen dunklen Stoff einfallen zu lassen, der imstande wäre, sich selbst zu kopieren, eine kleine schwärzliche Maschine, die wir auf den Mars schießen und die sich dort droben unverzüglich daran machen könnte, sich mit Hilfe der überall auf den Polkappen vorhandenen Substanzen zu reproduzieren. Tatsächlich gibt es solche Maschinen: die Pflanzen, wie wir sie nennen. Manche sind sehr hart und widerstandsfähig, und einige könnten sogar, wie wir von den Mikroben her wissen, auf dem Mars überleben. Unsere Aufgabe wäre es also, künstliche Zuchtwahl zu treiben und durch genetische Eingriffe dunkle Pflanzen zu züchten – vielleicht Flechten –, die den weit härteren Umweltbedingungen auf dem Mars gewachsen wären. Gelänge uns das, könnten wir sie auf den weiten Eisflächen der Marspolkappen aussäen, damit sie sich dort ansiedelten und ausbreiteten, das Eis dunkel färbten, Sonnenlicht absorbierten, das Eis erwärmten und so schließlich die alte Marsatmo-

sphäre aus langer Gefangenschaft befreiten. Mehr noch, wir könnten uns sogar einen auf den Mars verpflanzten Johnny Appleseed vorstellen, der, gleichviel, ob Roboter oder Mensch, durch die polaren Eiswüsten zöge und hier etwas unternähme, was künftigen Menschengenerationen zugute käme.

Ein solches Konzept nennt man Terraforming: die Umwandlung einer fremdartigen Landschaft in einen für den Menschen geeigneteren Ort. Hält man sich jedoch vor Augen, daß die Menschen durch Treibhauseffekt und Veränderung der Albedo die Erdtemperatur im Laufe von Jahrtausenden lediglich um 1° verschieben konnten (wozu bei unserem gegenwärtigen Verbrauch an fossilen Brennstoffen und der Zerstörungsrate von Wäldern und Grasland allerdings in nur 1–2 Jahrhunderten ein weiterer Grad

Furchen, die die Suche nach Leben im Marsboden von Chryse hinterließ *(oben)*. Nahaufnahme einer solchen Furche im Sandrelief *(unten)*. In kleinstem Maßstab haben wir also bereits begonnen, die Oberfläche einer anderen Welt umzugestalten. M. frdl. Gen. d. NASA.

Vom Viking-2-Sammelarm aufgenommene Bodenproben (Sand und Steinchen) in der Zufuhrvorrichtung (unscharf, untere Bildmitte) zum Röntgenstrahl-Fluoreszenzspektrometer, wo sie auf ihre anorganischen Bestandteile untersucht werden sollen. Daneben Zuleitung zu den organisch-chemischen und mikrobiologischen Experimenten. M. frdl. Gen. d. NASA.

Zwei Prototypen des künftigen Mars-Geländefahrzeugs: *Oben* eine im Rensselaer Polytechnic Institute konstruierte, klug durchdachte, allen Hindernissen selbständig ausweichende Maschine, *unten* eine auf Raupen montierte Viking-Landekapsel. Der künftige Marsrover dürfte Elemente beider Modelle einschließen. M. frdl. Gen. von Bill Ray.

kommt), dürfte eine nennenswerte Umgestaltung des Mars Hunderttausende von Jahren beanspruchen. In künftigen Zeiten mit weit fortgeschrittener Technik aber würden wir uns wohl kaum damit begnügen, den Luftdruck zu erhöhen und die Voraussetzungen für das Vorkommen flüssigen Wassers zu schaffen, sondern dieses dann auch von den schmelzenden Polkappen zu den wärmeren Äquatorregionen leiten wollen, wozu wir offensichtlich Kanäle bauen müßten.

Wir würden das Schmelzwasser des Oberflächen- und Bodeneises durch ein ausgedehntes Kanalnetz leiten – also genau das tun, was Percival Lowell vor knapp hundert Jahren auf dem Mars zu sehen vermeinte. Lowell und Wallace begriffen beide, daß Wassermangel die Schuld am verhältnismäßig unwirtlichen Charakter des Mars trägt, doch Lowell ging einen Schritt weiter und postulierte das Kanalnetz und damit die Bewohnbarkeit des Mars. Seine Beobachtungen kamen unter überaus schwierigen Sichtverhältnissen zustande, und außerdem hatten schon andere vor ihm kanalähnliche Erscheinungen beobachtet, so Schiaparelli, dessen Begriff *canali* bereits existierte, als Lowells lebenslange Liebesgeschichte mit dem Mars begann. Doch für Lowell konnten die *canali* nur Kanäle sein, denn wo unsere Gefühle ins Spiel kommen, sind wir wahre Meister der Selbsttäuschung, und nur wenig vermag unser Gefühl so zu erregen wie die Vorstellung eines von intelligenten Wesen bewohnten Nachbarplaneten.

Dennoch könnte Lowells bestechende Idee schließlich noch in Erfüllung gehen und selbst seine Behauptung, das Kanalnetz sei von Marsbewohnern erbaut, prophetische Züge annehmen. Denn sollte der Planet je erschlossen werden, so nur von dauerhaft auf ihm angesiedelten Menschen. Die Marsbewohner der Zukunft wären demnach also wir.

Der Große Rote Fleck des Jupiter, ein riesiges, 40000 Kilometer langes und 11000 Kilometer breites Sturmsystem, 1664 erstmals von Robert Hooke beobachtet und später von Christiaan Huygens bestätigt, rotiert in sechs Erdentagen einmal um die eigene Achse. Das weiße Oval rechts unten dreht sich im Gegensinn. Links oben Wolken, die den Roten Fleck von rechts nach links überholen. Der Grund für die Rotfärbung ist unbekannt, ebenso, warum es nur einen Roten Fleck von dieser Größe gibt. Voyager- 2-Aufnahme, m. frdl. Gen. d. NASA.

6. Kapitel
Reiseberichte

Gibt es viele Welten, oder gibt es deren nur eine einzige?
Dies ist eine der edelsten und erhabensten Fragen beim Studium der Natur.

Albertus Magnus, 13. Jahrhundert

In den ersten Weltzeitaltern hielten sich die Inselbewohner
für die einzigen Erdenbürger oder konnten sich doch jedenfalls nicht vorstellen,
wie sie, wenn anders es deren noch weitere gäbe,
über das tiefe und breite Meer hinweg jemals Verbindung zu ihnen aufnehmen sollten.
Spätere Zeiten jedoch verfielen auf den Bau von Schiffen ...
Und so mag dereinst auch ein Beförderungsmittel zum Mond erfunden werden ...
Zwar haben wir derzeit keinen Drake oder Kolumbus, die Reise zu wagen, noch einen Dädalus,
um ein Transportmittel durch die Lüfte zu ersinnen.
Dennoch aber zweifle ich nicht daran, daß die ewigwährende Mutter neuer Wahrheiten,
die Zeit, die uns schon so viel enthüllte,
was unseren Vorfahren noch verborgen, auch unseren Nachkommen offenbaren wird,
was wir gern wüßten, aber nicht in Erfahrung bringen können.

John Wilkins, *The Discovery of a World in the Moone*, 1638

Wir mögen aufsteigen von dieser beschränkten Erde und,
von oben auf sie herabblickend, bedenken, ob die Natur all ihre Pracht
und Herrlichkeit nur auf dieses Häufchen Dreck verschwendet hat.
So werden wir, wie Reisende, die in anderen, fernen Ländern weilen,
ein besseres Urteil über die Vorgänge zu Hause gewinnen und ein jeglich Ding
nach seinem wahren Wert schätzen.
Das, was die Welt groß nennt, werden wir weniger bewundern und all die Nichtigkeiten,
an die die Mehrzahl der Menschen ihr Herz hängt,
edel verachten, wenn wir wissen, daß es eine Vielzahl bewohnter
und ebenso gut ausgestatteter Welten wie die unsere gibt.

Christiaan Huygens, *Die Entdeckung der Himmlischen Welten*, um 1690

Voyager-Raumsonde im Jet Propulsion Laboratory. Auf dem Ausleger links befinden sich die nuklearen Triebwerke, drei kleine Plutoniumkraftwerke, im sechseckigen Elektronikblock in der Mitte die Bordcomputer. Bei der am Block anmontierten Scheibe handelt es sich um die goldbeschichtete Bild-Ton-Platte mit der Botschaft unserer Erde an eventuelle außerirdische Zivilisationen (Kapitel 11). Der Ausleger rechts trägt die Instrumentenplattform mit verschiedenen planetenorientierten Instrumenten, darunter einer Kamera für Nahaufnahmen unten rechts. M. frdl. Gen. d. NASA.

Die Zeit ist gekommen, in der die Menschen das Raummeer zu befahren beginnen. Die modernen Schiffe, die auf den Keplerschen Bahnen zu den Planeten segeln, sind unbemannt – schnittig gebaute, intelligent funktionierende Automaten, ausgeschickt, unbekannte Welten zu erkunden. Gesteuert werden die Reisen in den äußeren Bereich des Sonnensystems von einem Ort auf dem Planeten Erde, dem *Jet Propulsion Laboratory* (JPL) der *National Aeronautics and Space Administration* (NASA) in Pasadena, Kalifornien.

Nach fast zweijähriger Reise durch den interplanetaren Raum traf die Raumsonde Voyager 2 am 9. Juli 1979 auf das Jupitersystem. Das aus Millionen Einzelteilen zusammengesetzte, samt allen Ersatzteilen 0,9 Tonnen wiegende, gut wohnzimmergroße Schiff ist, da es durch seinen Auftrag so weit von der Sonne weggeführt wird, daß es nicht mehr, wie andere Sonden, mit Sonnenenergie angetrieben werden kann, zusätzlich mit einem kleinen Kernkraftwerk bestückt, das aus dem radioaktiven Zerfall eines Plutoniumkügelchens Hunderte von Watt gewinnt. Im Mittelteil des Raumschiffs sind drei Computer und der größte Teil der »Hausmeistergeräte«, so z.B. das Temperaturkontrollsystem, eingebaut. Die Befehle nimmt die Raumsonde von der Erde entgegen, wohin sie auch ihre Entdeckungen mittels einer Antenne von 3,70 m Durchmesser weitergibt. Die meisten wissenschaftlichen Instrumente befinden sich auf einer Instrumentenplattform, von der aus sie Jupiter oder einen seiner Monde im Vorbeisausen abtasten können. Unter den zahlreichen Instrumenten finden sich Ultraviolett- und Infrarotspektrometer, Apparaturen zur Messung geladener Teilchen sowie der Magnetfelder und der Radioemission des Planeten. Die reichhaltigste Ausbeute aber erbrachten bislang die beiden Fernsehkameras, die Zehntausende von Aufnahmen von den Planeteninseln des äußeren Sonnensystems machen sollen.

Jupiter ist von einer unsichtbaren, sehr gefährlichen Hülle äußerst energiereicher geladener Teilchen eingeschlossen, deren Randbezirk die Sonde durchfliegen mußte, um den Planeten und seine Monde aus der Nähe untersuchen und ihre Reise zum Saturn und darüber hinaus fortsetzen zu können. Dieser Strahlengürtel konnte die hochempfindlichen Instrumente natürlich beschädigen und die Elektronik verglühen lassen. Außerdem zieht sich, wie Voyager 1 vier Monate zuvor entdeckt hatte, um den Planeten ein Ring fester Trümmer, den Voyager 2 gleichfalls zu durchqueren hatte. Allein der Zusammenprall mit einem kleinen Steinbrocken aber hätte bereits genügt, das Raumschiff in wildes Schlingern zu versetzen, so daß sich seine Antenne womöglich nicht mehr zur Erde orientiert hätte und all die gesammelten Daten für immer verloren gewesen wären. Kein Wunder, daß in der Bodenstation kurz vor diesem Abschnitt der Reise große Nervosität und Unruhe herrschte. Und in der Tat gab es gelegentlich Alarm, trat ab und an ein Notfall ein. Doch mit vereinter Intelligenz gelang es den Menschen auf der Erde und dem Automaten im Weltraum, Unheil zu umschiffen.

Kontrollzentrum im Jet Propulsion Laboratory der NASA.

Die am 20. August 1977 abgeschossene Sonde flog im Bogen an der Marsumlaufbahn vorbei, durchquerte den Asteroidengürtel zum Jupitersystem, schlängelte sich zwischen dem Planeten und seinen etwa 14 Monden durch und steuerte anschließend in beschleunigtem Tempo auf Saturn zu, durch dessen Schwerkraft sie dann zum Uranus weiterbefördert werden, darauf Neptun passieren und schließlich vom Sonnensystem in den interstellaren Raum überwechseln soll, um auf ewig den großen Ozean zwischen den Sternen zu durchstreifen.

Diese Forschungs- und Entdeckungsreisen sind die bisher letzten Beispiele einer langen, die Menschheitsgeschichte kenn- und auszeichnenden Reihe von Unternehmungen ähnlicher Art. Aber brauchte der Reisende im 15. und 16. Jahrhundert ein paar Tage von Spanien zu den Azoren, so genügt uns heute dieselbe Zeit für die Reise von der Erde zum Mond; benötigte er damals einige Monate zur Überquerung des Atlantiks, um in der damaligen Neuen Welt, Amerika, an Land zu gehen, so reicht uns diese Spanne zur Überschreitung des Ozeans des inneren Sonnensystems und zur Landung auf den Planeten Mars oder Venus, unserer heutigen Neuen Welt. Brauchte er im 17. und 18. Jahrhundert ein bis zwei Jahre von Holland nach China, so fliegt die Voyager-Raumsonde heute in diesem Zeitraum von der Erde bis zum Jupiter.* Was die Kosten dieser Unternehmungen angeht, so lagen sie, auf den Jahreshaushalt der Staaten umgeschlagen, damals etwas höher als heute, in beiden Fällen jedoch unter ein Prozent des jeweiligen Bruttosozialprodukts. Und wie damals, bauen wir auch heute unsere Reisen aus, so daß unsere gegenwärtigen Raumschiffe mit ihrer Roboterbesatzung nur Vorboten, nur die Vorhut künftiger Expeditionen der Menschen zu den Planeten darstellen.

In der Zeit vom 15. bis zum 17. Jahrhundert vollzog sich in unserer Geschichte ein einschneidender Wandel. Damals setzte sich die Erkenntnis durch, daß wir uns getrost in alle Teile unseres Planeten vorwagen könnten, woraufhin auch gleich ein halbes Dutzend europäischer Nationen Segelschiffe auf alle Weltmeere entsandte. Beweggründe für solche Reisen gab es genug: Ehrgeiz, Habsucht, Nationalstolz, religiösen Fanatismus, Begnadigungen, wissenschaftliche Neugier, Abenteuerlust und Arbeitslosigkeit in der Estremadura. Gebracht haben diese Reisen Böses wie Gutes, unter

* Oder, um einen anderen Vergleich zu ziehen: In derselben Zeit, in der ein befruchtetes Ei vom Eileiter in die Gebärmutter wandert, flog Apollo 11 von der Erde zum Mond; in der Spanne, in der sich aus diesem Ei das Kind bis zur Geburt entwickelt, bewältigte Viking die Strecke zum Mars. Die normale menschliche Lebensdauer übertrifft allerdings die Zeit, die Voyager benötigt, um Plutos Umlaufbahn hinter sich zu lassen.

Der Hafen von Middelburg in Holland zu Beginn des 17. Jahrhunderts. Gemälde von Adriaen van de Venne. M. frdl. Gen. d. Reichsmuseums in Amsterdam.

Atlas, den sternenübersäten Himmel auf den Schultern tragend, vom Rathaus in Amsterdam. M. frdl. Gen. v. Bill Ray.

dem Strich aber vor allem eins: Sie haben die Erde fester zusammengeschlossen, den Provinzialismus abgebaut, der Menschheit einheitlichere Züge verliehen und unsere Welt- und Menschenkenntnis erheblich erweitert.

Sinnbild der Zeit der großen Forschungs- und Entdeckungsreisen mit dem Segelschiff ist die Republik der Vereinigten Niederlande im 17. Jahrhundert, die sich kurz zuvor vom mächtigen spanischen Reich losgesagt und mit größerem Eifer die Ideen der Aufklärung vertreten hatte als irgendein anderes Land in Europa. Da ihr aber der Zugang zu spanischen Häfen und Schiffen hinfort verwehrt war, mußte sich die ausgesprochen vernunft- und ordnungsliebende, schöpferische Gesellschaft der Niederlande zur Sicherung des wirtschaftlichen Überlebens ihrer winzigen Republik an den Aufbau einer eigenen großen Handelsflotte machen und sie auf alle Weltmeere hinausschicken.

So entsandte die Holländisch-Ostindische Kompanie, ein Gemeinschaftsunternehmen von Privatkapital und Regierung, Schiffe in die fernsten Erdteile, um seltene Waren einzuhandeln und in Europa gewinnbringend zu verkaufen. Von solchen Reisen lebte die Republik. Navigations- und Landkarten wurden als Staatsgeheimnisse behandelt, und oft gingen Schiffe mit versiegelten Befehlen in See. Überall auf dem Planeten waren Holländer anzutreffen – Beweis: die Barentssee im Nordpolarmeer und Tasmanien, die nach holländischen Kapitänen benannt sind. Doch trotz aller wirtschaftlichen Interessen wurden diese Expeditionen nicht nur aus Handelsgründen, sondern auch aus wissenschaftlicher Abenteuerlust und aus Entdeckerdrang, aus Neugierde auf neue Länder, neue Pflanzen, Tiere und Menschen, kurzum, aus reinem Wissensdurst unternommen.

Spiegel dieser weltoffenen, auf die eigene Kraft bauenden holländischen Gesellschaft des 17. Jahrhunderts ist das Amsterdamer Rathaus, zu dessen Bau ganze Schiffsladungen Marmor herbeigeschafft wurden und das, wie Constantijn Huygens, ein Dichter und Diplomat der Zeit, es formulierte, den »gotischen Mief und Plunder« austrieb. In diesem Rathaus ist bis zum heutigen Tag eine Statue des Atlas zu sehen, der den mit Sternbildern übersäten Himmel auf den Schultern trägt. Darunter, zwischen Tod und Strafe, Justitia mit Schwert und Waage aus Gold, die Füße auf Geiz und Neid, die

Götter der Kaufleute, setzend. Offensichtlich hatten die Holländer, obwohl ihre Wirtschaft auf dem Gewinnstreben des einzelnen beruhte, begriffen, daß ungezügelte Profitgier für die Seele eines Volkes verderblich ist.
Auf dem Rathausfußboden findet sich dann ein weniger allegorisches Symbol: eine eingelegte Weltkarte aus dem späten 17. oder frühen 18. Jahrhundert, die von Westafrika bis zum Stillen Ozean reicht. All das war der Holländer Tummelplatz, die, Zeichen rührender Bescheidenheit, sich selbst ganz ausließen und für ihren Teil Europas nur den alten lateinischen Namen Belgium eintrugen.
In normalen Zeiten waren ihre Schiffe nahezu auf allen Weltmeeren unterwegs. Sie segelten an der Westküste Afrikas entlang durch die »Äthiopische See« nach Süden, umrundeten die Südspitze Afrikas, passierten die Straße von Mosambik und gelangten nach Umschiffung der Südspitze Indiens zu einem ihrer bedeutendsten Handelsplätze, den Gewürzinseln, dem heutigen Indonesien. Manchmal ging die Fahrt von da weiter zu einem Land namens Neu-Holland, dem heutigen Australien, ja vereinzelte Schiffe stießen durch die Malakkastraße an den Philippinen vorbei bis nach China vor. So ist uns aus der Mitte des 17. Jahrhunderts ein Bericht von einer »Gesandtschaft der Ostindischen Handelskompanie der Vereinigten Provinzen der Niederlande an den Großtartar Cham, Kaiser von China«, erhalten, der das Erstaunen der holländischen Bürger, Gesandten und Kapitäne über die gänzlich andere Kultur in der kaiserlichen Stadt Peking verrät.*
Obwohl Holland zu dieser Zeit eine Weltmacht darstellte wie nie zuvor oder danach in seiner Geschichte, war es doch nur ein kleines Land, das sich durchschlagen mußte und aus guten Gründen eine pazifistische Außenpolitik betrieb, wie es sich auch unorthodoxen Ansichten gegenüber tolerant zeigte. Kein Wunder, daß es zum Zufluchtsort für Intellektuelle aufrückte, die sich der in anderen europäischen Ländern üblichen Zensur und Überwachung des Denkens entzogen (ganz ähnlich profitierten in den dreißiger Jahren des 20. Jahrhunderts auch die Vereinigten Staaten vom Exodus der Intellektuellen aus dem von den Nationalsozialisten beherrschten Europa).
So beherbergte Holland im 17. Jahrhundert den von Einstein bewunderten großen jüdischen Philosophen Spinoza, eine für die Geschichte der Mathematik und Philosophie so richtungweisende Persönlichkeit wie Descartes und den Staatswissenschaftler John Locke, der großen Einfluß auf eine Gruppe philosophisch angehauchter Revolutionäre um Paine, Hamilton, Adams, Franklin und Jefferson ausübte. Nie zuvor oder danach konnte Holland mit einer solchen Galaxis von Künstlern und Wissenschaftlern, Philosophen und Mathematikern aufwarten. In dieser Zeit wirkten die Meister der Malerei Rembrandt, Vermeer und Frans Hals, aber auch Leeuwenhoek, der Erfinder des Mikroskops, Grotius, der Begründer des Völkerrechts, und Willebrord Snellius, der das Gesetz der Lichtbrechung entdeckte.
Ganz im Sinne dieser holländischen Tradition, die Gedankenfreiheit zu ermutigen und zu fördern, bot die Universität Leiden Galileo Galilei einen Lehrstuhl an, obwohl dieser von der katholischen Kirche unter Androhung der Folter zum Widerruf seiner häretischen heliozentrischen Überzeugung

Galileo Galilei (1564–1642). Auf diesem Bild von Jean-Léon Huens versucht der Gelehrte skeptische Geistliche davon zu überzeugen, daß es auf dem Mond Gebirge gibt und daß der Planet Jupiter mehrere Monde hat. Die katholische Geistlichkeit ließ sich jedoch nicht überzeugen: 1633 wurde Galilei wegen »dringenden Häresie-Verdachts« der Prozeß gemacht. Mit Hilfe eines gefälschten Dokuments überführt, verbrachte er die letzten acht Jahre seines Lebens unter Hausarrest in seinem kleinen Haus bei Florenz. Galilei setzte als erster das Fernrohr zur Erforschung des Himmels ein. Gemälde von Jean-Léon Huens, National Geographic Society.

* Wir wissen sogar, welche Geschenke die Holländer an den Kaiserhof mitbrachten, nämlich: »sechs Kästchen mit verschiedenen Bildern« für die Kaiserin und »zwei Bündel Zimtrinde« für den Kaiser.

gezwungen worden war.* Galilei hatte schon zuvor enge Beziehungen zu Holland unterhalten und aus einem kleinen holländischen Fernrohr sein erstes astronomisches Teleskop entwickelt, mit dessen Hilfe er Sonnenflekken, die Phasen der Venus, Mondkrater sowie die vier nach ihm benannten großen Jupitermonde, die sog. Galileischen Monde, entdeckt hatte. Seinen Ärger mit den Kirchenmännern beschrieb er 1615 in einem Brief an die Großherzogin Christina so:

»Vor einigen Jahren entdeckte ich, wie Euer Durchlaucht wohl wissen, am Himmel viele Dinge, die vor unserer Zeit noch kein Mensch erblickt hatte. Die Neuheit dieser Dinge sowie einige aus ihnen hergeleitete, in Widerspruch zu den von den akademischen Philosophen vertretenen gängigen physikalischen Vorstellungen stehende Resultate brachten nicht wenige Professoren [darunter viele Geistliche] gegen mich auf – gerade, als hätte ich diese Dinge eigenhändig an den Himmel versetzt, nur um die Natur und die Naturwissenschaften auf den Kopf zu stellen. Sie scheinen zu vergessen, daß die Erweiterung der bekannten Wahrheiten das Studium, die feste Einbürgerung und den Ausbau der freien Künste fördert.«**

Zwischen dem Holland der Entdeckungen und Holland als geistigem und kulturellem Zentrum bestand eine enge Verbindung. Die stetige Verbesserung der Segelschiffe förderte technische Neuerungen aller Art, das Handwerk blühte, Erfindungen standen hoch im Kurs. Da aber technischer Fortschritt freien und ungehinderten Zugang zum Wissen voraussetzt, rückte Holland zum führenden Verleger und Buchhändler Europas auf, ließ Bücher aus anderen Sprachen übersetzen und gestattete die Veröffentlichung andernorts verbotener Werke. Die abenteuerlichen Fahrten in exotische Länder, die Begegnung mit fremden Gesellschaften erschütterten die Selbstgefälligkeit des Volkes, forderten seine Denker heraus, das bis dahin anerkannte Wissen neu zu überprüfen, und machten offenkundig, daß jahrtausendelang als gültig hingenommene Vorstellungen, beispielsweise in der Geographie, von Grund auf falsch waren. In einer Zeit, da in weiten Teilen der Welt Könige und Kaiser herrschten, wurde die holländische Republik mehr als irgendeine andere Nation vom Volk regiert. Die Offenheit dieser Gesellschaft und die Förderung des geistigen Lebens, ihr materieller Wohlstand, ihr Forscherdrang und ihr Eifer, die neuen Erdteile zu nutzen, weckte frohe Zuversicht und Vertrauen in den menschlichen Unternehmungsgeist.***

* 1979 schlug Papst Johannes Paul II. vorsichtig vor, Galileis 346 Jahre zuvor von der »Heiligen Inquisition« proklamierte Verurteilung aufzuheben.

** Nicht alle vertraten die heliozentrische Hypothese so mutig wie Galilei (und Kepler), selbst wenn sie in weniger glaubensfanatischen Teilen Europas lebten. Zum Beispiel schrieb René Descartes in einem Brief vom April 1634, also zu einer Zeit, als er in Holland wohnte: »Zweifellos ist Euch bekannt, daß Galilei von den Glaubensinquisitoren unlängst getadelt und daß seine Ansichten über die Bewegung der Erde als häretisch verdammt wurden. Ich muß gestehen, daß alles, was ich in meiner Abhandlung erklärt habe, einschließlich der Lehre von der Bewegung der Erde, so miteinander verflochten ist, daß die Widerlegung einer einzigen Behauptung die ganze Beweisführung zu Fall brächte. Aber wiewohl ich sie für gesichert und sattsam bewiesen halte, würde ich sie doch um keinen Preis gegen die Autorität der Kirche aufrechterhalten wollen ... Ich möchte in Frieden leben und das Leben fortführen, das ich unter dem Motto begonnen habe: ›Gut lebt, wer im Verborgenen lebt.‹ «

*** Vielleicht erklärt diese Forschertradition auch, warum Holland bis heute weit mehr namhafte Astronomen hervorgebracht hat als seiner Bevölkerungszahl nach eigentlich zu erwarten. Bezeichnenderweise war der einzige, der sich in den vierziger und fünfziger Jahren ausschließlich mit der Astrophysik der Planeten befaßte, Gerard Peter Kuiper, ein Holländer (den meisten anderen Berufsastronomen galt diese Sparte seit Lowells Exzessen als leicht anrüchig). Ich für meinen Teil aber denke voll Dankbarkeit an meine Studienzeit unter Kuiper zurück.

Hatten Galilei, der Entdecker neuer Welten, und Giordano Bruno, der Spekulationen über andere Lebensformen anstellte, in Italien schwer zu leiden, so heimste der beide Thesen vertretende Astronom Christiaan Huygens in Holland nur Ehre ein. Sein Vater Constantijn Huygens, Oberhaupt einer vorbildlichen Großfamilie, war nicht nur ein Meisterdiplomat seiner Zeit, sondern auch ein geachteter Schriftsteller, Dichter, Komponist und Musiker. Er übersetzte die Werke seines Freundes, des englischen Dichters John Donne, bewunderte Rubens und »entdeckte« den jungen Rembrandt, der ihn auf mehreren Bildern verewigte. Bereits nach der ersten Begegnung schrieb Descartes über ihn: »Ich hätte nie für möglich gehalten, daß sich ein einziger Geist mit so vielen Dingen befassen und darin so gut beschlagen sein könnte.« Im Huygensschen Heim fanden sich Güter aus aller Welt, gingen berühmte Denker anderer Nationen als Gäste ein und aus, und so erlernte der junge Christiaan beiläufig mehrere Sprachen, übte sich im Zeichnen und wurde mit dem Recht, der Naturwissenschaft, dem Maschinenbau, der Mathematik und der Musik vertraut. Seine Interessen waren weitgespannt und seine Gefühlsbindungen nicht minder. »Die Welt ist mein Vaterland«, sagte er, »die Wissenschaft meine Religion.«

Einen Schlüssel zur damaligen Zeit liefert uns das Wort Licht: das Licht der Vernunft, das im Gewand der Gedanken- und Glaubensfreiheit auftritt; das Licht der geographischen Entdeckungen; das Licht, das die Malerei der Zeit, vor allem die Bilder Vermeers, erfüllt; und das Licht als Gegenstand wissenschaftlicher Forschung wie in Snells Brechungsstudie, Leeuwenhoeks Erfindung des Mikroskops und Huygens' Wellentheorie.* Und wie all diese Sachgebiete miteinander verwandt sind, so waren auch ihre Vertreter miteinander bekannt. Nautische Instrumente und Wandkarten zieren Vermeers Interieurs, Mikroskope stellten Wohnzimmerkuriositäten dar, und Vermeers Testamentsvollstrecker Leeuwenhoek war im Hause Huygens' in Hofwijck ein oft gesehener Gast.

Von den Vergrößerungsgläsern ausgehend, mit denen die Tuchhändler die Stoffqualität prüften, entwickelte Leeuwenhoek das Mikroskop, mit dessen Hilfe er in einem Tropfen Wasser ein ganzes Universum erschloß: die Mikroben, die er als *animalcula,* »Kleinsttierchen«, beschrieb und für »schlau« hielt. Zum Bau der ersten Mikroskope trug auch Huygens bei, der selber so manche Entdeckung damit machen sollte. So zählte er mit Leeuwenhoek zu den ersten, die menschliche Samenzellen zu Gesicht bekamen und damit Einblick in die menschliche Fortpflanzung gewannen. Außerdem stellte Huygens zur Urzeugungstheorie – der Vorstellung, daß in gärendem Traubensaft oder verwesendem Fleisch Leben gewissermaßen aus

Christiaan Huygens (1629–1695), Porträt von Bernard Vaillant. M. frdl. Gen. d. Huygensmuseums »Hofwijck« in Voorburg in Holland.

* Isaac Newton bewunderte Christiaan Huygens als »elegantesten Mathematiker« der Zeit und wahren Nachfolger der mathematischen Tradition der alten Griechen – damals wie heute ein großes Kompliment. Newton selbst hielt das Licht, nicht zuletzt aufgrund der scharfen Ränder des Schattens, für einen Strom winziger Teilchen, wobei sich das rote Licht seiner Ansicht nach aus den größten und das violette aus den kleinsten Teilchen zusammensetzt. Laut Huygens dagegen verhält sich das Licht wie eine Welle, die sich in einem Vakuum fortpflanzt – weshalb wir heute auch von Wellenlänge und Frequenz sprechen. Da sich viele Eigenschaften des Lichtes, darunter auch die Brechung, ohne weiteres mit der Wellentheorie erklären ließen, trug Huygens' Ansicht in den folgenden Jahren den Sieg davon. 1905 jedoch zeigte Einstein, daß sich der lichtelektrische Effekt, d. h. die Freisetzung von Elektronen, wenn ein Lichtstrahl auf eine Metallplatte trifft, mit Hilfe der Materietheorie des Lichtes erklären läßt. Die moderne Quantenmechanik hat beide Ideen verbunden, und so ist es uns heute ganz geläufig, das Verhalten des Lichts in manchen Fällen mit seiner Wellennatur, in anderen dagegen mit seiner Materienatur zu erklären. Für den gesunden Menschenverstand ist dieser Welle-Materie-Dualismus allerdings ein harter Brocken, andererseits jedoch stimmt er nahtlos mit den Versuchsergebnissen überein. Diese Vermählung der Gegensätze mutet uns gleichzeitig geheimnisvoll und aufregend an, und es will uns nur passend erscheinen, daß Newton und Huygens, beide Junggesellen, die Väter unserer modernen Auffassung von der Natur des Lichtes sind.

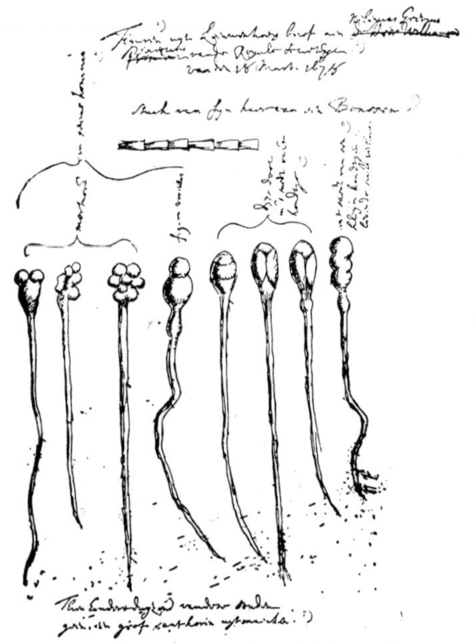

Afb. 37. *Spermatozoiden van den mensch en van den hond, en bunzinghaar.* Inktteekeningen van CHR. HUIJGENS naar teekeningen van LEEUWENHOECK. Uit: CHR. HUIJGENS. Oeuvres Complètes. Tome XIII. Fasc. II. (1916). Blz. 734.

Auszug aus einem Notizbuch von Christiaan Huygens. Die Darstellung zeigt Spermien von Hund (links) und Mensch, die Huygens durch eines von Leeuwenhoeks Mikroskopen beobachtet hatte.

dem Nichts entsteht – eine Alternative auf: Er führte nämlich die Entwicklung von Mikroorganismen in abgekochtem, d. h. sterilisiertem Wasser auf kleinste, durch die Luft fliegende Lebewesen zurück, die sich nach ihrer Landung im Wasser fortpflanzten – eine Hypothese, die erst zweihundert Jahre später durch Louis Pasteur bestätigt wurde. So ist die Suche der Viking-Raumsonde nach Leben auf dem Mars Leeuwenhoek und Huygens in mehr als einer Hinsicht verpflichtet. Außerdem sind sie als Großväter der Theorie von den Krankheitserregern die Geburtshelfer der modernen Medizin, auch wenn sie keine praktischen Ziele verfolgten, sondern in einer technisch orientierten Gesellschaft lediglich ein bißchen herumbastelten. Mikroskop und Teleskop, beide zu Beginn des 17. Jahrhunderts in Holland entwickelt, brachten die Ausweitung des menschlichen Gesichtsfeldes in den Bereich des sehr Kleinen und des sehr Großen und schufen damit die Voraussetzung für die Beobachtung von Atomen und Galaxien in unserer Zeit. Christiaan Huygens, der eigenhändig Linsen für astronomische Fernrohre schliff und selbst ein fünf Meter langes Teleskop baute, machte mit Hilfe dieses Geräts Entdeckungen, die ihm allein schon einen Platz in der Geschichte des menschlichen Fortschritts gesichert hätten. Er war, auf Eratosthenes' Spuren wandelnd, der erste, der die Größe eines anderen Planeten maß, die Vermutung äußerte, Venus könnte vollständig in Wolken gehüllt sein, und der erste, der einen Ausschnitt der Marsoberfläche (den großen dunklen, windgepeitschten Hügel Syrtis Major) zeichnete und durch Beobachtung des durch die Rotation des Planeten bedingten Auftauchens und Verschwindens solcher Einzelheiten den Marstag auf rund 24 Stunden, d. h. in etwa auf dieselbe Länge wie einen Erdentag, veranschlagte. Außerdem erkannte er als erster das den Planeten an keiner Stelle berührende Ringsystem Saturns* und entdeckte mit Titan nicht nur den größten Saturnmond, sondern, wie wir heute wissen, den größten Mond unseres Sonnensystems überhaupt – eine außerordentlich interessante und vielversprechende Welt. Die meisten dieser Entdeckungen machte er zwischen seinem zwanzigsten und dreißigsten Lebensjahr. Die Astrologie hielt er für Humbug.

Aber damit nicht genug, trug Huygens auch zur Lösung eines für die damalige Zeit außerordentlich wichtigen Navigationsproblems bei, der Bestimmung der geographischen Länge. Die geographische Breite ließ sich ohne weiteres anhand der Sterne ermitteln – je weiter südlich sich das Schiff befand, desto mehr südliche Sternbilder rückten ins Blickfeld. Die Längenbestimmung dagegen erforderte eine präzise Zeitmessung. Eine genau gehende Uhr an Bord zeigte die Zeit im Heimathafen an, während man die jeweilige Ortszeit mit Hilfe des Sonnen- und Sternenauf- und -untergangs bestimmte. Huygens erfand die Pendeluhr (deren Prinzip Galilei schon vor ihm entdeckt hatte), mit der sich der Schiffsort mitten im großen Ozean einigermaßen genau berechnen ließ. Durch Huygens' Bemühungen gewannen die astronomischen und anderen wissenschaftlichen Beobachtungen eine bislang unbekannte Genauigkeit, wie auch die nautischen Uhren auf seine Anregung hin weiter verbessert wurden. Er selbst erfand die heute noch teilweise in der Uhrmacherei verwendete Spiralfeder und leistete, z. B. durch Berechnung der Zentrifugalkraft, grundlegende Beiträge zur Mecha-

* Galilei hatte die Ringe zwar entdeckt, wußte mit ihnen aber nichts anzufangen. Durch sein frühes astronomisches Teleskop erschienen sie wie zwei symmetrische Projektionen am Saturn selbst, die er in seiner Ratlosigkeit mit Henkeln verglich.

nik und anhand von Beobachtungen beim Würfelspiel zur Wahrscheinlichkeitstheorie. Er verbesserte die Luftpumpe, die später den Bergbau revolutionieren sollte, und die »Laterna magica«, die Vorläuferin des Diaprojektors. Außerdem erfand er die sog. »Schießpulvermaschine«, die ihrerseits die Entwicklung der Dampfmaschine beeinflußte.

Zu Huygens' Genugtuung setzte sich die kopernikanische Auffassung von der Erde als einem die Sonne umkreisenden Planeten in Holland sogar beim einfachen Volk mehr und mehr durch. Seiner Ansicht nach stemmten sich nur noch diejenigen Astronomen dagegen, die »etwas langsam von Begriff sind oder unter dem abergläubischen Diktat einer rein menschlichen Autorität stehen«. Im Mittelalter hatten sich die christlichen Philosophen für die Einzigartigkeit der Erde stark gemacht. Da sich der Himmel, so ihr Argument, tagtäglich um die Erde drehe, könne er keine unendliche Ausdehnung aufweisen, weshalb es auch keine unendliche oder auch nur größere Anzahl von Welten (ja, nicht einmal eine weitere) geben könne. Diese Sicht von der Einmaligkeit der Erde aber wurde durch die Entdekkung, daß sich nicht der Himmel, sondern vielmehr die Erde bewegt, in ihren Grundfesten erschüttert, Leben auf anderen Himmelskörpern rückte in den Bereich des Möglichen. Zwar hatte Kopernikus nicht nur das Sonnensystem, sondern das ganze Universum für heliozentrisch gehalten und Kepler den Sternen eigene Planetensysteme abgesprochen (die Idee einer großen, ja unendlichen Zahl um andere Sonnen kreisender Welten scheint von Giordano Bruno zu stammen), doch leitete sich für manche die außerordentlich bestürzende Pluralität der Welten unmittelbar aus dem kopernikanischen und keplerschen Denken ab. So implizierte die heliozentrische Hypothese laut Robert Mertons Beweisführung aus dem frühen 17. Jahrhundert eine Vielzahl anderer Planetensysteme – in seinen Augen eine *reductio ad absurdum* (vgl. Anhang 1) und ein Beweis für die Irrigkeit der Prämisse. In seinem damals einem vernichtenden Urteil gleichkommenden Beweisgang schreibt Merton:

»Denn wenn das Firmament von solch unvergleichlicher Größe ist, wie es diese kopernikanischen Giganten wollen ... so groß und voller unzähliger Sterne, als wäre es von unendlicher Ausdehnung ... was hindert uns dann anzunehmen ... daß diese zahllosen, am Firmament sichtbaren Sterne ebenso viele Sonnen mit festen Mittelpunkten sind; daß sie gleichfalls ihre untergeordneten Planeten haben wie die Sonne den ihren, der noch immer um sie herumtanzt? ... So gibt es also folglich zahllose bewohnbare Welten; und warum auch nicht? ... solche und ähnlich unverschämte und dreiste Versuche, wundersame Widersprüche und Schlüsse müssen notwendig folgen, wenn man als gegeben nimmt, was ... Kepler ... und andere über die Bewegung der Erde behaupten.«

Aber die Erde bewegt sich nun einmal, und wenn Merton noch lebte, müßte er heute *nolens volens* zu dem Schluß kommen, daß es »zahllose bewohnbare Welten« gibt. Huygens schreckte schon damals nicht vor dieser Schlußfolgerung zurück, sondern zog sie im Gegenteil sogar mit Freuden: Jenseits des Ozeans des Raums scheinen die Sterne als Sonnen. Und in Analogie zu unserem Sonnensystem schrieb er ihnen ein eigenes Planetensystem zu, von dem seiner Ansicht nach so mancher Planet auch bewohnt sein mochte: »Anzunehmen, daß die Planeten nichts weiter als gewaltige

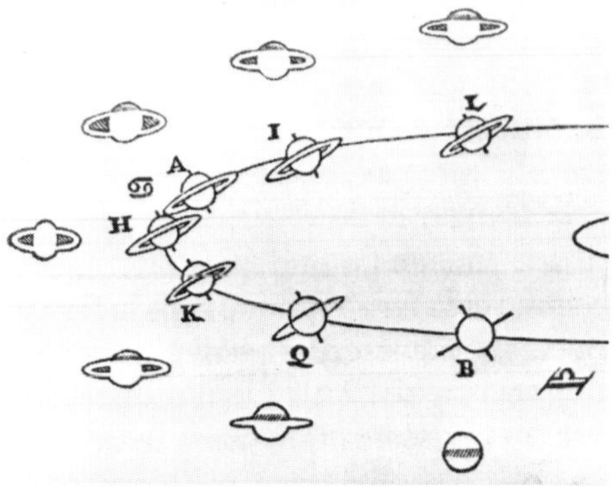

Ausschnitt aus Christiaan Huygens' 1659 veröffentlichtem *Systema Saturnium*. Die Darstellung erklärt das unterschiedliche Erscheinungsbild der Saturnringe völlig richtig als Folge der im Laufe der Jahre wechselnden Stellung von Erde und Saturn zueinander. In Position B verschwinden die vergleichsweise papierdünnen Ringe in der Kantenansicht, während sie in Position A von der Erde aus in ihrer maximalen Ausdehnung erscheinen – eine Konfiguration, die den mit einem wesentlich schwächeren Fernrohr arbeitenden Galilei in große Verwirrung stürzte.

Wüsteneien darstellten ... und ihnen all jene Geschöpfe abzusprechen, die deutlicher von ihrem göttlichen Baumeister zeugen, hieße sie der Erde an Schönheit und Würde nachstellen, was nachgerade vernunftwidrig wäre.«*

Zu diesen Ideen bekannte sich Huygens kurz vor seinem Tod in einem außerordentlichen Buch mit dem siegesgewissen Titel *Die Entdeckung der Himmlischen Welten: Mutmaßungen über die Einwohner, Pflanzen und Erzeugnisse der Planetenwelten.* Dieses Werk fand viele Bewunderer, darunter auch Zar Peter den Großen, der es als erstes Zeugnis westlicher Wissenschaft in Rußland veröffentlichen ließ. Das Buch handelt großenteils von der Natur der Planeten und den auf ihnen herrschenden Umweltverhältnissen. Unter den Abbildungen der ansprechend aufgemachten Erstausgabe zeigt ein Stich die Sonne und die vergleichsweise kleinen Riesenplaneten Jupiter und Saturn maßstabsgerecht, ein anderer Saturn und daneben als winzigen Kreis unsere Erde.

Die Umwelt und Bewohner anderer Planeten stellte sich Huygens im großen und ganzen ähnlich wie die irdische Natur und die Menschen des 17. Jahrhunderts vor. Wohl ersann er »Planetarier«, deren »Körper sich insgesamt, aber auch in jedem einzelnen Teile von dem unseren stark unterscheiden mag ... ist es doch überaus lächerlich zu meinen ... eine vernunftbegabte Seele könne nicht auch in einer anderen Gestalt als der unseren wohnen«, wohl vertrat er die Auffassung, auch anders aussehende Wesen könnten intelligent sein. Doch grundlegend anders konnte er sie sich trotz allem nicht vorstellen: Sie mußten Hände, Füße und einen aufrechten Gang haben, Schrift und Geometrie kennen, wie auch die vier Galileischen Monde seiner Ansicht nach den Seeleuten auf den Ozeanen des Jupiter als Orientierungshilfe dienten. Natürlich war auch Huygens ein Kind seiner Zeit – wer wäre es nicht? Und mochte er auch die Wissenschaft zu seiner Religion erheben, so argumentierte er doch, die Planeten müßten notwendig bewohnt sein, da Gott andernfalls unnütze Welten erschaffen hätte. Da er vor Darwin lebte, fehlt in seinen Spekulationen über extraterrestrisches Leben selbstverständlich der Evolutionsgedanke. Dafür hat er auf der Grundlage seiner Beobachtungen eine schon der modernen kosmischen Perspektive verwandte Sicht entwickelt:

»Welch wunderbarer und erstaunlicher Plan liegt uns doch in der großartigen Weite des Universums vor ... So viele Sonnen, so viele Erden ... und jede davon mit so vielen Kräutern, Bäumen und Tieren bedeckt, mit so vielen Seen und Bergen geschmückt! ... Und wie muß unser Erstaunen und unsere Bewunderung erst wachsen, wenn wir die ungeheure Entfernung und Vielzahl der Sterne betrachten.«

Heute werden die mit dem Segelschiff eingeleiteten Forschungsreisen in der wissenschaftlichen und spekulativen Tradition eines Christiaan Huygens in direkter Linie von den Voyager-Sonden fortgesetzt, den Karavellen unserer Zeit, die Huygens' geliebte Sterne anlaufen und unterwegs die Welten erforschen, die schon seine Neugier herausforderten.

Zur wichtigsten Ausbeute, die die Entdeckungsreisenden früherer Jahr-

* Andere waren ähnlicher Meinung. So merkt Kepler in *Harmonice Mundi* an: »Tycho Brahe vertrat hinsichtlich des Gewirrs von Welten die Ansicht, diese existierten nicht umsonst, sondern seien von Bewohnern besiedelt.«

hunderte von ihren Fahrten mit nach Hause brachten, zählten die Reiseberichte,* Geschichten von fremden Ländern und exotischen Geschöpfen, die bei den Zuhörern Staunen hervorriefen und die Bereitschaft zu künftigen Fahrten weckten. Da war die Rede von Bergen, die in den Himmel ragen; von Drachen und Seeungeheuern; von einem Tier mit einem Arm anstelle der Nase; einem Volk, das die Lehrstreitigkeiten zwischen Protestanten, Katholiken, Juden und Mohammedanern für Humbug hielt; von einem brennenden schwarzen Stein; von Menschen ohne Kopf mit dem Mund in der Brust; von Schafen, die auf Bäumen wachsen – eine Mixtur aus Dichtung, Wahrheit und Halbwahrheiten, da Forscher oder Informanten so manches mißverstanden oder übertrieben hatten – Geschichten, die aus der Feder eines Voltaire oder Jonathan Swift ein Schlaglicht auf die europäische Gesellschaft warfen und die Bewohner dieser Weltinsel zum Überdenken ihres Tuns und Treibens zwangen.

Auch die modernen Voyager-Raumsonden liefern Reiseberichte, erzählen von einer an eine zersplitterte Kristallkugel erinnernden Welt; von einem Globus, dessen Oberfläche von Pol zu Pol ein spinnwebähnliches Netz überzieht; von winzigen kartoffelförmigen Monden; von einer Welt mit einem unterirdischen Meer; von einem nach faulen Eiern riechenden, wie eine Pizza aussehenden Land mit Seen geschmolzenen Schwefels und Vulkanausbrüchen, deren Rauch direkt in den Weltraum aufsteigt; von einem Planeten namens Jupiter, der unsere eigene, vergleichsweise zwergenhafte Welt an die tausendmal fassen könnte.

Schon die von Galilei entdeckten Jupitermonde sind nahezu so groß wie der Planet Merkur. Durch Messung ihrer Größe und Masse können wir ihre Dichte berechnen und so wiederum einiges über ihre innere Zusammensetzung in Erfahrung bringen. Io und Europa z. B. haben eine so hohe Dichte wie Gestein, die beiden äußeren, Ganymed und Kallisto, dagegen eine viel geringere, etwa zwischen Gestein und Eis liegende. In dieser Mischung aus Eis und Stein aber müssen, wie im irdischen Gestein, Spuren radioaktiver Mineralien enthalten sein, die ihre Umgebung erwärmen. Da diese über Jahrmilliarden hin angesammelte Wärme nicht wirksam an die Oberfläche dringen und an den Weltraum abgegeben werden kann, müßte das eisige Innere der beiden äußeren Jupitermonde geschmolzen sein und unter der Oberfläche Meere aus Wasser und Matsch haben entstehen lassen. Diese Hypothese veranlaßte uns noch vor jeder direkten Kenntnis der Oberfläche zu der Vermutung, die Galileischen Satelliten könnten ein sehr unterschiedliches Erscheinungsbild aufweisen – eine Annahme, die die Aufnahmen der Voyager-Raumsonde dann vollauf bestätigten. In der Tat weisen die Jupitermonde weder untereinander Ähnlichkeit auf noch gleichen sie irgendeiner anderen uns bis jetzt bekannten Welt.

Voyager 2 wird nie zur Erde zurückkehren, uns aber dennoch seine wissenschaftlichen Ergebnisse, seine Reiseberichte schicken. So erhielten wir am 9. Juli 1979 um 8.04 Uhr Pazifik-Normalzeit erste Bilder von einer neuen Welt – dem nach unserer irdischen Alten Welt benannten Jupitermond Europa.

Diese um 1420 im Zuge der großen Handels- und Entdeckungsreisen vom Ming-Admiral Tscheng Ho von Afrika nach China gebrachte Giraffe galt am chinesischen Kaiserhof als gutes Omen. Vermutlich waren frühere Reiseberichte über dieses Fabelwesen auf beträchtliche Skepsis gestoßen. Die von den seetüchtigen Dschunkenflotten der Ming-Zeit durchgeführten Forschungsreisen, zu denen höchstwahrscheinlich auch die Umsegelung des Kaps der Guten Hoffnung und der Vorstoß der chinesischen Flotte in den Atlantik zählten, fanden ihr Ende unmittelbar vor dem Auftauchen der Portugiesen im Indischen Ozean und der damit eingeleiteten Umkehrung der Entdeckungsrichtung. Schen Tu: *Die Tributgiraffe mit Wärter.* M. frdl. Gen. d. Philadelphia Museum of Art, Schenkung von John T. Dorrance.

* Diese Reiseberichte haben eine lange Tradition und kreisen von den frühesten Entdeckungsfahrten an vielfach um ein kosmisches Motiv. So wurden z. B. die von der chinesischen Ming-Dynastie im 15. Jahrhundert veranlaßten Forschungsreisen nach Indonesien, Sri Lanka, Indien, Arabien und Afrika von Fei Hsin, einem der Teilnehmer, in einem für den Kaiser angefertigten bebilderten Buch als »die triumphalen Visionen des Sternenfloßes« beschrieben. Leider sind die Bilder zum Text verlorengegangen.

Oben: Voyager-1-Fernaufnahme vom 28 Millionen Kilometer entfernten Jupiter. *Unten:* Voyager nähert sich Jupiter mit seinen Monden Io und Kallisto im Vordergrund. M. frdl. Gen. d. NASA.

Wie gelangt ein Bild vom äußeren Sonnensystem zu uns auf die Erde? Das Sonnenlicht, das auf den Jupitermond Europa fällt, während er seinen Planeten umkreist, wird in den Weltraum reflektiert, wo ein Teil auf die Voyager-Fernsehkameras auftrifft und ein Bild erzeugt. Dieses Bild wird von den Bordcomputern entschlüsselt und über die gewaltige Entfernung von einer halben Milliarde Kilometer zum Radioteleskop einer irdischen Bodenstation gefunkt. Derartige Bodenstationen gibt es in Spanien, in der südkalifornischen Mojave-Wüste und in Australien. An jenem Julimorgen des Jahres 1979 wurde das Radioteleskop in Australien angepeilt. Dieses leitete die Information über einen um die Erde kreisenden Nachrichtensatelliten nach Südkalifornien weiter, von wo sie durch eine Reihe von Mikrowellenrelaistürmen zu einem Computer im *Jet Propulsion Laboratory* gelangte und hier verarbeitet wurde. Im Grunde besteht das Bild wie ein Zeitungsbildtelegramm aus einer Vielzahl einzelner, in verschiedenen Graunuancen gehaltener Punkte, die so klein sind und so dicht beieinanderliegen, daß sie aus einer gewissen Entfernung miteinander verfließen. Die von der Raumsonde mitgelieferte Information spezifiziert den Helligkeitswert jedes einzelnen Punktes. Nach der Verarbeitung werden die Punkte auf einer schallplattenähnlichen magnetischen Platte gespeichert. Auf solchen Platten besitzen wir gut 36000 von Voyager 1 und 2 gelieferte Aufnahmen des Jupitersystems. Und das Endprodukt all dieser bemerkenswerten Prozeduren ist schließlich ein dünnes Blatt Glanzpapier, das in diesem Fall erstmals in der Menschheitsgeschichte die Wunder des Jupitermondes Europa zeigte, aufgezeichnet, entschlüsselt und untersucht am 9. Juli 1979.

Was wir auf den Bildern zu sehen bekamen, war absolut verblüffend. Voyager 1 hatte ausgezeichnetes Bildmaterial von den drei anderen Galileischen Jupitersatelliten gefunkt, nicht jedoch von Europa. Die ersten Nahaufnahmen von diesem Mond, auf denen Einzelheiten von nur wenigen Kilometern Durchmesser erkennbar waren, blieben Voyager 2 vorbehalten. Auf den ersten Blick glaubten wir, Percival Lowells Marskanäle vor uns zu haben, die jedoch, wie wir mittlerweile durch andere Raumsonden wissen, überhaupt nicht existieren. Die Europabilder aber zeigen ein erstaunliches und verwickeltes Geflecht einander überschneidender gerader und gekurvter Linien, von denen sich nicht sagen läßt, ob sie Kämme, also Erhebungen, oder Rinnen, also Vertiefungen, darstellen oder wie sie entstanden sein mögen. Sind sie Teil eines globalen tektonischen Systems, d. h. Risse, die bei der Ausdehnung bzw.Schrumpfung des Planeten entstanden? Oder haben sie irgend etwas mit der Plattentektonik wie auf der Erde zu tun? Welches Licht werfen sie auf die anderen Satelliten des Jupitersystems? So hatte uns die vielgepriesene Technik zwar etwas Erstaunliches enthüllt, die Erklärung aber dem menschlichen Gehirn überlassen. Wie sich bald darauf herausstellte, ist Europa trotz des Liniennetzes glatt wie eine Billardkugel. Auch Einschlagkrater fehlen – möglicherweise, weil das Oberflächeneis durch den Aufschlag geschmolzen ist und dann die Krater wieder ausgefüllt hat. Die Linien selbst sind Rinnen oder Sprünge, deren Entstehung noch lange nach ihrer Entdeckung heftig umstritten war.

Wären Voyager 1 und 2 bemannt gewesen, hätte der Kapitän ein Logbuch geführt, in dem die Erlebnisse der beiden Raumfahrten etwa folgendermaßen zusammengefaßt sein könnten:

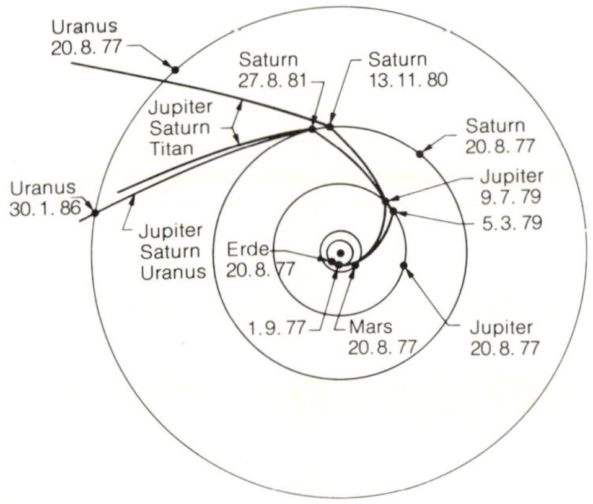

Die Flugbahnen von Voyager 1 (beim Kreuzen der Uranus-Umlaufbahn oben links) und Voyager 2 (bei der geplanten Begegnung mit Uranus im Januar 1986). Gleichfalls eingetragen die Alternativbahn, auf der es, wie schon bei Voyager 1, zur Nahbegegnung zwischen Voyager 2 und Titan käme.

Voyager 1 *(oben)* und Voyager 2 *(unten)* passieren am 5. März beziehungsweise am 9. Juli 1979 die Galileischen Monde.

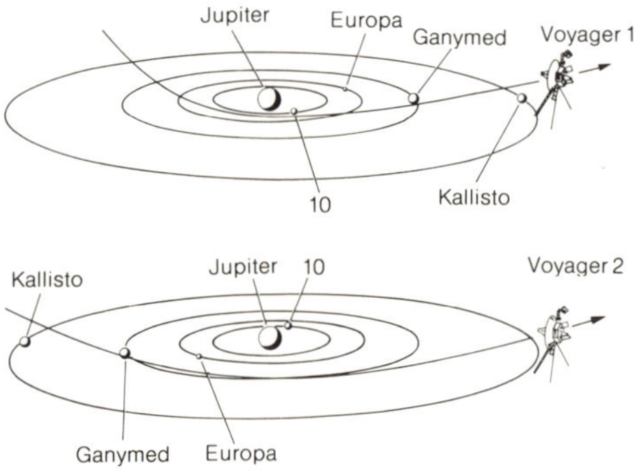

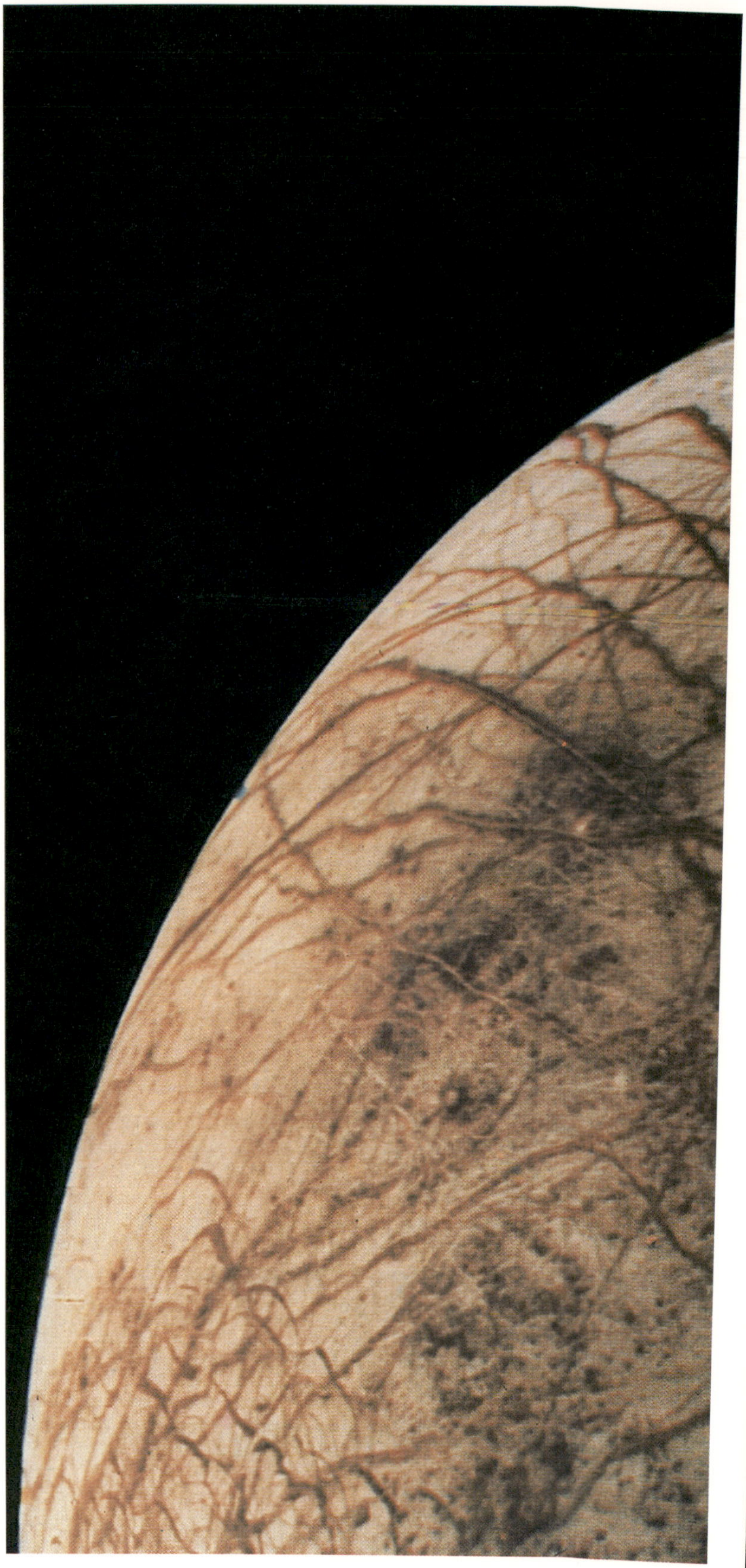

Der Jupitermond Europa: Voyager-2-Aufnahme von der Nahbegegnung am 9. Juli 1979. Europa weist ungefähr die Größe unseres Mondes, aber eine gänzlich andere Oberflächengestalt auf. Man erkennt weder Krater noch Gebirge, was mit hoher Wahrscheinlichkeit auf eine den Silikatkern umhüllende, möglicherweise 100 Kilometer dicke Eiskruste schließen läßt. Bei dem dichten dunklen Geflecht könnte es sich um Eisbruchlinien handeln, die sich mit Material von unterhalb der Kruste füllten – eine Hypothese, die durch den hohen Helligkeitsgrad des Trabanten untermauert wird. M. frdl. Gen. d. NASA.

1. Tag Nach sorgfältiger Überprüfung der Vorräte und Instrumente, die schlecht zu funktionieren schienen, erfolgreicher Start von Cape Canaveral zu unserer langen Reise zu den Planeten und Sternen.

2. Tag Schwierigkeiten mit dem Ausleger, der die Instrumentenplattform trägt. Falls sich das Problem nicht lösen läßt, geht uns der größte Teil der Bilder und anderen wissenschaftlichen Daten verloren.

13. Tag Blick zurück zur Erde und erste Aufnahme zusammen mit dem Mond – ein hübsches Weltenpaar im All.

150. Tag Raketen für Kurskorrektur auf halber Strecke gezündet.

170. Tag Routinearbeiten. Ereignisarme Monate.

185. Tag Einstellung auf Jupiter geglückt. Gute Bilder.

207. Tag Auslegerproblem gelöst, aber Ausfall des Hauptsendegeräts. Umschalten auf Ersatzgerät. Wenn es ebenfalls versagt, hört man auf der Erde nichts mehr von uns.

215. Tag Kreuzen Marsbahn. Der Planet selbst befindet sich jenseits der Sonne.

295. Tag Eintritt in den Asteroidengürtel. Viele große schlingernde Steinbrocken, die Untiefen und Riffe des Alls. Die meisten kartographisch nicht erfaßt. Wachen aufgestellt. Hoffen Zusammenstoß zu vermeiden.

475. Tag Sicher aus der schlimmsten Gefahrenzone heraus. Glücklich, daß wir überlebt haben.

570. Tag Jupiter zeichnet sich immer deutlicher ab. Können bereits kleinere Einzelheiten erkennen als von der Erde aus mit den größten Teleskopen.

615. Tag Von den gewaltigen Wettersystemen und wechselnden Wolken Jupiters, die sich im Raum vor uns drehen, fasziniert. Der Planet ist unvorstellbar groß und doppelt so massereich wie alle anderen Planeten zusammengenommen. Es gibt keine Berge, Täler, Vulkane, Flüsse; keine Grenze zwischen Land und Luft; nur einen riesigen Ozean aus dichtem Gas und treibenden Wolken – eine Welt ohne Oberfläche. Alles, was wir auf Jupiter erkennen können, schwebt an seinem Himmel.

630. Tag Wetter auf Jupiter weiterhin grandios. Diese schwere Welt dreht sich in nur knapp 10 Stunden um die eigene Achse. Ihre schnelle Rotation bewirkt im Verein mit dem Sonnenlicht und der aus dem Planeteninneren aufsteigenden, brodelnden Hitze die Bewegungen in der Atmosphäre.

Dieses am 6. Juli 1979 bei etwa 25° nördlicher Breite aufgenommene Voyager-2-Photo der Jupiteratmosphäre zeigt in der oberen Bildmitte einen diagonal über die nördliche gemäßigte Zone verlaufenden rosaroten »Wolkenstrahl«, der sich mit rund 540 km/h weiterbewegt. Die bläulichweißen Regionen unten im Bild, durch ein Loch in den hochstehenden Ammoniakwolken gesehen, liegen rund 60 Kilometer tiefer. M. frdl. Gen. d. NASA.

Ein Loch in den hellbraunen, diesmal nicht von weißen Ammoniakwolken überlagerten Jupiterwolken gestattet uns einen Blick auf eine tieferliegende dunkelbraune Wolkenschicht, die möglicherweise komplexe organische Materie enthält. Nach Infrarotmessungen ist die dunkelbraune Wolke wärmer als ihre Umgebung. Voyager-1-Photo, m. frdl. Gen. d. NASA.

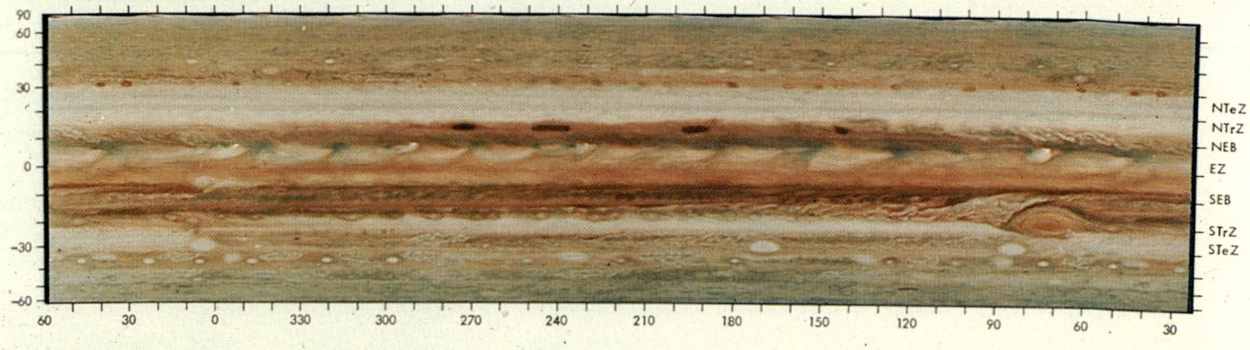

Eine »Schlangenhaut«- oder Zylinderprojektion des Wolkenbildes vom Jupiter, wie es Voyager 1 aufgenommen hat. Unten die Längen-, links die Breitengrade. Die Zeichen rechts bedeuten von oben nach unten: nördliche gemäßigte Zone (NTeZ), nördliche tropische Zone (NTrZ), nördlicher Äquatorialgürtel (NEB), Äquatorialzone (EZ), südlicher Äquatorialgürtel (SEB), südliche tropische Zone (STrZ) und südliche gemäßigte Zone (STeZ). Im Gegensatz zu den farbigen Gürteln sind die Zonen weitgehend von hochstehenden weißen Ammoniakwolken bedeckt. Der nahe dem 75. Längengrad angesiedelte Große Rote Fleck liegt etwa auf der Grenze von SEB und STrZ. Die bräunlichen Flecken über den in regelmäßigen Abständen auftretenden weißen Federwolken im NEB bezeichnen die tiefsten und heißesten Stellen. M. frdl. Gen. d. NASA.

Farbverschobenes Photo des Großen Roten Flecks. Der Computer hat die Rot- und Blautöne auf Kosten der Grüntöne überbetont. Der GRF wird zu rund einem Drittel von hochstehenden Wolken verdeckt. Voyager-1-Aufnahme, m. frdl. Gen. d. NASA.

Voyager-1-Photo der Io-Oberfläche. Die dunklen, annähernd kreisförmigen Gebilde sind derzeit tätige Vulkane. So wurde etwa bei dem ungefähr in der Mitte der Scheibe gelegenen (neuerdings »Prometheus« getauften) Vulkan mit hellem Halo fünfzehn Stunden vor dieser Aufnahme ein Ausbruch beobachtet. Bei den schwarzen, roten, orangefarbigen und gelben Regionen könnte es sich um gefrorenen Schwefel handeln, der sich ursprünglich in geschmolzenem Zustand aus den Vulkanen ergoß (wobei Schwarz Ablagerungen der höchsten und Gelb der tiefsten Temperaturen anzeigt). Die weißen Ablagerungen, einschließlich der um Prometheus, könnten gefrorenes Schwefeldioxid sein. Der Durchmesser von Io beträgt 3640 Kilometer. M. frdl. Gen. d. NASA.

Zwei offenbar seit vier Monaten ununterbrochen tätige Vulkane am Rande der Io-Sichel. Die untere Rauchfahne stammt vom Maui-Patera-Vulkan. Voyager-2-Aufnahme, m. frdl. Gen. d. NASA.

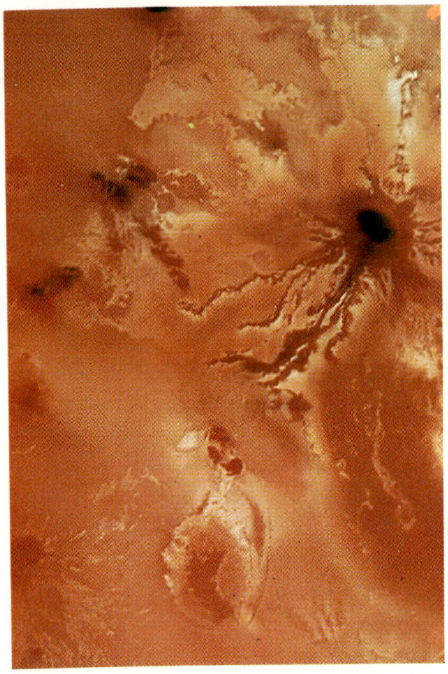

Noch junge Ströme geschmolzenen Schwefels, die sich aus dem Ra-Patera-Vulkan auf Io ergossen haben. Wir schauen in Aufsicht direkt in die Caldera des Vulkans. Voyager-1-Aufnahme, m. frdl. Gen. d. NASA.

640. Tag Deutlich erkennbare, großartige Wolkenmuster. Erinnern entfernt an Van Goghs *Sternennacht* oder auch an Bilder von William Blake oder Edvard Munch. Aber nur ganz entfernt. Kein Künstler hat je Ähnliches gemalt, weil bislang keiner unseren Planeten verließ und sich kein erdverhafteter Maler eine so fremdartige, schöne Welt ausdenken könnte.

Haben die vielfarbigen Gürtel und Streifen Jupiters nun direkt vor uns. Die weißen Streifen könnten hohe Wolken, vielleicht aus Ammoniakkristallen, die bräunlichen Gürtel tiefer gelegene heißere Stellen mit absinkender Atmosphäre sein. Die blauen Flecken sind anscheinend tiefe Löcher in den Wolken, durch die wir klaren Himmel sehen.

Der Grund für die rötlichbraune Färbung Jupiters ist uns unbekannt. Vielleicht ist er in den chemischen Eigenschaften von Phosphor oder Schwefel zu suchen, vielleicht auch in komplexen, hellfarbigen organischen Molekülen, die durch Aufspaltung von Methan, Ammoniak und Wasser in der Jupiteratmosphäre durch ultraviolette Sonnenstrahlung und durch Wiederverbindung der Molekültrümmer entstehen könnten. Falls dem so wäre, zeugten die Farben des Jupiter von chemischen Vorgängen, wie sie vor vier Milliarden Jahren auf der Erde zur Entstehung des Lebens führten.

647. Tag Der Große Rote Fleck. Eine gewaltige Gassäule, die hoch über die benachbarten Wolken hinausragt und so groß ist, daß ein Halbdutzend Erden in ihr Platz fänden. Ihre Rotfärbung ist vielleicht ein Anzeichen dafür, daß sie weiter unten entstandene oder konzentrierte komplexe Moleküle nach oben trägt. Unter Umständen handelt es sich um ein großes, eine Million Jahre altes Sturmsystem.

650. Tag Gefährliche Begegnung. Tag der Wunder. Erfolgreich die tückischen Strahlungsgürtel Jupiters überwunden; Photopolarimeter als einziges Instrument beschädigt. Ringebene ohne Zusammenstoß mit den Teilchen und Steinbrocken der neuentdeckten Jupiterringe gekreuzt. Wunderbare Bilder von Amalthea, einer winzigen, roten, länglichen Welt im Herzen des Strahlungsgürtels; von der vielfarbigen Io; vom Liniennetz auf Europa; den spinnwebähnlichen Gebilden auf Ganymed; dem großen, von vielen Ringen umzogenen Becken auf Kallisto. Umrunden Kallisto und passieren Umlaufbahn von Jupiter 13, dem äußersten bekannten Jupitermond; steuern nach draußen.

662. Tag Haben nach der Anzeige unserer Teilchen- und Felddetektoren die Jupiterstrahlungsgürtel hinter uns gelassen. Durch die Schwerkraft des Planeten hat sich unsere Geschwindigkeit erhöht. Endlich von Jupiter befreit, befahren wir erneut das Weltraummeer.

874. Tag Ausrichtung auf den Stern Canopus verloren – nach offizieller Sternbilderkunde stellt er das Steuer eines Segelschiffes dar;

Eruptionswolke des Vulkans Loki Patera auf Io. Die Eruptionswolke leuchtet im Bereich des sichtbaren Lichts und ist umgeben von einer großen, im reflektierten ultravioletten Sonnenlicht hell strahlenden Wolke aus kleinsten Teilchen. Das ultraviolette Licht erscheint auf der Aufnahme aus demselben Grund blau wie das Licht, das von feinen Rauchpartikeln reflektiert wird. Möglicherweise schleudert diese über 200 Kilometer weit über die Io-Oberfläche aufsteigende Wolke winzigste Teilchen und Atome direkt in den Weltraum hinaus. Die dergestalt ausgeworfene Materie dürfte, wie Io selbst, um Jupiter kreisen und den großen Strahlungsgürtel speisen, der Jupiter im Abstand von Io umgibt. Voyager-1-Aufnahme, m. frdl. Gen. d. NASA.

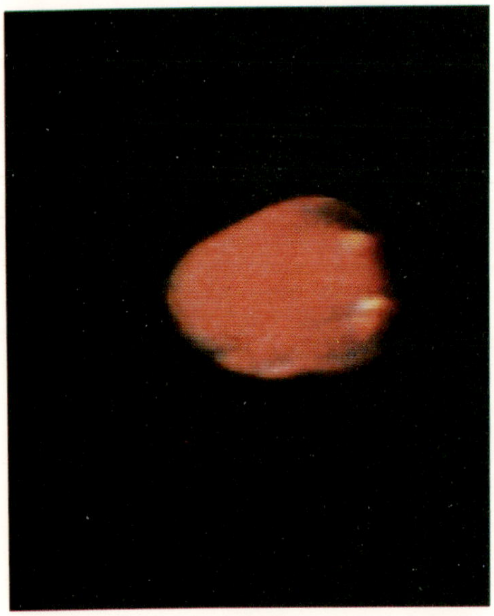

Amalthea, ein unregelmäßiger kleiner Jupitermond mit einem Durchmesser von rund 240 Kilometern, aufgenommen von Voyager 1. Die hellen Flecken dürften Einschlagkrater sein, die rötliche Färbung unter Umständen auf von Io verlorenes und von Amalthea eingefangenes Material zurückgehen. Amalthea, deren Längsachse Jupiterzugewandt ist, umkreist den Planeten im Abstand von 181 000 Kilometern, das heißt auf einer engeren Umlaufbahn als Io. M. frdl. Gen. d. NASA.

Schnitt durch das Jupiterinnere: Bei diesem Maßstab wären die sichtbaren Wolken allerdings dünner als die Farbschicht auf der Außenfläche des Modells. Den Kern bildet eine entfernt erdähnliche Kugel aus Gestein und Metall, umgeben von einem großen Ozean flüssigen metallischen Wasserstoffs.

dient auch uns bei der Orientierung im Dunkel des Weltraums als Steuer, mit dessen Hilfe wir diesen unerforschten Teil des kosmischen Ozeans durchschiffen. Erneut Kurs auf Canopus genommen. Die optischen Sensoren wieder auf Canopus ausgerichtet. Hatten offenbar Alpha und Beta Centauri mit Canopus verwechselt. Nächster Anlaufhafen in zwei Jahren: das Saturnsystem.

Von all den Reiseberichten der Voyager-Raumsonden sind mir die über die Entdeckungen auf dem innersten Galileischen Mond Io die liebsten. Schon vor der Voyager-Mission hatten wir gewußt, daß es mit Io eine eigene Bewandtnis hat, obwohl wir nur wenige Einzelheiten auf seiner Oberfläche erkennen konnten. Wir wußten nur, daß er rot ist – außergewöhnlich rot, röter als der Mars, vielleicht sogar der röteste Körper im ganzen Sonnensystem, und außerdem, daß sich über eine Reihe von Jahren hin etwas im Infrarotbereich und vielleicht auch in seinen Radarreflexionseigenschaften zu ändern schien. Und schließlich wußten wir noch, daß sich auf der Höhe seiner Umlaufbahn um einen Teil des Jupiter ein großer kringelförmiger Schlauch aus Schwefel-, Natrium- und Kaliumatomen herumzieht, die Io auf irgendeine Weise verloren hat.

Durch die Voyager-Mission lernten wir auf dem Riesenmond eine fremdartige, vielfarbige Oberfläche kennen, wie wir sie noch auf keinem anderen Planeten des Sonnensystems angetroffen hatten. Ganz besonders erstaunte uns, daß von Einschlagkratern weit und breit keine Spur zu entdecken war, obwohl Io aufgrund seiner Nähe zum Asteroidengürtel im Laufe seiner Geschichte von einstürzenden Gesteinsbrocken gründlich bombardiert worden sein mußte. Offenbar waren die Krater von irgendwelchen Prozessen oder Kräften ausgelöscht oder eingeebnet worden. Um atmosphärische Einwirkungen konnte es sich dabei jedoch nicht handeln, da Io aufgrund seiner geringen Schwerkraft seine Atmosphäre größtenteils an den Weltraum verloren hat, und um fließendes Wasser ebensowenig, da Ios Oberfläche dazu viel zu kalt ist. Dafür gab es einige Stellen, die Vulkanschloten ähnelten; aber sicher konnten wir uns nicht sein.

Als Linda Morabito vom Voyager Navigationsteam, der für die genaue Kurseinhaltung der Voyager-Sonden verantwortlichen Gruppe, mittels Computer eine Aufnahme vom Rande Ios vergrößerte, um die Sterne im Hintergrund besser erkennbar zu machen, entdeckte sie zu ihrem Erstaunen eine von der Oberfläche aufsteigende, deutlich vom Dunkel des Weltraums abstechende helle Rauchfahne, die sie anhand ihrer Position rasch mit einer der als Vulkane gedeuteten Erhebungen in Zusammenhang brachte. Und in der Tat hatte Voyager den ersten außerirdischen tätigen Vulkan entdeckt. Heute kennen wir neun große, Gas und Gesteinstrümmer ausspeiende und Hunderte, vielleicht Tausende, erloschener Vulkane auf Io. Der die Hänge der Vulkanberge herabrollende und -fließende, sich in großen Strahlen über die vielfarbige Landschaft ergießende Auswurf reicht leicht aus, um die Einschlagkrater zuzudecken. Mit anderen Worten, wir haben auf Io eine neue, gewissermaßen frisch entstandene Planetenlandschaft vor uns, über die Galilei und Huygens nicht wenig gestaunt hätten.

Schon vor ihrer Entdeckung waren die Vulkane auf Io von Stanton Peale und seinen Mitarbeitern aufgrund der Gezeitenkräfte, die durch die Anziehung des Nachbarmondes Europa und des Riesenplaneten Jupiter im festen Inneren von Io am Werk sein mußten, vorhergesagt worden. Nach den

Berechnungen des Teams hatten diese Kräfte (nicht Radioaktivität) die Gesteine zum Schmelzen gebracht und Ios Inneres großenteils verflüssigt. Heute nun nimmt man an, daß die Io-Vulkane einen unterirdischen Ozean flüssigen Schwefels anzapfen, der sich dicht unter der Oberfläche angesammelt hat. Wird Schwefel in festem Zustand etwas über den Siedepunkt des Wassers auf ca. 115° C erhitzt, schmilzt er unter Veränderung seiner Farbe: Je höher die Temperatur, desto dunkler die Tönung. Bei schneller Abkühlung behält er jedoch die dunkle Färbung bei. Nehmen wir nun einmal an, aus Vulkanschloten ergössen sich Ströme, Sturzbäche und Lachen geschmolzenen Schwefels, so wäre dieser im Umfeld des Vulkankraters schwarz (weil am heißesten), im angrenzenden Bereich einschließlich der Rinnsale rot bis orange und in weiterer Entfernung über große Flächen hin gelb. Genau dieses Bild bietet sich auf Io. Allerdings wechselt dieser Mond im Lauf der Monate sein Aussehen, so daß regelmäßig Landkarten ausgegeben werden müßten wie bei uns auf der Erde Wetterberichte. Künftige Io-Forscher werden also gut daran tun, die Augen offen zu halten.
Ios äußerst dünne und unbedeutende Atmosphäre, die sich, wie Voyager feststellte, hauptsächlich aus Schwefeldioxid zusammensetzt, mag dennoch einen nützlichen Zweck erfüllen: Sie könnte immerhin dicht genug sein, um die Oberfläche dieses Mondes vor den energiereichen Teilchen des ihn umgebenden Jupiterstrahlungsgürtels zu schützen. Nachts allerdings sinkt die Temperatur so stark ab, daß das Schwefeldioxid zu einer Art weißem Reif kondensieren dürfte, so daß die geladenen Teilchen ungehindert bis zur Oberfläche vordringen könnten, weshalb es wohl ratsam wäre, die Nächte unter dem Boden zu verbringen.
Die großen Rauchfahnen der Vulkane Ios steigen so hoch in den Himmel auf, daß sie ihre Atome vermutlich direkt in den Jupiterraum entlassen. So kommen sie auch als Ursache des großen kringelförmigen Atomrings um Jupiter auf der Höhe von Ios Umlaufbahn in Betracht. Diese Atome, die nach und nach in spiralförmiger Bewegung zum Jupiter absinken, müßten auch den inneren Jupitermond Amalthea bedecken und könnten dessen rötliche Färbung erklären. Mehr noch, die von Io ausgestoßenen Stoffe könnten nach vielen Kollisionen und Verdichtungsprozessen sogar zum Aufbau des Jupiterringsystems beigetragen haben.
Auf Jupiter selbst ist eine Präsenz des Menschen weniger vorstellbar – obwohl ständig in der Atmosphäre schwebende große Ballonstädte in ferner Zukunft technisch wohl möglich wären. Für Lebewesen auf Ios oder Europas planetenzugewandter Seite böte diese gewaltige, abwechslungsreiche Welt einen fast himmelfüllenden Anblick, der sie Tag und Nacht begleitete, da die Satelliten unseres Sonnensystems ihrem Planeten – genau wie der Mond der Erde – fast alle dieselbe Seite zukehren. So dürfte Jupiter für die künftigen Erforscher seiner Monde wohl noch lange seinen herausfordernden und aufregenden Charakter behalten.
Bei der Verdichtung des Sonnensystems aus interstellarem Gas und Staub brachte Jupiter den größten Teil derjenigen Materie an sich, die nicht in den interstellaren Raum entwich oder nach innen fiel und die Sonne bildete. Noch etliche dutzendmal massereicher, hätte er selbst zu leuchten begonnen. Unser größter Planet ist also ein mißratener Stern. Demnach liegen seine Innentemperaturen so hoch, daß er doppelt soviel Energie abgibt, wie er von der Sonne empfängt. Im Infrarotbereich des Spektrums könnte er also zu Recht als Stern gewertet werden. Wäre er auch im Bereich des sichtbaren

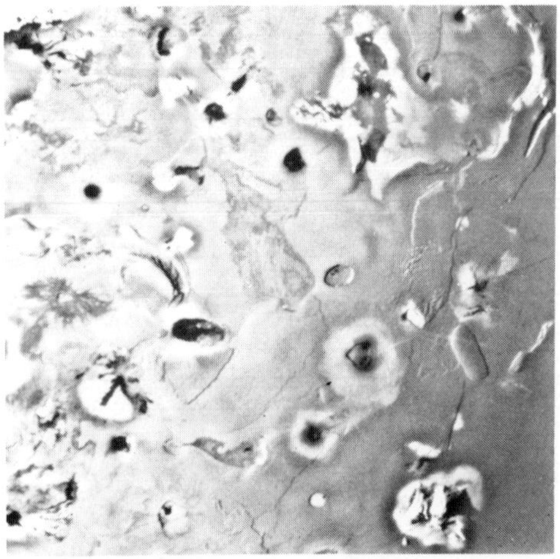

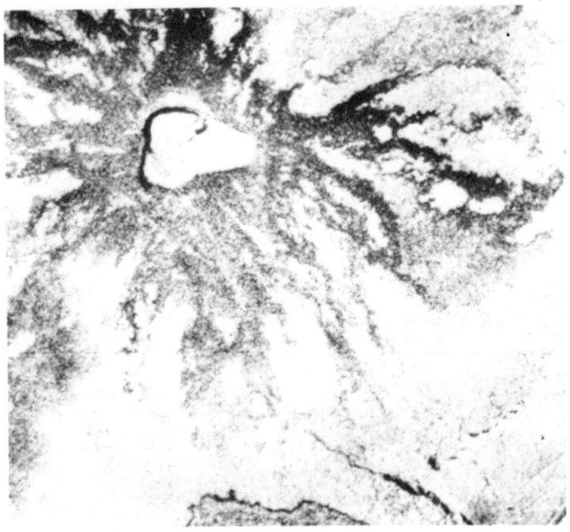

Oben: Das antarktische Gebiet von Io mit den verschiedenartigsten Landschaftstypen, Ebenen, Vulkankratern, Schwefelergüssen, Steilabbrüchen sowie von einem hellen Halo umgebenen, zerklüfteten, einzelnstehenden Bergen im Bild unten rechts. Das Gebiet hat einen Durchmesser von etwa 1700 Kilometern. *Unten:* Nahaufnahme eines im oberen Bild Mitte links sichtbaren Vulkanergusses von 225 Kilometern Ausdehnung, der von einer Caldera mit unregelmäßigem Kern ausgeht. Voyager-1-Photo, m. frdl. Gen. d. NASA.

Lichtes zu einem Stern geworden, bewohnten wir heute ein Doppelsternsystem mit zwei Sonnen am Himmel und dementsprechend seltenen Nächten – eine in zahllosen Sonnensystemen der Milchstraße durchaus alltägliche Erscheinung, die uns gewiß ebenfalls lieb und wert wäre.

Tief unter Jupiters Wolkendecke entsteht durch das Gewicht der darüberliegenden atmosphärischen Schichten ein weit höherer Druck als an irgendeinem Punkt der Erde, ein Druck, der teilweise so groß ist, daß er den Wasserstoffatomen Elektronen abquetscht. Dadurch bildet sich eine höchst bemerkenswerte Substanz: flüssiger metallischer Wasserstoff – also Wasserstoff in einem physikalischen Zustand, in dem er in irdischen Labors noch nie beobachtet worden ist, da wir den dafür erforderlichen Druck nicht erzeugen können. (Vom metallischen Wasserstoff, könnte man ihn herstellen, erhofft man sich Supraleitfähigkeit bei mäßigen Temperaturen – eine geradezu umwälzende Neuerung auf dem Gebiet der Elektronik.) Das Jupiterinnere, dessen Druck den Luftdruck auf der Erdoberfläche bis zum Dreimillionenfachen übertrifft, ist fast gänzlich von einem großen, dunklen, trägen Ozean metallischen Wasserstoffs ausgefüllt. Der Jupiterkern selbst jedoch könnte aus Gestein und Eisen bestehen, also eine im Zentrum des größten Planeten auf ewig verborgene, erdähnliche Welt im Schraubstock ungeheuren Drucks darstellen.

Die elektrischen Ströme im flüssigen, metallischen Inneren des Planeten könnten auch das gewaltige Magnetfeld – das größte im ganzen Sonnensystem – und den von ihm eingefangenen Elektronen- und Protonengürtel erklären. Diese elektrisch geladenen, von der Sonne im Sonnenwind ausgestoßenen und vom Jupitermagnetfeld großenteils schon über den Wolken eingefangenen und beschleunigten Teilchen prallen von Pol zu Pol, bis sie auf ein Molekül der Hochatmosphäre stoßen, das sie aus dem Strahlungsgürtel befreit. In diesem Gürtel sorgt Io, dessen Bahn so dicht um Jupiter führt, daß er sich mitten durch diese intensive Strahlung einen Weg pflügt, für zusätzliche Bewegung. Er erzeugt wahre Kaskaden elektrisch geladener Partikel, die ihrerseits heftige Ausbrüche von Radioenergie auslösen (und womöglich auch nicht ohne Einfluß auf die eruptiven Vorgänge auf seiner eigenen Oberfläche bleiben). Diese Radioausbrüche auf dem Jupiter lassen sich durch Berechnung von Ios Position zuverlässiger vorhersagen als das Wetter auf der Erde.

Daß Jupiter eine Radiowellenstrahlung aussendet, wurde in den fünfziger Jahren, als die Radioastronomie noch in den Kinderschuhen steckte, rein zufällig entdeckt. Damals suchten zwei junge Amerikaner, Bernard Burke und Kenneth Franklin, den Himmel mit einem neu konstruierten und für die damalige Zeit äußerst empfindlichen Radioteleskop nach Radioquellen weit jenseits unseres Sonnensystems ab. Zu ihrer Überraschung stießen sie auf eine starke, bis dahin nicht erfaßte Quelle, die keinem großen Stern, keinem Nebel und keiner Galaxis zu entsprechen schien. Ja, mehr noch, die im Verhältnis zu den fernen Sternen eine viel schnellere Bewegung ausführte, als es ein weit entferntes Objekt überhaupt vermocht hätte.* Da sie in ihren kosmischen Karten keine einleuchtende Erklärung dafür fanden, traten sie eines Tages vor die Tür der Sternwarte und schauten in der Hoffnung, irgend etwas Aufschlußreiches zu entdecken, mit unbewehrtem Auge zum Himmel hinauf, wo ihnen zu ihrer Verblüffung genau an der fraglichen

* Da die Lichtgeschwindigkeit endlich ist (siehe achtes Kapitel).

Stelle ein außergewöhnlich helles Objekt auffiel, das sie rasch als den Planeten Jupiter identifiziert hatten. Diese Zufallsentdeckung ist übrigens für die Geschichte der Wissenschaft absolut typisch.
Vor der Begegnung von Voyager 1 mit Jupiter schaute ich allabendlich zu dem am Himmel funkelnden Riesenplaneten auf und sann über den Anblick nach, an dem sich unsere Vorfahren schon eine Million Jahre lang erfreut hatten. Am Abend der Begegnung schoß mir auf dem Weg zum *Jet Propulsion Laboratory,* wo ich die von Voyager einlaufenden Daten untersuchen sollte, der Gedanke durch den Kopf, daß Jupiter mit seinen Monden nun nie wieder derselbe sein würde, nie wieder nur ein Lichtpunkt am Nachthimmel, sondern ein Ort, den wir erforschen und kennenlernen und von dem wir als einer Art Miniatursonnensystem mit recht unterschiedlichen und hochinteressanten Welten viel lernen können.
Jupiter in der Zusammensetzung wie auch sonst in vielem recht ähnlich ist der kleinere Saturn, der sich gleichfalls alle zehn Stunden einmal um die eigene Achse dreht und eine – allerdings nicht so auffällige – farbige streifige Wolkenstruktur parallel zum Äquator aufweist. Wie Jupiter hat er ein Dutzend oder mehr Satelliten, sein Magnetfeld und sein Strahlungsgürtel sind schwächer, seine Ringe dafür um so aufregender.
Der interessanteste Saturnmond scheint Titan zu sein, der größte des Saturn- und zweitgrößte des Sonnensystems und der einzige mit einer nennenswerten Atmosphäre. Vor der Begegnung von Voyager 1 mit Titan im November 1980 wußten wir beschämend wenig über diesen Mond. Mit Sicherheit hatten wir (das heißt G. P. Kuiper) nur ein Gas erkannt: Methan, CH_4, das vom ultravioletten Sonnenlicht in komplexere Kohlenwasserstoffmoleküle und Wasserstoffgas umgewandelt wird. Unseren Erwartungen nach müßten die Kohlenwasserstoffe auf Titan bleiben und seine Oberfläche mit einem bräunlichen, teerartigen organischen Schlamm überziehen, wie wir ihn ähnlich bei unseren Versuchen über den Ursprung des Lebens auf der Erde erzielt hatten. Das leichte Wasserstoffgas dagegen müßte rasch in den Weltraum entweichen und dabei das Methan und andere Bestandteile der Atmosphäre mit sich reißen. Dagegen aber spricht, daß auf Titan ein mindestens ebenso hoher Druck wie auf dem Planeten Mars herrscht, der das schnelle Entweichen offenbar verhindert. Möglicherweise ist uns bis jetzt ein wichtiger Bestandteil der Titanatmosphäre entgangen, z. B. Stickstoff, der das mittlere Molekulargewicht der Atmosphäre erhöht und so dem »Abblasen« vorbeugt. Andererseits könnte es dennoch eintreten, wenn die an den Weltraum abgegebenen Gase durch andere, aus dem Satelliteninneren freigesetzte, ersetzt würden – insofern nicht auszuschließen, als Titan bei seiner niedrigen Dichte großenteils aus Wasser- und sonstigem Eis, vermutlich auch Methaneis, besteht, die durch innere Erwärmung in unbekannter Menge freigesetzt werden und an die Oberfläche gelangen.
Durch das Teleskop ist Titan gerade noch als rötliche Scheibe wahrnehmbar, über der gelegentlich veränderliche weiße Wolken beobachtet wurden – wahrscheinlich Wolken aus Methankristallen. Die rötliche Färbung wird von den meisten auf komplexe organische Moleküle zurückgeführt. Oberflächentemperatur und Dichte der Atmosphäre sind noch umstritten. Manches scheint auf eine durch einen atmosphärischen Treibhauseffekt erhöhte Temperatur hinzudeuten. Mit reichlich organischen Molekülen auf der Oberfläche und in der Atmosphäre aber ist Titan ein recht bemerkenswer-

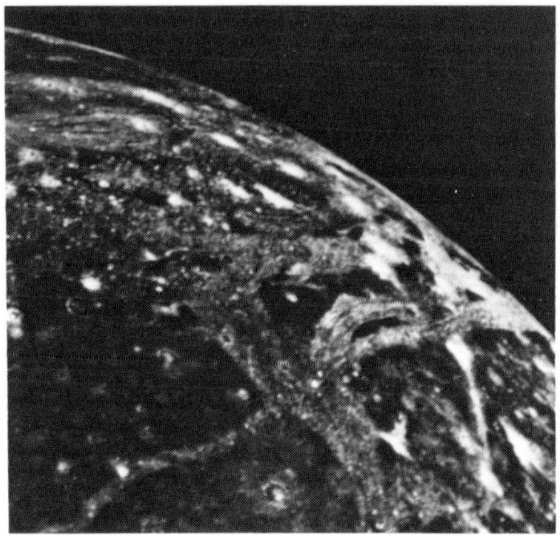

Ganymed, der größte der Jupitermonde. Die kleinsten auf dieser Voyager-1-Aufnahme erkennbaren Einzelheiten haben einen Durchmesser von etwa drei Kilometern. Zahlreiche Einschlagkrater, vielfach mit hellen Strahlen, fallen auf. Bei den sanft geschwungenen und einander überschneidenden Bändern handelt es sich um Rinnen unbekannten Ursprungs. M. frdl. Gen. d. NASA.

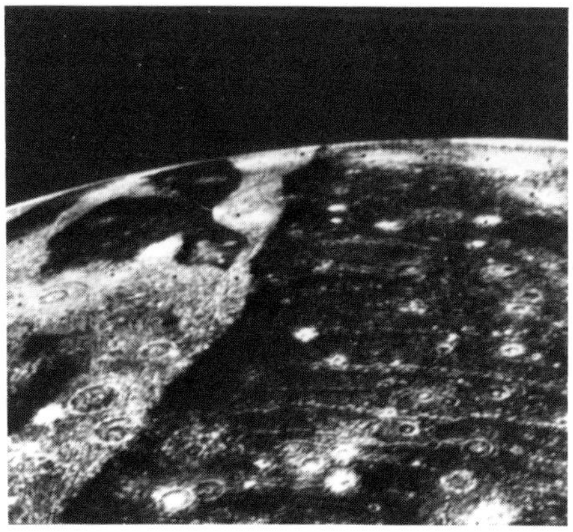

Voyager-2-Aufnahme von Ganymed vom 8. Juli 1979. Die parallelen hellen Streifen, die sich rechterhand quer über die dunkle Ebene ziehen, könnten unter Umständen, wie kleine Wellen in einem Teich, durch einen früheren Einschlag auf die vereiste Oberfläche bewirkt worden sein. Ein Krater ist an der mutmaßlichen Einschlagstelle allerdings nicht zu sehen, könnte jedoch im Laufe der Äonen durch langsame zähflüssige Verformung verwischt worden sein. M. frdl. Gen. d. NASA.

Kallisto, aufgenommen von Voyager 1 am 6. März 1979 aus einer Entfernung von 350 000 Kilometern. Dieser Jupitermond ist etwa so groß wie der Planet Merkur. Seine vielen Einschlagkrater deuten darauf hin, daß er von allen Galileischen Monden die älteste Oberfläche hat, die womöglich schon vor 4 bis 4,5 Milliarden Jahren in der Endphase der letzten Materieverdichtung entstand. Die Albedo dieses Jupitermondes ist nur halb so groß wie die von Ganymed (auch wenn er die doppelte Leuchtkraft unseres Mondes besitzt), das heißt, vermutlich ist Kallistos Eiskruste »schmutzig«. Das »Ochsenauge« rechts geht auf einen großen Einschlag zurück. Der helle Fleck in der Mitte hat einen Durchmesser von rund 600 Kilometern. M. frdl. Gen. d. NASA.

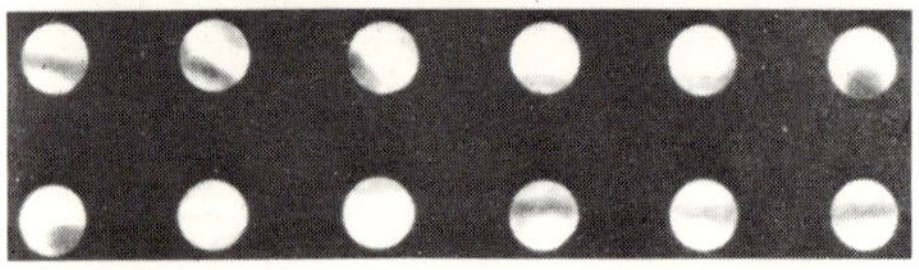

Zwölf Zeichnungen des Saturnmondes Titan von Audouin Dollfus von der Sternwarte auf dem Pic du Midi in den französischen Pyrenäen. Von der Erde aus ist Titan so klein, daß selbst seine Scheibe kaum zu erkennen ist. Die Beobachtungen lassen auf veränderliche weiße Wolken, vielleicht Zirruswolken aus Methan, über einer dunkleren, wahrscheinlich aus organischer Materie bestehenden Wolkenschicht schließen. Man sieht, wie wichtig es ist, Nahaufnahmen von einem Raumfahrzeug aus zu machen. M. frdl. Gen. v. Audouin Dollfus.

ter, ja einzigartiger Bürger des Sonnensystems, ein Ort, über den wir uns – unseren früheren Entdeckungsreisen nach zu schließen, wohl zu Recht – von der Voyager-Raumsonde und anderen Weltraum-Erkundungsmissionen umwälzend neue Erkenntnisse erhoffen.

Durch einen Riß in Titans Wolkendecke könnte man einen Blick auf Saturn und seine Ringe erhaschen, die uns aufgrund der dazwischenliegenden Atmosphäre in einem diffusen hellgelben Licht erschienen. Da das Saturnsystem zehnmal weiter von der Sonne entfernt ist als die Erde, ist die Sonneneinstrahlung auf Titan nur ein Prozent so intensiv wie auf unserem Planeten. Demnach müßten die Temperaturen selbst dann weit unter dem Gefrierpunkt von Wasser liegen, wenn durch die Atmosphäre ein spürbarer Treibhauseffekt entstünde. Dennoch kann in Anbetracht der Häufigkeit organischer Stoffe und des Sonnenlichts die Möglichkeit von Leben auf Ti-

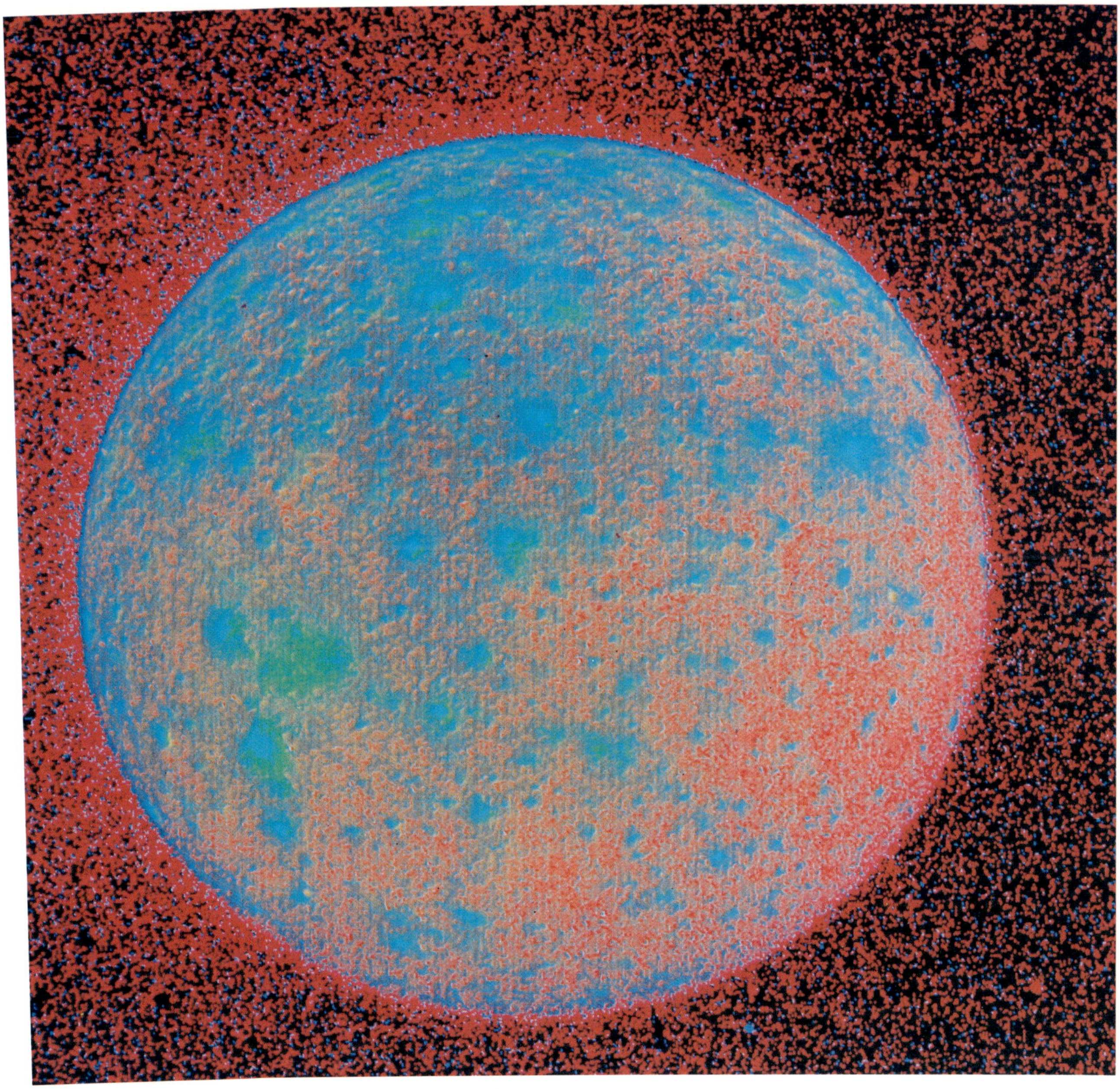

Farbverschobene Aufnahme von Kallisto. Jeder helle Fleck ist ein Einschlagkrater. Voyager-1-Aufnahme, m. frdl. Gen. d. NASA.

tan* nicht ohne weiteres ausgeschlossen werden, zumal es durch Vulkane auf diesem Mond auch wärmere Stellen geben mag. Allerdings müßten Organismen in dieser völlig andersartigen Umgebung auch gänzlich anders aussehen als auf der Erde. Bis jetzt fehlen handfeste Hinweise dafür oder

* Huygens, der Titan 1655 entdeckte, meinte dazu: »Wer könnte diese Systeme [Jupiter und Saturn] betrachten, ohne Staunen über ihre gemessen an unserer armseligen kleinen Erde ungeheure Größe und ihre edlen Begleiter zu empfinden? Oder sich zu dem Gedanken nötigen, der weise Schöpfer habe all seine Tiere und Pflanzen nur hienieden angesiedelt, nur diesen Fleck so reich ausgestattet und geschmückt, all jene Welten aber öd und leer und ohne Bewohner gelassen, die ihn lobpreisen und anbeten könnten? Oder all jene wunderbaren Himmelskörper nur dazu erschaffen, daß sie uns leuchten und womöglich von ein paar von uns armen Tröpfen untersucht werden?« Da aber Saturn zur Vollendung seiner Bahn um die Sonne dreißig Jahre braucht, dauern natürlich auch die Jahreszeiten auf ihm und seinen Monden viel länger als bei uns. Deshalb schrieb Huygens im Hinblick auf die mutmaßlichen Bewohner der Saturnmonde: »In Anbetracht der langweiligen Winter freilich muß sich ihre Lebensweise notwendig stark von der unseren unterscheiden.«

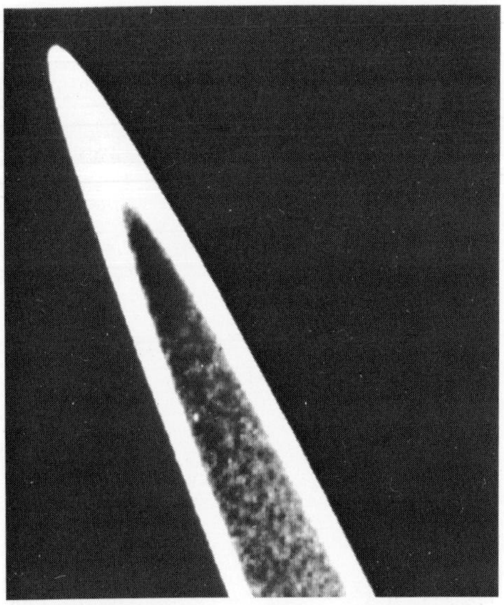

Das von Voyager 1 entdeckte und hier von Voyager 2 aufgenommene, aus kleinen Teilchen bestehende Jupiter-Ringsystem (der Planet selbst wäre rechts unten zu denken), das bis zu den Wolken des Planeten hinunterzureichen scheint und sich im Zustand ständiger Neubildung – vermutlich aus Material von Io – und Zerstörung durch Eintritt in die Jupiterwolken befindet. Da dieses Ringsystem wesentlich kleiner und dunkler ist als das des Saturn, konnte es vor Voyager von der Erde aus nicht mit Sicherheit ausgemacht werden. M. frdl. Gen. d. NASA.

dagegen, und so stellt Leben auf Titan lediglich eine Möglichkeit dar. Sicherheit wird uns voraussichtlich erst die Landung eines mit entsprechenden Instrumenten ausgestatteten Raumfahrzeugs auf der Oberfläche dieses Mondes bringen.

Um die durch die Bank kleinen Bestandteile der Saturnringe – Schneebälle, Eissplitter und winzige Gletscher von einem Meter Durchmesser – im einzelnen untersuchen zu können, müssen wir nah an sie herankommen. Daß sie aus Wassereis bestehen, wissen wir bereits, da die Spektren des von den Ringen reflektierten Sonnenlichts ähnliche Besonderheiten aufweisen wie die von Eis bei Labormessungen. Um nahe heranzukommen, werden wir unser Raumfahrzeug herunterbremsen müssen, damit wir uns neben ihnen halten können, wenn sie mit gut 72000 km/h den Saturn umkreisen; d.h., wir müssen den Planeten ebenfalls, und zwar mit derselben Geschwindigkeit, umrunden. Nur dann können wir sie einzeln und nicht nur als Striche oder Flecken erkennen.

Warum aber gibt es anstelle des Ringsystems nicht einen einzelnen großen Satelliten? Die Erklärung liegt auf der Hand: Je größer die Nähe eines Ringpartikels zu Saturn, desto höher seine Bahngeschwindigkeit (d.h., desto schneller »fällt« es nach dem Dritten Keplerschen Gesetz um den Planeten); die inneren strömen also an den äußeren vorbei (die »Überholspur« verläuft, soweit wir erkennen können, stets links). Zwar ist der Geschwindigkeitsunterschied zweier benachbarter Partikel nur sehr gering (während die ganze Schar mit gut 20 km/sec um den Planeten rast, beträgt er nur ein paar cm/min), aber er genügt doch, um die von der Anziehungskraft der beiden Partikel angestrebte Verbindung zu verhindern. Jeder diesbezügliche Versuch wird durch die unterschiedlichen Bahngeschwindigkeiten von vornherein vereitelt. Verliefen die Ringe nicht so dicht um den Planeten, würde sich dieser Unterschied weniger auswirken, die Partikel könnten sich miteinander verbinden, kleine Schneebälle und schließlich große Monde bilden. So ist es wahrscheinlich auch kein Zufall, daß Saturn außerhalb der Ringe ein ganzes System von Satelliten unterschiedlicher Größe aufweist, deren Dimensionen von ein paar hundert Kilometer Durchmesser bis zum fast marsgroßen Riesenmond Titan reichen. Möglicherweise war die Materie aller Satelliten und vielleicht auch die der Planeten ursprünglich ebenfalls ringförmig verteilt, bis sie sich zu den gegenwärtigen Monden und Planeten sammelte und verdichtete.

Saturn wie Jupiter fangen durch ihr Magnetfeld geladene Teilchen des Sonnenwinds ein, die auf ihrem Weg von einem Magnetpol zum anderen die Äquatorialebene der Planeten kreuzen müssen. Begegnen sie dabei einem dieser kleinen Schneebälle, also einem Ringbestandteil, werden sie absorbiert. Die Folge ist, daß die Strahlungsgürtel bei beiden Planeten nur inner- und außerhalb der Ringe verlaufen. Genauso würde natürlich auch ein saturn- oder jupiternaher Mond die Elektronen und Protonen an sich reißen, sprich, den Strahlungsgürtel fressen, und in der Tat ist einer der neuen Saturnmonde auch auf diese Weise entdeckt worden: als Pioneer 11 auf ein Loch in den Strahlungsgürteln Saturns stieß, das ein bis dahin unbekannter Mond durch seine Teilchengefräßigkeit gerissen hatte.

Der Sonnenwind weht weit über die Umlaufbahn des Saturn hinaus ins äußere Sonnensystem. Wenn die Voyager-Raumsonde Uranus und die Umlaufbahnen Neptuns und Plutos erreicht, wird sie, falls ihre Instrumente bis dahin noch funktionieren, diesen Wind zwischen den Welten, diese

Oben: Saturn und seine Ringe, von Pioneer 11 am 29. August 1979 nach über fünfjährigem Flug aus 2,5 Millionen Kilometer Entfernung aufgenommen. M. frdl. Gen. d. NASA.

Linke Bildspalte: Computerbilder des Saturn unter drei verschiedenen Blickwinkeln, von der fast reinen Seitenansicht *(oben)* bis zur nahezu direkten Draufsicht auf das Ringsystem *(unten)* – eine Möglichkeit, die sich von der Erde aus nicht bietet. Die Ringe sind durch Lücken getrennt. Die größte, die Cassinische Trennung, ist, obwohl man Sterne durchschimmern sieht, nicht völlig frei von Ringpartikeln, weshalb man auch den Plan, Pioneer 11 hier durchzufädeln, wieder fallenließ. Die genaue Anzahl, Lage und Lichtundurchlässigkeit der anderen Lücken wird derzeit noch untersucht. M. frdl. Gen. v. J. Blinn und C. Kohlhase vom Jet Propulsion Laboratory.

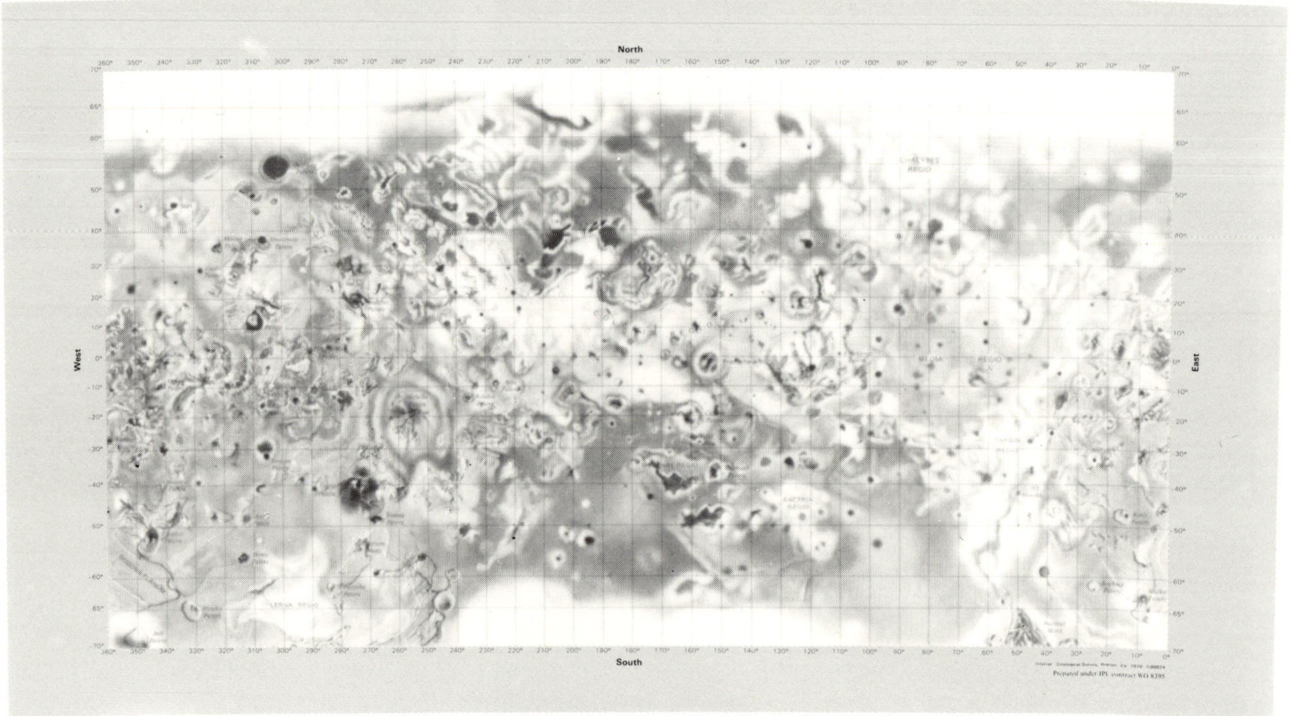
North
South
West
East
Prepared under JPL contract WO 8395

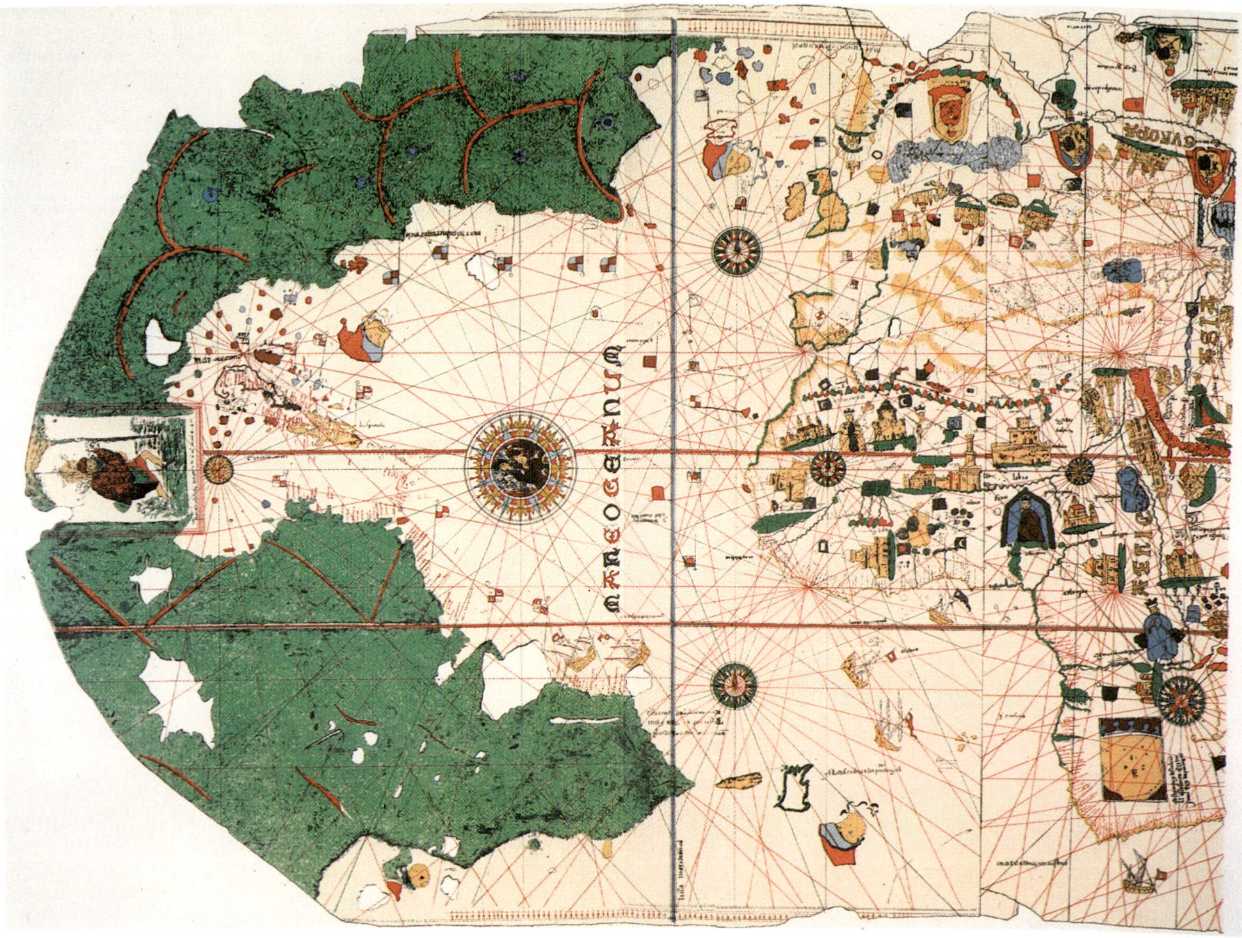

zu den Sternen hinausgeblasene äußerste Schicht der Sonnenatmosphäre, sicher noch registrieren. Erst bei einer Entfernung, die zwei- bis dreimal so groß ist wie der Abstand Plutos von der Sonne, wird der Druck der interstellaren Protonen und Elektronen größer als der des hier kaum noch spürbaren Sonnenwinds. Dieser Bereich, die sog. Heliopause, kennzeichnet im Verein mit anderen Erscheinungen die äußere Grenze des Sonnenreichs. Die Voyager-Sonde aber wird irgendwann in der Mitte des 21. Jahrhunderts über die Heliopause hinaus in den Ozean des Weltraums vorstoßen und, ohne jemals wieder in ein Sonnensystem einzutreten, im Lauf der nächsten paar hundert Jahrmillionen ihre erste Umrundung des Ballungskerns der Milchstraße vollenden: Wir haben in der Tat eine epische Reise angetreten.

Karten neuer Welten. *Oben* eine geologische Karte von Io nach Daten von Voyager 1 und 2, auf der sich in diesem Kapitel anhand von Voyager-Photos gezeigte landschaftliche Details wie Ra, Loki, Maui und Prometheus eingezeichnet finden. *Unten* die erste Amerikakarte, zusammengestellt im Jahr 1500 von Juan de la Cosa, einem Offizier unter Kolumbus. M. frdl. Gen. d. American Geographical Society Collection der University of Wisconsin-Milwaukee.

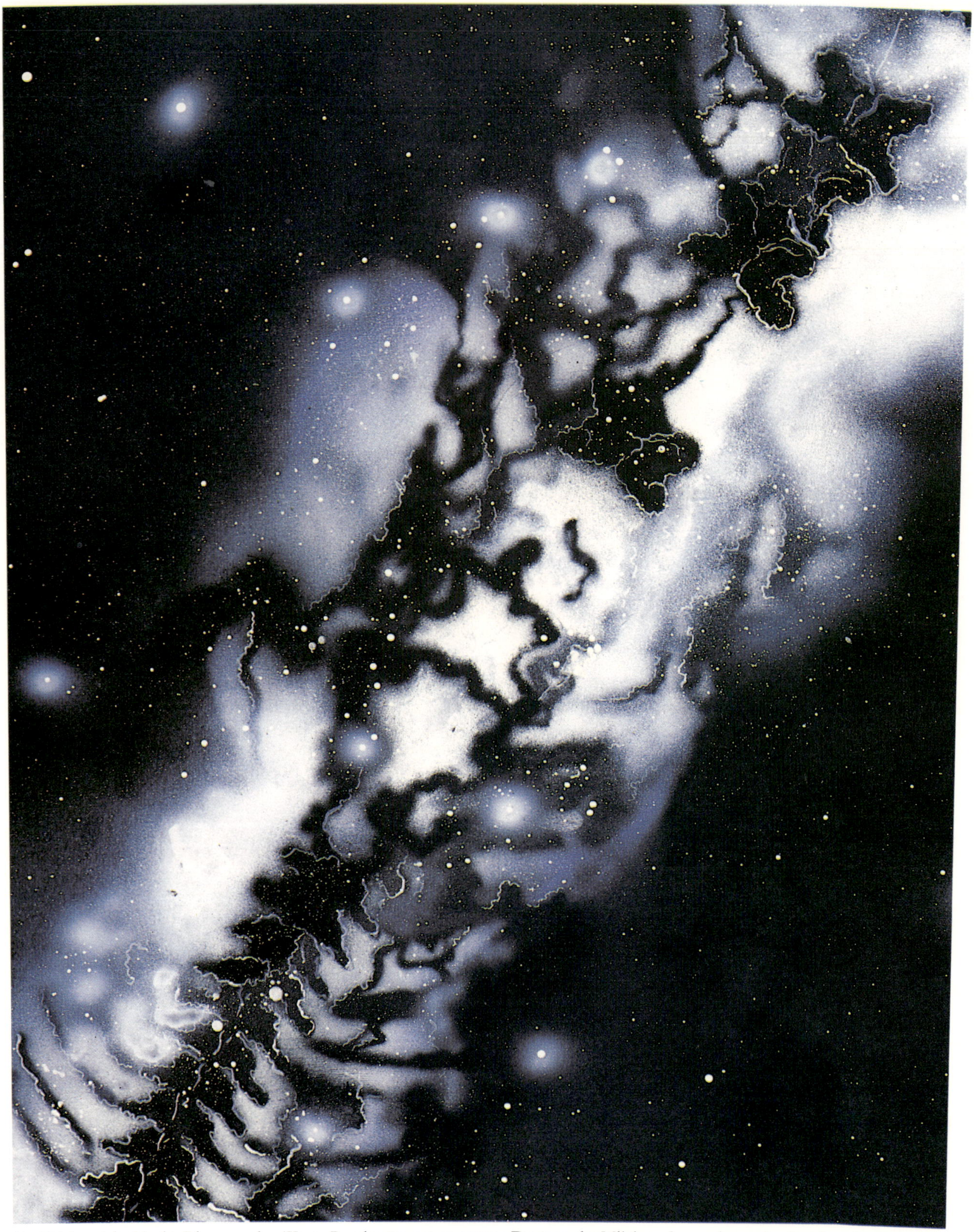

Das Rückgrat der Nacht. Diese von den !Kung-Buschmännern ersonnene Deutung der Milchstraße wurde von Jon Lomberg ins Bild übersetzt.

7. Kapitel
Das Rückgrat der Nacht

Sie kamen zu einem runden, wie Feuer glühenden ... Loch im Himmel.
Das, sagte der Rabe, ist ein Stern.

Schöpfungsmythos der Eskimos

Ich möchte lieber eine einzige Ursache begreifen als der König von Persien sein.

Demokrit von Abdera

Aber Aristarchos von Samos brachte ein Buch heraus mit Hypothesen,
aus deren Prämissen man auf ein vielfach größeres Universum
schließen muß als bisher bekannt. Nach diesen Hypothesen verharren
Fixsterne und Sonne unbeweglich an ihrem Ort,
während die Erde einen Kreis um die Sonne als Mittelpunkt beschreibt.
Die Sphäre der Fixsterne aber, die sich um denselben Mittelpunkt wie die Sonne erstreckt,
ist so groß, daß das Verhältnis zwischen der von ihm angenommenen
Kreisbahn der Erde und der Entfernung der Fixsterne
dem zwischen Mittelpunkt und Oberfläche der Sphäre entspricht.

Archimedes, *Sandrechner*

Eine aufrichtige Darstellung des menschlichen Gottesbegriffs
müßte auch zugeben, daß das Wort »Götter« in den meisten Fällen gebraucht
wurde, um die verborgenen, fernen, unbekannten Ursachen sichtbarer Wirkungen zu umschreiben;
daß der Mensch sich dieses Begriffes bedient,
wo er den Ursprung des Natürlichen, den Quell bekannter Ursachen,
nicht weiterverfolgen kann;
wo er den Faden dieser Ursachen verliert oder wo sein Geist der Beweiskette
nicht länger zu folgen vermag. Dann löst er die Schwierigkeit dadurch,
beendet seine Suche damit, daß er seine Götter zur Ursache erklärt ...
Wenn er aber seinen Göttern irgendeine Erscheinung zuschreibt ...
ersetzt er da nicht im Grunde die in seinem Geiste
herrschende Finsternis durch einen Klang, dem er gewohntermaßen mit scheuer Ehrfurcht lauscht?

Paul Heinrich Dietrich, Baron von Holbach, *Système de la Nature*, London 1770

Als ich noch klein war und im New Yorker Stadtteil Brooklyn wohnte, kannte ich die unmittelbare Nachbarschaft wie meine Hosentasche, jedes Wohnhaus, jeden Taubenschlag und Hinterhof, jede Veranda, jedes unbebaute Grundstück, jede Ulme, jedes schmiedeeiserne Gitter, jede Kohlenschütte und jede Mauer, an der man Ball spielen konnte, allen voran natürlich die bestens geeigneten Backsteinwände des Loew's Stillwell-Theaters. Außerdem kannte ich viele, die dort wohnten: Bruno und Dino, Ronald und Harvey, Sandy, Bernie, Danny, Jackie und Myra. Aber schon wenige Blocks weiter, nördlich der 86. Straße mit ihrem lärmenden Autoverkehr und ihrer Hochbahn, begann für mich fremdes, unbekanntes und unzugängliches Territorium, das ebensogut auf dem Mars hätte liegen können. Im Winter konnte man trotz frühen Zubettgehens manchmal die Sterne sehen. Dann schaute ich zu ihnen hinauf, wie sie in weiter Ferne funkelten, und rätselte herum, was sie wohl sein mochten. Ich fragte auch ältere Kinder und Erwachsene, erhielt aber immer nur die Auskunft: »Lichter am Himmel, Kind.« Das konnte ich selber sehen. Aber was für Lichter? Einfach kleine Lampen, die da oben herumschwebten? Doch wozu? Irgendwie beunruhigten sie mich ständig – ein sonderbares Gefühl, das meinen weniger neugierigen Kameraden verborgen blieb. Letztlich, davon war ich fest überzeugt, mußte mehr dahinterstecken.

Sobald ich alt genug war, schenkten mir meine Eltern eine Mitgliedskarte für die Leihbibliothek, die meines Erinnerns in der 85. Straße lag, einem mir fremden Gebiet. Auf der Stelle machte ich mich auf den Weg und fragte die Bibliothekarin nach einem Buch über *»stars«*, wie bei uns die Sterne heißen. Sie brachte einen Bildband mit Photos von Männern und Frauen mit Namen wie Clark Gable und Jean Harlow. Und als ich ihr finster bedeutete, dies sei nicht das Rechte, lächelte sie aus einem mir damals unverständlichen Grund und holte ein anderes Buch – von der richtigen Sorte. Atemlos schlug ich es auf und las, bis ich gefunden hatte, was ich suchte. In dem Buch stand etwas Erstaunliches, ein ganz großer Gedanke, nämlich, daß die Sterne lauter Sonnen sind, aber in unendlicher Ferne – und die Sonne umgekehrt ein Stern, nur entsprechend nah.

Man konnte sich also vorstellen, daß man die Sonne nahm und so weit wegschob, daß sie bloß noch als kleines funkelndes Lichtpünktchen zu sehen war. Wie weit aber mußte man sie da schieben? Natürlich hatte ich noch nichts von Winkelgröße oder dem umgekehrten Quadrat bei der Fortpflanzung des Lichts gehört, hatte also nicht die geringste Aussicht, die Entfernung zu den Sternen zu berechnen. Eins aber war mir dennoch klar: Wenn die Sterne Sonnen waren, mußten sie sehr weit entfernt sein – weiter als die 85. Straße, weiter als Manhattan und wahrscheinlich sogar weiter als New Jersey. Der Kosmos war demnach viel größer, als ich angenommen hatte.

Später stieß ich auf eine weitere erstaunliche Tatsache. Die Erde, auf der auch Brooklyn liegt, ist ein Planet und bewegt sich um die Sonne. Daneben gibt es noch andere Planeten, die teils in geringerer, teils in größerer Entfernung gleichfalls um die Sonne kreisen. Aber diese Planeten leuchten nicht selbst wie die Sonne, sondern werfen lediglich das Sonnenlicht zurück. Aus großer Entfernung konnte man also die Erde und die anderen Planeten überhaupt nicht sehen; da waren sie nur schwach erleuchtete Punkte, die im Glanz der Sonne untergingen. Dann aber, dachte ich, mußten die anderen Sterne ebenfalls Planeten haben, die wir bis jetzt bloß noch nicht entdeckt hatten und auf denen es z. T. sicher auch Leben gab (warum schließlich nicht?), eine Art Leben, das vielleicht ganz anders aussah als bei uns, als das Leben in Brooklyn. So faßte ich den Entschluß, Astronom zu werden, alles über die Sterne und Planeten in Erfahrung zu bringen und sie womöglich eines Tages zu besuchen.

Ich hatte das unerhörte Glück, durch meine Eltern und auch einige Lehrer in diesem sonderbaren Ehrgeiz bestärkt zu werden und in einer Zeit zu leben, in der der Mensch erstmals in seiner Geschichte andere Welten besucht und den Kosmos wirklich zu erkunden beginnt. Wäre ich in einem wesentlich früheren Zeitalter geboren worden, hätte ich trotz allen Wissensdurstes nie begreifen können, was Sterne und Planeten sind, hätte nie erfahren, daß es andere Sonnen und andere Welten gibt. Denn das ist eines der großen Geheimnisse, die der Mensch der Natur im Laufe einer Jahrmillion durch geduldige Beobachtung und kühne Überlegung abgerungen hat.

Was sind die Sterne? Solche Fragen sind so natürlich wie das Lächeln eines Kindes. Der Mensch hat sie auch von Anbeginn an gestellt. Unsere Zeit unterscheidet sich nur darin von früheren Epochen, daß wir endlich die eine oder andere Antwort kennen und daß wir diese Antworten mühelos in Büchern nachlesen können. Die Biologie hat das überzeugende, wenn auch nicht durchweg anwendbare biogenetische Grundgesetz der Rekapitulation aufgestellt, demzufolge der einzelne in seiner Embryonalentwicklung die Evolution seiner Spezies nachvollzieht. Und eine ähnliche Rekapitulation, scheint mir, findet auch in unserer geistigen Entwicklung statt. Ohne daß wir uns dessen bewußt werden, leben in uns die Gedanken unserer frühen Vorfahren wieder auf. Versetzen wir uns doch einmal einige Jahrtausende zurück, in eine Zeit ohne Wissenschaft und ohne Bibliotheken. Wir waren damals nicht minder klug, nicht minder wißbegierig, zeigten ebenso großes Interesse für soziale und sexuelle Fragen. Aber es waren noch keine Experimente durchgeführt, noch keine Erfindungen gemacht worden, die Gattung *Homo* steckte noch in den Kinderschuhen. Versetzen wir uns in die Zeit zurück, als das Feuer entdeckt wurde. Wie lebte der Mensch damals, wie deutete er die Sterne? Manchmal stelle ich mir vor, einer unserer Vorfahren könnte etwa folgendermaßen gedacht haben:

Wir ernähren uns von Beeren und Wurzeln. Nüssen und Blättern. Und von toten Tieren. Manche Tiere finden wir. Andere töten wir. Wir wissen, was uns bekommt und was uns schadet. Verkosten wir manche Dinge, werden wir zur Strafe niedergeworfen. Wir wollten nichts Schlechtes, aber Fingerhut und Schierling können uns umbringen. Wir lieben unsere Kinder und unsere Freunde. Und warnen sie vor solchen Dingen.

Auch wenn wir Tiere jagen, können wir den Tod finden. Sie können uns aufspießen. Oder tottrampeln. Oder auffressen. Das Treiben der Tiere bedeutet Leben und Tod für uns: wie sie sich gebärden, welche Fährten sie hinterlassen, wann sie sich paaren und Junge werfen und auf Wanderschaft gehen. Das alles müssen wir in Erfahrung bringen und unseren Kindern sagen, die es wiederum ihren Kindern weitergeben.

Wir sind von den Tieren abhängig. Wir folgen ihnen, vor allem im Winter, wenn es nur wenig eßbare Pflanzen gibt. Wir sind umherschweifende Jäger und Sammler. Wir nennen uns das Jägervolk.

Die meisten von uns schlafen unter freiem Himmel oder unter einem Baum oder in seinem Geäst. Wir kleiden uns in Tierfelle, um uns warm zu halten und unsere Blöße zu bedecken. Manchmal fertigen wir aus den Fellen auch eine Hängematte an. Wenn wir in die Tierfelle geschlüpft sind, spüren wir die Kräfte des Tieres. Wir springen mit der Gazelle. Wir jagen mit dem Bären. Die Tiere und uns verbindet ein unlösbares Band. Wir jagen und verzehren sie. Sie jagen und verzehren uns. So ist einer Teil des anderen.

Wir fertigen Werkzeuge und erhalten uns am Leben. Einige der Unseren verstehen sich darauf, Steine zu suchen, zu brechen, zu spalten, zu schärfen und zu glätten. Manchmal befestigen wir die Steine mit Tiersehnen an einem Holzgriff und machen so eine Axt. Mit ihr fällen wir Pflanzen und erschlagen wir Tiere. Andere Steine werden an lange Stöcke gebunden. Wenn wir ruhig und bedacht zu Werke gehen, können wir zuweilen nahe genug an ein Tier herankommen, um es mit diesem Speer zu erstechen.

Fleisch verdirbt. Manchmal sind wir hungrig und versuchen, es nicht zu bemerken. Ein andermal vermischen wir das verdorbene Fleisch mit Kräutern, um den Geschmack zu verbergen. Essen, das nicht verdirbt, wickeln wir in Streifen von Tierhäuten. Oder in Blätter. Oder stecken es in große Nußschalen. Es ist klug, Nahrung beiseite zu legen und mitzuführen. Wenn wir sie zu früh essen, sterben einige der Unseren später Hungers. So müssen wir einander helfen. Aus diesem und vielen anderen Gründen haben wir Regeln und Gebote. Ihnen muß ein jeder gehorchen. Sie sind heilig.

Eines Tages tobte ein Gewitter mit viel Blitz und Donner und Regen. Die Kleinen haben Angst vor Gewittern. Ich manchmal auch. Gewitter bergen ein Geheimnis. Der Donner grollt tief und laut; der Blitz zuckt kurz und hell. Vielleicht ist ein sehr Mächtiger sehr zornig. Einer im Himmel, denke ich.

Nach dem Gewitter flackerte und knisterte es im Wald. Wir gingen hin, um uns umzuschauen. Da gewahrten wir ein helles, heißes, hüpfendes Ding, gelb und rot. Dergleichen hatten wir noch nie gesehen. Jetzt nennen wir es »Flamme«. Es hat einen besonderen Geruch. Und es ist irgendwie lebendig. Es ißt. Es verzehrt Pflanzen und dicke Äste und sogar ganze Bäume, wenn man ihm nicht wehrt. Es ist stark. Aber nicht sehr klug. Wenn es alles aufgefressen hat, stirbt es. Es geht auch nicht einen Speerwurf von einem Baum zu anderen, wenn es unterwegs keine Nahrung vorfindet. Es kann nicht gehen, ohne zu essen. Aber wenn es auf reichlich Nahrung stößt, wächst es und zeugt viele Flammenkinder.

Einem der Unseren kam ein kühner und furchterregender Gedanke: die Flamme einzufangen, sie ein wenig zu füttern und zu unserem Freund zu machen. Wir suchten ein paar lange Äste aus hartem Holz. Die Flamme verzehrte sie, aber nur langsam. Wir konnten sie an dem Ende ohne Flamme anfassen. Wenn man mit einer kleinen Flamme schnell läuft, stirbt sie. Flammenkinder sind schwach. Wir sind nicht gelaufen. Wir sind gegangen und haben Beschwörungen gerufen. »Stirb nicht«, haben wir zur Flamme gesagt. Die anderen Jäger haben uns mit großen Augen zugeschaut.

Seither nehmen wir sie immer mit uns. Wir haben eine Flammenhüterin, die die Flamme langsam füttert, damit sie nicht Hungers stirbt. Die Flamme ist*

* Diese Auffassung des Feuers als eines schutz- und pflegebedürftigen Lebewesens sollte nicht als »primitiv« abgetan werden, findet sie sich doch am Anfang vieler moderner Zivilisationen. So verfügte im antiken Griechenland und Rom sowie bei den altindischen Brahmanen jeder Haushalt über einen Herd und befolgte bestimmte Gebote und Vorschriften zur Erhaltung des Herdfeuers. Nachts wurde die Glut mit Asche abgedeckt, am Morgen Reisig aufgelegt, um die Flamme wiederzubeleben. Das Erlöschen des Herdfeuers galt als gleichbedeutend mit dem Untergang der Familie. In allen drei Kulturen war das Herdritual mit dem Ahnenkult verquickt. Hier liegt auch der Ursprung von Symbolen wie dem ewigen Licht oder dem olympischen Feuer, die bei religiösen, politischen und sportlichen Zeremonien und Gedenkfeiern noch heute in aller Welt Verwendung finden.

ein Wunder und auch nützlich; sicher ist sie ein Geschenk mächtiger Wesen. Ob es wohl dieselben sind wie die zornigen Gewittermacher?
Die Flamme hält uns in kalten Nächten warm. Sie spendet uns Licht. Sie reißt bei Neumond Löcher in die Finsternis. Wir können bei ihrem Schein für die Jagd des nächsten Tages Speere machen. Und wenn wir nicht zu müde sind, einander in der Dunkelheit sogar sehen und noch miteinander reden. Außerdem hält das Feuer – auch dies etwas Gutes! – die Tiere fern. Denn nachts sind wir verletzlich. Manche der Unseren sind sogar schon von kleinen Tieren wie Hyänen und Wölfen gefressen worden. Jetzt ist das alles anders. Jetzt hält uns die Flamme die Tiere vom Leib. Wir sehen sie leise bellend im Dunkel herumstreichen, und ihre Augen leuchten im Licht der Flamme. Sie haben Angst vor der Flamme. Wir aber haben keine Angst vor ihr. Die Flamme gehört zu uns. Wir sorgen für sie. Und sie für uns.

Der Himmel ist wichtig. Er bedeckt uns. Er spricht zu uns. Ehe wir die Flamme gefunden hatten, legten wir uns im Dunkel zurück und schauten staunend zu all den leuchtenden Punkten hinauf. Manche fügten sich zu einem Bild zusammen. Eine der Unseren konnte diese Bilder besser erkennen als die anderen. Sie zeigte sie uns und lehrte uns ihre Namen. Bis spät in die Nacht hinein saßen wir in der Runde zusammen und erzählten uns Geschichten über die Himmelsbilder: Löwen, Hunde, Bären, Jäger und andere, noch seltsamere Dinge. Ob es wohl Bilder der mächtigen Wesen im Himmel sind, die im Zorn die Gewitter erregen?
Meist ändert sich der Himmel nicht. Jahrein, jahraus sehen wir dieselben Sternbilder. Der Mond wächst aus dem Nichts zu einer dünnen Sichel, dann zu einem runden Ball an und schrumpft wieder zum Nichts zusammen. Wenn er wechselt, bluten die Frauen. Manche Stämme haben Regeln, die zu bestimmten Zeiten des zu- oder abnehmenden Mondes den Verkehr mit den Frauen verbieten. Manche Stämme ritzen die Tage des Mondes oder die Tage, an denen die Frauen bluten, in Geweihe ein. Dann können sie vorausplanen und die Regeln einhalten. Regeln sind heilig.
Die Sterne sind sehr weit weg. Wenn wir auf einen Berg oder einen Baum steigen, kommen wir ihnen nicht näher. Sie müssen hinter den Wolken sein, die zwischen uns und ihnen aufsteigen. Auch der Mond zieht auf seiner langsamen Wanderschaft vor den Sternen dahin. Später sieht man, daß den Sternen kein Leid geschehen ist. Der Mond frißt die Sterne nicht auf. Sie müssen hinter ihm sein. Sie funkeln in einem sonderbaren, kalten, weißen, fernen Licht. Es sind ihrer viele. Allüberall am Himmel. Was sie wohl sind?
Nachdem wir die Flamme gefunden hatten, saß ich am Lagerfeuer und schaute zu den Sternen auf. Ein Gedanke kam mir: Die Sterne sind Flammen, dachte ich. Dann kam mir noch ein Gedanke: Die Sterne sind Lagerfeuer, die andere Jäger des Nachts entzünden. Die Sterne geben ein kleineres Licht als Lagerfeuer. Also müssen sie Lagerfeuer in sehr weiter Ferne sein. »Aber«, so fragen mich die anderen, »wie kann es Lagerfeuer am Himmel geben? Warum fallen sie und die Jäger, die um diese Flammen sitzen, nicht herunter zu unseren Füßen? Warum fallen nicht fremde Stämme vom Himmel!«
Das sind gute Fragen. Sie gehen mir im Kopf herum. Manchmal halte ich den Himmel für die eine Hälfte einer großen Eierschale oder einer großen Nußschale. Ich denke, die Leute um diese fernen Lagerfeuer schauen auf uns herunter – nur daß es für sie wie ein Hinaufblicken ist – und sehen uns an ihrem Himmel und wundern sich, warum wir nicht auf sie herunterfallen. Aber die

anderen Jäger sagen: »Unten ist unten und oben oben.« Auch eine gute Antwort.
Einem der Unseren kam noch ein anderer Gedanke. Der Gedanke, daß die Nacht ein großes schwarzes Tierfell ist, das über den Himmel geworfen wird. Aber das Fell hat Löcher. Und wir schauen durch diese Löcher. Dabei sehen wir Flammen. Er meint, daß nicht nur an den Stellen, wo wir Sterne sehen, Flammen sind. Sondern daß sie den ganzen Himmel erfüllen, aber vom Fell verdeckt werden. Außer, wo Löcher sind.
Einige Sterne wandern. Wie die Tiere, die wir jagen. Wie wir. Wenn du sie über viele Monate hin sorgfältig beobachtest, siehst du, daß sie sich bewegen. Das machen nur fünf, ebenso viele, wie wir Finger an einer Hand haben. Sie ziehen langsam unter den anderen Sternen dahin. Wenn das mit den Lagerfeuern stimmt, müssen diese Sterne umherziehende Jägerstämme sein, die große Feuer mit sich führen. Wie wandernde Sterne Löcher in einem Fell sein sollten, begreife ich nicht. Wenn du ein Loch machst, hast du ein Loch. Ein Loch ist ein Loch. Löcher wandern nicht. Außerdem möchte ich auch nicht von einem Flammenhimmel umgeben sein. Wenn das Fell herunterfiele, wäre der Nachthimmel ganz hell – viel zu hell – wie ein einziger großer Feuerschein. Ich glaube aber, ein Flammenhimmel würde uns alle verzehren. Vielleicht gibt es zwei Sorten von mächtigen Wesen im Himmel. Böse, die wollen, daß uns die Flamme frißt. Und gute, die das Fell darüber decken, um die Flamme fernzuhalten. Wir müssen einen Weg finden, den guten zu danken.
Ich weiß nicht, ob die Sterne Lagerfeuer am Himmel sind. Oder Löcher in einem Fell, durch die die Flamme der Macht auf uns herunterschaut. Manchmal glaube ich das eine. Dann wieder das andere. Und einmal kam mir der Gedanke, daß da weder Lagerfeuer noch Löcher sind, sondern etwas anderes, was ich nicht verstehen kann.
Leg den Nacken auf einen Holzklotz. Dein Kopf sinkt zurück. Dann siehst du nur noch den Himmel. Keine Berge, keine Bäume, keine Jäger, keine Lagerfeuer mehr. Nur den Himmel. Manchmal vermeine ich, in den Himmel hinaufzufallen. Wenn die Sterne Lagerfeuer sind, möchte ich diese anderen Jäger besuchen – diejenigen, die umherziehen. Dann möchte ich gern hinauffallen. Aber wenn die Sterne Löcher in einem Fell sind, bekomme ich Angst. Ich möchte nicht durch ein Loch hinauf in die Flamme der Macht fallen.

Wenn ich nur wüßte, was wahr ist. Es nicht zu wissen, mißfällt mir.

Ich glaube nicht, daß allzu viele Mitglieder einer Jäger- und Sammlergruppe so oder ähnlich über die Sterne dachten. Allenfalls mögen es im Lauf der Jahrhunderte einige wenige getan haben, und mit Sicherheit keimten nicht all diese Gedanken in ein und derselben Person auf. Andererseits sind ausgetüftelte Vorstellungen in solchen Gemeinschaften keineswegs eine Seltenheit. Zum Beispiel haben sich die !Kung-Buschmänner* der Kalahari in Botswana eine einleuchtende Erklärung für die Milchstraße ausgedacht, die sie aufgrund der geographischen Breite ihres Wohngebiets oft über sich sehen: Sie nennen unsere Galaxis »das Rückgrat der Nacht«, gerade, als wäre der Himmel ein großes Tier, in dem wir lebten. Durch diese Erklärung wird die Milchstraße gleichzeitig zu einer nützlichen und verständlichen Einrichtung. Nach Ansicht der !Kung nämlich trägt und hält sie die Nacht;

* Das Ausrufezeichen bezeichnet einen Schnalzlaut, der dadurch erzeugt wird, daß man mit der Zunge die Innenseite der Schneidezähne berührt und gleichzeitig das K ausspricht.

Rekonstruktion des Heratempels auf der griechischen Insel Samos, des mit 120 Meter Länge größten Tempels der damaligen Zeit. Die 530 v. Chr. aufgenommenen Bauarbeiten setzten sich bis ins 3. vorchristliche Jahrhundert fort. Aus O. Reuther, *Der Heratempel von Samos*. 1957.

ohne sie würden Trümmer der Dunkelheit auf die Erde herabstürzen – eine klug ausgedachte Idee.

Mit der Zeit aber wurden Bilder wie himmlische Lagerfeuer oder galaktisches Rückgrat in den meisten Kulturen von einer anderen Vorstellung verdrängt: Die mächtigen Wesen im Himmel wurden zu Göttern erhoben, erhielten Namen und Verwandte sowie besondere Verantwortungsbereiche und kosmische Aufgaben. Natürlich gab es auch für alle menschlichen Belange eine zuständige Gottheit, mit einem Wort, die Natur wurde von A bis Z von Göttern gelenkt. Nichts geschah ohne ihr direktes Eingreifen. Waren sie glücklich und zufrieden, gab es genügend Nahrung, und die Menschen konnten gleichfalls glücklich und zufrieden sein. Mißfiel den Göttern dagegen etwas – und oft genügte eine Kleinigkeit, um ihren Zorn zu erregen –, waren schreckliche Folgen zu gewärtigen: Dürreperioden, Stürme, Kriege, Erdbeben, Vulkanausbrüche, Seuchen. Die Götter mußten schleunigst besänftigt werden, und so bildete sich ein einflußreicher Berufszweig mit Priestern und Orakeln zur Versöhnung der aufgebrachten Götter heraus. Da die Götter jedoch sehr launisch waren, wußte man dennoch nie, woran man mit ihnen war. Die Natur blieb ein Geheimnis, die Welt weitgehend unverständlich.

Auf der ägäischen Insel Samos stand einst ein großer Hera geweihter Tempel, der als eines der Wunder der antiken Welt galt. Nur wenig ist von diesem sogenannten Heraion erhalten geblieben, doch Hera ist in einem noch heute im Westen gebräuchlichen Begriff lebendig – dem der Milchstraße. (Die ursprünglich als Himmelsgöttin verehrte Hera, die als Schutzpatronin für Samos die gleiche Rolle spielte wie Athene für Athen, heiratete das Oberhaupt der olympischen Götter, Zeus, und verbrachte mit ihm ihre Flitterwochen auf Samos.) Das diffuse Lichtband am Nachthimmel soll nach der griechischen Religion ihre über den Himmel verspritzte Milch sein – eine Sage, die aus der Einsicht erwachsen sein könnte, daß der Himmel die Erde nährt.

Die einzige erhaltene Säule des Heratempels von Samos. M. frdl. Gen. v. Bill Ray.

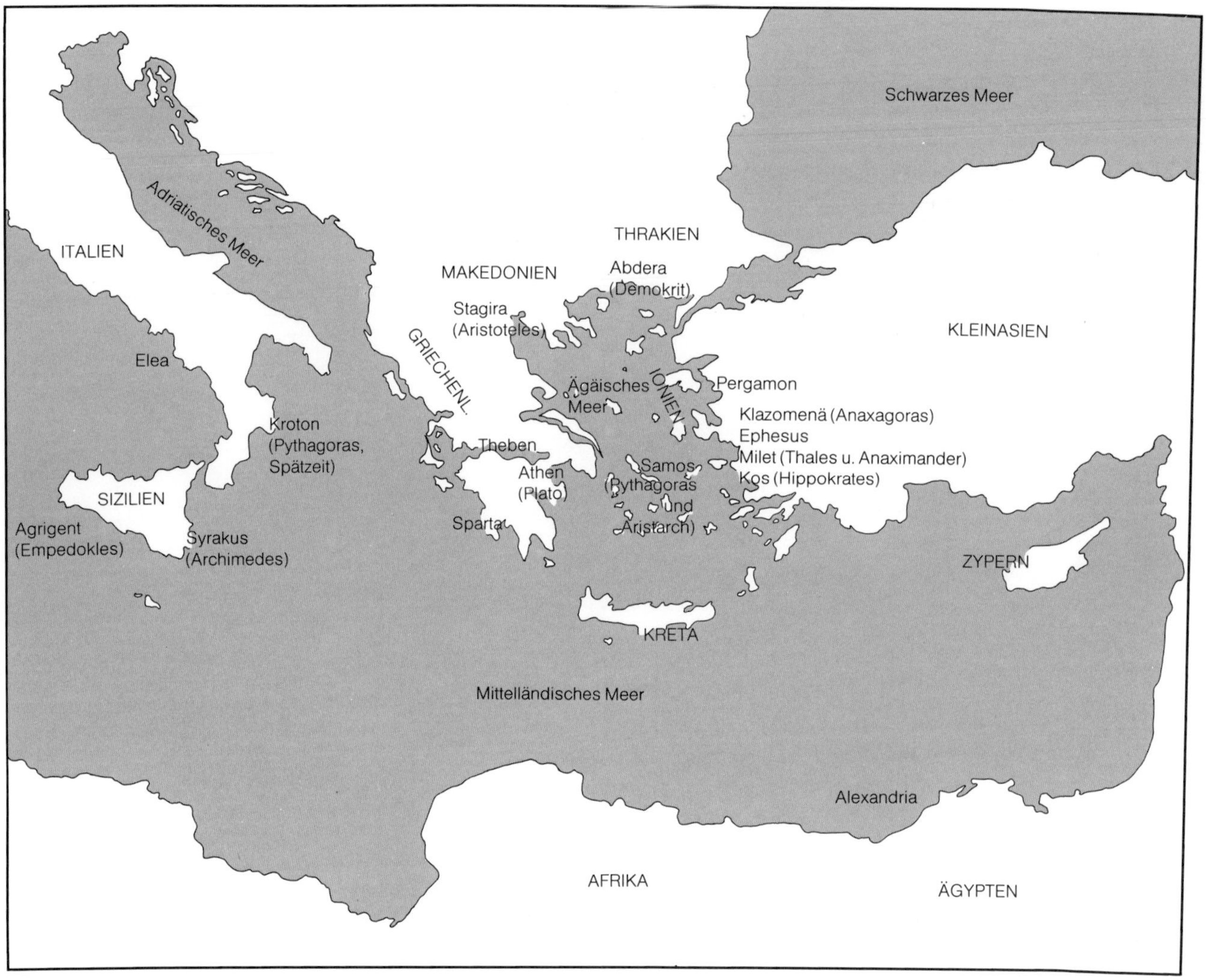

Mit den Namen der großen antiken Wissenschaftler verknüpfte klassische Städte des östlichen Mittelmeerraums.

So stammen wir mehr oder minder alle von Menschen ab, die auf die Gefahren der Existenz nur eine Antwort wußten: Geschichten über unberechenbare oder mißgestimmte Gottheiten zu erfinden. Durch phantasiereiche religiöse Erklärungen wurde der Erkenntnisdrang des Menschen lange lahmgelegt. Im Griechenland Homers gab es Götter des Himmels und der Erde, des Gewitters, der Meere und der Unterwelt, des Feuers, der Zeit, der Liebe und des Krieges; und noch jeder Baum und jede Wiese hatten ihre Dryaden und Mänaden.

Diese selbst heute noch nicht ganz überwundene Auffassung vom Universum als einem willenlosen Spielzeug in der Hand einer unsichtbaren und unerforschlichen Gottheit (bzw. deren mehreren) hat die Menschheit jahrtausendelang tyrannisiert – bis es dann vor 2500 Jahren in Ionien, d.h. auf Samos und den von den Griechen kolonisierten Nachbarinseln und Buchten der vielbefahrenen östlichen Ägäis zu einem glorreichen Erwachen kam. Mit einemmal traten Leute auf, die glaubten, daß alles aus Atomen bestehe; daß Menschen und andere Lebewesen aus einfacheren Formen entstanden seien; daß Krankheiten nicht von Dämonen oder Göttern verursacht würden; daß die Erde nur ein die Sonne umkreisender Planet sei; und daß sich die Sterne in weiter Ferne befänden.

Diese Revolution des Denkens schuf das Chaos zum Kosmos um. Nach Ansicht der frühen Griechen war das erste Seiende das Chaos, wie ja auch die Genesis in diesem Zusammenhang den Begriff »wüst und leer« gebraucht. Das Chaos brachte eine Göttin namens Nacht hervor und zeugte mit ihr Nachkommen, die ihrerseits die Götter und Menschen hervorbrachten. Ein aus dem Chaos entsprungenes Universum hatte voll und ganz dem Glauben der Griechen an eine unberechenbare, von launischen Gottheiten gelenkte Natur entsprochen. Und nun wurde im Ionien des 6. vorchristlichen Jahrhunderts mit einemmal ein ganz neues Konzept, eine der großen Ideen der Menschheit entwickelt und das Universum plötzlich aufgrund einer inneren Ordnung als der Erkenntnis zugänglich erklärt. Mit Hilfe regelmäßig wiederkehrender Ereignisse hoffte man, der Natur, die nach alledem offenbar nicht völlig unberechenbar sein konnte, sondern eindeutig sogar bestimmten Regeln folgen mußte, ihre Geheimnisse zu entreißen. Und diese neu entdeckte wunderbare Ordnung des Universums nannte man Kosmos.

Warum aber kam diese Idee ausgerechnet in Ionien mit seinen kleinräumigen, wenn auch idyllischen Landschaften, seinen im östlichen Mittelmeer verlorenen Inseln und Buchten und nicht in den großen Städten Indiens oder Ägyptens, Babyloniens, Chinas oder Mittelamerikas auf? China beispielsweise verfügte über eine jahrtausendealte astronomische Tradition, hat Papier und Buchdruck, Raketen, Uhren, Seide und Porzellan erfunden und Hochseeflotten gebaut. Und falls seine Gesellschaft, wie manche Historiker meinen, aufgrund ihrer starken Traditionsgebundenheit Neuerungen tatsächlich ablehnend gegenüberstand – warum dann nicht Indien mit seiner außerordentlich reichen Kultur und seiner Begabung für Mathematik oder die Mayas und Azteken, die eine hochentwickelte Astronomie besaßen und eine ähnliche Vorliebe für große Zahlen hegten wie die Inder? Weil Indien, so die Fachwissenschaft, der Faszination eines unendlich alten Universums im ewigen Kreislauf von Tod und Wiedergeburt, Seelen und Welträumen erlag, in dem nichts grundsätzlich Neues geschehen konnte, und weil den Mayas und Azteken die Fähigkeit oder der Drang zu mechanischen Erfindungen abging: Sie entwickelten, außer an Kinderspielzeug, nicht einmal das Rad.

Demgegenüber hatten die Ionier verschiedene Vorzüge aufzuweisen. Vor allem war Ionien ein Inselreich. Isolierung aber erzeugt, auch wenn sie nur unvollständig ist, Mannigfaltigkeit. Bezeichnenderweise herrschte auf den vielen Inseln eine Vielzahl politischer Systeme. Es gab keine Machtkonzentration, die sozialen und geistigen Konformismus hätte aufzwingen können. Das wiederum ermöglichte freies Forschen. Den Aberglauben zu fördern galt nicht als politische Notwendigkeit. Und noch eins hatten die Ionier vielen anderen Kulturen voraus: Sie lagen im Schnittpunkt mehrerer, nicht im Mittelpunkt einer Kultur. So adaptierten sie das phönizische Alphabet für den griechischen Gebrauch, womit sich die Kunst des Lesens und Schreibens, bis dahin Monopol der Priester und Schriftgelehrten, weithin ausbreitete und das Gedankengut vieler der Betrachtung und Diskussion zugänglich wurde. Die politische Macht lag in der Hand von Kaufleuten, die die Technik als Grundlage ihres Wohlstands aktiv förderten. Und schließlich erlebte Ionien dank seiner geographischen Lage im östlichen Mittelmeer, wo sich die Kulturen Asiens und Europas einschließlich der großen Kulturen Ägyptens und Mesopotamiens begegneten und befruch-

Türgriff in Form einer Hand am Hauptplatz des heutigen Mili auf Samos. Hochschätzung der Handarbeit war einer der Schlüssel zum ionischen Erwachen zwischen dem 6. und 4. vorchristlichen Jahrhundert mit Samos als Ausgangspunkt. Photo Ann Druyan.

teten, den heftigen Zusammenstoß verschiedener Sprachen, Vorurteile, Vorstellungen und Gottheiten. Was aber sollte man mit mehreren verschiedenen Göttern, die alle denselben Herrschaftsbereich beanspruchten, anfangen? Schließlich galt sowohl der Marduk der Babylonier als auch der Zeus der Griechen als Herr des Himmels und König der Götter. Daraus konnte man den Schluß ziehen, beide seien im Grunde ein und derselbe. Oder aber in Anbetracht ihrer recht unterschiedlichen Attribute einen für eine Erfindung der Priester halten – oder warum nicht gleich alle beide?
So entfaltete sich die große Idee, daß sich die Welt auch ohne Götter begreifen läßt; daß es Prinzipien, Kräfte, Naturgesetze gibt, die ein Verständnis der Welt ermöglichen, ohne daß der Fall eines jeden Sperlings gleich auf das direkte Eingreifen von Zeus zurückgeführt werden müßte.
China, Indien und Mittelamerika hätten etwas später sicher ebenfalls zur Wissenschaft gefunden. Kulturen entwickeln sich nicht im selben Rhythmus. Sie entstehen zu unterschiedlichen Zeiten und schreiten in unterschiedlichem Tempo fort. Aber die wissenschaftliche Weltauffassung ist so befriedigend, erklärt so viel und harmoniert so gut mit den höchstentwikkelten Teilen unseres Gehirns, daß meines Erachtens praktisch jede sich selbst überlassene Kultur der Erde mit der Zeit die Wissenschaft auf eigene Faust entdeckt hätte. Irgendeine Kultur aber mußte den Anfang machen, und wie wir heute wissen, sollte die Wissenschaft in Ionien das Licht der Welt erblicken.
Der Beginn dieser großen Revolution des menschlichen Denkens reicht bis in die Zeit zwischen dem 6. und 4. vorchristlichen Jahrhundert zurück. Einige der glänzendsten ionischen Denker waren Söhne von Seefahrern, Bauern und Webern und im Gegensatz zu den Priestern und Schriftgelehrten anderer Völker, die sich, im Luxus aufgewachsen, nicht gern die Hände schmutzig machten, gewohnt, selber Hand anzulegen und fest zuzupacken. Ihr Kampf gegen den Aberglauben wirkte wahre Wunder, auch wenn wir die Vorgänge vielfach nur bruchstückhaft oder aus zweiter Hand kennen und uns die damals verwendeten Metaphern oft unverständlich bleiben. Wenige Jahrhunderte später jedenfalls wurde mit ziemlicher Sicherheit ganz bewußt der Versuch unternommen, die neuen Erkenntnisse zu unterdrücken, und so sind uns heute die Namen der Träger dieser Revolution, die durch ihre Pionierarbeit die Entwicklung unserer Zivilisation und unserer Art von Menschlichkeit erst ermöglichten, weitgehend unbekannt.
Der erste ionische Wissenschaftler, Thales, aus der auf dem kleinasiatischen Festland gelegenen, durch eine schmale Wasserrinne von der Insel Samos getrennten Stadt Milet, hatte Ägypten bereist und war mit dem Wissen der Babylonier vertraut. Ja, er soll sogar eine Sonnenfinsternis vorhergesagt haben. Außerdem verstand er die Höhe einer Pyramide aus der Länge ihres Schattens und dem Winkel der Sonne über dem Horizont zu berechnen (eine Methode, die wir heute noch bei der Bestimmung der Höhe der Mondgebirge anwenden) und bewies als erster geometrische Lehrsätze, wie sie Euklid drei Jahrhunderte später zusammenfaßte, so zum Beispiel den Satz von der Gleichheit der Basiswinkel im gleichschenkligen Dreieck. Über Euklid setzte sich diese Geisteshaltung in ungebrochener Linie bis zu Isaac Newton fort, der 1663 auf dem Jahrmarkt von Stourbridge (s. S. 79) Euklids Lehrbuch der Geometrie erstand – ein Kauf, der die Entwicklung der modernen Naturwissenschaften und Technik einen gewaltigen Ruck voranbringen sollte.

Thales versuchte also, die Welt ohne das Eingreifen von Göttern zu erklären. Wie die Babylonier davon überzeugt, daß die Erde ursprünglich aus Wasser bestand, deutete er die Entstehung des Festlands ebenfalls ähnlich wie der babylonische Mythos, demzufolge Marduk eine Matte auf die Wasser gelegt und Schlamm darauf gehäuft hatte,* nur daß er, wie Benjamin Farrington sehr richtig anmerkt, »Marduk aus dem Spiel ließ«. Laut Thales war die Erde durch einen natürlichen Prozeß aus den Meeren aufgestiegen, den er sich ähnlich wie die ihm aus eigener Anschauung bekannte Verschlammung des Nildeltas vorstellte. Wasser war für ihn der Urgrund alles Stofflichen, wie für uns heute Elektronen, Protonen und Neutronen oder Quarks. Dabei kommt es weniger auf die Richtigkeit seiner Annahme als auf seinen Ausgangspunkt an. Die Welt war keine Schöpfung der Götter, sondern das Werk materieller Naturkräfte in ihrer Wechselwirkung. Die Saat zu diesen neuen Wissenschaften der Astronomie und Geometrie, die in der fruchtbaren ionischen Erde vorzüglich aufgehen und gedeihen sollte, hatte Thales von Babylon und Ägypten mitgebracht.

Über Thales' Leben ist wenig bekannt, außer einer recht aufschlußreichen Anekdote, die Aristoteles im *Staat der Athener* erzählt:

»Als man ihn [Thales] ... wegen seiner Armut verhöhnte und behauptete, die Philosophie sei unnütz, da habe er, da er mit Hilfe der Astronomie eine ergiebige Olivenernte voraussah, noch im Winter, mit dem wenigen Geld, das er besaß, sämtliche Ölpressen in Milet und Chios für einen geringen Betrag gepachtet, da ihn niemand überbot; als dann die rechte Zeit gekommen war und plötzlich und gleichzeitig viele Ölpressen verlangt wurden, da verpachtete er sie so teuer, wie ihm beliebte, und gewann viel Geld und zeigte so, daß es für den Philosophen leicht ist, reich zu werden, wenn er nur wolle, daß er aber darauf keinen Wert lege.«

Auch in der Politik gelangte Thales zu Ruhm und Ansehen. Immerhin gelang es ihm, die Milesier zum Widerstand gegen die Angliederungspolitik des lydischen Königs Krösus zu drängen, wenn schon nicht, zu diesem Zweck ein Bündnis sämtlicher ionischer Inselstaaten zu schließen.

Thales' Freund und Kollege Anaximander von Milet stellte als einer der ersten ein Experiment an. Durch Beobachtung des von einem senkrechten Stock geworfenen wandernden Schattens bestimmte er genau die Länge des Jahres und der Jahreszeiten. Jahrhundertelang hatten Menschen Stökke als Keulen oder Speere gegeneinander benutzt. Vor Anaximander aber war keiner auf die Idee gekommen, damit die Zeit zu messen. Außerdem verfertigte Anaximander als erster Mensch in Griechenland eine Sonnenuhr, eine Karte der damals bekannten Welt und einen Himmelsglobus mit allen bekannten Sternbildern. Sonne, Mond und Sterne bestanden seiner Ansicht nach aus Feuer, das die Menschen durch wandernde Löcher im

* Manches läßt darauf schließen, daß die voraufgehenden frühen sumerischen Schöpfungsmythen weitgehend naturkundliche Erklärungen waren, um 1000 v. Chr. im *Enuma elish* (»Wenn hoch oben«, wie das Gedicht nach den Eingangsworten genannt wird) niedergelegt; später jedoch war die Natur von den Göttern verdrängt und der Mythos zur Theogonie (statt Kosmogonie) geworden. In gewisser Hinsicht erinnert das *Enuma elish* an die Mythen der Japaner und Ainu, in denen der ursprünglich aus Schlamm bestehende Kosmos durch den Flügelschlag eines Vogels in Land und Wasser geschieden wird. In einem Schöpfungsmythos der Fidschi heißt es: »Rokomautu erschuf das Land. Er schaufelte es mit den Händen in großen Mengen vom Meeresgrund und schüttete es da und dort zu Haufen auf. Das sind die Fidschi-Inseln.« Dieser Gedanke einer Trennung von Land und Wasser nimmt bei Inselbewohnern und Seefahrern nicht weiter wunder.

Dieser von Eupalinos durch den Berg Ampelus auf Samos geführte, um 525 v.Chr. von den Sklaven des Polykrates vollendete Tunnel findet sich bei Herodot neben zwei weiteren, gleichfalls auf Samos errichteten Glanzleistungen griechischer Ingenieurskunst – dem Heratempel und der Mole im heutigen Hafen von Pythagorion – erwähnt.

Himmelszelt sahen (womöglich eine viel ältere Idee). Die Erde selbst wurde seines Dafürhaltens nicht von den Himmeln getragen oder gestützt, sondern hielt sich von selbst im Mittelpunkt des Universums; denn da sie von allen Orten der »Himmelssphäre« gleich weit entfernt war, gab es keine Kraft, die sie von diesem Punkt hätte entfernen können – für die damalige Zeit eine recht beachtliche Sicht.

Aus der Hilflosigkeit Neugeborener zog Anaximander den Schluß, der Mensch müsse von Tieren mit kräftigeren Jungen abstammen, da Menschenkinder, sich selbst überlassen, auf der Stelle gestorben wären. Den Ursprung des Lebens führte er auf Urzeugung im Schlamm zurück; die ersten Tiere waren seiner Meinung nach mit Stacheln bedeckte Fische gewesen, deren Nachkommen schließlich teilweise vom Wasser aufs Festland übergewechselt waren, wo sie sich durch kontinuierlichen Gestaltwandel zu anderen Tieren weiterentwickelt hatten. Außerdem glaubte er an eine unendliche Zahl bewohnter, dem Kreislauf von Werden und Vergehen unterworfener Welten. »Die Ursache all dieser nicht enden wollenden Aktivität aber sah er«, wie der heilige Augustin klagt, »ebensowenig in einem göttlichen Geist wie Thales.«

Um das Jahr 540 v.Chr. kam auf der Insel Samos ein Tyrann namens Polykrates an die Macht. Polykrates erwies sich als großzügiger Freund und Förderer von Kunst, Wissenschaft und Maschinenbautechnik, unterdrückte aber seine Untertanen, bekriegte seine Nachbarn und umgab seine Hauptstadt aus berechtigter Angst vor einer Invasion mit einer gewaltigen, etwa sechs Kilometer langen Mauer, deren Überreste bis zum heutigen Tag erhalten sind. Um die Festung mit Wasser von einer fernen Quelle zu versorgen, ließ er einen unterirdischen Tunnel von einem Kilometer Länge durch einen Berg stechen. Das auf beiden Seiten gleichzeitig in Angriff genommene Projekt erforderte zu seiner Durchführung fünfzehn Jahre. Zum Schluß stießen die beiden Schächte in der Mitte tatsächlich fast genau zusammen – ein stolzes Zeugnis für den Ingenieurbau der damaligen Zeit und ein Beweis für die außergewöhnlichen praktischen Fähigkeiten der Ionier. Freilich hat das Unternehmen auch eine weniger erhebende Kehrseite: Die Arbeit wurde zum Teil von Sklaven in Ketten ausgeführt, vielfach Besatzungsmitglieder der von Polykrates' Piratenflotte gekaperten Schiffe.

Der berühmteste Ingenieur dieser Zeit war Theodorus, dem die Griechen die Erfindung des Schlüssels, des Lineals, des Winkelmaßes, der Wasserwaage, der Drehbank und des Bronzegusses sowie der Zentralheizung zuschrieben. Unbegreiflich, daß diesem Mann kein Denkmal errichtet wurde, zumal diejenigen, die über die Naturgesetze nachdachten und spekulierten, ja mit den Technikern und Ingenieuren Umgang pflogen, wenn sie nicht sogar selbst aus deren Reihen stammten. Denn Theorie und Praxis gingen Hand in Hand.

Ungefähr zur selben Zeit begründete Hippokrates auf der Nachbarinsel Kos seine berühmte medizinische Lehre, an die heute nur noch der hippokratische Eid erinnert, während sie damals von einer erfolgreichen, nach dem Willen ihres Gründers auf der Physik und Chemie der Zeit* aufbauenden Ärzteschule propagiert wurde. Auch die theoretische Seite durfte nicht

* Und auf der Astrologie, die damals in weiten Kreisen als Wissenschaft galt. Eine für Hippokrates bezeichnende Stelle lautet: »Auf der Hut sein heißt es auch beim Aufgang der Sterne, vornehmlich des Hundssterns [Sirius], aber auch des Arcturus sowie beim Untergang des Siebengestirns.«

fehlen. So schrieb Hippokrates in seinem Buch *Über die Heilkunst der Alten:* »Die Menschen halten die Epilepsie für göttlich, nur weil sie sie nicht verstehen. Wollten sie aber alles, was sie nicht verstehen, göttlich nennen, gäbe es eine Unzahl göttlicher Dinge.«

Mit der Zeit breitete sich der ionische Einfluß und mit ihm die experimentelle Methode auch auf das griechische Festland, Italien und Sizilien aus. So führte ein Philosoph namens Empedokles um 450 v. Chr. das erste historisch verbürgte Experiment mit der Luft aus.* Bis dahin hatte kaum jemand überhaupt an die Luft geglaubt. Natürlich hatte man ums Atmen gewußt (der Wind galt z. B. als Atem der Götter), aber die Idee von der Luft als einer statischen, stofflichen und doch unsichtbaren Substanz war noch nicht aufgekommen. Was Wunder, daß sich Empedokles einigen Berichten zufolge als Gott ausgegeben haben oder, vielleicht richtiger, von seinen Zeitgenossen aufgrund seiner Klugheit für gottähnlich gehalten worden sein soll. Er glaubte etwa, daß sich das Licht sehr schnell, aber nicht unendlich schnell fortbewege und lehrte, daß es einst eine weit größere Vielfalt von Lebewesen auf der Erde gegeben habe, daß aber viele Rassen »unfähig zur Fortzeugung und Fortsetzung ihrer Art gewesen sein müssen. Denn die heutigen Arten wurden allesamt von Anbeginn ihrer Existenz entweder durch List oder Mut oder Schnelligkeit beschützt und erhalten.« Mit diesem Versuch, die wunderbare Anpassung der Organismen an ihre Umwelt zu erklären, nimmt Empedokles ebenso wie Anaximander und Demokrit offensichtlich bereits einige Aspekte der Darwinschen Evolutionstheorie durch natürliche Zuchtwahl vorweg.

Sein Experiment führte Empedokles mit einem alten, seit Jahrhunderten als Klepsydra oder »Wasserdieb« bekannten Haushaltsgerät durch, das als Schöpfgerät in der Küche diente: einer unten durchlöcherten Messingkugel mit offenem Hals, die durch Eintauchen in Wasser gefüllt wird. Zieht man sie heraus, ohne den Hals zuzuhalten, ergießt sich das Wasser in einem kleinen Schauer aus der Kugel. Zieht man sie dagegen vorschriftsmäßig mit dem Daumen auf dem Hals heraus, bleibt das Wasser in der Kugel, bis man den Daumen wegnimmt. Versucht man sie mit verschlossenem Hals zu füllen, bringt man kein Wasser hinein. Irgendeine stoffliche Substanz muß dem Wasser den Weg versperren. Sehen können wir diese Substanz aber nicht. Was könnte es also sein? Laut Empedokles kam nur Luft in Frage. Etwas, was wir nicht wahrnehmen, kann einen Druck ausüben, kann mich hindern, ein Gefäß mit Wasser zu füllen, wenn ich dumm genug bin, den Daumen auf dem Hals zu lassen. Empedokles hatte das Unsichtbare entdeckt: Luft, in seinen Augen eine so fein verteilte Materie, daß man sie nicht sehen kann.

Angeblich soll Empedokles in einem Anfall von Selbstvergötterung in die glühende Lava des Ätna gesprungen sein. Wahrscheinlicher kommt mir vor, daß er als mutiger Vorkämpfer der Wissenschaft bei geophysikalischen Beobachtungen ausrutschte und den Tod fand.

Dieser Hinweis auf die Existenz von Atomen wurde von einem Mann namens Demokrit aus der ionischen Kolonie Abdera im Norden Griechenlands aufgegriffen und weiterentwickelt. Über Abdera liefen um 430 v. Chr. viele Witze um, ja, man brauchte bloß eine Geschichte über jemand von

Moderne Rekonstruktion der Klepsydra oder des »Wasserdiebs«, die Empedokles zu dem Schluß führte, die Luft müsse sich aus zahllosen feinen Partikeln zusammensetzen. M. frdl. Gen. v. Bill Ray.

* Er wollte damit eine völlig irrige Theorie über den Blutkreislauf untermauern. Doch darauf kommt es nicht an. Wichtig und gänzlich neu ist die Idee, zur Untersuchung der Natur ein Experiment durchzuführen.

dort zu erzählen, um die Lacher auf seiner Seite zu haben. Demokrit aber war, wiewohl aus Abdera, nicht auf den Kopf gefallen. Sein Sinnen und Trachten richtete sich darauf, das Leben zu genießen und zu verstehen, denn Begreifen und Genießen war für ihn ein und dasselbe. »Ein Leben ohne Feste«, sagte er, »gleicht einem langen Weg ohne Wirtshaus.« Er vertrat die Auffassung, daß sich aus im Weltraum verstreuter Materie spontan eine ganze Reihe von Welten gebildet und weiterentwickelt hatte und schließlich wieder zerfallen war. Außerdem glaubte er, obwohl damals noch kein Mensch von Einschlagkratern gehört hatte, daß Welten gelegentlich zusammenstoßen; daß manche Welten allein durchs Dunkel des Alls wandern, während andere von mehreren Sonnen und Monden begleitet werden; daß manche bewohnt sind, andere dagegen weder Pflanzen noch Tiere, noch Wasser haben; und daß die einfachsten Lebensformen aus einer Art Urschlamm entstanden. Die Wahrnehmung – aufgrund deren ich etwa eine Feder in der Hand zu halten vermeine – erklärte er als rein physikalischen, mechanischen Vorgang; Denken und Fühlen als Eigenschaften der in entsprechend feiner und komplizierter Weise zusammengesetzten Materie; von einem von den Göttern in die Materie eingehauchten Geist wollte er nichts wissen.

Vor allem aber erfand Demokrit das Wort *Atom* (griechisch »unzerschneidbar«) für die elementarsten Teilchen, die sich nicht weiter zerkleinern lassen, die Bausteine alles Seienden, selbst des Menschen. »Nichts«, sagte er, »existiert außer Atomen und dem leeren Raum.«

Wenn wir einen Apfel auseinanderschneiden, muß das Messer durch Zwischenräume zwischen den Atomen gleiten. Gäbe es diese Zwischenräume, die Leere, nicht, würde das Messer auf undurchdringliche Atome stoßen, und der Apfel ließe sich nicht teilen. Schneiden wir eine Scheibe von einem Kegel ab und vergleichen die beiden Schnittflächen miteinander, so stellen wir laut Demokrit fest, daß sie nicht gleich sind, da die eine aufgrund der Kegelschräge einen etwas kleineren Querschnitt aufweisen muß als die andere. Wären beide nämlich gleich groß, hätten wir keinen Kegel, sondern einen Zylinder vor uns. Auch die Schärfe des Messers kann nichts daran ändern, daß die beiden Seiten stets ungleiche Querschnitte haben, da die Materie auf der Ebene des ganz Kleinen eine nicht mehr reduzierbare Unebenheit aufweist. Und diese Unebenheit setzte Demokrit mit der Welt der Atome gleich – eine, wenn wir heute auch anders vorgehen, vorzügliche und scharfsinnige, aus dem Alltag abgeleitete Argumentation mit im Grunde völlig richtigen Schlußfolgerungen.

Im Rahmen dieser Überlegungen stellte sich Demokrit auch die Aufgabe, das Volumen eines Kegels oder einer Pyramide mit Hilfe einer möglichst großen Anzahl möglichst dünner aufeinandergeschichteter, von der Basis zum Scheitel sich verjüngender Scheiben zu berechnen. Damit warf er bereits das mathematische Problem der sogenannten Grenzwerttheorie auf und gelangte an die Schwelle zur Differential- und Integralrechnung, jenem unabdingbaren Werkzeug zur Erschließung der Welt, das den schriftlichen Berichten zufolge erst zur Zeit Isaac Newtons entdeckt wurde. Möglicherweise aber hätte es, wenn Demokrits Werk nicht vernichtet worden wäre, die Differentialrechnung schon zu Christi Zeiten gegeben.*

* Später standen noch Eudoxus und Archimedes kurz vor der Entdeckung der Differentialrechnung.

Thomas Wright wunderte sich 1750 darüber, daß Demokrit »lange bevor die Astronomie aus der verbesserten Lehre der Optik Nutzen ziehen konnte« die Milchstraße als unaufgelösten Sternhaufen betrachtet hatte. »Er schaute sozusagen mit dem Auge der Vernunft gut und gern so weit in die Unendlichkeit wie die fähigsten Astronomen fortgeschrittener Zeiten.« In der Tat schwang sich Demokrits Gedankenflug weit über Vorstellungen wie »Milch der Hera« und »Rückgrat der Nacht« auf.

Im Privatleben scheint Demokrit ein Sonderling gewesen zu sein. Frauen, Kinder und sexuelle Betätigung stimmten ihn nicht zuletzt deshalb unbehaglich, weil sie Zeit kosteten, die man in seinen Augen besser aufs Denken verwandte. Dagegen schätzte er die Freundschaft, sah Heiterkeit als Ziel des Lebens an und widmete dem Ursprung und Wesen der Begeisterung eine bedeutende philosophische Abhandlung. Er war eng mit Hippokrates befreundet und reiste eigens nach Athen, um Sokrates aufzusuchen, wagte dann aber aus Schüchternheit nicht, vorstellig zu werden. Von der Schönheit und Großartigkeit der Dingwelt zutiefst beeindruckt, zog er Armut in einer Demokratie dem Reichtum unter einem Tyrannen vor. Die Religionen seiner Zeit verurteilte er, wie er auch nicht an unsterbliche Seelen oder an die Existenz von Göttern glaubte. »Nichts existiert außer Atomen und dem leeren Raum.«

Für diese Ansichten scheint Demokrit, soweit überliefert, nicht verfolgt worden zu sein – schließlich kam er ja aus Abdera. Noch zu seinen Lebzeiten aber wurde die kurze Tradition der Toleranz gegenüber unkonventionellen Ansichten allmählich untergraben, bis die Leute schließlich für ungewöhnliche Ideen sogar wieder bestraft wurden. Heute ziert Demokrits Bild den griechischen 100-Drachmen-Schein. Seine Erkenntnisse aber wurden unterdrückt, sein Einfluß auf die Geschichte nach Kräften abgeschwächt. Der Mystizismus gewann wieder die Oberhand.

Anaxagoras, ein anderer ionischer Experimentator, der um 450 v. Chr. als reicher, seinem Reichtum gegenüber aber gleichgültiger, nur für die Naturwissenschaft begeisterter Mann in Athen lebte, soll auf die Frage nach dem Sinn und Zweck des Lebens geantwortet haben: »Die Erforschung der Sonne, des Mondes und der Himmel« – eine echte Astronomenantwort. Aufgrund eines klug ausgedachten Experiments, das zeigte, daß ein einzelner Tropfen einer weißen Flüssigkeit wie Sahne nicht ausreicht, um eine Kanne mit dunkler Flüssigkeit wie Wein sichtlich aufzuhellen, bewies er, daß sich Veränderungen herbeiführen lassen, die aufgrund ihrer Feinheit mit den Sinnen nicht mehr unmittelbar wahrgenommen werden können.

Anaxagoras war zwar nicht halb so radikal wie Demokrit, aber doch gleichfalls ein reiner Materialist – nicht im Sinne der Wertschätzung materiellen Besitzes, sondern weil er die Materie als einzig tragendes Element der Welt ansah. Allerdings glaubte er an eine besondere Geistsubstanz und nicht an die Existenz von Atomen. Die Menschen hielt er – eine typisch ionische Idee – aufgrund ihrer Hände für intelligenter als andere Lebewesen.

Anaxagoras war der erste, der den Mondschein als reflektiertes Licht identifizierte und eine entsprechende Theorie über die Mondphasen aufstellte. Aber diese Lehre war so gefährlich, daß das Manuskript – ein athenischer Samisdat – nur unter der Hand die Runde machte. Die Erklärung der Mondphasen und -finsternisse durch die geometrischen Beziehungen zwischen Erde, Mond und selbstleuchtender Sonne paßte nicht ins Konzept der Zeit. Zwei Generationen später noch gab sich Aristoteles damit zufrie-

Moderner griechischer 100-Drachmen-Schein mit Atomsymbol (Lithium), einem Bildnis Demokrits und einem nach ihm benannten griechischen Kernforschungsinstitut.

den, diese Vorgänge als zur Natur des Mondes gehörig zu bezeichnen – eine Erklärung, die nichts erklärt, ein reines Wortgeklingel.

Entgegen der Meinung seiner Zeit, die in Sonne und Mond Götter sah, hielt Anaxagoras Sonne und Sterne für glühende Steine, deren Hitze wir nur deshalb nicht spüren, weil sie zu weit entfernt sind. Außerdem glaubte er, daß es auf dem Mond Berge (richtig) und Leben (falsch) gebe und daß die Sonne möglicherweise noch größer als der Peloponnes (das südliche Drittel Griechenlands) sei, was seine Kritiker für stark übertrieben, ja absurd hielten.

Nach Athen wurde Anaxagoras von Perikles geholt, der den Stadtstaat zur Zeit seiner höchsten Blüte regierte, durch seine Taten aber auch den Peloponnesischen Krieg und damit das Ende der athenischen Demokratie heraufbeschwor. Der für Philosophie und Naturwissenschaften sehr aufgeschlossene Staatsmann machte Anaxagoras zu seinem Vertrauten, der in dieser Rolle nach Ansicht mancher wesentlich zur Größe Athens beitrug. Aber Perikles hatte politische Feinde. Da er selbst jedoch für einen direkten Angriff zu mächtig war, griffen seine Gegner ihm Nahestehende an. Darunter Anaxagoras, der des Verbrechens der Gottlosigkeit beschuldigt und ins Gefängnis geworfen wurde, hatte er doch gelehrt, daß der Mond aus ganz gewöhnlicher Materie bestehe, daß er ein Ort und die Sonne ein rotglühender Stein am Himmel sei. 1638 kommentierte Bischof John Wilkins die Athener: »Diese eifrigen Götzendiener erachteten es für eine große Blasphemie, ihren Gott zu einem Stein zu machen, wiewohl sie in ihrer sinnlosen Götzenverehrung einen Stein zu ihrem Gott machten.« Perikles scheint Anaxagoras' Freilassung veranlaßt zu haben, aber es war zu spät. Der Umschwung in Griechenland war nicht mehr aufzuhalten, auch wenn die ionische Tradition zwei Jahrhunderte später im ägyptischen Alexandria wiederauflebte.

In die Annalen der Geschichte und der Philosophie sind die großen Naturwissenschaftler von Thales bis Demokrit und Anaxagoras als die »Vorsokratiker« eingegangen, gerade, als wäre es ihre Hauptaufgabe gewesen, die Festung der Philosophie bis zur Ankunft von Sokrates, Plato und Aristoteles zu halten.

In Wirklichkeit aber verkörpern die alten Ionier eine ganz andere, weitgehend sogar gegensätzliche, dafür aber wesentlich besser mit der modernen Naturwissenschaft harmonierende Tradition. Daß sich ihr Einfluß nur zwei oder drei Jahrhunderte lang mit allem Nachdruck bemerkbar machte, ist für alle, die zwischen dem ionischen Erwachen und der italienischen Renaissance lebten, ein unwiederbringlicher Verlust.

Die einflußreichste unter allen im Zusammenhang mit Samos erwähnenswerten Persönlichkeiten dürfte wohl Pythagoras,* ein Zeitgenosse des Polykrates aus dem 6. vorchristlichen Jahrhundert, gewesen sein. Nach lokaler Überlieferung soll er eine Zeitlang in einer Höhle auf dem Berg Kerkis auf Samos gelebt und erstmals in der Weltgeschichte die Kugelgestalt der Erde abgeleitet haben. Möglich, daß er einen Analogieschluß zu Mond und Sonne zog oder ihm bei einer Mondfinsternis der gekrümmte Erdschatten auf dem Mond aufgefallen war oder daß er erkannt hatte, warum

* Das 6. vorchristliche Jahrhundert zeichnete sich weltweit durch ungewöhnliche geistige und religiöse Regsamkeit aus. In dieser Zeit lebten nicht nur Thales, Anaximander, Pythagoras und andere Ionier, sondern auch der ägyptische Pharao Necho, der die Umseglung Afrikas veranlaßte, Zarathustra in Persien, Konfuzius und Laotse in China, die jüdischen Propheten sowie Gautama Buddha in Indien.

bei den von Samos auslaufenden Schiffen die Masten immer zuletzt hinter dem Horizont verschwanden.

Ihm oder seinen Schülern haben wir den pythagoreischen Lehrsatz zu verdanken, daß das Quadrat über der Hypotenuse gleich der Summe der Quadrate über den beiden Katheten ist. Doch Pythagoras begnügte sich nicht damit, diesen Lehrsatz mit Beispielen zu belegen. Er entwickelte darüber hinaus eine Methode, die Behauptung mathematisch abzuleiten und allgemein zu beweisen, und begründete so die für die gesamte moderne Naturwissenschaft entscheidende Tradition der mathematischen Argumentation. Außerdem führte er für das geordnete, harmonische Universum, für die der menschlichen Erkenntnis zugängliche Welt die Bezeichnung *Kosmos* ein.

Aber während viele Ionier dieser grundlegenden Harmonie des Universums durch Beobachtung und Experiment, d.h. mittels der heute gängigen wissenschaftlichen Methode, auf die Spur zu kommen hofften, schlug Pythagoras einen ganz anderen Weg ein: Er leitete die Naturgesetze rein durch Nachdenken ab, denn er und seine Anhänger waren im Grunde keine Experimentalwissenschaftler,* sondern Mathematiker und obendrein Mystiker reinsten Wassers. Pythagoras gründete, wie Bertrand Russell mit spitzer Feder schrieb, »eine Religion mit zwei Hauptdogmen: der Seelenwanderung und der Sündhaftigkeit des Bohnenessens. Verkörpert wurde diese Religion durch einen Orden, der hier und da die Macht im Staat errang und eine Herrschaft der Heiligen einführte. Die Sünder indessen gierten nach Bohnen und begehrten über kurz oder lang auf.«

Antike Münze aus Samos (3.Jahrhundert v.Chr.) mit Pythagorasbildnis und der griechischen Legende »Pythagoras von Samos«. M. frdl. Gen. d. Kuratoriums des Britischen Museums.

Die Zuverlässigkeit der mathematischen Beweisführung, die Vorstellung einer reinen, unbefleckten, dem menschlichen Intellekt zugänglichen Welt, eines Kosmos, in dem die Seiten rechtwinkliger Dreiecke einfachen mathematischen Beziehungen gehorchen, entzückte die Pythagoreer. Eine solche Welt hob sich in ihren Augen nur allzu strahlend von der schmutzigen und ungeordneten Alltagswirklichkeit ab. In der Mathematik jedoch glaubten sie einen Blick auf eine vollkommene Wirklichkeit zu erhaschen, auf ein Reich der Götter, von dem die uns vertraute Dingwelt nur ein unvollkommenes Abbild darstellt. Plato, der ebenso unter pythagoreischem Einfluß stand wie später das Christentum, läßt in seinem berühmten Höhlengleichnis die gefesselten Gefangenen lediglich die Schatten der Vorübergehenden wahrnehmen und für die eigentliche Realität halten, obwohl sie nur den Kopf zu drehen brauchten, um die Wirklichkeit in ihrer ganzen Komplexität zu erkennen.

Nach Art orthodoxer Glaubensgemeinschaften hielten die Pythagoreer nichts vom Ausdiskutieren widersprüchlicher Standpunkte, sondern versteiften sich auf ihre Grundsätze und erwiesen sich so als unfähig, ihre Irrtümer einzusehen und zu berichtigen. Wie Cicero später schrieb:

»Bei einer Diskussion sollte weniger auf das Gewicht der Autorität als viel-

* Auch wenn sich einige erfreuliche Ausnahmen darunter finden. So scheint die auf ganze Zahlenverhältnisse aufbauende Harmonielehre der Pythagoreer eindeutig auf Beobachtungen bzw. sogar Experimente mit gezupften Saiten zurückzugehen. Außerdem kann man Empedokles bis zu einem gewissen Grad zu den Pythagoreern rechnen. Und ein anderer Pythagorasschüler, ein gewisser Alkmäon, sezierte als erster eine Leiche. Er unterschied zwischen Arterien und Venen, entdeckte den Sehnerv und die Eustachische Röhre und identifizierte das Gehirn als Sitz der Intelligenz (eine später von Aristoteles, der die Intelligenz ins Herz verlegte, bestrittene, von Herophilus von Chalcedon jedoch wieder aufgegriffene These). Des weiteren begründete Alkmäon die Embryologie, doch mochten nur die wenigsten seiner späteren Pythagoreerkollegen seine Begeisterung für das Unreine zu teilen.

mehr auf die Beweiskraft der Argumente geachtet werden. In der Tat erweist sich die Autorität der Lehrenden oft als ausgesprochenes Hindernis für die Lernenden; statt bei einer Frage ihre eigene Urteilskraft walten zu lassen, übernehmen sie die Lösung ihres erwählten Meisters, so gut sie sie verstehen. Ich kann die gemeinhin den Pythagoreern zugeschriebene Praxis wahrhaftig nicht billigen, die Frage nach den Gründen für eine in der Debatte vorgetragene Behauptung schlicht mit der Bemerkung: »Der Meister hat es gesagt«, abzutun, wobei sie unter dem »Meister« Pythagoras verstanden. Der Zwang der vorgefaßten Meinung erwies sich als so stark, daß sie der Autorität vertrauten, ohne von ihrem eigenen Verstand Gebrauch zu machen.«

Die fünf regelmäßigen oder platonischen Körper, die im Denken von Pythagoras und Plato eine besondere Rolle spielten. Bei den auf einem Felssims vor der nach örtlicher Überlieferung einst von Pythagoras bewohnten Höhle auf dem Kerkis (Samos) stehenden Raumkörpern handelt es sich *(von links nach rechts)* um Tetraeder, Kubus, Oktaeder und Ikosaeder. Auf dem die Erde symbolisierenden Kubus das Dodekaeder, das von den Pythagoreern auf mystische Weise mit dem Himmel in Zusammenhang gebracht wurde. M. frdl. Gen. v. Bill Ray.

Besonders fasziniert zeigten sich die Pythagoreer von den regelmäßigen Körpern, symmetrischen, dreidimensionalen Objekten, die von kongruenten, regelmäßigen Vielecken mit gleicher Seitenzahl begrenzt werden. Das einfachste Beispiel ist der Würfel oder das Hexaeder mit sechs Quadraten als Seitenflächen. Trotz der unbegrenzten Zahl regelmäßiger Vielecke gibt es nur fünf regelmäßige Körper (der Beweis, ein Musterbeispiel mathematischer Argumentation, findet sich in Anhang 1), von denen das Dodekaeder oder der Zwölfflächner den Pythagoreern aus irgendeinem Grund gefährlich erschien, vermutlich, weil sie ihn mit dem Kosmos in Zusammenhang setzten. Die vier anderen regelmäßigen Körper wurden auf die eine oder andere Weise mit den vier »Elementen«, Erde, Feuer, Luft und Wasser, verknüpft, aus denen man sich damals die Welt aufgebaut dachte. Also mußte der fünfte regelmäßige Körper wohl einem fünften Element entsprechen, bei dem es sich nur um die Substanz der Himmelskörper handeln konnte – Grund genug, das Dodekaeder vor dem gemeinen Volk geheimzuhalten. (Im übrigen leitet sich der heute noch gängige Begriff »Quintessenz« von dieser Vorstellung her.)

In ihrer Begeisterung für die ganzen Zahlen glaubten die Pythagoreer aus ihnen alles, mit Sicherheit jedoch alle anderen Zahlen, ableiten zu können. So bedeutete die Entdeckung, daß die Quadratwurzel aus zwei (das Verhältnis der Diagonale zur Seite eines Quadrats) irrational ist, d.h., daß sich $\sqrt{2}$ nicht als Bruch zweier ganzer Zahlen, wie groß auch immer, ausdrükken läßt, eine Krise für die Lehre der Pythagoreer. Ironischerweise hatte ihnen ausgerechnet der Beweis des pythagoreischen Lehrsatzes diese Erkenntnis eingebrockt. Und so erlangte für sie das Wort »irrational«, das ursprünglich lediglich besagt hatte, daß sich eine Zahl nicht durch den Bruch ganzer Zahlen ausdrücken läßt, den bedrohlichen Beigeschmack des Vernunftwidrigen, Unlogischen (die heutige zweite Bedeutung des Wortes) und rückte damit ihre ganze Weltanschauung in Frage. Statt aber diese wichtigen mathematischen Entdeckungen publik zu machen, unterdrückten die Pythagoreer ihre Erkenntnis über $\sqrt{2}$ und das Dodekaeder. Die Außenstehenden sollten nichts davon erfahren.* Im übrigen gibt es auch heute noch Wissenschaftler, die sich gegen die Popularisierung der Wissenschaft sträuben: Das geheiligte Wissen soll, vom Verständnis der breiten Öffentlichkeit unbesudelt, nur den Kultdienern zugänglich bleiben.

* Als der Pythagoreer Hippasus, der es gewagt hatte, das Geheimnis der »Kugel mit den zwölf Fünfecken«, des Dodekaeders, zu veröffentlichen, bei einem Schiffbruch ums Leben kam, sollen seine Pythagoreerkollegen seinen Tod als gerechte Strafe bezeichnet haben (seine Schrift ist, wie zu erwarten, nicht erhalten geblieben).

Die Kugel war, da alle Punkte der Oberfläche gleich weit vom Mittelpunkt entfernt sind, in den Augen der Pythagoreer »vollkommen«, und ebenso der Kreis. Vollkommene Kreisbahnen beschrieben nach ihrer Ansicht auch die Planeten, die sich in gleichbleibender Geschwindigkeit fortbewegten (Veränderungen der Geschwindigkeit oder Abweichungen von der Kreisbewegung hätten sich für die aller irdischen Unvollkommenheit entrückten Planeten nach pythagoreischer Auffassung nicht geziemt).

Die Vorzüge und Nachteile der pythagoreischen Tradition lassen sich anhand von Johannes Keplers Lebenswerk deutlich aufzeigen. Schon die frühen Christen hatten die pythagoreische Idee einer vollkommenen und mystischen, den Sinnen verborgenen Welt gern übernommen, die selbstverständlich auch in Keplers Ausbildung eine Rolle spielte. So war Kepler einerseits überzeugt, daß sich in der Natur mathematische Harmonien finden (»Das Universum«, schrieb er, »ist durch harmonische Proportionen geziert.«) und daß einfache Zahlenverhältnisse die Bewegung der Planeten bestimmen müssen. Andererseits aber glaubte er, wiederum in Anlehnung an die Pythagoreer, lange Zeit, daß einzig eine gleichförmige Kreisbewegung in Frage käme und suchte sie hartnäckig nachzuweisen. Als sich jedoch die beobachteten Planetenbewegungen trotz anhaltender Bemühungen nicht in diesem Sinne deuten ließen, gab Kepler, der im Gegensatz zu vielen Pythagoreern große Stücke von Beobachtung und Experiment in der wirklichen Welt hielt, nach eingehender Beschäftigung mit den scheinbaren Planetenbewegungen die Idee der Kreisbahnen schließlich auf. Erst dadurch aber wurde der Weg frei für die Erkenntnis der wirklichen, der elliptischen Bahn. So bedeutete die pythagoreische Lehre für Kepler sowohl Ansporn bei der Suche nach der Harmonie der Planetenbewegung als auch ein Hindernis, das die Entdeckung des wahren Sachverhaltes über ein Jahrzehnt lang hinauszögerte.

Nach dem ionischen Ansatz war die praktische Seite der Wissenschaft in der antiken Welt spürbar in Mißkredit geraten. So hatte Plato die Astronomen nachdrücklich aufgefordert, über die Himmel nachzudenken, aber ihre Zeit nicht mit Beobachtungen zu vergeuden. Und Aristoteles glaubte, daß »die gemeinen Leute von Natur aus Sklaven sind und daß es für sie, wie für alle Minderwertigen, besser ist, unter der Herrschaft eines Herrn und Meisters zu stehen ... Der Sklave hat Anteil am Leben seines Herrn; der Handwerker ist weniger eng mit ihm verbunden und erlangt nur in dem Maße Vortrefflichkeit, in dem er zum Sklaven wird. Die untergeordneten Handwerker haben ihre eigene, besondere Sklaverei.« »Aus dem Entzücken über die Anmut eines Werkes«, schrieb Plutarch, »folgt nicht notwendig, daß derjenige, der es ausführte, unsere Achtung verdient.« Und Xenophon meinte: »Die sogenannten mechanischen Künste sind mit einem sozialen Makel behaftet und genießen in unseren Städten zu Recht kein Ansehen.« Diese Einstellung hatte zur Folge, daß die brillante, vielversprechende experimentelle Methode der Ionier für zweitausend Jahre weitgehend aufgegeben wurde. Ohne Experiment aber gibt es keine Möglichkeit, sinnvoll zwischen zwei widersprüchlichen Hypothesen zu entscheiden, keinen Weg, auf dem die Wissenschaft fortschreiten könnte. Im übrigen hat sich diese empiriefeindliche Einstellung der Pythagoreer bis heute erhalten. Aber warum? Und wie läßt sich diese Abneigung gegen das Experiment überhaupt erklären?

Der Wissenschaftshistoriker Benjamin Farrington bietet für den Niedergang der antiken Naturwissenschaft eine recht interessante Deutung an: Die Handelstradition, Ausgangspunkt der ionischen Naturwissenschaft, führte auch zur Sklavenhaltung, die sich als probater Weg zu Reichtum und Macht erwies. Polykrates' Festungen wurden von Sklaven erbaut. Und auch die Bevölkerung Athens setzte sich zur Zeit von Perikles, Plato und Aristoteles großenteils aus Sklaven zusammen. All die hochtrabenden Floskeln der Athener über Demokratie bezogen sich nur auf einige wenige Bevorrechtete. Nun ist aber typische Sklavenarbeit, genau wie das naturwissenschaftliche Experiment, Handarbeit, von der sich die Sklavenhalter geflissentlich distanzierten. Nur sie aber, die »Gentlemen«, wie sie in manchen Gesellschaften höflich genannt werden, verfügen über genügend Freizeit für die Wissenschaft. Die Folge war, daß praktisch kein Mensch Wissenschaft trieb. Und ganz ähnlich fehlte aufgrund der Sklavenhaltung auch der wirtschaftliche Anstoß zur Entwicklung der Technik, obwohl die Ionier durchaus imstande gewesen wären, brauchbare Maschinen zu bauen. Möglicherweise also war die Handelstradition, die um 600 v.Chr. zum großen ionischen Erwachen beigetragen hatte, auch die Ursache für den rund 200 Jahre später einsetzenden Niedergang der Wissenschaft – eine besondere Ironie der Geschichte.

Im übrigen lassen sich ähnliche Trends in aller Welt aufzeigen. So erlebte die einheimische chinesische Astronomie einen rapiden Niedergang, bald nachdem sie mit der auf 1500jähriger Beobachtung aufbauenden Verbesserung der astronomischen Instrumente und mathematischen Berechnungsmethoden durch Kuo Shou-ching um 1280 n.Chr. ihren Höhepunkt erreicht hatte. Nach Nathan Sivin liegt der Grund dafür zumindest teilweise »in der zunehmenden Erstarrung der Elite; die gebildete Schicht neigte immer weniger zur Beschäftigung mit der Technik, wie sie auch in der Naturwissenschaft keine für einen Gentleman geeignete Tätigkeit mehr sah«. Der Astronomenberuf wurde zum erblichen Amt, was der Entwicklung der Sternkunde nicht eben förderlich war. Außerdem »lag die Verantwortung für den Ausbau der Astronomie beim kaiserlichen Hof, der sie weitgehend ausländischen Technikern übertrug«, hauptsächlich den Jesuiten. Diese hatten den erstaunten Chinesen zwar Euklid und Kopernikus gebracht, mühten sich aber nach der Verdammung des heliozentrischen Systems durch die Kirche aus ureigenstem Interesse, die neue Kosmologie wieder zu unterdrücken. In Indien, bei den Mayas und bei den Azteken erwies sich die Naturwissenschaft vermutlich aus demselben Grund, der in Ionien zu ihrem Niedergang geführt hatte, als Totgeburt: Das gesamte Wirtschaftsleben war von der Sklavenhaltung geprägt. Und auch in der Dritten Welt unserer Tage besteht eins der Hauptprobleme darin, daß sich die Gebildetenschicht aus reichen, an der Aufrechterhaltung des Status quo interessierten Kreisen zusammensetzt, die weder an Handarbeit gewohnt sind noch zu Zweifeln am überkommenen Wissen neigen – womit die Wissenschaft nur langsam Fuß fassen kann.

Plato und Aristoteles fühlten sich in ihrer sklavenhaltenden Gesellschaft offenbar recht wohl. Sie rechtfertigten die Unterdrückung, dienten Tyrannen, lehrten die grundsätzliche Andersartigkeit von Körper und Geist (in einer sklavenhaltenden Gesellschaft eine naheliegende Idee), schieden Materie und Denken, Himmel und Erde und zogen damit Trennungslinien, die die Vorstellungswelt des Westens über zwei Jahrtausende lang beherrschen sollten. Plato, der sich »alle Dinge von Göttern erfüllt« vorstellte,

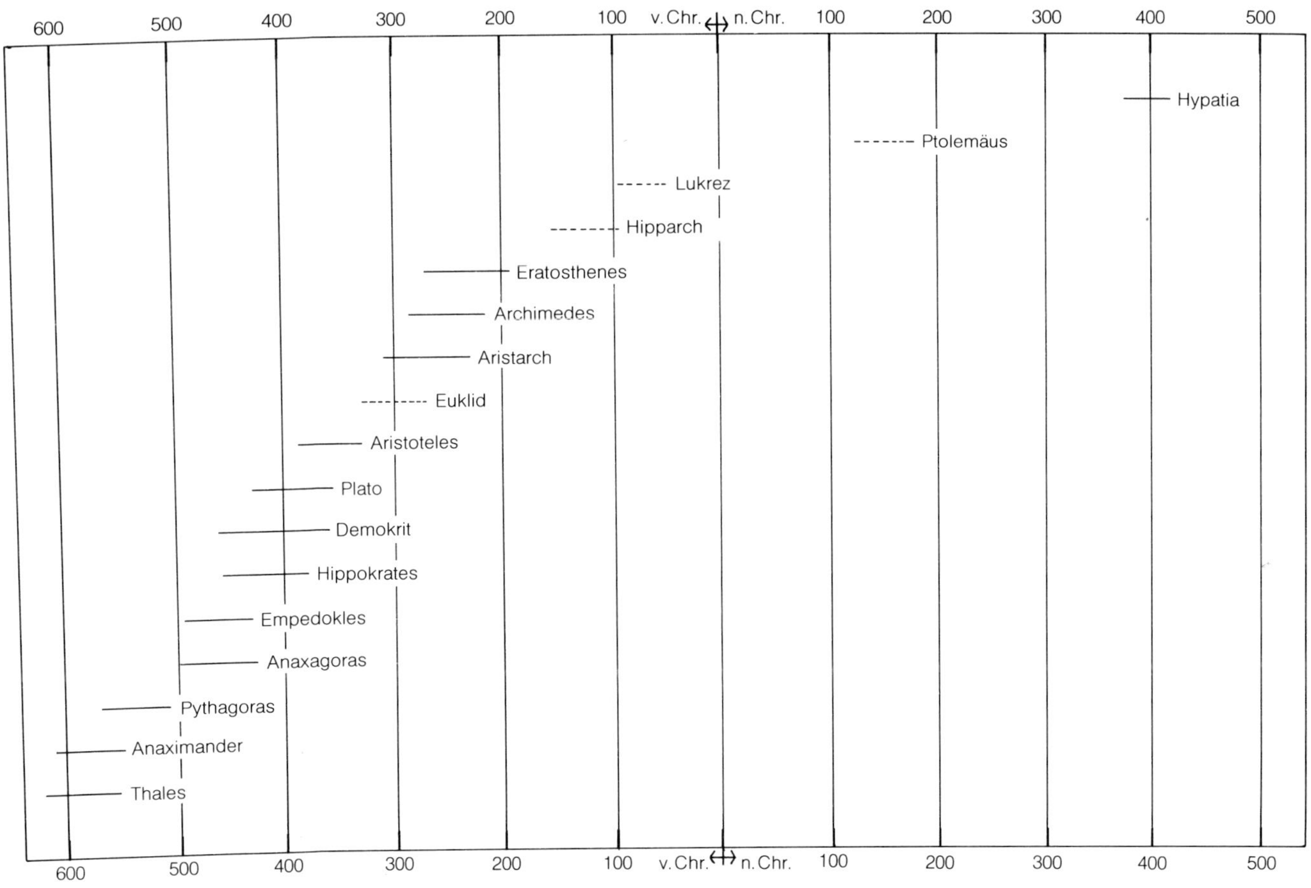

Ungefähre Lebenszeit der ionischen und anderer griechischer Wissenschaftler zwischen dem 7. Jahrhundert v. Chr. und dem 5. Jahrhundert n. Chr. Die relativ wenigen Namen nach dem 1. Jahrhundert v. Chr. spiegeln deutlich den Niedergang der griechischen Wissenschaft wider.

schämte sich nicht, seine Politik und seine Kosmologie durch das Bild der Sklaverei zu verknüpfen. Außerdem soll er die Verbrennung von Demokrits Büchern angeregt haben (ähnliches empfahl er auch bei Homer), vielleicht, weil Demokrit weder unsterbliche Seelen noch unsterbliche Götter, noch den pythagoreischen Mystizismus anerkennen wollte, oder vielleicht auch, weil er an eine unendliche Zahl von Welten glaubte. Jedenfalls ist von den 73 Büchern, die Demokrit geschrieben und die das gesamte menschliche Wissen umfaßt haben sollen, kein einziges erhalten geblieben. So beschränken sich unsere Kenntnisse auf Fragmente, hauptsächlich über Ethik, und Berichte aus zweiter Hand. Dasselbe trifft übrigens nahezu ausnahmslos auch auf die anderen ionischen Naturwissenschaftler zu.

Wohl haben Pythagoras und Plato die Erkennbarkeit des Kosmos gelehrt und daß das Bauprinzip der Natur mathematisch erfaßbar sei und damit die Naturwissenschaft sehr gefördert. Durch Unterdrückung unbequemer Fakten aber, durch ihr Bestreben, die Wissenschaft einer kleinen Elite vorzubehalten, durch ihre Abneigung gegen das Experiment, ihre Hingabe an den Mystizismus und ihre unbekümmerte Duldung sklavenhaltender Gesellschaftsformen haben sie den Fortschritt der Menschheit auch erheblich gebremst. Es sollte lange dauern, bis die westliche Welt aus ihrem mystischen Schlaf erwachte und die von den Ioniern erfundenen, schon fast vermoderten Werkzeuge wissenschaftlicher Forschung über die Vermittlung der Gelehrten der Alexandrinischen Bibliothek endlich neu entdeckte. Experiment und vorurteilsloses Forschen kamen wieder zu Ehren, längst vergessene Bücher und Fragmente fanden neue Beachtung. Leonardo, Kolumbus, Kopernikus inspirierten sich an der alten griechischen Tradition oder verfolgten selbständig ähnliche Wege. Auch in unserer eigenen Zeit ist die wissenschaftliche Geisteshaltung der Ionier (abgesehen von Politik und Religion) lebendig, auch in ihr wird die freie Forschung kühn vorangetrieben – wie wir andererseits noch immer an erschreckendem Aberglauben und mörderischer Doppelmoral kranken, in alledem Erben uralter Widersprüche.

Die Platoniker und ihre christlichen Nachfolger hielten die Erde für unrein und in gewisser Weise sogar für abstoßend, den Himmel dagegen für vollkommen und göttlich. Diese eigenartige Auffassung ließ die fundamentale Idee von der Erde als einem Planeten und uns als Bürgern des Alls in Vergessenheit geraten – eine Vorstellung, die einer der letzten ionischen Naturwissenschaftler, der von Samos gebürtige Aristarch, dreihundert Jahre nach Pythagoras erstmals vorgetragen hatte. Zu einer Zeit, in der sich der Schwerpunkt der geistigen Aufklärung bereits in die große Bibliothek von Alexandria verlagert hatte, rückte Aristarch die Sonne in den Mittelpunkt des Planetensystems und ließ die Planeten um sie statt um die Erde kreisen. Bezeichnenderweise sind seine diesbezüglichen Schriften samt und sonders untergegangen. Soweit wir jedoch wissen, soll er bei einer Mondfinsternis aus der Größe des Erdschattens auf dem Mond den Schluß gezogen haben, die Sonne müsse viel größer als die Erde und sehr weit entfernt sein. Möglicherweise schien es ihm absurd, daß sich ein so großer Himmelskörper wie die Sonne um einen so kleinen wie die Erde drehen sollte. Jedenfalls rückte er die Sonne in den Mittelpunkt des Planetensystems, während sich die Erde seiner Ansicht nach einmal täglich um die eigene Achse und einmal jährlich um die Sonne drehte.

Für uns verbindet sich diese Auffassung unauflöslich mit dem Namen Kopernikus, der jedoch laut Galilei die heliozentrische Hypothese lediglich »wiederbelebte und bekräftigte«, nicht aber erfand.* Daß diese Hypothese in Vergessenheit geraten konnte, daß in den zwischen Aristarch und Kopernikus liegenden 1800 Jahren kein Mensch die wirkliche Anordnung der Planeten kannte, obwohl sie der Ionier bereits um 280 v. Chr. klar und deutlich dargelegt hatte, ist nicht zuletzt Aristarchs Zeitgenossen zu verdanken, die seine Gedanken als solches Ärgernis empfanden, daß sie – wie vordem die Mitwelt die eines Anaxagoras und später die eines Bruno und Galilei – lauthals seine Aburteilung wegen Gottlosigkeit forderten. Nebenbei bemerkt haben selbst wir den Widerstand gegen Aristarch und Kopernikus noch nicht völlig überwunden, reden wir doch 2200 Jahre nach Aristarch noch immer von »Auf-« und »Untergang« der Sonne und halten so im täglichen Sprachgebrauch an der geozentrischen Vorstellung fest.

Die tatsächliche Entfernung zwischen den Planeten hätte jenen Griechen, die schon bei der Vorstellung, die Sonne könnte so groß wie der Peloponnes sein, außer sich gerieten, sicher die Sprache verschlagen: Schließlich ist es von der Erde zur Venus, wenn sich beide Planeten am nächsten stehen,

* Möglicherweise kam Kopernikus durch eine Abhandlung über Aristarch auf diese Idee. Jedenfalls machten, als er in Italien Medizin studierte, neuentdeckte klassische Texte an den dortigen Universitäten einigen Wirbel, und außerdem erwähnte Kopernikus vor der Drucklegung seines Buches Aristarch als frühen Verfechter des heliozentrischen Systems, strich diesen Hinweis dann aber wieder aus seinem Manuskript. In einem Brief an Papst Paul III. schrieb er: »Laut Cicero soll Nicetas geglaubt haben, daß die Erde bewegt werde ... Laut Plutarch [der sich über Aristarch äußert] ... haben auch andere diese Meinung geteilt. Dergestalt mit dieser Möglichkeit konfrontiert, begann ich meinerseits über die Bewegung der Erde nachzudenken.«

40 Millionen Kilometer, von der Erde zum Pluto sechs Milliarden. Genau besehen aber lag es damals durchaus nahe, sich das Sonnensystem viel kompakter und räumlich begrenzter vorzustellen. Wenn ich einen Finger vors Gesicht halte und ihn erst mit dem linken, dann mit dem rechten Auge anschaue, scheint er sich vor dem fernen Hintergrund zu bewegen, und zwar, je näher ich ihn vor die Augen rücke, desto mehr. Demnach kann ich aus der Größe dieser scheinbaren Bewegung oder Parallaxe die Entfernung Auge-Finger abschätzen. Stünden meine Augen weiter auseinander, schiene die Verschiebung meines Fingers noch wesentlich bedeutender. D.h., je länger die Basislinie, von der aus wir unsere beiden Beobachtungen anstellen, desto größer auch die Parallaxe und desto günstiger damit die Voraussetzung, den Abstand zwischen uns und dem angepeilten fernen Gegenstand zu messen. Nun leben wir aber auf einer bewegten Plattform, der Erde, die halbjährlich von einem Endpunkt ihrer Umlaufbahn zum anderen wandert und dabei eine Entfernung von 300 Millionen Kilometer zurücklegt. Betrachten wir mithin den gleichen unbewegten Himmelskörper im Abstand von einem halben Jahr, müßten wir selbst riesige Entfernungen bestimmen können. Aristarch, der die Sterne für ferne Sonnen hielt und die Sonne »unter« die Fixsterne einreihte, zog aus dem Umstand, daß sich trotz der Erdbewegung bei den Sternen keine Parallaxe ergab, den Schluß, sie müßten wesentlich weiter entfernt sein als die Sonne: Tatsächlich tritt selbst bei den erdnächsten Sternen nur eine so geringfügige Parallaxe auf, daß sie sich vor der Erfindung des Teleskops nicht feststellen ließ. Erst im 19. Jahrhundert gelang es, die Parallaxe eines Sterns zu messen. Und nun zeigte sich mit Hilfe der einfachen griechischen Geometrie, daß die Sterne Lichtjahre von uns entfernt sind.

Es gibt aber auch noch einen anderen Weg, die Entfernung der Sterne zu messen, den die Ionier durchaus hätten beschreiten können, was sie unseres Wissens aber nicht getan haben. Wie jedermann weiß, erscheint ein Objekt desto kleiner, je weiter es entfernt ist. Auf dieser umgekehrten Proportionalität zwischen scheinbarer Größe und Entfernung beruht die Perspektive in Kunst und Photographie. Ebenso kommt uns die Sonne um so kleiner und schwächer vor, je weiter wir von ihr entfernt sind. Wie groß aber müßte der Abstand sein, damit sie uns so klein und lichtschwach wie ein Stern erschiene? Oder anders gefragt, ein wie kleines Stück der Sonne wäre so hell wie ein Stern?

Der erste, der diese Frage ganz im Sinne der ionischen Tradition zu beantworten suchte, war Christiaan Huygens: Er bohrte kleine Löcher in eine Messingplatte, hielt sie gegen die Sonne und suchte zu ermitteln, welches Loch im Helligkeitsgrad dem von ihm in der Nacht zuvor beobachteten Sirius entsprach. Schließlich entschied er sich für ein Loch, das effektiv achtundzwanzigtausendmal kleiner war als die scheinbare Größe der Sonne.* Also mußte der Sirius, so seine Schlußfolgerung, achtundzwanzigtausendmal so weit von uns entfernt sein wie die Sonne oder rund ein halbes Lichtjahr. Nun ist es freilich nicht einfach, den Helligkeitsgrad eines Sterns vom Vorabend genau in Erinnerung zu behalten, aber Huygens gelang es alles in allem recht gut. Nur wußte er nicht, daß Sirius heller leuchtet als die Sonne, andernfalls wäre er den Fakten recht nahe gekommen: In Wirklichkeit ist Sirius nämlich 8,8 Lichtjahre von uns entfernt. Solche Abweichungen auf-

* Huygens reduzierte die durch das Loch fallende Lichtmenge durch eine Glasperle.

Einfache Rekonstruktion der perforierten Messingplatte, mit der Christiaan Huygens im 17. Jahrhundert die Entfernung der Sterne bestimmte. M. frdl. Gen. v. Bill Ray.

grund ungenauer Daten aber spielen im Grunde genommen keine Rolle. Weit wichtiger ist, daß Aristarch und Huygens ihre Methode so klar erläuterten, daß mit der Verbesserung der Beobachtungen auch richtigere Antworten abgeleitet werden konnten.

Von Aristarch bis Huygens mühten sich immer wieder Menschen, die Frage, die mich als Junge in Brooklyn so beschäftigt hatte, zu beantworten: Was sind die Sterne? Heute kennen wir die Antwort: Die Sterne sind mächtige Sonnen, Lichtjahre in der Weite des interstellaren Raums von uns entfernt.

Aristarchs großes Vermächtnis aber ist die Erkenntnis, daß weder wir noch unser Planet eine Sonderstellung in der Natur einnehmen – eine Erkenntnis, die seither recht erfolgreich, wenn auch unter stetigem Widerspruch, auf vieles angewandt worden ist, auf die Sterne so gut wie auf manch andere die Menschheit betreffende Bereiche. Ihr haben wir wesentliche Fortschritte in Astronomie, Physik, Biologie, Anthropologie, Wirtschaft und Politik zu verdanken. Ich bin nur gespannt, ob ihre Extrapolation auf den sozialen Sektor nicht erneut Anstoß zu heftigen Unterdrückungsversuchen geben wird.

So ist Aristarchs Vermächtnis nicht nur dem Sternenreich zugute gekommen. Als William Herschel, Hofmusikant und -astronom Georgs III. von England, Ende des 18. Jahrhunderts bei der Vollendung einer Karte des Sternenhimmels im Band der Milchstraße nach allen Richtungen scheinbar dieselbe Anzahl von Sternen entdeckte, schloß er, keineswegs abwegig, daraus, daß wir uns im Zentrum der Galaxis befänden.*

Doch unmittelbar vor dem Ersten Weltkrieg entwickelte Harlow Shapley aus Missouri eine Technik zur Bestimmung der Entfernung kugelförmiger Sternhaufen, jener lieblichen sphärischen Sternansammlungen, die einem Bienenschwarm gleichen. Er hatte ein stellares Helligkeitsmaß entdeckt, einen veränderlichen Stern von gleichbleibender mittlerer Leuchtkraft, und er brauchte nun nur noch das schwache Leuchten eines Sterns in einem Sternhaufen mit der tatsächlichen Helligkeit vergleichbarer erdnaher Sterne in Beziehung zu setzen, um die Entfernung der Sternhaufen berechnen zu können. (Ganz ähnlich schätzen wir ja auch die Entfernung einer Laterne von bekannter Helligkeit nach dem schwachen Schein, der uns erreicht – im wesentlichen eine Abwandlung der Huygensschen Methode.) Bei diesen Untersuchungen entdeckte Shapley, daß die von ihm erfaßten rund hundert Kugelhaufen statt in der Sonnenumgebung in der Richtung des Sternbilds des Schützen, *Sagittarius,* in einer fernen Region der Milchstraße angesiedelt sein müssen, das heißt, höchstwahrscheinlich um den zentralen Kern der Milchstraße kreisen.

Und er war mutig genug, 1915 die Annahme zu äußern, das Sonnensystem sei am Rande und nicht im Herzen unserer Galaxis gelegen. Herschel hatte sich von den in Richtung Sagittarius die Sicht verdeckenden interstellaren Wolken irreführen lassen, da er zu seiner Zeit von den vielen dahinter verborgenen Sternen nichts ahnen konnte. Heute steht zweifelsfrei fest, daß wir gut 30000 Lichtjahre vom Kern der Galaxis entfernt am Rande eines Spiralarms mit relativ geringer räumlicher Sterndichte liegen. Vielleicht bedauern uns die Bewohner eines Planeten in Shapleys Kugelhaufen oder gar

* Diese Sonderstellung der Erde im Mittelpunkt des damals bekannten Universums verleitete A. R. Wallace in seinem Buch *Man's Place in the Universe* (1903) zu der antiaristarchischen Annahme, unsere Erde könnte der einzige bewohnte Planet sein.

im Zentrum der Milchstraße, weil wir mit unbewaffnetem Auge nur eine lumpige Handvoll Sterne sehen können, nur ein paar tausend, während ihr eigener Himmel von Millionen leuchtender Sterne erstrahlt, so daß selbst nach Untergang ihrer Sonne doch nie die Nacht anbricht.

Bis weit ins 20. Jahrhundert hinein hegten die Astronomen die Überzeugung, daß es im Kosmos nur eine einzige Galaxis, eben unsere Milchstraße, gebe, obwohl Thomas Wright und Immanuel Kant bereits im 18. Jahrhundert die Ahnung gedämmert war, die durchs Teleskop erkennbaren Spiralnebel könnten weitere Galaxien sein. Ja, Kant hatte M31 im Sternbild Andromeda sogar *expressis verbis* eine andere Milchstraße mit unzähligen Sternen genannt und vorgeschlagen, solche Objekte als »Welteninseln« zu bezeichnen – ein recht anschaulicher und einprägsamer Begriff. Andere Wissenschaftler dagegen spielten mit der Idee, die Spiralnebel könnten erdnahe, sich verdichtende Wolken aus interstellarem Gas vor ihrer Entwicklung zu Sonnensystemen sein.

Um sich Gewißheit über ihre wirkliche Entfernung zu verschaffen, wählte man ein neues Helligkeitsmaß aus, eine Klasse wesentlich hellerer veränderlicher Sterne, und als es Edwin Hubble 1924 gelang, derartige Sterne auch in M31 zu identifizieren, erwiesen sie sich als alarmierend lichtschwach, woraus erhellte, daß M31 unerhört weit, nach heutigen Schätzungen über zwei Millionen Lichtjahre, entfernt sein mußte. Bei dieser Entfernung aber kam keine Wolke von nur interstellaren Dimensionen mehr in Frage – es mußte sich um etwas weitaus Größeres, um eine riesige, selbständige Galaxis, handeln. Und die noch schwächer schimmernden Galaxien mußten noch weiter entfernt sein, zu hundert Milliarden durchsetzten sie das Dunkel bis an die Grenzen des bekannten Kosmos.

Schematische Darstellung der Milchstraße (Seitenansicht). Ringsum ein Schwarm von Kugelsternhaufen, die zwischen 100000 und 10 Millionen Sterne umfassen. Sonne und Erde befinden sich bei diesem Maßstab nahe dem äußeren Ende der vom Milchstraßenkern ausgehenden Spiralarme. Darstellung von Jon Lomberg.

Seit Menschengedenken versuchen wir herauszufinden, welchen Platz wir im Kosmos einnehmen. In der Kindheit der Menschheit (als unsere Vorfahren müßig zu den Sternen aufblickten), zur Zeit der ionischen Wissenschaftler im alten Griechenland und in unserer Zeit hat uns die Frage: Wo sind wir? Und wer sind wir? nicht mehr losgelassen. Heute wissen wir, daß wir uns auf dem unbedeutenden Planeten eines langweiligen Sterns befinden, verloren zwischen zwei Spiralarmen in den Außenbezirken einer Galaxis, die ihrerseits als Mitglied eines wenig kompakten Galaxienhaufens irgendwo in einem gottvergessenen Winkel des Universums schlummert, in dem es weit mehr Galaxien als Menschen gibt. Zu dieser Sicht hat uns die mutig verangetriebene Konstruktion und Erprobung von Denkmodellen für den Himmel, die mit der Sonne als glühendem Stein, den Sternen als himmlischer Flamme und der Milchstraße als Rückgrat der Nacht ihren Ausgang nahm, schließlich geführt.

Seit Aristarch hat uns freilich jeder Schritt unserer Forschungen weiter vom Mittelpunkt des kosmischen Dramas weggeführt. Und zur Aneignung dieser neuen Erkenntnisse ist uns nicht viel Zeit geblieben. Shapleys und Hubbles Entdeckungen fallen in die Lebensspanne vieler noch heute existierender Zeitgenossen. Insgeheim beklagt wohl noch manch einer diese großen Entdeckungen, betrachtet jeden Schritt als Degradierung, weint in seinem Innersten der Zeit nach, in der sich die Erde noch im Mittelpunkt, im Brenn- und Drehpunkt des Universums befand. Wenn wir jedoch imstande sein sollen, uns mit dem Kosmos auseinanderzusetzen, müssen wir ihn zuvor verstehen, selbst wenn unsere Sehnsucht nach einem unverdien-

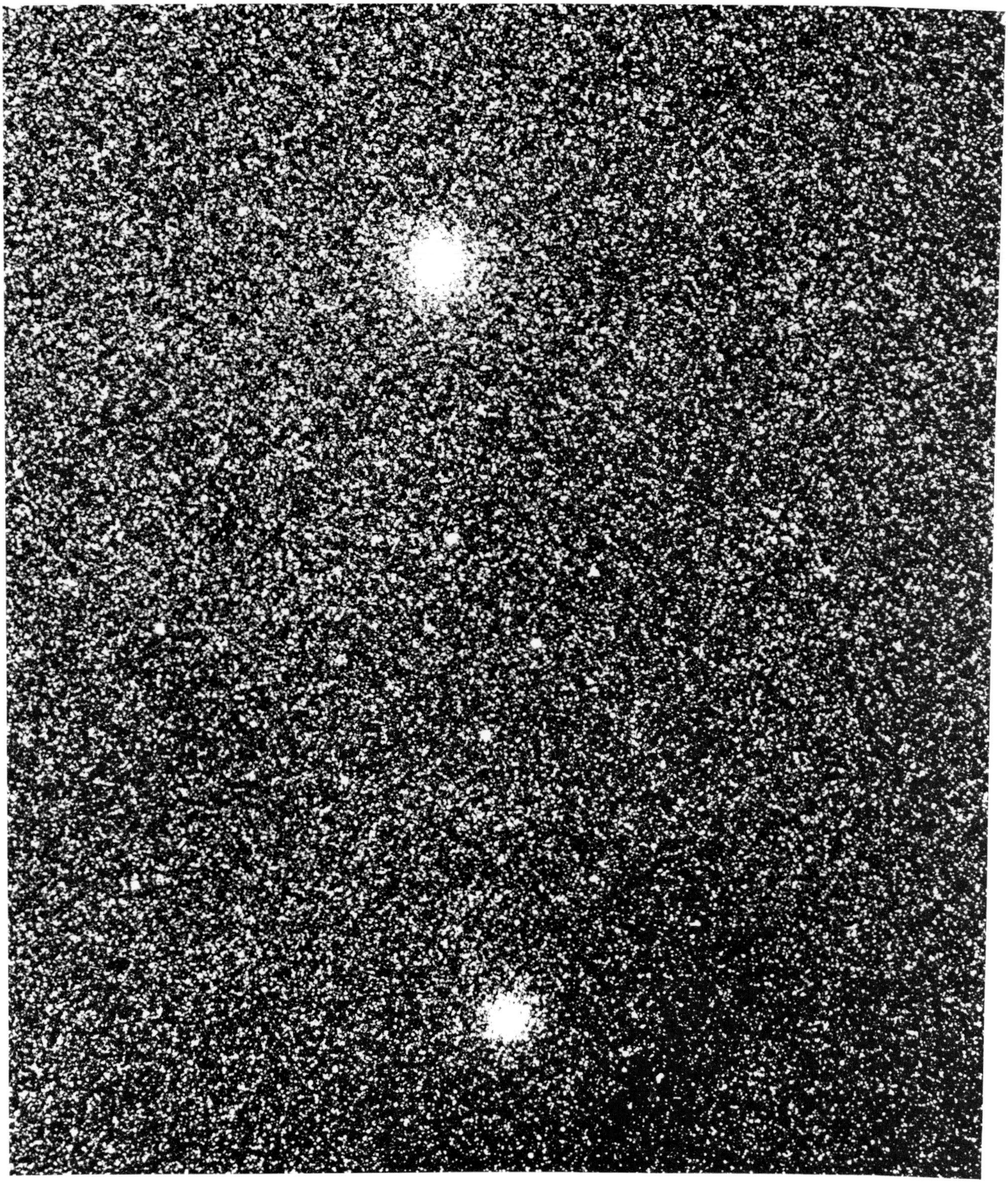

Die Kugelsternhaufen, größtenteils in dem unseren Spiralnebel umgebenden großen sphärischen Halo aus Sternen und Sternhaufen gelegen, umkreisen und markieren das massereiche Milchstraßenzentrum. Nur relativ wenige konzentrieren sich, wie die beiden abgebildeten, im »New General Catalog« (NGC) von 1888 unter den Bezeichnungen NGC 6522 und NGC 6528 aufgeführten Kugelsternhaufen, auf den Milchstraßenkern. Von den Planeten dieser Sonnen aus gesehen wäre der Himmel mit leuchtenden Sternen übersät. M. frdl. Gen. d. Kitt Peak National Observatory. © Association of Universities for Research in Astronomy, Inc., Kitt Peak National Observatory.

ten Vorzugsstatus daran zerbricht. Zu begreifen, wo man lebt, ist eine wichtige Voraussetzung für die Verbesserung der Nachbarschaft. Die weitere Umgebung kennenzulernen erweist sich gleichfalls als förderlich. Wenn wir auf einem bedeutenden Planeten leben wollen, können wir sogar etwas dazu tun, indem wir unserer Welt durch den Mut unserer Fragen und die Tiefe unserer Antworten Bedeutung geben.

Was sind die Sterne? Mit dieser erstmals in der Kindheit unserer Spezies aufgeworfenen und von Generation zu Generation mit gleicher Inbrunst wiederholten Frage haben wir unsere Reise durch den Kosmos angetreten. Die Natur hat uns den Forscherdrang eingepflanzt. Als Wanderer haben wir begonnen, und Wanderer sind wir geblieben. Lange genug sind wir an den Gestaden des kosmischen Ozeans verweilt. Nun ist es an der Zeit, die Segel zu den Sternen zu setzen.

Ein hypothetischer Eisplanet im Ringnebelsystem im Sternbild der Leier. Die abgeblasenen äußeren Schichten der Hülle des Zentralsterns bilden eine vielfarbige, langsam weiter expandierende Hülle aus glühendem Gas. Die Erforschung dieses 1500 Lichtjahre entfernten Systems bleibt künftigen Generationen vorbehalten. Darstellung von David Egge, 1979.

8. Kapitel
Reisen durch Raum und Zeit

Niemand lebt länger als ein totes Kind, und P'eng Tsu [der chin. Methusalem] starb jung.
Himmel und Erde sind so alt wie ich, und die zehntausend Dinge sind eins.

Chuang Tsu, um 300 v. Chr., China

Wir haben die Sterne zu sehr geliebt, um die Nacht zu fürchten.

Grabinschrift zweier Amateurastronomen

Sterne kritzeln in unsere Augen die eisigen Sagas und die funkelnden Gesänge
des unbesiegten Raums.

Hart Crane, *The Bridge*

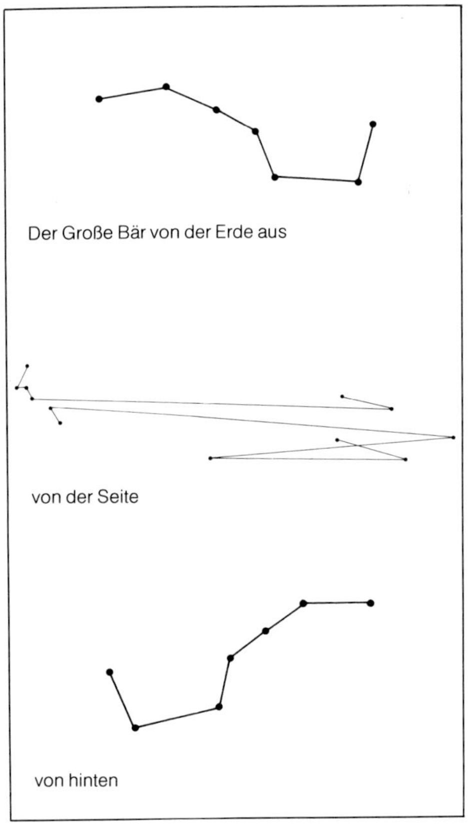

Der Große Bär von der Erde *(oben)*, von der Seite *(Mitte)* und von hinten *(unten)* gesehen. Das mittlere beziehungsweise untere Bild würde sich von einem jeweils etwa 150 Lichtjahre entfernten Blickpunkt aus bieten.

Das Steigen und Fallen der Brandung wird zum Teil durch die Gezeiten bewirkt. Mond und Sonne sind weit weg, und doch macht sich der Einfluß ihrer Schwerkraft bei uns auf der Erde deutlich bemerkbar. So erzählt uns der Strand vom Raum, vom fernen Mond und der noch ferneren Sonne, denn unter ihrem Einfluß haben Wellen und Wetter im Laufe der Zeiten große Felsen abgetragen und abgeschliffen und zu feinen, gleich großen Sandkörnern zerstoßen und zerrieben. Der Strand erzählt uns aber auch von der Zeit, davon, daß die Welt viel älter ist als die Menschheit.

Eine Handvoll Sand enthält rund 10000 Körner, mehr als wir mit bloßem Auge in einer klaren Nacht Sterne sehen. Die Anzahl der Sterne aber, die wir *sehen,* macht nur einen winzigen Bruchteil der Sterne aus, die es *gibt.* Denn wir sehen nur die uns nächsten, während der Kosmos unvorstellbar reich ist, umfaßt er doch mehr Sterne als unser Planet Erde, alle Strände zusammengenommen, Sandkörner.

Trotz der Bemühungen der alten Astronomen und Astrologen, Bilder an den Himmel zu projizieren, bleibt eine Konstellation, ein Sternbild, doch nur eine willkürliche Zusammenfassung einiger eigentlich schwach leuchtender, uns aber aufgrund ihrer Erdnähe hell erscheinender, und einiger an sich hellerer, aber weiter entfernter Sterne. All diese Konstellationen sehen, da sämtliche Punkte unseres Planeten von den Sternen gleich weit entfernt sind, überall auf der Erde gleich aus, im sowjetischen Zentralasien ebenso wie im amerikanischen Mittelwesten. Astronomisch betrachtet besteht zwischen der UdSSR und den Vereinigten Staaten also kein Unterschied. Denn da die Sterne aller Konstellationen sehr weit entfernt sind, können wir sie, solange wir an die Erde gefesselt bleiben, nicht in ihrer dreidimensionalen Anordnung erkennen. Die Durchschnittsentfernung zwischen den Sternen beträgt einige Lichtjahre (ein Lichtjahr entspricht, wir erinnern uns, etwa zehn Billionen Kilometer). Erst wenn wir ähnliche Entfernungen zurücklegen, ändert sich das Aussehen der Sternbilder. Das heißt, wenn wir uns über Lichtjahre hinweg wagen, scheinen sich einige der erdnahen Sterne aus ihrer Konstellation zu lösen, während andere hinzukommen, so daß sich schließlich ein völlig neues Bild ergibt.

Bis jetzt ist unsere Technologie allerdings noch völlig außerstande, uns auf solch weite interstellare Reisen zu schicken. Dafür können wir mittels Elektronik eine kleine Reise unternehmen, etwa die Ansammlung heller, den Großen Bären bildender Sterne umrunden, indem wir dem Computer die dreidimensionalen Positionen aller erdnahen Sterne eingeben und dann beobachten, wie sich die Konstellationen ändern. Dabei verbinden wir die Sterne in der gewohnten Punkt-zu-Punkt-Manier. Im selben Maße, in dem sich unsere Perspektive ändert, verzerrt sich auch die scheinbare Gestalt der Sternbilder. Die Bewohner von Planeten ferner Sterne sehen also ganz andere Konstellationen am Himmel als wir – sozusagen andere Rorschachtests für andere Geister. Vielleicht wird es in einigen Jahrhunderten auch dem Menschen vergönnt sein, neue, bis dahin nur mit Hilfe des Computers geschaute Konstellationen zu sehen. Voraussetzung dafür ist allerdings, daß es gelingt, von der Erde aus Raumschiffe mit beträchtlicher Geschwindigkeit weit genug in den Raum hinauszuschicken.

Aber das Erscheinungsbild der Konstellationen ändert sich nicht nur im Raum, sondern auch in der Zeit; d.h., nicht nur, wenn wir unseren Standort verändern, sondern auch, wenn wir lange genug warten. Sterne schließen sich zu einer Gruppe oder zu einem Haufen zusammen; ein einzelner Stern bewegt sich viel schneller als seine Genossen und verläßt so schließlich seine alte Konstellation und tritt in eine neue ein. Bisweilen explodiert ein Mitglied eines Doppelsterns, woraufhin sein Gefährte, von den Fesseln der Schwerkraft befreit, mit seiner früheren Bahngeschwindigkeit in den Raum katapultiert wird. Dazu kommt, daß Sterne geboren werden, sich entwickeln und sterben. Wir brauchen also nur lange genug zu warten, um neue auftauchen und alte verschwinden zu sehen. Kurzum, die Bilder am Himmel lösen sich mit der Zeit auf und gehen in neue über.

Selbst in den paar Jahrmillionen seit Bestehen der Menschheit haben sich Konstellationen verändert. Betrachten wir einmal das Sternbild des Großen Bären und lassen uns von unserem Computer, der uns ja in die Zeit und in den Raum entführen kann, zeigen, wie sich die einzelnen Sterne dieser Konstellation bewegt haben. Vor einer Jahrmillion z. B. glich der Große Bär eher einem Speer. Würden wir also von einer Zeitmaschine plötzlich in eine ferne Vergangenheit zurückversetzt, könnten wir die Epoche im Prinzip mittels der Sternbilder bestimmen: Gliche der Große Bär einem Speer, befänden wir uns im Mittelpleistozän.

Natürlich können wir mittels Computer auch in die Zukunft reisen. Nehmen wir diesmal Leo, den Löwen. In einer Jahrmillion wird er noch weniger einem Löwen gleichen als heute und von unseren fernen Nachkommen vielleicht in »Sternbild des Radioteleskops« umbenannt werden – obwohl das Radioteleskop in einer Million Jahren vermutlich noch überholter sein dürfte als heute der Speer.

Oder betrachten wir das Sternbild Orion, den Jäger, mit seinen vier gewissermaßen den Umriß bildenden hellen und seinen drei als Gürtel des Jägers die Figur diagonal durchschneidenden Sternen, zu denen noch drei schwächere, vom Gürtel herabhängende und herkömmlicherweise als Orions Schwert bezeichnete Sterne kommen. Der mittlere Stern des Schwertes ist in Wirklichkeit kein Stern, sondern eine große Gaswolke, der sogenannte Orionnebel, eine regelrechte Brutstätte neuer Sterne. In der Tat finden sich im Orion viele heiße und junge Sterne, die sich in Zeiträumen von einigen -zig Jahrmillionen rapide entwickeln und in kolossalen kosmischen Explosionen, den Supernovae, enden. Würde uns unser Computer diese Vorgänge im Zeitraffertempo zeigen, würden wir Geburt und Tod vieler dieser Sterne miterleben, würden wir sie aufflammen und in einem grandiosen Schauspiel verlöschen sehen wie Glühwürmchen in einer Sommernacht.

Die Sonnenumgebung, das unmittelbare Umfeld der Sonne im Raum, schließt auch das nächste Sternsystem, α Centauri, mit ein. Dabei handelt es sich in Wirklichkeit um ein Dreifachsystem, bei dem sich zwei Sterne umeinander drehen, während der dritte, Proxima Centauri – so genannt, weil er in manchen Positionen der Sonne von allen Sternen am nächsten kommt –, das Paar in taktvollem Abstand umkreist. Im übrigen sind die meisten Sterne Komponenten eines Doppelsterns oder Mehrfachsystems. Unsere einzelgängerische Sonne stellt also eher eine Ausnahme von der Regel dar.

Der zweithellste Stern in der Konstellation Andromeda, β Andromedae, ist 75 Lichtjahre von uns entfernt. Das heißt, das Licht, das ihn uns heute sichtbar macht, hat 75 Jahre gebraucht, um den langen Weg durch das Dunkel des interstellaren Raums bis zur Erde zurückzulegen. Setzen wir nun einmal den – allerdings unwahrscheinlichen – Fall, β Andromedae wäre ver-

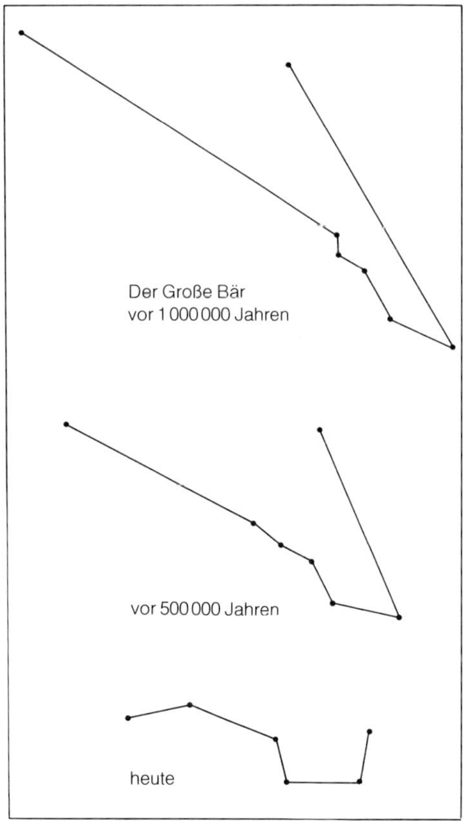

Die beiden Computerdarstellungen *(oben* und *Mitte)* zeigen, wie sich der Große Bär vor einer beziehungsweise einer halben Jahrmillion von der Erde aus im Vergleich zu seinem heutigen Erscheinungsbild *(unten)* ausnahm.

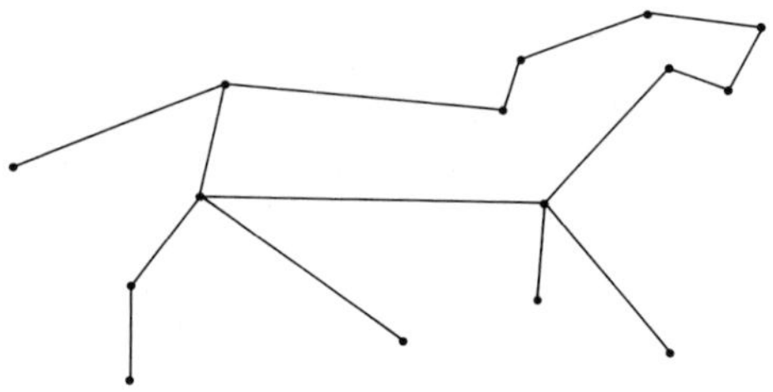

Der Löwe heute

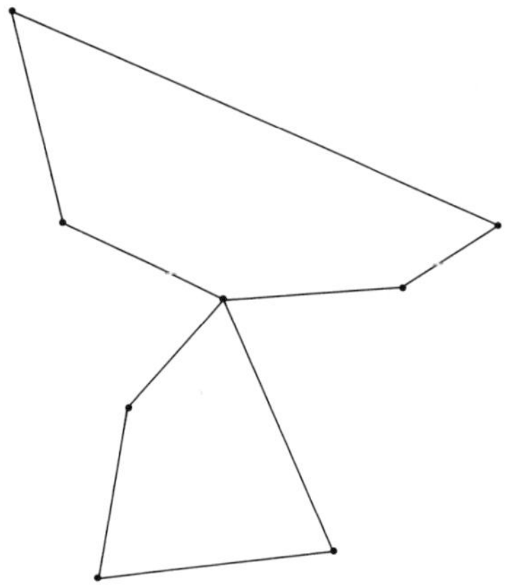

und in 1 000 000 Jahren

So wird sich das Sternbild des Löwen nach Auskunft des Computers in einer Jahrmillion *(unten)* gegenüber heute *(oben)* von der Erde aus gesehen verschieben.

gangenen Dienstag in die Luft geflogen, so würden wir das erst in 75 Jahren erfahren, da diese interessante, mit Lichtgeschwindigkeit verbreitete Nachricht ebenfalls 75 Jahre brauchte, um über die ungeheuren interstellaren Entfernungen bis zu uns zu gelangen. Als das Licht, in dem wir diesen Stern heute erstrahlen sehen, zu seiner langen Reise aufbrach, hatte hier auf Erden der junge, damals in einem Schweizer Patentamt beschäftigte Albert Einstein gerade seine epochemachende spezielle Relativitätstheorie veröffentlicht.

Raum und Zeit sind untrennbar miteinander verwoben. Wir können nicht in den Raum hinausschauen, ohne gleichzeitig in die Zeit zurückzublicken. Zwar pflanzt sich das Licht sehr schnell fort, aber der Raum ist ungeheuer leer und der Abstand zwischen den Sternen riesig. Eine Entfernung von 75 Lichtjahren oder noch weniger ist verglichen mit anderen Entfernungen in der Astronomie außerordentlich bescheiden. Die Sonne ist 30000 Lichtjahre vom Zentrum der Milchstraße entfernt und diese ihrerseits 2000000 Lichtjahre vom nächsten gleichfalls im Sternbild Andromeda gelegenen Spiralnebel M 31. Als sich das Licht, das wir heute von M 31 sehen, auf den Weg zur Erde machte, gab es auf unserem Planeten noch keine Menschen, auch wenn sich unsere Vorfahren bereits deutlich auf unsere gegenwärtige Form zu entwickelten. Und die Entfernung von der Erde zu den meisten fernen Quasaren beträgt gar acht bis zehn Milliarden Lichtjahre. Mit anderen Worten, wir sehen diese Himmelskörper heute so, wie sie vor der Entstehung der Erde, ja vor der Entstehung der Milchstraße waren.

Diese Situation ist übrigens nicht auf astronomische Objekte beschränkt, doch sind nur diese so weit entfernt, daß die endliche Lichtgeschwindigkeit ins Gewicht fällt. Schaut man eine drei Meter entfernte Freundin am anderen Ende des Zimmers an, sieht man sie nicht, wie sie »jetzt« ist, sondern wie sie vor einer hundert millionstel Sekunde »war« [$(3\ m) / (3 \times 10^8\ m/sec) = 1/(10^8/sec) = 10^{-8}$ sec oder eine hundertstel Mikrosekunde. Bei dieser Rechnung haben wir lediglich die Entfernung durch die Geschwindigkeit geteilt, um zu ermitteln, wie lange das Bild braucht, bis es uns erreicht.] Der Unterschied zwischen unserer Freundin »jetzt« und jetzt minus einer hundert millionstel Sekunde aber ist zu unerheblich, als daß wir ihn wahrnähmen. Bei einem acht Milliarden Lichtjahre entfernten Quasar dagegen dürfte er sehr wohl ins Gewicht fallen, denn in acht Jahrmilliarden kann sich allerlei ereignen. (So halten z. B. manche Wissenschaftler Quasare für nur in der Frühzeit der Galaxien auftretende Explosionsereignisse. Wenn das zuträfe, müßten wir, je ferner sich eine Galaxis befindet und je weiter wir mithin in ihre Geschichte zurückschauen, auch desto mehr Quasare ausmachen. Und in der Tat nimmt die Zahl der Quasare bei Entfernungen von über fünf Milliarden Lichtjahren eindeutig zu.)

Die beiden Voyager-Raumsonden, die schnellsten Flugkörper, die je von der Erde starteten und nun mit einem Zehntausendstel der Lichtgeschwindigkeit durch den Raum fliegen, würden 40000 Jahre bis zum nächsten Stern brauchen. Unter diesen Umständen erscheint es doch recht fraglich, ob wir die enormen Entfernungen auch nur zu Proxima Centauri je in einer vernünftigen Zeit werden zurücklegen können. Denn dazu müßten wir unsere Geschwindigkeit der Lichtgeschwindigkeit, mit der es offenbar eine eigene Bewandtnis hat, nicht nur annähern, sondern sie sogar noch überbieten.

Hätten wir in den neunziger Jahren des 19. Jahrhunderts die schöne Toskana durchwandert, wären wir vielleicht auf der Straße nach Pavia einem langmähnigen Tunichtgut von Oberschüler begegnet, der von der Schule abgegangen war, da er durch seine Fragen nur die Klassendisziplin gestört hatte und er es nach Ansicht seiner Lehrer ohnehin nie zu etwas bringen würde. Auf der Wanderschaft durch Norditalien seine Freiheit in vollen Zügen genießend, stellte er Überlegungen an, die mit dem Lehrstoff der von preußischer Zucht und Ordnung durchwalteten Schule herzlich wenig zu tun hatten. Der Versager hieß Albert Einstein, und seine unnützen Grübeleien sollten die Welt verändern.

Fasziniert von Bernsteins Volksbuch der Naturwissenschaft, einer allgemeinverständlichen Darstellung der Naturwissenschaften, die gleich auf der ersten Seite mit der erstaunlichen Geschwindigkeit, mit der der Strom den Draht und das Licht den Raum durcheilt, begann, fragte er sich, wie die Welt wohl von einer Lichtwelle aus aussähe! Mit der Geschwindigkeit des Lichtes dahinrasen! Welch packender, magischer Gedanke für einen Jungen, der auf Schusters Rappen durch eine lichtüberflutete, in der Sonne flimmernde Landschaft zog. Auf einer Lichtwelle reisen! Nur daß man es nicht einmal merken würde. Denn startete man auf einem Wellenkamm, so blieb man auch auf dem Kamm und nahm von der Wellenbewegung nichts wahr. Ein sonderbarer Sachverhalt. Aber je mehr Einstein über solche und ähnliche Fragen nachsann, desto verwirrender muteten sie ihn an. Sich mit Lichtgeschwindigkeit fortzubewegen schien Paradox um Paradox heraufzubeschwören. Manche Ideen waren offenbar ohne ausreichende Überprüfung als richtig akzeptiert worden. Denn er, Einstein, stellte nur einfache Fragen, Fragen, die schon Jahrhunderte zuvor möglich gewesen wären. So z. B., was wir eigentlich mit der Feststellung, zwei Ereignisse passierten gleichzeitig, meinen.

Stellen Sie sich vor, ich fahre mit dem Fahrrad auf Sie zu. Auf einer Kreuzung, so erscheint es jedenfalls mir, stoße ich um ein Haar mit einem Pferdewagen zusammen. Ich weiche aus und entgehe dem Gefährt mit knapper Not. Und jetzt stellen Sie sich denselben Vorgang noch einmal vor, nur daß diesmal Karren und Rad nahezu mit Lichtgeschwindigkeit dahinfahren sollen. Sie stehen also unten an der Straße und sehen mich durch reflektiertes Sonnenlicht auf sich zukommen; der Wagen dagegen fährt im rechten Winkel zu Ihrer Blickrichtung. Müßte man nun nicht zu der Geschwindigkeit, mit der ich auf Sie zukomme, die Geschwindigkeit des Lichts addieren, so daß Sie mein Bild beträchtlich früher erreichte als das des Karrens? Müßten Sie mich nicht ausweichen sehen, ehe für Sie der Wagen überhaupt auf der Kreuzung anlangte? Ist es demnach möglich, daß der Wagen und ich nach meiner Sicht gleichzeitig in die Kreuzung einfahren, nach Ihrer aber nicht? Ist es möglich, daß ich den Eindruck gewinne, mit dem Wagen fast zusammenzustoßen, während Sie mich womöglich einem Nichts ausweichen und dann fröhlich in Richtung Vinci weiterradeln sehen? Sonderbar spitzfindige Fragen, die am Augenscheinlichen rütteln, weshalb sie auch vor Einstein niemand einfielen. Solch elementare Fragen erforderten ein fundamentales Umdenken der Welt, und durch sie löste Einstein eine Revolution in der Physik aus.

Wollen wir die Welt verstehen, wollen wir bei Fahrten mit hohen Geschwindigkeiten solch logische Paradoxe vermeiden, müssen wir ein paar Regeln beachten, gewissermaßen die Gebote der Natur, die Einstein in seiner speziellen Relativitätstheorie niedergelegt hat. Das von einem Gegen-

Albert Einstein (1879–1955), Porträt von Jean-Léon Huens, © National Geographic Society. Durch ein populärwissenschaftliches Buch, das Gastgeschenk eines armen Studenten namens Max Talmey, den Einsteins Eltern aus Mitleid zum Essen eingeladen hatten, wurde das schlummernde wissenschaftliche Interesse des Zwölfjährigen geweckt.

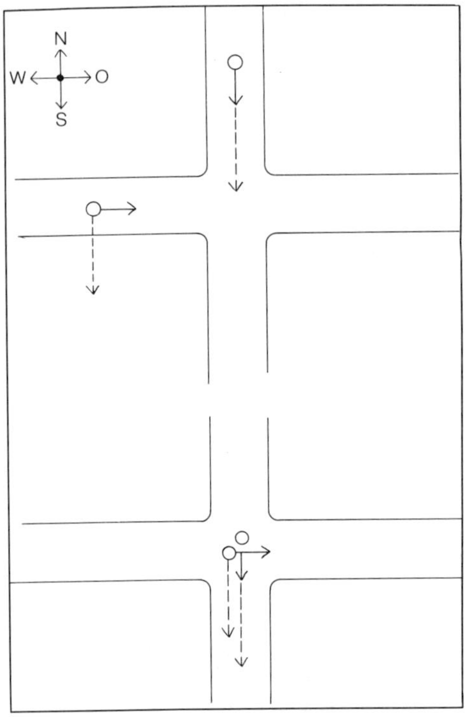

Das Paradox der Gleichzeitigkeit in der speziellen Relativitätstheorie. Der Beobachter steht auf der nach Süden führenden Straße einer Kreuzung. Von Norden kommt ein Fahrradfahrer mit der durch den ausgezogenen Pfeil bezeichneten Geschwindigkeit. Das von ihm reflektierte Licht eilt mit höherer Geschwindigkeit (gestrichelter Pfeil) auf den Beobachter zu. Von Westen nähert sich der Kreuzung in dem durch den ausgezogenen Pfeil angezeigten Tempo ein Fuhrwerk, dessen nach Süden abgestrahltes Licht sich gleichfalls mit der vom gestrichelten Pfeil angedeuteten Geschwindigkeit fortpflanzt. Wäre es nun zulässig, die Geschwindigkeit des Radfahrers und die des Lichtes zu addieren (schließlich fährt er ja auf den Beobachter zu), käme das von ihm reflektierte Licht vor dem des Fuhrwerks beim Betrachter an, so daß dieser keineswegs, wie Radfahrer und Kutscher, den Eindruck eines Beinahezusammenstoßes hätte. Sorgfältige Experimente aber zeigen, daß das nicht der Fall ist. Offenbar wird das Paradox nur, wenn der Radfahrer schon fast mit Lichtgeschwindigkeit fährt, und die Lösung des Paradoxes lautet, daß die Lichtgeschwindigkeit von der Geschwindigkeit des bewegten Objektes unabhängig sein muß.

stand ausgehende Licht, gleichviel, ob reflektiert oder emittiert, pflanzt sich stets mit derselben Geschwindigkeit fort, egal, ob sich das Objekt seinerseits bewegt oder nicht: *Du sollst deine Geschwindigkeit nicht zur Lichtgeschwindigkeit addieren.* Außerdem kann sich kein materieller Gegenstand schneller als das Licht bewegen: *Du sollst dich nicht mit oder mit mehr als Lichtgeschwindigkeit fortbewegen.* Nichts in der Physik kann dich hindern, dich der Lichtgeschwindigkeit beliebig anzunähern; selbst 99,9% wären noch durchaus statthaft. Aber sosehr du dich auch anstrengen magst, das letzte Zehntel bleibt dir versagt. Denn wenn die Welt logisch zusammenhalten soll, muß es eine kosmische Geschwindigkeitsgrenze geben. Andernfalls könntest du auf einer bewegten Plattform durch Addition von Geschwindigkeiten jedes beliebige Tempo erreichen.

Um die Jahrhundertwende glaubten die Europäer allgemein an die Überlegenheit ihres Bezugssystems oder genauer, Deutsche wie Franzosen und Briten hegten die feste Überzeugung, bessere kulturelle und politische Einrichtungen zu besitzen als andere Länder und Völker, die sich in ihren Augen glücklich preisen konnten, von den überlegenen Europäern kolonisiert zu werden. Kein Mensch kam auf den Gedanken, die aristarchischen und kopernikanischen Ideen auf den sozialen und politischen Sektor anzuwenden. Nur der junge Einstein rebellierte gegen die Vorstellung bevorrechteter Bezugssysteme in Physik und Politik. In einem Universum, in dem die Sterne holterdiepolter nach allen Richtungen auseinanderstieben, gab es keinen Ort, der sich »in Ruhe« befand, kein allen anderen überlegenes Bezugssystem für die Betrachtung des Alls. Das nämlich bedeutet letztlich das Wort *Relativität.* Entkleidet man den Begriff seiner magischen Aura, stößt man auf eine im Grunde sehr einfache Idee: Für die Betrachtung des Universums taugt ein Ort so gut wie der andere. Die Naturgesetze bleiben sich gleich, wer sie auch beschreibt. Trifft das aber zu – und es wäre erstaunlich, wenn unserem unbedeutenden Standort im Kosmos etwas Besonderes anhaftete –, so folgt daraus, daß auch keiner schneller sein kann als das Licht.

Wir hören das Knallen einer Peitsche, weil sich ihre Spitze schneller bewegt als der Schall, wodurch eine Druckwelle, ein kurzes, sausendes Geräusch entsteht. Ganz ähnlich verhält es sich auch beim Donner und beim Überschallflugzeug, das früher einmal als nicht realisierbarer Wunschtraum galt, heute aber etwas ganz Alltägliches darstellt. Ganz anders liegen die Dinge bei der Lichtgrenze. Hier geht es nicht nur, wie beim Überschallflugzeug, um ein Problem des Maschinenbaus, sondern um ein fundamentales Naturgesetz, so grundlegend wie die Schwerkraft. Außerdem sind uns keine Erscheinungen bekannt, die – wie das Knallen der Peitsche oder das Krachen des Donners beim Schall – auf die Möglichkeit hindeuten, in einem Vakuum schneller zu sein als das Licht. Im Gegenteil, unsere gesamte, recht umfangreiche Erfahrung – z. B. mit Kernbeschleunigungsanlagen und Atomuhren – stimmt mit der speziellen Relativitätstheorie quantitativ genau überein.

Die beim Licht beobachtbaren Probleme der Gleichzeitigkeit treten beim Schall nicht auf, da er sich durch ein materielles Medium, gewöhnlich Luft, fortpflanzt. Die Schallwelle, die unser Ohr trifft, wenn unsere Freundin etwas sagt, geht auf die Bewegung von Luftmolekülen zurück. Das Licht dagegen pflanzt sich in einem Vakuum fort. Die Bewegung von Luftmolekülen aber unterliegt Beschränkungen, die für ein Vakuum nicht gelten. So erreicht uns das Licht der Sonne über den leeren Raum hinweg, nicht aber das Knistern der Sonnenflecken oder das Donnern der Sonnenflares, sosehr wir auch die Ohren spitzen mögen. Vor der Entdeckung der Relativitätstheorie glaubte man allerdings, das Licht pflanze sich durch ein spezielles, den ganzen Raum erfüllendes Medium, den sog. »Äther«, fort. Aber mit diesem Äther hat das berühmte Michelson-Morleysche Experiment ein für allemal aufgeräumt.

Manchmal hört man von Dingen, die noch schneller sein sollen als das Licht – die Gedanken zum Beispiel. Eine außerordentlich alberne Vorstellung, ist doch die Geschwindigkeit der von den Neuronen ausgelösten Impulse in unserem Gehirn eher dem Tempo eines Eselskarrens zu vergleichen. Daß der Mensch klug genug war, die Relativität zu erkennen, zeigt, daß er sich aufs Denken versteht. Auf die Schnelligkeit seines Denkens dagegen braucht er sich, wie mir scheint, nichts einzubilden. Die elektrischen Impulse in modernen Computern allerdings erreichen fast Lichtgeschwindigkeit.

Die von Einstein im Alter von Mitte Zwanzig fertig ausgearbeitete spezielle Relativitätstheorie ist bis jetzt noch von jedem zu ihrer Überprüfung durchgeführten Experiment bestätigt worden. Mag sein, daß morgen eine mit unseren sonstigen Kenntnissen übereinstimmende Theorie aufgestellt wird, die Paradoxe wie die bei der Gleichzeitigkeit umschifft, privilegierte Bezugssysteme vermeidet und doch die Möglichkeit einer das Licht noch überbietenden Geschwindigkeit nicht ausschließt. Ich für meinen Teil bezweifle es allerdings stark. Einsteins strikte Geschwindigkeitsbegrenzung mag dem gesunden Menschenverstand zuwiderlaufen, aber warum sollten wir in diesem Punkt dem gesunden Menschenverstand vertrauen? Warum sollte unsere im Zehnstundenkilometertempo gewonnene Erfahrung bei 300000 km/sec über die Naturgesetze obsiegen? Gewiß, die Relativitätstheorie zieht dem Tun des Menschen letztlich Grenzen. Andererseits aber ist das Universum nicht dazu da, jeden ehrgeizigen menschlichen Wunsch zu erfüllen, und außerdem versperrt uns die spezielle Relativitätstheorie nur einen Weg zu den Sternen, d.h., nimmt uns den Traum vom Raumschiff, das schneller fliegt als das Licht, spannt uns dafür aber durch eine andere unverhoffte Möglichkeit auf die Folter.

Stellen wir uns mit George Gamow einen Ort vor, wo die Lichtgeschwindigkeit nicht 300000 km/sec, sondern ganz bescheidene 40 km/h beträgt, aber strikt eingehalten wird. (Auf Verstöße gegen Naturgesetze stehen keine Strafen, weil sie nicht vorkommen: Die Natur sorgt gleich selber dafür, daß ihre Verbote nicht übertreten werden können.) Stellen wir uns also vor, wir näherten uns auf einem Motorroller der Lichtgeschwindigkeit. (Die Relativität ist reich an Sätzen, die mit »Stellen wir uns vor ...« beginnen. Einstein nannte solche Übungen »Gedankenexperimente«.) Mit steigendem Tempo beginnen wir um die vorbeifliegenden Objekte herumzusehen. Während wir strikt geradeaus schauen, erscheinen auch bereits hinter uns liegende Dinge in unserem Blickfeld. Bei einem der Lichtgeschwindigkeit nahekommenden Tempo nimmt sich die Welt reichlich sonderbar aus – schließlich wird alles in ein winziges kreisförmiges Fenster vor uns gepreßt. Einem am selben Ort verharrenden Betrachter dagegen stellt sich der Vorgang ganz anders dar: Bei unserer Abfahrt färbt sich das von uns reflektierte Licht rötlich, bei unserer Rückkehr bläulich, und wenn wir nahezu mit Lichtgeschwindigkeit auf ihn zubrausen, sieht er uns von einer schaurigen

Dieses vor kurzem in der italienischen Stadt Vinci aufgestellte Ortsschild besagt: »Willkommen in Vinci. Begrenzung der Lichtgeschwindigkeit auf 40 [Stunden-]Kilometer.« Photo Ann Druyan.

farbigen Aura umhüllt: Unsere gewöhnlich unsichtbare Infrarotstrahlung wird in den Bereich der kürzeren, sichtbaren Wellenlängen verschoben. Wir selbst hinwiederum haben den durchaus richtigen Eindruck, daß wir in der Bewegungsrichtung zusammengepreßt werden, daß unsere Masse zunimmt und daß die Zeit langsamer abläuft – eine atemberaubende Folge der Annäherung an die Lichtgeschwindigkeit, die wir als Ausdehnung der Zeit bezeichnen. Für einen mitfahrenden Beobachter aber – vielleicht hat unser Roller einen Soziussitz – wäre keine dieser Wirkungen wahrnehmbar.

Diese auf den ersten Blick recht sonderbaren und verwirrenden Vorhersagen der speziellen Relativitätstheorie sind im tiefsten wissenschaftlichen Sinn wahr. Sie sind durch unsere relative Bewegung bedingt, aber durchaus wirklich, keine optische Täuschung, und lassen sich auch durch einfache, auf die Anfangsgründe der Algebra aufgebaute und insofern für jeden gebildeten Menschen verständliche mathematische Beweise belegen. Außerdem stimmen sie mit vielen Experimenten überein. So gehen sonst sehr genaue Uhren in Flugzeugen etwas nach. Und so muß beim Bau nuklearer Beschleunigungsanlagen die mit wachsender Geschwindigkeit zunehmende Masse einkalkuliert werden; andernfalls würden die beschleunigten Teilchen an den Wänden der Anlage aufprallen, und der experimentellen Kernphysik bliebe wenig zu tun. Geschwindigkeit ist Entfernung geteilt durch Zeit. Da wir aber bei einem der Lichtgeschwindigkeit angenäherten Tempo nicht einfach, wie im Alltag, Geschwindigkeiten addieren können, werden unsere gewohnten Vorstellungen von Raum und Zeit als absoluten – von unserer *relativen* Bewegung unabhängigen – Größen hinfällig. Deshalb schrumpfen wir zusammen; deshalb dehnt sich die Zeit aus.

Könnten wir uns fast so schnell wie das Licht fortbewegen, würden wir kaum altern, während unsere Bekannten und Verwandten zu Hause natürlich dem normalen Prozeß des Alterns unterworfen blieben. Bei unserer Rückkehr von einer solch relativistischen Reise wären sie um Jahrzehnte gealtert, wohingegen wir selbst uns kaum verändert hätten. Sich annähernd mit Lichtgeschwindigkeit fortzubewegen ist also eine Art Lebenselixier. Und das wiederum ist auch der Grund, warum uns die spezielle Relativitätstheorie doch eine Chance läßt, zu den Sternen vorzustoßen: Bei einem Tempo von annähernder Lichtgeschwindigkeit verlangsamt sich die Zeit. Fragt sich also nur, ob es technisch möglich sein wird, so schnelle Raumfahrzeuge, solche Sternenschiffe, zu bauen.

Die Toskana inspirierte nicht nur den jungen Albert Einstein, sondern vierhundert Jahre früher auch einen ihrer großen Söhne, Leonardo da Vinci, der gern auf ihre Hügel stieg, um die Landschaft von oben, gewissermaßen aus der Vogelperspektive, zu betrachten. Er war auch der erste, der Luftansichten von Landschaften, Städten und Befestigungsanlagen anfertigte und neben seinen vielen anderen Interessen und Leistungen (in Malerei, Plastik, Anatomie, Geologie, Naturgeschichte, Zivil- und Kriegstechnik) eine regelrechte Leidenschaft für den Entwurf und Bau von Flugapparaten entwickelte. Er fertigte Pläne, konstruierte Modelle, baute Versuchsmaschinen in voller Größe, doch keine wollte funktionieren, da es damals noch keinen Motor von ausreichender Stärke und Leichtigkeit gab. Leonardos großartige Entwürfe regten Ingenieure späterer Zeiten zur Weiterarbeit an, während er selbst über seine Fehlschläge, für die er, im 15. Jahrhundert gefangen, nichts konnte, tiefe Entmutigung empfand.

Büste Leonardo da Vincis (1452–1519) im Leonardo-Museum in Vinci. Photo vom Autor.

Ein ganz ähnlicher Fall ereignete sich 1939, als eine Gruppe von Ingenieuren, die *British Interplanetary Society*, wie sie sich selbst nannte, Entwürfe für ein bemanntes Raumschiff zum Mond anfertigte – auf der Grundlage der damaligen Technologie. Aber wenn die Apollo-Rakete, die dreißig Jahre später genau diese Mission ausführte, auch ziemlich anders aussah, hatte sie doch dem britischen Team und seinem Glauben an die technische Durchführbarkeit viel zu verdanken.

Heute liegen bereits Vorentwürfe für bemannte Raumschiffe vor, die allerdings nicht von der Erde aus starten, sondern auf einem Satelliten gebaut und von dort aus auf die lange Reise zu den Sternen geschickt werden sollen. Einer dieser Flugkörper, Project Orion, wie man ihn im Hinblick auf sein endgültiges Ziel nach dem bekannten Sternbild getauft hatte, sollte durch Wasserstoffbombenexplosionen, also mittels Kernwaffen, angetrieben werden, deren Zündung die nötigen Schübe geliefert hätte. Die Entwicklung dieses technisch offenbar durchaus realisierbaren Riesenraumschiffs mit Nuklearantrieb wurde von den Vereinigten Staaten zunächst tatkräftig verfolgt, nach Unterzeichnung des internationalen Verbots von Kernwaffenzündungen im Weltraum dann aber abgebrochen – betrüblicherweise, schien doch das Projekt die denkbar beste Nutzung von Nuklearwaffen, zumal die in großen Mengen anfallenden radioaktiven Abfälle nur in die Leere des interplanetaren oder interstellaren Raumes gelangen würden.

Project Daedalus, der neueste Entwurf der *British Interplanetary Society*, nimmt einen Kernfusionsreaktor vorweg, der unsere heutigen Spaltungsanlagen an Sicherheit und Effizienz weit übertreffen und in den nächsten Jahrzehnten wohl mit größter Wahrscheinlichkeit auch gebaut werden dürfte. Damit könnten Orion und Daedalus 10 Prozent der Lichtgeschwindigkeit erreichen. Ein Ausflug zu α Centauri würde also bei einer Entfernung von 4,3 Lichtjahren 43 Jahre dauern, mithin weniger als ein Menschenleben lang – bei einem so weit hinter der Lichtgeschwindigkeit zurückbleibenden Tempo, bei dem sich die Zeitausdehnung der speziellen Relativitätstheorie noch kaum auswirkt, sehr wichtig. In Produktion gehen aber werden diese oder ähnliche Fahrzeuge selbst bei optimistischster Beurteilung unserer weiteren technologischen Entwicklung kaum vor der Mitte des 21. Jahrhunderts, obwohl wir Orion, wenn wir wollten, schon heute bauen könnten.

Für Reisen, die über die erdnächsten Sterne hinausführen sollen, müssen wir uns also etwas anderes einfallen lassen. Vielleicht könnten wir Orion und Daedalus als Multigenerationenschiffe planen, so daß die schließlich auf dem Planeten eines anderen Sterns landenden Kosmonauten die Ururenkel der Jahrhunderte zuvor gestarteten Weltraumfahrer wären. Vielleicht wird eine zuverlässige Methode entdeckt, den Menschen in eine Art Winterschlaf zu versetzen, sprich, für die Reise durchs All einzufrieren und erst Jahrhunderte später wieder aufzuwecken. Diese nichtrelativistischen Sternschiffe dürften zwar schwindelerregende Summen verschlingen, scheinen aber im Vergleich zu Raumfahrzeugen von annähernder Lichtgeschwindigkeit verhältnismäßig einfach zu entwerfen, zu bauen und zu bedienen. Die Menschheit kann sich demnach also durchaus Zutritt zu anderen Sternsystemen verschaffen, wenn auch nur unter großen Anstrengungen.

Schnelle interstellare Raumflüge von annähernder Lichtgeschwindigkeit

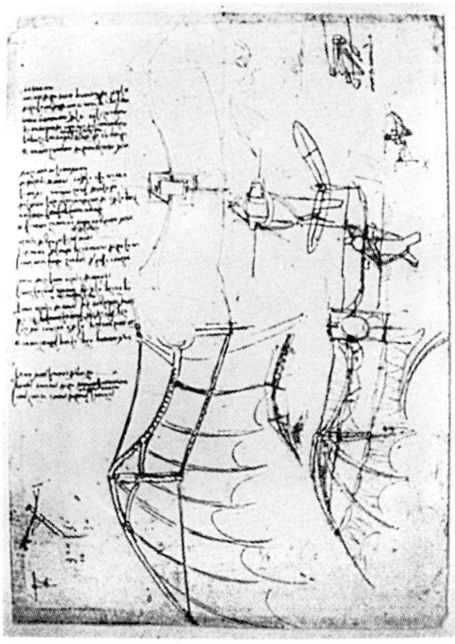

Zwei Flugmaschinenentwürfe Leonardo da Vincis. *Oben:* Modell einer Flugschraube aus dem Leonardo-Museum in Vinci. Dieser Entwurf regte Igor Sikorsky zur Entwicklung des modernen Hubschraubers an. *Unten:* Eine Seite aus Leonardos in Spiegelschrift abgefaßtem Notizbuch mit Entwurf für eine Art Schwingenflugzeug, dessen feststehender, als aerodynamischer Auftriebskörper dienender innerer Flügel ein bewegliches Tragflächenende aufweist. Mit diesem Entwurf rückte Leonardo von seiner ursprünglichen Vorstellung ab, daß Flugkörper, die schwerer sind als Luft, mit vogelähnlich schlagenden Flügeln versehen werden müssen. Die Skizze veranlaßte Otto Lilienthal zum Bau seiner Gleitflugzeuge 1891–96, den unmittelbaren Vorläufern der Wrightschen Doppeldecker. Das Notizbuch stammt aus den Jahren 1497–1500.

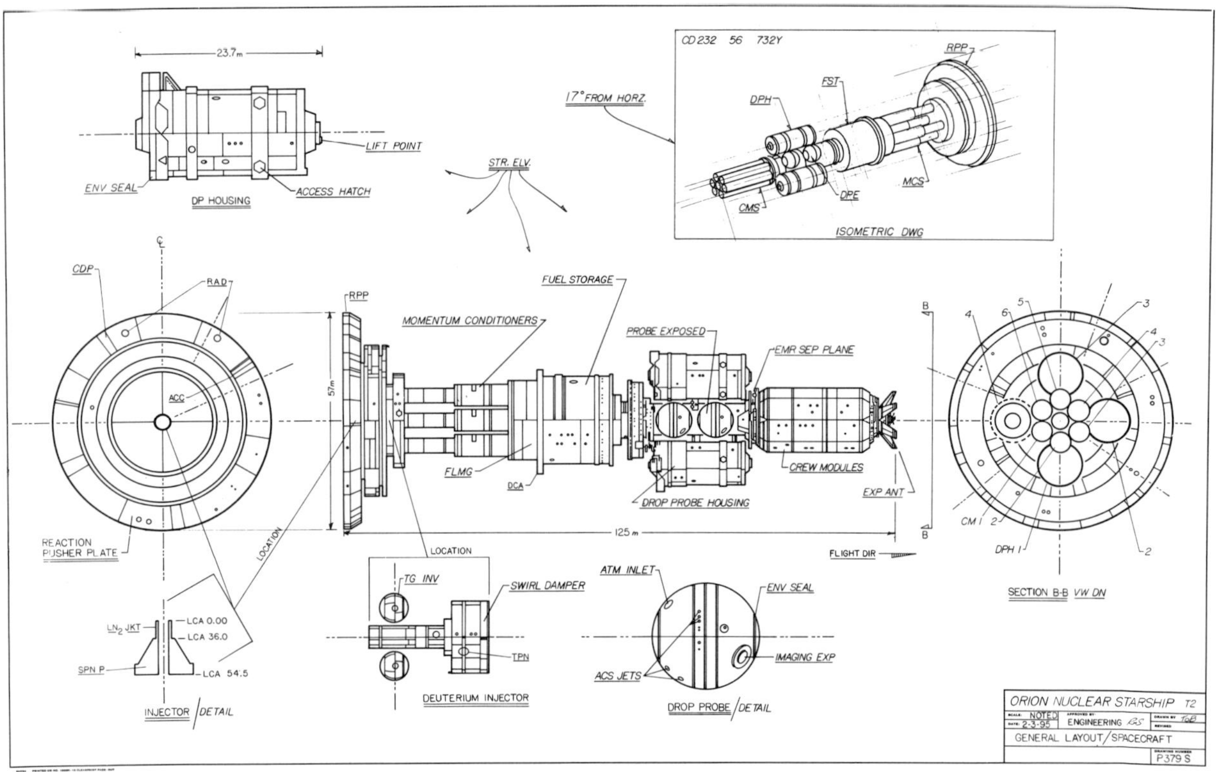

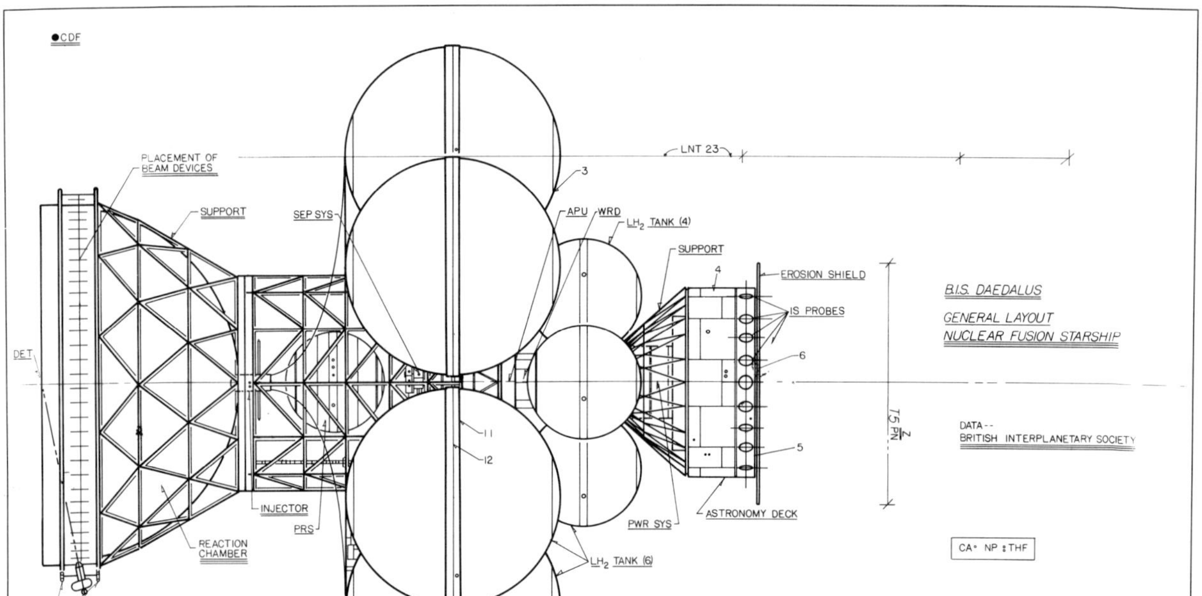

Sternenschiffe: stark schematisierte, ernstlich in Betracht gezogene Entwürfe für den interstellaren Raumflug. Als Antrieb ist in allen drei Fällen die eine oder andere Form der Kernfusion vorgesehen. *Oben* Orion, *unten* Daedalus, *gegenüberliegende Seite* Bussards Staustrahltriebwerk, das sich als einziges Projekt im Prinzip der Lichtgeschwindigkeit hinlänglich annähern läßt, damit die Zeitausdehnung der speziellen Relativitätstheorie in Kraft treten kann. Die Sammelfläche für interstellare Materie müßte allerdings wesentlich größer sein als auf der Abbildung angedeutet. Planskizzen nach vorliegenden Entwürfen: Rick Sternbach.

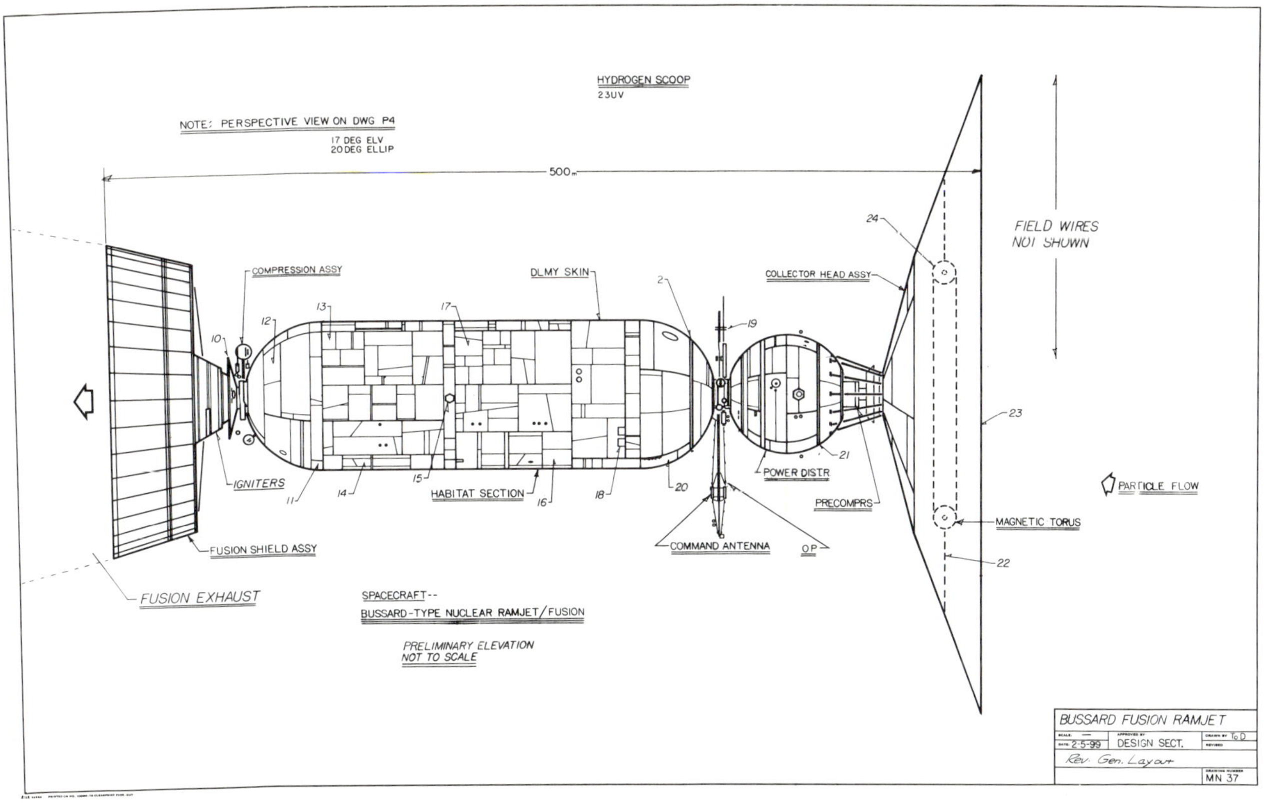

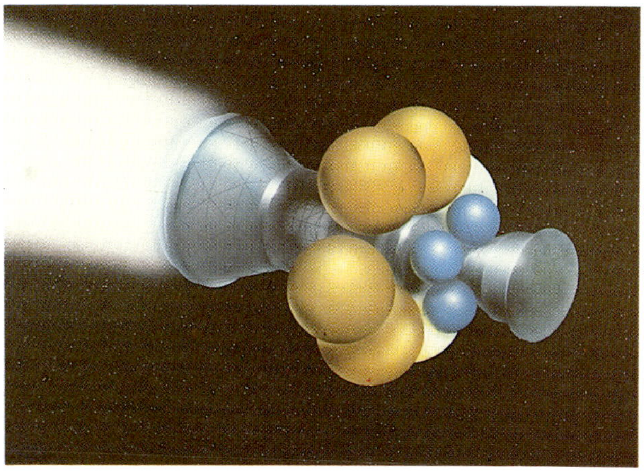

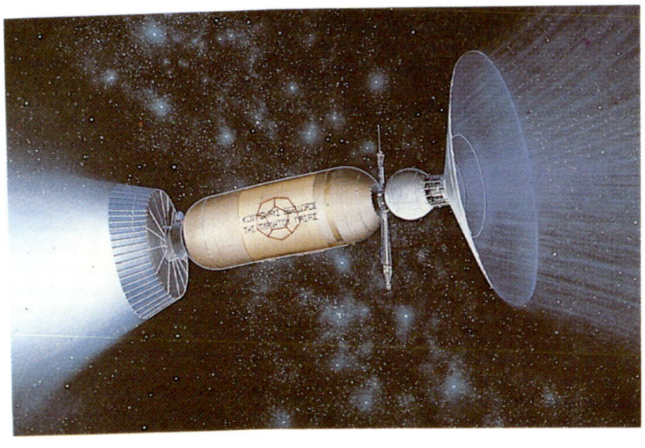

Drei Entwürfe für Sternschiffe: Orion (Theodore Taylor, Freeman Dyson u. a.), *oben links;* Daedalus (British Interplanetary Society), *oben rechts;* interstellares Staustrahltriebwerk (R. W. Bussard u. a.), *unten.* Darstellungen von Rick Sternbach.

lassen sich allerdings nicht in hundert, sondern höchstens in tausend oder zehntausend Jahren verwirklichen. Prinzipiell aber steht ihnen nichts im Wege. R. W. Bussard hat interstellare Staustrahltriebwerke vorgeschlagen, die die zwischen den Sternen verstreut dahintreibende Materie, größtenteils Wasserstoffatome, einfangen, in eine Fusionsanlage leiten und schließlich nach hinten ausstoßen sollen. Der Wasserstoff würde also gleichzeitig als Treibstoff und als Reaktionsmasse dienen. Das Problem dabei ist jedoch, daß in der Tiefe des Raums auf rund 10 cm^3 nur ein einziges Atom kommt. Demnach müßte das Staustrahltriebwerk vorn eine Schaufel von ein paar hundert Kilometer Breite aufweisen. Erreicht aber das Raumschiff relativistische Geschwindigkeiten, bewegen sich auch die Wasserstoffatome im Verhältnis zu ihm nahezu mit Lichtgeschwindigkeit. Das wiederum bedeutet, daß Schiff und Passagiere ohne ausreichende Schutzmaßnahmen durch diese induzierten kosmischen Strahlen verglühen. Um das zu verhindern, könnte man die Elektronen mit Hilfe eines Laserstrahls von den interstellaren Atomen abstreifen und sie, solange sie noch ein gutes Stück vom Schiff entfernt sind, elektrisch aufladen, um sie dann mittels eines außerordentlich starken Magnetfeldes in die Schaufel zu leiten und damit vom übrigen Raumfahrzeug zu entfernen. Das wären allerdings Maschinen von einer Größenordnung, wie wir sie bis jetzt auf der Erde noch nicht gesehen haben, hätten sie doch selber die Ausmaße kleiner Welten.

Aber verweilen wir noch einen Augenblick bei diesen Schiffen. Die Erde zieht uns nach dem Gesetz der Gravitation mit einer bestimmten Kraft an, die wir beim Fallen als Beschleunigung erfahren. Fallen wir z. B. von einem Baum herunter – was wohl vielen unserer frühen Vorfahren passiert sein muß –, beschleunigt sich unser Sturz pro Sekunde um jeweils zehn Meter. Diese durch die Schwerkraft (die uns auf die Erdoberfläche bannt) bewirkte Beschleunigung beträgt 1 g (wobei g für die Fallbeschleunigung steht). Bei Beschleunigungen von 1 g fühlen wir uns, da wir mit 1 g aufgewachsen sind, recht wohl. Könnte unser interstellares Raumfahrzeug also mit 1 g beschleunigen, würden wir uns darin gewissermaßen wie zu Hause fühlen. In der Tat beschäftigte sich Einstein in seiner später entwickelten allgemeinen Relativitätstheorie mit dem Gleichgewicht zwischen Gravitationskräften und den Kräften, die wir in einem sich beschleunigenden Raumschiff zu spüren bekämen. Bei einer gleichmäßigen Beschleunigung von 1 g hätte unser Raumschiff nach einem Jahr nahezu Lichtgeschwindigkeit erreicht $[(0{,}01\ km/sec^2) \times (3 \times 10^7\ sec) = 3 \times 10^5\ km/sec]$.

Nehmen wir nun einmal an, unser Raumschiff beschleunigte mit 1 g, näherte sich also mehr und mehr der Lichtgeschwindigkeit und würde, in der Mitte seiner Reise angelangt, sein Tempo kontinuierlich um 1 g vermindern, bis es seinen Bestimmungsort erreicht hat. Da wir unsere Reise auf diese Weise größtenteils in einem der Lichtgeschwindigkeit sehr nahe kommenden Tempo zurückgelegt hätten, wäre die Zeit viel langsamer abgelaufen. Den etwa sechs Lichtjahre entfernten, vielleicht von Planeten umkreisten Barnards Stern könnten wir nach unserer Schiffsuhr in etwa acht Jahren, das Zentrum der Milchstraße in 21 Jahren und M 31, die Galaxis im Sternbild Andromeda, in 28 Jahren erreichen. Für die auf der Erde Zurückgebliebenen freilich nähmen sich die Zeiten etwas anders aus. Nach ihrer Zeitrechnung wären wir zum Zentrum der Galaxis nicht 21, sondern 30 000 Jahre unterwegs, und so könnten uns bei unserer Rückkehr wohl nicht mehr allzu viele unserer alten Freunde begrüßen. Im Prinzip könnten wir so durch stetige Verschiebung der Kommastellen auf die Lichtgeschwindigkeit zu sogar das bekannte Universum in gut 56 Jahren Schiffszeit umrunden. Zur Erde oder richtiger zu dem Häufchen verkohlter Asche (auch die Sonne wäre mittlerweile erloschen) würden wir allerdings erst -zig Jahrmilliarden in unserer Zukunft zurückkehren.

Die Entwürfe für Orion, Daedalus und Bussards Staustrahltriebwerk dürften den künftigen interstellaren Raumflugkörpern noch weniger ähneln als Leonardos Modelle den heutigen Überschallflugzeugen. Eines Tages aber werden wir, sofern wir uns nicht vorher selbst vernichten, bestimmt zu den Sternen aufbrechen. Wenn unser Sonnensystem ganz erforscht ist, können wir dem Ruf der Planeten anderer Sterne nicht mehr widerstehen.

Eine Reise durch den Raum jedoch ist notwendig auch eine Reise durch die Zeit. Schnell in den Raum vorzustoßen heißt unweigerlich, auch schnell in die Zukunft dringen. Wie aber steht es mit der Vergangenheit? Könnten wir am Ende gar in sie zurückkehren und sie verändern, den Ereignissen einen anderen Verlauf geben als in den Geschichtsbüchern steht? In die Zukunft reisen wir Tag für Tag, wenn auch nur langsam, wenn auch nur im Eintagestempo. Mit relativistischen Raumflügen könnten wir in die Zukunft rasen. In die Vergangenheit aber können wir nach Ansicht vieler Physiker nicht zurückkehren. Und selbst wenn uns eine Zeitmaschine dorthin beförderte, vermöchten wir doch nichts zu ändern. Wenn wir z. B. die Begegnung unserer Eltern verhinderten, wären wir nie geboren worden – doch wohl ein Widerspruch, da wir ja eindeutig existieren. Und so sind wir, wie beim Beweis der Irrationalität von $\sqrt{2}$ oder bei der Erörterung der Gleichzeitigkeit in der speziellen Relativität, geneigt, die Prämisse aufgrund des absurd scheinenden Schlusses in Frage zu ziehen.

Anderen Physikern zufolge könnten jedoch zwei verschiedene Geschichtsabläufe, zwei gleich gültige Wirklichkeiten, nebeneinander bestehen – die eine, die wir kennen, und die andere, in der wir nie geboren wurden. Die Zeit selbst könnte viele potentielle Dimensionen aufweisen, auch wenn wir dazu verdammt sind, nur eine zu erfahren. Nehmen wir also einmal an, wir könnten in die Vergangenheit zurückreisen, um sie zu verändern, z. B., indem wir Königin Isabella überredeten, Christoph Kolumbus nicht zu unterstützen. Damit würden wir doch wohl eine andere Abfolge historischer Ereignisse in Gang setzen, die diejenigen, die wir auf unserem Zeitgleis zurückgelassen hätten, nie erführen. Wäre aber *diese* Art von Zeitreise möglich, könnten überhaupt alle nur vorstellbaren Geschichtsalternativen in gewisser Hinsicht real nebeneinander existieren.

Geschichte ist größtenteils ein verwickeltes Geflecht aus eng miteinander verwobenen Fäden, das nicht leicht zu entwirren ist, eine kaum durchschaubare Verzahnung sozialer, kultureller und wirtschaftlicher Faktoren. All die zahllosen kleinen und unvorhersehbaren Zufallsereignisse, die kontinuierlich mit einfließen, sind auf die Dauer meist ohne Belang, können aber an kritischen Punkten den Ausschlag geben. In manchen Fällen gehen einschneidende Veränderungen auf relativ triviale Ereignisse zurück. Und je weiter ein solches Ereignis in der Vergangenheit zurückliegt, desto mächtiger kann – da der Zeithebel ja immer länger wird – auch sein Einfluß sein. Polioviren sind winzige Mikroorganismen, die uns täglich zu Hauf begegnen, wenn uns zum Glück auch nur selten einer infiziert und uns die gefürchtete Kinderlähmung bringt. Eines ihrer bedauernswerten Opfer war Franklin D. Roosevelt, der 32. Präsident der Vereinigten Staaten, der auf-

Symbolische Darstellung der Reise in die Zeit. Diese Zeitmaschine wurde für den von George Pal nach H. G. Wells gedrehten Film gebaut. Photo Edwardo Castañeda.

Diese anläßlich der Columbian Exposition von 1892 ausgegebene Briefmarke zeigt Christoph Kolumbus bei der Erläuterung seiner geographischen und wirtschaftlichen Beweggründe vor Königin Isabella. Welche großen Forschungsreisen mag die Menschheit 1992, 500 Jahre nach der Entdeckung Amerikas durch Kolumbus, wohl durchführen?

grund seiner von der Krankheit zurückgebliebenen Verkrüppelung vielleicht mehr Mitleid mit den Zukurzgekommenen empfand oder vielleicht auch einen stärkeren Ehrgeiz entwickelte als unter anderen Umständen. Jedenfalls hätten sich, wenn Roosevelt ein anderer Mensch gewesen wäre oder nicht genügend Ehrgeiz besessen hätte, für die Präsidentschaft der Vereinigten Staaten zu kandidieren, die große Depression der dreißiger Jahre, der Zweite Weltkrieg und der Ausbau der Kernwaffen ganz anders entwickeln, die Zukunft der Welt anders aussehen können. Dabei ist ein Virus ein höchst unscheinbares, nur einen millionstel Zentimeter großes Ding, im Grunde ein Nichts.

Nehmen wir auf der anderen Seite einmal an, unserem Zeitreisenden wäre es gelungen, Königin Isabella zu überzeugen, daß es mit Kolumbus' Geographie nicht weit her sei, daß er Eratosthenes' Schätzung des Erdumfangs zufolge Asien nie erreichen könne. Mit an Sicherheit grenzender Wahrscheinlichkeit wäre dann in den folgenden Jahrzehnten irgendein anderer Europäer nach Westen zur Neuen Welt gesegelt. Verbesserungen in der Navigation, die Verlockungen des Gewürzhandels und die Rivalität der europäischen Mächte machten die Entdeckung Amerikas um 1500 mehr oder weniger unumgänglich. Den Staat Kolumbien gäbe es dann heute freilich ebensowenig wie den Distrikt Columbia oder Columbus, die Hauptstadt von Ohio, oder die Columbia University. Am Gang der Geschichte aber hätte sich im wesentlichen kaum etwas verändert. Um die Zukunft völlig neu zu gestalten, müßte unser Zeitreisender vermutlich eine ganze Anzahl sorgfältig ausgesuchter Ereignisse beeinflussen.

Wie unterhaltsam, Welten zu erforschen, die es nie gegeben hat! Durch ihren Besuch könnten wir der Geschichte endlich einmal in die Karten schauen, könnten sie zu einer experimentellen Wissenschaft machen. Wie etwa sähe die Welt aus, wenn es Schlüsselfiguren wie Plato oder Paulus oder Peter den Großen nicht gegeben oder wenn sich die wissenschaftliche Tradition der alten Ionier behauptet und weiterentfaltet hätte? Letzteres wäre allerdings nicht ohne tiefgreifende Veränderung der damals wirksamen sozialen Kräfte denkbar, z. B. nicht ohne den Abbau der herrschenden Auffassung von der Sklaverei als naturgegebener und rechtmäßiger Einrichtung. Angenommen aber, das vor 2500 Jahren im östlichen Mittelmeerraum aufgegangene Licht wäre nicht wieder erloschen, angenommen, die Naturwissenschaft und die experimentelle Methode wären zweitausend Jahre vor der industriellen Revolution tatkräftig verfolgt, die Würde des Handwerks und der mechanischen Künste nicht angetastet worden, angenommen also, die neue Denkweise hätte allgemeine Anerkennung gefunden, so wären der Menschheit vielleicht ein oder zwei Jahrtausende erspart geblieben. Leonardos Beiträge wären dann vielleicht schon vor tausend, die Albert Einsteins vor fünfhundert Jahren geleistet worden, natürlich nicht von Leonardo und Einstein, die in dieser anderen Welt mit ihren ganz andersartigen Gegebenheiten ja nie geboren worden wären. Bei jedem Samenerguß werden mehrere hundert Millionen Spermien ausgestoßen, von denen nur ein einziges ein Ei befruchten und so für einen Nachkommen in der nächsten Generation sorgen kann. Welche Samenzelle aber zum Zuge kommt, hängt von den belanglosesten und beiläufigsten inneren und äußeren Faktoren ab. Wäre vor 2500 Jahren auch nur eine winzige Kleinigkeit anders gelaufen, wären wir heute allesamt nicht da, lebten an unserer Stelle Milliarden anderer Menschen.

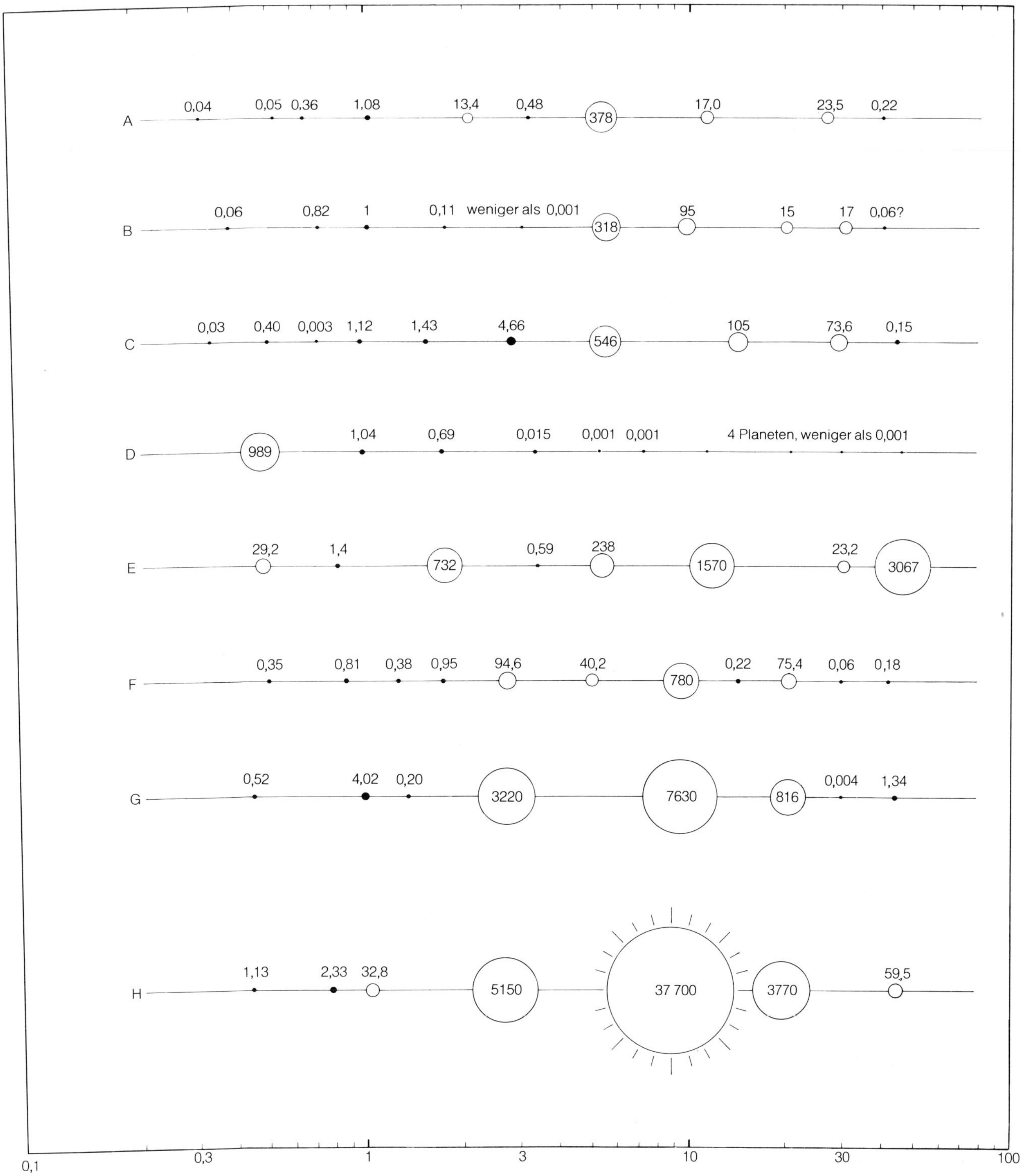

Sieben im Rahmen des Computerprogramms ACCRETE entworfene Sonnensysteme und ein wirkliches, nämlich unser eigenes (B). Die horizontale Achse zeigt jeweils die Entfernung der Planeten von ihrem Stern (1 astronomische Einheit = 150000000 km) an. Die Masse der Planeten ist in Erdmasse-Einheiten angegeben. Erdplaneten sind als schwarz ausgefüllte, Riesenplaneten als leere Kreise eingetragen. Die Systeme A und C kommen unserem Sonnensystem sehr nahe, da auch bei ihnen die Erdplaneten dem Stern näher liegen als die Riesenplaneten. Bei System D ist die Anordnung genau umgekehrt, und bei E und F treten Erd- und Riesenplaneten vermischt auf. Bei G sind die Riesenplaneten sehr massereich, und in H ist der 5. Planet seinerseits zum Stern geworden, d. h., hier haben wir es mit einem Doppelsternsystem zu tun. Nach Berechnungen von Stephen Dole, Richard Isaacman und dem Verfasser.

Ein durch eine elektrische Glühbirne symbolisierter ferner Stern mit seinem als kleine Kugel dargestellten, nicht selbstleuchtenden Planetenbegleiter. Gewöhnlich gehen die Planeten im Licht ihrer hell strahlenden Sterne völlig unter.

Wird das Licht des Sterns durch eine Scheibe im Vordergrund (beziehungsweise die Mondoberfläche) künstlich abgedunkelt, tritt der vom reflektierten Licht erleuchtete Planet deutlicher in Erscheinung.

Bei völliger Abdeckung des Sterns wird der vorher vom blendenden Glanz seiner Sonne überstrahlte Planet sichtbar. Durch wiederholte Beobachtungen dieser Art lassen sich Position, Bewegung und unter Umständen auch noch andere Eigenschaften des zuvor unentdeckten Planeten bestimmen. Alle Photos m. frdl. Gen. v. Bill Ray.

Hätte sich der ionische Geist durchsetzen können, wären wir heute – natürlich ein anderes »wir« – wohl schon unterwegs zu den Sternen. Unsere ersten Erkundungsschiffe zu α Centauri und Barnards Stern, zu Sirius und Tau Ceti wären längst wieder zurückgekehrt und schon große Flotten interstellarer Transportfahrzeuge in der Erdumlaufbahn im Bau: unbemannte Erkundungsschiffe, Linienschiffe für Emigranten, riesige Handelsschiffe für die Ozeane des Raums. Auf all diesen Schiffen fänden sich Symbole und Schriftzeichen, die sich bei näherem Zusehen als griechisch entpuppten. Und vielleicht könnten wir am Bug eines der ersten Sternschiffe ein Dodekaeder mit der Inschrift »Sternschiff Theodorus des Planeten Erde« entdecken.

Auf dem Zeitgleis unserer Welt ist allerdings alles langsamer abgelaufen, sind wir noch immer nicht startklar zum Flug zu den Sternen. Aber vielleicht haben wir in ein- bis zweihundert Jahren nicht nur unser Sonnensystem gründlich erforscht, sondern auch Ordnung auf unserem eigenen Planeten geschaffen, so daß wir den Willen und gleichzeitig die erforderlichen Mittel und technischen Kenntnisse aufbringen, zu den Sternen vorzustoßen. Vermutlich werden wir bis dahin mannigfaltige andere Planetensysteme aus weiter Ferne erkundet und darunter sowohl dem unseren sehr ähnliche als auch völlig andersartige entdeckt haben und wissen, welche Sterne wir anlaufen wollen. Dann werden unsere Kinder, Nachfahren von Thales und Aristarch, von Leonardo und Einstein, in unseren Raumschiffen den Ozean der Lichtjahre durchpflügen.

Noch wissen wir nicht, wie viele Planetensysteme es gibt, doch dürften wohl zahllose existieren. Schon in unserer unmittelbaren Umgebung finden wir nicht nur eins, sondern in gewisser Hinsicht gleich vier: Jupiter, Saturn und Uranus besitzen jeweils ein Satellitensystem, dessen Monde in Größe und Abstand auffallend den die Sonne umkreisenden Planeten gleichen. Außerdem hat die Extrapolation der statistischen Angaben über die in ihrer Masse sehr unterschiedlichen Doppelsterne ergeben, daß die Einzelsterne, genau wie die Sonne, fast alle von Planeten begleitet sein dürften. Und wenn wir die Planeten anderer Sterne bis jetzt auch noch nicht direkt sehen können, da sie als winzige Lichtpünktchen von der Leuchtkraft ihrer Sonnen überstrahlt werden, vermögen wir sie anhand des Einflusses ihrer Schwerkraft auf den beobachteten Stern allmählich doch auszumachen. Stellen wir uns einmal einen solchen Stern mit großer »Eigenbewegung« vor, der vor dem Hintergrund ferner Konstellationen jahrzehntelang seine Bahn zieht, und gesellen wir ihm einen großen Planeten etwa von der Masse Jupiters bei, dessen Bahnebene zufällig im rechten Winkel zu unserer Sehlinie verläuft, so wird dieser Stern von dem dunklen, unsichtbaren Planeten je nachdem, auf welcher Seite sich dieser von unserem Blickpunkt aus befindet, leicht nach links oder rechts abgelenkt. D.h., er wird in seiner Bahn gestört und vollführt statt einer Geraden eine Wellenlinie. Der erdnächste Einzelstern, auf den sich diese Methode anwenden läßt, ist Barnards Stern. Beim α Centauri-System wird die Suche nach einem Begleiter von geringer Masse durch die vielschichtigen Wechselwirkungen der drei Sterne außerordentlich erschwert, und selbst bei Barnards Stern ist die Erforschung recht mühselig, gilt es doch auf den am Teleskop über Jahrzehnte hin belichteten photographischen Platten nach winzigsten Positionsänderungen Ausschau zu halten. Bis jetzt wurden zwei derartige Versuche unternommen, die beide nach bestimmten Kriterien erfolgreich verliefen:

Sie lassen auf zwei oder mehr Planeten von der Masse Jupiters schließen, die Barnards Stern allerdings in einer (nach dem Dritten Keplerschen Gesetz berechneten) näheren Umlaufbahn umrunden als Jupiter und Saturn die Sonne. Unseligerweise jedoch scheinen die beiden Beobachtungsreihen miteinander unvereinbar, so daß zwar wohl ein Planetensystem um Barnards Stern entdeckt worden sein mag, sein unzweideutiger Nachweis aber erst noch weiterer Untersuchungen bedarf.

Daneben werden heute auch noch andere Methoden zum Aufspüren von Planeten entwickelt, darunter eine, bei der das vom Stern ausgestrahlte Licht durch eine vor dem Teleskop angebrachte Scheibe (bzw. auch den dunklen Rand des Mondes) künstlich abgedunkelt wird, womit das vom Planeten reflektierte, nun nicht länger von der Leuchtkraft seiner Sonne überstrahlte Licht deutlich in Erscheinung tritt. Mit diesen Verfahren hoffen wir im Lauf der nächsten Jahrzehnte endgültig zu klären, welche der hundert uns nächsten Sterne große Planetenbegleiter haben.

In jüngster Zeit durchgeführte Infrarotbeobachtungen haben um eine Anzahl erdnaher Sterne vermutlich vorplanetare scheibenförmige Gas- und Staubwolken enthüllt, woraufhin die provokative Theorie aufgestellt wurde, Planetensysteme seien in unserer Galaxis an der Tagesordnung. Durch eine Reihe gezielter Computerprogramme versuchte man die Weiterentwicklung einer solch flachen, sich kondensierenden Gas- und Staubscheibe zu bestimmen, aus der nach heutiger Auffassung Sterne und Planeten entstehen. Dabei ergab sich, daß kleine Materieklümpchen – die ersten Verdichtungen in der Scheibe – zu beliebigen Zeiten in die Wolke geschleudert werden und sich auf ihrem Weg mit Staubteilchen verbinden. Haben sie eine bestimmte Größe erreicht, ziehen sie durch ihre Schwerkraft das Gas in den Wolken, hauptsächlich Wasserstoff, an. Stoßen zwei solche Klümpchen zusammen, bleiben sie laut Computerprogramm aneinander haften. Und dieser Prozeß setzt sich fort, bis alles Gas und aller Staub aufgebraucht

Stern in der Nähe des 1500 Lichtjahre von der Erde entfernten Pferdekopfnebels mit einer mondähnlichen Welt und einem Planeten, auf dem es Leben geben könnte. Die Erforschung eines solchen Systems würde allerdings Raumschiffe von annähernder Lichtgeschwindigkeit voraussetzen. Darstellung von David Egge, 1978.

sind. Je nach den Ausgangsbedingungen, insbesondere je nach Verteilung der Gas- und Staubdichte bei wachsender Entfernung vom Zentrum der Wolke, gelangen wir zu unterschiedlichen Ergebnissen, doch entstehen bei einer ganzen Reihe plausibler Ausgangssituationen dem unseren vergleichbare Planetensysteme mit etwa zehn Planeten, von denen sich die erdähnlichen weiter innen, die jupiterähnlichen dagegen weiter außen um den Stern bewegen. Unter anderen Bedingungen dagegen bilden sich keine Planeten, sondern lediglich Asteroiden; oder aber die jupiterähnlichen Planeten kreisen dicht um den Stern; oder, auch das ist möglich, ein jupiterähnlicher Planet zieht so viel Gas und Staub an, daß er selbst zum Stern und damit zum Ausgangspunkt eines Doppelsterns wird. Alles in allem jedoch scheint es, auch wenn sich derzeit noch keine Sicherheit gewinnen läßt, in unserer Milchstraße eine überwältigende Vielfalt und Vielzahl von Planetensystemen zu geben – wobei nach heutiger Sicht alle Sterne aus solchen Gas- und Staubwolken entstanden sein dürften. Durchaus möglich also, daß in unserer Milchstraße hundert Milliarden Planetensysteme der Erforschung harren.

Nicht eine dieser Welten aber wird unserer Erde gleichen. Einige werden sich einladend geben, andere feindlich, viele berückend und bedrängend schön. Bei manchen werden viele Sonnen vom Tag- und viele Monde vom Nachthimmel scheinen oder sich große Ringsysteme von Horizont zu Horizont schwingen. Zuweilen wird ein Mond seinen Planeten so nahe umkreisen, daß er ihm drohend den halben Himmel verdeckt. Und manche Welten werden von einem gewaltigen gasförmigen Nebel umhüllt sein, den Überresten eines nicht mehr existenten Sterns. An all diesen an fernen und exotischen Sternbildern reichen Himmeln aber wird ein mit bloßem Auge kaum sichtbarer bzw. nur durchs Teleskop erkennbarer, schwach leuchtender gelber Stern stehen, der Heimatstern der interstellaren Flotte, die diesen winzigen Ausschnitt der großen Milchstraßengalaxis erkundet.

Raum und Zeit sind, wie wir gesehen haben, unlösbar ineinander verwoben, Welten und Sterne, wie der Mensch, dem Kreislauf von Geburt, Leben und Tod unterworfen, nur daß die Lebensdauer einer Sonne die nach Jahrzehnten bemessene menschliche Existenz ums Hundertmillionenfache übersteigt. Verglichen mit den Sternen sind wir Eintagsfliegen, flüchtige, vergängliche Wesen, die ihr ganzes Dasein in einem einzigen Tag durchlaufen (wohingegen uns die Eintagsfliege für schwerfällige und langweilige, nahezu unbewegliche Geschöpfe halten müßte), winzige, schwache Flämmchen, die zu Milliarden auf der Oberfläche einer sonderbar kalten, abnorm festen, phantastisch fernen Kugel aus Silikat und Eisen aufflakkern, um sogleich wieder zu verlöschen.

Auf all diesen anderen Welten im All sind Prozesse am Werk, die die Weichen für ihre Zukunft stellen. Auf unserem eigenen kleinen Planeten aber ist augenblicklich ein historischer Scheideweg erreicht, ein Punkt, so ausschlaggebend wie einst vor 2500 Jahren die Konfrontation zwischen ionischen Wissenschaftlern und Mystikern. Was wir heute mit unserer Welt anstellen, wird durch die Jahrhunderte weiterwirken und über das Schicksal unserer Nachkommen und ihre mögliche Zukunft unter den Sternen entscheiden.

Luftloser Planet in einem Doppelsternsystem. Sämtliche Objekte weisen eine rot und eine blau angestrahlte Fläche auf und werfen dementsprechend auch zwei Schatten. Darstellung von David Egge. © David A. Hardy, *Challenge of the Stars* (RandMcNally).

Ein hypothetischer Planet im Pleione-System, einem Mitglied des Plejaden-Sternhaufens, das infolge schneller Rotation abgeplattet erscheint, während Sternmasse längs des stellaren Äquators in den Weltraum abfließt. Darstellung von Don Dixon. © Don Dixon 1974.

Kontaktsystem aus einem Roten Riesen und einem Blauen Zwerg, der gerade eine Novaexplosion durchläuft – daher die Austrocknung der Planetenlandschaft. Darstellung von David Hardy. © David A. Hardy, *Challenge of the Stars* (Rand McNally).

Planet auf seiner Bahn um ein fernes Mitglied eines Kugelsternhaufens. Darstellung von Don Dixon. © Don Dixon 1978.

Hypothetischer Planet eines Kontaktsystems, dessen stellare Atmosphären in einer großen, die beiden Sterne umkreisenden Spirale in den Weltraum abwandern. Darstellung von David Hardy. © David A. Hardy, *Challenge of the Stars* (Rand McNally).

Die Plejaden bei Nacht, von einer Eishöhle auf einem hypothetischen Nachbarplaneten aus gesehen – eine sehr junge Welt, da sich der Plejadensternhaufen erst vor kurzem bildete. Darstellung von David Egge.

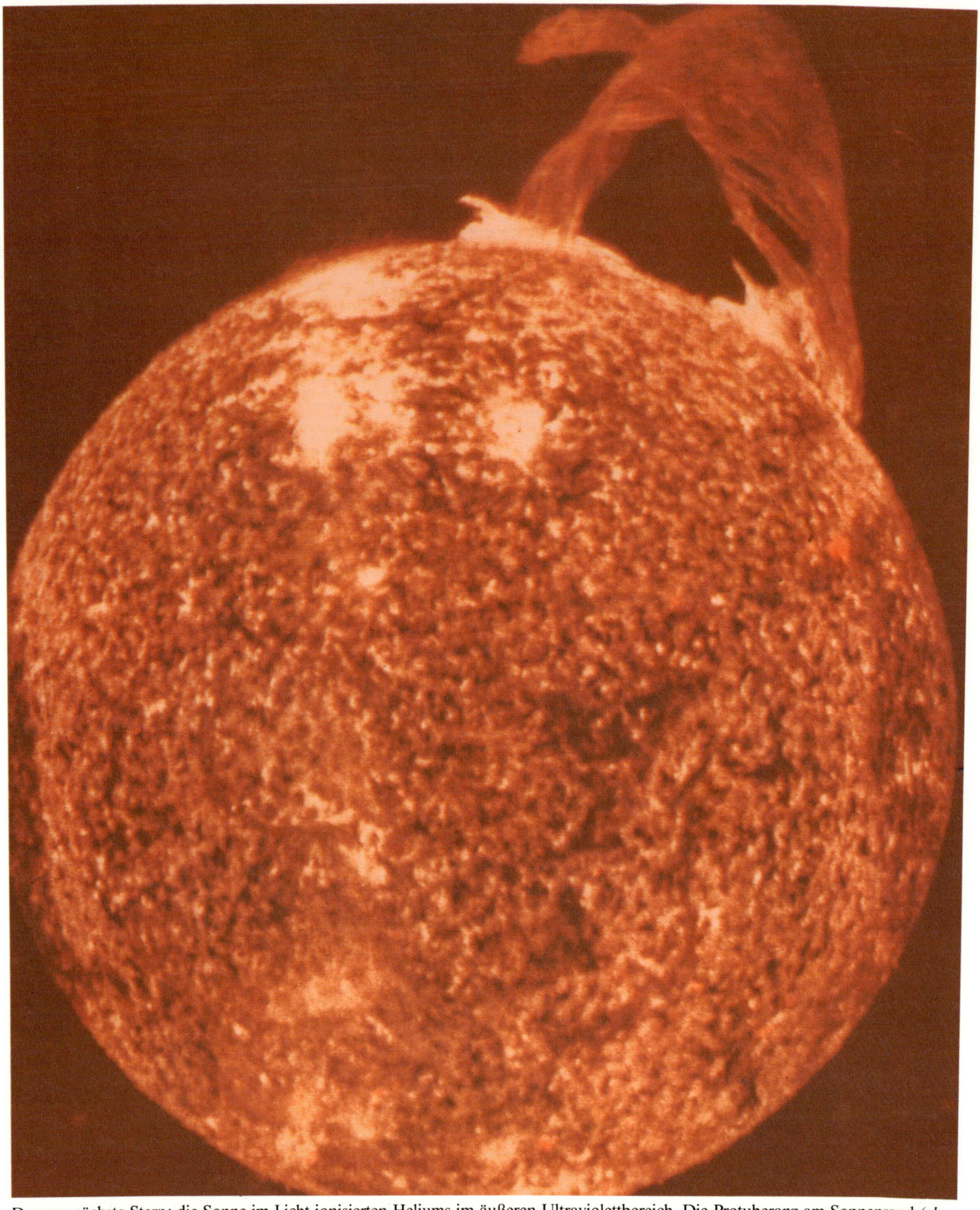

Der uns nächste Stern: die Sonne im Licht ionisierten Heliums im äußeren Ultraviolettbereich. Die Protuberanz am Sonnenrand *(oben rechts)* erstreckt sich vorübergehend 300000 Kilometer weit in den Weltraum, bis sie auf die aus glühendem Gas bestehende sichtbare Oberfläche zurückfällt. Die kleinsten auf diesem Bild auf der Sonnenoberfläche erkennbaren Flecken heißen Gases weisen etwa die Größe der Erde auf. Skylab-4-Photo, m. frdl. Gen. d. NASA.

9. Kapitel
Das Leben der Sterne

Als [Ra, der Sonnengott] seine Augen aufschlug,
ward Licht über Ägypten, und er schied die Nacht vom Tage.
Die Götter entsprangen aus seinem Mund, und die Menschheit aus seinen Augen.
Alle Dinge nahmen von ihm ihren Ausgang,
dem Kind, das im Lotus leuchtet und dessen Strahlen alle Wesen zum Leben erwecken.

Zauberspruch aus dem ptolemäischen Ägypten

Gott kann Materieteilchen von unterschiedlicher Größe und Gestalt ... und vielleicht
auch von unterschiedlicher Dichte und Kraft erschaffen
und dadurch die Naturgesetze abwandeln und in
verschiedenen Teilen des Universums verschiedene Arten von Welten hervorbringen.
Jedenfalls sehe ich in alledem nichts Widersprüchliches.

Isaac Newton, *Optics*

Wir hatten den Himmel da droben,
übersät mit Sternen, und legten uns oft auf den Rücken
und schauten zu ihnen hinauf und unterhielten uns darüber,
ob sie erschaffen oder nur zufällig da wären.

Mark Twain, *Huckleberry Finn*

Ich habe ... ein schreckliches Bedürfnis ...
soll ich das Wort sagen? ... nach Frömmigkeit.
Dann gehe ich in die Nacht hinaus und male die Sterne.

Vincent van Gogh

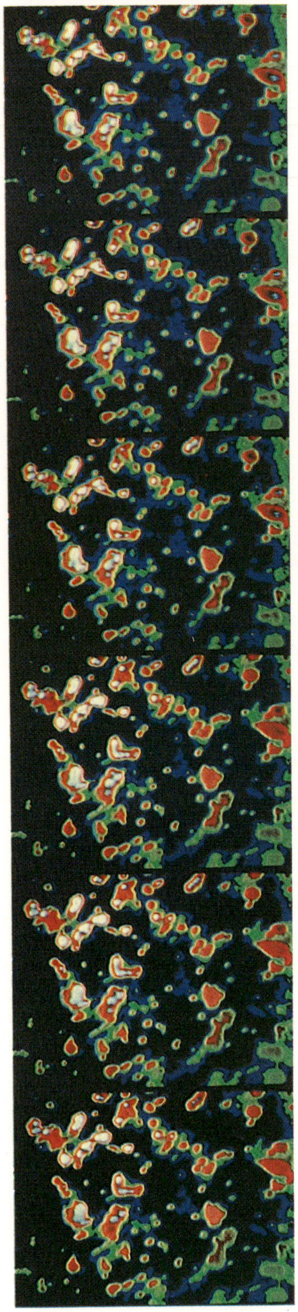

Atome in Bewegung: Filmabfolge der zufälligen Bewegungen von Uran-Atomen (hier rot) vor Kohlenstoffhintergrund (blauschwarz) – ein Film, der Demokrit gefallen hätte. M. frdl. Gen. v. Albert Crewe, University of Chicago.

Für einen Apfelkuchen braucht man Weizenmehl, Äpfel, eine Prise von diesem und jenem und Backwärme. Die Zutaten bestehen aus Molekülen, etwa Zucker oder Wasser. Die Moleküle wiederum bestehen aus Atomen – Kohlenstoff, Wasserstoff, Sauerstoff und einigen anderen mehr. Wo aber kommen die Atome her? Mit Ausnahme des Wasserstoffs entstehen sie samt und sonders in Sternen. Ein Stern ist eine Art kosmischer Küche, in der Wasserstoffatome zu schwereren Atomen verkocht werden. Oder anders ausgedrückt, er ist die Verdichtung von überwiegend aus Wasserstoff bestehendem interstellarem Gas und Staub. Der Wasserstoff selbst dagegen ist beim Urknall entstanden, jener Explosion, mit der der Kosmos seinen Anfang nahm. Sollten wir uns daher in den Kopf setzen, unseren Apfelkuchen von Grund auf selber zu machen, müßten wir erst das Universum erfinden.

Nehmen wir lieber einen bereits fertigen Apfelkuchen und schneiden ihn durch; dann nehmen wir eine der beiden Hälften und schneiden auch sie durch und, von Demokrits Geist getrieben, so weiter und so fort. Wie oft müßten wir schneiden, bis wir ein einzelnes Atom hätten? Die Antwort lautet, ungefähr neunzigmal. Natürlich wäre kein Messer scharf genug, der Kuchen viel zu bröselig und das Atom ohnedies für das bloße Auge viel zu klein. Dafür aber gibt es eine andere Methode.

Erstmals erhellt wurde die Natur des Atoms in den Jahren zwischen 1890 und 1930 von Wissenschaftlern der Universität Cambridge in England, die Atome mit Atomtrümmern beschossen und beobachteten, wie diese abprallten. Ein typisches Atom hat so etwas wie eine Elektronenwolke um sich. Elektronen wiederum sind, wie ihr Name andeutet, elektrisch geladene Teilchen, deren Ladung willkürlich als negativ bezeichnet wird. Diese Elektronen bestimmen die chemischen Eigenschaften des Atoms – den Glanz des Goldes, die Kälte des Eisens, die Kristallstruktur des aus reinem Kohlenstoff aufgebauten Diamanten. Unter der Elektronenwolke verborgen, tief im Inneren des Atoms, befindet sich der aus positiv geladenen Protonen und elektrisch neutralen Neutronen bestehende Kern. Sind Atome schon sehr klein – hundert Millionen ergeben aneinandergereiht eine Fläche so groß wie die Kuppe des kleinen Fingers –, so ist der Kern noch hunderttausendmal kleiner. Das ist auch der Grund, warum er so lange nicht entdeckt wurde.* Dennoch macht der Kern die Masse eines Atoms aus. Verglichen mit ihm sind die Elektronen nur eine schwebende Flaumwolke. Der größte Teil des Atoms ist leerer Raum. Die Materie besteht also in der Hauptsache aus nichts.

Ich bestehe aus Atomen. Mein Ellbogen, mit dem ich mich auf den Tisch stütze, besteht aus Atomen. Der Tisch besteht aus Atomen. Wenn aber die Atome so klein und leer und die Kerne noch kleiner sind, warum trägt mich dann der Tisch? Oder, wie Arthur Eddington gern fragte, warum gleiten die Kerne, die meinen Ellbogen ausmachen, nicht mühelos durch die Kerne, die den Tisch ausmachen, hindurch? Warum lande ich nicht auf dem Fußboden? Oder falle überhaupt gleich durch die Erde hindurch?

* Vorher hatte man angenommen, die Protonen seien gleichmäßig in der Elektronenhülle verteilt. Auf die Idee, daß sie in einem im Mittelpunkt liegenden Kern mit positiver Ladung konzentriert sein könnten, kam erst Ernest Rutherford (Cambridge), als einige der Geschoßteilchen in die Richtung, aus der sie gekommen waren, zurückprallten. Dazu Rutherford: »Das war das unwahrscheinlichste Ereignis, das mir in meinem ganzen Leben begegnet ist, fast so unwahrscheinlich, wie wenn eine gegen Seidenpapier abgefeuerte 15-Zoll-Kanonenkugel abprallte und den Schützen träfe.«

Die Antwort lautet, wegen der Elektronenhülle. Die Atome in meinem Ellbogen sind außen negativ geladen. Ebenso die Atome im Tisch. Negative Ladungen aber stoßen einander ab. Mein Ellbogen gleitet also nicht durch den Tisch, weil die Atomkerne von Elektronen umgeben und weil elektrische Kräfte stark sind. Schalten wir die elektrischen Ladungen ab, fällt alles zu unsichtbar feinem Staub zusammen. Ohne elektrische Kräfte gäbe es keine *Dinge* im Universum – nur diffuse Elektronen –, Protonen- und Neutronenwolken und einander anziehende Elementarteilchensphären, gestaltlose Überreste von Welten. Kurzum, die Struktur des Atoms bestimmt unser Leben bis in den Alltag hinein.

Schneiden wir unseren Apfelkuchen nun, nachdem wir beim Atom angelangt sind, noch einmal durch und dann noch einmal und noch einmal, so stoßen wir auf die Unendlichkeit des ganz Kleinen. Schauen wir dagegen zum nächtlichen Himmel hinauf, begegnen wir der Unendlichkeit des ganz Großen. Beide Unendlichkeiten stellen einen Regreß ohne Ende dar, der sich nicht nur sehr weit, sondern immerzu, bis in alle Ewigkeit hinein, fortsetzen läßt. Geraten wir z. B. beim Friseur zufällig zwischen zwei Spiegel, werfen sie unser Bild viele Male, aber nicht unendlich viele Male, zurück, da die Spiegel nicht vollkommen eben und geradlinig ausgerichtet sind, da die Lichtgeschwindigkeit einer Begrenzung unterliegt und wir selbst im Wege stehen. Unendlichkeit bezeichnet also eine Quantität, die über jede Zahl, wie groß auch immer, hinausgeht.

Der amerikanische Mathematiker Edward Kasner forderte einmal seinen neunjährigen Neffen auf, für eine entsetzlich lange Zahl, zehn hoch hundert (10^{100}), also eine Eins gefolgt von hundert Nullen:

10,000,000,000,000,000,000,000,000,000,000,000,000,000,000,000,000,000,
000,000,000,000,000,000,000,000,000,000,000,000,000,000,000,000,000,

einen Namen zu erfinden. Der Junge nannte sie Googol. Und so kann sich jeder seine eigene sehr große Zahl ausdenken und nach Belieben benennen. Ein reizvolles Unterfangen, das einen Versuch lohnt, vor allem, wenn man zufällig gerade neun ist.

Erscheint uns schon ein Googol groß, wie groß muß uns dann erst das Googolfache erscheinen, das heißt, eine Eins gefolgt von googol Nullen. Verglichen damit beläuft sich die Gesamtzahl der Atome in unserem Körper nur auf rund 10^{28} und die Gesamtzahl der Elementarteilchen – Protonen, Neutronen und Elektronen – im beobachtbaren Universum auf etwa 10^{80}. Wäre das Universum so mit Neutronen vollgepackt,* daß nirgends mehr ein leerer Raum bliebe, brauchten wir immer erst noch rund 10^{128} Teilchen, also schon eine ganze Menge mehr als ein Googol, aber immer noch lächerlich wenig, verglichen mit dem Googolfachen. Und doch kommen auch diese Zahlen, Googol und Googolfaches, der Idee des Unendlichen nicht entfernt nahe. Das Googolfache ist von unendlich *genauso* weit entfernt wie die Zahl Eins. Wir könnten freilich versuchen, das Googolfache auszuschreiben, aber das wäre verlorene Lie-

* Der Trieb, solche Rechnungen aufzustellen, ist uralt. So leitet Archimedes sein kleines Buch *Sandrechner* mit den Sätzen ein: »Manche, König Gelon, glauben, die Zahl der Sandkörner sei unendlich, wobei ich unter Sand nicht nur den um Syrakus und sonstwo auf Sizilien meine, sondern allen Sand, in welcher bewohnten oder unbewohnten Weltgegend auch immer. Andere hingegen glauben, wiewohl nicht unendlich, sei die Menge doch so gewaltig, daß sie durch keine bekannte Zahl umschrieben werden könne.« Woraufhin er nicht nur eine Zahl benennt, sondern auch berechnet. Danach wirft er die Frage auf, wie viele Sandkörner im damals bekannten Universum Platz fänden, und schätzt: 10^{63}, was, auf Atome umgerechnet, erstaunlicherweise in etwa 10^{83} entspricht.

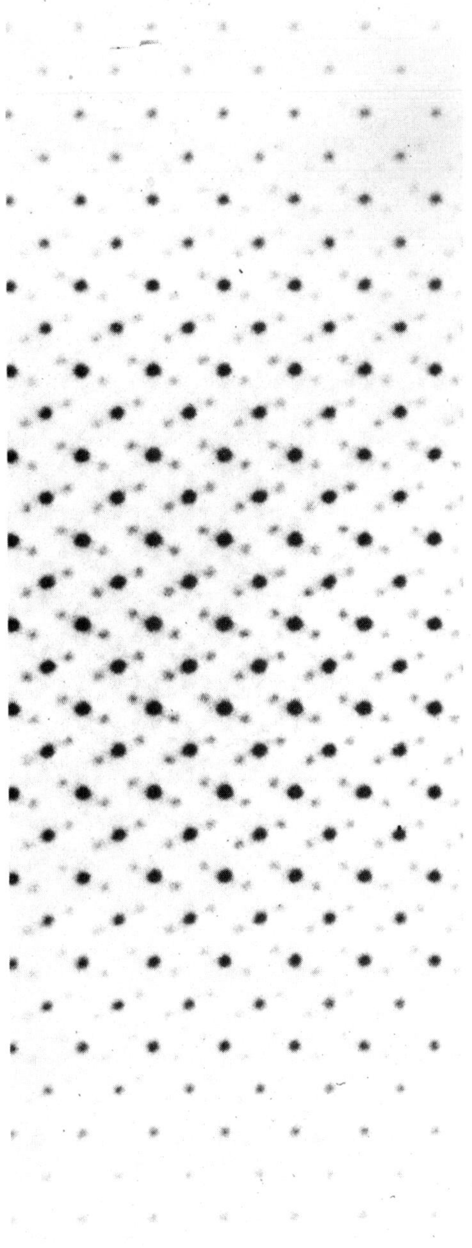

Atome des Minerals Markasit in 4,5 millionenfacher Vergrößerung unter einem zugleich mit sichtbarem Licht und Röntgenstrahlen arbeitenden Mikroskop. Die Markasitkristalle bauen sich aus der Einheit $Fe\ S_2$ auf, wobei Fe (Eisen) durch die großen Punkte und S (Schwefel) durch die beiden jedes Eisenatom flankierenden kleinen Punkte dargestellt ist. M. frdl. Gen. v. Professor Martin J. Buerger, Massachusetts Institute of Technology.

besmüh: Das erforderliche Stück Papier fände im uns bekannten Universum keinen Platz. Zum Glück gibt es eine sehr viel einfachere und genauere Schreibweise für das Googolfache: $10^{10^{100}}$; und selbst für unendlich: ∞ (sprich: »unendlich«).

Ist unser Apfelkuchen verbrannt, besteht das Verkohlte größtenteils aus Kohlenstoff. Neunzig Schnitte, und wir stoßen auf das Kohlenstoffatom mit einem Kern von sechs Protonen und sechs Neutronen und einer äußeren Hülle aus sechs Elektronen. Schneiden wir auch davon noch ein Stück herunter – z. B. eins mit zwei Protonen und zwei Neutronen –, so haben wir nicht mehr den Kern eines Kohlenstoffatoms, sondern den eines Heliumatoms. Wir haben das Atom auseinandergeschnitten oder es gespalten, also genau das unternommen, was bei Kernwaffenzündungen und in konventionellen Kernkraftwerken geschieht, wenn auch nicht mit Kohlenstoff. Nach dem einundneunzigsten Schnitt durch unseren verkohlten Apfelkuchen haben wir es also nicht mehr mit einem nur noch etwas kleineren Kohlenstoffstückchen zu tun, sondern mit etwas anderem – mit einem Atom von völlig anderen chemischen Eigenschaften. Ein Atom spalten heißt also die Elemente verwandeln.

Aber wir wollen noch einen Schritt weiter gehen. Atome bestehen aus Protonen, Neutronen und Elektronen. Also versuchen wir, ein Proton zu zerschneiden. Wir bombardieren es unter hohen Energien mit anderen Elementarteilchen – z. B. anderen Protonen – und erhaschen in der Tat einen Blick auf noch fundamentalere Einheiten, die sich im Proton verbergen. Den Physikern zufolge bestehen die sogenannten Elementarteilchen wie Protonen und Neutronen also aus noch elementareren Teilchen, den Quarks, deren Eigenschaften in dem rührenden Bestreben, die subnukleare Welt etwas heimischer zu machen, als »Farben« und »Aromata« umschrieben werden. Sind diese Quarks nun endlich die letzten Bausteine der Materie, oder setzen auch sie sich wieder aus noch kleineren und *noch* elementareren Teilchen zusammen? Werden wir je ans Ende kommen, oder haben wir es mit einem unendlichen Regreß zu immer noch fundamentaleren Teilchen zu tun? Diese Frage gehört zu den großen ungelösten Problemen der heutigen Naturwissenschaft.

Die Umwandlung von Elementen ist übrigens ein alter Menschheitstraum, den die Alchimisten bereits im Mittelalter zu verwirklichen suchten. Viele glaubten, die Materie sei eine Mischung aus den vier alten ionischen Elementen Feuer, Wasser, Luft und Erde, und es genüge, die relativen Anteile von Erde und Feuer zu ändern, um aus Kupfer Gold zu machen. Die Szene wimmelte von Hochstaplern und Schwindlern, die behaupteten, nicht nur die Elemente umwandeln zu können, sondern auch das Geheimnis der Unsterblichkeit zu kennen. Manchmal tauchte am Ende einer langwierigen experimentellen Demonstration am Grunde des Schmelztiegels tatsächlich (aus einem doppelten Boden) wunderbarerweise Gold auf, das seinen Zweck auch nicht verfehlte. Durch die Verheißung von Reichtum und Unsterblichkeit geblendet, ließ sich der europäische Adel von den Adepten dieser zweifelhaften Kunst, zu deren Jüngern allerdings auch ernsthaftere Alchimisten wie Paracelsus und sogar Isaac Newton zählten, große Summen aus der Tasche ziehen. Letztlich aber war das Geld nicht einmal ganz zum Fenster hinausgeworfen, wurden bei diesen Experimenten doch neue chemische Elemente wie Phosphor, Antimon und Quecksilber entdeckt und damit unmittelbar die Grundlage für die moderne Chemie gelegt.

Heute kennen wir 92 verschiedene, natürlich vorkommende Arten von Atomen, die sogenannten chemischen Elemente, die, auch wenn sie meist in Molekularverbindungen auftreten, bis vor kurzem als die Bausteine unseres Planeten samt allem darauf Befindlichen galten. Wasser ist ein Molekül aus Wasserstoff- und Sauerstoffatomen; Luft besteht größtenteils aus Stickstoff (N)-, Sauerstoff (O)-, Kohlenstoff (C)-, Wasserstoff (H)- und Argon (Ar)-Atomen in Molekularverbindungen wie N_2, C_2, CO_2, H_2O und Ar; die Erde selbst ist eine sehr reiche, vorwiegend aus Silizium*, Sauerstoff, Aluminium, Magnesium und Eisen zusammengesetzte Atommischung. Das Feuer dagegen hat mit chemischen Elementen überhaupt nichts zu tun. Es ist ein leuchtendes Plasma, in dem durch die hohen Temperaturen einige Elektronen von ihren Kernen abgesprengt wurden. So ist also keines der vier alten ionischen und alchimistischen »Elemente« in der modernen Bedeutung des Wortes ein Element: Bei einem handelt es sich um ein Molekül, bei zweien um Molekülmischungen und beim letzten um ein Plasma. Seit der Zeit der Alchimisten sind eine ganze Reihe von Elementen entdeckt worden, die seltensten in der Regel am spätesten. Viele davon sind uns geläufig – vor allem diejenigen, aus denen die Erde besteht oder die eine grundlegende Rolle für die Lebensvorgänge spielen. Einige davon sind feste Körper, andere Gase und zwei (Brom und Quecksilber) bei Zimmertemperatur flüssig. Von den Wissenschaftlern werden sie gewöhnlich nach steigender Kompliziertheit angeordnet, beginnend mit Wasserstoff (1) bis zu Uran (92). Andere Elemente wie etwa Hafnium, Erbium, Dysprosium und Praseodymium sind uns weniger vertraut, da wir nicht alle Tage mit ihnen zu tun haben. Im großen und ganzen gilt die Faustregel, je bekannter ein Element, desto häufiger kommt es auch vor. So enthält die Erde viel Eisen, aber nur wenig Yttrium. Natürlich gibt es auch von dieser Regel Ausnahmen wie Gold oder Uran, Elemente, die aufgrund willkürlicher wirtschaftlicher Übereinkünfte oder ästhetischer Wertungen oder auch aufgrund ihrer Eignung für praktische Zwecke geschätzt und damit bekannt sind.

Die relativ junge Erkenntnis, daß die Atome aus drei Arten von Elementarteilchen (Protonen, Elektronen und Neutronen) bestehen, von denen die letztgenannten erst 1932 entdeckt wurden, hat die verwirrende Vielfalt der sinnlich wahrnehmbaren Welt erstaunlich vereinfacht: Drei Baueinheiten ergeben in wechselnder Zusammensetzung im wesentlichen die ganze Welt.

Die Neutronen sind, wie schon erwähnt und wie auch ihr Name besagt, elektrisch neutral, während die Protonen eine positive und die Elektronen eine entsprechende negative Ladung aufweisen. Die Anziehungskraft zwischen den verschiedenen Elektrizitäten von Elektronen und Protonen hält, wie wir gesehen haben, das Atom zusammen. Nach außen sind alle Atome elektrisch neutral, d.h., der Anzahl der Protonen im Kern entspricht eine gleich große Anzahl von Elektronen in der Elektronenhülle. Die Anzahl der Elektronen oder der Protonen, die Atom-, Kernladungs- und Ordnungszahl, bestimmt die chemischen Eigenschaften eines Atoms. Chemie ist also schlicht eine Zahlenangelegenheit – eine Idee, die Pythagoras gewiß gefallen hätte. Ein Atom mit einem Proton ist ein Wasserstoffatom, mit

Zusammenstellung der 92 natürlich vorkommenden chemischen Elemente (Ausschnitt). Die – der Anzahl der Protonen oder Elektronen entsprechende – Atomzahl jedes Elements ist rot, die Anzahl der Neutronen schwarz angegeben. Das Atomgewicht entspricht der Anzahl der Protonen und Neutronen im Kern. Unter den auf der Erde normalerweise herrschenden Druck- und Temperaturverhältnissen treten manche Elemente (wie z.B. Selen, Atomzahl 34) in festem, andere (z.B. Brom, 35) in flüssigem und wieder andere (wie Krypton, 36) in gasförmigem Zustand auf. M. frdl. Gen. v. Bill Ray.

* Silizium ist ein Atom. Silicon ist ein Molekül, eine von Milliarden möglichen Siliziumverbindungen. Silizium und Silicon haben verschiedene Eigenschaften und Verwendungsmöglichkeiten.

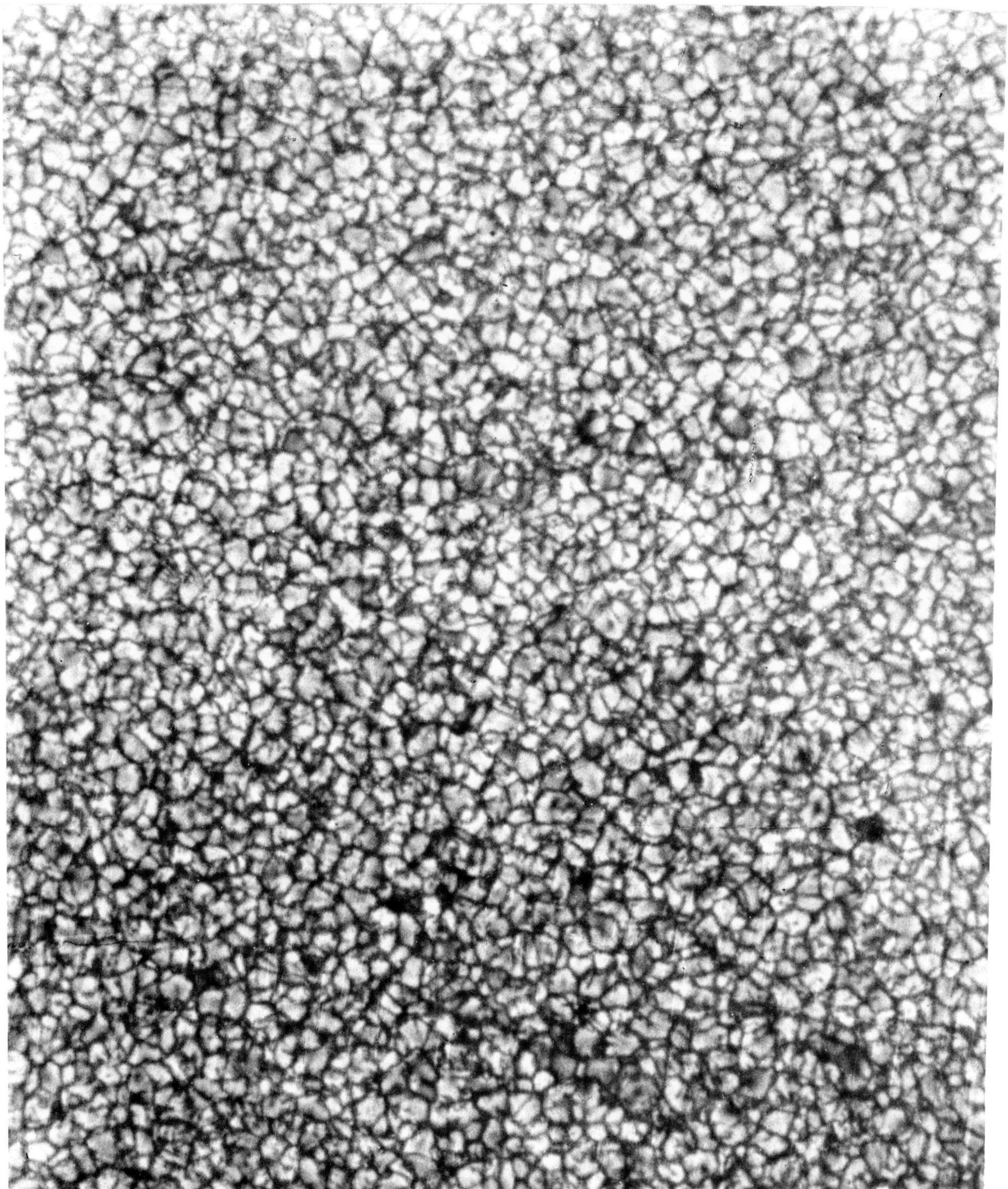

Die turbulente Sonnenoberfläche. Hier die Granulation, gebildet durch diejenigen Sonnenregionen, in denen heiße Gase aufsteigen und absinken. Jede Turbulenzzelle hat einen Durchmesser von etwa 2000 Kilometern, was der Entfernung Paris-Kiew entspricht. Aufnahme in gewöhnlichem gelbem Licht, Pic-du-Midi-Sternwarte in Frankreich.

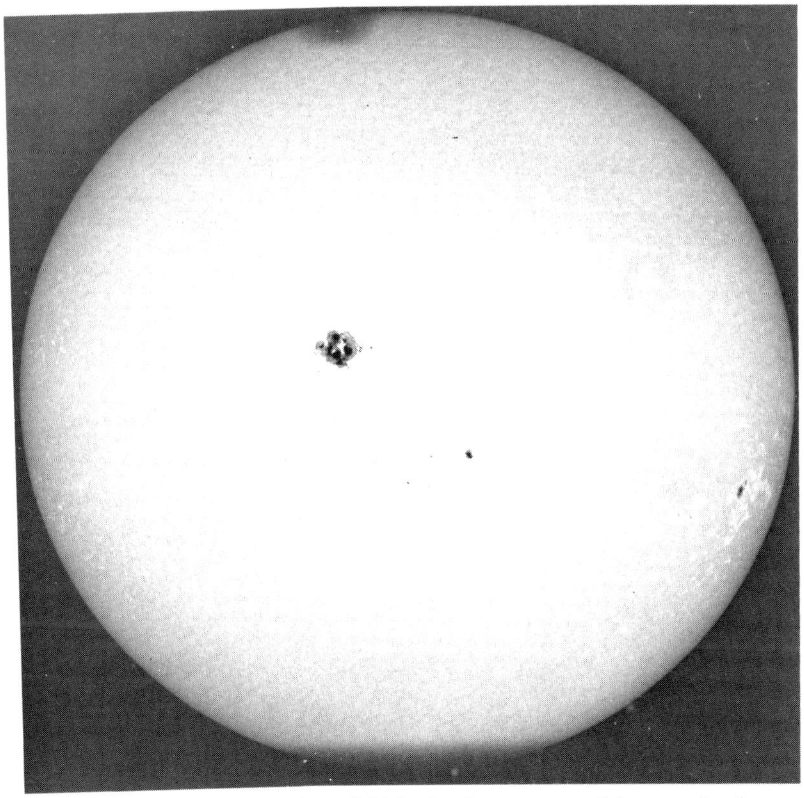

Die Photosphäre der Sonne, jene Schicht der Sonnenatmosphäre, aus der das gewöhnliche sichtbare Licht in den Weltraum hinausgestrahlt wird. Die Aufnahme entstand zum Zeitpunkt eines Fleckenmaximums. Solche Maxima, bei denen hundert verschiedene Sonnenflecken sichtbar sein können, haben eine Periode von 11,2 Jahren. Die Flecken heben sich dunkel von ihrer Umgebung ab, da ihre Temperatur um rund 2000° niedriger liegt. Entdeckt wurden sie erstmals von Galilei, obwohl sie unter günstigen Bedingungen – etwa bei Sonnenuntergang – auch mit unbewaffnetem Auge zu sehen sind. M. frdl. Gen. v. Gary Chapman, San Fernando Observatory, California State University, Northridge.

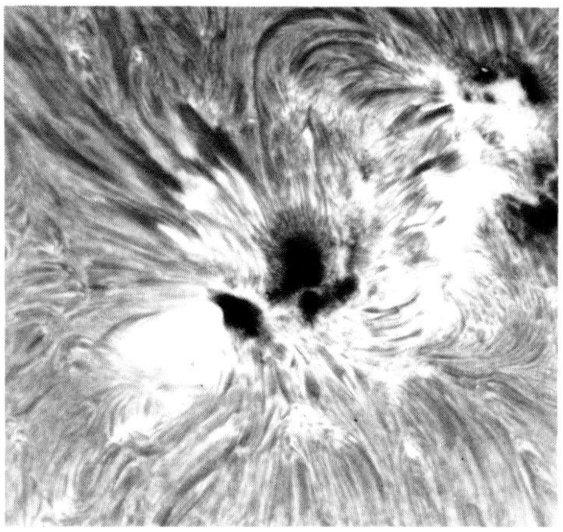

Großaufnahme einer Sonnenfleckengruppe in rotem Wasserstofflicht. Sonnenflecken sind Regionen mit relativ kühleren Temperaturen und starken Magnetfeldern. Der von ihnen ausstrahlende »Wald« von flammenähnlichen Lichtzungen, die sogenannten dunklen »spicules«, folgen den Kraftlinien des lokalen Magnetfeldes wie Eisenfeilspäne den Kraftlinien eines Stabmagneten. Die daran anschließenden Fackelflächen sind mit dem Auftreten großer Stürme verbunden. M. frdl. Gen. d. Big Bear Solar Observatory.

zwei Protonen ein Helium-, mit drei ein Lithium-, mit vier ein Beryllium-, mit fünf ein Bor-Atom, mit sechs folgt Kohlenstoff, mit sieben Stickstoff, mit acht Sauerstoff, und so weiter bis hinauf zum Uran mit 92 Protonen.

Gleiche Ladungen, Ladungen mit demselben Vorzeichen, stoßen sich heftig ab, gerade, als könnten sie ihre eigene Art nicht leiden, als wäre die Welt dicht mit Einsiedlern und Eigenbrötlern besetzt. Elektronen stoßen Elektronen, Protonen Protonen ab. Wie aber kann der Kern unter diesen Umständen überhaupt zusammenhalten? Warum zerreißt es ihn nicht augenblicklich? Weil noch eine andere Naturkraft hereinspielt: Die Nahwirkung der Kernkräfte, die, genau wie Haken, nur greifen, wenn Protonen und Neutronen sehr nah zusammenkommen, so daß die elektrische Abstoßung zwischen den Protonen überwunden wird. Die Neutronen, die Kernanziehungskräfte beisteuern, ohne elektrische Kräfte ins Spiel zu bringen, stellen eine Art Leim dar, der den Kern zusammenhält. So sind die nach Einsamkeit dürstenden Einsiedler an ihre mürrischen Genossen gefesselt und unter geselligere Naturen versetzt, die sich nach allen Seiten gleich leutselig geben.

Zwei Protonen und zwei Neutronen bilden zusammen den Kern eines Heliumatoms, das sich als sehr stabil erweist. Drei Heliumkerne ergeben einen

Eine Lebensform und ihr Stern. Durch ein Sonnenteleskop mit einem nur für die Rotlichtstrahlung heißen Wasserstoffgases durchlässigen Filter erscheinen die Sonnenflecken dunkel. Auf dem Berg im Vordergrund ein Mensch im Freudentaumel. M. frdl. Gen. d. National Oceanic and Atmospheric Administration. Aufnahme Joseph Sutorick.

Kohlenstoffkern, vier Sauerstoff, fünf Neon, sechs Magnesium, sieben Silizium, acht Schwefel und so fort. Immer, wenn wir ein oder mehrere Protonen und genügend Neutronen, um den Kern zusammenzuhalten, hinzufügen, entsteht ein neues chemisches Element. Nehmen wir umgekehrt z. B. von Quecksilber ein Proton und drei Neutronen weg, entsteht Gold, und der Traum der alten Alchimisten geht in Erfüllung. Die auf das Uran folgenden Elemente kommen auf der Erde nicht natürlich vor. Sie sind durch die Bank vom Menschen künstlich erzeugte Produkte, die auch in den meisten Fällen prompt wieder zerfallen. Eins davon, Element 94, das Plutonium, gehört zu den giftigsten uns bekannten Substanzen, zerfällt jedoch leider ziemlich langsam.

Wo aber stammen die natürlich vorkommenden Elemente her? Ist jede Atomart einzeln für sich entstanden? Im Prinzip nicht ausgeschlossen, wenn auch dagegen zu sprechen scheint, daß das Universum fast überall aus 99 Prozent Wasserstoff und Helium,* den beiden einfachsten Elemen-

* Eine Ausnahme bildet die Erde, deren ursprünglich vorhandener Wasserstoffvorrat, durch die geringe Massenanziehungskraft unseres kleinen Planeten nur schwach festgehalten, sich mittlerweile weitgehend in den Weltraum verflüchtigt hat. Jupiter mit seiner größeren Masse

ten, besteht. Dieser Umstand legt nahe, daß die anderen chemischen Elemente irgendwie aus Wasserstoff und Helium entstanden sind. Um der elektrischen Abstoßung die Waage zu halten und dem Kernfeld zur Wirkung zu verhelfen, müßten allerdings Teile der Kernmaterie sehr nah zusammengebracht worden sein. Das aber tritt nur bei sehr hohen Temperaturen ein, wenn sich die Teilchen so schnell bewegen, daß die Abstoßungskraft mangels Zeit nicht zum Zuge kommt – Temperaturen von -zig Millionen Grad. Solche Temperaturen aber herrschen – samt dem zugehörigen hohen Druck – in der Natur nur im Inneren der Sterne.

Wir haben den uns nächsten Stern, unsere Sonne, in verschiedenen, von ihren äußersten Schichten ausgehenden Wellenlängen – von Radiowellen über den gewöhnlichen Bereich des sichtbaren Lichts bis zu Röntgenstrahlen – untersucht und dabei festgestellt, daß sie zwar kein rotglühender Stein, wie von Anaxagoras vermutet, wohl aber eine große, aufgrund der hohen Temperaturen glühende Kugel aus Wasserstoff- und Heliumgas ist. Anaxagoras hatte also zumindest teilweise recht. Besonders ins Auge fallen die durch heftige Sonnenstürme hervorgerufenen, helleuchtenden Flares, die die Funkverbindungen auf der Erde unterbrechen können, und die riesigen, dem Magnetfeld folgenden Bögen heißen Gases, die Protuberanzen, neben denen sich die Erde zwergenhaft klein ausnimmt. Die manchmal mit bloßem Auge bei Sonnenuntergang erkennbaren Sonnenflecken sind kühlere Regionen mit besonders starken Magnetfeldern. Diese nicht abreißende, aufwühlende, turbulente Aktivität aber, die wir freilich nur bis zu Temperaturen von rund 6000 Grad verfolgen können, spielt sich auf der vergleichsweise kühlen sichtbaren Sonnenoberfläche ab, während im verborgenen Inneren, wo das Sonnenlicht erzeugt wird, 40 Millionen Grad herrschen.

Geboren werden die Sterne und ihre Planetenbegleiter beim Kollaps einer interstellaren Gas- und Staubwolke durch Eigengravitation. Aufgrund der im Inneren der Wolke durch den Zusammenstoß der Gasmoleküle erfolgenden Erhitzung wird schließlich der Punkt erreicht, an dem Wasserstoff zu Helium verschmilzt: Vier Wasserstoffkerne verbinden sich zu einem Heliumkern, wobei ein Gammastrahl-Photon freigesetzt wird, das sich unverzüglich auf seine lange Reise macht. Bald von der darüberliegenden Materie absorbiert, bald emittiert, bahnt es sich unter stetigem Energieverlust seinen Weg, bis es schließlich nach einer Jahrmillion als sichtbares Licht die Oberfläche erreicht und in den Weltraum hinausgestrahlt wird. Nun ist der Stern gewissermaßen eingeschaltet, der Kollaps der prästellaren Wolke durch Eigengravitation zum Stillstand gekommen. Das Gewicht der äußeren Schichten des Sterns wird jetzt von den hohen Temperaturen und dem bei den inneren Kernreaktionen erzeugten gewaltigen Druck getragen. In diesem (hydrostatischen) Gleichgewicht befindet sich die Sonne seit fünf Jahrmilliarden. Thermonukleare Reaktionen wie bei einer Wasserstoffbombe setzen in einer kontinuierlichen Explosion im Sonneninneren Energie frei und wandeln pro Sekunde rund 400 Millionen Tonnen (4×10^{14} g) Wasserstoff in Helium um. Mit anderen Worten, wenn wir nachts zu den Sternen aufblicken, sehen wir im Grunde lauter ferne Atomkraftwerke.

und dementsprechend größeren Schwerkraft dagegen hat seinen ursprünglichen Bestand an diesem leichtesten Element zumindest großenteils bewahrt.
Helium wurde übrigens, wie schon seine Benennung nach dem griechischen Sonnengott Helios andeutet, zunächst auf der Sonne und dann erst auf der Erde entdeckt.

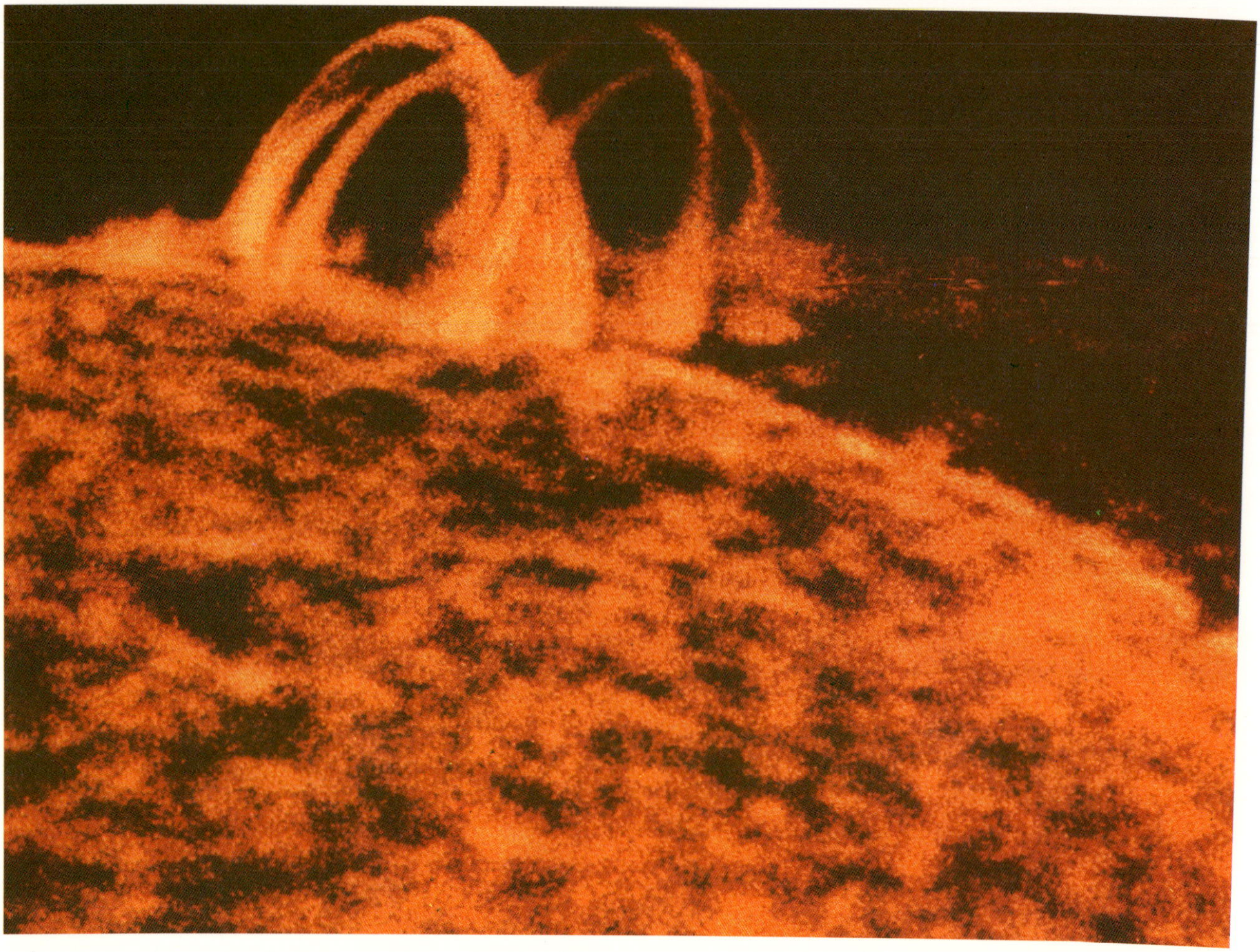

Heißes ionisiertes Gas über einer aktiven Sonnenregion kehrt in eleganten Bögen, sogenannten Loops, längs der lokalen magnetischen Kraftlinien zur Sonnenoberfläche zurück, wie Eisenfeilspäne dem Feld eines Stabmagneten folgen. Das Skylab-Photo wurde im Licht des äußeren Ultraviolettbereichs aufgenommen. Da dieses Licht von der Erdatmosphäre weitgehend absorbiert wird, können derartige Aufnahmen nur von Erdsatelliten oder interplanetaren Sonden aus gemacht werden. M. frdl. Gen. d. NASA.

In Richtung des Sterns Deneb in der Konstellation Cygnus oder Schwan glüht eine gewaltige Riesenblase außerordentlich heißen Gases, erzeugt vermutlich durch Supernovaexplosionen, also den Tod von Sternen nahe dem Blasenzentrum. Die hierdurch ausgelöste Druckwelle preßt die interstellare Materie am Rande zusammen, wodurch es zu neuen Sternentstehungen kommt. So gesehen, haben Sterne Eltern, die manchmal, wie Menschenmütter, bei der Geburt ihres Kindes ihr Leben lassen.

Sterne wie die Sonne entstehen gleich in Mengen in großen, zusammengepreßten Wolkengebilden wie dem Orionnebel. Von außen nehmen sich solche Wolken dunkel, ja düster aus, innen dagegen sind sie von den neugeborenen heißen Sternen hell erleuchtet (S. 242). Später wandern diese jungen, von glühenden Nebelfahnen, den Resten ihrer ursprünglichen Gashülle, umgebenen Sterne aus ihrer Kinderstube aus, um in der Milchstraße ihr Glück zu versuchen. Dies gilt etwa für die Plejaden, um ein Beispiel aus unserer Nähe zu nennen (S. 243). Wie Menschenkinder zieht es also auch die heranwachsenden Sterne hinaus an weit voneinander entfernte Orte: So mag es irgendwo in der Galaxis Dutzende von Geschwistern unserer Sonne geben, die vor fünf Jahrmilliarden aus demselben Wolkenkomplex entstanden. Aber wir kennen sie nicht, sondern wissen lediglich, daß sie genausogut auf die andere Seite der Milchstraße ausgewandert sein können.

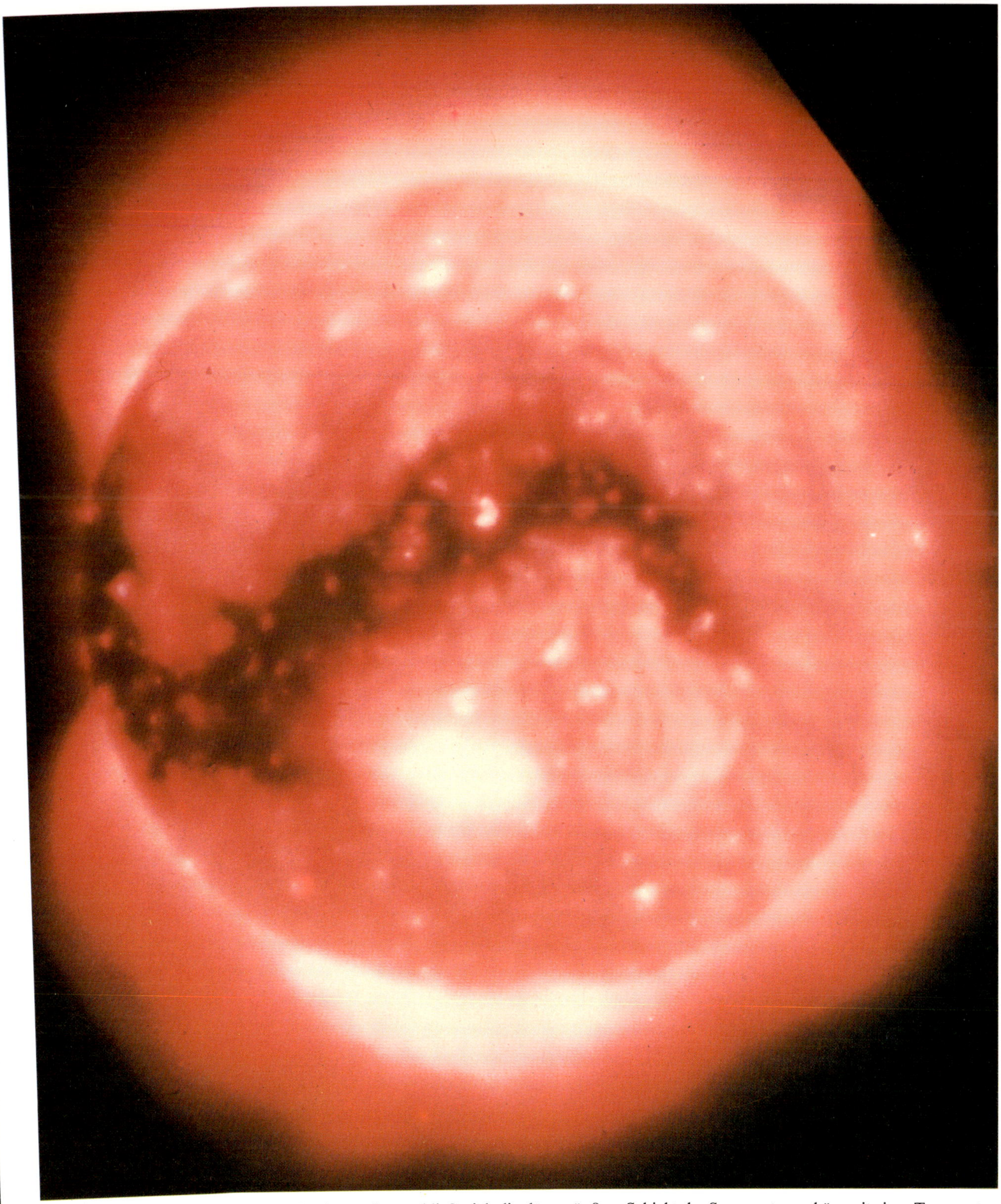

Ein Loch in der Sonnenkorona. An die Photosphäre schließt sich die dünne äußere Schicht der Sonnenatmosphäre mit einer Temperatur von einer Million Grad an, die ihre Gestalt alle 11,2 Jahre mit dem Sonnenzyklus ändert. Die Korona ist hier in weichen Röntgenstrahlen als rotes Halo um die Sonne zu sehen. Durch das im Zentrum stiefelförmige Koronaloch strömen die Protonen und Elektronen des Sonnenwindes auf ihrem Weg an den Planeten vorbei in den interstellaren Raum.
Skylab-Photo, m. frdl. Gen. d. NASA.

Der Tod der Erde und der Sonne: In einigen Jahrmilliarden wird der letzte schöne Tag anbrechen *(oben links)*. Danach wird die Sonne über einen Zeitraum von Jahrmillionen hin zusehends anschwellen und auf der Erde einen Temperaturanstieg bewirken, der zum Aussterben vieler Lebensformen und zum Rückgang der Meere führt *(oben rechts)*. Die Ozeane verdun-

sten rasch *(unten links),* die Atmosphäre verflüchtigt sich in den Weltraum. Während sich die Sonne zum Roten Riesen entwickelt *(unten rechts),* trocknet die Erde zusehends aus, wird unfruchtbar und verliert ihre Luft. Schließlich wird die Sonne den größten Teil des Himmels füllen und die Erde möglicherweise verschlingen. Darstellungen von Adolf Schaller.

Der mehrere tausend Lichtjahre entfernte Triffidnebel im Sternbild des Schützen. Die in den Nebel eingebetteten Sterne bringen das Gas zum Aufleuchten. Die meisten auf unserer Abbildung sichtbaren Sterne haben allerdings nichts mit dem Nebel zu tun, sondern liegen zwischen ihm und uns. Die dunklen Streifen im Nebel bestehen aus interstellarem Staub. M. frdl. Gen. d. Hale Observatories.

Der Orionnebel, das größte bekannte Gas- und Staubgebilde in unserer Milchstraße. Der erste, der das Innere dieser Nebelregion in einzelne Sterne auflöste, war Christiaan Huygens im Jahre 1656. Das Gas wird durch das Licht heißer, junger, vor kurzem entstandener, vielleicht erst 25 000 Jahre alter Sterne erregt. Heute ist der Nebel mit bloßem Auge zu sehen; ob ihn wohl unsere Vorfahren vor 100 000 Jahren auch schon kannten? M. frdl. Gen. d. Hale Observatories.

Die Umwandlung von Wasserstoff in Helium im Sonnenzentrum ist durch Freisetzung von Photonen nicht nur der Quell des Sonnenlichts, sondern auch der Ausgangspunkt einer noch geheimnisvolleren, gespenstischeren Strahlung: der Neutrinos, die, wie die Photonen, kein Gewicht besitzen und sich mit Lichtgeschwindigkeit fortbewegen. Dennoch sind Neutrinos keine Photonen, keine Art von Licht. Sie weisen vielmehr denselben Eigendrehimpuls, genannt Spin, auf wie Protonen, Elektronen und Neutronen, während Photonen den doppelten haben. Die Materie ist für die Neutrinos, die Erde und Sonne nahezu mühelos durchdringen, gewissermaßen durchsichtig: Nur ein winziger Bruchteil wird von der Materie aufgehalten. Wenn ich eine Sekunde lang zur Sonne aufschaue, wandert eine Milliarde Neutrinos durch meine Augen. Natürlich werden sie nicht, wie gewöhnliche Photonen, von der Netzhaut aufgehalten, sondern setzen ihren Weg ungehindert durch meinen Hinterkopf fort. Noch erstaunlicher aber scheint, daß nahezu dieselbe Anzahl auch nachts durch meine Augen wandert, wenn ich auf die Stelle des Bodens blicke, an der sich (wenn die Erde nicht im Weg stünde) die Sonne befände: Die zwischengeschaltete Erde ist für die Sonnenneutrinos so durchlässig wie Fensterglas für sichtbares Licht. Wenn wir aber das Sonneninnere und die zur Entstehung der Neutrinos führenden kernphysikalischen Vorgänge tatsächlich so gut kennten, wie wir glauben, müßten wir eigentlich auch ziemlich genau berechnen können, wie viele Neutrinos in einer bestimmten Zeiteinheit, z. B. einer Sekunde, auf einen bestimmten Bereich, etwa meinen Augapfel, auftreffen. Die experimentelle Erhärtung der errechneten Ziffer erweist sich indessen als sehr schwierig. Denn da die Neutrinos die Erde direkt durchdringen, können wir kein bestimmtes dingfest machen. Ein kleiner Prozentsatz jedoch tritt in Wechselwirkung zur Materie, so daß Aussicht besteht, sie unter geeigneten Voraussetzungen zu entdecken. Neutrinos können nämlich ganz gelegentlich unter Beibehaltung der Gesamtzahl an Protonen und Neutronen Chlor- in Argonatome umwandeln. Um also den vorausberechneten solaren Neutrinofluß nachzuweisen, bedarf es einer Riesenmenge Chlor, und so haben amerikanische Physiker eine gewaltige Portion Reinigungsmittel in die Homestake Mine von Lead in Süd-Dakota geschüttet und mikrochemisch nach neu entstandenem Argon abgesucht. Je mehr Argon, so ihre These, desto mehr Neutrinos. Allerdings scheint die Sonne diesen Experimenten nach zu schließen weniger Neutrinos auszustrahlen als die Berechnungen nahelegen.

So stehen wir also vor einem echten Rätsel. Zwar braucht der geringe solare Neutrinofluß unsere Ansichten über die stellare Kernsynthese nicht unbedingt ins Wanken zu bringen, von Belang aber ist er auf jeden Fall. Die Erklärungsversuche reichen von der Hypothese, die Neutrinos zerfielen auf dem Weg von der Sonne zur Erde, bis zu der Annahme, die Kernreaktionen im Sonneninneren würden zeitweilig eingedämmt, da das Sonnenlicht heute teilweise durch langsame gravitationsbedingte Kontraktion erzeugt werde. Aber die Neutrinoastronomie steckt noch in den Kinderschuhen, und so können wir über das Werkzeug, das wir uns da geschaffen haben, um der Sonne direkt ins glühende Herz zu schauen, nur selber staunen. Mit zunehmender Empfindlichkeit des Neutrinoteleskops jedoch könnte es eines Tages tatsächlich gelingen, die Kernfusion im tiefsten Inneren unserer Nachbarsterne zu sondieren.

Aber die Wasserstoffusion kann nicht ewig währen: Die Sonne hat, wie jeder Stern, in ihrem heißen Inneren nur einen begrenzten Wasserstoffvorrat. So richtet sich das Schicksal eines Sterns, das Ende seines Lebenskreislaufs, weitgehend nach seiner Ausgangsmasse. Ein Stern, der nach allen Materieverlusten an den Weltraum noch die doppelte oder dreifache Masse der Sonne aufweist, wird auch völlig anders als diese enden, obwohl ihr Schicksal schon aufsehenerregend genug ist: Wenn sich in fünf bis sechs Jahrmilliarden der ganze Wasserstoff in ihrem Kern in Helium umgewandelt hat, verlagert sich die Zone der Kernreaktionen vom Mittelpunkt in einer konzentrischen Schale langsam nach außen, bis sie einen Punkt erreicht, an dem die Temperaturen unter zehn Millionen Grad absinken. An diesem Punkt schaltet sich die Wasserstoffusion selbsttätig ab. Mittlerweile aber ist durch die Eigengravitation der Sonne eine neue Kontraktion des heliumreichen Kerns und ein Ansteigen der Temperaturen sowie des Drucks im Inneren eingeleitet worden. Die Heliumkerne werden noch enger zusammengepreßt, so daß sie schließlich zusammenzukleben beginnen und die Haken der Kernkräfte trotz der gegenseitigen elektrischen Abstoßung greifen. Die Sonne treibt in eine zweite Runde der Kernreaktionen.

Dieser Prozeß, bei dem die Elemente Kohlenstoff und Sauerstoff entstehen, liefert der Sonne zusätzliche Energie, um noch eine begrenzte Zeit weiterzuscheinen. So können sich die Sterne wie Phönixe noch einmal aus der eigenen Asche erheben.* Unter der doppelten Einwirkung der Wasserstoffusion in einer dünnen, weit vom Kern entfernten Schale und der unter hohen Temperaturen ablaufenden Heliumfusion im Inneren erfährt die Sonne eine einschneidende Verwandlung: Ihr Äußeres dehnt sich aus und kühlt ab, womit sie sich zum Roten Riesen entwickelt. Auf ihrer nun weit vom Inneren entfernten, sichtbaren Oberfläche läßt die Schwerkraft nach, und ihre Atmosphäre dehnt sich in einer Art stellaren Sturms in den Raum aus. Dann umhüllt und schluckt die errötete, aufgeschwollene Sonne die Planeten Merkur und Venus – und die Erde wahrscheinlich obendrein –, womit sich das innere Sonnensystem in die Sonne selbst verlagert.

So wird in Jahrmilliarden für die Erde der letzte schöne Tag anbrechen. Danach schwillt die Sonne langsam zu einem gewaltigen roten Ballon an, der die Erde fast erdrückt. Selbst an den Polen bricht glühende Hitze aus. Die Eiskappen der Arktis wie der Antarktis schmelzen, die Küsten werden überflutet. Die Temperaturen der Meere steigen, mehr Wasser verdampft, die Wolkenbildung nimmt zu – für die Erde vorübergehend ein gewisser Schutz vor dem Sonnenlicht, aber letztlich doch nur ein kleiner Aufschub. Das Ende ist nicht mehr aufzuhalten. Schließlich fangen die Ozeane zu kochen an, die Atmosphäre verdunstet in den Raum und eine Katastrophe von unvorstellbaren Ausmaßen bricht über unseren Planeten herein.** Zum Glück aber dürfte die Menschheit bis dahin nahezu mit Sicherheit auf einer höheren Evolutionsstufe stehen. Vielleicht haben unsere Nachkommen die Sternentwicklung bereits unter Kontrolle gebracht oder doch Einfluß darauf gewonnen, vielleicht auch brechen sie einfach die Zelte ab und wandern aus, auf den Mars, auf Europa oder Titan oder suchen sich, wo-

Die erstmals von Galilei durchs Fernrohr beobachteten Plejaden im Sternbild des Stiers. Die blaue Nebelhülle muß, da ihr Spektrum dem der Nachbarsterne entspricht, aus Staub bestehen, der das Licht der neugebildeten Sterne reflektiert. Die rund 400 Lichtjahre entfernten helleren Sterne wurden von den alten Griechen nach den Töchtern des Atlas, jenes Titanen, der den Himmel auf seinen Schultern trug, benannt. M. frdl. Gen. d. Hale Observatories.

Der Rosettennebel gleicht einem planetarischen Nebel, ist aber nicht nur mit einem, sondern mit vielen heißen, jungen (weniger als einer Jahrmilliarde alten) Sternen verknüpft, während der Zentralstern eines planetarischen Nebels zwar gleichfalls heiß, aber bereits Jahrmilliarden alt ist. Der von den Sternen ausgehende Strahlungsdruck treibt das rote Wasserstoffgas in den Raum hinaus. M. frdl. Gen. d. Hale Observatories.

* Massereichere Sterne als die Sonne, die in ihren letzten Entwicklungsphasen im Zentrum höhere Temperaturen und einen höheren Druck erreichen, können sich, da sie Kohlenstoff und Sauerstoff als Brennstoff für die Synthese noch schwererer Elemente benutzen, sogar öfter als einmal aus ihrer eigenen Asche erheben.

** Nach aztekischer Auffassung wird eine Zeit kommen, »da die Erde müde geworden ist … da die Saat der Erde endet«. An diesem Tag werden Sonne und Sterne vom Himmelszelt stürzen.

Ein planetarischer Nebel im Sternbild Wassermann, bestehend aus einer dünnen, sich nach außen bewegenden Schale heißen Wasserstoffs. Für solche Nebel ist ein Durchmesser von einigen Lichtjahren und eine Ausdehnungsgeschwindigkeit von etwa 500 km/sec typisch. Auf der Oberfläche des Zentralsterns herrscht eine Temperatur von über 100000 Grad. Ähnlich mag sich unser Sonnensystem in fünf Jahrmilliarden, wenn unsere Sonne das Endstadium des Roten Riesen erreicht hat, aus der Ferne ausnehmen. M. frdl. Gen. d. Hale Observatories.

Diese Felsmalerei der Anasazi auf der Unterseite eines Felsvorsprungs in den Cañons von New Mexico (Mitte 11. Jahrhundert) stellt vermutlich die neuentdeckte Supernova von 1054 im richtigen Abstand zum zunehmenden Mond dar. M. frdl. Gen. v. Bill Ray.

von Robert Goddard träumte, einen unbewohnten Planeten in einem jungen, vielversprechenden Planetensystem.

Die Sternasche der Sonne kann nur begrenzt als neuer Brennstoff dienen. Über kurz oder lang kommt der Tag, an dem das ganze Sonneninnere in Kohlenstoff und Sauerstoff umgewandelt ist, an dem die herrschenden Temperaturen und Druckverhältnisse zur Auslösung weiterer Kernreaktionen nicht mehr ausreichen. Wenn aber das Helium im Zentrum nahezu aufgebraucht ist, wird sich der aufgeschobene Einsturz des Sonneninneren fortsetzen, werden die Temperaturen wieder ansteigen, eine letzte Runde von Kernreaktionen auslösen und die Sonnenatmosphäre noch einmal geringfügig ausweiten. In ihren Todeszuckungen wird die Sonne langsam pulsieren, d.h. sich im Rhythmus von ein paar Jahrtausenden ausdehnen und zusammenziehen und schließlich ihre Atmosphäre in einer oder mehreren konzentrischen Gasschalen in den Weltraum hinausspeien. Das dadurch freigelegte heiße Sonneninnere wird die Schale mit ultraviolettem Licht überfluten und so den Raum bis über Plutos Umlaufbahn hinaus mit einer lieblichen roten und blauen Fluoreszenz erfüllen. Auf diese Weise kann die Sonne die Hälfte ihrer Masse verlieren, während das Sonnensystem im unheimlichen Licht ihrer ausströmenden Seele erstrahlt.

Schauen wir uns in unserem kleinen Milchstraßenwinkel etwas genauer um, entdecken wir viele Sterne, die von solchen Kugelschalen glühenden Gases umgeben sind, von planetarischen Nebeln, wie wir sie nennen, obwohl sie mit Planeten nichts weiter zu tun haben, als daß sie in den schlechten Teleskopen von ehedem an die blaugrünen Scheiben von Uranus und Neptun erinnerten. Diese planetarischen Nebel, die uns nur deshalb als Ringe erscheinen, weil wir, wie bei Seifenblasen, den Rand deutlicher wahrnehmen als das Innere, verraten, daß sich in ihrem Mittelpunkt ein Stern *in extremis* befindet. Möglicherweise ist er von einem Gefolge toter Welten umgeben, den traurigen Relikten einst lebensvoller, nun aber luft- und meerloser, in ein gespenstisches Leuchten getauchter Planeten. Der letzte Rest der Sonne, der zunächst noch in seinen planetarischen Nebel eingehüllte, freigelegte Sonnenkern, ist ein kleiner heißer, allmählich erkaltender Stern von der für irdische Begriffe unerhörten Dichte von über einer Tonne pro Kaffeelöffel. Noch einmal Jahrmilliarden später wird dieser Sonnenkern zum Weißen Zwerg degenerieren und wie all jene Lichtpünktchen im Zentrum planetarischer Nebel seine hohen Oberflächentemperaturen so lange an den Raum abgeben, bis der Endzustand erreicht und die Sonne ein dunkler, toter Schwarzer Zwerg ist.

Zwei Sterne von annähernd gleicher Masse werden ungefähr dieselbe Entwicklung durchlaufen. Ein massereicherer Stern dagegen wird seinen Kernbrennstoff schneller aufzehren, sich dementsprechend früher in einen Roten Riesen verwandeln und rascher zum Weißen Zwerg degenerieren. Deshalb müßte es eigentlich viele Doppelsternpaare von Roten Riesen und Weißen Zwergen geben, was auch in der Tat der Fall ist. Manchmal sind sich die beiden Sterne so nah, daß sie sich berühren und die glühende Sternatmosphäre des aufgeblasenen Roten Riesen zum dichten Weißen Zwerg, und zwar im allgemeinen auf einen bestimmten Bereich seiner Oberfläche, hinüberströmt. Dort sammelt sich schließlich so viel Wasserstoff an, daß es in der vom Roten Riesen gestohlenen, durch die enorme Schwerkraft des Weißen Zwergs zu immer höherem Druck und steigenden Temperaturen komprimierten Atmosphäre zu thermonuklearen Reaktionen kommt, die den Weißen Zwerg für kurze Zeit hell aufleuchten lassen. Diese als Nova bezeichnete Erscheinung tritt im Gegensatz zu der auf Einzelsterne beschränkten, durch Siliziumfusion ausgelösten Supernova stets nur bei Doppelsternen und nur bei Wasserstoffusion als Energiequelle auf.

Die im Inneren der Sterne durch Synthese aufgebauten Atome kehren gewöhnlich wieder ins interstellare Gas zurück. So wird bei Roten Riesen die äußere Atmosphäre in den Raum abgeblasen (planetarische Nebel stellen den Endzustand sonnenähnlicher Sterne mit abwandernden äußeren Schichten dar), und bei Supernovaausbrüchen wird ein Großteil der stellaren Masse in den Raum geschleudert. Bei den auf diese Weise abgegebenen Atomen handelt es sich natürlich um solche, die sich bei den thermonuklearen Reaktionen im Sterninneren am leichtesten bilden: Wasserstoff verschmilzt zu Helium, Helium zu Kohlenstoff, Kohlenstoff zu Sauerstoff; und in massereicheren Sternen werden durch schrittweise hinzukommende weitere Heliumkerne mit jeweils zwei Protonen und zwei Neutronen Neon, Magnesium, Silizium, Schwefel und so weiter bis zu Eisen aufgebaut. Eisen kann außerdem auch durch direkte Fusion von Silizium entstehen, wenn sich zwei Siliziumatome mit jeweils 28 Protonen und Neutronen bei einer Temperatur von Milliarden Grad zu einem Eisenatom mit jeweils 56 Protonen und Neutronen vereinigen.

All diese Elemente sind uns wohlbekannt und tragen vertraute Namen. Bei den in den Sternen ablaufenden Kernreaktionen entstehen weniger ausgefallene Elemente als vielmehr ganz alltägliche, die ins interstellare Gas zurückströmen und bei der nächsten, mit einem Wolkenkollaps beginnenden Stern- und Planetengeneration wieder mit von der Partie sind. Alle auf der Erde vertretenen Elemente außer Wasserstoff und etwas Helium wurden vor Jahrmilliarden in der Alchimistenküche von Sternen zusammengebraut, die heute z. T. als unscheinbare Weiße Zwerge jenseits der Milchstraße stehen. Der Stickstoff in unserer DNS, das Kalzium in unseren Zähnen, das Eisen in unserem Blut, der Kohlenstoff in unserem Apfelkuchen entstanden im Inneren einstürzender Sterne: Wir bestehen also wirklich aus Sternenmaterial.

Die selteneren Elemente gehen z. T. auf Supernovaausbrüche zurück. So gibt es auf der Erde nur deshalb relativ viel Gold und Uran, weil der Entstehung des Sonnensystems viele Supernovaausbrüche voraufgingen. Insofern mögen die bei uns seltenen Elemente in anderen Planetensystemen wieder anders verteilt sein. Möglicherweise wird auf manchen sogar Niobium und Protactinium als Schmuck getragen, während Gold mehr oder weniger eine im Labor erzeugte Kuriosität darstellt. Und vielleicht sähe es auch auf unserer Erde ganz anders, sprich besser, aus, wenn uns Gold und Uran so unbekannt und unwichtig wären wie Praseodymium.

Die Entstehung und Entwicklung des Lebens ist aufs engste mit der Entstehung und Entwicklung der Sterne verbunden. Erstens: Der Stoff, aus dem wir bestehen, die Atome, die Leben ermöglichen, wurden vor langer Zeit in weiter Ferne von Roten Riesen erzeugt. Die genaue Entsprechung zwischen der relativen Häufigkeit der im Kosmos gefundenen chemischen Elemente und der relativen Häufigkeit der in den Sternen erzeugten Atome läßt kaum einen Zweifel daran aufkommen, daß Rote Riesen und Supernovae die Öfen und Schmelztiegel darstellen, in denen die Materie geschmiedet wurde. Die Sonne ist ein Stern der zweiten oder dritten Generation. Ihre gesamte Materie hat, wie auch all die Materie, die wir umuns

Der 6000 Lichtjahre entfernte Crab- oder Krebsnebel im Stier, die Überreste der von der Erde aus im Jahr 1054 beobachteten Supernovaexplosion. Die Filamente fasern mit einer Geschwindigkeit von rund 1100 km/sec aus. Noch nach fast tausendjähriger Expansion gibt der Crabnebel pro Sekunde 100000mal mehr Energie an den Weltraum ab als die Sonne. In seinem Kern befindet sich ein verdichteter Neutronenstern, ein Pulsar, der etwa 30mal pro Sekunde aufleuchtet. Seine sehr genau bekannte Periode betrug am 28. Juni 1969 0,033099324 Sekunden mit einer Verlangsamung von rund 0,0012 Sekunden pro Jahrhundert. Dieser Verlust an Rotationsenergie entspricht genau der Lichtemission des Systems. Der Crabnebel ist reich an schweren Elementen, die in den interstellaren Raum zurückströmen und hier für die Bildung künftiger Sternengenerationen zur Verfügung stehen. M. frdl. Gen. d. Hale Observatories.

Der Schleiernebel, Teil eines alten kugelförmigen Supernovaüberrestes im Sternbild Schwan, der sich nach 50000 Jahren immer noch mit einer Geschwindigkeit von rund 100 km/sec ausbreitet und aufgrund von Kollisionen mit interstellarem Gas und Staub leuchtet. Durch die Kollision erfahren die Atome im Schleiernebel eine Abbremsung und werden schließlich Teil der interstellaren Materie. M. frdl. Gen. d. Hale Observatories.

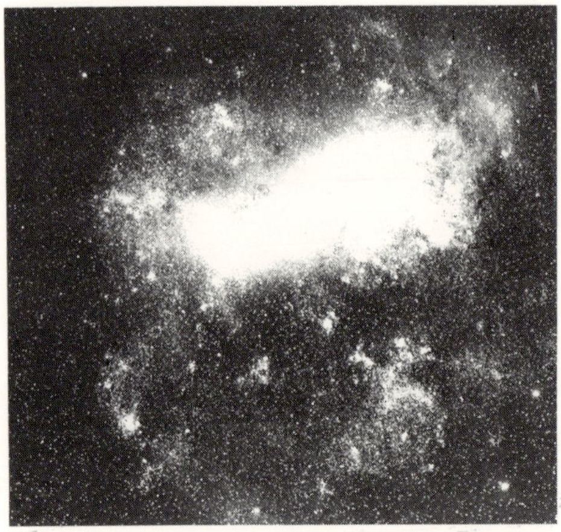

Die Große Magellansche Wolke, eine kleine unregelmäßige Satellitengalaxis der Milchstraße, in der, wie in sämtlichen Galaxien, Supernovae explodieren. Am 5. März 1979, dem Tag des Eintritts von Voyager 1 ins Jupiter-System, wurde in einer kleinen Himmelsregion, etwa an der Stelle des Supernovaüberrests N 49 in der Großen Magellanschen Wolke, ein beispielloser Röntgen- und Gammastrahlenausbruch entdeckt. M. frdl. Gen. d. Yerkes Observatory, University of Chicago.

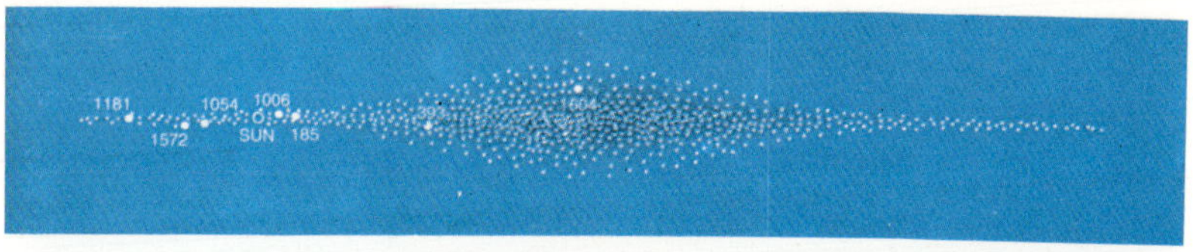

Die Milchstraße von der Seite und von oben mit Positionsangaben der Sonne und der Supernovaausbrüche in historischer Zeit. Da die massereichen Sterne vielfach auf der Ebene der Galaxis liegen, befinden sich natürlich auch ihre Endprodukte, die Supernovae, hier, werden teilweise aber von den gleichfalls auf der Ebene konzentrierten Staubwolken verdeckt und können daher nur aus relativ großer Nähe beobachtet werden. So haben wir keinen Bericht über Ausbrüche auf der anderen Seite der Galaxis, obwohl sie dort zweifelsohne gleichfalls auftreten. Die Explosion, die zur Entstehung des Crabnebels führte, sowie Tychos Supernova von 1572 erfolgten beide in Spiralarmen außerhalb der Sonnenposition. Keplers Supernova von 1604 befand sich zwar in der Nähe des Milchstraßenzentrums, war aber, da sie an einer relativ staubfreien Stelle über der galaktischen Ebene lag, von der Erde aus ebenfalls sichtbar. Der Durchmesser unserer Galaxis beträgt rund 100000 Lichtjahre. M. frdl. Gen. d. *Scientific American*. Aus *Historical Supernovas* von Richard Stephenson und David H. Clark. © 1976 Scientific American, Inc. Alle Rechte vorbehalten.

sehen, den Kreislauf der Sternalchimie schon ein- oder zweimal durchlaufen. Zweitens: Aus dem Vorkommen bestimmter Arten von schweren Atomen auf der Erde kann man schließen, daß sich kurz vor der Entstehung des Sonnensystems in der Nähe ein Supernovaausbruch abspielte. Dabei handelt es sich vermutlich um kein zufälliges Zusammentreffen: Vielmehr dürfte die durch die Supernova ausgelöste Druckwelle interstellares Gas und interstellaren Staub zusammengepreßt und so die Verdichtung des Sonnensystems ausgelöst haben. Drittens: Sowie die Sonne zu leuchten begann, ergoß sich ihre Ultraviolettstrahlung in die Erdatmosphäre; die Sonnenwärme erzeugte Blitze; und diese Energiequellen regten die Bildung komplexer organischer Moleküle an, die zur Entstehung des Le-

Spätphasen der Sternentwicklung. In einem Kontaktsystem strömt die leuchtende Sternatmosphäre des Roten Riesen *(links)* auf die um den pulsierenden Neutronenstern verdichtete Scheibe *(rechts)*, die am Berührungspunkt Röntgen- und andere Strahlen aussendet. Darstellung von Don Davis.

bens führten. Viertens: Das Leben auf der Erde hängt nahezu ausschließlich vom Sonnenlicht ab. Pflanzen sammeln die Photonen und wandeln Sonnenenergie in chemische Energie um. Tiere schmarotzen von den Pflanzen. Und die Landwirtschaft stellt letztlich nichts weiter als die methodische Ernte von Sonnenlicht dar, wobei die Pflanzen entgegen ihren eigenen Tendenzen als Vermittler dienen.

So stammt nahezu unsere ganze Kraft von der Sonne. Und schließlich liefern die Mutationen, die Änderungen des Erbguts, das Rohmaterial für die Evolution. Mutationen, aus denen die Natur ihr neues Inventar an Lebensformen auswählt, werden zum Teil von kosmischen Strahlen – den bei Supernovaausbrüchen fast mit Lichgeschwindigkeit ausgeschleuderten energiereichen Teilchen – ausgelöst. Das aber bedeutet, daß die Evolution des Lebens auf der Erde unter anderem vom aufsehenerregenden Tod ferner, massereicher Sonnen vorangetrieben wird.

Stellen wir uns einmal vor, wir nehmen einen Geigerzähler und ein Stück Uranerz und gehen tief hinein ins Erdinnere in den Stollen eines Goldbergwerks oder in einen Lavaschacht, eine von flüssigem Schmelzgestein gegrabene Höhle. Nähern wir nun den hochempfindlichen Geigerzähler, der Gammastrahlen oder so energiereiche geladene Teilchen wie Protonen und Heliumkerne durch Ticken anzeigt, dem Uranerz, das durch spontanen Kernzerfall Heliumkerne aussendet, so steigt die Zählrate, die Anzahl der Tickgeräusche pro Minute, drastisch an. Lassen wir das Uranerz darauf in einen schweren Bleikanister fallen, nimmt das Ticken merklich ab; das Blei hat die Uranstrahlung absorbiert. Das Zählwerk läuft aber dennoch weiter: Es zeigt die natürliche Radioaktivität in den Höhlenwänden an. Aber das erklärt noch nicht alles. Und in der Tat registriert das Gerät noch etwas anderes: nämlich die sehr energiereichen geladenen Teilchen, die von oben eindringen. Wir hören in einem anderen Zeitalter in den Tiefen des Alls erzeugte kosmische Strahlen. Von solchen Strahlen, hauptsächlich Elektronen und Protonen, ist unsere Erde bombardiert worden, seit es Leben auf unserem Planeten gibt. Ein Tausende von Lichtjahren entfernter Stern setzt bei seinem Zerfall kosmische Strahlen frei, die sich jahrmillionenlang spiralförmig durch die Milchstraße schrauben, bis etliche zufällig auf die Erde und unser Erbgut auftreffen. Vielleicht haben wir einige der wichtigsten Schritte in der Entwicklung des genetischen Codes oder die

Tod eines Sonnensystems. Schematische Darstellung des Verlusts der Planetenatmosphären und der Verdunstung ganzer Welten beim Übergang der lokalen Sonne zur Supernova. Die Druckwellen pflanzen sich über das lokale System hinaus fort, komprimieren das interstellare Gas und den Staub und führen so zur Entstehung neuer Planetensysteme. Darstellungen von Adolf Schaller, Rick Sternbach und John Allison.

a

b

c

d

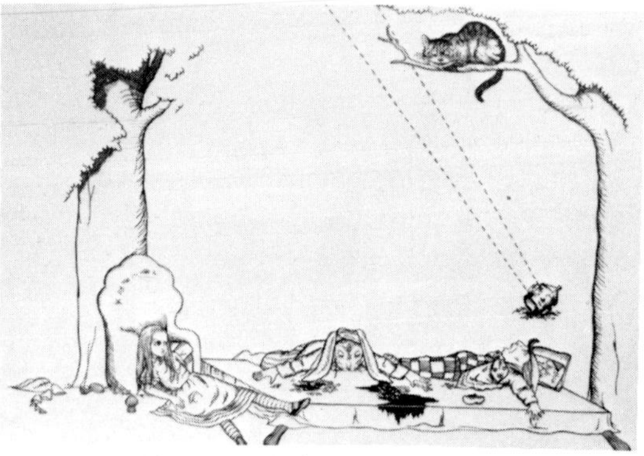

e

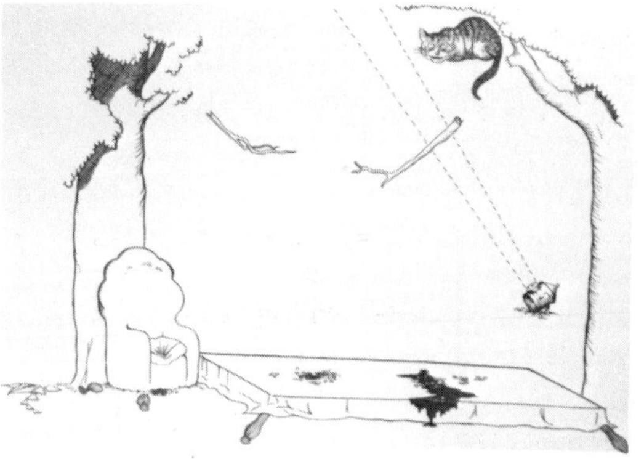

f

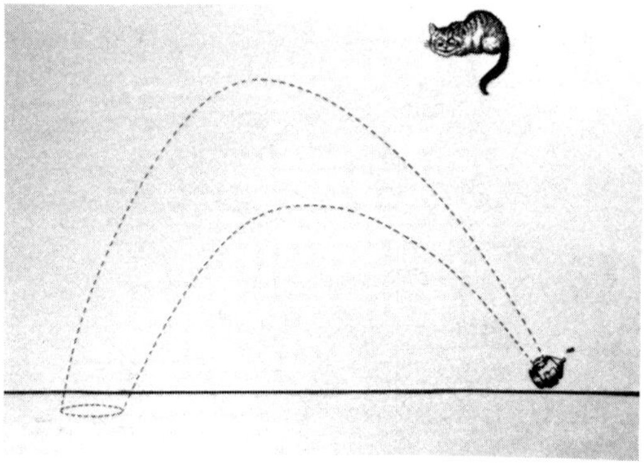

g

Der Einfluß der Schwerkraft auf Materie und Licht. Alice, der Märzhase, der verrückte Hutmacher und die Cheshire-Katze aus Lewis Carrolls *Alice im Wunderland* beim Tee. Zunächst beträgt die Schwerkraft, wie auf der Erde üblich, 1 g **(a)**. Der Lichtstrahl der Laterne rechts wird von der Gravitation nicht abgelenkt. Sowie wir jedoch auf 0 g schalten **(b, c),** tanzen unsere Freunde bei der geringsten Bewegung in den Raum; der Tee ballt sich zu schwebenden Kügelchen zusammen. Schalten wir wieder auf 1 g, kommen Alice und ihre Gefährten auf die Erde zurück, wobei unmittelbar vorher ein kurzer Teeregen eingesetzt hat **(d)**. Bei mehreren g sind sie unfähig, auch nur den kleinen Finger zu rühren **(e, f)**, während der Lichtstrahl unverändert in die Höhe steigt. Bei 100000 g ist die ganze Landschaft plattgedrückt. Bei einer Milliarde g krümmt sich schließlich auch der Lichtstrahl sichtlich, und bei mehreren Milliarden fällt er auf den Boden zurück. Nun haben wir das Wunderland mittels Gravitation in ein Schwarzes Loch verwandelt. Zeichnungen nach Tenniel von Brown.

ambrische Explosion oder den aufrechten Gang unserer Vorfahren ihem Einfluß zu verdanken.

m 4. Juli 1054 verzeichneten chinesische Astronomen im Sternbild *Taurus*, des Stiers, einen »Sternengast«, wie sie den zuvor noch nie gesichteten, lles überstrahlenden Stern nannten. Auch auf der gegenüberliegenden rdhalbkugel wurde der hellfunkelnde neue Stern von einer seit alters stronomisch interessierten Hochkultur im Südwesten Amerikas* beobchtet: den Anasazi, den Vorfahren der heutigen Hopi in New Mexico. Auf einem vor Wind und Wetter geschützten Felsüberhang findet sich das Bild eines Sterns, das mittels der Radiokarbonmethode auf die Mitte des 11. Jahrhunderts datiert werden konnte. Dieses Bild zeigt höchstwahrscheinlich den neuen Stern in seiner Stellung zum aufgehenden Mond, und daneben sieht man einen Handabdruck, womöglich das Signet des Künstlers.

Dieser bemerkenswerte, 5000 Lichtjahre entfernte Stern heißt heute Krebs- oder Crabsupernova, da ein Astronom Jahrhunderte später, als er durchs Teleskop zu den Ausbruchsüberresten, dem heutigen Crabnebel, hinaufschaute, aus unerfindlichen Gründen an einen Krebs denken mußte. Der Ausbruch dieses massereichen Sterns war von der Erde aus ein Vierteljahr lang sogar am hellichten Tag mit blankem Auge zu sehen. Nachts hätte man bei seinem Licht lesen können. Im Durchschnitt kommt es in einer Galaxis etwa alle hundert Jahre zu einem Supernovaausbruch. Im Laufe der rund zehn Jahrmilliarden währenden Lebensdauer einer typischen Galaxis explodieren demnach etwa hundert Millionen Sterne – eine stattliche Zahl, aber doch nur jeder tausendste. So wurden in unserer Milchstraße die nächsten Supernovae nach dem Ereignis von 1054 erst wieder 1573 und 1604 beobachtet und von Tycho Brahe beziehungsweise Johannes Kepler** beschrieben. Seit der Erfindung des Teleskops jedoch ist in unserer Galaxis bedauerlicherweise und sehr zum Ärger der Astronomen kein Ausbruch mehr erfolgt.

Heute werden Supernovae routinemäßig in anderen Galaxien beobachtet. Sollte ich den Satz aussuchen, der einen Astronomen zu Beginn des 20. Jahrhunderts am meisten erstaunt hätte, würde ich den folgenden aus einer am 6. Dezember 1979 in der britischen Wissenschaftszeitschrift *Nature* veröffentlichten Abhandlung von David Helfand und Knox Long zitieren: »Am 5. März 1979 registrierten die neun interplanetaren Raumsonden des Supernovaausbruch-Sensornetzes einen ungewöhnlich heftigen Ausbruch kurzwelliger Röntgen- und Gammastrahlen, dessen Position, wie sich anhand von Flugzeitbestimmungen ergab, mit der des Supernovarestes N 49 in der Großen Magellanschen Wolke übereinstimmt.« (Die Große Magellansche Wolke, so genannt, weil Magellan sie als erster Bürger der Nordhalbkugel bemerkte, ist eine kleine, 180000 Lichtjahre entfernte Satellitengalaxis der Milchstraße. Daneben gibt es, wie zu erwarten, auch eine Kleine

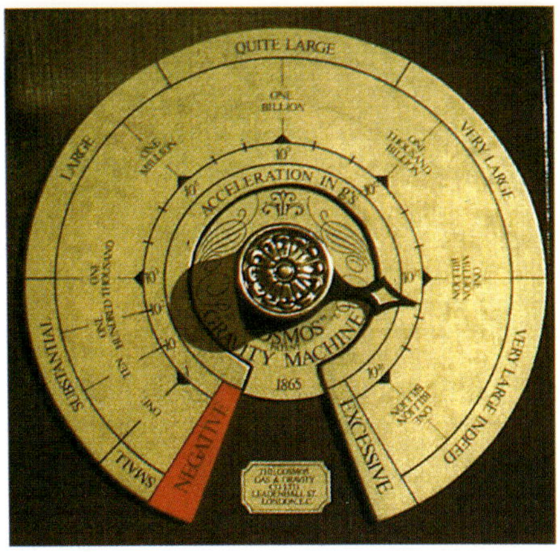

Drehscheibe der Zauberschwerkraftmaschine, mit der wir die lokale Schwerebeschleunigung bestimmen könnten. Auf der Erdoberfläche beträgt der Standardwert 1. Am anderen Ende der Skala liegen die Gravitationskräfte, die Neutronensterne und Schwarze Löcher entstehen lassen.

* Moslemische Beobachter erwähnen ihn gleichfalls, wogegen sich in den europäischen Chroniken keinerlei Hinweis findet.

** In seinem 1606 veröffentlichten Buch *De Stella Nova*, »Über den Neuen Stern«, wirft Kepler die Frage auf, ob eine Supernova das Ergebnis einer zufälligen Verkettung von Atomen im Himmel sein könnte, und präsentiert seine Stellungnahme »nicht als meine eigene Meinung, sondern als Einfall meiner Frau: Als ich gestern, des Schreibens überdrüssig, zum Essen gerufen wurde, bekam ich einen Salat vorgesetzt, um den ich gebeten hatte. ›So scheint es denn‹, sagte ich, ›daß man, wenn Zinngeschirr, Salatblätter, Salzkörner, Wasser-, Essig-, Öltropfen und gehackte Eier schon seit Ewigkeit durch die Luft geschwirrt sind, rein zufällig doch auch einmal einen Salat bekommt.‹ – ›Ja‹, entgegnete meine Hübsche, ›aber keinen so guten wie meinen.‹ «

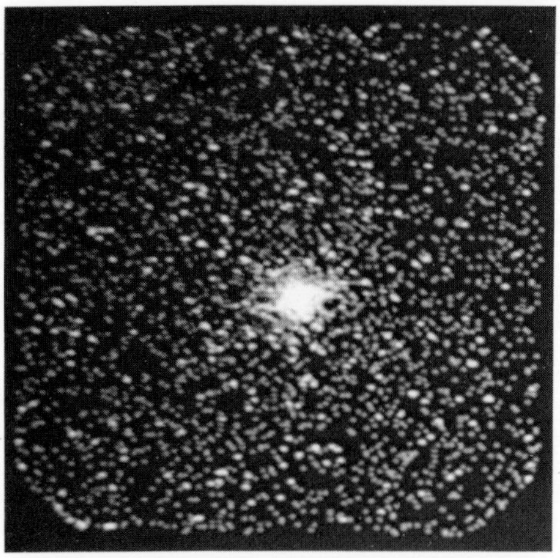

Himmelsaufnahme im Röntgenstrahlenbereich, in der Mitte die helle Strahlenquelle Cygnus X-1, vermutlich ein Schwarzes Loch. Aufgenommen durch das High Energy Astrophysical Observatory 2, das sich in Satellitenumlaufbahn um die Erde befindet. M. frdl. Gen. Ricardo Giacconis und der NASA.

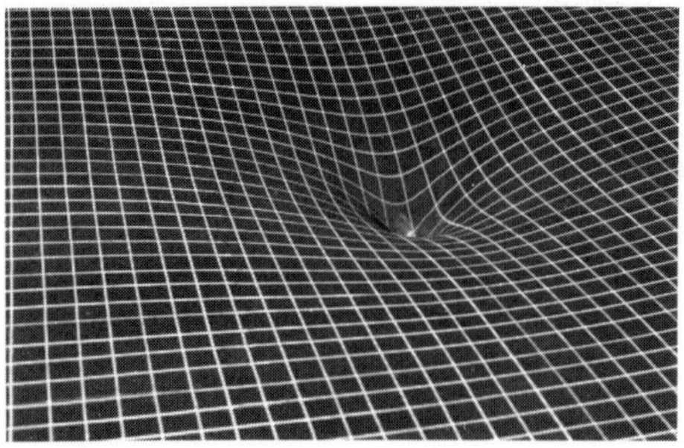

Schematische Darstellung der Verzerrung des flachen Raums durch ein massereiches Objekt, hilfreich beim Nachdenken über Gravitation und Schwarze Löcher.

Magellansche Wolke.) In derselben *Nature*-Nummer jedoch vertreten E.P. Mazets und seine Kollegen vom Leningrader Ioffe-Institut, die diese Quelle mit dem Gammastrahlenausbruchdetektor an Bord der Venus-Landesonden Venera 11 und 12 beobachtet hatten, die Meinung, bei dem gesichteten Objekt handle es sich um einen nur ein paar hundert Lichtjahre entfernten Pulsar. Helfand und Long ihrerseits bestehen trotz der genauen Positionsübereinstimmung nicht darauf, den Gammastrahlenausbruch mit dem Supernovaüberrest in Verbindung zu setzen. Sie ziehen großzügig mehrere Alternativen in Betracht, darunter auch die erstaunliche Möglichkeit, daß die Quelle im Sonnensystem selbst liegen könnte. Vielleicht handelt es sich um die Abgase eines fernen Sternschiffs auf seiner langen Rückreise. Einfacher wäre die Hypothese einer Supernovaexplosion in N 49, zumal wir mit Sicherheit wissen, daß es Supernovae gibt.

Ist das Schicksal des inneren Sonnensystems, wenn die Sonne zum Roten Riesen wird, auch schrecklich genug, bleibt den Planeten doch immerhin die Schmelzung und Röstung durch einen Supernovaausbruch erspart. Dieses Los ist den Planeten massereicherer Sterne vorbehalten. Solche Sterne haben, da sie ihren Vorrat an Kernbrennstoff aufgrund höherer Temperaturen und Druckverhältnisse rasch aufbrauchen, eine wesentlich kürzere Lebensdauer als die Sonne. Bei einem Stern von der zehnfachen Masse der Sonne dauert die Umwandlung von Wasserstoff in Helium nur wenige Jahrmillionen, woraufhin die nächste kurze Phase mit noch fremdartigeren Kernreaktionen einsetzt. Für die Entwicklung höher organisierter Lebensformen auf potentiellen Planetenbegleitern reicht damit die Zeit wohl schwerlich aus, und so dürfte es nur selten Planetenbewohner geben, die um die bevorstehende Verwandlung ihres Sterns in eine Supernova wissen: Existieren sie nämlich lange genug, um das Wesen einer Supernova zu begreifen, bleibt ihrem Stern dieses Schicksal höchstwahrscheinlich erspart.

Einer Supernovaexplosion geht stets die Entstehung eines massereichen Eisenkerns durch Verschmelzung von Siliziumatomen voraus. Die freien Elektronen im Sterninneren werden unter gewaltigem Druck mit den Protonen der Eisenkerne zwangsverschmolzen, wobei sich gleiche und ungleichnamige elektrische Ladungen gegenseitig aufheben; das Innere des Sterns verwandelt sich in einen einzigen riesigen Atomkern von wesentlich kleinerem Volumen als seine Vorgänger, die Elektronen und Eisenkerne. Der Sternkern implodiert, während das Äußere abprallt: Die Supernovaexplosion ist in vollem Gang. Sie kann die gesamte Leuchtkraft aller anderen Sterne in der Galaxis übertreffen. Dieses Schicksal erwartet auch die erst vor kurzem geborenen massereichen blauweißen Supersterne im Sternbild Orion, die in einigen Jahrmilliarden für ein kosmisches Dauerfeuerwerk sorgen werden.

Bei dieser furchteinflößenden Supernovaexplosion wird der größte Teil der Materie des Vorgängersterns – ein kleiner Restbestand an Wasserstoff und Helium sowie bedeutende Mengen anderer Atome, Kohlenstoff und Silizium, Eisen und Uran – in den Weltraum hinausgeschleudert. Zurück bleibt ein durch nukleare Kräfte zusammengehaltener Kern heißer Neutronen, ein einziger massereicher Atomkern mit einem Atomgewicht von ca. 10^{56}, eine Sonne von 30 Kilometer Durchmesser, ein winziger, zusammengeschrumpfter, dichter, verwitterter Sternüberrest, ein äußerst schnell rotierender Neutronenstern. Denn während des Kollapses erfolgt auch eine Beschleunigung der Rotation. So dreht sich der Neutronenstern im Mittelpunkt des Crabnebels, ein riesiger Atomkern von der Größe Manhattans, dreißigmal pro Sekunde. Sein während des Kollapses verstärktes mächtiges Magnetfeld fängt weit mehr geladene Teilchen ein als das viel, viel kleinere Magnetfeld des Jupiter. In einem rotierenden Magnetfeld aber senden Elektronen nicht nur im Bereich der Radiowellen, sondern auch in dem des sichtbaren Lichtes eine gebündelte Strahlung aus, und so sehen wir auf der Erde, wenn wir zufällig im Strahlenbereich dieses kosmischen Leuchtturms liegen, besagten Neutronenstern bei jeder Umdrehung aufleuchten. Daher denn auch der Name Pulsar. Ein solcher Pulsar ist so etwas wie ein kosmisches Leuchtmetronom, das viel genauer geht als die genaueste Uhr. Die Langzeitbeobachtung der Pulsperioden einiger Pulsare, darunter des Pulsars PSR 0329 + 54, legt den Schluß nahe, daß sie einen oder sogar mehrere kleine Planetenbegleiter haben könnten. Demnach müßten Planeten die Entwicklung eines Sterns zum Pulsar überdauern bzw. auch zu einem späteren Zeitpunkt eingefangen werden können. Wie der Himmel wohl von einem solchen Planeten aus aussähe?

Ein Berg auf einem Kaffeelöffel – das wäre ungefähr die Maßeinheit für das Gewicht der Materie eines Neutronensterns. Das heißt, sie ist so schwer, daß, wenn wir ein Stück davon in der Hand hielten und es fallen ließen (weil uns schon gar nichts anderes übrigbliebe), dieses Stück ebenso mühelos durch die Erde hindurchfiele wie ein Stein durch die Luft. Es würde unseren Planeten ganz einfach durchschlagen und auf der anderen Seite, vielleicht in China, wieder herauskommen. Leute, die dort gerade ihren Geschäften nachgingen, sähen ein kleines Neutronensternklümpchen aus dem Boden fliegen, einen Augenblick lang in der Luft schweben und dann wieder in der Erde verschwinden – zumindest eine Abwechslung im alltäglichen Einerlei. Fiele dieses Stück aber aus dem Weltraum auf die rotierende Erde herunter, würde es sie wiederholt durchschlagen und mit Hunderttausenden von Löchern durchsieben, ehe es durch die Reibung so weit abgebremst würde, daß es im Erdmittelpunkt zum Stillstand käme. So würde unser Planet wohl vorübergehend einem Schweizer Käse gleichen, wenn auch der unterirdische Gesteins- und Metallfluß die Wunden bald wieder schließen dürfte. Trotzdem ist es wohl besser, daß Neutronensterntrümmer dieser Größenordnung auf der Erde unbekannt sind. Kleine Klümpchen finden sich ohnedies überall. Die furchteinflößende Kraft des Neutronensterns lauert im Kern jedes Atoms, also auch in jeder Kaffeetasse und in jeder Haselmaus, in jedem Atemzug und jedem Apfelkuchen. Mit einem Wort, der Neutronenstern lehrt uns Ehrfurcht vor dem Alltäglichen.

Relief mit fünfstrahligen Sternen von der Ruine eines Pharaonentempels in Dendera in Ägypten. Aufnahme Ann Druyan.

Ein Stern von der Größe der Sonne wird, wie wir gesehen haben, als Roter Riese und dann als Weißer Zwerg, ein Stern von der doppelten Masse als Supernova und als Neutronenstern enden. Einen noch massereicheren Stern aber, der selbst nach der Supernovaphase ein Mehrfaches, z. B. das Fünffache der Sonnenmasse aufweist, erwartet ein noch bemerkenswerteres Schicksal: Er wird durch seine eigene Schwerkraft in ein Schwarzes Loch verwandelt. Nehmen wir einmal an, wir hätten eine Zaubermaschine, mit der wir die Schwerkraft der Erde mittels einer Wählscheibe beliebig verändern könnten. Zunächst soll die Scheibe noch auf 1 g* eingestellt sein.

* 1 g, die Fallbeschleunigung eines Objekts auf der Erde, beträgt pro Sekunde fast 10 m. Ein Stein erreicht also nach einer Sekunde eine Fallgeschwindigkeit von 10 m, nach zweien von 20 m usf., bis er zu Boden fällt oder durch die Reibung mit der Luft eine Verlangsamung erfährt.

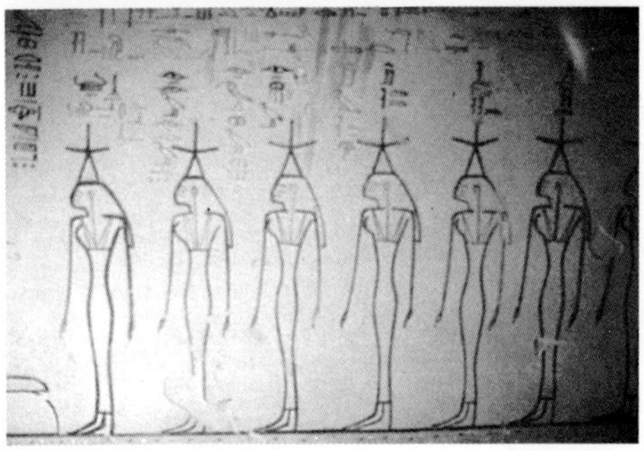

Sonnen- und Sternendarstellungen aus den Königsgräbern im Tal der Könige am Westufer des Nils bei Luxor in Ägypten. *Oben:* Sonnenstrahlen fallen durch den Raum auf eine Kugel, vermutlich die Erde. *Mitte:* Der Skarabäus (ein Mistkäfer), für die alten Ägypter aufgrund seines Lebenszyklus ein Symbol für zyklische Naturvorgänge, vornehmlich für die tägliche Wiederkehr der Sonne. *Unten:* Sternengottheiten, die sich in manchen Gräbern zu Hunderten finden. Aufnahmen des Verfassers.

Alles verhält sich, wie wir es von Kindheit auf gewohnt sind, denn Tiere, Pflanzen und Gebäude, alles auf der Erde ist auf 1 g eingerichtet. Bei einer wesentlich geringeren Gravitation könnte es hochaufgeschossene, spindeldürre Gestalten geben, ohne daß sie, von ihrem eigenen Gewicht zu Boden gezogen, zusammenbrächen. Und bei einer bedeutend höheren Gravitation wären Pflanzen, Tiere und Bauwerke niedrig und gedrungen, um nicht zusammenzufallen. Einzig das Licht würde sich, als wäre nichts geschehen, in gerader Linie fortpflanzen.

Greifen wir eine halbwegs typische Gruppe von Erdenbewohnern heraus (wie auf S. 248), und drehen wir die Schwerkraft herunter. Alles wird leichter, und bei Werten nahe 0 g genügt die kleinste Bewegung, um unsere Freunde nach oben entschweben zu lassen. Verschütteter Tee – oder irgendeine andere Flüssigkeit – bildet wabernde Kügelchen in der Luft: Die Oberflächenspannung hat über die Gravitation gesiegt. Überall driften Teeblasen herum, und wenn wir nun wieder auf 1 g schalten, geht plötzlich ein Teeregen nieder. Drehen wir unsere Scheibe noch etwas höher, sagen wir auf 3 oder 4 g, erstarrt alles in Reglosigkeit: Auch nur die Hand zu heben würde ungeheure Kräfte erfordern. So wollen wir unsere Freunde lieber aus dem Bann unserer Zaubermaschine befreien, ehe wir weiterdrehen. Der Lichtstrahl unserer Laterne freilich setzt, soweit wir sehen können, seinen Weg nicht nur bei etlichen g, sondern auch bei 1 000 g, wenn die Bäume schon zermalmt und plattgedrückt, und selbst noch bei 100 000 g, wenn die Felsen unter ihrem eigenen Gewicht zusammengestürzt sind, geradlinig und unbeirrbar fort.

Schließlich ist außer der Katze, die wir vom Geschehen ausgenommen haben, nichts mehr übrig. Wenn sich unsere Scheibe einer Milliarde g nähert, passiert etwas noch Sonderbareres. Der Lichtstrahl, der bis dahin stets geradewegs in den Himmel strebte, beginnt sich zu krümmen. Solch extrem starken Fallbeschleunigungen kann selbst er sich nicht mehr entziehen. Und wenn wir unsere Skala immer noch weiterdrehen, wird er sogar wieder auf den Boden zurückgelenkt. Nun ist auch die kosmische Katze verschwunden, und zurück bleibt nur ihr Schwerkraftgrinsen.

Bei ausreichender Gravitation kann sich also nicht einmal mehr das Licht von einem Stern lösen, der deshalb auch als Schwarzes Loch bezeichnet wird. Seiner Umgebung gegenüber rätselhaft gleichgültig, geht er, wenn Dichte und Gravitation hoch genug sind, aus und verschwindet damit aus dem sichtbaren Universum. Im Inneren mag er mit all dem gefangenen Licht strahlend hell erleuchtet sein, nach außen hingegen verrät ihn nur noch seine Anziehungskraft. Wenn wir bei interstellaren Reisen nicht aufpassen, können wir in seinen unwiderstehlichen Sog geraten und von ihm geschluckt werden, wobei wir auf recht ungemütliche Weise fadenförmig in die Länge gezogen würden. Andererseits aber wäre die um das Schwarze Loch verdichtete Materiescheibe ein Anblick, den wir zeitlebens nicht mehr

Auf einer Welt mit zehnfacher Beschleunigung würde der Stein nach der ersten Sekunde mit einer Geschwindigkeit von 10×10 m/sec oder fast 100 m/sec, nach der nächsten mit 200 m/sec fallen und so weiter. Unter solchen Umständen könnte Stolpern sich bereits als lebensgefährlich erweisen. Die auf die Gravitation zurückgehende Fallbeschleunigung ist zu unterscheiden von der Newtonschen Gravitationskonstanten f, die die Stärke der Gravitation im gesamten Universum und nicht nur auf der jeweils zur Debatte stehenden Welt oder Sonne angibt. Das Verhältnis der beiden Größen zueinander lautet nach Newton: $K = mg = f \cdot \frac{m_1 m_2}{r^2}$; $g = \frac{f m_1}{r^2}$ (wobei K die Anziehungskraft, m_1 die Masse des Planeten oder Sterns, m_2 die Masse des fallenden Objekts und r den Abstand des fallenden Objekts vom Zentrum des Planeten oder Sterns bezeichnet).

vergäßen – falls wir das unwahrscheinliche Glück hätten, am Leben zu bleiben.

Bei der Sonne werden die äußeren Schichten durch thermonukleare Reaktionen im Inneren getragen, die die Katastrophe des Schwerkraftkollapses auf Jahrmilliarden hinausschieben. Weiße Zwerge werden vom Druck der von ihrem Kern abgesprengten Elektronen aufrechterhalten, und bei Neutronensternen gleicht der Druck der Neutronen die Gravitation aus. Ein ältlicher Stern aber, der nach Supernovaausbrüchen und anderen heftigen Vorgängen noch immer ein Mehrfaches der Sonnenmasse besitzt, verfügt über keine Kräfte, den Kollaps abzuwenden. Er schrumpft unwahrscheinlich stark zusammen, wirbelt um die eigene Achse, leuchtet rot auf und verschwindet. Ein Stern von der zwanzigfachen Sonnenmasse weist schließlich nur noch die Dimension des Großraums Los Angeles auf; seine Gravitation erreicht den Wert von 10^{10} g, womit der Stern durch einen selbsterzeugten Riß im Raum-Zeit-Kontinuum gleitet und aus unserem Universum verschwindet.

Der erste, der sich Schwarze Löcher ausdachte, war 1783 der englische Astronom John Michell. Die Idee schien jedoch so ausgefallen, daß sie niemand ernst nahm – bis kürzlich zum Erstaunen vieler, darunter auch nicht weniger Astronomen, der Beweis für die Existenz Schwarzer Löcher im All erbracht werden konnte. Um nämlich festzustellen, ob astronomische Objekte Röntgenstrahlen aussenden, mußte, da die Erdatmosphäre für Licht von so kurzen Wellenlängen undurchlässig ist, ein Röntgenteleskop außerhalb der Atmosphäre installiert werden. Das erste Röntgenstrahlenobservatorium, das in enger internationaler Zusammenarbeit von den Vereinigten Staaten von einer vor der kenianischen Küste im Indischen Ozean gelegenen italienischen Startrampe aus in eine Erdumlaufbahn geschossen wurde (und das nach dem Suaheliwort für »Freiheit« den Namen Uhuru erhielt), entdeckte 1971 im Sternbild Cygnus (Schwan) eine bemerkenswert helle Röntgenstrahlenquelle. Da diese Cygnus X-1 getaufte Quelle tausendmal pro Sekunde aufleuchtete, mußte sie sehr klein sein, denn aus welchem Grund sie auch blinken mochte, der Ein- und Ausschaltbefehl konnte sich auch auf ihr bestenfalls mit Lichtgeschwindigkeit – 300000 km/sec – fortpflanzen. Der Durchmesser von Cyg X-1 betrug demnach höchstens $[300000 \text{ km/sec}] \times [(1/1000) \text{ sec}] = 300 \text{ km}$. Die über interstellare Entfernungen hinweg wahrnehmbare, hell leuchtende Röntgenstrahlenquelle besaß also nur Asteroidgröße. Worum mochte es sich handeln? Nun befindet sich Cyg X-1 genau an derselben Stelle wie ein heißer blauer Superriese, ein Stern, der, wie sich im sichtbaren Licht zeigt, einen massereichen, aber unsichtbaren Begleiter haben muß, durch dessen Schwerkraft er bald in die eine, bald in die andere Richtung abgelenkt wird. Während der Superriese selbst als Quelle der Röntgenstrahlen kaum in Frage kommt, könnten diese sehr wohl von seinem Begleiter ausgehen, dessen Masse Berechnungen zufolge das Zehnfache der Sonnenmasse beträgt. Die Idee, den erschlossenen Himmelskörper mit der im Röntgenbereich entdeckten Quelle gleichzusetzen, erscheint zwingend, läßt aber nur einen Schluß zu: Denn ein unsichtbares, auf Asteroidgröße zusammengeschrumpftes Objekt vom zehnfachen Gewicht der Sonne kann nur ein Schwarzes Loch sein. Die Röntgenstrahlen entstünden demnach – eine soweit ganz einleuchtende Erklärung – durch Reibung in der Gas- und Staubscheibe, die sich Cyg X-1 von seinem Superriesen-Begleiter angeeignet hat. Weitere potentielle Schwarze Löcher sind die Sterne V861 Scorpii, GX339-4, SS433 und Circinus X-2. Cassiopeia A ist der Überrest einer Supernova, deren Licht die Erde im 17. Jahrhundert erreicht haben müßte, als es bereits eine ganze Anzahl von Astronomen gab. Dennoch wird die Explosion nirgends erwähnt. Das brachte I. S. Shklovskii auf den Gedanken, an dieser Stelle könnte sich ein Schwarzes Loch versteckt halten, das den explodierenden Sternkern schluckte und die Leuchtfeuer der Supernova dämpfte. Diese insgesamt noch recht lückenhaften Beobachtungen scheinen uns auf die Fährte der legendären Schwarzen Löcher zu bringen, doch brauchen wir zur Überprüfung der Daten erst noch Teleskope im All.

Ziehen wir zum besseren Verständnis der Schwarzen Löcher einmal die Krümmung des Raums heran. Lassen wir eine kleine Masse auf eine ebene, zweidimensionale, in Karos eingeteilte Fläche, die flexibel sein soll wie Millimeterpapier aus Gummi, fallen, so erfährt diese eine Verformung. Es entsteht eine Vertiefung, in der eine Murmel Kreise beschreiben würde wie ein Planet um die Sonne. In dieser Sicht, die wir Einstein verdanken, ist Gravitation gleichbedeutend mit einer Verzerrung des Raumgefüges. In unserem Beispiel wird der zweidimensionale Raum durch die Masse in eine dritte physikalische Dimension gekrümmt. Stellen wir uns nun vor, daß das dreidimensionale Universum, in dem wir leben, durch Materie stellenweise in eine für uns nicht mehr wahrnehmbare vierte physikalische Dimension verzerrt wird. Je größer die Masse an einem bestimmten Punkt, desto stärker an dieser Stelle auch die Gravitation und desto spürbarer die Mulde, Verzerrung oder Krümmung des Raums. So betrachtet, wäre ein Schwarzes Loch eine Art bodenloser Grube. Fielen wir zufällig hinein, käme dieser Vorgang einem Außenstehenden endlos vor, da für ihn alle Uhren – die mechanischen wie die biologischen – scheinbar stehenblieben. In *unseren* Augen dagegen würden sie ganz normal weitergehen. Gelänge es uns, die Gezeitenkräfte und den Strahlungsfluß irgendwie zu überleben, und würde sich (was wahrscheinlich zutrifft) das Schwarze Loch um sich selber drehen, könnten wir in einem anderen Raum-Zeit-Bereich – irgendwo anders im Raum zu irgendeiner anderen Zeit – wieder herauskommen. Solche Löcher im Raum, die man sich ungefähr wie Wurmlöcher in einem Apfel vorzustellen hätte, werden, obwohl ihre Existenz bis jetzt keineswegs erwiesen ist, tatsächlich ernsthaft in Betracht gezogen. Das wiederum wirft Fragen auf wie die, ob wir durch die Gravitationstunnels nicht wie mit einer Art interstellarer oder intergalaktischer U-Bahn viel schneller an sonst unerreichbare Orte gelangen könnten als auf normalem Weg und ob uns Schwarze Löcher nicht vielleicht als Zeitmaschinen in die ferne Vergangenheit oder Zukunft befördern könnten. Allein die Tatsache, daß solche Ideen, und wäre es auch halb im Scherz, erörtert werden, zeigt, wie surreal unser Universum sein kann.

Wir sind im wahrsten Sinne des Wortes Kinder des Kosmos. Denken wir nur an die Sonnenwärme auf unserem himmelwärts gewandten Gesicht an einem wolkenlosen Sommertag; oder denken wir daran, wie gefährlich es ist, direkt in die Sonne zu schauen. Noch aus einer Entfernung von 150 Millionen Kilometer spüren wir ihre Macht. Was würden wir erst auf ihrer brodelnden, selbstleuchtenden Oberfläche oder gar im Herzen ihres Kernfeuers empfinden? Die Sonne wärmt und nährt uns und schenkt uns das Licht, zu sehen. Sie hat die Erde fruchtbar gemacht. Ihre Macht reicht weit über den menschlichen Erfahrungsbereich hinaus. Die Vögel begrüßen ih-

Aufgang der Milchstraße über dem Meer auf einer anderen Welt hoch über der galaktischen Ebene. Darstellung von Adolf Schaller.

ren Aufgang mit hörbarer Erregung. Und selbst einige Einzeller schwimmen auf das Licht zu. Unsere Vorfahren beteten die Sonne an,* und sie waren alles andere als dumm. Dabei ist die Sonne nur ein ganz gewöhnlicher, ja sogar mittelmäßiger Stern. Wenn wir also schon unbedingt eine Macht anbeten müssen, die größer ist als wir, scheint die Wahl von Sonne und Sternen gar nicht so unsinnig. Und letztlich birgt auch jegliche astronomische Forschung zutiefst einen Kern von Ehrfurcht, wenn auch manchmal so versteckt, daß ihn der Forscher selbst nicht gewahrt.

Die Galaxis ist ein unerforschter Kontinent voll exotischer Wesen von Sterngröße. Wir haben mit seiner Erkundung gerade erst begonnen und bis jetzt nur einige seiner Bewohner näher kennengelernt. Manche davon gleichen uns bekannten Wesen, andere übertreffen selbst unsere zügellosesten Phantasien. Aber wir stehen erst ganz am Anfang unserer Forschungen, und unsere bisherigen Entdeckungsreisen lassen uns vermuten, daß wir von den interessantesten Bewohnern des galaktischen Kontinents noch gar nichts ahnen. Nicht weit außerhalb unserer Milchstraße, in den Magellanschen Wolken und in den die Galaxis umgebenden Kugelsternhaufen, gibt es mit ziemlicher Sicherheit sternumkreisende Planeten, von denen aus sich ein atemberaubender Ausblick auf die aufgehende Galaxis bieten müßte – eine gewaltige Spirale mit 400 Milliarden Sternen, kollabierenden Gaswolken, sich verdichtenden Planetensystemen, leuchtenden Riesensternen, stabilen mittelalten Sternen, Novae, Supernovae, Neutronensternen und Schwarzen Löchern. Von einer solch fernen Welt aus wäre von Anbeginn an klar, was uns auch auf unserer allmählich zu dämmern beginnt: wie sehr wir in unserer Körpersubstanz, unserer Gestalt und weitgehend auch in unserem Wesen vom engen Zusammenhang zwischen Leben und Kosmos geprägt sind.

* Das frühe sumerische Bildzeichen für Gott war ein Asteriskus, das Symbol für die Sterne; das aztekische Wort für Gott *Teotl* und das Bildzeichen dafür eine Sonne. Der Himmel hieß bei den Azteken *Teoatl*, der Gottsee, der kosmische Ozean.

Der Tanz der Schöpfung. In seiner Manifestation als König des Tanzes (Schiwa Nataradscha) tanzt der Hindugott Schiwa den Tanz der Schöpfung. Bei dieser Bronze der Tschola-Epoche (10. Jahrhundert) verkörpert die aus einem Lotussockel, dem Hindusymbol der Erleuchtung, erwachsende Flammenaureole *(prabhamandala)* Schiwas den Rhythmus des Alls. Schiwa tanzt auf dem niedergestreckten *Apasmarapurusa,* einem Sinnbild menschlicher Unwissenheit. In der hinteren rechten Hand hält er als Symbol der Schöpfung eine kleine Trommel *(damaru),* in der hinteren Linken das Feuer der Zerstörung *(agni).* Die vordere Linke zeigt die *gajahasta-* (»Elefantenrüssel«-)Position; die vordere Rechte die *abhaya-mundra-* (wörtlich: »fürchte dich nicht«-)Pose. M. frdl. Gen. d. Norton-Simon-Museum, Pasadena, Kalifornien. Die Bronze soll demnächst an Indien zurückgegeben werden.

10. Kapitel
Am Rande der Ewigkeit

Sein und Nichtsein ist ungetrennt durcheinander,
ehe Himmel und Erde entstehen.
So still! So leer!
Allein steht es und kennt keinen Wechsel.
Es wandelt im Kreise und kennt keine Unsicherheit.
Man kann es fassen als die Mutter der Welt.
Ich weiß seinen Namen nicht.
Ich bezeichne es als »Sinn«.
Mich mühend seine Art zu künden,
nenne ich es: »Groß«.
Groß, damit meine ich: immer im Flusse.
Immer im Flusse, damit meine ich: in allen Fernen.
In allen Fernen, damit meine ich: in sich zurückkehrend.

Laotse, *Tao Te King,* Das Buch des Alten von Sinn und Leben (China, um 600 v. Chr.)

Hochhin führt eine Straße,
sie trägt nach der Milch ihren Namen,
sichtbar bei heiterem Himmel, am leuchtenden Glanze zu kennen.
Hier ist der Himmlischen Weg zu des mächtigen Donnerers Wohnung ...
Vorn haben die starken Himmelsbewohner, die glänzenden, ihre Behausung errichtet.
Dies ist der Ort, für welchen, wenn Kühnheit den Worten erlaubt ist,
wohl die Bezeichnung paßt: »Palatin des erhabenen Himmels.«

Ovid, *Metamorphosen* (Rom, 1. Jahrhundert v. Chr.)

Einige Narren erklären, ein Schöpfer habe die Welt gemacht.
Die Lehre von der Erschaffung der Welt aber ist unüberlegt und sollte verworfen werden.
Wenn Gott nämlich die Welt erschaffen hat, wo war er vor der Schöpfung? ...
Wie hätte Gott die Welt ohne Rohstoff machen können?
Antwortet man darauf aber, er habe erst diesen und dann die Welt gemacht,
läßt man sich auf einen unendlichen Regreß ein ...
Wisse denn, daß die Welt unerschaffen ist, wie die Zeit selbst,
ohne Anfang und ohne Ende.
Und sie beruht auf den Prinzipien ...

Mahapurana (Die Große Legende), Jinasena (Indien, 9. Jahrhundert)

Der Spiralnebel M 51 (das 51. Objekt in Charles Messiers großem Spiralnebelkatalog) ist auch unter der Bezeichnung NGC 5194 bekannt. 1845 entdeckte William Parsons, 3. Earl of Rosse, die Spiralstruktur dieses »Nebels« und damit das erste Spiralsystem überhaupt. Diese 13 Millionen Lichtjahre entfernte Galaxis erfährt durch die Schwerkraft ihres unregelmäßigen galaktischen Begleiters NGC 5195 (unten) eine Verformung. M. frdl. Gen. d. Hale Observatories.

Der große Andromedanebel M 31, mit rund 2,3 Millionen Lichtjahren Entfernung das entlegenste Objekt im Kosmos, das wir von der Erde aus noch mit unbewaffnetem Auge sehen können, gleicht mit seinen mindestens sieben Spiralarmen unserer Milchstraße und gehört der sogenannten Lokalen Gruppe an. M 31 wird von zwei elliptischen Zwerggalaxien, NGC 205 und unmittelbar über der Spirale M 32, umkreist. M. frdl. Gen. d. Hale Observatories.

Der Urknall, der unser Universum ins Leben rief, liegt zehn bis zwanzig Jahrmilliarden zurück. Warum es dazu kam, ist für uns das größte Geheimnis. *Daß* es dazu kam, steht aus verschiedenen Gründen ziemlich fest. Vorher war die gesamte jetzt im Universum verteilte Materie und Energie in extremer Dichte – in einer Art kosmischem Ei, wie es im Schöpfungsmythos vieler Kulturen vorkommt –, womöglich in einem mathematischen Punkt ohne Dimensionen, konzentriert. Aber man darf sich nun nicht vorstellen, die ganze Materie und Energie wäre irgendwo in einen kleinen Winkel des heutigen Universums hineingepreßt gewesen. Vielmehr war das ganze Universum, Materie und Energie und der Raum, den sie ausfüllen, auf ein äußerst kleines Volumen beschränkt, womit sich nicht viel Raum für Ereignisse bot.

Mit einer ungeheuren kosmischen Explosion also hat das Universum seine bis heute andauernde Expansion angetreten. Es wäre jedoch irreführend, diese Expansion als eine sich vergrößernde Blase zu beschreiben, die wir von außen betrachten: Laut Definition war nie etwas jemals unserer Erfahrung Zugängliches außen. Wir stellen uns den Vorgang also besser von innen, vielleicht mittels eines fest mit der Raumstruktur verbundenen Rasters, als gleichförmige Ausdehnung nach allen Seiten vor. Im selben Maße, in dem sich der Raum ausweitete, dehnten sich Materie und Energie im Universum mit aus und kühlten rasch ab. Die Strahlung des kosmischen Feuerballs, die das Universum damals (wie auch heute) erfüllte, durchlief von Gamma-, Röntgen- und Ultraviolettstrahlen über die Regenbogenfarben des sichtbaren Lichts bis in den Infrarot- und Radiobereich das ganze Spektrum. Die letzten Spuren besagten Feuerballs, die von allen Teilen des Himmels ausgehende kosmische Hintergrundstrahlung, kann heutzutage mit Radioteleskopen aufgespürt werden. Im Uruniversum war der Raum hell erleuchtet. Mit der kontinuierlichen Ausdehnung der Raumstruktur jedoch kühlte die Strahlung nach und nach ab, und erstmals wurde der Raum im sichtbaren Licht dunkel, was er ja heute noch ist.

Das Uruniversum war mit Strahlung und Materie, ursprünglich Wasserstoff und Helium, die sich in dem dichten Urfeuerball aus Elementarteilchen gebildet hatten, vollständig ausgefüllt. D.h., für einen potentiellen Beobachter hätte es nur sehr wenig zu sehen gegeben. Dann begannen sich kleine, ungleichmäßige Gastaschen herauszubilden und auszuweiten. Zarte, langgezogene Gaswolken traten auf, Kolonien großer, schwerfälliger, sich langsam drehender Gebilde, die immer heller erstrahlten, bis sie schließlich Lebewesen mit hundert Milliarden Lichtpunkten glichen. Die größten erkennbaren und heute noch sichtbaren Strukturen im Universum waren entstanden, die Galaxien, von denen wir selbst eine bewohnen, wenn wir auch nur einen entlegenen Winkel besiedeln.

Rund eine Jahrmilliarde nach dem Urknall war die Materie nicht mehr gleichmäßig im Universum verteilt; kleine Klumpen hatten sich gebildet, vielleicht, weil der Urknall selbst nicht vollkommen gleichförmig verlaufen war. In diesen Klumpen hatte sich die Materie stärker verdichtet. Durch ihre Schwerkraft aber zogen sie erhebliche Gasmengen aus ihrer Umgebung an, immer größere Wasserstoff- und Heliumwolken entstanden, die sich in der Folge zu Galaxienhaufen entwickeln sollten. So genügte eine winzige anfängliche Ungleichförmigkeit, um später beträchtliche Materieverdichtungen hervorzurufen.

Je länger sich aber der Gravitationskollaps fortsetzte, desto schneller drehten sich die Urgalaxien aufgrund der Erhaltung des Drehmoments um sich selber. Dadurch wurden einige entlang der Rotationsachse, wo die Gravitation nicht durch die Zentrifugalkraft ausgeglichen wird, zusammengedrückt oder abgeplattet. Damit traten die ersten Spiralnebel auf, große rotierende Feuerräder aus Materie im All. Andere Urgalaxien mit schwächerer Gravitation oder geringerer Anfangsrotation, die nur eine ganz geringfügige Abplattung erfuhren, ergaben die ersten elliptischen Systeme. Und da diese einfachen Naturgesetze – Gravitation und Erhaltung des Drehmoments – im ganzen Universum gelten, gibt es heute überall im Kosmos gleichartige, wie in derselben Form gegossene Galaxien. Die physikalischen Gesetze, nach denen auf unserem Mikrokosmos Erde die Schlittschuhläufer tanzen und die Dinge fallen, bestimmen im Makrokosmos des Universums das Werden ganzer Galaxien.

Den Gravitationskollaps bekamen aber auch viel kleinere Wolken innerhalb der entstehenden Galaxien zu spüren; die Innentemperaturen stiegen gewaltig an, thermonukleare Umwandlungen setzten ein, und die ersten Sterne begannen zu leuchten. Diese heißen, massereichen jungen Sterne entwickelten sich schnell, gingen aber allzu verschwenderisch mit ihrem Betriebskapital an Wasserstoff um. So endete ihr Dasein schon bald in funkelnden Supernovaausbrüchen, und ihre thermonukleare Asche – Helium, Kohlenstoff, Sauerstoff und schwerere Elemente –, strömte ins interstellare Gas zurück, um bei der Entstehung nachfolgender Sternengenerationen mitzuwirken. Durch die Supernovaexplosionen massereicher Ursterne wurden immer neue, einander überschneidende Druckwellen ausgelöst, das intergalaktische Medium zusammengepreßt und die Bildung von Galaxienhaufen beschleunigt. Die Gravitation führte zur Vergrößerung selbst geringfügiger Materieverdichtungen, und außerdem mag der Materiezuwachs auf allen Ebenen auch durch die von den Supernovaausbrüchen ausgelösten Druckwellen verstärkt worden sein. Das Epos der kosmischen Evolution hatte begonnen; in hierarchischer Reihenfolge verdichtete sich das Gas des Urknalls zu Galaxienhaufen, Galaxien, Sternen, Planeten und schließlich auch zum Leben und zu intelligenten Wesen, die den großartigen, in ihre eigene Entstehung mündenden Prozeß immerhin teilweise zu begreifen vermögen.

Heute ist das Universum von Galaxienhaufen erfüllt. Manche davon sind unbedeutende und nichtssagende Ansammlungen von nur wenigen Dutzend Galaxien (der liebevoll als »Lokale Gruppe« betitelte Haufen umfaßt sogar nur zwei Spiralsysteme von nennenswerter Größe, die Milchstraße und M 31); andere dagegen setzen sich aus Tausenden von Galaxien, durch die Gravitation in gegenseitige Umarmung gezwungene Riesenhorden, zusammen: So scheint etwa der Virgo-Haufen aus Zehntausenden von Galaxien zu bestehen ...

Legen wir den größtmöglichen Maßstab an, leben wir in einem Universum mit schätzungsweise hundert Milliarden Galaxien, auserlesenen Beispielen kosmischer Architektur und kosmischen Verfalls, Systemen, die gleichermaßen von Ordnung wie von Unordnung zeugen. Wir beobachten normale, von unserem irdischen Blickpunkt aus unter verschiedenen Winkeln sichtbare Spiralen (von denen wir in der Draufsicht die Spiralarme, in der Seitenansicht dagegen die zentralen Gas- und Staubbahnen, in denen sich die Arme bilden, wahrnehmen); Balkenspiralen, bei denen sich ein Strom von Gas und Staub und Sternen durchs Zentrum zieht und die einander ge-

NGC 147, eine kleine elliptische Galaxis mit rund einer Milliarde Sonnen, die M 31 begleitet. Von den Planeten mancher ihrer Sterne aus muß sich ein überwältigender Ausblick auf M 31 bieten. M. frdl. Gen. d. Hale Observatories.

Die Sombrerogalaxis M 104 (oder NGC 4594), deren durch Staubbahnen abgesetzte Spiralarme sich eng um den Sternkern winden. Dieser gut 40 Millionen Lichtjahre entfernte, hinter den Sternen des Sternbilds der Jungfrau gelegene Spiralnebel dürfte etwa eine Billion Sonnen enthalten. Ganz ähnlich würde sich aus vergleichbarer Entfernung unsere Milchstraße von der Seite aus gesehen ausnehmen. M. frdl. Gen. d. Hale Observatories.

M 81, ein weiterer benachbarter Spiralnebel, der jedoch nicht mehr zur Lokalen Gruppe gehört. Diese rund sieben Millionen Lichtjahre von uns entfernte Galaxis ist von der Erde aus weder von der Seite noch von vorn, sondern in einem ziemlich schrägen Winkel zu sehen: Die Achsen der Galaxien nehmen einen zufälligen Winkel zu unserer Sehlinie ein. M. frdl. Gen. d. Hale Observatories.

Seitenansicht des Spiralnebels NGC 891, der einen weitaus schwächeren Kern, dafür aber viel ausgeprägtere Staubbahnen zwischen den Spiralarmen aufweist als M 104 (vorhergehende Seite). Die umgebenden Sterne liegen in unserer eigenen Galaxis. M. frdl. Gen. d. Hale Observatories.

genüberliegenden Spiralarme verbindet; riesenhafte elliptische Systeme mit über einer Billion Sternen, die sich nur deshalb so gewaltig ausweiten konnten, weil sie andere Galaxien schluckten und mit ihnen verschmolzen; eine unabsehbare Anzahl elliptischer Zwerggalaxien mit jeweils nur ein paar armseligen Millionen Sonnen; eine ungeheure Vielfalt an geheimnisvollen unregelmäßigen Systemen, Anzeichen dafür, daß an gewissen Punkten der galaktischen Welt irgend etwas bedenklich schiefgegangen sein muß; und schließlich Galaxien, die einander so dicht umkreisen, daß ihre Ränder durch die Gravitation der Nachbarsysteme eine Krümmung erfahren und in manchen Fällen sogar Verbindungsarme aus Gas und Sternen oder Materiebrücken entstehen.

In manchen Haufen sind die Galaxien eindeutig kugelig angeordnet. Solche Kugelhaufen bestehen hauptsächlich aus elliptischen Systemen, die oft von einem elliptischen Riesensystem, vermutlich einem galaktischen Kannibalen, beherrscht werden. Andere, keineswegs so strikt geometrisch geordnete Haufen umfassen vergleichsweise weitaus mehr Spiralnebel und unregelmäßige Systeme. Durch galaktische Zusammenstöße wird die Form eines ursprünglich kugeligen Haufens verzerrt und unter Umständen die Entstehung von Spiralnebeln und unregelmäßigen Systemen aus elliptischen Systemen gefördert. So zeugen Form und Häufigkeit der Galaxien von längstvergangenen Ereignissen ungeheuerlichster Größenordnung, erzählen uns eine Geschichte, die wir ganz allmählich zu begreifen beginnen.

Dank der Entwicklung schneller Computer können wir heute Zahlenexperimente über die Kollektivbewegung Tausender oder Zehntausender von Punkten bzw. Sternen durchführen, von denen jeder unter der Einwirkung der Gravitation aller anderen steht. In manchen Fällen bilden sich in einer bereits scheibenförmig abgeplatteten Galaxis ganz von selbst Spiralarme heraus. Gelegentlich entsteht ein solcher Spiralarm auch unter der Einwirkung der Schwerkraft bei der nahen Begegnung zweier aus Milliarden Sternen bestehender Galaxien. Gas und Staub, in solchen Galaxien diffus verteilt, stoßen zusammen und erwärmen sich. Die Sterne fliegen, wie Kugeln durch einen Bienenschwarm, bei einem solchen Galaxienzusammenstoß zwar mühelos aneinander vorbei, da eine Galaxis überwiegend aus nichts besteht und zwischen den Sternen riesige Zwischenräume liegen. Die Gestalt der Galaxis selbst aber kann dabei doch ernstlich Schaden nehmen. So können sich nach einem direkten Zusammenstoß von zwei Galaxien die zugehörigen Sterne torkelnd und krängend durch den intergalaktischen Raum ergießen und den Verfall der Galaxis herbeiführen. Und wenn eine kleine Galaxis frontal in eine größere hineinstürzt, entsteht unter Umständen eines der seltenen unregelmäßigen Systeme, eine Ringgalaxis von einigen tausend Lichtjahren Durchmesser, die sich vom samtschwarzen intergalaktischen Raum höchst anmutig abhebt – ein Spritzer im galaktischen Teich, eine vergängliche Figur aus auseinandergerissenen Sternen, eine Galaxis ohne Kernstück.

Die formlosen Spritzern gleichenden unregelmäßigen Galaxien, die Arme der Spiralnebel und die Ringfläche oder der Torus der Ringgalaxien – sie alle existieren nur für einige wenige Aufnahmen im kosmischen Film und lösen sich dann auf, um sich vielfach zu neuen Formen umzugruppieren. Unsere Vorstellung von den Galaxien als gewaltigen, starren Himmelskörpern ist also falsch: Sie sind vielmehr fließende Gebilde aus hundert Milliarden Sternenbausteinen, den in der Schwebe zwischen Aufbau und Zerfall befindlichen hundert Billionen Zellen unseres Körpers vergleichbar, und wie dieser mehr als die Summe ihrer Teile.

Die Selbstmordrate unter den Galaxien liegt hoch. So gibt es in 10 bis 100 Millionen Lichtjahren Entfernung etliche starke Quellen, die Röntgen- und Infrarotstrahlen sowie Radiowellen aussenden und dabei außerordentlich leuchtstarke Kerne und in Wochenabständen beobachtbare Helligkeitsschwankungen aufweisen. Einige zeigen emporschießende, Tausende von Lichtjahren lange Strahlungsfahnen und heftig durcheinandergeratene Staubscheiben: Diese Galaxien sind drauf und dran, sich selbst in die Luft zu sprengen. Im Kern riesiger elliptischer Systeme wie NGC 6251 und M 87 vermutet man Schwarze Löcher vom millionen- bis milliardenfachen Massereichtum der Sonne. So tickt und surrt in M 87 in einem Bereich von geringerer Ausdehnung als das Sonnensystem etwas sehr Massereiches,

NGC 7217 im Sternbild Pegasus mit eng um den galaktischen Kern gewundenen Spiralarmen. Aus weit größerer Entfernung würde sich diese Galaxis wie ein sternähnlicher Lichtpunkt ausnehmen, d.h., sehr ferne Galaxien sind nicht mehr ohne weiteres an der Form erkennbar. M. frdl. Gen. d. Hale Observatories.

Balkenspirale NGC 1300. Rund ein Drittel der Spiralnebel weisen in der Verlängerung der Arme zum Kern einen deutlich sichtbaren »Balken« aus Gas, Staub und Sternen auf, der wie der Kern als fester Körper zu rotieren scheint. Im übrigen werden bei sämtlichen uns bekannten Spiralnebeln die Arme nachgezogen, statt die Rotationsbewegung anzuführen. M. frdl. Gen. d. Hale Observatories.

Zwei schematische Quasardarstellungen im Zentrum massereicher Galaxien. *Oben:* Rings um ein unsichtbares rotierendes Schwarzes Loch verdichtete Gas- und Staubscheibe mit Materiestrahlen, die fast Lichtgeschwindigkeit erreichen. *Unten:* Eine sich verdichtende Masse von Milliarden Sonnen erhöht ihre Rotationsgeschwindigkeit und verstärkt ihr Magnetfeld. Darstellungen von Adolf Schaller.

Die massereichste uns bekannte Galaxis, M 87, ein elliptisches Riesensystem nahe dem Zentrum des großen Virgo-Haufens, gut 40 Millionen Lichtjahre entfernt. In ihren Zentralregionen fehlen Gas und Staub fast völlig, da sie entweder in Sterne umgewandelt wurden oder ins All verströmten. Dieses scheinbar so mild leuchtende Objekt ist nach Sonne und Mond die dritthellste Radio- und eine der hellsten Röntgenquellen. Seine Masse wird auf eine bis hundert Billionen Sonnen geschätzt, und von seinem Kern, der ein massereiches Schwarzes Loch enthalten könnte, geht ein etwa 100000 Lichtjahre langer Materiestrahl aus. M 87 ist von Tausenden von Kugelsternhaufen umgeben, von denen einige auch auf unserer Aufnahme zu sehen sind. M. frdl. Gen. d. Hale Observatories.

sehr Dichtes und sehr Kleines – vermutlich ein Schwarzes Loch. Und in mehreren Milliarden Lichtjahren Entfernung finden sich noch viel turbulentere Objekte, die Quasare, bei denen es sich um kolossale Explosionen junger Galaxien handeln könnte – die heftigsten Ereignisse in der Geschichte des Universums nach dem Urknall.

Das Wort »Quasar« ist eine Zusammenziehung aus »quasistellare Radioquelle«. Nachdem sich jedoch herausgestellt hatte, daß nicht alle Quasare eine meßbare Radiostrahlung aussenden, taufte man sie in QSO (»quasistellare Objekte«) um. Aufgrund ihres sternähnlichen Erscheinungsbildes hatte man sie zunächst für Sterne unseres eigenen Milchstraßensystems gehalten, dann aber aufgrund der Rotverschiebung ihres Spektrums (s. weiter unten) auf ungeheure Entfernungen geschlossen. Allem Anschein nach sind sie an der Expansion des Universums kräftig mitbeteiligt; ja, zum Teil entfernen sie sich mit über 90 Prozent der Lichtgeschwindigkeit von uns. Wenn sie aber so weit entfernt sind, müssen sie von sich aus ungewöhnlich hell strahlen, um überhaupt noch in Erscheinung zu treten. In der Tat leuchten manche so hell wie tausend Supernovaexplosionen zusammengenommen. Den schnellen Helligkeitsschwankungen nach zu schließen dürften diese enorm hellen Lichtquellen jedoch nur ein sehr kleines Volumen aufweisen, Cyg X-1 z.B. nicht einmal die Größe des Sonnensystems. Was aber könnte diese ungeheuren Energiestrahlungen auslösen? Man hat mehrere Erklärungen vorgebracht: 1. Quasare sind Monsterausgaben von Pulsaren mit schnell rotierendem, supermassereichem Kern und starkem Magnetfeld; 2. Quasare sind durch vielfache Zusammenstöße von Millionen Sternen im dichtgepackten galaktischen Kern entstanden, bei denen die äußeren Schichten massereicherer Sterne abgerissen und das in Milliarden Grad glühende Innere freigelegt wurde; 3., eine ähnliche Idee, Quasare sind Galaxien, in denen die Sterne so dicht gepackt sind, daß durch den Supernovaausbruch eines Sterns die äußeren Schichten seines Nachbarn weggerissen werden, wodurch dieser seinerseits zur Supernova wird und so weiter und so fort in einer Art stellarer Kettenreaktion; 4. Quasare beziehen ihre Energie aus der heftigen gegenseitigen Vernichtung von Materie und Antimaterie, die sich bis dahin auf irgendeine Weise im Quasar erhalten hatten; 5. ein Quasar entspricht der Energie, die freigesetzt wird, wenn Gas, Staub und Sterne im Kern einer solchen Galaxis in ein gewaltiges Schwarzes Loch fallen, das womöglich seinerseits das Produkt von Zusammenstößen und Verschmelzungen kleinerer Schwarzer Löcher über die Zeiträume hinweg darstellt; und 6. Quasare sind »Weiße Löcher«, d.h. das andere Ende von Schwarzen Löchern, wo die in anderen Teilen des Universums bzw. sogar in anderen Universen in viele Schwarze Löcher eingeströmte Materie nach ihrem Abzug schließlich wieder zum Vorschein kommt.

So stellen uns die Quasare vor tiefe Rätsel. Aber worauf eine Quasarexplosion auch immer zurückgehen mag, eins jedenfalls scheint festzustehen – nämlich, daß ein so gewalttätiges Ereignis eine unbeschreibliche Verwüstung anrichtet. Bei jeder derartigen Explosion dürften Millionen Welten – darunter auch von intelligenten, die Vorgänge durchschauenden Lebewesen bevölkerte – restlos vernichtet werden. So enthüllt uns die Erforschung der Galaxien universale Ordnung und Schönheit, aber auch chaotische Gewalttätigkeit von ungeahnten Ausmaßen. So bemerkenswert es einerseits ist, daß wir in einem Universum existieren, das Leben ermöglicht, so bemerkenswert ist andererseits auch, daß es in diesem selben Universum zur

Centaurus A (NGC 5128), möglicherweise das Produkt eines Zusammenstoßes zwischen einem riesigen elliptischen System und einem Spiralnebel, dessen zertrümmerte Arme wir von der Seite sehen, wird heute eher als elliptisches Riesensystem mit dünnen Gas- und Staubzutaten gedeutet, das vollständig von einer Gas- und Staubscheibe und vielleicht auch einigen Sternen eingeschlossen ist. Dieses 14 Millionen Lichtjahre von uns entfernte Objekt stellt eine starke Radio- sowie eine Röntgen- und Gammastrahlenquelle dar, wobei die Radiowellen von zwei drei Millionen Lichtjahre im rechten Winkel zur Staubscheibe gelegenen Lappen ausgehen. Die bei der Röntgenstrahlenemission auftretenden schnellen Schwankungen könnten darauf hindeuten, daß sich im Zentrum ein riesiges Schwarzes Loch verbirgt, das ganze Sternhaufen verschlingt. M. frdl. Gen. d. Hale Observatories.

Zerstörung von Galaxien und Sternen und Welten kommt. Das All scheint uns demnach weder freundlich noch feindlich: Das Wohl und Wehe so nichtiger Wesen berührt es nicht.

Selbst in einer allem Anschein nach so wohlgesitteten Galaxis wie unserer Milchstraße kommt es zu allerlei Aufruhr und Tänzen. So scheinen in ihrem Kern immer wieder kleinere Explosionen stattzufinden. Jedenfalls haben wir dort durch Radiobeobachtungen zwei riesige, für Millionen Sonnen ausreichende Wasserstoffwolken geortet. Und außerdem hat ein detektorbestückter Satellit, der die Spektren ferner Energiefelder nach energiereichen Strahlungen durchmustert, im Milchstraßenkern eine starke Gammastrahlungsquelle ausgemacht, was ganz zu der Vorstellung paßt, daß sich dort ein massereiches Schwarzes Loch verbirgt. Galaxien wie die Milchstraße verkörpern vermutlich das gesetzte Mittelalter einer kontinuierlich fortschreitenden Evolution, die in der überschäumenden Jugend Quasare und explodierende Galaxien einschließt: Aufgrund ihrer großen Entfernung sehen wir die Quasare in ihrer Jahrmilliarden zurückliegenden Frühzeit.

Mit Anmut und System folgen die Sterne der Milchstraße ihrer Bahn. Kugelsternhaufen tauchen durch die galaktische Ebene und auf der anderen Seite wieder heraus, werden langsamer, kehren um und eilen wieder zurück. Die Bewegung der einzelnen Sterne um die galaktische Ebene würde sich – sofern wir ihr folgen könnten – wie die von beim Rösten herumspritzendem Puffmais ausnehmen. Aufgrund der langsamen Bewegung der

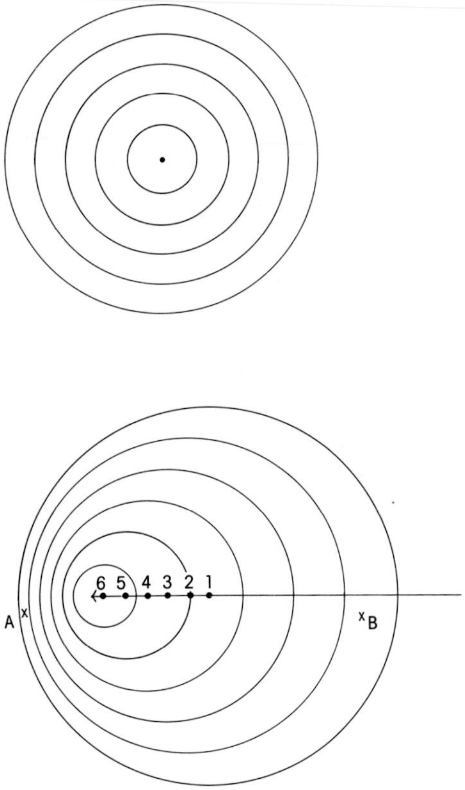

Der Dopplereffekt. Eine stationäre Schall- oder Lichtquelle sendet eine Reihe von Kugelwellen aus *(oben)*. Bewegen wir nun die Quelle von rechts nach links, verschiebt sich der Mittelpunkt dieser Wellen schrittweise von 1 nach 6 *(unten)*. Für einen Beobachter an Punkt B dehnen sich die Wellen bei diesem Vorgang aus, während sie einem bei A postierten komprimiert erscheinen. D.h., die sich entfernende Lichtquelle erzeugt (infolge zunehmender Wellenlängen) eine Rot-, die sich nähernde (infolge abnehmender Wellenlängen) eine Violettverschiebung. Der Dopplereffekt liefert den Schlüssel zur Kosmologie.

Galaxien aber bekommen wir keine nennenswerten Formveränderungen zu Gesicht. So benötigt die Milchstraße für eine einzige Umdrehung eine Vierteljahrmilliarde. Könnten wir diese Umdrehung beschleunigen, zeigte sich, daß eine Galaxis ein dynamisches, nahezu organisches Ganzes darstellt, das in gewisser Hinsicht einem aus vielen Zellen bestehenden Organismus gleicht. Astronomische Aufnahmen einer Galaxis dagegen sind lediglich Schnappschüsse, Momentaufnahmen einer einzigen Phase in ihrer gewichtigen Bewegung und Evolution.* Während der innere Bereich wie ein fester Körper rotiert, gilt in den Außenbezirken, wie in unserem Sonnensystem, das Dritte Keplersche Gesetz, d.h., die Rotationsgeschwindigkeit nimmt nach außen hin stetig ab. So zeigen die Arme die Tendenz, sich in einer immer engeren Spirale um den Kern zu winden. Gas und Staub sammeln sich gleichfalls in Spiralmustern von zunehmender Dichte um diesen Kern an und dienen als Brutstätten junger, heißer, heller Sterne, die das Aussehen der Spiralarme bestimmen. Zwar leuchten sie nur etwa zehn Millionen Jahre lang, überdauern also nur fünf Prozent einer galaktischen Umdrehung. Doch wenn sie ausgebrannt sind, bilden sich unmittelbar hinter ihnen neue Sterne samt den zugehörigen Nebeln, so daß das Spiralmuster erhalten bleibt, obwohl die die Arme ausmachenden Sterne jeweils nicht einmal eine einzige Umdrehung der Galaxis überdauern.

Im allgemeinen entspricht die Geschwindigkeit, mit der ein bestimmter Stern das Zentrum einer Galaxis umkreist, nicht der des Spiralmusters. So befindet sich die Sonne bei ihrem Umlauf um die Milchstraße, die sie seit ihrer Entstehung samt Planeten im Tempo von 200 km/sec (oder rund 7,2 Millionen km/h) zwanzigmal umkreist hat, bald in einem Spiralarm (durchschnittlich 40 Jahrmillionen), bald außerhalb (etwa 80 Jahrmillionen). Spiralarme sind also eher ein Kindergarten für die letzte Schar neu entstandener Sterne als der Aufenthaltsort für mittelalte Sterne wie die Sonne (gegenwärtig befinden wir uns zwischen zwei Spiralarmen).

Der periodische Durchgang des Sonnensystems durch diese Spiralarme dürfte spürbare und einschneidende Folgen für uns gehabt haben. Vor rund zehn Millionen Jahren tauchte die Sonne aus dem Gould-Gürtel-Komplex des Orion-Spiralarms auf, der heute knapp tausend Lichtjahre entfernt ist. (Innerhalb des Orion-Arms befindet sich der Sagittarius-Arm, unterhalb der Perseus-Arm.) Beim Durchgang der Sonne durch einen Spiralarm ist die Wahrscheinlichkeit, daß sie in Gasnebel und interstellare Staubwolken gerät und auf Objekte substellarer Masse trifft, größer als zum gegenwärtigen Zeitpunkt. Aus dieser Erwägung heraus hat man die bedeutenderen, im Abstand von rund hundert Jahrmillionen auftretenden Eiszeiten auf unserem Planeten mit dieser zwischen die Sonne und die Erde geratenden interstellaren Materie zu erklären versucht. Außerdem könnten nach Ansicht von W. Napier und S. Clube eine Reihe von Monden, Asteroiden, Kometen und Planetenringen im Sonnensystem einst frei im interstellaren Raum umhergewandert sein, bis sie beim Durchgang der Sonne durch den Orion-Spiralarm eingefangen wurden – eine bestrickende Idee, zwar nicht allzu wahrscheinlich, dafür aber überprüfbar. Wir brauchen

* Was allerdings nicht ganz stimmt, da uns die erdzugewandte Seite einer Galaxis um Zehntausende von Lichtjahren näher ist als die abgekehrte; das aber heißt, wir sehen die Vorderseite um Zehntausende von Lichtjahren jünger als die Rückseite. Da jedoch die für die galaktische Dynamik typischen Ereignisse -zig Jahrmillionen beanspruchen, können wir uns Galaxisaufnahmen trotzdem getrost und ohne uns in der Zeit allzusehr zu vergreifen als Momentaufnahmen vorstellen.

bloß eine Probe von, sagen wir, Phobos oder einem Kometen einzuholen und diese auf ihre Magnesiumisotope zu untersuchen. Aus der relativen Häufigkeit von Magnesiumisotopen (die sich bei gleicher Protonenzahl nur in der Anzahl ihrer Neutronen unterscheiden) läßt sich nämlich die genaue Abfolge der stellaren Kernsynthesevorgänge (einschließlich des Zeitpunkts benachbarter Supernovaexplosionen), bei denen die verschiedenen Magnesiumproben entstanden, ablesen. In einem anderen Winkel der Galaxis aber dürften diese Vorgänge in anderer Reihenfolge abgelaufen sein und daher auch ein anderes Verhältnis der Magnesiumisotope herrschen.

Entdeckt wurde der Urknall und das Zurückweichen der Galaxien anhand eines physikalischen Gemeinplatzes, des Dopplereffekts, der uns aus der Akustik bereits bekannt ist. Ein Autofahrer überholt uns und hupt. Während er selbst im Wagen einen bestimmten, gleichbleibend hohen Ton vernimmt, verschiebt sich dieser für unser Ohr von den hohen zu den tiefen Frequenzen. Ein Rennauto mit einer Geschwindigkeit von 200 km/h erreicht nahezu ein Fünftel der Schallgeschwindigkeit. Der Schall aber pflanzt sich in Form von Wellen, d.h. in regelmäßiger Abfolge von Wellenkamm und Wellental, fort. Je enger diese Wellen aufeinanderfolgen, desto höher die Frequenz oder Tonlage, je weiter sie auseinandergezogen sind, desto tiefer der Ton. Angenommen, das Auto rast von uns weg, so dehnt es die Schallwellen und führt so die wohlbekannte Verschiebung in eine tiefere Tonlage herbei. Braust es dagegen auf uns zu, werden die Schallwellen zusammengepreßt, die Frequenz steigt, und wir hören ein hohes Aufheulen. Wäre uns die Tonhöhe der Hupe bei stehendem Wagen bekannt, könnten wir aus der Veränderung der Tonlage ohne weiteres seine Geschwindigkeit ableiten.

Auch beim Licht, gleichfalls einer Wellenbewegung, die sich allerdings im Gegensatz zum Schall selbst im Vakum fortpflanzen kann, kommt der Dopplereffekt ins Spiel: Würde unser Auto, statt zu hupen, aus irgendeinem Grund vorn und hinten einen Strahl reinen gelben Lichts aussenden, würde die Frequenz des Lichts beim Näherkommen des Wagens leicht ansteigen, beim Entfernen dagegen etwas abnehmen. Bei den üblichen Geschwindigkeiten würden wir den Unterschied gar nicht bemerken, näherte sich das Auto aber der Lichtgeschwindigkeit an, würde sich die Farbe seiner Scheinwerfer beim Heranfahren aufgrund höherer Frequenzen nach Violett, beim Wegfahren aufgrund niedrigerer Frequenzen dagegen nach Rot verschieben. Bei einem Objekt, das sich uns mit hoher Geschwindigkeit nähert, erfahren die Spektrallinien demnach eine Violettverschiebung; bei einem, das sich mit sehr hoher Geschwindigkeit von uns entfernt, eine Rotverschiebung.* Diese Rotverschiebung, die bei den Spektrallinien ferner Galaxien beobachtet und als Dopplereffekt gedeutet wurde, liefert den Schlüssel zu unserer heutigen Kosmologie.

Zu Beginn unseres Jahrhunderts wurde unter dem damals noch klaren Himmel von Los Angeles auf dem Mount Wilson das größte Teleskop der Welt aufgebaut, durch das man bald darauf die Rotverschiebung ferner Galaxien entdeckte. Zum Transport der ausladenden Teleskopteile wur-

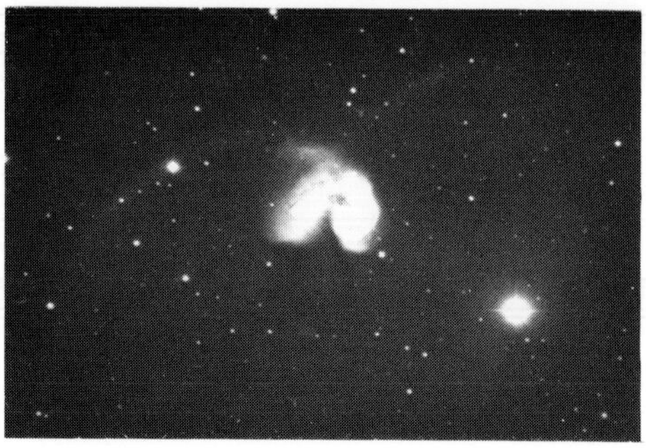

Zusammenstoß der beiden rund 50 Millionen Lichtjahre entfernten, vordem vermutlich ganz normalen Galaxien NGC 4038 und NGC 4039, die sich offensichtlich ineinander verkeilt haben. Bei längeren Belichtungszeiten verschwinden die im Inneren erkennbaren Einzelheiten, und lang geschwungene, auf unserem Bild nur schwach angedeutete Lichtranken treten hervor. Diese aus etwa einer Milliarde in den intergalaktischen Raum hinausgeschleuderten Sternen bestehenden Ranken haben den beiden Objekten den Namen »Die Fühler« eingetragen. Der Kollisionsvorgang selbst zog sich insgesamt über mehr als 100 Jahrmillionen hin. M. frdl. Gen. d. Hale Observatories.

NGC 2623, ein weiteres Beispiel kollidierender Galaxien. Auch hier ziehen sich lange Sternenranken in den intergalaktischen Raum hinaus. M. frdl. Gen. d. Hale Observatories.

* Das Objekt selbst kann jede beliebige Farbe einschließlich Violett haben. Rotverschiebung bedeutet lediglich, daß die einzelnen Spektrallinien eine längere Wellenlänge aufweisen als im Ruhezustand. Das Ausmaß der Rotverschiebung richtet sich sowohl nach der Geschwindigkeit als auch nach der Wellenlänge der Spektrallinien beim ruhenden Objekt.

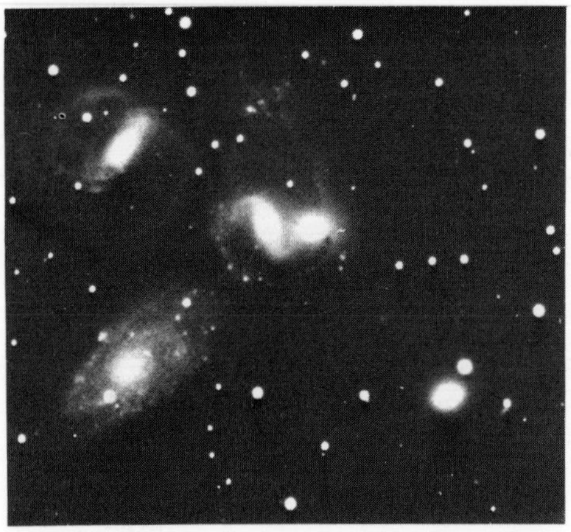

Das Stephan-Quintett, eine Gruppe von fünf in scheinbarer Wechselbeziehung stehenden Galaxien, wurde 1877, im selben Jahr wie Schiaparellis Marskanalsystem, entdeckt und stellt uns gleichfalls vor Rätsel. Heute neigt man zur Aufgliederung des Quintetts in ein rund eine Milliarde Lichtjahre entferntes Quartett, das sich, nach der Rotverschiebung der Spektrallinien zu schließen, mit einer Fluchtgeschwindigkeit von 6000 km/sec von uns entfernt, und in die eine Dopplergeschwindigkeit von nur 800 km/sec erreichende NGC 7320 *(unten links)*. Sollte dagegen NGC 7320 tatsächlich durch eine Sternbrücke mit den anderen Galaxien verbunden sein, wäre die auf Beobachtung gestützte Beweisführung zugunsten der Expansion des Universums etwas erschüttert. Neueren Anhaltspunkten nach zu schließen aber dürfte uns NGC 7320 tatsächlich viel näher und die Verbindung zu den anderen Galaxien lediglich eine optische Täuschung sein.

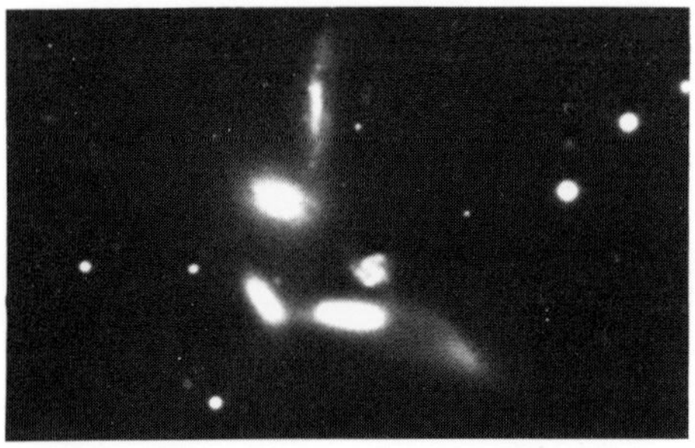

In diesem manchmal als Seyfert-Sextett bezeichneten Galaxienhaufen weisen fünf Systeme dieselbe Rotverschiebung auf, während sie bei der einzigen Ausnahme, dem von vorn sichtbaren Spiralnebel, viermal stärker in Erscheinung tritt. Stephans Quintett und Seyferts Sextett dürften wohl die größten nach Menschen benannten Regionen im Kosmos sein. M. frdl. Gen. d. Hale Observatories.

den Maulesel gemietet und ein junger Maultiertreiber namens Milton Humason angeheuert, der die mit technischen Gerätschaften und optischen Instrumenten bepackten Esel sowie die Reittiere der Wissenschaftler, Ingenieure und Würdenträger hoch zu Roß den Berg hinaufgeleitete, seinen weißen Terrier hoch aufgerichtet dicht hinter sich. Humason, ein ewig Tabak kauender Gelegenheitsarbeiter, ein großartiger Spieler und Billardnarr und obendrein das, was man damals einen Herzensbrecher nannte, hatte nur Volksschulbildung, war aber ein heller Kopf und neugierig auf das, was er da so mühsam den Berg hinauftransportiert hatte. Außerdem leistete er der Tochter eines an der Sternwarte angestellten Ingenieurs gern Gesellschaft, der jedoch gewisse Vorbehalte gegen den Umgang mit einem beruflich so wenig ehrgeizigen jungen Mann hegte. So nahm Humason alle möglichen Gelegenheitsarbeiten an der Sternwarte an, half dem Elektriker, spielte Hausmeister, reinigte die Plattform des Teleskops, bei dessen Aufbau er mitgewirkt hatte, und sprang eines Nachts auch für den plötzlich erkrankten Assistenten ein. Dabei ging er so geschickt und sorgsam mit den Instrumenten um, daß er das Teleskop ständig bedienen durfte und zum Hilfsbeobachter aufrückte.

Nach dem Ersten Weltkrieg kam Edwin Hubble, der sich während seines einjährigen Englandaufenthalts als Oxfordstipendiat einen britischen Akzent zugelegt hatte und durch den endgültigen Beweis, daß es sich bei den Spiralnebeln tatsächlich um »Sterneninseln« mit unzähligen Sternen handelt, wie auch durch die Erfindung der stellaren Normalkerze zur Bestimmung der Entfernung von Galaxien bald zu Ruhm gelangte, ans Mount-Wilson-Observatorium. Hubble, ein brillanter, gebildeter Mann, der nicht nur mit Berufskollegen geselligen Umgang pflog, kam mit Humason glänzend aus, und gemeinsam begann das recht ungleiche, am Teleskop jedoch prächtig harmonierende Gespann die Spektren ferner Galaxien zu messen. (Den Anstoß dazu hatte V. M. Slipher vom Lowell-Observatorium gegeben.) Schon bald zeigte sich, daß Humason dabei alle Berufsastronomen der Welt übertraf. So wurde er in den Mitarbeiterstab des Mount-Wilson-Observatoriums aufgenommen, lernte viele der wissenschaftlichen Grundlagen seiner Arbeit kennen und starb als hochgeachtetes und geehrtes Mitglied der Astronomengemeinschaft.

Das Licht einer Galaxis ist die Summe des von ihren Milliarden Sternen ausgestrahlten Lichtes. Ehe es jedoch die Sterne verläßt, werden durch die Atome in den äußersten Sternschichten bestimmte Frequenzen oder Farben absorbiert. Aus den so entstehenden Spektrallinien können wir entnehmen, daß auch Millionen Lichtjahre entfernte Sterne dieselben chemischen Elemente enthalten wie unsere Sonne und die erdnahen Sterne. Darüber hinaus aber stellten Humason und Hubble zu ihrem Erstaunen bei den Spektren aller fernen Galaxien eine Rotverschiebung fest, die, aufregender noch, mit der Entfernung zunahm.

Die nächstliegende Erklärung war, diese Rotverschiebung im Sinne des Dopplereffekts als Zurückweichen der Galaxien zu deuten, das sich mit wachsender Entfernung beschleunigt. Aber warum sollten die Galaxien *uns* fliehen? Stimmte mit unserem Standort im All irgend etwas nicht, hatte unsere Milchstraße am Ende gar einen unbeabsichtigten Verstoß gegen das Gemeinschaftsleben der Galaxien begangen? Wesentlich einleuchtender schien, daß das Universum selbst sich ausdehnte und die Galaxien mit sich zog. Humason und Hubble hatten also, wie sich nach und nach herausstell-

Ausschnitt aus dem Herkules-Haufen mit seinen rund 300 bekannten Galaxien, der sich von unserer Region des Kosmos mit einer Geschwindigkeit von über 10000 km/sec entfernt. Auf unserem Photo sind mehr (über 300 Millionen Lichtjahre entfernte) Galaxien als Vordergrundsterne unserer eigenen Milchstraße zu erkennen. Fliegt der Herkules-Haufen nicht auseinander, muß er, um mittels Schwerkraft zusammenzuhalten, fünfmal mehr Masse umfassen, als wir in seinen Galaxien entdecken können. Diese »fehlende Masse« würde uns, wäre sie im intergalaktischen Raum allgemein vorhanden, einem geschlossenen Universum erheblich näher bringen. M. frdl. Gen. d. Hale Observatories.

te, den Urknall und damit womöglich den Ursprung oder doch zumindest die jüngste Inkarnation des Universums entdeckt.

Auf dieser Deutung der Rotverschiebung ferner Galaxien als Dopplereffekt beruht fast unsere ganze moderne Kosmologie, vornehmlich natürlich die Idee des Urknalls und des sich ausdehnenden Universums. Es gibt aber in der Natur noch andere Arten von Rotverschiebungen, so z.B. die Gravitationsrotverschiebung. Was der ferne Beobachter in diesem Fall registriert, ist der Energieverlust, den das Licht beim Verlassen eines starken Schwerefeldes erleidet. Da es aber unserer Meinung nach in den Zentren mancher Galaxien massereiche Schwarze Löcher geben könnte, ließe sich die Rotverschiebung dieser Galaxien auch auf solche Weise erklären. Allerdings sind die beobachteten Spektrallinien oft für sehr dünne, diffuse Gase charakteristisch, während im Umfeld Schwarzer Löcher ganz im Gegenteil eine erstaunlich hohe Dichte vorherrschen müßte. Ebensogut aber ließe sich die Rotverschiebung auch als nicht auf die Expansion des gesamten Universums, sondern lediglich auf eine bescheidene lokale galaktische Explosion zurückgehender Dopplereffekt deuten. In diesem Fall müßten ebenso viele Explosionstrümmer auf uns zukommen wie von uns wegfliegen, d.h., wir müßten ebenso viele Violett- wie Rotverschiebungen konstatieren. Doch auf welche fernen Objekte außerhalb der Lokalen Gruppe wir

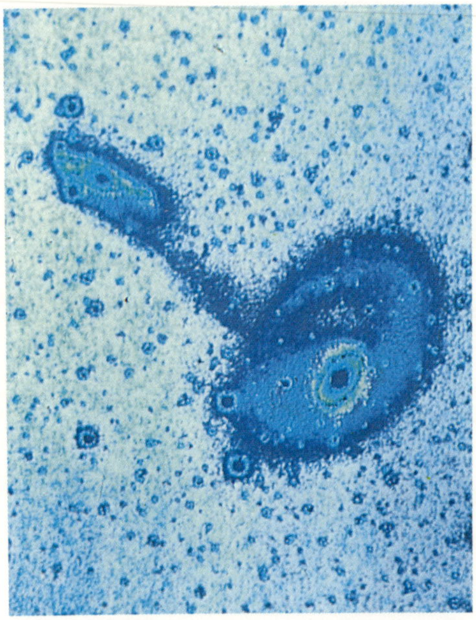

In der »Brücke« zwischen zwei Galaxien (ESO B138 und IG 29,30) entstehen neue Sterne. Computervergrößerung in Fehlfarben, m. frdl. Gen. v. Arthur Hoag und dem Kitt Peak National Observatory.

Der Astronom Milton Humason (1891–1957). M. frdl. Gen. d. Hale Observatories.

unsere Teleskope auch richten, fast überall entdecken wir Rotverschiebungen.

Dennoch lehnen es verschiedene Astronomen ab, die Rotverschiebung der Galaxien mittels Dopplereffekt im Sinne einer Expansion des Universums zu deuten – eine Deduktion, die sie für allzu gewagt halten. So hat z. B. der Astronom Halton Arp rätselhafte und verwirrende Fälle entdeckt, in denen eine Galaxis und ein Quasar oder ein Galaxienpaar, die scheinbar stofflich – gelegentlich offenbar sogar durch eine Brücke aus Gas, Staub und Sternen – miteinander verbunden sind, sehr unterschiedliche Rotverschiebungen aufweisen. Geht aber die Rotverschiebung tatsächlich auf die Expansion des Universums zurück, lassen große diesbezügliche Unterschiede auch auf große Entfernungsunterschiede schließen. Zwei stofflich miteinander verbundene Galaxien jedoch können nicht gut durch Entfernungen bis zu einer Milliarde Lichtjahre getrennt sein. Den Skeptikern zufolge soll diese Verbindung ohnedies nur statistisch existieren: So könnten uns ihrer Ansicht nach eine nahe helle Galaxis und ein wesentlich weiter entfernter Quasar mit jeweils sehr unterschiedlichen Rotverschiebungen und dementsprechend unterschiedlichen Entfernungsgeschwindigkeiten rein zufällig optisch in gleicher Linie erscheinen, obwohl zwischen ihnen in Wirklichkeit keine Verbindung besteht. Zweifelsohne muß es hin und wieder zufällig zu solch optischen Übereinstimmungen kommen. Die Frage ist nur – und darum kreist auch der Streit –, ob sich die Vielzahl der beobachteten »Zufälle« noch mit der Wahrscheinlichkeit deckt. Außerdem verweist Arp auf andere Beispiele, in denen eine Galaxis mit geringer Rotverschiebung von zwei Quasaren mit großer und fast identischer Rotverschiebung flankiert wird. Seiner Ansicht nach befinden sich die beiden Quasare nicht in kosmologischen Entfernungen, sondern werden von der »Vordergrund«-Galaxis links und rechts ausgestoßen, wobei die Rotverschiebung auf einen bislang ungeklärten Mechanismus zurückginge. Nach Ansicht der Skeptiker dagegen handelt es sich auch hier um eine zufällige, rein optische Verbindung, die die konventionelle Hubble-Humason-Deutung der Rotverschiebung keineswegs erschüttert. Sollte jedoch Arp recht behalten, würden all die zur Erklärung der Energiequellen ferner Quasare vorgeschlagenen fremdartigen Mechanismen – Supernova-Kettenreaktionen, supermassereiche Schwarze Löcher und dergleichen – entfallen, brauchten Quasare in diesem Fall doch gar nicht sehr weit entfernt zu sein. Dafür müßte freilich ein anderer fremdartiger Knüppel aus dem Sack zur Erklärung der Rotverschiebung herhalten. Kurzum, in den Tiefen des Weltraums geht auf alle Fälle etwas sehr Sonderbares vor.

Nun ist aber die scheinbare Flucht der Galaxien, wie sie die als Dopplereffekt gedeutete Rotverschiebung nahelegt, nicht der einzige Beweis für den Urknall. Gleichfalls recht überzeugend für diese These spricht die einer Hohlraumstrahlung gleichende kosmische Hintergrundstrahlung, die schwache Störung der Radiowellen, die gleichmäßig aus allen Richtungen des Kosmos mit genau der Stärke kommt, die in unserer Zeit von der mittlerweile stark abgekühlten Strahlung des Urknalls zu erwarten wäre. Doch auch hier stehen wir vor einem Rätsel. Erste Beobachtungen mit einer empfindlichen, an Bord einer U-2 in die höchsten Schichten der Erdatmosphäre beförderten Radioantenne zeigten zwar eine nach allen Richtungen annähernd gleich intensive Hintergrundstrahlung – als hätte sich der Feuerball des Urknalls, aus dem das Universum hervorging, einheitlich und mit exakter Gleichmäßigkeit nach allen Seiten ausgebreitet. Bei genauerer Untersuchung aber erweist sich die Hintergrundstrahlung denn doch nicht als ganz gleichförmig. Man stellt eine geringfügige systematische Abweichung fest, die nahezulegen scheint, daß die gesamte Milchstraße (und vermutlich auch noch andere Mitglieder der Lokalen Gruppe) mit über 600 km/sec auf den Virgo-Haufen zurast. Bei einer solchen Geschwindigkeit würden wir den Galaxienhaufen in zehn Milliarden Jahren erreichen und uns von da an in extragalaktischer Astronomie erheblich leichter tun. Der Virgo-Haufen ist nämlich die größte bekannte Galaxienansammlung, voller Spiralnebel, elliptischer und unregelmäßiger Systeme, ein wahres Schatzkästchen am Himmel. Dennoch leuchtet nicht recht ein, warum wir auf ihn zuflitzen sollten. George Smoot und seine Kollegen, die diese Höhenbeobachtungen anstellten, vertreten die Hypothese, daß die Milchstraße vom Zentrum des Virgo-Haufens durch Gravitation angezogen wird; daß der Haufen weit mehr Galaxien umfaßt als bisher entdeckt; und, erstaunlicher noch, daß er mit einem Durchmesser von ein bis zwei Milliarden Lichtjahren unerhörte Ausmaße aufweist.

Gesetzt den Fall, wir hätten in der Virgo-Gruppe tatsächlich einen solch gewaltigen Superhaufen vor uns, so könnte es in weit größeren Entfernungen auch noch andere, entsprechend schwieriger zu entdeckende Galaxien-Superhaufen geben. Nun hat aber das beobachtbare Universum selbst nur einen Durchmesser von wenigen -zig Milliarden Lichtjahren und ist offensichtlich noch zu jung, als daß sich durch eine anfängliche Gravitationsungleichförmigkeit derart viel Masse, wie sie im Virgo-Superhaufen vorhanden zu sein scheint, hätte ansammeln können. Aus diesem Grund neigt Smoot zu der Annahme, der Urknall sei entgegen seinen anderen Beobachtungen keineswegs wirklich gleichmäßig verlaufen, sondern die Materie habe sich von Anbeginn an ausgesprochen klumpig im Universum verteilt. (Eine geringfügige Klümpchenbildung hatte man schon immer vermutet, ja, zum Verständnis der Kondensation der Galaxien sogar gebraucht. Klumpen dieser Größenordnung aber stellen denn doch eine Überraschung dar.) Möglicherweise läßt sich das Paradox durch die Annahme von zwei oder mehr nahezu gleichzeitigen Urknallen lösen.

Trifft aber die allgemeine Vorstellung von einem expandierenden Universum und einem Urknall zu, erwarten uns noch schwierigere Fragen wie: Welche Bedingungen herrschten zum Zeitpunkt des Urknalls? Was war vorher? Ein winziges Universum ohne alle Materie, bis sie plötzlich aus dem Nichts entstand? Wie aber sollte das vor sich gegangen sein? Viele Kulturen antworten darauf mit einem einzigen Wort: Gott. Doch das heißt die Schwierigkeit nur hinausschieben. Denn wenn wir den nötigen Mut aufbringen, müssen wir weiterfragen: Woher kommt dieser Gott? Wenn wir auf diese Frage keine Antwort finden, können wir sie uns schenken und zugeben, daß wir über den Ursprung des Universums nichts wissen. Aber auch wenn wir antworten, Gott habe von Anbeginn an existiert, können wir uns das ersparen und statt Gott gleich Universum sagen.

Jede Kultur besitzt ihren eigenen Weltschöpfungsmythos, der den Zustand vor der Erschaffung der Welt und dann ihre – oft als Vermählung von Gottheiten oder als Schlüpfen eines kosmischen Eis umschriebene – Entstehung schildert. Gewöhnlich dienen dabei Mensch und Tier als naive Vorbilder. Hier z.B. fünf kurze Auszüge aus solchen auf unterschiedlichem Niveau stehenden Mythen aus dem pazifischen Kulturraum:

Altchinesisches Schöpfungsbild. Die ineinander verschlungene Doppelspirale versinnbildlicht die in die Schöpfung mündende Wechselwirkung der Gegensätze. Hinter den Göttern Sternbilder. M. frdl. Gen. d. Museum of Fine Arts in Boston.

Die tantrisch-buddhistische Vorstellung vom »reinen Sein« in Form eines »Welteis«. Bei der Befruchtung teilt sich das Ei in die weibliche »Lebenskraft« im Mittelpunkt und die – durch die Trennungslinien symbolisierte – aktivierende männliche Energie und läßt bewußtes Leben entstehen. Photographie von Ajit Mookerjee aus *Tantra: The Indian Cult of Ecstasy* von Philip Rawson. © 1973 Thames & Hudson Ltd., Wiedergabe mit Genehmigung von Thames & Hudson, London und New York.

Schöpfungsbild der mexikanischen Huichol aus Bienenwachs und Garn mit der Darstellung der ersten Wesen: links unten die fünf Schlangen oder Mütter des Wassers auf Erden; rechts taucht die erste Pflanze mit männlichen und weiblichen Blüten auf, links oben scheint die Vater-Sonne, daneben der Morgenstern. M. frdl. Gen. v. Peter Furst, Delmar, New York.

Die traditionelle jüdisch-christliche Vorstellung von der Erschaffung des Kosmos. Gott (oben) erschafft die Erde und ihre Bewohner (in der Mitte die ersten Menschen, Adam und Eva). Rings um die Erde Vögel, Wolken, Sonne, Mond und Sterne und darüber die »Wasser des Firmaments«. Aus der 1534 von Hans Lufft in Wittenberg veröffentlichten *Biblia* Martin Luthers.

»Am Urbeginn lag alles in ewiger Finsternis: Die Nacht lastete auf allem wie ein undurchdringliches Dickicht.«
Der Mythos vom Großen Vater vom Stamm der Aranda in Zentralaustralien

»Da war das ruhende All. Kein Hauch. Kein Laut. Reglos und schweigend die Welt. Und des Himmels Raum war leer.«
Popol Vuh (Buch des Rates), heiliges Buch der Quiché-Maya

»Na Arean saß allein im Raum, einer im Nichts schwebenden Wolke gleich. Er schlief nicht, denn es gab keinen Schlaf; ihn hungerte nicht, denn es gab keinen Hunger. So saß er lange in sich versunken, bis ihm ein Gedanke kam. Und er sprach zu sich selbst: ›Ich werde ein Ding machen.‹ «
Mythos der Maiana, Gilbert-Inseln

»Am Anfang war das große kosmische Ei. In dem Ei war Chaos, und im Chaos schwebte P'an Ku, der Nichtentwickelte, der göttliche Embryo. Und P'an Ku brach aus dem Ei hervor, viermal größer als irgendein Mensch heute, mit Hammer und Meißel in der Hand, mit denen er die Welt formte.«
Die P'an-Ku-Mythen, China (3. Jahrhundert)

»Ehe Himmel und Erde Gestalt angenommen hatten, war alles unbestimmt und gestaltlos … Das Klare, Leichte trieb nach oben und wurde zum Himmel, während sich das Schwere, Trübe zur Erde verfestigte. Für den reinen, feinen Stoff war es ein leichtes, sich zu sammeln, für das Schwere, Trübe hingegen außerordentlich schwer, sich zu verfestigen. Deshalb war zuerst der Himmel vollendet, und danach erst formte sich die Erde. Nachdem Himmel und Erde leer zusammengefügt und alles rohe Einfachheit war, traten die Dinge unerschaffen ins Sein. Das war das Große Einssein. Alle Dinge gingen aus diesem Einssein hervor, aber alle wurden verschieden …«
Huai-nan Tzu (Schriften des Meisters aus Huai-nan), China (1. vorchristliches Jahrhundert)

Der Unterschied zwischen diesen Mythen und unserem modernen wissenschaftlichen Mythos vom Urknall besteht im wesentlichen darin, daß sich die Naturwissenschaft immer wieder selber in Frage stellt und daß wir zur Überprüfung unserer Vorstellungen Experimente durchführen und Beobachtungen anstellen können. Als kühne Denkbeiträge des Menschen jedoch verdienen auch diese alten Schöpfungsgeschichten unsere tiefe Achtung.

Alle Kulturen haben sich am Kreislauf in der Natur erfreut, den sie sich als Werk der Götter erklärten, und haben die menschlichen Lebenszyklen auf die Gottheiten übertragen; den Kosmos selbst aber hat nur eine der großen Weltreligionen in den ewigen Kreislauf von Tod und Wiedergeburt mit einbezogen, der Hinduismus. Er ist die einzige Religion mit Zeitvorstellungen, die – zweifellos rein zufällig – denen der modernen wissenschaftlichen Kosmologie entsprechen. Die hinduistischen Zyklen erstrecken sich vom gewöhnlichen Erdentag bis zum Tag des Brahma, der 8,64 Jahrmilliarden dauert, also weiter zurückreicht als Erde und Sonne und rund die Hälfte der Zeit seit dem Urknall umfaßt. Doch der Hinduismus kennt noch größere Zeiträume.

So ist für ihn das Universum – welch tiefe und ergreifende Vorstellung – nur eines Gottes Traum, der nach hundert Brahmajahren in traumlosen Schlaf übergeht, mit dem sich auch das Universum auflöst – bis sich der Gott nach einem weiteren Brahmajahrhundert rührt, wieder zu sich kommt und den großen kosmischen Traum aufs neue zu träumen beginnt. Daneben gibt es noch zahllose weitere Universen mit jeweils ihrem eigenen, den kosmischen Traum träumenden Gott. Diese umfassenden Ideen jedoch erfahren durch die womöglich noch größere, daß die Menschen vielleicht weniger Träume der Götter sind als umgekehrt, eine Mäßigung.

Indien besitzt viele Götter, und jeder Gott viele Erscheinungsformen. So finden sich unter den im 11. Jahrhundert gegossenen Bronzen der Tschola-Epoche mehrere Inkarnationen des Gottes Schiwa, darunter Schiwa Nataradscha, der König des Tanzes, die eleganteste und großartigste Darstellung der Erschaffung des Universums zu Beginn eines jeden kosmischen Zyklus, bei der der vierarmige Gott in der oberen Rechten die bei der Schöpfung ertönende Trommel hält, während seine obere Linke ein Flammenbündel schwingt – Mahnung und Erinnerung daran, daß das neuerschaffene Universum in Jahrmilliarden der völligen Vernichtung anheimfallen wird.

Diese tiefen und schönen Bilder erscheinen mir wie ein Vorgriff auf unsere modernen astronomischen Ideen.* Höchstwahrscheinlich hat sich das Universum seit dem Urknall ausgedehnt, was jedoch keineswegs besagen muß, daß diese Expansion bis in alle Ewigkeit anhält. Ebensogut könnte sie sich im Laufe der Zeit verlangsamen, zum Stillstand kommen und sich umkehren. Unterschreitet allerdings die im Universum vorhandene Materie einen bestimmten kritischen Punkt, reicht die Gravitation der sich entfernenden Galaxien nicht aus, der Expansion Einhalt zu gebieten, und das Universum wird bis in alle Ewigkeit auseinanderstreben. Enthält es dagegen mehr Materie, als wir sehen können – z. B. in den Schwarzen Löchern oder im heißen, aber unsichtbaren Gas zwischen den Galaxien –, wird es durch die Gravitation zusammengehalten und geht einem typisch indischen Kreislauf entgegen, bei dem auf Expansion Kontraktion, also in einem Kosmos ohne Ende Universum auf Universum folgt. Leben wir in einem solchen hin- und herpendelnden Universum, bezeichnet der Urknall nicht die Schöpfung des Kosmos, sondern lediglich die Zerstörung seiner letzten Inkarnation, das Ende des voraufgegangenen Zyklus.

Vielleicht ist keine dieser modernen Kosmologien so ganz nach unserem Geschmack. Nach der einen dehnt sich das vor zehn bis zwanzig Jahrmilliarden irgendwie entstandene Universum in alle Ewigkeit aus, bis schließlich die letzte der auseinanderstrebenden Galaxien hinter unserem kosmischen Horizont verschwunden ist. Dann können die Galaxisforscher Daumen drehen, die Sterne erkalten und sterben, die Materie selbst zerfällt, und das Universum verwandelt sich in einen dünnen kalten Schleier aus Elementarteilchen. Nach der anderen Sicht besitzt der Kosmos weder Anfang noch Ende, sondern befindet sich mit uns inmitten eines endlosen Zyklus

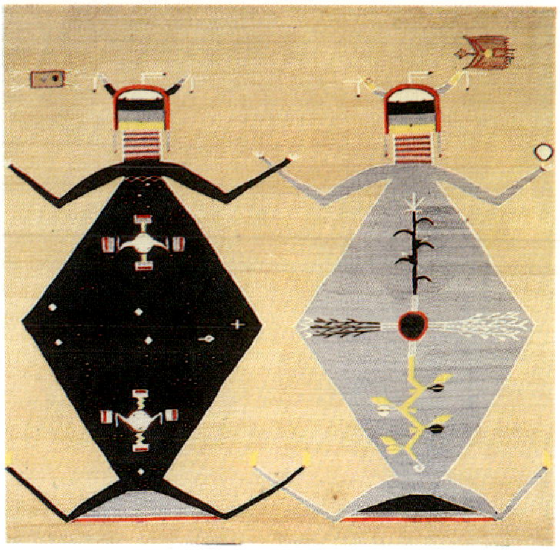

»Vater Himmel und Mutter Erde«, Sandbild der Navajo. In der schwarzen Gestalt des Vater-Himmels (links) finden sich die verschiedenen Sternbilder, darunter in der Mitte der Große Bär; in der Mutter Erde (rechts) die vier heiligen Pflanzen der Navajo: Bohnen, Mais, Tabak und Kürbis. Die Fledermaus (oben rechts) mit dem Medizinbeutel (der kleinen gelben Raute) symbolisiert »gut«. M. frdl. Gen. d. Denver Museum of Art, Denver, Colorado.

Entstehung der Sonne nach Darstellung der Huichol. Oben links die noch ungeborene Sonne, von der Erdgöttin begrüßt, während ihr Sohn unmittelbar vor seiner Opferung und Verwandlung in die Sonnengottheit mit Pfeil und Bogen auf das Sonnenrad schießt. Das strahlenförmige Gebilde links unten stellt die westliche Lagune dar, in die der Junge auf seiner unterirdischen Reise nach Osten zum ersten Sonnenaufgang hinabsteigt. M. frdl. Gen. v. Peter Furst, Delmar, New York.

* Auch Maya-Inschriften greifen zeitlich oft weit in die Vergangenheit zurück bzw. weisen gelegentlich auf eine ferne Zukunft voraus. So bezieht sich ein Text auf über eine Jahrmillion und ein anderer unter Umständen sogar auf 400 Jahrmillionen zurückliegende Ereignisse, doch ist dies in Fachkreisen noch umstritten. Daß die aufgezeichneten Denkwürdigkeiten mythischen Charakter tragen, fällt dabei nicht weiter ins Gewicht; wesentlich erscheint vielmehr, daß die Mayas schon tausend Jahre, ehe sich die Europäer von der biblischen Idee freimachten, die Welt sei nur ein paar Jahrtausende alt, in Zeiträumen von Jahrmillionen und die Inder sogar von Jahrmilliarden dachten.

Moderne Wiedergabe eines bekannten altägyptischen Schöpfungsmotivs: Schu, der Gott des Lichtes und der Luft (mit erhobenen Armen), trennt unter dem Beistand untergeordneter Gottheiten die Himmelsgöttin Nut vom unten ruhenden Erdgott Geb. Links Horus, der falkengestaltige Gott Unterägyptens, der später mit dem herrschenden Pharao gleichgesetzt wurde. Darstellung von Brown.

von Tod und Wiedergeburt, ohne daß am Scheitelpunkt der Bewegung je irgendeine Information durchsickerte. Keine Kunde von den Galaxien, Sternen, Planeten, Lebensformen oder Kulturen der voraufgegangenen Inkarnation des Universums dränge je zu uns durch, da alles mit dem Urknall unterginge. So mag uns das Schicksal des Universums in jeder der beiden Kosmologien etwas bedrücken – ein Trost aber bleibt uns immerhin: die ungeheuren Zeiträume, in denen alles abläuft. Denn diese Ereignisse werden sich über -zig Jahrmilliarden oder mehr erstrecken. In dieser Zeit aber können wir Menschen und unsere wie immer gearteten Nachkommen doch eine ganze Menge vollbringen, ehe der Kosmos stirbt.

Wenn das Universum wirklich zwischen Kontraktion und Expansion hin- und herpendelt (oszillierendes Universum), erheben sich noch seltsamere Fragen. So wird sich nach Meinung mancher Naturwissenschaftler, wenn auf die Expansion die Kontraktion folgt und die Spektren ferner Galaxien sich nach Violett verschieben, die Kausalität umkehren und die Wirkung der Ursache voraufgehen. Es werden sich also erst von einem Punkt im Wasser Wellen ausbreiten, und dann werfe ich einen Stein in den Teich. Erst wird die Fackel aufflammen, und dann zünde ich sie an. Natürlich übersteigt eine solche Umdrehung der Kausalität unser Vorstellungsvermögen. Bedeutet sie, daß die Leute dann im Grab geboren werden und im Mutterleib sterben? Läuft die Zeit rückwärts? Oder haben solche Fragen überhaupt keinen Sinn?

Die Naturwissenschaftler interessiert vor allem, was in einem oszillierenden Universum an den Scheitelpunkten passiert, also beim Übergang von der Kontraktion zur Expansion. Nach Meinung einiger kommt es dabei zu einer willkürlichen Umkrempelung der in unserem heutigen Universum geltenden physikalischen und chemischen Naturgesetze, die in dieser Sicht nur eine unter unendlich vielen Möglichkeiten darstellen. Nun sind aber Galaxien und Sterne, Planeten, Leben und Intelligenz nur unter bestimmten Voraussetzungen möglich; werden die Naturgesetze also an den Drehpunkten völlig wahllos verändert, haben wir es einem ganz außergewöhnlichen Zufall zu verdanken, daß der kosmische Automat diesmal ein Universum ausspuckte, in dem wir leben können.*

Leben wir also in einem Universum, das sich bis in alle Ewigkeit ausdehnt, oder in einem, in dem die Zyklen in endlosem Wechsel aufeinanderfolgen? Das festzustellen, lassen sich Mittel und Wege finden. Wir brauchen nur die Gesamtmenge der Materie im Universum genau zu erfassen oder bis an den Rand des Kosmos zu schauen.

Mittels Radioteleskopen lassen sich selbst noch sehr schwache Objekte in weiter Ferne aufspüren. In die Tiefe des Weltraums spähen aber heißt zugleich auch, weit in die Zeit zurückblicken. Der nächste Quasar mag eine

Schöpfungssymbol der Dogon (Republik Mali): Nommo, ein phallischer Schöpfergott, im Augenblick seiner Verwandlung in ein Krokodil. M. frdl. Gen. v. Lester Wunderman, New York.

* Im übrigen können die Naturgesetze an den Scheitelpunkten gar nicht rein *zufällig* zusammengewürfelt werden. Hätte das Universum nämlich schon viele Pendelschläge durchlaufen, wären viele mögliche Gravitationsgesetze zu schwach gewesen, um es im Falle einer uranfänglichen Expansion zusammenzuhalten. D. h., es wäre mit dem Inkrafttreten eines derartigen Gravitationsgesetzes auseinandergeflogen und hätte mithin keine Chance gehabt zu einem weiteren Pendelschlag mit neuerlicher Rückkehr zum Scheitelpunkt und Wirksamwerden neuer Naturgesetze. Demnach läßt sich also allein schon aus der Existenz des Universums ableiten, daß es entweder nur von begrenzter Dauer sein oder aber daß bei jedem Pendelschlag nur eine strikt begrenzte Auswahl von Naturgesetzen gelten kann. Wenn die Gesetze der Physik an den Scheitelpunkten aber nicht willkürlich und zufällig zusammengewürfelt werden, muß es eine Regel, einen Satz an Regeln dafür geben, welche Gesetze zum Tragen kommen und welche nicht. D. h., wir hätten eine neue, über der heutigen Physik stehende Physik, für die uns bei unserer verarmten Sprache bisher jedoch der passende Name fehlt, denn »Paraphysik« und »Metaphysik« sind bereits für andere, womöglich völlig irrelevante Aktivitäten vergeben. Vielleicht könnten wir sie »Transphysik« nennen.

Einige der Radioteleskope des vom National Radio Astronomy Observatory betriebenen Very Large Array in Socorro, New Mexico. Von der Entfernung zwischen den auf Gleisen beweglichen Teleskopen hängt die Auflösung des Radiobildes ab. M. frdl. Gen. v. Bill Ray.

halbe Milliarde Lichtjahre, der fernste zehn bis zwölf Milliarden oder noch weiter entfernt sein. Ein zwölf Milliarden Lichtjahre entferntes Objekt aber erscheint dem Betrachter so, wie es vor zwölf Jahrmilliarden war. Schauen wir also in die Weite des Alls hinaus, blicken wir gleichzeitig weit in die Vergangenheit zurück, zurück zum Horizont des Universums, zurück zur Zeit des Urknalls.

Um in den Radiobereichen des Spektrums feine Details ebenso gut auflösen oder ausmachen zu können wie im optischen Bereich mit Hilfe der größten erdgebundenen Teleskope, hat man in einer entlegenen Gegend New Mexicos den *Very Large Array* (VLA) aufgebaut. Diese Sammlung aus 27 phasengerecht elektronisch gekoppelten Radioteleskopen erbringt dieselbe Leistung wie ein einziges Teleskop von der Größe des Abstands zwischen den am weitesten auseinanderliegenden VLA-Elementen, d.h. von vielen Kilometern Durchmesser.

Gelegentlich werden derartige Radioteleskope mit Teleskopen auf der anderen Erdhalbkugel verbunden, womit man eine dem Erddurchmesser vergleichbare Grundlinie und so gewissermaßen ein Teleskop von der Größe unseres Planeten erhält. In Zukunft werden wir wohl auch Radioteleskope in die Umlaufbahn der Erde um die Sonne schicken und damit eine Anlage von der Größe des inneren Sonnensystems besitzen. Mit ihrer Hilfe könnte es uns vielleicht auch gelingen, den inneren Aufbau und die Natur der Quasare zu ergründen. Unter Umständen entdecken wir eine Quasarnormalkerze, die es uns ermöglicht, die Entfernung dieser Objekte unabhängig von ihrer Rotverschiebung zu bestimmen. Haben wir so Aufbau und Rotverschiebung der fernsten Quasare einmal begriffen, werden wir vermutlich auch sagen können, ob sich das Universum vor Jahrmilliarden schneller ausgedehnt, d.h., ob sich seine Expansion verlangsamt hat und ob es eines Tages zu seinem Einsturz kommen wird.

Moderne Radioteleskope sind unerhört empfindliche Instrumente: Die von einem fernen Quasar ausgehende, von ihnen aufgefangene Strahlung beläuft sich vielleicht auf ein Billiardstel Watt; die von sämtlichen Radiote-

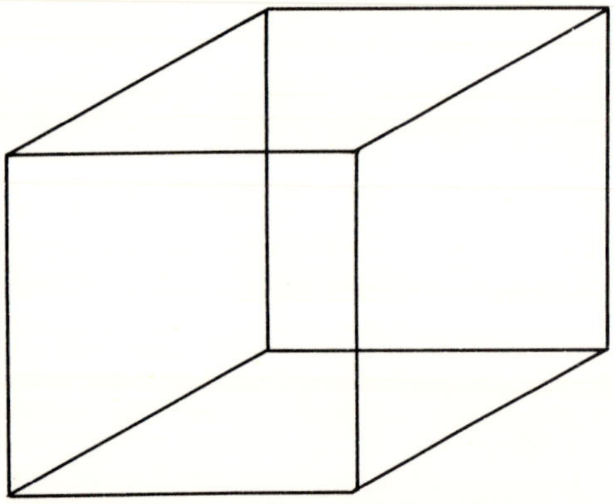

Konventionelle zweidimensionale Darstellung eines Kubus.

Konventionelle dreidimensionale Darstellung eines Tesserakts oder Hyperkubus (wobei das dreidimensionale Modell auf unserer Abb. um eine weitere Dimension reduziert erscheint).

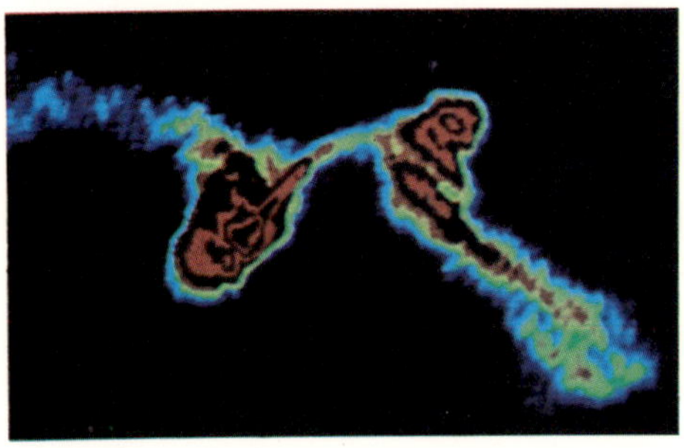

Radiobild der elliptischen Galaxis NGC 3266, vom Very Large Array in Fehlfarben aufgenommen.

leskopen des Planeten Erde registrierte, von außerhalb des Sonnensystems stammende Gesamtmenge an Energie bleibt hinter der einer einzigen zu Boden fallenden Schneeflocke zurück. D.h., die Radioastronomen haben es bei der Aufspürung der kosmischen Hintergrundstrahlung, beim Auszählen von Quasaren und bei der Suche nach möglichen Signalen intelligenter Wesen aus dem All mit kaum mehr wahrnehmbaren Energiemengen zu tun.

Während ein Teil der Materie, vornehmlich in den Sternen, in sichtbarem Licht leuchtet und somit mühelos zu erkennen ist, läßt sich ein anderer, z. B. Gas und Staub in den Außenbezirken der Galaxien, nicht so leicht ausmachen, da er statt sichtbarem Licht offenbar nur Radiowellen aussendet. Nicht zuletzt aus diesem Grund brauchen wir zur Auslotung der Geheimnisse des Kosmos so fremdartige Instrumente und müssen wir für das Auge nicht mehr sichtbare Frequenzen auffangen. Mit erdumkreisenden Satelliten haben wir zwischen den Galaxien eine starke Röntgenstrahlung festgestellt und zunächst als heißen intergalaktischen Wasserstoff gedeutet, der in solch ungeahnten Mengen vielleicht genügt hätte, den Kosmos zu schließen und uns in einem zwischen Expansion und Kontraktion hin- und herpendelnden Universum gefangenzuhalten. Bei späteren Beobachtungen jedoch hat Ricardo Giacconi diese Röntgenstrahlung in einzelne Punkte aufgelöst, vielleicht eine Riesenmenge ferner Quasare. Natürlich würden auch sie einen zuvor unbekannten Massezuwachs für das Universum bedeuten. Wenn die kosmische Inventur einmal abgeschlossen und die Masse aller Galaxien, Quasare, Schwarzen Löcher, des gesamten intergalaktischen Wasserstoffs, der Gravitationswellen und noch fremdartigerer Weltraumerscheinungen erfaßt ist, werden wir auch wissen, welche Art Universum wir bewohnen.

Bei der Erörterung der Struktur des Kosmos im großen reden die Astronomen gern von der Krümmung des Raums oder auch davon, daß der Kosmos keinen Mittelpunkt besitze und das Universum endlich, aber grenzenlos sei. Was soll das eigentlich heißen? Stellen wir uns einmal vor, wir wohnten in einem fremden Land, wo alle vollkommen flach sind, und das wir in Anlehnung an Edwin Abbott, einen Shakespearespezialisten aus dem viktorianischen England, Flachland nennen wollen. Einige von uns sind Rechtecke, andere Dreiecke, wieder andere kompliziertere Figuren. Geschäftig laufen wir in unsere flachen Häuser hinein und wieder heraus und gehen unermüdlich unseren flachen Verrichtungen und Zerstreuungen nach. Wie alle Flachlandbewohner besitzen wir wohl Länge und Breite, aber keine Höhe. Dementsprechend ist uns links-rechts und vorwärts-rückwärts ein Begriff, während uns von oben-unten jede Vorstellung fehlt. Ausgenommen sind lediglich die Mathematiker, die uns aufzuklären versuchen. »Es ist«, so belehren sie uns, »gar nicht so schwer. Stellt euch links-rechts vor. Und dann vorwärts-rückwärts. Kapiert? Und nun stellt euch im rechten Winkel zu diesen beiden Dimensionen eine dritte vor.« Worauf wir erwidern: »Was redet ihr da? ›Im rechten Winkel zu den beiden anderen.‹ Es gibt nur zwei Dimensionen. Zeigt uns doch eure dritte. Wo ist sie denn?« Und entmutigt schreiten die Mathematiker von hinnen. Niemand hört auf sie.

Jeder viereckige Flachlandbewohner sieht seinesgleichen nur als kurzes Liniensegment, nämlich als die Seite des Vierecks, die ihm am nächsten ist. Die andere bekommt er nur zu Gesicht, wenn er einen kleinen Spaziergang macht. Das *Innere* des Vierecks aber bleibt für immer ein Geheimnis, es sei denn, die Seiten würden durch einen schrecklichen Unfall oder durch eine Autopsie aufgebrochen und die inneren Teile freigelegt.

Eines Tages kommt ein dreidimensionales, sagen wir apfelförmiges Wesen nach Flachland und schaut sich um. Als es ein besonders hübsch und sympathisch aussehendes Viereck sein flaches Haus betreten sieht, fragt es in einer Aufwallung interdimensionaler Freundschaft: »Tag, wie geht's? Ich komme aus der dritten Dimension.« Das unglückliche Viereck aber schaut sich in seinem geschlossenen Haus um, ohne jemand zu sehen. Und, schlimmer noch, der von oben hereindringende Gruß scheint ihm wie eine Stimme aus dem eigenen Inneren, aus dem eigenen flachen Leib. Unwillkürlich fallen ihm die nicht ganz normalen Mitglieder seiner Familie ein.

Verärgert über seine Einstufung als Hirngespinst, läßt sich der Apfel in Flachland nieder. Nun kann aber ein dreidimensionales Wesen in Flachland nur teilweise existieren; nur ein Querschnitt von ihm wird sichtbar, nämlich die Berührungspunkte mit der planen Oberfläche. Bei einem Rutsch durch Flachland wird er erst als Punkt und dann als zunehmend größere, annähernd kreisförmige Scheibe in Erscheinung treten. Unser Viereck sieht also mit einemmal in seinem zweidimensionalen Zimmer, obwohl es verschlossen ist, einen Punkt, der sich zum Kreis auswächst. Aus dem Nichts ist plötzlich ein höchst sonderbares Wesen von wechselnder Gestalt aufgetaucht.

In seiner Enttäuschung und Wut über die Borniertheit des Flachen an sich packt der Apfel das Viereck und schleudert es in jene geheimnisvolle dritte Dimension hinauf. Das dergestalt aus seinem gewohnten Erfahrungsbereich herausgerissene Viereck weiß zunächst nicht, wie ihm geschieht, begreift aber schließlich doch, daß es Flachland von einem besonderen Blickwinkel aus, nämlich »von oben«, sieht. Mit einemmal kann es in geschlossene Räume und in seine flachen Landsleute hineinschauen. Es sieht seine Welt unter einer einzigartigen, phantastischen Perspektive. Von der neuen Dimension aus bietet sich ihm gewissermaßen beiläufig eine Art Röntgenstrahlensicht. Schließlich segelt unser Viereck wie ein fallendes Blatt langsam wieder auf Flachland herab, wo es zum Entsetzen seiner Mitbürger ebenso plötzlich wieder auftaucht wie es vorher unbegreiflicherweise aus einem geschlossenen Raum verschwunden war. »Um Himmels willen«, rufen sie, »was ist mit dir passiert?« – »Ich glaube«, hört es sich antworten, »ich war ›droben‹.« Da klopfen sie ihm auf die Seiten und trösten es. In seiner Familie hat es schon immer Irre gegeben.

Natürlich brauchen wir uns bei solch interdimensionalen Überlegungen nicht auf zwei Dimensionen zu beschränken. Wir können uns, wiederum in Anlehnung an Abbott, auch eine eindimensionale Welt vorstellen, wo jeder ein Liniensegment ist oder sogar die magische Welt der nulldimensionalen Biester, der Punkte. Interessanter für uns aber wäre vielleicht die Frage nach höheren Dimensionen. Könnte es z.B. eine vierte physikalische Dimension geben?*

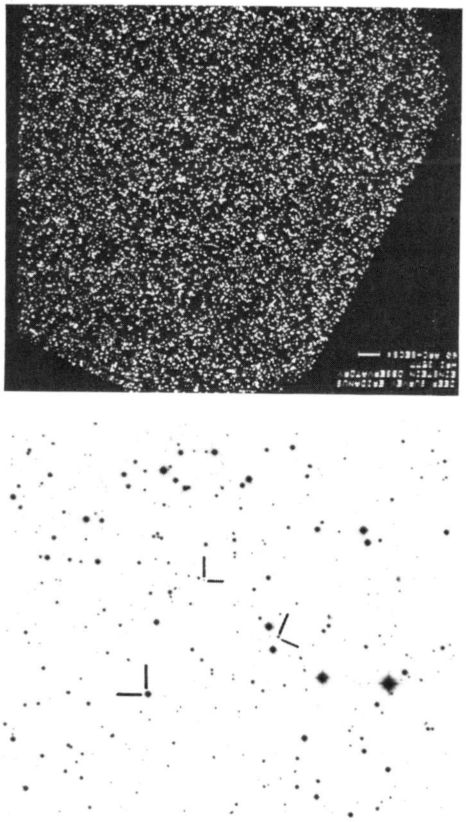

Röntgenauslotung der Himmelstiefe *(oben)* in der Konstellation Eridanus, vom Einstein High-Energy Astrophysical Observatory von der Erdumlaufbahn aus aufgenommen. *Unten:* Dieselbe Region in gewöhnlichem sichtbarem Licht mit drei Quasaren. M. frdl. Gen. Ricardo Giacconis und der NASA.

* Ein vierdimensionales Wesen könnte in unserer dreidimensionalen Welt nach Belieben erscheinen und sich in nichts auflösen, seine Gestalt beträchtlich verändern, uns aus abgeschlossenen Räumen entführen und aus dem Nichts auftauchen lassen. Es könnte auch unser Inneres nach außen kehren, wobei es die Wahl zwischen mehreren Möglichkeiten hätte. Die wenigst angenehme wäre wohl, wenn unsere Eingeweide und inneren Organe plötzlich außen wären und der gesamte Kosmos – glühendes intergalaktisches Gas, Galaxien, Planeten, etc. – innen. Ich für meinen Teil bin mir nicht sicher, ob mir das gefiele.

Stellen wir uns einmal vor, wir konstruieren einen Würfel, indem wir ein Liniensegment von bestimmter Länge jeweils in gleichbleibendem Abstand und rechtem Winkel zu sich selbst verschieben und dann das so erzielte Quadrat ebenfalls in gleichen Abständen rechtwinklig weiterbewegen. Der auf diese Weise entstandene Würfel wirft einen Schatten, den wir gewöhnlich in Form zweier an den Eckpunkten verbundener Rechtecke darstellen. Untersuchen wir diesen zweidimensionalen Schatten unseres Würfels genauer, stellen wir fest, daß nicht alle Seiten gleich lang erscheinen und nicht alle Winkel rechte Winkel sind: Das dreidimensionale Objekt hat sich nur unvollkommen in die zweidimensionale Welt überführen lassen, d.h., es hat bei der geometrischen Projektion den Verlust einer Dimension mit einer Verzerrung bezahlt. Nehmen wir nun aber unseren dreidimensionalen Würfel und tragen ihn, immer im rechten Winkel zu sich selbst, durch eine vierte physikalische Dimension: nicht links-rechts, nicht vorn-hinten, nicht oben-unten, sondern gleichzeitig im rechten Winkel zu allen diesen Richtungen (wo diese Richtung liegt, vermag ich auch nicht zu sagen, aber ich kann mir vorstellen, daß es sie gibt), so erhalten wir einen vierdimensionalen Würfel oder Tesserakt. Er selbst läßt sich nicht darstellen, weil wir in unseren drei Dimensionen gefangen sind, wohl aber sein dreidimensionaler Schatten. Er ähnelt zwei ineinandergeschachtelten Würfeln, deren Eckpunkte sämtlich durch Linien verbunden sind – nur daß bei ihm im Gegensatz zum echten, vierdimensionalen Tesserakt nicht alle Seiten gleich lang und nicht alle Winkel rechte Winkel sind.

Stellen wir uns nun ein Universum wie Flachland vor, das ohne Wissen seiner Bewohner durch eine dritte physikalische Dimension gekrümmt sein soll. Solange sich die Flachländer mit kurzen Ausflügen begnügen, mutet sie ihre Welt schlichtweg flach an. Wagt sich aber einmal einer auf einen langen Spaziergang, so entdeckt er etwas ausgesprochen Rätselhaftes: Obwohl er immer nur geradeaus gegangen, an keine Grenze gestoßen und auch nie umgekehrt ist, ist er doch auf irgendeine unerfindliche Weise wieder am Ausgangspunkt angelangt. Seine zweidimensionale Welt muß also durch eine geheimnisvolle dritte Dimension verzogen, gebogen oder gekrümmt sein. Diese dritte Dimension kann er sich zwar nicht vorstellen, aber er vermag sie logisch zu erschließen. Erweitern wir nun alle Dimensionen dieser Geschichte um eine, so haben wir die Situation, in der wir selbst uns möglicherweise befinden.

Kehren wir nun zu den weiter oben gestellten Fragen zurück. Wo befindet sich das Zentrum unseres Kosmos? Hat unser Universum ein Ende, eine Begrenzung? Und was liegt jenseits? In einem zweidimensionalen, durch eine dritte Dimension gekrümmten Universum gibt es kein Zentrum – zumindest nicht auf der Oberfläche der Kugel. Das Zentrum eines solchen Universums liegt nicht in diesem selbst, sondern unzugänglich in der dritten Dimension, nämlich *in* der Kugel. Obgleich die Kugeloberfläche nur einen begrenzten Flächenraum umfaßt, hat dieses Universum kein Ende, keine Begrenzung – es ist endlich, aber unbegrenzt. Somit hat auch die Frage, was jenseits liegt, keinen Sinn: Flache Wesen können nun einmal ihren zwei Dimensionen aus eigener Kraft nicht entkommen.

Erweitern wir wieder alle Dimensionen um eine, so haben wir die Situation, die auf uns zutreffen könnte: das Universum als vierdimensionale Hyperkugel oder Hypersphäre ohne Mittelpunkt, Ende oder irgend etwas jenseits. Warum aber scheinen alle Galaxien vor *uns* davonzulaufen? Die Hypersphäre dehnt sich wie ein vierdimensionaler Ballon, den man aufbläst, von einem Punkt aus aus, wodurch zunehmend mehr Raum im Universum entsteht. Irgendwann nach Einsetzen der Expansion verdichten sich Galaxien und werden auf der gekrümmten Oberfläche der Hypersphäre nach außen getragen, auf der auch das von den in jeder Galaxis zweifellos vorhandenen Astronomen beobachtete Licht gefangen ist. Sie alle haben, in welcher Galaxis sie sich auch befinden mögen, denn einen bevorrechteten Ort gibt es nicht,* den Eindruck, daß alle anderen Galaxien sie fliehen, und zwar je ferner, desto schneller, weil alle Galaxien in den Raum eingebettet, am Raum festgemacht sind und das Raumgefüge sich ausdehnt. Die Antwort auf die Frage: Wo ereignete sich im gegenwärtigen Universum der Urknall? müßte demnach ganz eindeutig lauten: überall.

Genügt die vorhandene Materie nicht, um das Universum an einer unendlichen Expansion zu hindern, muß es eine offene Form besitzen und seine Oberfläche, um eine Analogie aus unserer dreidimensionalen Welt zu wählen, wie ein sich ewig ausdehnender Sattel geschwungen sein. Ist dagegen genügend Materie vorhanden, zeigt es eine geschlossene Form, die, in eine dreidimensionale Entsprechung übertragen, wie eine Kugel gekrümmt ist. In diesem Fall ist auch das Licht im Universum gefangen. Als man in den zwanziger Jahren unseres Jahrhunderts in direkter Opposition zu M 31 ein fernes Spiralnebelpaar entdeckte, fragte man sich, ob es sich dabei möglicherweise um die Rückseite der Milchstraße und von M 31 handeln könnte – wie man im Licht, das das Universum umlaufen hat, ja auch den eigenen Hinterkopf sehen müßte. Heute wissen wir, daß das Universum viel größer ist als in den zwanziger Jahren vermutet und daß das Licht zur Umrundung des Universums länger brauchte, als dieses alt ist. Dabei sind die Galaxien noch jünger als das Universum selbst. Wenn aber der Kosmos geschlossen ist und das Licht gefangenhält, können wir das Universum wohl zutreffend als Schwarzes Loch beschreiben und brauchen uns also, wenn wir wissen möchten, wie es in einem solchen aussieht, nur umzuschauen.

Wir haben weiter oben von der Möglichkeit gesprochen, durch Schwarze Löcher wie durch Wurmlöcher von einem Ort im Universum zum anderen zu gelangen, ohne die dazwischenliegende Entfernung zurückzulegen. Diese Wurmlöcher können wir uns als durch eine vierte physikalische Dimension verlaufende Kanäle vorstellen. Ob sie wirklich existieren, wissen wir nicht, und ebensowenig, ob sie in diesem Fall an einem anderen Ort in unserem eigenen Universum herauskommen müßten. Möglicherweise könnten sie uns ja auch mit anderen Universen verbinden, Orten, die uns andernfalls für immer unerreichbar blieben. Nach dem derzeitigen Wissensstand kann es eine Vielzahl anderer Universen geben, die in gewisser Hinsicht auch irgendwie ineinandergeschachtelt sein könnten.

Es gibt eine Idee, eine reichlich sonderbare Idee, die einen nicht mehr losläßt und ganz in ihren Bann schlägt, eine der großartigsten Annahmen in Wissenschaft oder Religion, die völlig unbewiesen ist und vielleicht auch unbeweisbar bleiben wird, aber das Blut in Wallung versetzt: die Idee einer unendlichen Abfolge von Universen. Dieser Hypothese zufolge würde sich ein Elementarteilchen wie ein Elektron in unserem Universum, wenn wir nur eindringen könnten, seinerseits als ganzes geschlossenes Universum

* Die Ansicht, das Universum sehe im wesentlichen von jedem Punkt aus gleich aus, stammt meines Wissens von Giordano Bruno.

enthüllen, aufgegliedert in die Entsprechungen zu Galaxien und kleineren Gebilden, bestehend aus einer unermeßlichen Anzahl anderer, weit kleinerer Elementarteilchen, die wiederum ihrerseits lauter Universen geringerer Größenordnung darstellten und so weiter bis in alle Ewigkeit – ein unendlicher Regreß nach unten, Universen in Universen ohne Ende. Und genauso verhielte es sich auch nach oben, wobei das uns vertraute Universum aus Galaxien und Sternen, Planeten und Menschen seinerseits nur ein einziges Elementarteilchen im nächstgrößeren Universum wäre, gewissermaßen der erste Schritt zu einem endlosen Regreß in die andere Richtung.

Dies ist die einzige mir bekannte religiöse Idee, die die endlose Zahl der unendlich alten, zyklisch wiederkehrenden Universen der Hindukosmologie noch übertrifft. Wie könnten diese anderen Universen beschaffen sein? Könnten sie anderen physikalischen Gesetzen unterliegen? Hätten sie ebenfalls Sterne und Galaxien und Welten oder sähen sie völlig anders aus? Könnte es in ihnen unvorstellbar andere Lebensformen geben? Um sie zu betreten, müßten wir irgendwie in die vierte physikalische Dimension vorstoßen – ein nicht eben einfaches Unterfangen, aber vielleicht könnte uns ein Schwarzes Loch Mittel und Wege dazu bieten. Möglicherweise gibt es in der Sonnenumgebung kleine Schwarze Löcher. Am Rande der Ewigkeit balancierend, würden wir abspringen ...

Unendlicher Regreß. Darstellung des Übergangs von einem Universum ins nächstgrößere in einem aus unendlich vielen, ineinander verschachtelten Universen bestehenden Kosmos. Darstellung von Jon Lomberg.

Ein intelligentes Lebewesen: Buckelwal beim Luftsprung im Frederick Sound in Alaska im Sommer 1979. Die durchschnittlich 15 Meter langen und 50 Tonnen schweren, für ihre gewaltigen Sprünge bekannten Meeressäuger besitzen ein wesentlich größeres Gehirn als wir Menschen und ein ungewöhnliches Kommunikationssystem. M. frdl. Gen. v. Dan McSweeny.

11. Kapitel
Erinnerungsvermögen und Gedächtnis

Nun, nachdem die Geschicke von Himmel und Erde festgesetzt,
Graben und Kanal ihren Lauf erhalten;
Die Ufer von Euphrat und Tigris gezogen;
Was sollen wir noch tun?
Was sollen wir noch erschaffen?
O Anunaki, ihr großen Götter des Himmels, was sollen wir noch tun?

Assyrischer Bericht über die Erschaffung des Menschen, 800 v. Chr.

Als so der Gott, wer immer es war, die Materie geordnet,
so sie zerteilt und die Teile zu wirklichen Gliedern gestaltet,
ballte er gleich zu Beginn die Erde,
damit sie auf jeder Seite sich gänzlich gleiche,
zur Form einer riesigen Kugel ...
Auf daß keine der Zonen der lebenden Wesen ermangle,
sollten die Sterne, Gestalten von Göttern, den Himmel bevölkern.
Glänzenden Fischen gewährten die Wasser die Wohnung, die Erde bot den Tieren
das Heim, die beweglichen Lüfte den Vögeln ...
Und es entstand der Mensch ...
Während die anderen Wesen gebückt zur Erde sich neigen,
ließ er den Menschen das Haupt hoch tragen:
Er sollte den Himmel sehen und aufgerichtet den Blick nach den Sternen erheben.

Ovid, *Metamorphosen*

Im großen kosmischen Dunkel gibt es zahllose Sterne und Planeten, die jünger oder älter als unser Sonnensystem sind. Wir nehmen an, ohne es allerdings mit Sicherheit behaupten zu können, daß dieselben Prozesse, die auf der Erde zur Evolution des Lebens und des Geistes geführt haben, auch überall sonst im Kosmos wirksam sind. Allein in der Milchstraße könnte es in diesem Augenblick eine Million Welten geben, die von völlig andersartigen und weit fortgeschritteneren intelligenten Wesen bewohnt sind. Viel wissen ist nicht gleichbedeutend mit klug sein, denn Intelligenz besteht nicht nur aus Information, sondern auch aus Urteilsvermögen, also der Fähigkeit, Informationen zu ordnen und zu verarbeiten. Immerhin aber ist die uns zugängliche Informationsmenge ein Hinweis auf unsere Intelligenz. Um das Wissen messen zu können, hat man es in Informationseinheiten, sog. Bits (für *binary digit*), aufgeteilt. Ein Bit ist die Antwort (ja oder nein) auf eine eindeutige Frage, z.B. ob eine Lampe brennt oder nicht. Einen Buchstaben aus den 26 des lateinischen Alphabets zu bezeichnen dagegen beansprucht 5 Bits ($2^5 = 2 \times 2 \times 2 \times 2 \times 2 = 32$, also mehr als 26). Die Textinformation des vorliegenden Buches liegt knapp unter 10 Millionen oder 10^7 Bits, die eines einstündigen Fernsehprogramms bei rund 10^{12}, die der verschiedenen Bücher aller Bibliotheken der Welt (Bild und Text) zwischen 10^{16} und 10^{17} Bits.* Natürlich ist ein Großteil davon überflüssig. Die Zahl soll auch lediglich eine grobe Vorstellung vom menschlichen Wissensstand vermitteln. Auf älteren Welten, wo das Leben schon Jahrmilliarden früher als auf der Erde entstand, könnte er zwischen 10^{20} und 10^{30} liegen, wobei sich die Information auch ihrer Art nach wesentlich von der unseren unterscheiden dürfte.

Greifen wir unter all den Millionen von Wesen mit höherer Intelligenz besiedelten Welten den seltenen Fall eines in seinem Sonnensystem einzigartigen Planeten mit Ozeanen flüssigen Wassers auf der Oberfläche heraus. In diesem feuchten Lebensraum mit seinem reichen Nahrungsangebot hausen viele relativ intelligente Wesen – einige mit acht Fangarmen; andere, die sich durch das Wechselspiel komplizierter Hell-Dunkel-Muster verständigen; und auch kluge kleine Landbewohner, die in Holz- oder Metallbooten kurze Raubzüge aufs Meer hinaus unternehmen. Uns geht es hier aber um die beherrschenden Intelligenzen, die größten Wesen auf dem Planeten, die empfindungsfähigen und eleganten Herren der Tiefsee, die großen Wale.

In der Tat sind sie, weit größer noch als die Dinosaurier, die größten Tiere,** die sich auf dem Planeten Erde entwickelt haben. Ein ausgewachsener Blauwal kann eine Länge von 30 Metern und ein Gewicht von 150 Tonnen erreichen. Und dennoch sind viele, vor allem die Bartenwale, sanftmütige Weidetiere, die weite Meeresbereiche nach mikroskopisch kleinen Pflanzen absuchen, während sich andere von Fisch und Krill ernähren. Erstaunlicherweise sind sie Neulinge im Meer: Noch vor 70 Millionen Jahren lebten ihre Vorfahren als fleischfressende Säugetiere auf dem Land, die dann nach und nach ins Meer überwechselten. Brutpflege wird bei ihnen noch heute großgeschrieben, die Kindheit zieht sich – auch das bezeichnend –

* Demnach enthalten alle Bücher der Welt nicht mehr Information, als in einem einzigen Jahr in einer einzigen amerikanischen Großstadt vom Fernsehen ausgestrahlt wird. Aber nicht alle Bits sind gleichwertig.

** Im Pflanzenreich werden sie durch manche Mammutbäume an Größe und Gewicht noch übertroffen.

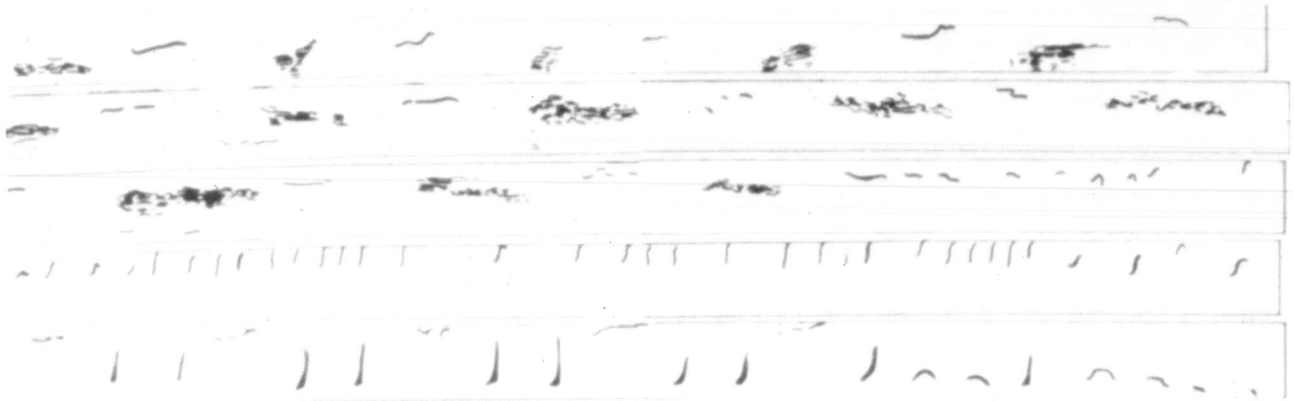

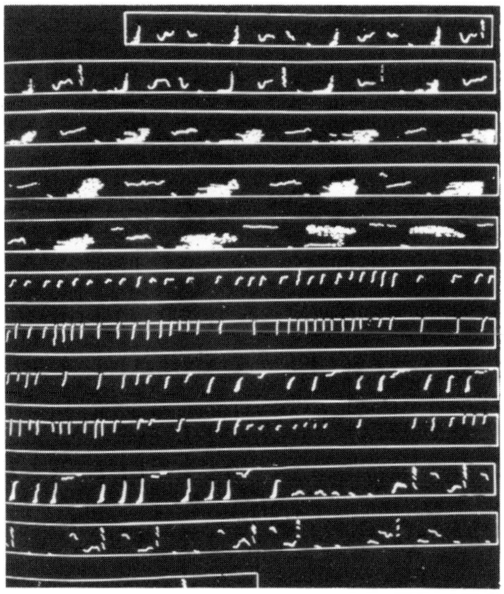

Mit dem Tonfrequenzspektrometer analysierte »Buckelwalgesänge«: Die Zeilen zeigen horizontal den Zeitverlauf und vertikal die Schallfrequenz von den tiefen zu den hohen Tönen an. Die annähernd senkrechten Linien stehen für mehrere Oktaven umfassende Glissandi. Die Hydrophon-Unterwasseraufzeichnungen machte F. Watlington (Palisades Sofar Station auf den Bermudas) am 28. April 1964. Laut Roger Payne »unterscheiden sich die 1964 aufgenommenen Gesänge von denen des Jahres 1969 wie Beethoven von den Beatles«, wobei er selbst die Walmusik der sechziger Jahre schöner findet als die der siebziger. M. frdl. Gen. d. American Association for the Advancement of Science.

lange hin und schließt Unterweisung durch die Alten und Spiel als typischen Zeitvertreib ein – lauter Säugetiermerkmale, die für die Entwicklung intelligenter Lebewesen große Bedeutung besitzen.

Die See ist trüb. Auge und Geruchssinn, für Landsäuger von großem Nutzen, taugen in der Meerestiefe nicht viel. Diejenigen unter den Walvorfahren, die sich auf diese Sinne verließen, um einen Kameraden oder ein Jungtier oder auch einen Beutegreifer zu orten, haben nicht viele Nachkommen hinterlassen. So wurde im Lauf der Evolution eine andere Methode vervollkommnet, die bestens funktioniert und für das Verständnis der Wale unabdingbar ist: das Gehör. Die Walgesänge, wie einige Lautäußerungen genannt werden, deren wahre Natur und Bedeutung wir allerdings bis heute nicht kennen, umfassen ein breites Frequenzband, das noch ein ganzes Stück über die tiefsten für das menschliche Ohr vernehmbaren Töne hinausreicht. Ein typischer Walgesang dauert etwa eine Viertelstunde; der längste rund eine Stunde. Oft wird er Note um Note, Schwingung um Schwingung, Takt um Takt wiederholt. Gelegentlich bricht eine Walgruppe ihren Gesang abrupt ab, um ihr Winterquartier zu verlassen, nimmt ihn aber bei der Rückkehr nach einem halben Jahr genau an der richtigen Stelle mit der richtigen Note wieder auf, als hätte es keine Unterbrechung gegeben. Wale besitzen ein sehr gutes Gedächtnis. Meist allerdings stimmen sie nach ihrer Rückkehr andere Stücke an, bereichern die Wal-Hitparade um neue Nummern.

Sehr beliebt ist bei den Walschulen auch der Chorgesang. Durch Übereinkunft und Gemeinschaftskompositionen wechselt das Stück langsam, aber sicher von Monat zu Monat. Betrachten wir diese komplexen Gesänge der Buckelwale als Tonsprache, so enthalten sie insgesamt gut 10^6 Informationsbits, etwa ebenso viele wie *Ilias* oder *Odyssee*. Was sich die Wale oder ihre Vettern, die Delphine, erzählen oder vorsingen, wissen wir nicht. Sie besitzen keine Organe, um ihre Umwelt zu manipulieren, und errichten keine technischen Konstruktionen, aber sie sind gesellige Geschöpfe. Sie ja-

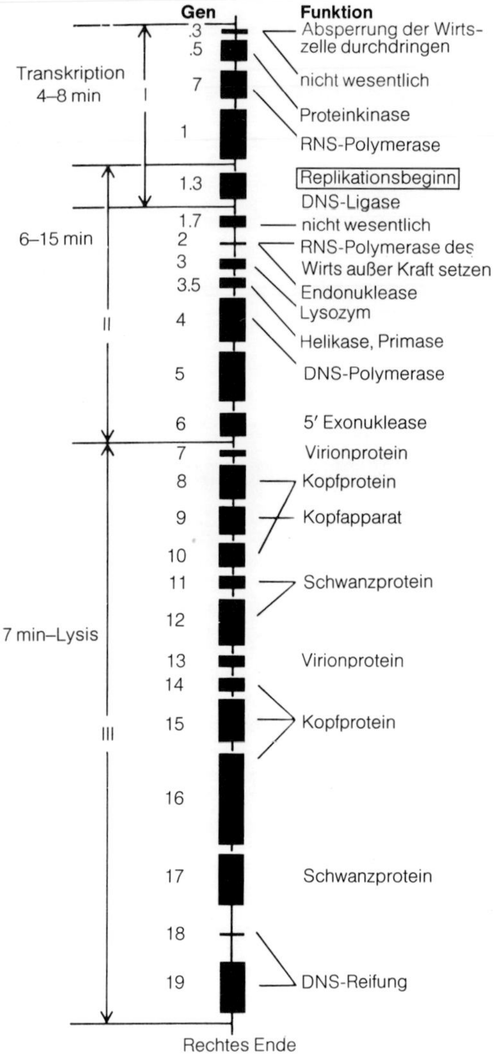

Die Gen-Bücherei des Virus T 7. Dieser einzelne kurze DNS-Strang mit seinen rund 20 Genen beinhaltet alles, was dieser Organismus wissen muß, um in eine Bakterie einzudringen und die Herrschaft über die Wirtszelle zu übernehmen. Die in der DNS-Sprache durch die Abfolge der Nukleotide niedergelegte Information umfaßt vor allem Anweisungen zur Verdoppelung der DNS-Instruktionen und des Proteinkopfes und -schwanzes sowie Anleitungen zur Benutzung des biochemischen Apparates der Wirtszelle, die so von einer Bakterienproduktionsanlage in eine T 7-Fabrik umprogrammiert wird. Aus Arthur Kornberg, *DNA Replication,* W.H. Freeman and Company 1980. © 1980.

gen, schwimmen, fischen, weiden, scherzen, paaren sich, spielen und flüchten vor Beutegreifern, was sicher genügend Erzählstoff liefert.

Bedroht sind die Wale hauptsächlich durch einen Neuankömmling, einen Emporkömmling unter den Tieren, der sich erst seit kurzem dank seiner Technologie auf den Ozeanen bewegen gelernt hat, ein Wesen, das sich Mensch nennt. Während 99,99% der Walgeschichte hat es weder in der Tief- noch auf der Hochsee Menschen gegeben. In dieser Zeit haben die Wale ihr ungewöhnliches akustisches Verständigungssystem entwickelt. So können z. B. die Furchenwale außerordentlich laute Geräusche von einer Frequenz von 20 Hertz, also etwa von der Tonhöhe der tiefsten Oktave auf dem Klavier, erzeugen. (Hertz ist die Maßeinheit der Tonfrequenz; 1 Hz = 1 Schwingung/sec, d. h. in jeder Sekunde nimmt das menschliche Ohr eine Tonwelle, bestehend aus Wellenkamm und Wellental, auf.) Solche Niederfrequenztöne werden im Meer kaum absorbiert. Nach Berechnungen des amerikanischen Biologen Roger Payne können zwei Wale über den Tiefseekanal bei 20 Hertz praktisch weltweit Verbindung zueinander aufnehmen, z. B. vom Ross-Eisschelf in der Antarktis bis zu den Aleuten. So dürften diese Meeressäuger auch während eines Großteils ihrer Geschichte über ein erdumspannendes Kommunikationsnetz verfügt und sich über 15000 km Entfernung in der Tiefe des Meeres hoffnungsvoll ihre Liebeslieder zugesungen haben.

Millionen Jahre konnten sich diese mitteilsamen Giganten praktisch ohne natürliche Feinde entwickeln. Dann tauchte mit der Erfindung des Dampfschiffs im 19. Jahrhundert plötzlich eine verhängnisvolle Lärmbelästigungsquelle auf. Mit der steigenden Zahl der Handels- und Kriegsschiffe trat diese Geräuschkulisse, vornehmlich im Frequenzbereich von 20 Hertz, immer hörbarer hervor, was die Verbindung der Wale über die Meere hinweg zunehmend erschwert und ihren Kommunikationsbereich zusehends eingeschränkt haben muß. Konnten sich Furchenwale vor zweihundert Jahren noch über 10000 km Entfernung miteinander verständigen, so klappt die Kommunikation heute allenfalls noch über ein paar hundert Kilometer. Wir wissen zwar nicht, ob sie sich Namen gegeben haben und einander an der »Stimme« erkennen, zweifelsohne aber haben wir sie voneinander abgeschnitten. Wesen, die Jahrmillionen lang Verbindung zueinander aufnehmen konnten, sind mittlerweile nachhaltig zum Schweigen gebracht.*

Aber nicht genug damit, wir erlegen systematisch bis zum heutigen Tag Wale. Noch immer finden sich Menschen bereit, diese Meeressäuger zu jagen, abzuschlachten, zu verhökern und zu Lippenstiften oder industriellen Schmiermitteln zu verarbeiten. Obwohl viele Nationen den systematischen Mord an diesen intelligenten Geschöpfen als Ungeheuerlichkeit verurteilen, wird der Walfang, vor allem von Japan, Norwegen und der UdSSR, ungerührt weiter betrieben. Die Menschheit, angeblich an der Kommuni-

* Diese Geschichte hat ein eigenartiges Gegenstück: Der für interstellare Kommunikation mit anderen technischen Zivilisationen geeignetste Kanal liegt bei einer Frequenz von 1,42 Milliarden Hertz, nämlich der Wasserstofflinie im Radiowellenbereich, denn schließlich ist Wasserstoff das häufigste Atom im Universum. Dieses Frequenzband aber, auf dem wir erst seit kurzem nach Signalen intelligenter extraterrestrischer Lebewesen fahnden, wird zunehmend vom privaten und militärischen Funkverkehr auf der Erde blockiert, und zwar nicht nur von den Großmächten. Mit anderen Worten, wir stören den interstellaren Kanal, und so besteht die Gefahr, daß wir über dem unkontrollierten Ausbau der irdischen Radiotechnologie die Chance verpassen, mit intelligenten Wesen ferner Welten in Verbindung zu treten. Ihre Gesänge könnten ungehört verhallen, nur weil wir nicht den Willen aufbringen, diesem Unfug einen Riegel vorzuschieben und ins All hinauszulauschen.

kation mit intelligenten Wesen im All interessiert, sollte wohl erst einmal die Kommunikation mit der irdischen Intelligenz verbessern – mit den Vertretern der zahlreichen anderen Kulturen und Sprachen, mit den Menschenaffen, den Delphinen, besonders aber mit den klugen Herren der Tiefe, den großen Walen.

Um sich am Leben erhalten zu können, muß ein Wal vielerlei wissen und beherrschen. Dieses Wissen ist in seinen Genen und in seinem Gehirn gespeichert. Die genetische Information lehrt ihn unter anderem, wie er Plankton in Waltran umwandeln oder unter Atemanhalten einen Kilometer tief abtauchen kann. Die Gehirninformation, das erworbene Wissen, sagt ihm, wer seine Mutter ist oder was das Lied, das er gerade hört, zu bedeuten hat. So besitzt der Wal, wie alle anderen Tiere der Erde, eine Bibliothek in seinen Genen und eine zweite in seinem Gehirn.

Das genetische Material des Wals besteht, genau wie das unsere, aus Kernsäuren, jenen außergewöhnlichen Molekülen, die sich aus den chemischen Bausteinen ihrer Umgebung selbst nachbauen und vererbte Information in die Tat umsetzen können. So sind z. B. Enzyme, darunter die auch in jeder menschlichen Zelle enthaltene Hexokinase, imstande, in zwei Dutzend Schritten ein aus Plankton gewonnenes Zuckermolekül in etwas Energie umzusetzen und damit einen Beitrag zu einer Niederfrequenznote in der Musik der Wale zu leisten.

Die in der DNS-Doppelhelix eines Wals oder Menschen gespeicherte Information ist, wie bei jedem anderen tierischen oder pflanzlichen Lebewesen der Erde, mit Hilfe von vier Buchstaben aufgezeichnet – den vier verschiedenen Arten von Nukleotiden, den Molekülbestandteilen der DNS. Wie viele Informationsbits enthält das Erbmaterial der verschiedenen Lebensformen, wie viele Ja-Nein-Antworten auf die verschiedenen biologischen, in der Sprache des Lebens geschriebenen Fragen? Bei einem Virus z. B. sind es grob geschätzt 10000, etwa ebensoviel Information wie auf dieser Buchseite. Aber die Information des Virus ist einfach, komprimiert, außerordentlich zweckdienlich. Ihre Lektüre erfordert strengste Konzentration. Mittels dieser Instruktionen kann das Virus andere Organismen infizieren und sich reproduzieren – sein einziger Lebenszweck. Ein Bakterium dagegen braucht etwa eine Million Informationseinheiten, was rund 100 Druckseiten entspräche. Schließlich haben Bakterien bereits eine ganze Menge mehr zu tun, denn da sie keine reinen Schmarotzer sind, müssen sie ihren Lebensunterhalt selbst erwerben. Noch weit komplizierter ist natürlich eine freischwimmende einzellige Amöbe mit annähernd 400 Millionen Bits in ihrer DNS, deren Fortpflanzungsanweisungen etwa achtzig 500seitige Bände füllen würden.

Ein Wal oder ein Mensch braucht etwa 5 Milliarden Bits, d. h. eine Lebensenzyklopädie von 5×10^9 Informationseinheiten pro Zellkern, was einer tausendbändigen Bibliothek in englischer Sprache gleichkäme. Mit anderen Worten, jede unserer hundert Billionen Zellen ist mit einer vollständigen Bibliothek ausgestattet, in der sich die Anleitungen zur Herstellung all unserer Einzelbestandteile finden. Denn da alle Zellen unseres Körpers auf dem Weg der Zellteilung aus einer einzigen Zelle entstanden sind, dem befruchteten Ei, jener elterlichen Gemeinschaftsproduktion, haben sie samt und sonders durch alle Phasen der Embryonalentwicklung hindurch das gleiche Erbe – die von Schritt zu Schritt getreulich verdoppelten genetischen Originalinstruktionen – erhalten. So ruht in unseren Leberzellen,

Ein kleiner Ausschnitt aus der Gen-Bücherei eines Menschen oder eines Wals, sofern diese, statt in Kernsäuren verschlüsselt, in normalen Büchern ausgeschrieben wäre. Jeder Titel entspricht einem vielschichtigen Funktionskomplex. Diese Funktionen werden von den Organismen ohne Vermittlung des Gehirns sachkundig ausgeführt, wobei die Gen-Instruktionen als »praktische Ratgeber« dienen. Photo Edwardo Castañeda.

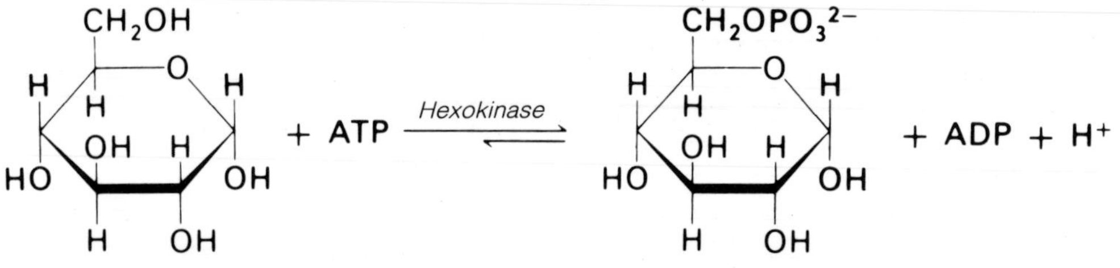

Glucose **Glucose-6-Phosphat**

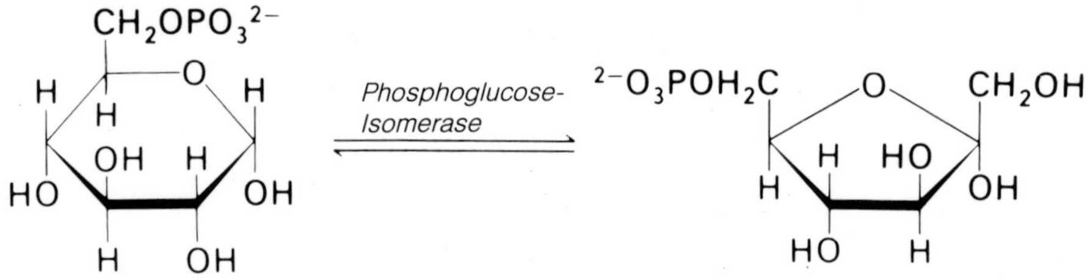

Glucose-6-Phosphat **Fructose-6-Phosphat**

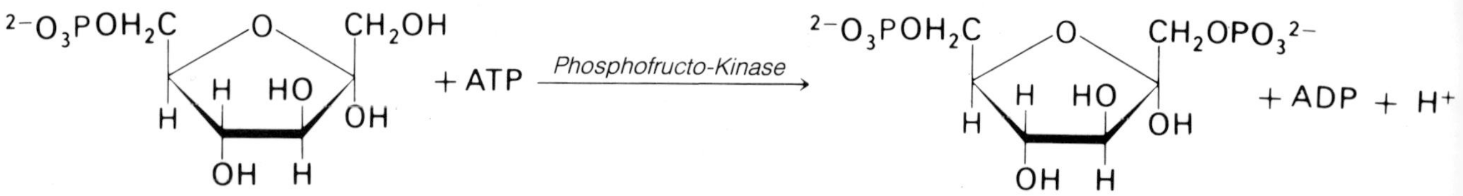

Fructose-6-Phosphat **Fructose-1,6-Diphosphat**

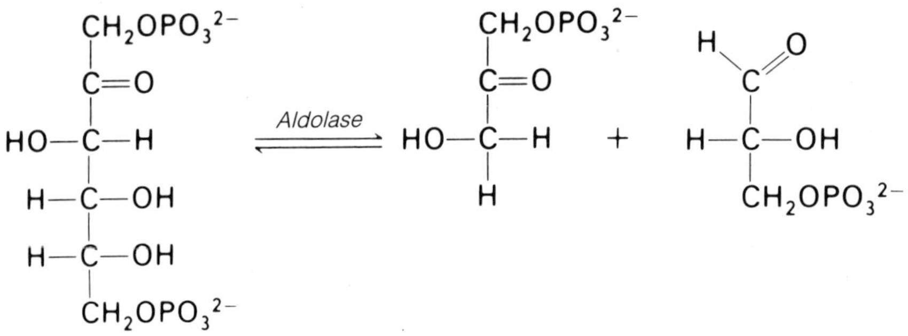

Fructose-1,6-Diphosphat **Dihydroxyaceton-Phosphat** **Glycerinaldehyd-3-Phosphat**

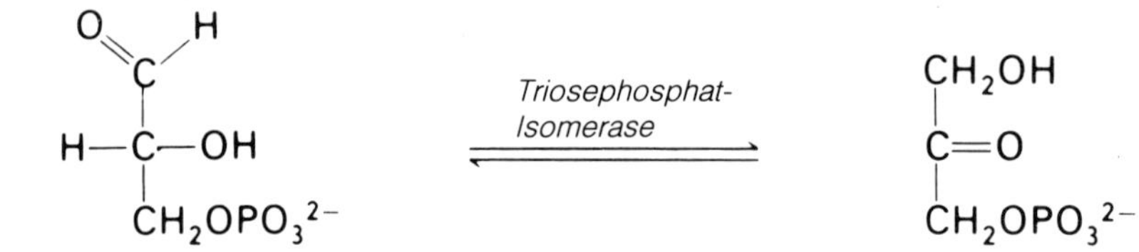

Glycerinaldehyd-3-Phosphat **Dihydroxyaceton-Phosphat**

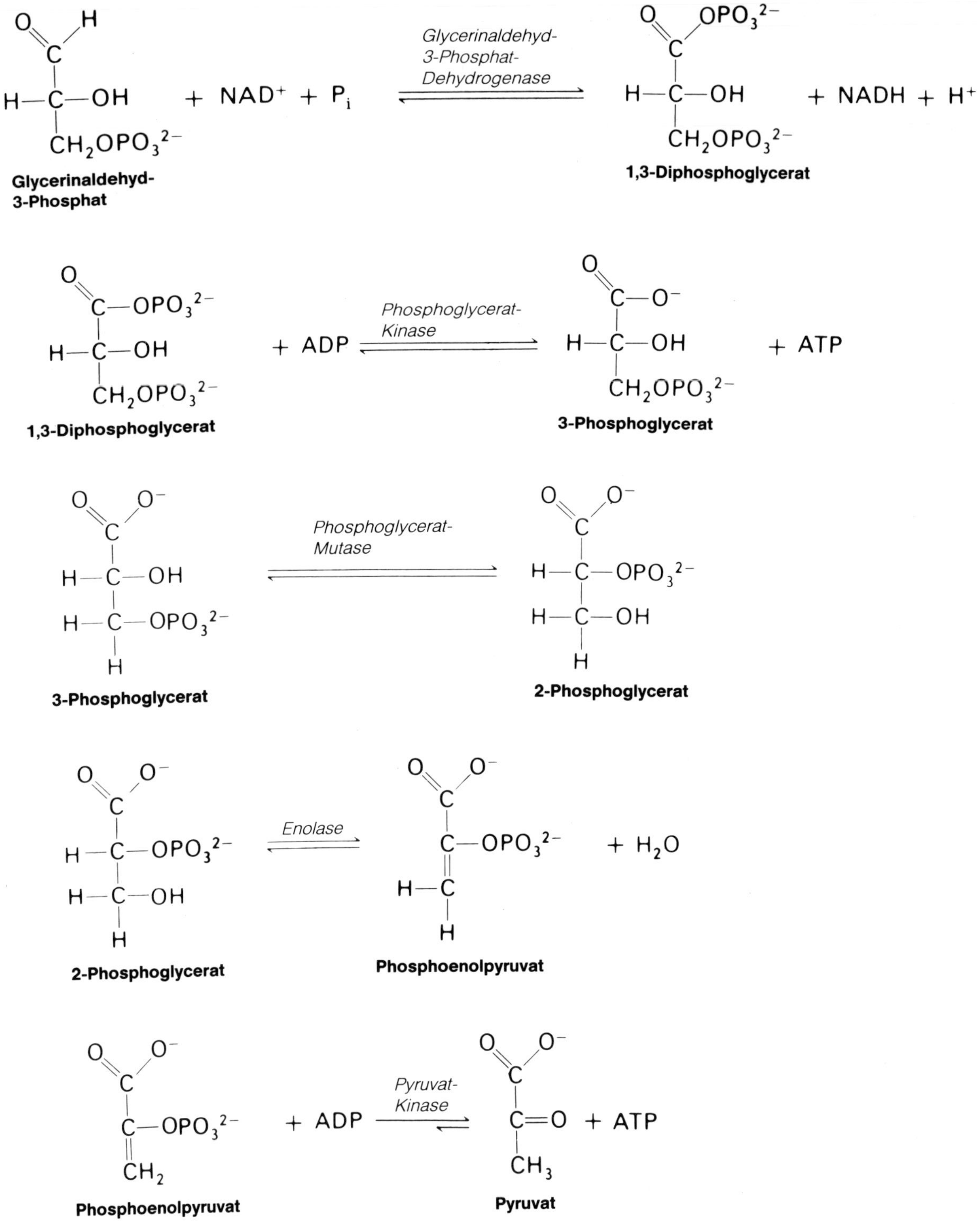

Winziger Ausschnitt aus den in der Gen-Bibliothek gespeicherten Informationen: die ersten Schritte bei der Verdauung von Traubenzucker (Glucose). An allen Ecken der Glucose darstellenden Hexagone und der Fructose darstellenden Pentagone sitzt ein Kohlenstoffatom. Das sechs Kohlenstoffatome enthaltende Fructose-1,6-Diphosphat-Molekül wird nun in zwei Fragmente mit jeweils drei Kohlenstoffatomen aufgespalten, wobei jeder einzelne chemische Schritt durch ein besonderes Ferment gesteuert wird, dessen Bezeichnung sich über den Pfeilen findet. Die für diese komplizierten chemischen Vorgänge erforderliche Energie liefern ATP-Moleküle. Zwei ATP-Moleküle verdoppeln sich bei der Aufspaltung in zwei Fragmente zu je drei Kohlenstoffatomen auf vier, wodurch ein Energieüberschuß erzielt wird. Luftatmende Organismen wie Wale oder Menschen gewinnen durch Verbindung von Pyruvat *(unten rechts)* und Sauerstoff zusätzliche Energie. Diese ausgeklügelte chemische Pumpe treibt einen Großteil des Lebens auf der Erde an.

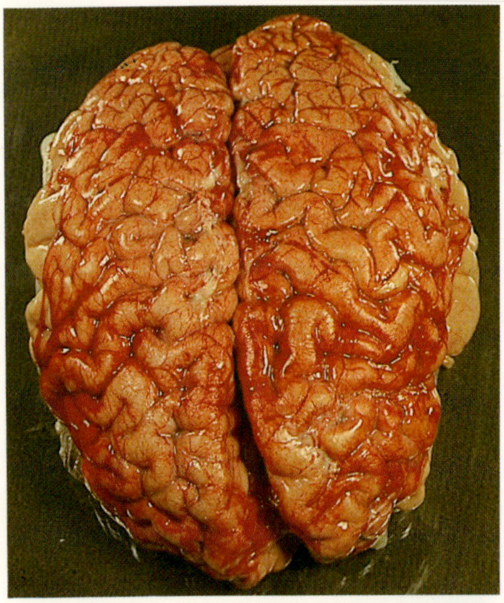

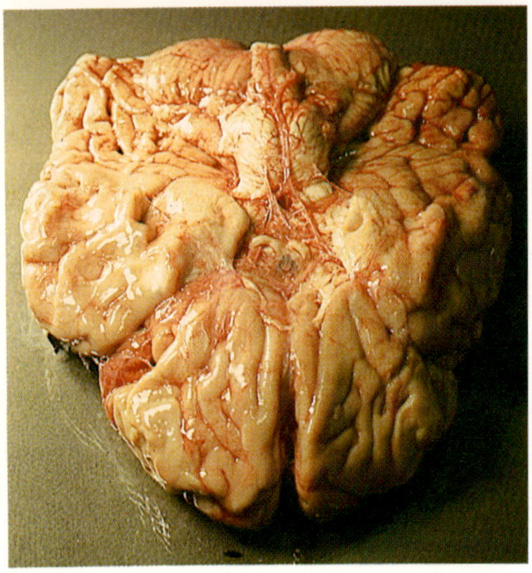

wenn auch ungenutzt, das Wissen um den Aufbau der Knochenzellen und umgekehrt. Die genetische Bibliothek enthält einfach alles, was unser Körper von sich aus vermag. Die Anweisungen sind sehr ausführlich, erschöpfend und detailliert und betreffen alle nur erdenklichen Vorgänge – wie man lacht, sich schneuzt, geht, Muster erkennt, sich fortpflanzt oder einen Apfel verdaut (die ersten Instruktionen zur Verdauung des Zuckers in einem Apfel beispielsweise finden sich auf den Seiten 286 und 287 in die Sprache der Chemie übersetzt).

Der Verzehr eines Apfels ist ein unerhört komplizierter Vorgang. Müßten wir unsere eigenen Enzyme selbst herstellen und alle für die Energiegewinnung aus der Nahrung erforderlichen Schritte *bewußt* erinnern und vollziehen, würden wir wahrscheinlich verhungern. Aber sogar Bakterien sind zu anaerober Glykolyse imstande – übrigens der Grund, weshalb Äpfel faulen: Mahlzeit für Mikroben. Sie, wir und alle Lebewesen dazwischen verfügen über ähnliche genetische Instruktionen. Unsere jeweiligen Genbüchereien enthalten viele gemeinsame Seiten – Hinweis auf unser gemeinsames entwicklungsgeschichtliches Erbe. Mit unserer Technologie können wir bis jetzt nur einen winzigen Bruchteil der komplizierten biochemischen Vorgänge, die unser Körper mühelos abwickelt, nachvollziehen. Wir haben diese Abläufe eben erst zu untersuchen begonnen, während die Evolution schon eine Praxis von Jahrmilliarden hinter sich hat: Die DNS weiß Bescheid.

Nehmen wir aber einmal an, wir hätten etwas so Kompliziertes zu tun, daß sogar mehrere Milliarden Bits nicht ausreichten. Nehmen wir an, unsere Umwelt würde sich so rasch wandeln, daß die vorgegebene genetische Enzyklopädie, die uns bis dahin so gute Dienste geleistet hat, nicht mehr ganz dem neusten Stand der Dinge entspräche. Genau dort, wo unsere tausendbändige genetische Bibliothek nicht mehr weiterhilft, springt unser Gehirn ein.

Wie alle unsere Organe, hat sich auch das Gehirn im Laufe von Jahrmillionen entwickelt und mit zunehmender Vielschichtigkeit auch seinen Informationsgehalt stetig erweitert. Sein Aufbau spiegelt sämtliche Phasen wider, die es dabei durchlaufen hat. Nach Paul MacLeans erregender Erkenntnis haben sich die höheren Hirnfunktionen in drei aufeinanderfolgenden Schritten herausgebildet. Da die Entwicklung von innen nach außen verlief, befindet sich der für die grundlegenden biologischen Funktionen wie die Lebensrhythmen (Herzschlag und Atmung) zuständige älteste Teil, der Hirnstamm, tief innen. Ringsum liegt der R-Komplex, der Sitz von Aggression, Komment, Revierverhalten und Sozialhierarchie, der sich vor mehreren hundert Jahrmillionen bei unseren Reptilienvorfahren herausbildete. Wir alle tragen also tief drinnen in unserem Schädel eine Art Krokodilgehirn mit uns herum. Umgeben ist dieser R-Komplex vom limbischen System oder Säugetiergehirn, das die Säugetiere noch vor der Entstehung der Primaten vor etlichen Jahrzehnmillionen entwickelten und das die Hauptquelle unserer Stimmungen und Gefühle, unserer Liebe und Fürsorge für die Jungen ist.

Ganz außen folgt schließlich die in einem ungesicherten Burgfrieden zu den darunterliegenden primitiveren Hirnpartien stehende Großhirnrinde, die sich vor Jahrmillionen bei unseren Primatenvorfahren herausgebildet hat. Dieser Teil des Gehirns, in dem Materie in Bewußtsein umgesetzt wird, ist auch der Ausgangspunkt für alle unsere kosmischen Reisen. Mit über zwei Dritteln der Gehirnmasse ist der Cortex der Bereich der Intuition und der kritischen Analyse. Von hier kommen unsere Ideen und Inspirationen, hier lesen und schreiben, rechnen und komponieren wir, mit einem Wort, der Cortex steuert unser bewußtes Dasein. Er ist der Sitz unserer Menschlichkeit, er unterscheidet unsere Spezies von den anderen Arten, ihm verdanken wir unsere Kultur und Zivilisation.

Aber das Gehirn spricht nicht die Gensprache der DNS. In ihm ist unser gesamtes Wissen in Zellen verschlüsselt, den Neuronen, mikroskopisch kleinen elektrochemischen Schaltelementen von ein paar Hundertstel Millimeter Durchmesser, von denen wir rund hundert Milliarden besitzen, was in etwa der Zahl der Sterne in der Milchstraße entspricht. Diese Neuronen sind oft vieltausendfältig mit ihren Nachbarn verbunden, so daß die menschliche Großhirnrinde von etwa 100 Billionen = 10^{14} solcher Verbindungen durchzogen ist.

Charles Sherrington stellt sich die Vorgänge in der Großhirnrinde nach dem Erwachen folgendermaßen vor:

»Nun verwandelt sich [der Cortex] in ein funkelndes Feld rhythmischer Flammpunkte, zwischen denen Funkenketten hin- und hersausen. Das Gehirn erwacht, das Bewußtsein kehrt wieder. Es ist, als hätte die Milchstraße einen kosmischen Tanz angetreten. Im Handumdrehen gleicht der Cortex einem Zauberwebstuhl, auf dem Millionen aufblitzender Weberschiffchen ein sogleich wieder zerrinnendes, stets bedeutsames, wenn auch flüchtiges Muster weben, das alle untergeordneten Elemente in wechselnder Harmonie vereint. Und während Bewegung in den erwachenden Körper kommt, gelangen Elemente dieser großen, harmonischen Aktivität in die noch dunklen Bahnen der [niederen Hirnpartien]. Blitzend dahinsausende Funkenketten schlagen die Brücken. Der Körper ist erwacht und erhebt sich zu seinem Tagewerk.«

Bis in den Schlaf hinein halten die vielschichtigen menschlichen Lebensbelange das Gehirn in pulsierender, pochender, strömender Aktivität, bewirken Träume, Erinnerungen, Vorstellungen. All unsere Gedanken, Visionen und Phantasien erwachsen aus der physikalischen Realität. Ein Gedanke entsteht z. B. aus Hunderten von elektrochemischen Impulsen. Wären wir klein genug, um in die Neuronen hineinzukriechen, würden wir Zeugen komplizierter und verschlungener Augenblicksmuster, die sich etwa zur blitzartigen Erinnerung an Fliederduft auf einer Landstraße in der Kindheit oder zur besorgten Alarmfrage: »Wo habe ich bloß die Schlüssel hingelegt?« verdichten.

Unser Geist kennt viele Höhen und Tiefen, und entsprechend weist auch unser Gehirn viele Windungen auf, die der Vergrößerung der Cortexoberfläche und damit der Speicherung von Informationen in unserem räumlich doch recht beengten Schädelinneren dienen. Die hier ablaufenden neurochemischen Vorgänge sind erstaunlich vielfältig, übertreffen in ihren großartig funktionierenden Schaltschemata jede von uns ersonnene Maschine und sind doch nach derzeitigem Wissensstand ausschließlich das Werk der 10^{14} Nervenverbindungen, aus denen sich das elegante Bauwerk unseres Bewußtseins zusammensetzt. Unsere Gedankenwelt gliedert sich grob gesprochen in zwei Hemisphären, von denen die rechte Großhirnhalbkugel hauptsächlich für Mustersehen, Intuition, Empfindungsvermögen, schöp-

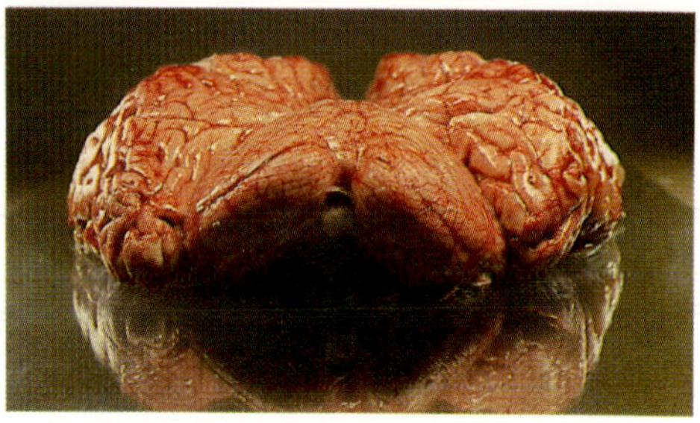

Gehirn-Bibliothek: drei Aufnahmen des menschlichen Gehirns mit seinen auf eine Masse von etwa 1400 Gramm verteilten rund 100 Billionen Informations-Bits. Die erste Aufnahme *(vorhergehende Seite, oben)* zeigt die beiden durch ein breites Nervenfaserbündel verknüpften Hemisphären des Großhirns. Die Windungen dienen zur Vergrößerung der Hirnoberfläche in einem vorgegebenen Raum. In der Aufnahme *darunter* das Stammhirn; das Großhirn nimmt so viel Raum ein, daß auf diesem Photo im oberen Bildbereich Teile des Frontal- und Temporallappens sichtbar sind. Dieser urtümlichste Hirnteil ist für die Regulierung von Herzschlag, Körpertemperatur, Tast- und Schmerzempfindungen und dergleichen zuständig.

Selbst auf unserem Schrägbild *oben* sind der das Stammhirn umgebende R-Komplex und das Limbische System großenteils im Hirninneren verborgen. Untersuchungen von Fried, Paul und Scheibel, Aufnahmen Peter Duong. M. frdl. Gen. v. Arnold Scheibel, Brain Research Institute, UCLA.

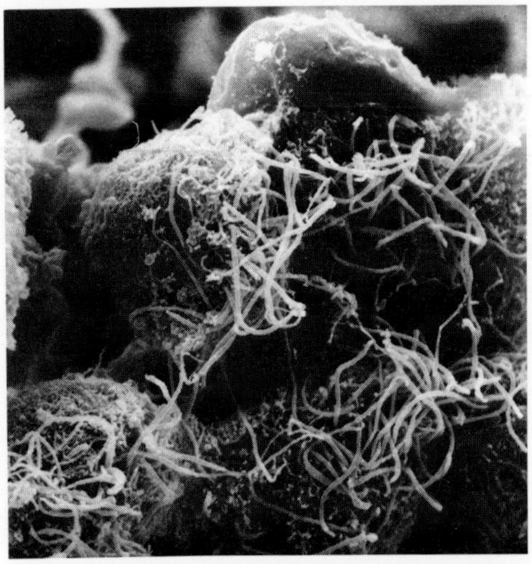

Neuronenbündel im menschlichen Stammhirn unter dem Elektronenmikroskop (15 000fache Vergrößerung). In solchen Nervenverbindungen wird die Gehirn-Bibliothek gespeichert, verarbeitet und zugänglich gemacht. Photo Peter Duong. M. frdl. Gen. v. Arnold Scheibel, Brain Research Institute, UCLA.

ferische Erkenntnis, die linke dagegen für rationales, analytisches und kritisches Denken zuständig ist. Damit haben wir die beiden wesentlichen, die Stärke des Menschen ausmachenden, sein Denken kennzeichnenden Gegensätze umrissen, deren Zusammenspiel es uns ermöglicht, Ideen zu entwickeln und auf ihre Gültigkeit zu prüfen. Die beiden Hemisphären stehen über einen gewaltigen Nervenstrang in ständigem Austausch, das *Corpus callosum* oder den Balken, der die Brücke zwischen Kreativität und Analyse, den beiden unabdingbaren Voraussetzungen für das Weltverständnis, schlägt.

Die im Gehirn gespeicherte Information dürfte, in Bits ausgedrückt, der Gesamtzahl der Neuronenverbindungen entsprechen, d.h. sich auf hundert Billionen, also 10^{14} Bits, belaufen. In Englisch aufgezeichnet, würde diese Information gut zwanzig Millionen Bände füllen und mithin eine der größten Bibliotheken der Welt darstellen. Demnach trägt jeder von uns das Wissen von zwanzig Millionen Büchern im Kopf herum. Kaum zu fassen, was in unserem Hirn auf so kleinem Raum alles Platz findet. Dieser Bücherbestand ist größtenteils in der Großhirnrinde untergebracht. Im Kellergeschoß finden sich die Funktionen, die das Verhalten unserer frühen Vorfahren weitgehend bestimmten – Aggression, Kinderaufzucht, Angst, Fortpflanzungstrieb, blinder Gehorsam. Während manche der höheren Hirnfunktionen wie Lesen, Schreiben und Sprechen an bestimmte Stellen der Großhirnrinde gebunden scheinen, ist unser reicher Erinnerungsschatz auf viele Punkte verteilt. Wenn es so etwas wie Telepathie wirklich gäbe, böte sich uns die himmlische Möglichkeit, in den in der Großhirnrinde unserer Lieben aufgezeichneten Büchern zu lesen. Da ein zwingender Beweis für die Existenz der Telepathie jedoch aussteht, wird es wohl auch künftig Künstlern und Schriftstellern vorbehalten bleiben, diese Gedanken aufzudecken.

Die Funktion des Gehirns beschränkt sich indessen mitnichten auf die Erinnerung. Es vergleicht, faßt zusammen, analysiert und abstrahiert. Schließlich müssen wir viel mehr verstehen, als unsere Gene wissen können. Deshalb ist unsere Gehirnbücherei auch rund zehntausendmal so groß wie unsere Genbücherei. Unser Lerneifer, den wir am Verhalten jedes Kleinkinds beobachten können, ist für uns das Werkzeug zum Überleben. Gefühle und ritualisierte Verhaltensmuster sind uns zwar tief eingeprägt, machen einen Teil unseres Menschseins aus, sind aber nicht *typisch* menschlich. Auch viele Tiere kennen Gefühle. Was uns als Spezies von den anderen Lebewesen unterscheidet, ist das Denken. Die Großhirnrinde stellt eine Befreiung dar: Durch sie sind wir nicht länger in den genetisch ererbten Verhaltensmustern der Eidechsen und Paviane gefangen, sondern großenteils selbst dafür verantwortlich, was in unser Gehirn gelangt, wofür wir uns als Erwachsene interessieren, was wir als Wissen uns aneignen. Wir sind dem Reptiliengehirn nicht mehr auf Gedeih und Verderb ausgeliefert, wir haben die Möglichkeit, uns zu ändern.

Die meisten Großstädte der Welt haben sich nach und nach mehr oder minder zufällig, den Bedürfnissen des Augenblicks entsprechend, ausgedehnt; nur höchst selten wird eine Stadt als Ganzes für die ferne Zukunft geplant. In ähnlicher Weise hat sich auch unser Gehirn entwickelt: Von einem kleinen Zentrum ausgehend, hat es sich langsam erweitert und verändert, während viele alte Teile weiterhin in Funktion blieben. Die Evolution konnte das alte Kernstück nicht einfach seiner Unzulänglichkeit wegen abreißen und durch eine modernere Konstruktion ersetzen – schließlich mußte das Gehirn während des Ausbaus weiterfunktionieren. Deshalb folgte auf den Hirnstamm der R-Komplex, auf diesen das limbische System und darauf schließlich die Großhirnrinde. Aufgrund ihrer vielen fundamentalen Funktionen waren die alten Teile nicht einfach entbehrlich, und so sind sie – unausweichliche Konsequenz unserer Evolution – als vielfach veraltete und sogar ausgesprochen hemmende Elemente noch immer in Betrieb.

In New York City stammt die Straßenführung weitgehend aus dem 17. Jahrhundert, die Aktienbörse aus dem 18., die Wasserversorgungsanlage aus dem 19. und das Stromversorgungsnetz aus dem 20. Jahrhundert. Wären all diese Einrichtungen gleichzeitig erbaut bzw. erneuert worden, hätte man bei der Anlage natürlich rationeller vorgehen können (weshalb sich Großbrände wie die von London und Chicago für die Städteplaner manchmal recht segensreich auswirken). Umgekehrt aber gestattete die langsame, schrittweise Einbeziehung der jeweils anfallenden neuen Funktionen der Stadt jahrhundertelang die mehr oder minder kontinuierliche Fortführung ihrer Funktionen.

Greifen wir nur ein Beispiel heraus. Im 17. Jahrhundert waren Brooklyn und Manhattan durch eine Fähre über den East River miteinander verbunden. Als man dann im 19. Jahrhundert über die technischen Mittel verfügte, eine Hängebrücke über den Fluß zu bauen, entschied man sich für dieselbe Stelle, einmal, weil die Stadt hier den erforderlichen Grund besaß, zum anderen aber auch im Hinblick auf die bereits vorhandenen Zubringerstraßen. Aus denselben Gründen wählte man später auch für die Untertunnelung des Flusses denselben Punkt, zumal während des Brückenbaus als eine Art Vorstufe breits Caissons angebracht worden waren. Und ähnlich wie der Mensch hier frühere Systeme benutzt und einbezogen hat, geht auch die biologische Evolution vor.

Als unsere Gene nicht mehr all die fürs Überleben notwendige Information speichern konnten, erfanden wir Schritt für Schritt das Gehirn. Und als dann vor etwa zehntausend Jahren auch das Gehirn nicht mehr ausreichte, lernten wir unerhörte Informationsmengen außerhalb unseres Körpers zu speichern und erfanden, unseres Wissens als einzige Spezies der Erde, ein weder in unseren Genen noch in unserem Gehirn untergebrachtes Gemeinschaftsgedächtnis: die Bibliothek.

Ein Buch ist aus einem Baum gemacht. Seine flachen, flexiblen Bestandteile sind mit schwarzen Schnörkeln bedruckt. Ein Blick darauf genügt, und wir hören die Stimme eines anderen, der schon Jahrtausende tot sein kann. Über Jahrtausende hinweg spricht der Verfasser deutlich vernehmbar, wenn auch stumm, in unserem Kopf direkt zu uns. Die Schrift ist vielleicht unsere größte Erfindung, denn sie verbindet uns miteinander über ferne Epochen hinweg, ohne daß wir einander persönlich kennen. So sprengen Bücher die Fesseln der Zeit und machen uns zu Magiern.

Einige der frühesten Zeugnisse sind in Ton geritzt. Vor rund 5000 Jahren wurde im Nahen Osten zum Zwecke der Buchführung die Keilschrift, die frühe Vorläuferin des abendländischen Alphabets, erfunden. Verzeichnet wurden der Einkauf von Getreide, der Verkauf von Land, die Siege der Könige, die Satzungen der Priester, die Position der Sterne, die Gebete zu den Göttern. Jahrtausendelang wurde die Schrift in Ton und Stein gemeißelt, in Wachs, Rinde oder Leder gekratzt, auf Bambus, Papier oder Seide gepin-

Das Sternbild des Kamels. Aus dem *Abd al-Rahman al Sufi al Kitab al-Kawakib Wa's Suwar Razi* (»Buch der Sterne und Sternbilder«), Persien 1632. M. frdl. Gen. d. Spencer Collection, New York Public Library, Astor, Lenox and Tilden Foundations. Photo Bill Ray.

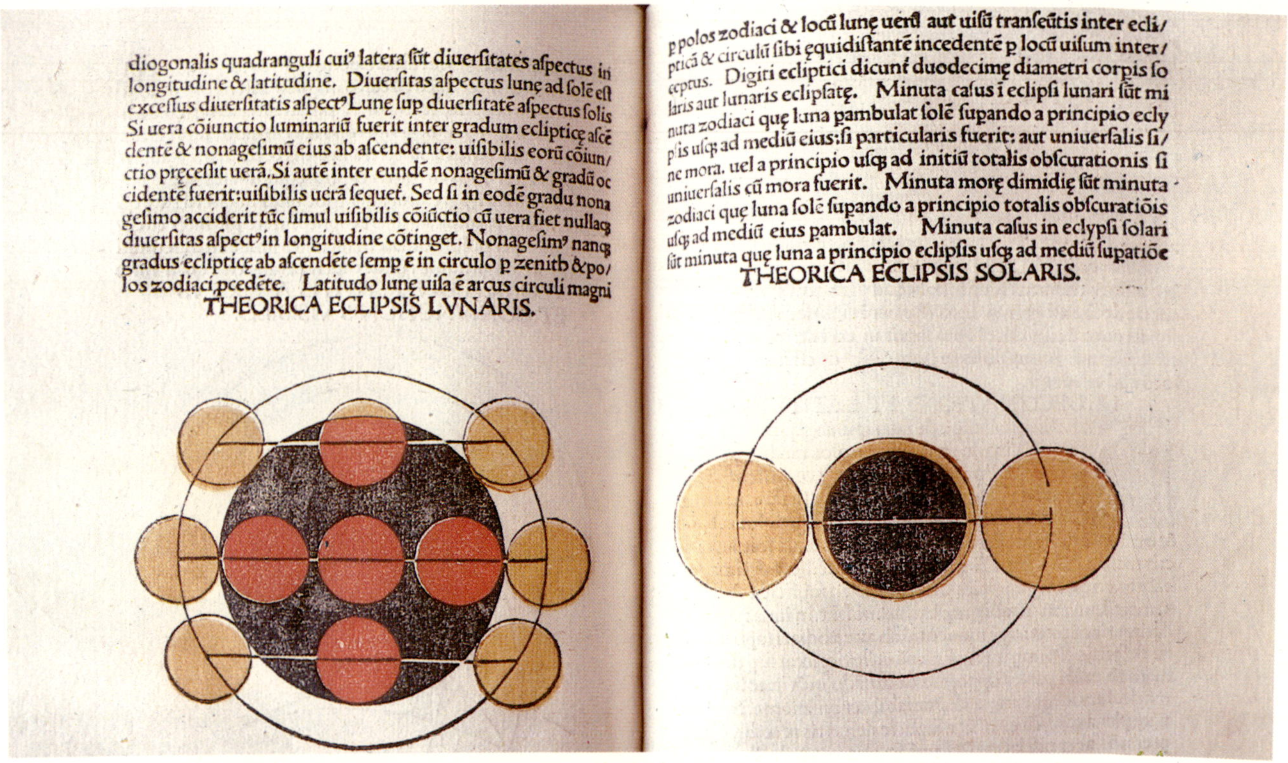
diogonalis quadranguli cuiꝯ latera ſũt diuerſitates aſpectus in longitudine & latitudine. Diuerſitas aſpectus lunę ad ſolẽ eſt exceſſus diuerſitatis aſpectꝯ Lunę ſuꝑ diuerſitatẽ aſpectus ſolis Si uera cõiunctio luminariũ fuerit inter gradum eclipticę aſcẽdentẽ & nonageſimũ eius ab aſcendente: uiſibilis eorũ cõiun/ctio pręceſſit uerã. Si autẽ inter eundẽ nonageſimũ & gradũ occidentẽ fuerit: uiſibilis uerã ſequet. Sed ſi in eodẽ gradu nonageſimo acciderit tũc ſimul uiſibilis cõiũctio cũ uera fiet nullaq̃ diuerſitas aſpectꝯ in longitudine cõtinget. Nonageſimꝯ nanq̃ gradus eclipticę ab aſcendẽte ſemꝑ ẽ in circulo ꝑ zenith & po/los zodiaci ꝓcedẽte. Latitudo lunę uiſa ẽ arcus circuli magni

THEORICA ECLIPSIS LVNARIS.

ꝑ polos zodiaci & locũ lunę uerũ aut uiſũ tranſeũtis inter ecli/pticã & circulũ ſibi ęquidiſtantẽ incedentẽ ꝑ locũ uiſum inter/ceptus. Digiti ecliptici dicunt duodecimę diametri corpis ſolaris aut lunaris eclipſatę. Minuta caſus ĩ eclipſi lunari ſũt minuta zodiaci quę luna ꝑambulat ſolẽ ſuꝑando a principio eclyꝑſis uſq; ad mediũ eius: ſi particularis fuerit: aut uniuerſalis ſi/ne mora. uel a principio uſq; ad initiũ totalis obſcurationis ſi uniuerſalis cũ mora fuerit. Minuta morę dimidię ſũt minuta zodiaci quę luna ſolẽ ſuꝑando a principio totalis obſcuratiõis uſq; ad mediũ eius ꝑambulat. Minuta caſus in eclypſi ſolari ſũt minuta quę luna a principio eclipſis uſq; ad mediũ ſuꝑatiõe

THEORICA ECLIPSIS SOLARIS.

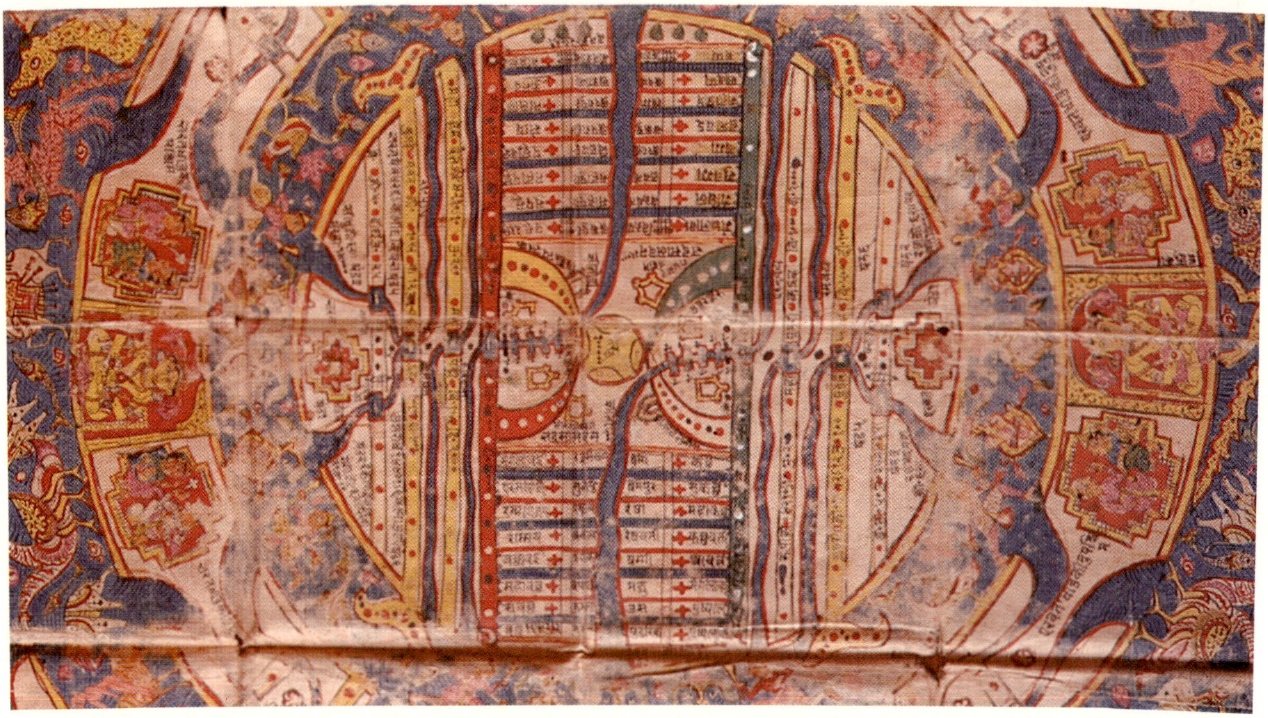

Vier frühe Beiträge zur menschlichen »Bücher-Bibliothek«. *Oben:* Zwei Seiten aus dem 1485 in Venedig von Erhard Ratdult gedruckten Werk *Sphaera Mundi* von Joannes de Sacro Bosco über den Ursprung von Mond- und Sonnenfinsternissen. *Unten:* Darstellung der dschainistischen Kosmologie und Kosmographie auf Stoff (Gujarat, Indien, 16. Jahrhundert). *Folgende Seite oben:* Mohammeds Himmelfahrt. Aus dem türkischen Manuskript *Daver Siyar-e Nabi* (»Leben des Propheten«) von Mustafa ibn Jusuf (16. Jahrhundert). *Unten:* Sternbild des Wassermanns. Aus *De Sideribus Tractatus* von Gaius Hyginus, Italien, um 1450. Sämtliche Abbildungen m. frdl. Gen. d. Spencer Collection, New York Public Library, Astor, Lenox and Tilden Foundations. Photos Bill Ray.

selt – immer aber nur in einer Ausführung und somit (mit Ausnahme der Denkmalinschriften) nur einem winzigen Leserkreis zugänglich. Zwischen dem 2. und dem 6. Jahrhundert aber erfanden die Chinesen dann Schlag auf Schlag Papier, Druckerschwärze und geschnitzte Prägestöcke, so daß die einzelnen Werke kopiert und an ein breites Publikum verteilt werden konnten.

Im fernen und rückständigen Europa jedoch faßte diese Idee erst tausend Jahre später Fuß. Dann freilich schossen auch hier die Bücher allenthalben wie Pilze aus dem Boden: Hatte es kurz vor der Erfindung der beweglichen Lettern (um 1450) im ganzen Abendland nur etliche zehntausend handgeschriebene Bände – etwa genauso viele wie 100 v. Chr. in China und ein Zehntel des Bestands der großen Alexandrinischen Bibliothek – gegeben, belief sich die Zahl der Druckwerke fünfzig Jahre später (um 1500) bereits auf 10 Millionen. Wie mit einem Zauberschlag waren damit Wissen und Gelehrsamkeit allen zugänglich, die lesen konnten.

In unserer Zeit werden Bücher, vornehmlich Taschenbücher, in billigen Riesenauflagen auf den Markt geworfen. Um den Preis einer bescheidenen Mahlzeit kann man sich über den Aufstieg und Niedergang des Römischen Reiches, die Entstehung der Arten, die Traumdeutung und die Natur der Dinge informieren. Bücher sind wie Samen. Sie können jahrhundertelang ruhen und dann selbst noch im kargsten Boden aufgehen.

Die großen Bibliotheken der Welt enthalten Millionen Bände, was etwa 10^{14} Informationseinheiten in Wort und etwa 10^{15} im Bild entspricht – zehntausendmal mehr als in unseren Genen und rund zehnmal mehr als in unserem Gehirn gespeichert ist. Bei einer Leserate von einem Buch pro Woche kann ich in meinem Leben nur ein paar tausend Bücher lesen, ungefähr ein Zehntel Prozent der Werke, die in unseren größten Büchereien stehen. Da muß man schon wissen, nach welchen Titeln man greifen soll. Die Buchinformation ist nicht ein für allemal vorprogrammiert, sondern ändert sich ständig, wird durch die Ereignisse korrigiert und den Zeitverhältnissen angepaßt. Die Gründung der Alexandrinischen Bibliothek liegt nun schon 23 Jahrhunderte zurück. Bei vier Generationen pro Jahrhundert sind das fast hundert Generationen – ohne Bücher und schriftliche Aufzeichnungen die reinste Ewigkeit!

Wie wenig wüßten wir heute, wäre die Information über eine solche Zeitspanne hinweg nur durch mündliche Überlieferung weitergegeben worden. Alles hinge von der Auswahl und der Genauigkeit der übermittelten Erkenntnisse ab. Mit der Zeit aber würde das Wissen unserer Vorfahren, auch wenn es noch so hoch in Ehren stünde, doch mehr und mehr verdreht, um schließlich gänzlich in Vergessenheit zu geraten. Bücher dagegen ermöglichen uns Reisen durch die Zeit, um die Weisheit unserer Vorfahren direkt anzuzapfen. Dank der Bibliotheken können wir uns die von den größten Geistern aller Zeiten der Natur abgerungenen Erkenntnisse zu eigen machen, bei den besten Lehrern der Geschichte und des ganzen Planeten in die Schule gehen, bei Lehrern, die nicht müde werden, uns zu unterweisen und anzuregen, auch unsererseits einen Teil zum kollektiven Wissen der Menschheit beizutragen … Öffentliche Büchereien sind auf freiwillige Beiträge angewiesen, ja, mir scheint die Unterstützung, die wir ihnen angedeihen lassen, ein Indiz für die Gesundheit unserer Zivilisation, ein Gradmesser für unser Verhältnis zu den Grundlagen unserer Kultur wie für unsere Vorsorge für die Zukunft.

Zwei Seiten aus einem Thai-Manuskript über Astrologie und Astronomie des 19. Jahrhunderts. M. frdl. Gen. d. Spencer Collection, New York Public Library, Astor, Lenox and Tilden Foundations. Photos Bill Ray.

Finge die Erdgeschichte heute unter gleichen Vorzeichen noch einmal von vorne an, würden höchstwahrscheinlich keine menschenähnlichen Wesen mehr entstehen, denn der Evolutionsprozeß trägt weitgehend Zufallscharakter. Ein kosmischer Strahl, der ein anderes Gen trifft, eine andere Mutation hervorruft, mag auf Anhieb wenig bewirken, kann aber weitreichende Spätfolgen zeitigen. In der Biologie ist es wie in der Geschichte: Je weiter das kritische Ereignis zurückliegt, desto stärker ist unter Umständen sein Einfluß auf die Gegenwart.

Nehmen wir nur unsere Hände. Wir besitzen fünf Finger einschließlich eines gegenüberstellbaren Daumens, die sich als äußerst brauchbar erweisen. Vermutlich aber würden uns drei Finger und ein Daumen oder fünf Finger und ein Daumen oder auch vier Finger und zwei Daumen ebenso gute Dienste leisten. Mit anderen Worten, die besondere Anordnung unserer Finger, die uns so natürlich und zwangsläufig erscheint, ist nicht besser als eine ganze Reihe anderer Möglichkeiten. Wir haben lediglich deshalb fünf Finger, weil unser Vorfahr im Devon ein Fisch mit fünf Flossenstrahlen war. Hätte er vier- oder sechsstrahlige Flossen besessen, trügen auch wir heute vier oder sechs Finger an jeder Hand und würden das für völlig normal ansehen. Da wir aber zehn Finger haben, rechnen wir auch nach dem Dezimalsystem.* Andernfalls würden wir von der Grundzahl 8 oder 12 ausgehen und uns die 10 für die neue Mathematik vorbehalten. Dasselbe gilt für viel wichtigere Aspekte unseres Seins – für unser Erbmaterial, die inneren biochemischen Vorgänge, unseren Körperbau, unsere Gestalt, unsere Organsysteme, Vorlieben und Abneigungen, Leidenschaften und Depressionen, ja sogar für unser analysierendes Denken. Sie alle sind das Ergebnis scheinbar unbedeutender Zufälle in unserer ungeheuer langen Evolutionsgeschichte. Vielleicht hätte es schon genügt, daß im Karbon eine Libelle weniger in den Sümpfen ertrunken wäre, damit die intelligenten Wesen auf unserem Planeten heute Federn trügen und ihre Nachkommen in Brutkolonien unterwiesen. Die kausalen Fäden der Evolution sind zu einem erstaunlich komplizierten Muster verwoben, das wir – demütig sei's bekannt – nur sehr unvollständig durchschauen.

Vor 65 Jahrmillionen waren unsere Vorfahren denkbar reizlose Säugetiere, Wesen von Maulwurfs- oder Spitzhörnchengröße mit entsprechend bescheidener Intelligenz, in denen wohl nur ein tollkühner Biologe die Vorläufer des heute dominierenden Stammes vermutet hätte. Damals jedenfalls war die Erde der Tummelplatz furchteinflößender, alptraumhafter Echsen – der Dinosaurier, unerhört erfolgreicher Reptilien, die praktisch alle ökologischen Nischen besetzt hielten. Manche schwammen, andere flogen, wieder andere, darunter Ungetüme von der Höhe eines sechsstöckigen Hauses, donnerten über den Erdboden. Einige hatten bereits ein ziemlich großes Gehirn, eine aufrechte Haltung und zwei zierliche, recht handähnliche Vordergliedmaßen, mit denen sie flinke Kleinsäuger, darunter vermutlich auch unsere frühen Vorfahren, erbeuteten. Hätten diese Dinosaurier überlebt, wären die verstandesbegabten Beherrscher unseres Planeten heute vielleicht vier Meter groß, besäßen eine grüne Haut und ein scharfes Gebiß und hielten Menschengestalten für gespenstische Ausgeburten

* Den Griechen erschien es so natürlich, die Arithmetik auf die Zahl 5 oder 10 aufzubauen, daß sie statt »zählen« »fünfen« sagten.

der Saurier-Science-fiction. Doch die Dinosaurier konnten sich nicht halten, sondern sind wie viele, vielleicht die meisten Arten der Erde einer Katastrophe zum Opfer gefallen,* während Spitzhörnchen und Säugetiere überlebten.

Niemand weiß, was die Dinosaurier von der Erdoberfläche wegfegte. Einer interessanten These zufolge soll es eine kosmische Katastrophe gewesen sein, die Explosion eines Nachbarsterns – eine Supernova wie die, der der Crab-Nebel seine Entstehung verdankt. Wäre es vor nunmehr gut 65 Jahrmillionen zehn bis zwanzig Lichtjahre vom Sonnensystem entfernt tatsächlich zu einem Supernovaausbruch gekommen, hätte sich ein intensiver kosmischer Strahlenfluß in den Weltraum ergossen und beim Eintritt in die irdische Lufthülle den Stickstoff der Atmosphäre verbrannt. Die dabei entstandenen Stickstoffoxide wiederum hätten die schützende Ozonschicht der Atmosphäre abgebaut, die ultraviolette Sonneneinstrahlung auf die Erdoberfläche verstärkt und so viele nur ungenügend gegen das intensive ultraviolette Licht abgeschirmte Organismen abgetötet oder zur Mutation gezwungen, darunter möglicherweise auch die Hauptnahrung der Dinosaurier.

Jedenfalls hat die Katastrophe, die die Dinosaurier von der Bildfläche fegte, die Säugetiere von einem starken Druck befreit. Plötzlich brauchten unsere Ahnen nicht mehr im Schatten gefräßiger Reptilien zu leben, und so entfalteten und verzweigten wir uns aufs üppigste. Vor zwanzig Jahrmillionen hausten unsere unmittelbaren Vorfahren vermutlich noch auf den Bäumen. Später mußten sie dann, da die Wälder während einer größeren Eiszeit zurückgingen und den Grassavannen wichen, auf den Boden heruntersteigen. Was aber hilft die beste Anpassung ans Baumleben, wenn es nur wenige Bäume gibt? So dürften mit dem Schwinden der Wälder auch viele Baumprimaten ausgestorben sein. Einige wenige fristeten auf der Erde ein klägliches Dasein, überlebten aber immerhin, und eine dieser Linien führte in direkter Entwicklung zu uns. Was die erwähnte Klimaänderung auslöste, vermag niemand zu sagen. Vielleicht kam es zu einer geringfügigen Verschiebung in der Lichtstärke der Sonne oder der Umlaufbahn der Erde; vielleicht wurde durch heftige Vulkanausbrüche feiner Staub in die Stratosphäre hinaufgeschleudert, der mehr Sonnenlicht in den Weltraum reflektierte und damit eine Abkühlung der Erde herbeiführte; vielleicht auch hat sich der allgemeine Kreislauf der Meere verändert oder die Sonne eine galaktische Staubwolke durchquert. Doch was in Wahrheit auch immer die Ursache gewesen sein mag, eins macht der Vorgang jedenfalls deutlich – die enge Abhängigkeit unserer Existenz von astronomischen und geologischen Zufallsereignissen.

Nachdem wir von den Bäumen auf den Boden übergewechselt waren, nahmen wir eine aufrechte Haltung an, womit unsere Hände frei wurden. Und da wir außerdem mit beiden Augen vorzüglich sahen, waren die Voraussetzungen für die Herstellung von Werkzeugen mehr oder weniger schon gegeben. Nun erwies sich mit einemmal auch der Besitz eines großen Gehirns und die Fähigkeit, komplizierte Gedankengänge mitzuteilen, als Vorteil. Es galt, neue Umweltbedingungen zu bewältigen, wozu man sich besser klug

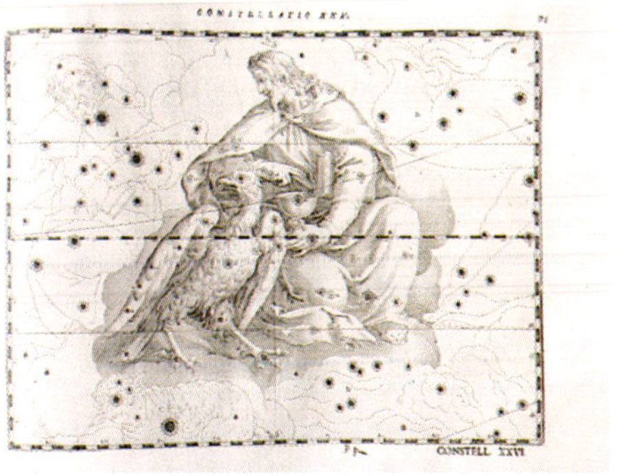

Sternbild des Krebses aus Julius Schillers *Coelum Stellatum Christianum Concauum* (S. 72/73), der mit diesem 1627 in Augsburg veröffentlichten Buch den Himmel – allerdings vergeblich – von der »heidnischen« Mythologie säubern wollte. Hier hat er den Krebs durch den Evangelisten Johannes ersetzt. M. frdl. Gen. d. Spencer Collection, New York Public Library, Astor, Lenox and Tilden Foundations. Photo Bill Ray.

* Neuesten Untersuchungen zufolge sollen damals 96 Prozent aller in den Meeren lebenden Arten ausgestorben sein. Bei einer solch enorm hohen Rate aber können sich die heute existierenden Formen nur aus einem kleinen, nicht repräsentativen Querschnitt der im späten Mesozoikum vertretenen Organismen entwickelt haben.

Titelseite der ersten Folioausgabe von Shakespeares Werken, London 1623. M. frdl. Gen. d. New York Public Library, Astor, Lenox and Tilden Foundations. Photo Bill Ray.

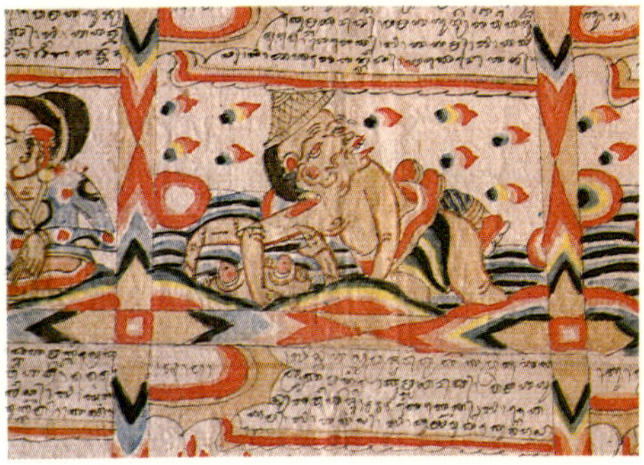

Auf Leinen gedruckter indonesischer astrologischer Kalender aus Bali, 19. Jahrhundert. M. frdl. Gen. d. Spencer Collection, New York Public Library, Astor, Lenox and Tilden Foundations. Photo Bill Ray.

als dumm anstellte. Intelligente Wesen können Schwierigkeiten besser meistern, leben daher länger und hinterlassen mehr Nachkommen. Bis zur Erfindung der Kernwaffen hob Intelligenz die Überlebenschancen erheblich. Sie setzte in unserer Entwicklungsgeschichte eine Horde bepelzter kleiner Säugetiere instand, sich vor den Dinosauriern zu verstecken, Baumwipfel zu besiedeln und nach dem Überwechseln auf den Boden das Feuer zu zähmen, die Schrift zu erfinden, Sternwarten zu bauen und Raumfahrzeuge ins All zu schicken.

Wäre irgendwo eine Kleinigkeit anders gelaufen, könnten sich andere Lebewesen mittels Intelligenz und handwerklicher Geschicklichkeit zu ebensolchen Leistungen aufgeschwungen haben. Vielleicht die schlauen zweibeinigen Dinosaurier oder die Waschbären oder die Otter oder der Tintenfisch. Es wäre interessant, nichtmenschliche Intelligenzformen in ihrer Andersartigkeit kennenzulernen, und so erforschen wir Wale und Menschenaffen und unterrichten uns durch Geschichte und Kulturgeschichte über andere Kulturen. Aber wir sind alle zu nah miteinander verwandt – wir Wale, wir Affen, wir Menschen. Solange sich unsere Forschungen auf eine oder zwei entwicklungsgeschichtliche Linien auf einem einzigen Planeten beschränken, bleibt uns die mögliche Reichweite und Brillanz anderer Intelligenzen und Kulturen verschlossen.

Auf einem anderen Planeten, auf dem die Herausbildung erblicher Unterschiede anderen Zufallsprozessen unterläge und die Selektion der Genkombinationen von anderen Umweltbedingungen abhinge, dürften die Chancen, uns physisch sehr ähnliche Wesen zu finden, gleich Null sein. Nicht so dagegen die Chancen, andere intelligente Lebensformen zu entdecken, deren Gehirn sich gleichfalls von innen nach außen entwickelt haben mag. Sie könnten auch durchaus eine Entsprechung zu unseren bei Zimmertemperatur arbeitenden organischen Schaltelementen aufweisen, nur daß sie anstelle unserer Neuronen vielleicht Supraleiter besäßen, die bei sehr niedrigen Temperaturen mit unerhörter Geschwindigkeit funktionieren, so daß sie 10^7mal schneller denken könnten als wir. Ebensogut könnte man sich vorstellen, daß die Neuronen nicht physisch, sondern durch Radiowellen miteinander verbunden wären, so daß sich eine einzige Intelligenz auf viele verschiedene Organismen, ja sogar auf viele Planeten verteilen könnte, von denen jeder als Teil des übergreifenden Ganzen per Funk seinen Beitrag zur überragenden Gesamtintelligenz leisten würde.*

So könnte es Planeten geben, auf denen die intelligenten Lebewesen rund 10^{14} Neuronenverbindungen haben wie wir, aber auch andere, wo sie 10^{24} oder gar 10^{34} besitzen. Zu gerne wüßte ich, was solche Wesen wissen. Da sie und wir dasselbe Universum bewohnen, müßten wir auch wesentliche Informationen mit ihnen teilen. Gelänge es uns, Kontakt zu ihnen aufzunehmen, fände sich gewiß vieles in ihrem Kopf, was für uns von größtem Interesse wäre – und umgekehrt. Ich jedenfalls bin davon überzeugt, daß sich selbst wesentlich höher entwickelte extraterrestrische Intelligenzen für uns, unser Wissen und Denken, unser Gehirn, den Verlauf unserer Entwicklung und unsere Zukunftsaussichten interessieren würden.

Fragt sich nur, ob solche potentiellen Bewohner der Planeten relativ naher Sterne überhaupt etwas über unsere Existenz und den langwierigen Ent-

* In gewisser Hinsicht beginnt sich eine solche Funkintegration verschiedener Individuen auch auf dem Planeten Erde bereits abzuzeichnen.

Das große Dinosauriersterben wurde einer astronomischen Hypothese zufolge von einer erdnahen Supernovaexplosion (auf dem Bild von Don Davis oben rechts am Himmel) ausgelöst. Nach einer anderen Hypothese soll ein großer Asteroid auf die Erde gestürzt sein, dessen in der Stratosphäre fein verteilte Trümmer die Sonneneinstrahlung derart reduzierten, daß die Erde abkühlte und die Pflanzennahrung der Dinosaurier verkümmerte. Beide Ereignisse müssen im Verlauf von ein paar hundert Jahrmillionen mindestens einmal eingetreten sein. Jedenfalls schuf das Aussterben der zweibeinigen, intelligenten Riesenechsen freie Bahn für die Entwicklung der Säugetiere und des Menschen.

wicklungsprozeß in Erfahrung bringen könnten, der sich auf dem unscheinbaren Planeten Erde von den Genen übers Gehirn bis zur Bibliothek vollzogen hat. In der Tat böten sich ihnen, selbst wenn sie zu Hause blieben, mindestens zwei Möglichkeiten, uns zu entdecken. Sie brauchten bloß mit großen Radioteleskopen ins All hinauszulauschen. Jahrmillionenlang hätten sie nur schwache, intermittierende atmosphärische Störungen gehört, verursacht durch Blitze und die Pfeifgeräusche der im Magnetfeld der Erde gefangenen Elektronen und Protonen. Seit knapp einem Jahrhundert jedoch, seit die Erdenbewohner endlich die Radiokommunikation entdeckt haben, gehen von der Erde stärkere, lautere, eher signal- als geräuschähnliche Radiowellen aus. Und heute herrscht ein so ausgedehnter internationaler Funk-, Fernseh- und Radarverkehr, daß die Erde mittlerweile auf manchen Radiofrequenzen zum hellsten Objekt, zur stärksten Radioquelle im Sonnensystem, aufgerückt ist, heller als Jupiter, heller selbst als die Sonne. Eine extraterrestrische Zivilisation, die die Radioemission der Erde überwachte und solche Signale auffinge, müßte zu dem Schluß kommen, daß sich hier in letzter Zeit allerlei Interessantes getan hat.

Langsam bestreichen unsere stärkeren Funksender von der rotierenden Erde aus den Himmel. Aus dem Einsetzen und Abbrechen unserer Signale könnte ein Radioastronom auf dem Planeten eines anderen Sterns die Länge des Erdentages berechnen. Zu unseren kräftigsten Quellen zählen Radarsender, darunter auch einige, mit denen die Radarastronomen die Oberfläche naher Planeten mit Radiofingern abtasten. Da jedoch der gegen den Himmel geworfene Radarstrahl viel breiter ist als die Planeten, fällt ein guter Teil des Signals über das Sonnensystem hinaus in die Tiefen des interstellaren Raums, wo er vielleicht von einem ins All lauschenden Empfänger aufgefangen wird. Die meisten Radarsender jedoch dienen militärischen

Zwecken und suchen den Himmel nach Raketen mit nuklearen Sprengköpfen ab, um der Menschheit eine Viertelstunde vor Torschluß ihr Ende verkünden zu können. Der Informationsgehalt dieser Impulse ist gleich Null: eine Reihe einfacher, verschlüsselter Zahlenabfolgen.

Die durchschlagendste und auffälligste Radioquelle auf der Erde aber stellen unsere Fernsehanstalten dar. Da sich die Erde dreht, treten bestimmte Sender am einen Horizont in Aktion, während andere am anderen verstummen. Falls der so entstehende wirre Programmsalat von einer fortgeschrittenen Zivilisation auf dem Planeten eines nahen Sterns sortiert und richtig zusammengesetzt werden könnte, wären die meistwiederholten Botschaften zweifelsohne Sendezeichen und Aufforderungen, Reinigungsmittel, Deodorants, Kopfwehtabletten, Autos und Mineralölprodukte zu kaufen, die auffälligsten die von vielen Sendern in vielen Zeitzonen gleichzeitig ausgestrahlten Stellungnahmen wie Ansprachen des Präsidenten der Vereinigten Staaten oder des Ministerpräsidenten der Sowjetunion in Zeiten internationaler Krisen. Geistlose Werbung und Kommentare zu internationalen Krisen und mörderischen Bruderkriegen sind also die Hauptbotschaften, die wir über das Leben auf der Erde in den Kosmos ausstrahlen – in der Tat eine gute Empfehlung bei potentiellen außerirdischen Empfängern.

Wir können diese Fernsehsendungen nicht mehr zurückrufen. Es gibt keine Möglichkeit, sie durch eine schnellere Botschaft zu überholen und zu berichtigen, denn nichts pflanzt sich schneller fort als das Licht. In größerem Maßstab haben die Fernsehausstrahlungen auf der Erde erst Ende der vierziger Jahre begonnen. So breitet sich heute eine um die Erde gelagerte Kugelwelle mit der fatalen »Checkers-Ansprache« des damaligen Vizepräsidenten Richard M. Nixon und den nicht minder fatalen Bildern von der Kommunistenjagd Senator Joseph McCarthys mit Lichtgeschwindigkeit in den Weltraum aus. Da die Ausstrahlung dieser Sendungen erst wenige Jahrzehnte zurückliegt, haben sie sich auch erst wenige Dutzend Lichtjahre von uns entfernt und sind, wenn wir Glück haben, noch von keiner außerirdischen Zivilisation aufgefangen worden. Jedenfalls können wir nur hoffen, daß die Extraterrestrier unsere Programme reichlich unverständlich finden.

Die Sterne sind das Ziel der beiden Voyager-Raumkapseln, denen (nebst Abspielgerät und Nadel sowie einer Gebrauchsanleitung auf der Aluminiumhülle) je eine mit einer Goldschicht überzogene kupferne Bild-Ton-Platte mit Informationen über unsere Gene, über unser Gehirn und unsere Büchereien beigegeben ist. Ausgesprochen wissenschaftliche Inhalte haben wir nicht einbezogen, da eine Zivilisation, die Voyager in den Tiefen des interstellaren Raums abzufangen vermag, in der Wissenschaft weit fortgeschrittener wäre als wir, die wir zu diesem Zeitpunkt auch längst tot sind. Uns ging es vielmehr darum, jenen Wesen etwas über uns selber mitzuteilen, etwas, was vielleicht nur uns auszeichnet. Dabei sind die Interessen der Großhirnrinde und des limbischen Systems gut, die des R-Komplexes dagegen weniger ausführlich vertreten. Außerdem haben wir, auch wenn die Empfänger keine Sprache unserer Erde verstehen werden, Grußbotschaften in 60 verschiedenen Sprachen sowie den Gesang der Buckelwale aufgenommen. Photographien zeigen Menschen aus aller Welt bei der Fürsorge füreinander, beim Lernen, bei der Werkzeugherstellung, der Kunstproduktion und der Reaktion in verschiedenen Situationen, während neunzig Minuten Musik aus vielen Kulturen unsere kosmische Einsamkeit, unseren Wunsch, aus dieser Isolation herauszutreten, und unsere Sehnsucht, zu anderen Wesen im Kosmos Verbindung aufzunehmen, ausdrücken. Ferner haben wir die Lautäußerungen der Erde von den mutmaßlichen Geräuschen vor der Entstehung des Lebens über die Evolution der Menschheit bis zu unserer in jüngster Zeit aufkeimenden Technologie aufgenommen. Kurzum, wir haben wie die Wale einen Liebesgesang in die Tiefe des Weltraums hinausgeschickt. Und wenn unsere Botschaften vielleicht auch größtenteils unentziffert bleiben, ist der Versuch doch jedenfalls der Mühe wert.

In diesem Sinne haben wir der Voyager-Kapsel noch die Gedanken und Gefühle einer Person in Form ihrer in einstündigen elektrischen Aufzeichnungen registrierten, in Geräusche umgesetzten und elektronisch auf eine Minute komprimierten Hirn-, Herz-, Augen- und Muskeltätigkeit mit auf den Weg gegeben. Wir haben also in gewisser Hinsicht eine im Monat Juni des Jahres 1977 auf dem Planeten Erde angefertigte direkte Transkription der Gedanken und Gefühle eines bestimmten Einzelmenschen in den Kosmos hinausgeschossen. Möglich, daß die Empfänger nichts damit anfangen können oder sie für die Aufzeichnung eines Pulsars halten, der sie, oberflächlich betrachtet, gleicht. Möglich aber auch, daß eine unvorstellbar viel weiter fortgeschrittene Gesellschaft die aufgezeichneten Gedanken und Gefühle entziffern kann und unsere Bemühung, uns ihr mitzuteilen, zu würdigen weiß.

Im Gegensatz zur größtenteils Jahrmillionen, zum Teil sogar Jahrmilliarden zurückreichenden Information in unseren Genen ist die spezifisch menschliche Information in unseren Büchern und unseren Gehirnen höchstens ein paar Jahrtausende bzw. sogar nur ein paar Jahrzehnte alt. Auf der Erde ist unseren Monumenten und Artefakten aufgrund der natürlichen Erosion keine lange Zukunft bestimmt. Die Voyager-Bild-Ton-Platte dagegen befindet sich auf dem Weg vom Sonnensystem in den interstellaren Raum hinaus, wo die Erosion durch kosmische Strahlen und aufprallende Staubkörner so langsam fortschreitet, daß die auf der Platte festgehaltene Information eine Jahrmilliarde überdauern kann. So wird sich die in ihre Metallrillen eingegrabene Information weit länger halten als die in Genen, Gehirnen und Büchern verschlüsselte und die Erinnerung an die Menschheit noch bewahren, wenn die anderen Informationsträger schon längst erloschen sind.

Das Tempo der Voyager-Botschaft ist zum Verzweifeln langsam: Obwohl die Kapseln die schnellsten Gefährte darstellen, die die Menschheit je gestartet hat, werden sie bis zum nächsten Stern Zehntausende von Jahren unterwegs sein. Jede Fernsehsendung legt die Entfernung, für die Voyager Jahre braucht, in wenigen Stunden zurück, und so wird ein Fernsehprogramm die Voyager-Kapseln schon wenige Stunden nach seiner Ausstrahlung im oder jenseits des Saturn-Bereichs überholen und zu den Sternen weitereilen, um (falls es in diese Richtung läuft) in gut vier Jahren Alpha Centauri zu passieren. Möge es, wenn es vielleicht nach Jahrzehnten oder auch nach Jahrhunderten draußen im Weltraum aufgefangen wird, wohlmeinende Zuschauer finden, mögen sie gut von uns denken, uns, dem Produkt von fünfzehn Jahrmilliarden kosmischer Evolution und der lokalen Umwandlung von Materie in Bewußtsein. In jüngster Zeit hat uns unsere Intelligenz eine furchtbare Macht verliehen, doch steht der Beweis, ob wir

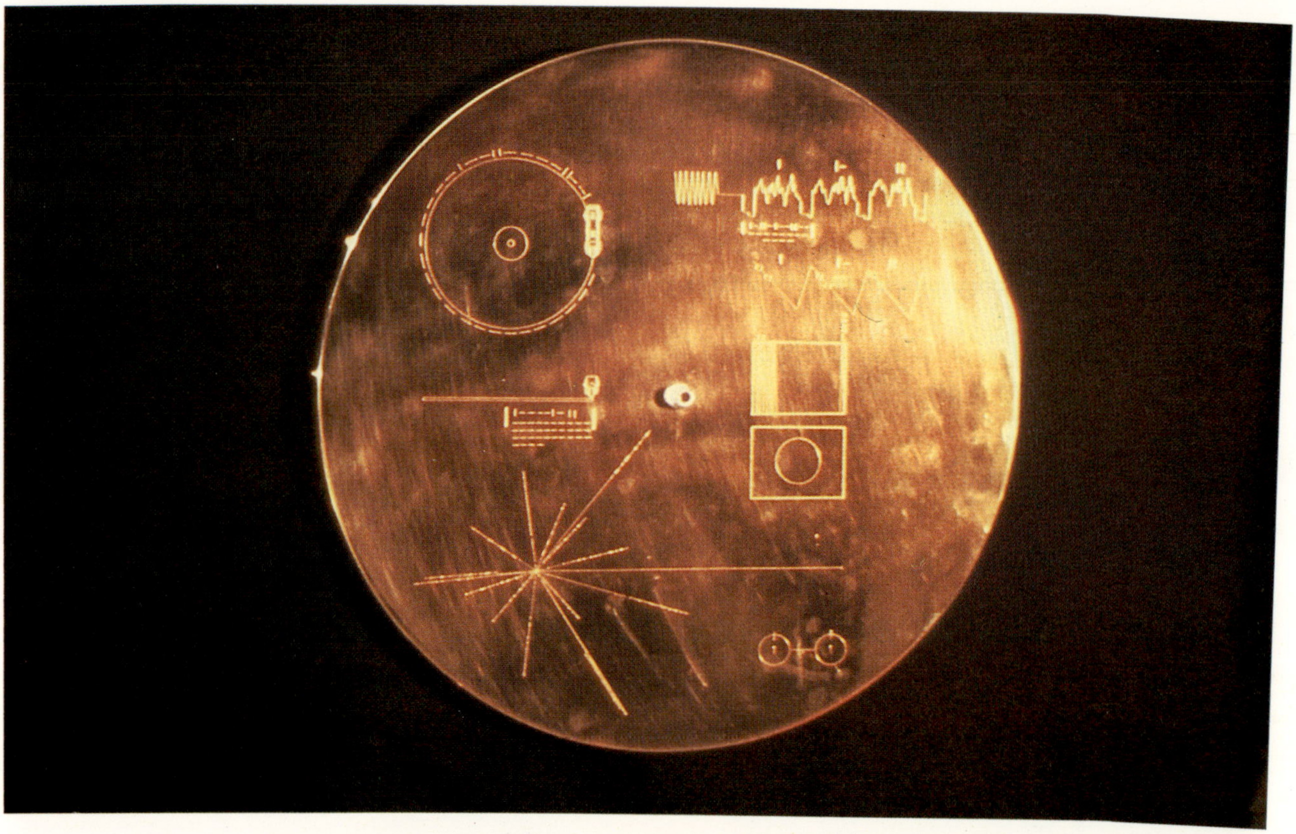

THE SOUNDS OF EARTH
UNITED STATES OF AMERICA
PLANET EARTH

auch klug genug sein werden, uns nicht selbst zu vernichten, noch aus. Viele von uns versuchen ihr Bestes, und so hoffen wir zuversichtlich, daß es uns nach kosmischen Zeitbegriffen schon sehr bald gelingen wird, unseren Planeten mit friedlichen Mitteln zu einen und zur geordneten Gemeinschaft zusammenzuschließen, die alles irdische Leben schützt und achtet und sich anschickt zum nächsten großen Schritt, der Eingliederung in die galaktische Gesellschaft kommunikationsbereiter Zivilisationen.

Die Voyager-Bild-Ton-Platte mit Botschaften an galaktische Zivilisationen, auf die die beiden Voyager-Sonden nach der Erforschung der Riesenplaneten und dem Austritt aus unserem Sonnensystem möglicherweise stoßen könnten. Auf der Schutzhülle *(oben)* in wissenschaftlicher Zeichensprache Abspielanleitungen sowie Angaben über die Erdposition und unser Zeitalter. Im Inneren befindet sich die Platte selbst *(unten)*, die eine Haltbarkeit von einer Jahrmilliarde besitzt.

Die Arecibo-Botschaft vom 16. November 1974, ein vom Arecibo Observatory zum rund 25000 Lichtjahre entfernten, weit jenseits der Milchstraßenebene gelegenen Kugelsternhaufen M 13 ausgesandtes Radiosignal aus 1679 Informations-Bits. 1679, das Produkt aus den Primzahlen 73 und 23, legt nahe, die Bits in 73 Zeilen zu je 23 Einheiten anzuordnen, wobei sich nebenstehendes Bild ergibt. Die oberste Zeile besteht aus den Zahlen 1 bis 10 im Binärcode, die zweite gibt die Ordnungszahlen der chemischen Elemente Wasserstoff, Kohlenstoff, Stickstoff, Sauerstoff und Phosphor an, aus denen wir bestehen. Gleichfalls in Zahlengruppen ausgedrückt, stellen der grüne und der blaue Block die Nukleotide und das Zucker-Phosphat-Rückgrat der DNS, der vertikale weiße Block dagegen die Anzahl der Nukleotide in den Genen des roten Wesens darunter dar, dessen Gesamtbevölkerungszahl sich rechts (in Einheiten der Transmissionswellenlänge, d.h. 12,6 cm) und dessen Körpergröße sich links angegeben finden. Darunter in Gelb das von diesem Wesen besiedelte Planetensystem, dessen dritter Planet zum Zeichen seiner Bedeutung eine Sonderstellung einnimmt. Die violette Figur symbolisiert das die Botschaft übermittelnde Radioteleskop, dessen Größe zwischen den horizontalen Linien vermerkt ist. M. frdl. Gen. d. Arecibo Observatory; National Astronomy and Ionosphere Center, Cornell University.

12. Kapitel
Die galaktische Enzyklopädie

»Wer bist du? Woher kommst du? Ich habe noch nie so etwas wie dich gesehen.«
Der Schöpferrabe schaute den Menschen an und war erstaunt, wie ähnlich
ihm dieses sonderbare neue Wesen war.

Schöpfungsmythos der Eskimos

Der Himmel ist begründet,
Die Erde ist begründet,
Wer soll nun darin leben, o Götter?

Aztekenchronik, *Die Geschichte der Königreiche*

»Ich weiß wohl, daß uns einige vorhalten werden,
wir seien mit diesen Behauptungen über die Planeten etwas zu kühn;
unser Gedankengebäude beruhe auf allzu vielen Wahrscheinlichkeiten, von denen bloß
eine einzige entgegen unserer Annahme falsch zu sein brauche,
damit das ganze auf solch wackliges Fundament gegründete Gebäude zum Einsturz komme ...
Angenommen nun aber, die Erde ist wirklich, wie von uns unterstellt,
einer der Planeten und den anderen an Rang und Ehren gleich:
Wer wollte da die Behauptung wagen,
nirgendwo anders seien Wesen zu finden, den herrlichen Anblick
der Natur und ihrer Werke zu genießen?
Oder daß, gesetzt, es gäbe diese Mit-Beschauer, dennoch wir selbst die einzigen wären,
die tief in ihre Geheimnisse eingedrungen?«

Christiaan Huygens, *Neue Mutmaßungen über die Planetenwelten, ihre Bewohner und Erzeugnisse,* um 1690

»Eine Sprache, die allgemeinverständlicher und einfacher,
freier von Irrtümern und Verschwommenheiten ... würdiger wäre,
die unveränderlichen Beziehungen der natürlichen Dinge auszudrücken
[als die Mathematik], kann es nicht geben. Sie legt [alle Erscheinungen] mit Hilfe derselben Sprache aus,
gerade, als wollte sie die Einheit und Einfachheit des dem Universum zugrundeliegenden
Plans bezeugen und diese unwandelbare Ordnung, die über alle natürlichen
Ursachen herrscht, noch deutlicher herausstellen.«

Joseph Fourier, *Analytische Wärmetheorie,* 1822

Jean-François Champollion (1790–1832), dem die Entzifferung der ägyptischen Hieroglyphen gelang. Gemälde von Léon Cogniet, 1831. M. frdl. Gen. d. Louvre, Paris.

Wir haben vier Raumschiffe zu den Sternen gestartet: Pioneer 10 und 11 und Voyager 1 und 2, rückständige, primitive Flugkörper, die sich in Anbetracht der ungeheuren interstellaren Entfernungen nur mit der quälenden Langsamkeit eines Traumwettlaufs voranbewegen. In Zukunft werden wir Besseres leisten, werden unsere Raumschiffe schneller reisen. Wir werden uns bestimmte interstellare Ziele aussuchen und über kurz oder lang unsere Raumschiffe bemannen. In der Milchstraße muß es viele Planeten geben, die Jahrmillionen, und sogar etliche, die Jahrmilliarden älter sind als die Erde. Ist es da nicht geradezu unwahrscheinlich, daß wir noch nie außerirdischen Besuch erhalten haben sollten? Hat sich in all den Jahrmilliarden seit der Entstehung unseres Planeten wirklich kein einziges Raumfahrzeug einer fernen Zivilisation eingestellt, um unsere Welt von oben zu betrachten und sich dann langsam auf ihre Oberfläche zwischen schillernde Libellen, gleichgültige Reptilien, kreischende Primaten oder verblüffte Menschen niederzusenken? Der Gedanke liegt durchaus nahe und ist wohl schon jedem, der sich auch nur beiläufig die Frage nach der Existenz intelligenter Lebewesen im All stellt, durch den Kopf gegangen. Aber entspricht diese Vorstellung auch den Fakten? Entscheidend ist schließlich nicht, was einleuchtend klingt oder von ein oder zwei selbsternannten Augenzeugen behauptet wird, sondern was sich mit rigoros und skeptisch geprüftem Beweismaterial belegen läßt. Und an diesem Maßstab gemessen gibt es – trotz des ganzen Geschreis um UFOs und alte Astronauten, demzufolge es zeitweise auf unserem Planeten von ungebetenen Gästen nur so wimmeln müßte, keine Beweise für Besuche aus dem All. Ich wünschte, dem wäre anders, liegt für uns doch ein unwiderstehlicher Reiz darin, auch nur ein Zeichen einer fremdartigen und exotischen Kultur, etwa eine unverständliche Inschrift, zu entdecken, die sich durch eine besonders glückliche Fügung vielleicht sogar als Schlüssel zu besagter Kultur erweisen kann – wofür die Vergangenheit einschlägige Beispiele liefert.

1801 fiel dem Präfekten des französischen Departements Isère, einem Physiker namens Joseph Fourier,* bei einer Schulinspektion ein Elfjähriger auf, der durch seinen bemerkenswerten Intellekt und sein Gespür für orientalische Sprachen bereits in Gelehrtenkreisen bewundernde Aufmerksamkeit erregt hatte. Fourier lud den Jungen zu sich ein und zeigte ihm seine während des Napoleonischen Ägyptenfeldzugs, bei dem er für die Katalogisierung der astronomischen Monumente dieser alten Kultur zuständig gewesen war, zusammengetragene Sammlung ägyptischer Kunstwerke. Am meisten beeindruckten seinen jugendlichen Besucher die Hieroglypheninschriften, deren Bedeutung er auch sofort zu wissen begehrte. »Die kennt niemand«, antwortete Fourier. Und angefeuert durch das Geheimnis dieser Inschriften, die niemand lesen konnte, wurde der Junge mit Namen Jean-François Champollion ein ausgezeichneter Sprachwissenschaftler, der sich mit leidenschaftlichem Eifer mit der altägyptischen Schrift beschäftigte. An ägyptischen Kunstwerken mangelte es in Frankreich damals nicht, waren sie doch beim Napoleonfeldzug, dessen Beschreibung der junge Champollion mit glühendem Interesse verschlang, massenweise mitgenommen und somit den westlichen Gelehrten zugänglich gemacht worden. Im Erwachsenenalter gelang es Champollion dann in der Tat, seinen

* Fourier, heute noch für seine Analyse der Wärmeausbreitung in festen Körpern berühmt, die wir zum Verständnis der Oberflächeneigenschaften der Planeten heranziehen, hat durch die Erforschung von Wellen und anderen periodischen Bewegungen den als Fourier-Analysis bekannten Zweig der Mathematik begründet.

ehrgeizigen Kindheitstraum wahr zu machen und die alten ägyptischen Hieroglyphen zu entziffern. Ägypten selbst aber betrat er erst 1828, 27 Jahre nach seiner Begegnung mit Fourier, um im Land seiner Sehnsucht, um dessen Verständnis er sich so sehr bemüht hatte, von Kairo nilaufwärts eine Expedition in die Zeit zu machen und der von ihm bewunderten Kultur zu huldigen:

»Am 16. abends langten wir schließlich in Dendera an. Es war eine wunderbare Mondnacht, und wir befanden uns nur eine Stunde von den Tempeln entfernt. Wer hätte da – ich frage den Kältesten unter den Sterblichen – der Versuchung zu widerstehen vermocht? Das Gebot der Stunde lautete: die Abendmahlzeit einnehmen und dann unverzüglich aufbrechen. Allein und ohne Führer, aber bis an die Zähne bewaffnet, machten wir uns auf den Weg ... Endlich tauchte der Tempel vor uns auf ... Man könnte wohl seine Maße nennen, aber eine Vorstellung von ihm zu vermitteln wäre unmöglich. Er ist die vollendete Einheit von Anmut und Würde. Wir verbrachten zwei Stunden in höchster Begeisterung, schritten von einer riesigen Halle in die andere ... und suchten im Mondlicht die Inschriften auf den Außenwänden zu entziffern. Zum Boot kehrten wir erst um drei Uhr morgens zurück, um bereits gegen sieben erneut zum Tempel aufzubrechen ... Was uns im Mondschein so großartig erschienen war, beeindruckte uns im Sonnenlicht, das uns alle Einzelheiten enthüllte, nicht minder ... Wir Europäer sind nur Zwerge; kein anderes Volk des Altertums oder der Neuzeit hat die Kunst der Architektur zu solch erhabener und eindrucksvoller Höhe geführt wie die alten Ägypter. Sie ordneten alles so an, als hätte es hundert Fuß großen Gestalten gegolten.«

Die Ruinen von Karnak. Titelbild der *Description de l'Égypte,* die Napoleon im Anschluß an seinen Ägyptenfeldzug 1809 veröffentlichen ließ. M. frdl. Gen. d. UCLA Special Collections.

Der teilweise im Wüstensand begrabene Tempel von Dendera mit seinen das Haupt der Göttin Hathor symbolisierenden Säulenkapitellen. Aus *Description de l'Égypte.* M. frdl. Gen. d. UCLA Special Collections.

Zu seinem Entzücken konnte Champollion die Inschriften auf den Mauern und Säulen von Karnak, Dendera und auch sonst überall, die prachtvollen Hieroglyphen, an denen so viele vor ihm gescheitert waren, fast mühelos entziffern. Manche Gelehrte hatten sie für eine Art Geheimschrift voll unverständlicher Bildzeichen – Augäpfeln und Wellenlinien, Käfern, Hummeln und Vögeln, vor allem Vögeln – gehalten. Wirre Deutungsversuche waren ins Kraut geschossen. Die einen hatten daraus abgeleitet, die Ägypter müßten Siedler aus dem alten China gewesen sein, die anderen genau das Gegenteil erschlossen. Dicke Wälzer mit falschen Übersetzungen waren erschienen, ja, einer hatte die damals noch unentzifferte Inschrift des Rosette-Steins auf Anhieb verdolmetscht, nach einem flüchtigen Streifblick, weil er auf diese Weise, so behauptete er, »die systematischen Irrtümer vermeiden könne, die sich bei längerem Nachdenken unfehlbar einzustellen pflegen«. Oder anders gesagt, weniger Nachdenken führt zu besseren Ergebnissen. Kein Wunder, daß sich viele Fachleute – wie heute bei der Suche nach außerirdischem Leben – durch solch zügellose Spekulationen abgestoßen fühlten und das Feld den Dilettanten überließen.

Champollion hatte sich der Deutung der Hieroglyphen als Bildmetaphern nicht angeschlossen, sondern, gestützt auf eine brillante Erkenntnis des englischen Physikers Thomas Young, folgende Methode gewählt: Der Rosette-Stein, 1799 von einem französischen Soldaten beim Bau der Befestigungsanlagen der Stadt Rosette (arabisch Raschid) im Nildelta entdeckt, war eine Platte aus einem alten Tempel und enthielt allem Anschein nach dieselbe Botschaft in drei verschiedenen Schriften: oben in Hieroglyphen,

Der Stein von Rosette, ein rund einen Meter hoher Basaltblock *(oben)*, trägt dieselbe Inschrift in ägyptischen Hieroglyphen sowie in griechischer und demotischer Schrift. Die Kartuschen im Hieroglyphentext *(über dem Finger, Mitte)* entsprechen jeweils dem Namen Ptolemaios im griechischen Teil *(über dem Finger, unten)*.

in der Mitte in einer Art Hieroglyphen-Kursive, der sogenannten demotischen Schrift, und unten in Griechisch, das den Schlüssel zur Entzifferung lieferte. Diesem Teil der Inschrift konnte Champollion, der Altgriechisch fließend las, entnehmen, daß es sich bei der Platte um eine Gedenktafel zur Krönung von Ptolemäus V. Epiphanes im Frühjahr 196 v. Chr. handelte. Der König hatte anläßlich des Ereignisses politische Gefangene auf freien Fuß gesetzt, Steuern erlassen, Tempel mit Stiftungen bedacht, Rebellen begnadigt, die militärische Bereitschaft erhöht, kurzum, all das getan, was auch moderne Machthaber tun, wenn sie im Amt zu bleiben wünschen.
Im griechischen Text taucht wiederholt der Name Ptolemäus auf. Etwa an derselben Stelle findet sich im Hieroglyphentext in ovaler Umrahmung eine Abfolge von Symbolen, die Champollion als Ptolemäus deutete. Traf diese Vermutung zu, konnte die Schrift keine reine Bilderschrift sein. Die einzelnen Symbole mußten Buchstaben oder Silben entsprechen. Geistesgegenwärtig machte sich Champollion daran, die griechischen Wörter und die einzelnen Hieroglyphen auszuzählen. Dabei zeigte sich, daß die Zahl beim griechischen Text weit unter der des ägyptischen lag, was wiederum darauf hindeutete, daß es sich bei den Hieroglyphen überwiegend um Buchstaben und Silben handeln mußte. Welche Hieroglyphen aber entsprachen welchen Buchstaben?
Glücklicherweise kannte Champollion einen bei Philae ausgegrabenen Obelisken mit der Hieroglyphenentsprechung zum griechischen Namen Kleopatra. Die Abbildung links zeigt die beiden sogenannten Kartuschen so umgestellt, daß sie von links nach rechts zu lesen sind. Ptolemäus beginnt mit P; das erste Symbol in der Kartusche des Königs ist ein Quadrat, das sich in der Kleopatra-Kartusche an fünfter Stelle findet, also wohl tatsächlich dem griechischen Buchstaben P entspricht. Ganz ähnlich taucht bei Ptolemäus für den vierten und bei Kleopatra für den zweiten Buchstaben ein Löwe, offensichtlich das Äquivalent zu L, auf. Der in Kleopatras Kartusche zweimal vorkommende Adler schließlich mußte für das A stehen. Damit beginnt sich bereits deutlich das zugrundeliegende Schema abzuzeichnen: Die ägyptischen Hieroglyphen sind großenteils schlicht Chiffren mit Buchstaben- oder Silbenfunktion. Manche allerdings sind auch echte Bilderschriftzeichen. So bedeutet das Ende von Ptolemäus' Kartusche »der ewig Lebende, vom Gott Ptah Geliebte«, während es sich bei dem auf Kleopatras Namen folgenden Halbkreis samt Ei um das konventionelle Ideogramm für »Tochter der Isis« handelt. Kein Wunder, daß diese Mischung aus Buchstaben und Bilderschriftzeichen den ersten Übersetzern Kopfzerbrechen bereitet hatte.
Im nachhinein klingt die Sache fast einfach. In Wirklichkeit aber steckte die Arbeit vieler Jahrhunderte dahinter, und außerdem gab es, vor allem bei der Entzifferung der Hieroglyphen aus wesentlich früherer Zeit, noch viel zu tun. Auch hier erwiesen sich die Kartuschen als der eigentliche Schlüssel, gerade, als hätten die ägyptischen Pharaonen ihren Namen eingekreist, um den Ägyptologen zweitausend Jahre später die Arbeit zu erleichtern. So konnte Champollion den großen Säulensaal in Karnak abschreiten und die Inschriften, die vordem alle Welt vor unlösbare Rätsel gestellt hatten, ganz beiläufig lesen. Endlich wußte er die Antwort auf die Frage, die er als Kind Fourier gestellt hatte. Welche Freude muß es ihm bereitet haben, diesen – freilich nur einbahnigen – Kommunikationskanal zu einer anderen Kultur zu eröffnen, einer seit Jahrtausenden verstummten Zivilisation die Zunge

Überreste aus dem alten Ägypten. *Oben links:* Unkrautüberwucherte Pharaonenstele aus dem Tal der Könige (Photo des Verfassers). *Oben rechts:* Die Memnonskolosse, ursprünglich Wächter des großen für Amenophis III. errichteten Totentempels, dessen Steine vor 1900 Jahren anderweitig Verwendung fanden. Die Aquarelle, ausgeführt im 19. Jahrhundert im Auftrage des Preußenkönigs Friedrich Wilhelm IV., geben altägyptische Bauwerke wieder, von denen damals manche noch teilweise vom Sand begraben waren. Aus R. Lepsius, *Denkmäler … aus Ägypten, 1849–1859.*

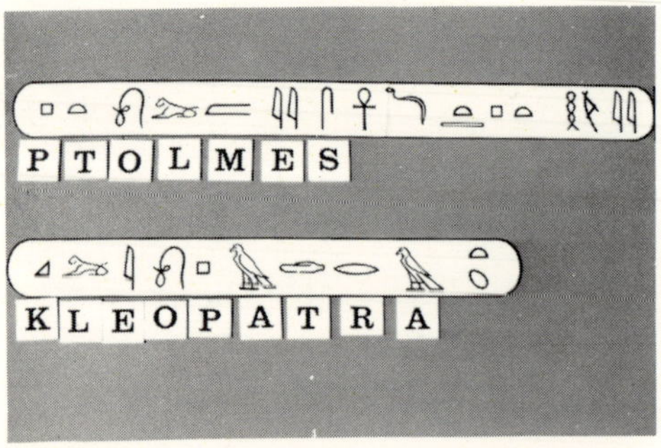

Transkription einer Ptolemäus-Kartusche vom Stein von Rosette und einer Kleopatra-Kartusche vom Obelisken von Philae.

zu lösen, sie von ihrer Geschichte, ihren magischen Praktiken, ihrer Heilkunst, Religion, Politik und Philosophie zu uns sprechen zu lassen.

Auch heute wieder sind wir auf der Suche nach Botschaften einer alten, fremdartigen, diesmal allerdings nicht nur zeitlich, sondern auch räumlich ferngerückten Zivilisation. Aber könnten wir eine außerirdische Radiobotschaft überhaupt entziffern? Die dahintersteckende extraterrestrische Intelligenz wäre hochentwickelt, vielschichtig, in sich logisch und uns vollkommen fremd. Natürlich wäre die Botschaft so verständlich wie möglich abgefaßt – vorausgesetzt, es gäbe so etwas wie einen interstellaren Stein von Rosette, was vielleicht tatsächlich der Fall ist. Nach unserer Meinung existiert eine Sprache, die allen noch so unterschiedlichen technischen Zivilisationen gemeinsam ist, nämlich die Naturwissenschaft und die Mathematik. Überall walten ja dieselben Naturgesetze, weshalb die Spektren ferner Sterne und Galaxien dieselben Muster wie die der Sonne oder die in entsprechenden Laborversuchen erzeugten zeigen: Überall im Universum kommen dieselben chemischen Elemente vor, überall gelten für die Absorption und Emission von Strahlen durch Atome die gleichen Gesetze der Quantenmechanik. Ferne, einander umkreisende Galaxien folgen denselben Gravitationsgesetzen wie ein zu Boden fallender Apfel oder wie Voyager auf dem Weg zu den Sternen. Überall schreibt die Natur dieselbe Schrift, und so müßte eine an eine aufstrebende Zivilisation gerichtete interstellare Botschaft mühelos zu entziffern sein.

Mit einer technisch fortgeschrittenen Zivilisation auf einem anderen Planeten unseres eigenen Sonnensystems ist allerdings kaum zu rechnen. Hinkte sie nämlich in ihrer Entwicklung nur etwas – sagen wir um zehntausend Jahre – hinter uns drein, besäße sie keinerlei fortgeschrittene Technologie. Läge sie dagegen auch nur um eine Nasenlänge vor uns, die wir bereits das Sonnensystem erforschen, wären ihre Vertreter schon bei uns aufgekreuzt. Das aber bedeutet, daß wir zur Kommunikation mit anderen Zivilisationen eine für interstellare und nicht nur für interplanetare Entfernungen geeignete Methode brauchen. Sie sollte billig sein, damit wir bei geringen Unkosten viel Information ausstrahlen und empfangen können; schnell, damit ein interstellarer Dialog überhaupt zustande kommen kann; und auffällig, damit eine technisch fortgeschrittene Zivilisation, welchen Pfad der Evolution sie auch eingeschlagen haben mag, bald darauf aufmerksam wird. Eine solche Methode existiert erstaunlicherweise tatsächlich: die Radioastronomie.

Das größte halbsteuerbare Radio-Radar-Observatorium auf dem Planeten Erde, die von der Cornell University für die *National Science Foundation* betriebene Arecibo-Anlage im abgelegenen Hinterland der Insel Puerto Rico, hat einen Durchmesser von 305 Meter. Der hohlspiegelähnliche Reflektor ist in ein natürliches, schüsselförmiges Tal eingelassen. Die aus den Tiefen des Weltraums aufgefangenen Radiowellen werden in einer hoch droben im Brennpunkt angebrachten Antenne gebündelt, die ihrerseits elektronisch mit dem Kontrollraum verbunden ist, wo das Signal analysiert wird. Umgekehrt kann die Antenne, wenn das Teleskop als Radarsender benutzt wird, ein Signal in die Schüssel strahlen, die es dann ins All reflektiert. Somit dient das Arecibo-Observatorium einerseits zum Aufspüren intelligenter Signale außerirdischer Zivilisationen und wurde andererseits auch bereits einmal zur Ausstrahlung einer Botschaft ins All, und zwar an den fernen Kugelsternhaufen M 13, eingesetzt – womit wir zumindest in nseren Augen den Beweis für unsere technische Befähigung zu einem weiseitigen interstellaren Dialog erbracht haben.

n der Tat könnte das Arecibo-Observatorium einem vergleichbaren Obervatorium auf dem Planeten eines nahen Sterns innerhalb weniger Wohen die gesamte *Encyclopaedia Britannica* übermitteln. Wie sich zeigt, haen Radiowellen verschiedene Vorzüge. Erstens pflanzen sie sich mit ichtgeschwindigkeit, d.h. zehntausendmal schneller fort als eine an Bord nseres schnellsten interstellaren Raumschiffs beförderte Botschaft. Zweiens erzeugen Radioteleskope in engen Frequenzbereichen Signale, die ufgrund ihrer Stärke über ungeheure interstellare Entfernungen hinweg ufgefangen werden können. So könnten wir über das Arecibo-Observatoium mit einem 15000 Lichtjahre entfernten, d.h. mittwegs zwischen uns und dem Zentrum der Milchstraße gelegenen Planeten Verbindung aufnehmen, vorausgesetzt, er verfügte über ein gleichartiges Radioteleskop und wir wüßten seine genaue Position. Und drittens ist die Radioastronomie eine naturgegebene Technologie. Praktisch müßte jede Planetenatmosphäre ungeachtet ihrer Zusammensetzung für Radiowellen partiell durchlässig sein, und auch durch das Gas zwischen den Sternen erfahren Radiobotschaften keine nennenswerte Absorption oder Streuung, wie ja auch eine in San Francisco ausgestrahlte Sendung in Los Angeles selbst bei dichtestem, die Sichtweite auf wenige Kilometer beschränkendem Smog ohne weiteres empfangen werden kann. Viele natürliche, d.h. nicht von intelligenten Wesen erzeugte Radioquellen wie Pulsare und Quasare, die Strahlungsgürtel der Planeten und die äußeren Schichten der Sternatmosphären sind so hell, daß sie von fast jedem Planeten aus bereits in den frühen Entwicklungsphasen der Radioastronomie entdeckt werden könnten; und außerdem stellt der Radiobereich einen so breiten Ausschnitt des elektromagnetischen Spektrums dar, daß jede Technologie, die Strahlungen *irgendwelcher* Wellenlänge aufzufangen vermöchte, über kurz oder lang auf ihn stoßen müßte.

Mag es auch noch andere wirksame und vorteilhafte Kommunikationsmethoden wie interstellare Raumfahrt, optische oder infrarote Laserstrahlen, Neutrinoimpulse, modulierte Schwerewellen oder sonst eine Art der Übermittlung geben, hinter die wir vielleicht erst in tausend Jahren kommen; mögen fortgeschrittene Zivilisationen auch längst über die Kommunikation mittels Radiowellen hinausgewachsen sein – leistungsfähig, billig, schnell und einfach bleibt diese Methode dennoch. Und außerdem dürfte es diesen fortgeschrittenen Zivilisationen klar sein, daß auf himmlische Botschaften lauschende Nachzügler wie wir zunächst einmal zur Radiotechnologie greifen. Vielleicht fahren sie dann ihre im Museum für alte Technologie ausgestellten Radioteleskope wieder aus und lassen uns eine Radiobotschaft zukommen, die uns zeigt, daß wir uns mit ihnen zumindest über ein Thema unterhalten können – Radioastronomie.

Aber gibt es im Weltraum überhaupt jemanden, mit dem wir uns unterhalten könnten? Ist es umgekehrt denkbar, daß unsere Sonne als einziger der drittel oder halben Billion Sterne in unserer Milchstraße von einem bewohnten Planeten begleitet wird? Wieviel naheliegender erscheint es doch, daß technische Zivilisationen im Kosmos an der Tagesordnung sind, daß unsere Galaxis von fortgeschrittenen Gesellschaften schwirrt und summt, und daß deshalb die nächste solche Kultur gar nicht so weit von uns entfernt ist, ja, womöglich auf einem mit bloßem Auge sichtbaren Planeten

Die Arecibo-Radio-Radar-Sternwarte von Puerto Rico. Über dem in einen Talkessel eingebauten, halbkugeligen Reflektor sind an drei großen Trägern die Antennen aufgehängt. Die beiden auf der unteren Abbildung in verzerrter Perspektive wiedergegebenen Träger wurden in Höhe der Reflektorschalenwandung mit dem Fischauge aufgenommen. M. frdl. Gen. d. National Astronomy and Ionosphere Center der Cornell University. Photos Bill Ray.

ihre Sendeantennen errichtet hat. Vielleicht blickt, während wir zum Nachthimmel aufschauen, von einer in der Nähe eines dieser schwachen Lichtpünktchen gelegenen Welt aus irgendein ziemlich andersartiges Wesen auf einen Stern herunter, den *wir* Sonne nennen, und gibt sich einen Moment lang einer tollen Spekulation hin …

Es ist schwer, Gewißheit zu erlangen. Der Evolution einer technischen Zivilisation mögen ernstliche Schwierigkeiten im Wege stehen. Planeten können seltener sein, als wir vermuten. Vielleicht entsteht auch nicht so leicht Leben, wie unsere Laborexperimente nahelegen. Vielleicht ist die Evolution fortgeschrittener Lebensformen unwahrscheinlich. Oder womöglich entwickeln sich zwar noch relativ leicht komplexe Lebensformen, Intelligenz und technische Gesellschaften aber nur unter einer Reihe zufälliger und damit unwahrscheinlicher Voraussetzungen – wie ja auch die Evolution der Menschheit vom Aussterben der Dinosaurier und dem eiszeitlichen Rückgang der Wälder abhing, auf deren Bäumen sich unsere vielleicht von irgendeiner dumpfen Vorahnung erfüllten Vorfahren noch kreischend tummelten. Möglicherweise entstehen auch auf zahllosen Planeten der Milchstraße in unerbittlicher Abfolge immer wieder Zivilisationen, die aber mit Ausnahme eines winzigen Bruchteils zu labil sind, um ihre eigene Technologie zu überleben, und an Raffgier und Ignoranz, Umweltverschmutzung und Atomkrieg zugrunde gehen.

Verfolgen wir diese Kernfrage etwas weiter und versuchen wir die Zahl der fortgeschrittenen technischen Zivilisationen in unserer Milchstraße (Z) grob abzuschätzen. Als fortgeschritten wollen wir dabei jene Zivilisationen bezeichnen, die die Radioastronomie beherrschen (ein zugegebenermaßen engstirniges, aber doch entscheidendes Kriterium, denn Welten, auf denen zwar vorzügliche Sprachwissenschaftler oder begnadete Dichter, aber keine Radioastronomen lebten, blieben uns zwangsläufig verborgen, und gäbe es sie auch wie Sand am Meer). Z stellt das Produkt aus der Multiplikation einer Reihe von Faktoren dar, von denen jeder eine Art Filter ist. Dementsprechend kann es nur, wenn die einzelnen Faktoren nicht zu klein sind, eine Vielzahl von Zivilisationen geben:

Z_* Zahl der Sterne in der Milchstraße;

A_p Anteil der Sterne mit Planetensystem;

$Z_ö$ Zahl der Planeten in einem gegebenen System, die die ökologischen Voraussetzungen für Leben bieten;

A_l Anteil der solcherart geeigneten Planeten, auf denen sich auch wirklich Leben entwickelt;

A_i Anteil der bewohnten Planeten, auf denen sich eine intellektbegabte Lebensform herausbildet;

A_z Anteil der von intelligenten Lebewesen bewohnten Planeten, auf denen sich eine kommunikationsfähige technische Zivilisation entwickelt; und

A_L Anteil der Lebensdauer eines Planeten, während der eine technische Zivilisation auf ihm existiert.

Ausgeschrieben lautet die Gleichung $Z_* = ZA_pZ_öA_lA_iA_zA_L$. Sämtliche A sind Brüche mit Werten zwischen 0 und 1, die den Gesamtwert Z reduzieren.

Um Z zu erhalten, müssen wir also alle diese Größen abschätzen. Über die ersten Faktoren der Gleichung, die Anzahl der Sterne und Planetensysteme, wissen wir noch relativ viel, über die folgenden – die Evolution der Intelligenz oder die Lebensdauer technischer Gesellschaften – nur sehr wenig. In diesen Fällen läuft Schätzen mehr oder minder auf Raten hinaus. Deshalb möchte ich alle mit meinen unten aufgeführten Schätzungen nicht einverstandenen Leser auffordern, ihre eigenen anzustellen und zu sehen, welche Alternativen sich daraus für die Zahl fortgeschrittener Zivilisationen in unserer Galaxis ergeben. Einer der großen Vorzüge dieser ursprünglich von Frank Drake von der Cornell University aufgestellten Gleichung ist, daß sie so viele Faktoren aus den verschiedensten Bereichen unseres Kosmos, von der stellaren und planetaren Astronomie bis zur organischen Chemie, Evolutionsbiologie, Geschichte, Politik und Psychopathologie, mit einbezieht.

Z_*, die Zahl der Sterne in der Milchstraße, kennen wir aufgrund sorgfältiger Auszählungen kleiner, aber repräsentativer Himmelsausschnitte relativ gut. Sie beläuft sich auf ein paar hundert Milliarden, jüngsten Schätzungen zufolge auf 4×10^{11}. Von diesen Sternen gehören nur sehr wenige zur massereichen, kurzlebigen Sorte, die ihre thermonuklearen Brennstoffreserven schnell verbraucht. Die überwiegende Zahl hat eine Lebenserwartung von Jahrmilliarden oder mehr und stellt während dieser Spanne durch ihr stetiges Strahlen für die Entstehung und Evolution von Leben auf ihren Planeten eine geeignete Energiequelle dar.

Daß diese Sterne vielfach Planetenbegleiter besitzen, scheint durch verschiedene Anhaltspunkte gesichert: die Satellitensysteme von Jupiter, Saturn und Uranus, gewissermaßen Sonnensysteme in Kleinformat; die Theorien über die Planetenentstehung; die Untersuchung von Doppelsternen; die Beobachtung von Verdichtungsscheiben im Umfeld von Sternen; und gewisse, bei ersten Untersuchungen der Gravitationsstörungen naher Sterne angefallene Ergebnisse. Nach alledem dürften viele, ja vielleicht sogar die meisten Sterne Planeten haben. Schätzen wir ihren Anteil (A_p) auf grob ein Drittel, ergibt sich für die Milchstraße eine Gesamtzahl von $Z_* A_p \simeq 1{,}3 \times 10^{11}$ (das Zeichen $\simeq$ bedeutet »annähernd gleich«) Planetensystemen. Nehmen wir weiter an, daß jedes System wie das unsere rund zehn Planeten aufweist, so kommen wir insgesamt auf über eine Billion Welten in der Galaxis – wahrhaftig eine gewaltige Arena für das kosmische Drama.

Allein in unserem Sonnensystem finden sich mehrere Himmelskörper, die für irgendwie geartetes Leben geeignet sein könnten: mit Sicherheit unsere Erde, und außerdem womöglich noch Mars, Titan und Jupiter. Da sich einmal entstandenes Leben als äußerst zäh und anpassungfähig erweist, dürfte es in einem Planetensystem viele verschiedene, für Leben geeignete Umwelten geben. Aber wir wollen bescheiden sein und $Z_ö$ mit nur zwei ansetzen. Demnach beliefe sich die Zahl der für Leben geeigneten Planeten in der Milchstraße auf $Z_* A_p Z_ö \simeq 3 \times 10^{11}$.

Die molekulare Grundlage des Lebens, Molekülbausteine, die sich selbst kopieren, kommt unseren Experimenten nach zu schließen unter den im

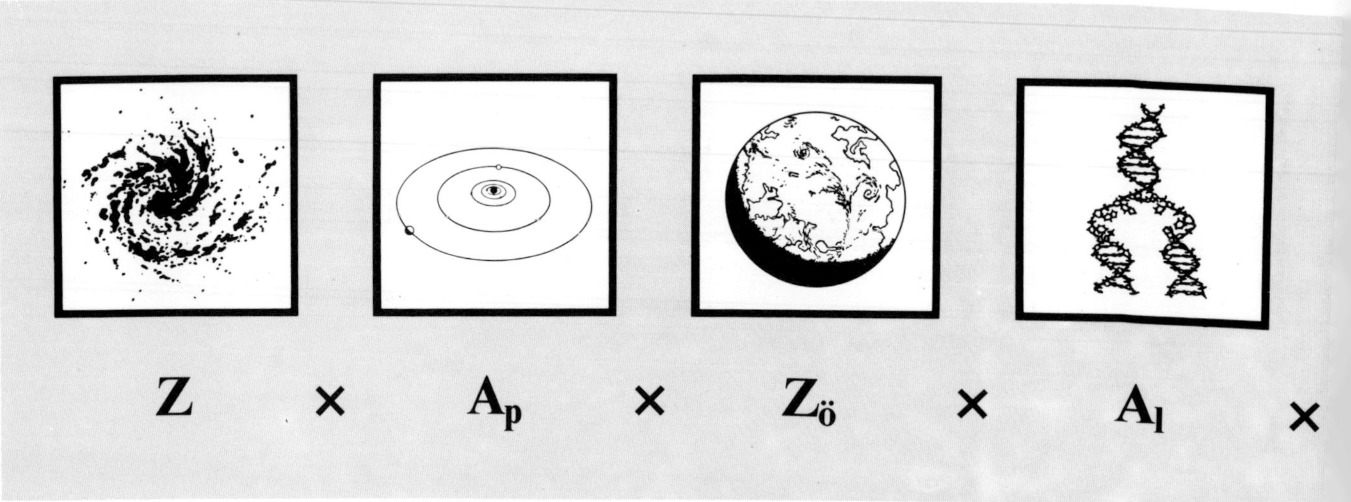

Kosmos herrschenden Bedingungen leicht zustande. Doch hier bewegen wir uns auf etwas unsicherem Grund. So könnte, obwohl mir dies bei einer jahrmilliardenlang wirksamen Urchemie unwahrscheinlich vorkommt, die Evolution des genetischen Codes auf Hindernisse stoßen. Setzen wir also $A_l \simeq 1/3$ an, womit die Gesamtzahl der Planeten der Milchstraße, auf denen sich mindestens irgendwann einmal Leben entwickelt hat, bei $Z_* A_p Z_ö A_l \simeq 1 \times 10^{11}$, also bei hundert Milliarden bewohnter Welten, liegt – ein beachtliches Ergebnis. Aber wir sind noch nicht am Ende.

A_i und A_z zu schätzen ist schon schwieriger. Auf der einen Seite bedurfte es in unserer biologischen Evolution und unserer Geschichte vieler unwahrscheinlicher Einzelschritte, damit sich die gegenwärtige Intelligenz und Technologie herausbilden konnte. Auf der anderen aber müssen viele Wege zur Entstehung fortgeschrittener Zivilisationen bestimmter Prägung führen. In Anbetracht der bei der Evolution großer Organismen, wie sie sich in der Kambrischen Explosion herausbildeten, offenbar herrschenden Schwierigkeiten wollen wir $A_i \times A_z = 1/100$ ansetzen, d.h. unterstellen, daß nur ein Prozent aller Planeten, auf denen Leben entsteht, schließlich auch eine technische Zivilisation hervorbringt. Mit dieser Schätzung schlagen wir einen Mittelweg zwischen zwei gegensätzlichen wissenschaftlichen Richtungen ein, von denen die eine den Schritt vom Auftreten der Trilobiten bis zur Domestikation des Feuers für alle Planetensysteme voraussetzt, während die andere die Entstehung technischer Zivilisationen selbst bei einer 10 bis 15 Jahrmilliarden währenden Evolution für unwahrscheinlich hält. Solange sich unsere Untersuchungen auf einen einzigen Planeten beschränken, können wir diesbezüglich keine weiteren Experimente anstellen. Multiplizieren wir nun sämtliche bis jetzt ermittelten Faktoren miteinander, so ergibt sich $Z_* A_p Z_ö A_l A_i A_z \simeq 1 \times 10^9$, d.h., alles in allem sind auf einer Milliarde Planeten irgendwann einmal technische Zivilisationen entstanden, was freilich keineswegs besagt, daß es zum gegenwärtigen Zeitpunkt auch wirklich eine Milliarde Planeten mit technischen Zivilisationen gibt. Um ihre Zahl zu berechnen, müssen wir noch den Faktor der Lebensdauer berücksichtigen.

Welche Spanne in der Lebenszeit eines Planeten nimmt die Existenz einer technischen Zivilisation ein? Die Erde hat mehrere Jahrmilliarden gebraucht, ehe sie vor einigen Jahrzehnten eine durch Radioastronomie ge-

$$A_i \times A_z \times A_L = Z$$

kennzeichnete technische Zivilisation entwickelte. Mithin beläuft sich A_L für unseren Planeten bis jetzt auf weniger als $1/10^8$, ein millionstel Prozent. Bis jetzt – oder überhaupt, denn es ist keineswegs ausgeschlossen, daß wir uns schon morgen selbst vernichten. Setzen wir nun diesen Fall als typisch und die Vernichtung als so umfassend an, daß in der bis zum Erlöschen der Sonne verbleibenden Spanne von rund fünf Jahrmilliarden keine weitere technische Zivilisation menschlicher oder sonstiger Provenienz mehr aufgebaut werden könnte, erhalten wir $Z = Z_* A_p Z_ö A_l A_i A_z A_L \simeq 10$, d.h., zu einem beliebigen Zeitpunkt ist in einer Galaxis nur eine erbärmliche Handvoll technischer Zivilisationen, möglicherweise sogar nur eine einzige, als Durchgangsstadium zwischen neu auftauchenden und selbstzerstörten Gesellschaften vorhanden. Herrscht unter Zivilisationen die Tendenz vor, sich bald nach Erreichung des technologischen Stadiums selbst zu zerstören, finden wir möglicherweise keinen Gesprächspartner – außer uns selbst, was bekanntlich gleichfalls nur mangelhaft funktioniert. In diesem Fall würden sich Zivilisationen nach jahrmilliardenlangem, außerordentlich umständlichem und verwickeltem Aufstieg in einer Augenblicksanwandlung unverzeihlichen Leichtsinns selbst auslöschen.

Nehmen wir dagegen an, daß zumindest einige Zivilisationen mit einem hohen technologischen Standard zu leben lernen; daß die durch die Zufälligkeiten der Gehirnentwicklung aufgeworfenen Widersprüche bewußt gelöst werden und nicht notwendig zur Selbstvernichtung führen; oder daß, selbst wenn empfindliche Störungen auftreten, diese doch im Laufe der folgenden Jahrmilliarden biologischer Evolution wieder ausgeglichen werden können. Dann würde sich die Lebensdauer solcher Gesellschaften vielleicht nach geologischen oder stellaren entwicklungsgeschichtlichen Zeitmaßstäben bemessen, mit anderen Worten, sie könnten ein gesegnetes Alter erreichen. Wenn nur ein Prozent die technologische Jugend überlebte, am kritischen historischen Scheideweg den richtigen Pfad einschlüge und die Reife erlangte, wäre $A_L \simeq 1/100$, $Z \simeq 10^7$, womit sich die Zahl der vorhandenen Zivilisationen in unserer Galaxis auf mehrere Millionen beliefe. Den Hauptunsicherheitsfaktor der Drake-Gleichung bilden demnach also, auch wenn sich die voraufgehenden Faktoren wie Astronomie, organische Chemie und Entwicklungsbiologie gleichfalls nicht ohne weiteres zuverlässig abschätzen lassen, Wirtschaft, Politik und das, was wir auf Erden die menschliche Natur nennen. Insgesamt jedoch dürfte, falls galaktische Zivilisationen nicht überwiegend durch Selbstzerstörung enden, der Himmel von leisen Botschaften von den Sternen widerhallen.

Ein aufregendes Resultat. So betrachtet wäre eine Botschaft von einem anderen Stern, noch ehe wir sie entziffert hätten, ein Hoffnungsstrahl, würde sie doch besagen, daß irgendwo eine Zivilisation mit einem hohen technologischen Standard leben gelernt hätte; mit anderen Worten, daß es möglich ist, die technologische Jugend zu überdauern – vom Inhalt der Botschaft noch ganz abgesehen Grund genug, die Suche nach anderen Zivilisationen zu betreiben.

Wären Millionen von Zivilisationen mehr oder minder wahllos über die Galaxis verstreut, dürfte die uns nächste noch immer rund 200 Lichtjahre entfernt sein. Selbst mit Lichtgeschwindigkeit brauchte eine Radiobotschaft von ihr bis zu uns zwei Jahrhunderte. D.h., hätten wir unsererseits den Dialog eröffnet, könnten wir heute die Antwort auf Johannes Keplers Fragen empfangen. Da wir aber als Anfänger in der Radioastronomie verhältnismäßig rückständig sein dürften, verlegen wir uns besser aufs Horchen statt aufs Senden, während für eine fortgeschrittenere Zivilisation natürlich das Gegenteil gilt.

In der Tat stehen wir noch ganz am Anfang der Radiosuche nach anderen Zivilisationen im All. Auf der photographischen Aufnahme eines dichten Sternfeldes finden sich Hunderttausende von Sternen, darunter unseren optimistischeren Schätzungen zufolge auch ein Planet mit fortgeschrittener Zivilisation. Fragt sich nur, zu welchem Stern er gehört, auf welche Sterne wir also unsere Radioteleskope richten sollen. Bis jetzt haben wir von den Millionen Sternen, in deren Umfeld eine fortgeschrittene Zivilisation angesiedelt sein könnte, nur einige Tausende, rund ein zehntel Prozent, mittels Radio angepeilt. Aber schon bald werden wir mit einer ernsthaften, rigorosen, systematischen Suche beginnen, für die in den Vereinigten Staaten wie in der Sowjetunion gegenwärtig bereits die nötigen Vorkehrungen getroffen werden. Im übrigen wird uns das Unternehmen relativ billig kommen: Mit dem Geld für den Bau eines einzigen Kriegsschiffs mittlerer Größe – z.B. eines modernen Zerstörers – können wir ein ganzes Zehnjahresprogramm finanzieren.

Im Gegensatz zur direkten, hautnahen Begegnung zweier Kulturen, die in der Menschheitsgeschichte in aller Regel wenig freundlich zu verlaufen pflegte, gleicht der Empfang eines Radiosignals einem gehauchten Kuß. Dennoch ist es ganz aufschlußreich, einen oder zwei Fälle aus unserer Vergangenheit herauszugreifen und etwas näher unter die Lupe zu nehmen, und wäre es auch nur, um uns über unsere eigenen Erwartungen klar zu werden. Zwischen der amerikanischen und der Französischen Revolution entsandte Ludwig XVI. von Frankreich unter dem Oberbefehl des Grafen von La Pérouse, eines namhaften Forschers, der im amerikanischen Unabhängigkeitskrieg auf seiten der Vereinigten Staaten gekämpft hatte, eine Expedition in den Stillen Ozean, um hier wissenschaftliche, geographische, wirtschaftliche und nationalistische Ziele zu verfolgen. Im Juli 1786 lief das Schiff nach rund einjähriger Fahrt in die heutige Lituya Bay an der Küste Alaskas ein. In seiner Begeisterung über den Hafen vermerkt La Pérouse:

»Kein Hafen der Welt könnte größere Annehmlichkeiten bieten.« An diesem idealen Ankerplatz gewahrte er

»etliche Wilde, die zum Zeichen der Freundschaft weiße Umhänge und verschiedene Tierfelle entfalteten und schwenkten. Einige dieser Indianer fischten in ihren Kanus in der Bucht ... [Wir waren] ständig von den Kanus der Wilden umringt, die uns Fische, Otter- und andere Felle sowie verschiedene kleine Gewandungsutensilien gegen Eisen anboten. Zu unserer großen Überraschung schienen sie ausgesprochen geschäftstüchtig und feilschten nicht minder geschickt als irgendein europäischer Händler.«

Doch die Eingeborenen schacherten immer zäher und schreckten zu La Pérouses Verdruß auch vor kleinen Diebereien nicht zurück. Meist hatten sie es auf Eisengegenstände abgesehen, eines Nachts aber klauten sie den von bewaffneten Wachen abgeschirmten schlafenden französischen Marineoffizieren sogar die Uniform unterm Kopfkissen weg. La Pérouse hielt sich an die Order seines Königs, überall friedlich aufzutreten, kochte jedoch innerlich vor Wut über die Eingeborenen, die »unsere Langmut für unerschöpflich halten« und für deren Gesellschaft er nur Geringschätzung übrig hatte. Dennoch fügten sich die beiden Kulturen keinen ernstlichen Schaden zu, und sobald er seine beiden Schiffe frisch verproviantiert hatte, lief La Pérouse aus der Lituya Bay aus, um nie wieder dorthin zurückzukehren. 1788 erlitt seine Expedition im Südpazifik Schiffbruch, bei dem alle bis auf ein einziges Besatzungsmitglied den Tod fanden.*

Genau ein Jahrhundert später erzählte Cowee, ein Häuptling der Tlingit, dem kanadischen Anthropologen G. T. Emmons die lediglich mündlich überlieferte Geschichte der ersten Begegnung seiner Vorfahren mit dem weißen Mann. Die Tlingit besaßen weder schriftliche Aufzeichnungen, noch hatte Cowee je von La Pérouse gehört. Hier eine kurze Zusammenfassung seines Berichts:

»Einmal wagte sich ein großer Zug der Tlingit im späten Frühjahr nordwärts nach Yakutat, um Kupfer einzutauschen. Eisen wäre zwar wertvoller gewesen, war aber nicht zu haben. Als sie in die Lituya Bay einliefen, wurden vier ihrer Kanus von den Wellen verschlungen. Und wie sich die Überlebenden gerade anschickten, ihr Lager aufzuschlagen und ihre verlorenen Gefährten zu betrauern, tauchten in der Bucht zwei sonderbare Gebilde auf, wie sie keiner je zuvor gesehen, zwei, wie es schien, große schwarze Vögel mit gewaltigen weißen Schwingen. Nach Auffassung der Tlingit aber ist die Welt von einem Riesenvogel erschaffen worden, der oft die Gestalt eines Raben annimmt, einem Vogel, der Sonne, Mond und Sterne aus ihrem Gefängnis befreite. Wer diesen Raben schaut, soll nach der Überlieferung in Stein verwandelt werden. Und so flüchteten die Männer in ihrer Angst in den Wald, um sich zu verstecken. Nach einer Weile jedoch kamen, da ihnen kein Leid geschehen war, die Unternehmungslustigeren unter ihnen wieder hervor, rollten, um nicht in Stein verwandelt zu werden, Zehrwurzblätter zusammen und beobachteten durch diese primitiven Fernrohre, wie die großen Vögel ihre Flügel zusammenfalteten, während Scharen kleiner

* Bei der Anwerbung in Frankreich hatten sich viele ehrgeizige und intelligente junge Männer gemeldet; unter den abgewiesenen Bewerbern befand sich auch ein korsischer Artillerieoffizier namens Napoleon Bonaparte. Welch aufregender Scheideweg der Weltgeschichte: Hätte La Pérouse Bonaparte angenommen, wäre vielleicht nicht nur der Rosette-Stein unentdeckt und die Hieroglyphenschrift unentziffert geblieben, sondern unsere neueste Geschichte wohl auch noch in vielen anderen, bedeutenderen Punkten völlig anders verlaufen.

Die Tlingit von Port Français (heute Lituya Bay in Alaska), wo Jean-François de Galaup, Comte de La Pérouse (1741–ca. 1788) 1786 landete. Aus L. M. A. D. Milet-Mureau, *Voyage de La Pérouse autour du monde,* 1797.

schwarzer Sendboten aus ihrem Körper hervorbrachen und in ihrem Gefieder herumkletterten.

Da rief ein schon fast erblindeter alter Krieger die Männer zusammen und verkündete, mit seinem Leben schon abgeschlossen zu haben und zum allgemeinen Wohl feststellen zu wollen, ob der Rabe seine Kinder wirklich in Stein verwandle. Er streifte sein Seeotterfell über, nahm sein Kanu und paddelte in die See hinaus zum Raben hinüber. Beim Emporklettern vernahm er fremde Stimmen, konnte aber aufgrund seiner Augenschwäche die schwarzen Gestalten, die sich vor ihm bewegten, nicht recht erkennen. Vielleicht waren es Krähen.

Als er wohlbehalten zu den Seinen zurückkehrte, drängten sie sich, erstaunt, ihn lebendig vor sich zu sehen, um ihn und berührten und berochen ihn, um sich zu überzeugen, ob er es auch wirklich sei. Nach reiflicher Überlegung gelangte der Alte zu dem Schluß, daß er nicht dem Gott-Raben, sondern eher einem von Menschenhand erbauten Riesenkanu einen Besuch abgestattet hatte, und daß die schwarzen Gestalten keine Krähen, sondern Menschen anderer Art waren. Davon überzeugte er auch die Tlingit, die daraufhin die Schiffe besuchten und ihre Felle gegen viele seltsame Gegenstände, hauptsächlich Eisen, tauschten.«

Dieser von den Tlingit mündlich überlieferte Bericht verdeutlicht sehr anschaulich ihre erste, fast völlig friedliche Begegnung mit einer fremden Kultur.* Fragt sich nur, ob eine mögliche künftige Begegnung zwischen uns

* Die Erzählung des Tlingithäuptlings Cowee beweist, daß auch in einer vorliterarischen Kultur Berichte über Begegnungen mit einer fortgeschrittenen Zivilisation über Generationen hin auf allgemeinverständliche Weise bewahrt werden können. Wäre die Erde vor Jahrhunderten oder Jahrtausenden von einer fortgeschrittenen außerirdischen Zivilisation aufgesucht worden, dürfte das Ereignis, auch wenn die besuchte Kultur noch in der vorliterarischen Phase gesteckt hätte, auf irgendeine wiedererkennbare Weise überliefert worden sein. Uns ist jedoch keine einzige nachweislich aus früher vortechnologischer Zeit stammende Sage bekannt, die sich nur in diesem Sinne deuten ließe.

Die Eroberung Mexikos in aztekischer Sicht: Pferde und Feuerwaffen, darunter die »große lombardische Kanone«, trugen als wesentliche Faktoren zur vollständigen Besiegung der Azteken durch Cortez bei. Aus dem *Lienco Tlaxcala*. M. frdl. Gen. d. UCLA Special Collection.

und einer fortgeschritteneren außerirdischen Zivilisation gleichfalls weitgehend friedlich verliefe (obwohl Berührungspunkte wie zwischen Franzosen und Tlingit fehlten) oder ob die etwas fortgeschrittenere die technisch rückständigere Gesellschaft restlos vernichten würde, wofür unsere Geschichte abstoßende Präzedenzfälle liefert.

Zu Beginn des 16. Jahrhunderts stand im mexikanischen Zentralhochland die Hochkultur der Azteken in Blüte, die sich durch eine monumentale Architektur, ausführliche Chroniken, erlesene Kunstwerke und einen astronomischen Kalender auszeichnete, der in ganz Europa seinesgleichen suchte. Als die ersten Schatzschiffe aus Mexiko in Europa einliefen, brach ein Künstler wie Albrecht Dürer über die aztekischen Kunstwerke in Begeisterung aus und erklärte, nie zuvor etwas so Herzerquickendes gesehen zu haben wie die fast zwei Meter große Sonne aus getriebenem Gold (in Wirklichkeit ein astronomischer Kalender), den ebenso großen Mond aus Silber und die 1520 in zwei Sälen zur Schau gestellten Rüstungen und Waffen. Die Intellektuellen wiederum bestaunten die Bücher der Azteken, »die«, wie einer anmerkte, »fast denen der Ägypter gleichkommen«. Und Hernando Cortez beschrieb ihre Hauptstadt Tenochtitlan als »eine der schönsten Städte der Welt ... In Treiben und Gebaren muß man die Leute fast auf eine Stufe mit den Spaniern stellen, so wohlgeordnet und gesittet läuft alles ab. Bedenkt man, daß sie Barbaren ohne Kenntnis Gottes und Verbindung zu anderen Kulturvölkern sind, kann man seinen Augen kaum trauen.«

Zwei Jahre später zerstörte Cortez Tenochtitlan und die aztekische Kultur restlos. Hier ein aztekischer Bericht:

»Montezuma [der Aztekenherrscher] war über das, was er hörte, erschüttert und entsetzt. Staunte er schon höchlich über ihre Nahrung, so wollte ihm der Bericht, wie sich auf Kommando der Spanier der Schuß unter lautem Donnerschall aus der großen Kanone gelöst hatte, fast die Sinne rauben.

Unter dem teilnahmslosen Blick der Sonne werden die schlechtbewaffneten und entmutigten Azteken von den Konquistadoren und ihren mexikanischen Helfershelfern – darunter einem Krieger mit zeremoniellem Wasservogel-Kopfputz – niedergemetzelt.

Das Getöse löste Schwäche und Schwindel aus, und heraus flog in einem Feuer- und Funkenregen ein Stein. Der Rauch war widerlich und verbreitete einen übelkeiterregenden Gestank. Traf der Schuß einen Berg, zertrümmerte er ihn und löste ihn auf, traf er einen Baum, zerschmetterte er ihn zu Sägemehl, als wäre er fortgeblasen... Als Montezuma das alles hörte, war er vor Entsetzen wie gelähmt. Er fühlte sich schwach. Sein Mut sank.«

Weitere Schreckensnachrichten liefen ein: »Wir sind nicht so stark wie sie.« »Wir sind ein Nichts gegen sie.« Und so bürgerte sich für die Spanier die Bezeichnung »die Götter vom Himmel« ein, obwohl sich die Azteken, wie die folgende Beschreibung beweist, hinsichtlich der Konquistadoren keiner Täuschung hingaben:

»Mit glühenden Gesichtern stürzten sie sich wie Affen auf das Gold. Ihr Goldhunger war unersättlich. Sie dürsteten danach; sie gierten danach; sie wollten sich damit vollstopfen wie Schweine. So liefen sie auf und ab, betasteten die Goldbänder, nahmen sie, drehten sie hin und her und rafften sie unter sinnlosem Gestammel an sich.«

Trotz dieser zutreffenden Charakteranalyse sahen sich die Azteken zur Gegenwehr nicht imstande. 1517 war in Mexiko ein großer Komet gesichtet worden. Diese Himmelserscheinung hatte Montezuma, der fest an die Sage von der Wiederkehr des Aztekengottes Quetzalcoatl in Gestalt eines weißen Mannes übers östliche Meer glaubte, bewogen, seine Astrologen hinrichten zu lassen, da sie ihm das Kommen des Kometen weder vorhergesagt noch erklärt hatten. In der sicheren Erwartung kommenden Unheils verfiel der Herrscher in Geistesabwesenheit und dumpfes Brüten. So konnten vierhundert bewaffnete Europäer und ihre eingeborenen Helfershelfer 1521 dank des Aberglaubens der Azteken und ihrer eigenen überlegenen Technologie eine Hochkultur von einer Million Menschen vernichtend schlagen und restlos zerstören. Zwar war den Azteken das Pferd fremd (das es damals in der Neuen Welt noch nicht gab), zwar besaßen sie weder Rüstungen noch Feuerwaffen, im Grunde aber war die technologische Kluft zwischen ihnen und den Spaniern gar nicht so groß, betrug der Abstand höchstens ein paar Jahrhunderte.

In der Milchstraße dürften wir die rückständigste technische Gesellschaft sein (eine noch rückständigere verfügte nicht über die Möglichkeit der Radioastronomie). Verliefe die Begegnung zweier Kulturen auf galaktischer Ebene ebenso traurig wie auf irdischer, wären wir, vielleicht mit einem bewundernden Seitenblick auf Shakespeare, Bach und Vermeer, vermutlich bereits mit Stumpf und Stiel ausgerottet. Da dies jedoch eindeutig nicht der Fall ist, haben sich die Fremden vielleicht, wie ehedem La Pérouse und anders als Cortez, zur Gewaltlosigkeit entschlossen – oder aber, und auch das wäre trotz all des Geschreis um UFOs und alte Astronauten denkbar, unsere Zivilisation wurde bis heute nicht entdeckt.

Auf der einen Seite müßte, wenn auch nur ein geringer Prozentsatz technischer Zivilisationen mit den Massenvernichtungsmitteln umgehen lernte, in der Milchstraße eine beträchtliche Anzahl fortgeschrittener Zivilisationen existieren. Schließlich besitzen sogar wir schon interstellare, wenn auch langsame Flugkörper und hegen die (wie es scheint, berechtigte) Hoffnung, sie in Zukunft erheblich beschleunigen zu können. Auf der anderen Seite gibt es keinerlei Beweis für einen Besuch aus dem All, was wie ein Widerspruch klingt. Wenn die nächste Zivilisation etwa 200 Lichtjahre entfernt ist, könnten ihre Vertreter bei einem der Lichtgeschwindigkeit angenäherten Reisetempo in rund 200 Jahren bei uns sein. Aber selbst bei einer Geschwindigkeit von 1 oder gar nur 1/10 Prozent von der des Lichts hätten uns ihre Mitglieder seit Bestehen der Menschheit aufsuchen können. Warum also sind sie noch nicht hier?

Auf diese Frage gibt es verschiedene Antworten. Vielleicht sind wir, auch wenn das dem Erbe von Aristarch und Kopernikus widerspricht, die ersten. Irgendeine technische Zivilisation muß ja in der Geschichte der Milchstraße den Anfang machen. Vielleicht auch täuschen wir uns in der Annahme, daß es mindestens ab und an einer Zivilisation gelingt, die Selbstzerstörung zu umgehen. Oder vielleicht ergeben sich beim interstellaren Raumflug irgendwelche unvorhergesehenen Probleme, obwohl man sich bei einem weit unter der Lichtgeschwindigkeit liegenden Tempo solche Hindernisse kaum vorstellen kann.

Möglicherweise sind sie auch bereits hier, verbergen sich aber aufgrund einer *Lex Galactica,* einer Ethik der Nichteinmischung in die Entwicklung aufstrebender Zivilisationen, und begnügen sich damit, uns ähnlich interessiert und leidenschaftslos zu beobachten wie wir eine Bakterienkultur in einer Nährlösung, um festzustellen, ob wir es auch dieses Jahr wieder schaffen, die Selbstvernichtung zu umrunden.

Es gibt aber auch noch eine andere Erklärung, die nahtlos zu all unseren sonstigen Erkenntnissen paßt. Angenommen, eine 200 Lichtjahre entfernte Zivilisation hätte vor langer Zeit das Stadium der interstellaren Raumfahrt erreicht: Aus welchem Grund sollte sie die noch unbesuchte Erde für etwas Besonderes halten? Schließlich hat bis jetzt noch kein Produkt der menschlichen Technologie einschließlich unserer Radiowellenausstrahlungen, die immerhin mit Lichtgeschwindigkeit reisen, die 200 Lichtjahre zurückgelegt. Damit aber sind wir für diese Zivilisation als Forschungs- oder Besiedlungsobjekt nicht interessanter als alle anderen nahegelegenen Sternsysteme.*

Eine aufsteigende technische Zivilisation würde sich nach der Erforschung ihres eigenen Planetensystems und der Entwicklung der interstellaren Raumfahrt langsam und versuchsweise an die Erkundung der nahen Sterne machen. Dabei würde sie auf recht unterschiedliche Möglichkeiten stoßen: auf Sterne ohne geeignete Planeten, die vielleicht nur von riesigen Gaswelten oder unscheinbaren Asteroiden umkreist würden; auf solche mit einer ganzen Reihe geeigneter, teils aber bereits besiedelter oder von einer giftigen Atmosphäre umhüllter oder klimatisch ungünstiger Planeten, die sie vielfach erst in einem langwierigen Erschließungsprozeß umgestalten müßte; gelegentlich aber wohl auch auf eine von allem Anfang an geeignete Welt, die sie in Besitz nehmen könnte. Zwar verstriche, bis sie die Ressourcen dieses Planeten zum Bau weiterer interstellarer Raumfahrzeuge nutzen könnte, viel Zeit, doch schließlich könnte die Sternerforschung und -kolonisierung in die nächste Phase oder Generation eintreten, der Vorstoß ins Unbekannte fortgesetzt werden. Auf diese Weise könnte sich eine Zivilisation, einer Rebe gleich, langsam von Welt zu Welt weiterranken.

Zu einem späteren Zeitpunkt, vielleicht bei der dritten oder einer der nachfolgenden Kolonisationsetappen, könnte sie auf eine andere, sich unabhängig ausbreitende Zivilisation stoßen, mit der sie jedoch höchstwahrscheinlich bereits über Radio oder irgendeine andere, uns noch verborgene Kommunikationsmethode Fühlung aufgenommen hätte. Da die beiden Zivilisationen bei der Kolonisation möglicherweise andere Anforderungen an die Planeten stellten, brauchten sie einander nicht ins Gehege zu kommen und könnten ihre ineinander verschlungenen Expansionsmuster ohne Zusammenstöße fortsetzen, ja, einander bei der Erforschung einer Milchstraßenprovinz sogar unterstützen. Aber selbst wenn diese Zivilisationen in unserer Nähe lägen und bereits seit Jahrmillionen getrennt oder gemeinsam ihren kolonialen Abenteuern nachgegangen wären, hätte sich unser unbedeutendes Sonnensystem doch ihrer Aufmerksamkeit entziehen können.

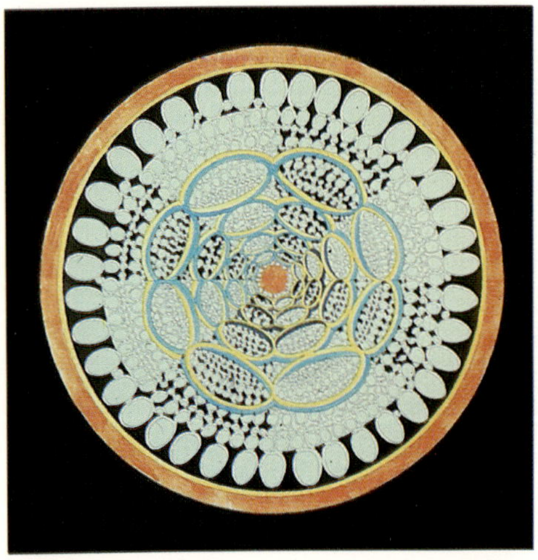

Umgestaltung eines Sonnensystems durch eine fortgeschrittene technische Zivilisation: Um das kostbare Sternenlicht nicht ins All entweichen zu lassen, hat sie die lokale Sonne mit einer Materiekugelschale umgeben. Schematische Darstellung von Jon Lomberg.

Um aber überhaupt das Stadium interstellarer Raumfahrt zu erreichen, muß eine Zivilisation ihre Zahl beschränken: Bei spürbarer Bevölkerungsexplosion sieht sich jedwede Gesellschaft gezwungen, ihre ganze Energie und Technik in den Dienst an der Bevölkerung des eigenen Planeten zu stellen – ein allgemeingültiger und zwingender Schluß, der nichts mit den Eigenheiten einer bestimmten Zivilisation zu tun hat. Ein exponentielles Bevölkerungswachstum wird die Ressourcen jedes Planeten ungeachtet seiner Biologie und seines Gesellschaftssystems verschlingen. Um sich ernstlich auf die interstellare Forschung und Kolonisation einlassen zu können, muß eine Zivilisation über viele Generationen hin zumindest annähernd das Nullwachstum praktizieren, was wiederum bedeutet, daß sie zur Erschließung und Besiedelung neuer Welten viel Zeit benötigt, selbst

* Es mag vielerlei Beweggründe für Expeditionen zu den Sternen geben. So könnte, wenn unsere Sonne oder ein anderer naher Stern vor einem Supernovaausbruch stünde, ein größeres interstellares Raumfahrtprogramm plötzlich recht attraktiv werden oder die (allerdings nur bei sehr fortgeschrittenem technischem Stand denkbare) Entdeckung einer nahe bevorstehenden Explosion des Milchstraßenkerns sogar ernstliches Interesse an trans- oder intergalaktischen Raumflügen wecken. Da es nicht selten zu solchen kosmischen Katastrophen kommt, könnten nomadisierende raumfahrende Zivilisationen durchaus an der Tagesordnung sein – und dennoch bliebe ihr Auftauchen auf der Erde unwahrscheinlich.

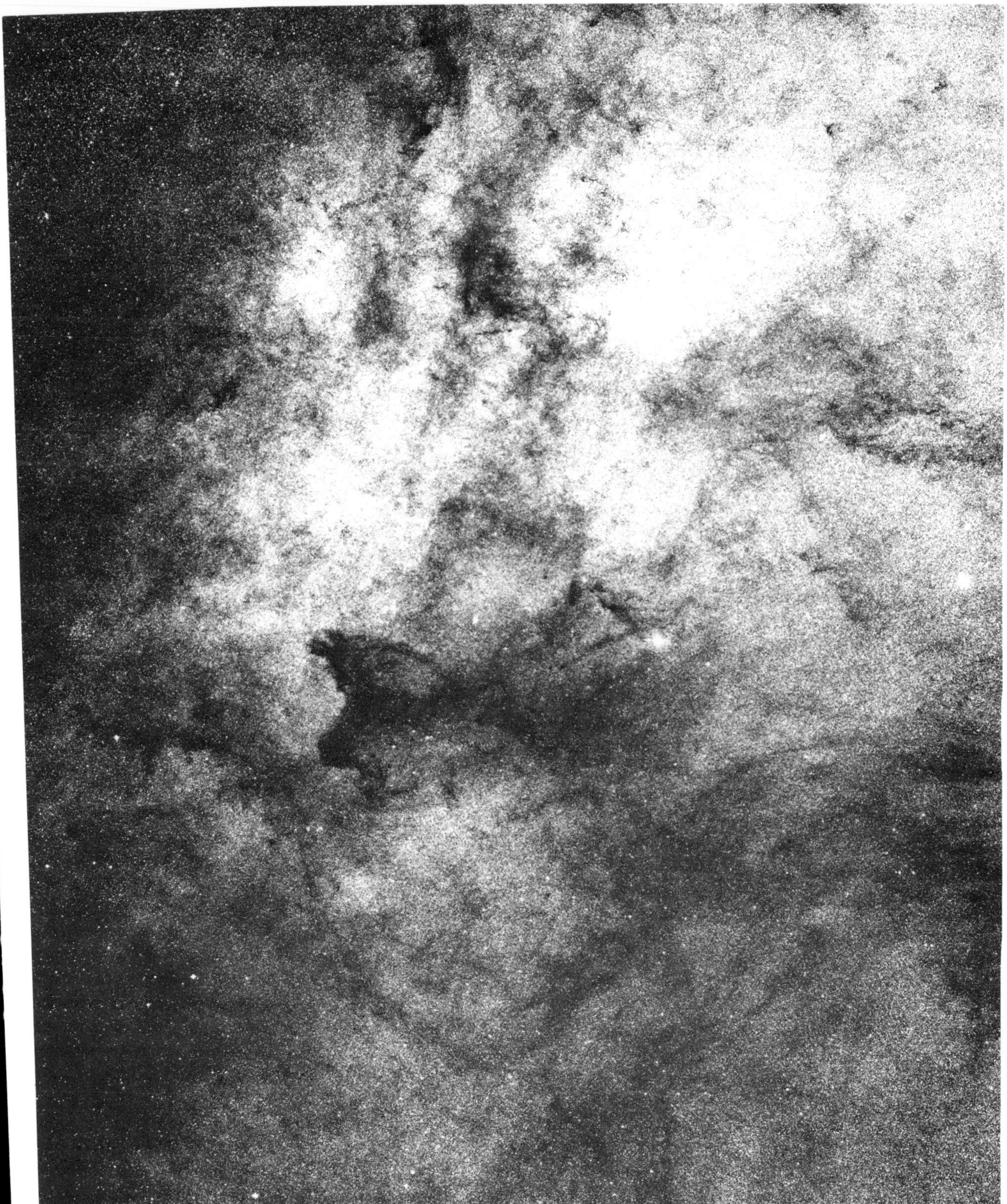

Große, dem Milchstraßenzentrum zugewandte Sternwolke im Sternbild des Schützen. Die dunklen Staubbahnen enthalten organische Moleküle und zum Teil Sterne in den ersten Entwicklungsstadien. Die Gesamtzahl der auf dem Photo erfaßten Sterne dürfte sich auf rund eine Million belaufen, worunter sich nach den Schätzungen des vorliegenden Kapitels auch die Sonne einer im Vergleich zur unseren fortgeschritteneren Zivilisation befinden müßte. M. frdl. Gen. d. Hale Observatories.

Drei Einzelaufnahmen aus einem Film über die Ausbreitung einer interstellaren raumfahrenden Zivilisation in einem kleinen Milchstraßenbereich. Da diese Zivilisation jeweils nur Missionen von wenigen Lichtjahren unternehmen kann, muß sie immer wieder Kolonien gründen, um Stützpunkte für weitere Unternehmungen zu gewinnen. Zeichentrickfilm von Dov Jacobson.

wenn sie nach der Entdeckung eines üppigen Gartens Eden die Wachstumsbeschränkungen lockert.

Mein Kollege William Newman und ich haben errechnet, daß eine 200 Lichtjahre entfernte raumfahrende Zivilisation mit niedriger Bevölkerungswachstumsrate, die vor einer Jahrmilliarde mit der Expansion und der Kolonisation geeigneter Welten begonnen hätte, erst jetzt mit ihren Erkundungsschiffen zu unserem Sonnensystem vorstoßen würde. Eine Jahrmillion aber ist eine lange Zeit. Wäre jedoch die uns nächste Zivilisation jünger, wäre sie auch noch nicht bis zu uns vorgedrungen. Eine Kugel, deren Radius 200 Lichtjahre beträgt, enthält 200000 Sonnen und vielleicht eine vergleichbare Anzahl kolonisierbarer Welten. Nach dem normalen Gang der Dinge würde die eigenständige Zivilisation unseres Sonnensystems erst nach der Besiedlung von 200000 anderen Welten entdeckt.

Was aber bedeutet das Alter von einer Jahrmillion für eine Zivilisation? Wir haben seit einigen Jahrzehnten Radioteleskope und Raumschiffe; unsere technische Zivilisation ist ein paar Jahrhunderte alt, wissenschaftliche Ideen moderner Prägung reichen ein paar Jahrtausende zurück, unsere Kultur ganz allgemein etliche Jahrzehntausende; menschliche Wesen gibt es auf unserem Planeten erst seit wenigen Jahrmillionen. Gehen wir vom Tempo unserer gegenwärtigen technischen Entwicklung aus, muß uns eine jahrmillionenalte fortgeschrittene Zivilisation ebensoweit voraus sein wie wir einem Buschbaby oder einem Makaken. Ja, es ist nicht einmal sicher, ob wir ihre Anwesenheit überhaupt bemerken würden. Ebensowenig wissen wir, ob eine Gesellschaft, die uns um eine Jahrmillion überlegen ist, an der Kolonisation von Sternen oder auch nur an interstellarer Raumfahrt interessiert wäre. Die Lebenserwartung von uns Menschen ist aus irgendeinem Grund begrenzt, den die Biologie und Medizin im Laufe ihrer Entwicklung möglicherweise herausfinden und beheben werden. Wäre es denkbar, daß wir dann das Interesse an der Raumfahrt verlören, oder anders gesagt, interessieren wir uns nur deshalb so sehr für sie, weil wir uns von ihr eine Möglichkeit erhoffen, uns gewissermaßen selbst zu überleben? Könnte eine aus mehr oder minder unsterblichen Wesen bestehende Zivilisation die interstellare Forschung für im Grunde kindisch halten? Vielleicht haben wir nur deshalb noch von keiner nahen Zivilisation Besuch erhalten, weil sie im Zuge der Erforschung all der zahllosen Sterne in der Weite des Alls ihre Motive geändert oder weil ihre Vertreter im Lauf ihrer Evolution für uns nicht mehr wahrnehmbare Formen angenommen haben.

Nach einem in der Science-fiction und UFO-Literatur ständig wiederkehrenden Motiv sind die Außerirdischen und wir etwa gleich stark. Mögen sie auch andersartige Raumschiffe oder Strahlenkanonen besitzen, im Kampf – Lieblingsthema der Science-fiction – zeigen sie sich uns jedenfalls nicht überlegen. In Wirklichkeit dagegen liegt die Chance, daß zwei galaktische Zivilisationen derselben Entwicklungsstufe zusammenstoßen, praktisch bei null – vielmehr wird bei einer Begegnung eine die andere stets weit überragen. Eine Jahrmillion ist eine lange Zeit. Wir könnten nicht das geringste tun, um das Eindringen einer fortgeschrittenen Zivilisation in unser Sonnensystem zu verhindern, denn sie wäre uns wissenschaftlich und technologisch turmhoch überlegen. Bösartige Absichten jedoch brauchen wir ihr dennoch nicht zu unterstellen, scheint doch allein schon ihr langer Bestand darauf hinzudeuten, daß ihre Vertreter mit ihresgleichen und anderen leben gelernt haben. Möglicherweise sind unsere Ängste vor einem extraterrestrischen Kontakt nur die Projektion unserer eigenen Rückständigkeit, nur ein Ausdruck unserer Schuldgefühle über unsere Vergangenheit: über die Verwüstungen, die wir anderen, kaum rückständigeren Kulturen zugefügt haben. Wir denken an Kolumbus und die Arawaks, an Cortez und die Azteken, an das Schicksal der Tlingit in den Generationen nach La Pérouse, und die Erinnerung belastet uns schwer. Und dennoch würden wir eine an unserem Himmel auftauchende Armada zweifellos mit derselben gewohnten Liebenswürdigkeit empfangen.

Im übrigen ist eine andere Art der Verständigung viel wahrscheinlicher. Vermutlich wird einer Begegnung von Angesicht zu Angesicht eine inhaltsreiche, vielschichtige Botschaft aus dem All, vermutlich über Radio, voraufgehen. Sollten wir den Inhalt beleidigend oder beängstigend finden, sind wir, da die sendende Zivilisation nicht weiß, ob wir ihre Botschaft empfangen haben, zu keiner Antwort verpflichtet. Enthält sie jedoch wertvolle Informationen, wird unsere eigene Zivilisation eine erhebliche Bereicherung erfahren. Durch den Einblick in eine fremde Naturwissenschaft und Technologie, Kunst, Musik, Politik, Ethik, Philosophie und Religion wird der Provinzialismus der *condition humaine* aufgehoben, bricht sich die Erkenntnis, was außer unserem Menschsein noch möglich ist, Bahn.

Die Entschlüsselung einer solchen interstellaren Botschaft dürfte, da wir mit ihren Absendern bestimmte naturwissenschaftliche und mathematische Erkenntnisse teilen, das geringste Problem darstellen, den US-Kongreß und den Ministerrat der UdSSR* zur Finanzierung der Suche nach außerirdischer Intelligenz zu bewegen, schon weitaus schwieriger sein. Vielleicht muß man Zivilisationen in zwei große Kategorien einteilen: in solche, in denen sich die Wissenschaftler außerstande zeigen, die Nichtwissenschaftler von der Notwendigkeit der Suche nach außerplanetarer Intelligenz zu überzeugen; in denen alle Kräfte und Mittel ausschließlich für innere Bedürfnisse verwendet werden; in denen die herkömmlichen Vorstellungen unangetastet bleiben und die Gesellschaft in ihrer Unsicherheit vor den Sternen zurückschreckt; und solche, in denen die großartige Vision einer Kontaktaufnahme mit anderen Zivilisationen von weiten Kreisen geteilt und dementsprechend eine großangelegte Suchaktion in die Wege geleitet wird.

Übrigens gehört dieses Unternehmen zu den wenigen menschlichen Aktivitäten, bei denen selbst der Mißerfolg noch Erfolg bedeutet. Sollten wir nämlich bei der systematischen, auf Millionen Sterne ausgedehnten Suche nach extraterrestrischen Radiosignalen nichts hören, dürften wir daraus getrost den Schluß ziehen, daß galaktische Zivilisationen zumindest überaus selten sind, was unseren Stellenwert im Universum deutlich umrisse. Wir könnten daraus ersehen, wie kostbar die Lebewesen unseres Planeten sind, und würden wie nie zuvor in unserer Geschichte den persönlichen Wert jedes einzelnen erkennen. Sollte unseren Bemühungen dagegen Erfolg beschieden sein, würde sich die Geschichte unserer Spezies und unseres Planeten für immer ändern.

Den Außerirdischen wäre es ein leichtes, uns eine eindeutig als solche gekennzeichnete, synthetische interstellare Botschaft zukommen zu lassen.

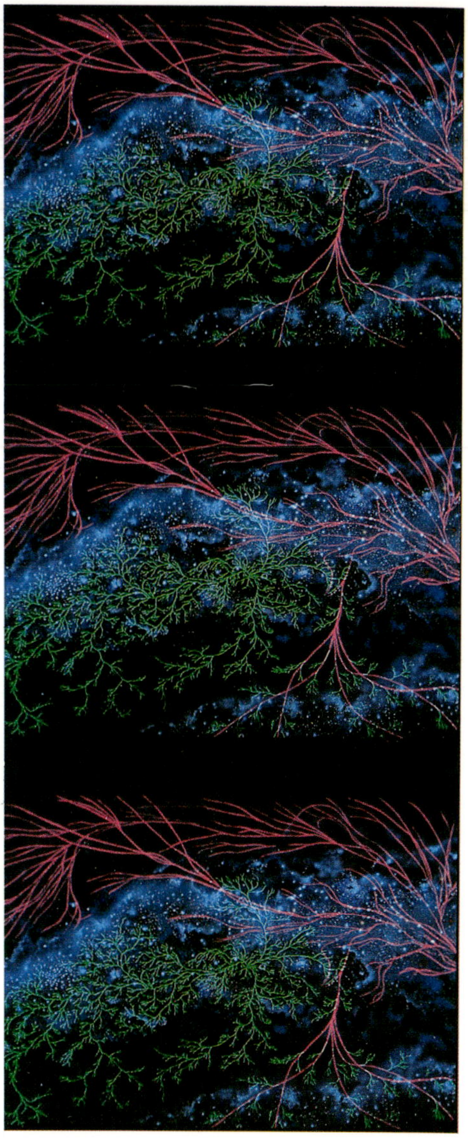

Begegnungen zwischen einer in relativ kurzen Etappen von einem Sternsystem zum anderen vorstoßenden und einer zu längeren Reisen befähigten, interstellare Kolonien gründenden Zivilisation. Zeichentrickfilm von Dov Jacobson.

* Oder irgendein anderes nationales Organ. Am 26. Februar 1978 brachte der Londoner Observer folgende Äußerung eines Sprechers des britischen Außenministeriums: »Botschaften aus dem Weltraum fallen in den Zuständigkeitsbereich der BBC und des Postministeriums. Sie sind für die Aufspürung illegaler Sendungen verantwortlich.«

Hypothetische Welten aus der *Galaktischen Enzyklopädie. Oben links und rechts:* Planet mit zwei Monden. Die Oberflächenverwüstungen gehen auf einen nahen Supernovaausbruch zurück. *Mitte links und unten rechts:* Ozeanbedeckte, erdenähnliche Welt mit zwei großen Monden. *Unten links:* Terrestrischer Planet, auf dessen Nachtseite man bedeutende technische Anlagen erkennt. Er ist etwas weiter fortgeschritten als wir und käme als Übermittler unserer ersten interstellaren Radiobotschaft in Betracht. *Mitte rechts:* Noch weiter fortgeschrittene Zivilisation, die um ihren Heimatplaneten ein bewohnbares Ringsystem anlegt. Darstellungen in der angegebenen Reihenfolge von Rick Sternbach, David Egge, Rick Sternbach, David Egge, John Allison und Jon Lomberg.

Z. B. die ersten zehn Primzahlen – Zahlen, die sich nur durch sich selbst und durch 1 teilen lassen – also 1, 2, 3, 5, 7, 11, 13, 17, 19, 23, denn es ist höchst unwahrscheinlich, daß bei einem natürlichen physikalischen Prozeß ausschließlich Primzahlen enthaltende Radiobotschaften ausgestrahlt werden sollten. Erhielten wir eine solche Botschaft, könnten wir daraus auf eine Zivilisation im All schließen, die zumindest eine gewisse Vorliebe für Primzahlen hegt. Höchstwahrscheinlich aber wird die interstellare Kommunikation eine Art Palimpsest darstellen, den Palimpsesten der alten Schreiber vergleichbar, die aus Mangel an Papier oder Stein ihre Botschaften über schon vorhandene schrieben. So könnte auf einer Nachbarfrequenz oder mit schnellerer zeitlicher Streuung eine zusätzliche Botschaft ausgestrahlt werden, die sich als eine Art Schlüssel oder Einführung in die interstellare Verkehrssprache entpuppte. Dieser Schlüssel würde unablässig wiederholt, da die sendende Zivilisation ja nicht wissen kann, wann wir uns einschalten. Die unter dem Sendezeichen und dem Schlüssel befindliche Schicht des Palimpsestes enthielte dann die eigentliche Botschaft, die dank der Radiotechnologie unvorstellbar inhaltsreich sein könnte: Vielleicht fänden wir uns beim Einschalten mitten in Band 3267 der *Galaktischen Enzyklopädie* versetzt.

Auf diesem Wege könnten wir die Natur anderer Zivilisationen entdecken, vieler anderer, von denen sich jede aus erstaunlich andersartigen Organismen zusammensetzte – Organismen, wie wir sie auf unserem Planeten noch nie zu Gesicht bekommen haben, mit einer andersartigen Weltanschauung, andersartigen Künsten, sozialen Funktionen und Interessen für Dinge, auf die wir noch nie einen Gedanken verschwendet haben. Durch den Vergleich unseres und ihres Wissens würde sich unser Horizont unvorstellbar erweitern. Und dank dieser neuerworbenen, in einem Computergedächtnis gespeicherten Information könnten wir herausfinden, wo welche Art Zivilisation in der Milchstraße lebte. Man stelle sich das nur einmal vor, einen gewaltigen galaktischen Computer, einen mehr oder minder stets auf dem neuesten Stand gehaltenen Speicher von Informationen über die Natur und die Aktivitäten all der Zivilisationen in der Milchstraße, eine große Bibliothek des Lebens im Kosmos, eine *Galaktische Enzyklopädie,* deren Artikel selbst noch in der Übersetzung bedrängend rätselhaft und unsagbar spannend klingen müßten.

Wenn wir uns dann zu guter Letzt nach reiflicher Überlegung zu einer Antwort entschlössen, würden wir mit einigen Informationen, zunächst nur den Anfangsgründen, über uns selbst beginnen und damit einen langen interstellaren Dialog einleiten, den in Anbetracht der ungeheuren Weite des interstellaren Raums und der begrenzten Geschwindigkeit des Lichtes allerdings unsere fernen Nachfahren fortführen müßten. Und vielleicht würde irgendwann einmal auf einem Planeten eines weit entfernten Sterns ein ganz und gar andersartiges Wesen einen Auszug aus der neuesten Auflage der *Galaktischen Enzyklopädie* verlangen, um sich über das jüngste Mitglied in der Gemeinschaft der galaktischen Zivilisationen ein wenig zu informieren.

Möglichkeit 1:

Zivilisationstyp: 1,8 L.

Gesellschaftskennzahl und -kennwort: 2A11
»Wir, die überlebt haben«.

Stern: FOV, Spektrum variabel,
r = 9.717 kpc, $\Theta = 00° 7'51''$,
∅ 210° 20'37''.

Planet: sechster, $a = 2.4 \times 10^{13}$ cm,
$M = 7 \times 10^{18}$ g, $R = 2.1 \times 10^{9}$ cm,
$p = 2.7 \times 10^{6}$ s, $P = 4.5 \times 10^{7}$ s.

Außerplanetarische Kolonien: keine

Planetenalter: 1.14×10^{17} s.

Erste außerplanetarische Kontaktaufnahme: vor 2.6040×10^{8} s.

Empfang des ersten verschlüsselten galaktischen Code: vor 2.6040×10^{8} s.

Biologie: C, N, O, H, S, Se, CI, Br,
H_2O, S_8, polyaromatische Sulfonyl-Halogenide. Bewegliche, photochemosynthetische, autotrophe Organismen in schwach reduktiver Atmosphäre.
Polytaxis, Monochromie.
$m \approx 3 \times 10^{12}$ g, $t \approx 5 \times 10^{10}$ s.
Keine künstlich hergestellten Gene.

Genome: $\sim 6 \times 10^{7}$ (Bits ohne Redundanz/Genom: $\sim 2 \times 10^{12}$).

Technologie: exponentiell,
nähert sich der asymptotischen Grenze.

Kultur: global, ungesellig,
viele Arten (2 Gattungen, 41 Arten); arithmetische Dichtung.

prae partum / post partum: 0.52 [30],

Individuell / kommunal: 0.73 [14],

Künstlerisch / technologisch: 0.81 [18].

Überlebenschancen
(pro 100 J): 80%

Möglichkeit 2:

Zivilisationstyp: 2.3 R.

Gesellschaftskennzahl und -kennwort: 1H1,
»Wir, die Einsgewordenen«.

Interstellare Zivilisation, keine
Planetengemeinwesen,
nutzt 1504 Superriesensterne,
OV, BV, AV Sterne und Pulsare.

Zivilisationsalter: 6.09×10^{15} s.

Erste interstellare Kontaktaufnahme:
vor 6.09×10^{15} s.

Empfang des ersten verschlüsselten galaktischen Code: vor 6.09×10^{15} s.

Stammzivilisation, Neutrinokanal.

Vielfältige Kommunikation mit Lokaler Gruppe.
Biologie: C, H, O, Be, Fe, Ge, He.
Organische Halbleiter verschiedener Typen mit 4K Metallchelierung.
Kälteerzeugende, supraleitfähige
Elektrovoren mit dichter
Neutronenkristallpackung;
modulare Sternausbeutung; Polytaxis.
m variabel, $t \approx 5 \times 10^{15}$ s.
Genome: 6×10^{17} (Bits ohne Redundanz / Durchschnittsgenom: $\sim 3 \times 10^{17}$).
Überlebenschancen
(pro 10^{6}J): 99%

Hypothetischer Computerüberblick über zwei fortgeschrittene Zivilisationen aus der *Galaktischen Enzyklopädie*. Von Jon Lomberg und dem Verfasser.

Möglichkeit 3:

Zivilisationstyp: 1.0 J.

Gesellschaftskennzahl und -kennwort: 4G4, »Menschheit«.

Stern: G2V, $r = 9.844$ kpc, $\Theta =$ $00° 05'24''$, $\varnothing$ $206 \lesseqgtr 8'49''$.

Planet: dritter, $a = 1.5 \times 10^{13}$ cm, $M = 6 \times 10^{27}$ g, $R = 6.4 \times 10^{8}$ cm, $p = 8.6 \times 10^{4}$ s, $P = 3.2 \times 10^{7}$ s.

Außerplanetarische Kolonien: keine.

Planetenalter: 1.45×10^{17} s.

Erste außerplanetarische Kontaktaufnahme vor 1.21×10^{9} s.

Empfang des ersten verschlüsselten galaktischen Code: steht noch aus.

Biologie: C, N, O, S, H_2O, O, PO_4.
Desoxyribonukleinsäure.
Keine künstlich hergestellten Gene.
Bewegliche, heterotrophe Symbionten auf Photosynthese aufbauender autotropher Organismen.
Oberflächenbewohner, 1 Art,
polychrome O_2-Atmer.
Fe-chelierte Tetrapyrole in Kreislaufflüssigkeit.
Säuger mit geschlechtlicher Fortpflanzung.
$m \approx 7 \times 10^{4}$ g, $t \approx 2 \times 10^{9}$ s.
Genome: 4×10^{9}.
Technologie: exponentiell/
fossile Brennstoffe / Kernwaffen /
organisierte Kriegführung/
Umweltverschmutzung.
Kultur: ~ 200 Nationalstaaten,
~ 6 Weltmächte; kulturelle und technologische Homogenität im Entstehen.
Prae partum / post partum: 0.21 [18],
Individuell / kommunal: 0.31 [17],
Künstlerisch / technologisch: 014 [11].
Überlebenschancen
(pro 100 J): 40%.

Überblick über eine neu aufgetauchte technische Zivilisation aus der *Galaktischen Enzyklopädie*. Von Jon Lomberg und dem Verfasser.

Sendbote der Erde: Apollo 14 vor dem nächtlichen Start zum Mond. Dieselbe Raketen- und Kerntechnologie, die bei Mißbrauch eine weltweite Katastrophe heraufbeschwören kann, vermag uns zu den Planeten und zu den Sternen zu tragen. Photo Dennis Milon.

13. Kapitel
Wer tritt für die Erde ein?

»Wozu sollte ich mir die Mühe machen, die Geheimnisse der Sterne zu erforschen,
wo ich doch ständig Tod und Sklaverei vor Augen habe?«

Frage, die Anaximenes (ca. 600 v. Chr.) an Pythagoras gerichtet haben soll

»Wie gewaltig müssen jene Himmelskörper sein und wie unbedeutend im Vergleich
dazu diese Erde, der Schauplatz all unserer gewaltigen Vorhaben,
all unserer Schiffsreisen und Kriege.
Das sollten sich jene Könige und Fürsten vor Augen halten,
die das Leben so vieler opfern, um ihrem Ehrgeiz,
Herr eines erbärmlichen Winkels dieser kleinen Welt zu sein, zu schmeicheln.«

Christiaan Huygens,
Neue Mutmaßungen über die Planetenwelten, ihre Bewohner und Erzeugnisse, um 1690

»Über zahllose Jahrmillionen zurückblickend, sehen wir, wie sich der unbändige Wille zum Leben
aus dem Schlamm der Gezeitenzone emporwindet, wie er sich von Gestalt zu Gestalt
und von Vermögen zu Vermögen vorankämpft, erst an Land kriecht,
sodann keck darauf herumläuft, generationenlang um die Beherrschung der Luft ringt
und in die Finsternis der Tiefe hinabtaucht;
wie er sich in Raserei und Hunger auf sich selber stürzt und wieder neu bildet,
wie er uns immer näher kommt, immer ähnlicher wird, sich mehr und mehr ausweitet,
höher entwickelt und unnachgiebig sein unfaßliches Ziel verfolgt, bis er schließlich,
bei uns angelangt, unser Hirn und unsere Adern durchpulst ...
Mag sein, daß diese ganze Vergangenheit nur der Anfang eines Anfangs ist,
daß alles, was ist und war, nur das Zwielicht der Morgendämmerung darstellt.
Mag sein, daß alle Errungenschaften des Menschenhirns nur ein Traum vor dem Erwachen sind ...
Aus unserem Stamm werden Geister entspringen,
die auf uns in unserer Kleinheit zurückblicken und uns besser kennen werden als wir selbst.
Ein Tag wird kommen, ein Tag in der endlosen Abfolge von Tagen, an dem Wesen,
die jetzt noch in unseren Gedanken schlummern und in unseren Lenden verborgen ruhen,
auf dieser Erde wie auf einem Schemel stehen und lachend
die Hände nach den Sternen ausstrecken werden.«

H. G. Wells, »Die Entdeckung der Zukunft«, *Nature* 65, 326 (1902)

Erst gestern haben wir den Kosmos entdeckt: Nachdem es für uns eine Jahrmillion lang nur einen einzigen Ort, die Erde, gegeben hatte, mußten wir im letzten Zehntelprozent der Menschheitsgeschichte, im Augenblick zwischen Aristarch und uns, widerstrebend erkennen, daß wir weder Mittelpunkt noch Zweck des Universums sind, sondern auf einer winzigen zerbrechlichen und gefährdeten Welt, verloren in der Unermeßlichkeit von Raum und Zeit, auf dem großen kosmischen Ozean zwischen hundert Milliarden Galaxien und einer Milliarde Billionen Sternen dahintreiben. So haben wir uns denn tapfer aufs Meer hinausgewagt und es unserem Wesen gemäß und ganz nach unserem Geschmack gefunden. Etwas in uns erkennt den Kosmos als Heimat wieder. Denn wir sind Wesen aus Sternenasche, nach Ursprung und Evolution mit fernen kosmischen Vorgängen verquickt. So wird die Erforschung des Kosmos zur Entdeckungsreise zu unseren eigenen Ursprüngen.

Wie schon die alten Mythenerzähler wußten, sind wir ebenso Kinder des Himmels wie der Erde. Während unseres Aufenthaltes auf diesem Planeten aber haben wir ein gefährliches entwicklungsgeschichtliches Marschgepäck angesammelt, einen ererbten Hang zu Aggression und Komment, zu Unterwerfung unter Führer und Feindseligkeit nach außen – Eigenschaften, die unser Überleben neuerdings in Frage stellen. Andererseits aber haben wir Mitgefühl mit anderen, Liebe zu unseren Kindern und Kindeskindern, das Bestreben, aus der Geschichte zu lernen und einen großen, emporstrebenden, leidenschaftlichen Intellekt entwickelt und damit das Rüstzeug zur Sicherung unseres Überlebens und zur Hebung unseres Wohlstands erworben. Welche Züge unseres Wesens die Oberhand gewinnen werden, ist noch ungewiß, vornehmlich, solange wir unseren Blick nicht von der Erde lösen und unser ganzes Sinnen und Trachten ausschließlich auf unseren Planeten – oder schlimmer noch, einen kleinen Ausschnitt davon – richten. In der Weite des Alls zwingt sich uns eine ganz andere Perspektive auf, auch wenn bis jetzt noch keinerlei Anzeichen auf die Existenz außerirdischer Intelligenz schließen lassen und wir uns insofern die bange Frage stellen müssen, ob sich Zivilisationen wie die unsere nicht unfehlbar und blindwütig in die Selbstvernichtung stürzen. Vom Weltraum aus sind keine nationalen Grenzen erkennbar, und ethnischer oder religiöser Fanatismus verfliegt wie der Nationaldünkel, wenn wir die dünne blaue Sichel unseres Planeten vor der Bastion und Zitadelle der Sterne allmählich zum unscheinbaren Lichtpünktchen zusammenschrumpfen sehen: Reisen erweitert den Horizont.

Es gibt Welten, auf denen nie Leben entstanden ist. Und solche, die durch kosmische Katastrophen verglühten und zugrunde gingen. Dagegen haben wir das große Los gezogen: Wir sind am Leben; wir sind mächtig; das Wohlergehen unserer Zivilisation und unserer Spezies liegt in unserer Hand. Wer soll für die Erde eintreten, wer sich um unser Überleben kümmern, wenn nicht wir selbst?

Die Menschheit hat sich auf ein großes Abenteuer eingelassen, das sich, sofern es gelingt, ebenso einschneidend auswirken wird wie die Besiedlung des Landes oder der Übergang vom Baum- zum Bodenleben. Zögernd, vorsichtig Fuß vor Fuß setzend, beginnen wir die Fesseln der Erde abzustreifen, indem wir uns den Einflüsterungen jener urtümlichen Gehirne in uns entziehen, sie zum Schweigen bringen, während wir gleichzeitig zu den Planeten aufbrechen und nach Sternenbotschaften ins All hinauslauschen.

Die große Kette alles Seienden. Zwischen den Atomen und Schneeflocken des Mikrokosmos und den Sonnen und Galaxien des Alls werden wir Menschen uns unserer Stellung im Kosmos bewußt. Bild von Jon Lomberg.

Beide Unterfangen sind unauflöslich miteinander gekoppelt, eins die unabdingbare Voraussetzung des anderen. Noch aber konzentrieren wir unsere Kräfte weit mehr auf den Krieg. In gegenseitigem Mißtrauen erstarrt, rüsten die Nationen ohne Rücksicht auf die Menschheit und unseren Planeten zum tödlichen Vernichtungsschlag. Und weil unser Treiben so entsetzlich, so schreckenerregend ist, verdrängen wir es aus unserem Denken. Doch was man nicht bedenkt, kann man auch nicht ins Lot bringen.

Jeder denkende Mensch fürchtet den Atomkrieg, und doch planen ihn alle technisierten Staaten. Jedermann weiß, daß er Wahnsinn wäre, und doch findet jede Nation eine Entschuldigung. Am Anfang stand eine unselige Verkettung von Ursache und Wirkung: Weil die Deutschen beim Ausbruch des Zweiten Weltkrieges an der Bombe arbeiteten, mußten sie die Amerikaner noch vor ihnen bauen. Und als die Amerikaner ihre hatten, brauchten die Sowjets, dann die Briten und Franzosen und schließlich Chinesen, Inder und Pakistanis gleichfalls eine ... So befinden sich im ausgehenden 20. Jahrhundert viele Nationen im Besitz von Kernwaffen. Sie sind leicht herzustellen, zumal sich spaltbares Material aus Atomreaktoren entwenden läßt. Mittlerweile ist die Kernwaffenproduktion schon fast zur Heimindustrie geworden.

Die konventionellen Bomben des Zweiten Weltkrieges mit ihrer Füllung von 20 Tonnen Trinitrotoluol machten einen Häuserblock dem Erdboden gleich. Alles in allem wurden zwischen 1939 und 1945 hunderttausend solcher Bomben auf die Städte der Erde – auf Dresden und Tokio, Rotterdam und Coventry – abgeworfen, was einer Sprengladung von zwei Millionen Tonnen oder zwei Megatonnen Trinitrotoluol entspricht. Im ausgehenden 20. Jahrhundert wird bei der Zündung einer einzigen, mehr oder weniger alltäglichen thermonuklearen Bombe eine Energie von zwei Megatonnen freigesetzt. Das aber bedeutet, daß sich heute in einer einzigen Bombe die ganze Vernichtungskraft des Zweiten Weltkriegs konzentriert findet. Dabei gibt es Zigtausende von Kernwaffen. Im neunten Jahrzehnt unseres Jahrhunderts halten Raketen- und Bomberverbände der UdSSR und der USA Atomsprengköpfe für über 15000 Ziele bereit, d.h., kein Ort auf unserem Planeten ist mehr sicher. Diese todbringenden Geister, die geduldig darauf warten, daß Aladin seine Wunderlampe reibt, können eine Sprengkraft von weit über 10000 Megatonnen entfesseln. Und außerdem läßt sich die Zerstörung neuerdings wirksam konzentrieren, da wir für jede Familie eine ehedem für einen ganzen Block ausreichende Bombe in der Hinterhand haben und mithin nicht mehr sechs Jahre brauchen, sondern in wenigen Stunden fertig werden, wenn wir nur einen faulen Nachmittag lang jede Sekunde Zweiten Weltkrieg spielen.

Unmittelbar zum Tod führen bei einem Atomangriff die Druckwelle, die auf viele Kilometer hin sogar Eisenbetongebäude zum Einsturz bringen kann, der Feuersturm, die Gammastrahlen und die Neutronen, die die unglücklichen Opfer innerlich versengen. Wir besitzen den Augenzeugenbericht einer Schülerin, die den Abwurf der amerikanischen Atombombe auf Hiroshima am Ende des Zweiten Weltkrieges überlebte. Das Mädchen schreibt:

»In einer Finsternis wie in der tiefsten Hölle hörte ich die anderen Schulkinder nach ihren Müttern schreien. Und unten am Fuß der Brücke in einer großen Zisterne, die dort ausgehoben worden war, hielt eine Mutter wei-

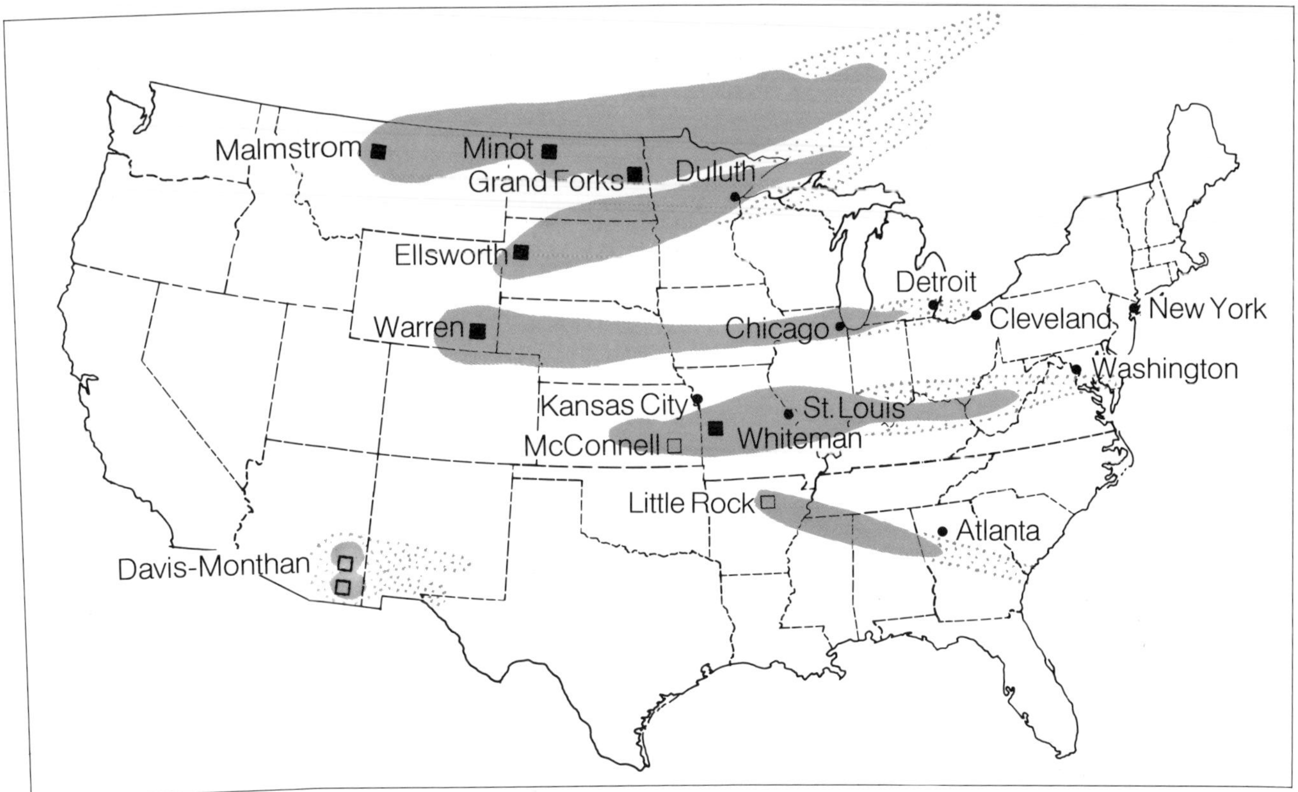

Radioaktiver Niederschlag im Falle eines Atomkrieges. Unter den 15000 vorgesehenen Zielorten befinden sich vermutlich auch die Depots der Titan- und Minuteman-Interkontinentalraketen im amerikanischen Mittelwesten. Allein durch die Bodenexplosion zweier thermonuklearer 1-Megatonnen-Bomben würde dieselbe Energie freigesetzt und dieselbe Zerstörung bewirkt wie von sämtlichen Bomben des Zweiten Weltkriegs. Die radioaktive Staubwolke würde, ähnlich wie der Aschenregen nach dem Ausbruch des Mount St. Helens 1980, durch die vorherrschenden Winde an die Ostküste der Vereinigten Staaten gelangen. In den eingekreisten Gebieten würden allein durch radioaktiven Niederschlag 50% der Bevölkerung den Tod finden. Ähnlich verheerende Auswirkungen hätte die Sowjetunion von zwei 1-Megatonnen-Bomben zu gewärtigen, die zum Beispiel in der westlichen Ukraine explodierten. M. frdl. Gen. d. *Scientific American*. Aus Sidney D. Drell und Frank Von Hippel, *Limited Nuclear War*.

nend ihr nacktes Kind über den Kopf, das am ganzen Körper hellrot versengt war. Eine andere Mutter weinte und schluchzte, als sie ihrem Baby die verbrannte Brust gab. In der Zisterne standen die Schüler bis zum Hals im Wasser und schrien händeringend flehentlich und kläglich nach ihren Eltern. Doch alle, die vorüberkamen, waren verletzt, ausnahmslos alle, und so gab es niemand, keinen einzigen, an den man sich um Hilfe hätte wenden können. Das versengte Haar auf dem Kopf der Leute war gekräuselt und weißlich und mit Staub bedeckt. Sie wirkten nicht mehr wie Menschen, nicht mehr wie Geschöpfe von dieser Welt.«

Im Gegensatz zu der etwas später auf Nagasaki abgeworfenen Atombombe explodierte die von Hiroshima hoch über dem Boden in der Luft, so daß sich nur wenig radioaktiver Niederschlag ergab. Am 1. März 1954 aber fiel bei einem Atomwaffentest auf Bikini (Marshall-Inseln) ein unerwartet hoher Strahlungsertrag an. Über dem 150 Kilometer entfernten winzigen

Atoll Rongalap, dessen Bewohner die Explosion mit einem Sonnenaufgang im Westen verglichen, lagerte sich eine große radioaktive Wolke ab, und wenige Stunden später rieselte auf Rongalap ein radioaktiver Aschenregen wie Schnee herunter. Die Durchschnittsdosis pro Einwohner belief sich glücklicherweise nur auf etwa 175 rad, knapp die Hälfte der für einen Menschen tödlichen Menge, und da das Atoll vom Ort der Explosion weit genug entfernt war, starben nur wenige. Das radioaktive Strontium und Jod aber, das die Inselbewohner mit der Nahrung aufnahmen, konzentrierte sich in ihren Knochen und ihrer Schilddrüse, und so litten später zwei Drittel der Kinder und ein Drittel der Erwachsenen unter Schilddrüsenanomalien, Wachstumsstörungen und bösartigen Tumoren. Zum Ausgleich wurde den Bewohnern der Marshall-Inseln fachmännische medizinische Betreuung zuteil.

Die Hiroshimabombe erzielte nur eine Sprengwirkung von 13 Kilotonnen, d.h. umgerechnet von 13000 Tonnen Trinitrotoluol, die Bikini-Versuchsbombe von 15 Megatonnen. Bei einem nuklearen Schlagabtausch auf dem Höhepunkt eines Atomkriegs würde die Entsprechung zu einer Million Hiroshimabomben auf die Welt niedergehen. Legen wir die Todesrate von Hiroshima – 13 Kilotonnen = mehrere hunderttausend Tote – zugrunde, würde das verfügbare Vernichtungsmaterial zur Auslöschung von über hundert Milliarden Menschen ausreichen. Gegen Ende des 20. Jahrhunderts jedoch wird sich die gesamte Weltbevölkerung auf weniger als fünf Milliarden belaufen. Natürlich kämen bei einem solchen Zusammenstoß trotzdem nicht alle durch Druckwellen, Feuersturm, Strahlung und radioaktiven Niederschlag ums Leben, obwohl die radioaktive Verseuchung lange anhält: Um zu 90 Prozent zu zerfallen, braucht Strontium 90 *96 Jahre,* Cäsium 137 *100 Jahre,* Jod 131 allerdings nur *einen Monat.*

Aber die Überlebenden hätten noch andere Folgen zu gewärtigen. Durch einen weltweiten Atomkrieg würde der Stickstoff der oberen Luftschicht verbrennen bzw. sich in Stickstoffoxid umwandeln, das seinerseits eine bedeutende Ozonmenge der Hochatmosphäre zerstören und damit die ultraviolette Sonneneinstrahlung erheblich verstärken würde.* Diese erhöhte Ultraviolettbestrahlung würde Jahre anhalten, vor allem bei hellhäutigen Menschen Hautkrebs hervorrufen und, weit einschneidender noch, die Ökologie unseres Planeten in unvorhersehbarer Weise stören. Wir wissen lediglich, daß ultraviolettes Licht Ernten vernichtet und viele Mikroorganismen tötet, nicht aber, welche und wie viele bzw. welche Folgen sich daraus ergeben könnten. Jedenfalls ist nicht auszuschließen, daß die abgetöteten Organismen die Basis einer riesigen Ökopyramide bilden, deren wankende Spitze wir selbst darstellen.

Der bei einem weltweiten Atomkrieg in die Luft geschleuderte Staub würde das Sonnenlicht reflektieren, so daß die Erde etwas abkühlte. Schon eine geringfügige Abkühlung aber kann für die Landwirtschaft verheerende Folgen zeitigen. Außerdem dürften, da Vögel der Strahlung leichter zum Opfer fallen als Insekten, landwirtschaftliche Einbußen durch Schädlingsbefall die Folge sein. Dazu käme als weitere besorgniserregende Bedro-

* Dabei handelt es sich um einen ganz ähnlichen, nur viel gefährlicheren Vorgang wie bei der Zerstörung der Ozonschicht durch die als Treibgas in Spraydosen verwendeten Fluorkohlenwasserstoffe, die deshalb auch in einer Reihe von Ländern aus dem Verkehr gezogen wurden. Ganz ähnlich hätte sich übrigens auch die weiter vorn zur Erklärung des Aussterbens der Dinosaurier ins Treffen geführte Supernovaexplosion in etlichen Dutzend Lichtjahren Entfernung ausgewirkt.

hung die Pestgefahr. Zwar sind in der zweiten Hälfte des 20. Jahrhunderts nicht viele Menschen an den weltweit verbreiteten Pestbazillen gestorben – aber nur aufgrund einer ungewöhnlich hohen Widerstandskraft. Die durch einen Atomkrieg hervorgerufene Strahlung würde unter anderem auch das immunologische System des menschlichen Körpers und damit seine Abwehrkräfte schwächen. Überdies würden die Überlebenden eines atomaren Holocausts auf längere Sicht durch Mutationen und neue Mikroben- und Insektenarten vor weitere Probleme gestellt; und noch später könnten durch Neukombination und Ausprägung der rezessiven Mutationen neue, schreckerregende Menschenwesen auftreten. Denn wenn die Ausprägung dieser Mutationen auch in den meisten Fällen letal verliefe, einige wenige der neu entstehenden Formen wären doch lebensfähig. Dazu kämen noch all die anderen Qualen: der Verlust geliebter Menschen; unabsehbare Scharen Verbrannter, Blinder und Verstümmelter; Siechtum, Epidemien und langanhaltende radioaktive Verseuchung von Luft und Wasser; erhöhte Krebsgefahr sowie Tot- und Mißgeburten; fehlende medizinische Versorgung; und das Gefühl der Hoffnungslosigkeit angesichts einer sinnlos zerstörten Zivilisation samt dem peinigenden Wissen, daß wir diese Zerstörung hätten verhindern können, es jedoch unterließen.

Der britische Meteorologe L. F. Richardson versuchte, die Ursachen des Krieges, der ihn nachhaltig beschäftigte, zu ergründen. Zwischen Krieg und Wetter bestehen allerlei Übereinstimmungen. Beide sind vielschichtig, beide weisen Regelmäßigkeiten auf, die nahelegen, daß es sich im einen wie im anderen Fall nicht um unerbittliche Gewalten, sondern um natürliche Systeme handelt, die man durchschauen und in den Griff bekommen kann. Um das globale Wettergeschehen zu verstehen, muß man erst einmal möglichst viele meteorologische Daten sammeln, d. h. die faktische Witterungstätigkeit genau beobachten. Dasselbe Verfahren wandte Richardson auch auf die Kriegsforschung an und sammelte über die zwischen 1820 und 1945 auf unserem geschundenen Planeten zu Hunderten ausgetragenen Kriege alle verfügbaren Daten.

Richardsons Untersuchungsergebnisse wurden postum in einem Buch mit dem Titel *The Statistics of Deadly Quarrels* veröffentlicht. Seine Kernfrage lautet: Wie lange dauert es, bis ein Krieg, der eine bestimmte Anzahl an Opfern fordert, ausbricht? Um diese Frage beantworten zu können, definierte Richardson die Tragweite eines Krieges durch den Index M, die Anzahl der unmittelbaren Todesopfer. Ein Krieg von der Größe $M = 3$ wäre noch ein reines Scharmützel mit nur 1000 (10^3) Toten. $M = 5$ oder $M = 6$ dagegen bezeichneten schon ernstere Zusammenstöße mit hunderttausend (10^5) bzw. einer Million (10^6) Toten. Die beiden Weltkriege forderten noch mehr Menschenleben. Nach Richardsons Statistik wird ein Krieg um so unwahrscheinlicher und läßt um so länger auf sich warten, je mehr Opfer er kostet – wie ja auch Orkane seltener auftreten als Wolkenbrüche. Die anhand der gesammelten Daten gezeichnete Kurve (S. 339) zeigt, in welchen Zeitabständen in den letzten anderthalb Jahrhunderten durchschnittlich ein Krieg von der Größe M ausbrach.

Verfolgt man die Kurve über die ganz kleinen M-Werte bis zu $M = 0$, erhält man laut Richardson in etwa die globale Mordquote; alle fünf Minuten wird irgendwo auf der Welt ein Mensch umgebracht. Die Tötung einzelner durch einzelne und Massenvernichtungskriege sind in dieser Sicht nur die beiden Enden einer kontinuierlich durchgezogenen Kurve. Daraus folgt,

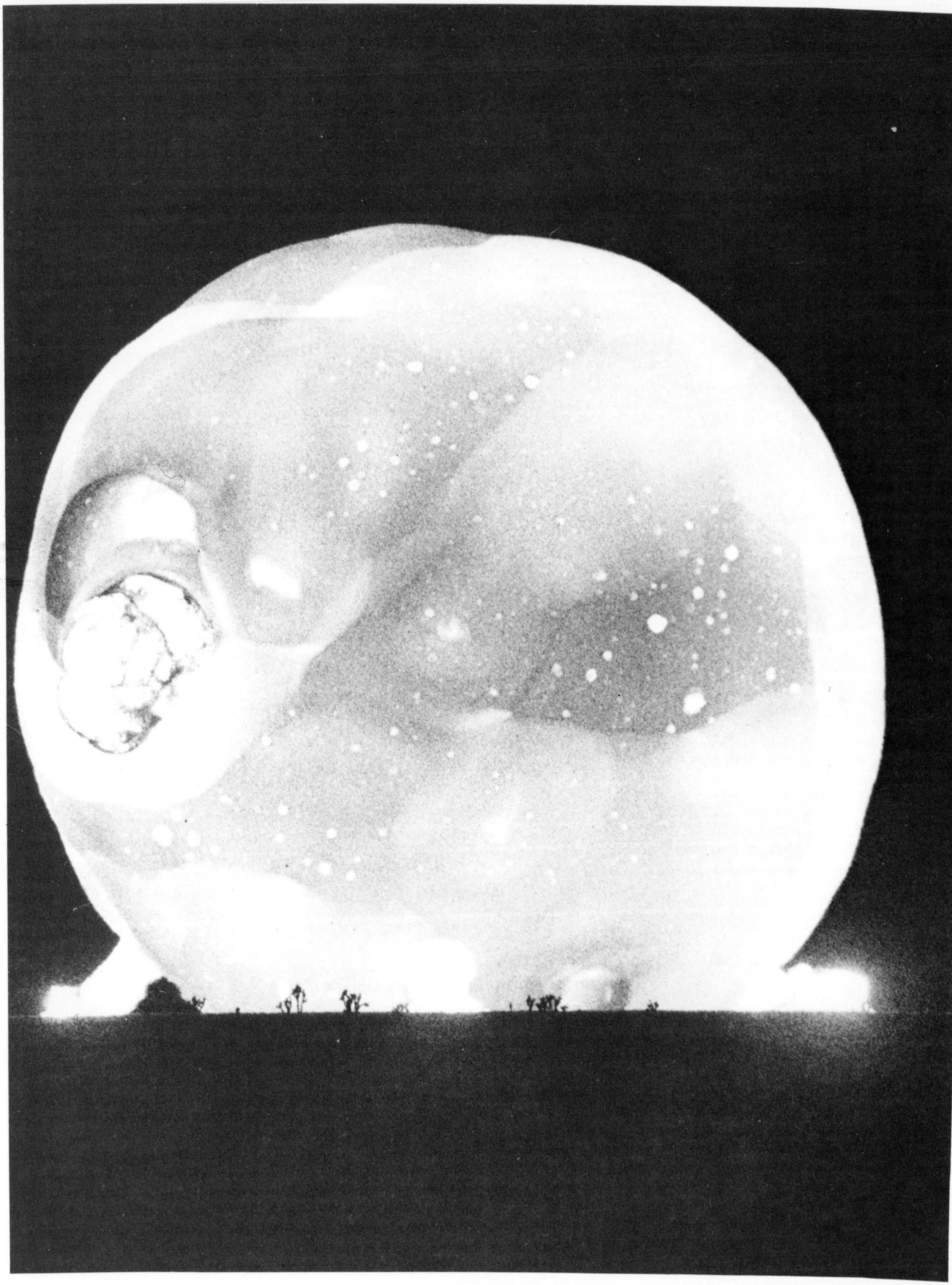

Die unheilverkündenden Wahrzeichen des Atomkriegs: zwei Kernexplosionen. *Links:* Zeitrafferaufnahme der Druckwellenexpansion nach der Explosion einer auf dem Prinzip der Kernspaltung beruhenden Bombe. Man beachte die Baumsilhouetten. M. frdl. Gen. v. Harold Edgerton, Massachusetts Institute of Technology. *Rechts:* Die Pilzwolke einer thermonuklearen Explosion verseucht die Stratosphäre auf Jahre hinaus mit radioaktivem Niederschlag. M. frdl. Gen. d. U.S. Department of Energy.

daß Krieg Mord in Großbuchstaben ist – ein Gemeinplatz, gleichzeitig aber auch eine sehr tiefe psychologische Einsicht. Fühlen wir uns in unserem Wohlbehagen bedroht, in unseren Selbstillusionen herausgefordert, neigen wir – zumindest manche von uns – zu mörderischer Raserei. Ganz ähnlich reagieren gelegentlich ganze Nationen, die oft genug von macht- oder profitgierigen Herrschern zu dieser mörderischen Wut aufgehetzt werden. In dem Maße aber, in dem die Technologie des Mordens vervollkommnet wird und der vom Krieg geforderte Blutzoll steigt, müssen immer größere Menschenzahlen gleichzeitig zu mörderischer Raserei aufgepeitscht werden, damit es zu einem größeren Krieg kommen kann. (Eine Ausnahme bildet einzig der Atomkrieg, zu dessen Auslösung einige wenige genügen.)

An diesem Punkt geraten unsere Leidenschaften und unsere sogenannte bessere Natur in Widerstreit. Anders ausgedrückt, der tief innen sitzende alte, von den Reptilien ererbte Hirnteil, der R-Komplex, aus dem die mörderische Wut aufsteigt, und die jüngeren Hirnpartien, das von den Säugetieren stammende limbische System und die nur uns eigene Großhirnrinde. Solange die Menschen in kleinen Gruppen zusammenlebten und nur über vergleichsweise unbedeutende Waffen verfügten, konnte selbst der wildeste Krieger nur einige wenige töten. Im Zuge unseres technologischen Aufschwungs jedoch entwickelten wir auch immer bessere Methoden der Kriegführung. Allerdings haben auch wir selbst uns in dieser kurzen Zeitspanne gebessert, haben unsere Wutausbrüche, unsere Frustration und Verzweiflung durch Vernunft zügeln gelernt und die noch bis vor kurzem auf dem ganzen Erdball herrschende Ungerechtigkeit gemildert. Aber haben wir uns rasch genug gebessert? Mit unseren Waffen können wir heute Milliarden töten. Doch predigen wir auch, so gut wir es vermögen, Vernunft? Haben wir die Ursachen des Krieges mutig und ohne Voreingenommenheit erforscht?

Die sogenannte Strategie der nuklearen Abschreckung verrät bemerkenswert deutlich den Rückgriff auf unsere vormenschlichen Ahnen. Ein zeitgenössischer Politiker wie Henry Kissinger schreibt dazu: »Die Abschrekkung beruht in erster Linie auf psychologischen Kriterien. Für Abschrekkungszwecke ist ein ernst genommener Bluff nützlicher als eine ernstgemeinte, aber als Bluff interpretierte Drohung.« Wirklich glaubwürdig bluffen aber können wir auf dem nuklearen Sektor nur, wenn wir uns gelegentlich irrational gebärden, so, als wären wir uns über die Schrecken eines Atomkrieges nicht ganz im klaren. Das macht den potentiellen Gegner geneigt, in Streitfragen lieber nachzugeben als eine durch die Aura der Irrationalität in greifbare Nähe gerückte globale Konfrontation zu riskieren. Die Hauptgefahr dabei jedoch ist, daß die Pose der Irrationalität sehr gut gespielt sein muß, um glaubwürdig zu wirken, und daß man sich nach einiger Zeit so sehr an sie gewöhnt, daß sie zur zweiten Natur wird.

Das von den Vereinigten Staaten und der Sowjetunion inszenierte Gleichgewicht des Schreckens hält alle Menschen unserer Erde in seinem Bann. Jede Seite zieht der anderen Grenzen und gibt dem potentiellen Gegner zu verstehen, daß ein Überschreiten dieser Grenze einen Atomkrieg auslösen würde. Die Festsetzung der Grenze wechselt von Zeit zu Zeit im Gottvertrauen darauf, daß die Gegenseite die Neuregelung kapiert. Natürlich geht jede Seite darauf aus, ihren militärischen Vorsprung zu vergrößern, ohne doch die Gegenseite durch allzu auffälliges Aufrüsten ernstlich zu alarmie-

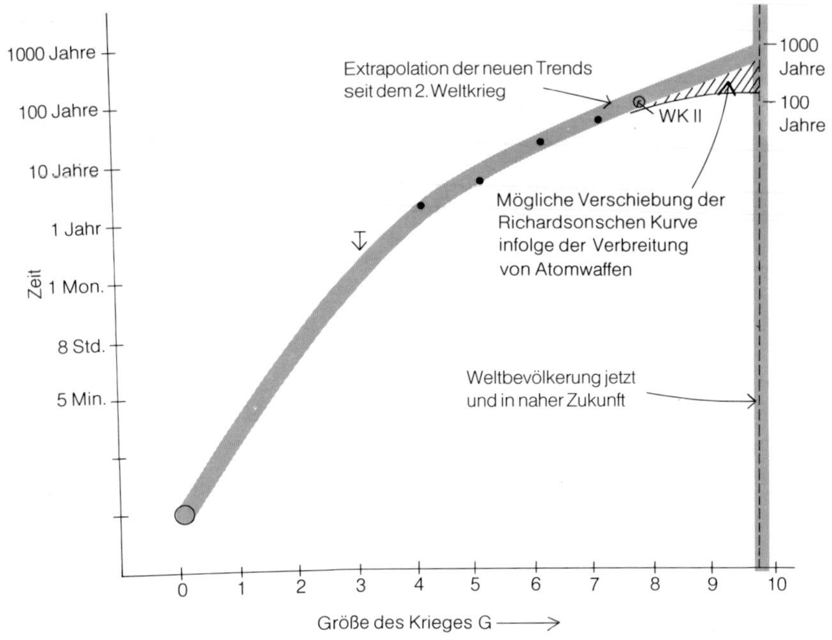

Die Richardsonsche Kurve. Die horizontale Achse gibt die Größenordnung eines Krieges ($G = 5$ bedeutet 10^5 Tote; $G = 10$ bedeutet 10^{10} Tote, d. h. alle Menschen auf der Erde), die vertikale die Zeit an, die verstreicht, bis ein Krieg der Größenordnung G ausbricht. Der Kurve liegen die von Richardson über die Kriege zwischen 1820 und 1945 gesammelten Daten zugrunde. Bei einfacher Extrapolation träte $G = 10$ erst in rund 1000 Jahren ein ($1820 + 1000 = 2820$). Durch die Ausbreitung der Atomwaffen aber könnte sich die Kurve in die schraffierte Fläche verschieben und die Zeit bis zum Jüngsten Tag sich unheilvoll verkürzen. Wir können den Verlauf der Richardsonschen Kurve nur dann unter Kontrolle halten, wenn wir zur atomaren Abrüstung und zu einer tiefgreifenden Umstrukturierung der menschlichen Gemeinschaft auf unserem Planeten bereit sind.

ren. So werden beide Parteien nicht müde, die Grenzen der gegenseitigen Toleranz auszuloten, wie die Atombomberflüge über die arktischen Eiswüsten, die Stationierung sowjetischer Raketen in Kuba, die Erprobung von Antisatellitenwaffen, der Vietnam- und der Afghanistankrieg beweisen, um nur einige Fälle aus der langen, traurigen Liste herauszugreifen. Das globale Gleichgewicht des Schreckens steht auf sehr wackeligen Beinen. Hoffen wir, daß nichts schiefgeht, daß kein Fehler gemacht und die im Reptiliengehirn schlummernden Leidenschaften nicht geweckt werden.

Damit kommen wir zu Richardson zurück. Im oben wiedergegebenen Diagramm veranschaulicht die fette Linie die Zeit, die verstreicht, bis ein Krieg von der Größe M ausbricht, bei dem also 10^M Menschen den Tod finden (wobei M für die Zahl der Nullen nach der 1 in unserer gewohnten Exponentialrechnung steht). Der dicke Senkrechtbalken rechts symbolisiert die Weltbevölkerung in jüngster Zeit, die um 1835 die Milliardengrenze ($M = 9$) erreichte und heute bei rund 4,5 Milliarden ($M = 9{,}7$) liegt. Wenn sich Richardsons Kurve und der senkrechte Balken schneiden, bricht der Jüngste Tag an, vernichtet sich die Erdbevölkerung in einem großen Krieg. Bei der einfachsten Extrapolation des künftigen Weltbevölkerungswachstums schneiden sich die beiden Kurven erst im 30. Jahrhundert, womit uns der Jüngste Tag fürs erste noch erspart bliebe.

Der Zweite Weltkrieg aber hatte mit über 50 Millionen Todesopfern (unter

Militär und Zivilbevölkerung) die Größenordnung M = 7,7. Die Technologie des Todes machte verheerende Fortschritte, erstmals gelangten Kernwaffen zum Einsatz. Seither sind konventionelle wie nukleare Waffen noch weitaus mörderischer geworden, jedoch kaum Anhaltspunkte für ein Nachlassen der kriegerischen Motivationen und Neigungen zu beobachten. So verschiebt sich der Scheitelpunkt der Richardsonschen Kurve unbekannt weit nach unten. Sollte er neuerdings irgendwo im schraffierten Bereich liegen, könnte der Jüngste Tag bereits in wenigen Jahrzehnten anbrechen. Ein eingehenderer Vergleich der Kriege vor und nach 1945 könnte diese keineswegs belanglose Frage klären helfen.

Im Grunde formulieren wir damit nur etwas neu, was wir schon seit Jahrzehnten wissen: Die Entwicklung der Kernwaffen und ihrer Abschußsysteme wird früher oder später zur weltweiten Katastrophe führen. Viele der an der Entwicklung der ersten Atombomben beteiligten amerikanischen und emigrierten europäischen Wissenschaftler äußerten nachträglich tiefste Besorgnis über den Dämon, den sie da auf die Welt losgelassen hatten, und setzten sich für die globale Abschaffung aller Atomwaffen ein, doch ihre Warnungen verhallten ungehört. Die Aussicht auf nationale strategische Vorteile elektrisierte die UdSSR wie die Vereinigten Staaten, der atomare Rüstungswettlauf begann.

Gleichzeitig setzte ein blühender internationaler Handel mit nichtnuklearen Vernichtungswaffen ein, die man schamhaft als »konventionell« bezeichnet. In den letzten 25 Jahren ist (unter Berücksichtigung der Inflationsrate) der internationale Waffenhandel von 300 Millionen auf über 20 Milliarden Dollar jährlich angestiegen. In den statistisch offenbar gut belegten Jahren zwischen 1950 und 1968 kam es weltweit jährlich zu mehreren atomaren Zwischenfällen, wenn auch vermutlich nur zu einer oder zwei zufälligen Atomexplosionen. Die Rüstungslobby ist in der Sowjetunion wie in den Vereinigten Staaten und in anderen Ländern groß und mächtig. In den Vereinigten Staaten gehören ihr auch größere, für die Produktion anheimelnder Haushaltsartikel bekannte Gesellschaften an. Einer Schätzung zufolge erzielen diese Gesellschaften bei der Beschaffung militärischer Waffensysteme 30 bis 50 Prozent mehr Profit als auf dem technologischen Sektor des zivilen Marktes, werden doch bei Waffensystemen Kostenexplosionen hingenommen, die im Zivilbereich als unakzeptabel gelten. In der Sowjetunion werden auf die Rüstungsproduktion unvergleichlich mehr Geldmittel, hochwertige Rohstoffe, Aufmerksamkeit und Sorgfalt verwendet als auf die Konsumgütererzeugung – wie nach neueren Schätzungen überhaupt fast die Hälfte aller Wissenschaftler und Spitzentechniker der Welt ausschließlich oder teilweise für das Militär arbeiten. Wer an der Entwicklung und Produktion von Massenvernichtungswaffen mitwirkt, erhält ein Spitzengehalt, genießt ein Maximum an persönlichem Einfluß und kann, soweit in seiner Gesellschaft üblich, mit höchsten öffentlichen Ehrungen rechnen.

Dennoch braucht er, da die Geheimhaltung, namentlich in der UdSSR, auf die Spitze getrieben wird, so gut wie nie die Verantwortung für sein Tun und Lassen zu übernehmen, sondern steht unter dem Schutz der Anonymität. Dank dieser Geheimhaltungstaktik ist das Militär auch der Gesellschaftssektor, den die Bürger am wenigsten kontrollieren können. Wie aber sollten wir die Militärs bremsen, wenn wir gar nicht wissen, was sie tun? Und so treibt die Welt dank gewaltiger Profitspannen und dank einer reichlich ge-

Die Hochatmosphäre des Planeten Erde in der Abenddämmerung. Durch einen Atomweltkrieg würde die schützende Ozonschicht teilweise zerstört und die Stratosphäre mit radioaktivem Staub verseucht. Besucher von einer anderen Welt könnten sich versucht fühlen, die Erde links liegen zu lassen. M. frdl. Gen. d. NASA.

spenstischen Einmütigkeit der feindlichen Militärlobbies vor unseren Augen dem Abgrund zu.

Jede Großmacht rechtfertigt vor der Öffentlichkeit die Beschaffung und Lagerung von Massenvernichtungswaffen beredt und oft unter Rückgriff auf unser altes Reptiliengehirn mit dem Hinweis auf die vorgebliche Unberechenbarkeit und kulturelle Minderwertigkeit des potentiellen Gegners (im Gegensatz zu uns Prachtkerlen) oder dessen Welteroberungsabsichten (die uns natürlich weltenfern liegen). Jede Nation scheint ihre Tabus aufzurichten, über die ihre Bürger und Verbündeten unter keinen Umständen ernsthaft nachdenken dürfen. So in der Sowjetunion über den Kapitalismus, Gott und den Verzicht auf die nationale Souveränität und in den Vereinigten Staaten den Sozialismus, Atheismus und gleichfalls den Verzicht auf die nationale Souveränität. Dasselbe gilt für die restliche Welt.

Wie aber könnten wir dieses globale Wettrüsten einem leidenschaftslosen außerirdischen Beobachter begreiflich machen? Wie die jüngsten bedrohlichen Entwicklungen durch Killersatelliten, Teilchenstrahlenwaffen, Laserstrahlen, Neutronenbomben, Cruise Missiles sowie den Vorschlag rechtfertigen, in Gebieten von der Größe kleinerer Länder jede einzelne Interkontinentalrakete durch Hunderte von Scheinanlagen zu tarnen? Etwa mit dem Argument, daß zehntausend gezielte atomare Sprengköpfe unsere Überlebenschancen erhöhen? Welchen Rechenschaftsbericht über unsere Verwaltung des Planeten Erde wollten wir ablegen? Die von den atomaren Supermächten ins Treffen geführten Argumente kennen wir. Wir wissen, wer für die Nationen spricht. Aber wer spricht für die Menschheit? Wer tritt für die Erde ein?

Die Großhirnrinde, Sitz von Intuition und Vernunft, macht zwei Drittel der Masse des menschlichen Gehirns aus. Da wir aufgrund unserer Entwicklung gesellige Lebewesen sind, schätzen wir die Gesellschaft von unseresgleichen, kümmern uns umeinander, arbeiten zusammen. Selbstlosigkeit und Nächstenliebe sind tief in uns verankert. Wir haben einige Baupläne der Natur geschickt herausgefunden, besitzen genügend Motivationen zur

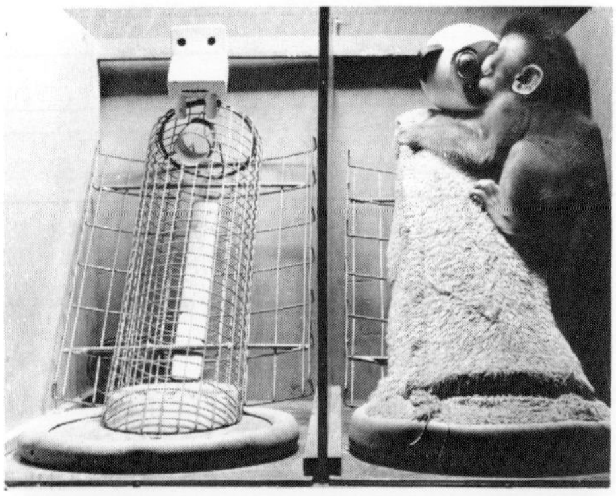

Ersatzmütter für Affen. Bei der Wahl zwischen zwei Ersatzmüttern – einem Drahtgestell mit Milchflasche und demselben Gestell mit Stoff überzogen – wählt das Affenkind ohne zu zögern letzteres. Menschen und andere Primaten zeigen das genetisch verankerte Bedürfnis nach Kontakt mit ihresgleichen sowie nach körperlicher Zuneigung und Wärme. M. frdl. Gen. v. Harry F. Harlow, Primatenversuchsstation der University of Wisconsin.

Zusammenarbeit und die Fähigkeit, uns die geeigneten Mittel und Wege dafür auszudenken. Wenn wir denn schon einen Atomkrieg und die völlige Vernichtung der im Entstehen begriffenen globalen Gesellschaft ins Auge fassen, warum nicht auch eine grundlegende Umstrukturierung unserer heutigen Gesellschaften? Vom extraterrestrischen Blickwinkel aus jedenfalls droht unsere gesamte Erdzivilisation in ihrer wichtigsten Aufgabe – Leben und Wohlergehen der Bürger unseres Planeten zu schützen – zu versagen. Sollten wir unter diesen Vorzeichen nicht tatkräftig und quer durch alle Nationen darangehen, unsere herkömmlichen Verfahrens- und Verhaltensweisen zu revidieren und unsere wirtschaftlichen, politischen, sozialen und religiösen Einrichtungen von Grund auf zu erneuern?

Angesichts der beunruhigenden Alternative, vor die wir uns gestellt sehen, fühlen wir uns ständig versucht, den Ernst der Lage herunterzuspielen; diejenigen, die das Bild des Weltuntergangs beschwören, als Bangemacher abzustempeln; und zu behaupten, ein grundlegender Wandel unserer Institutionen sei unzweckmäßig oder widerspreche der »menschlichen Natur«, gerade, als wäre ein Atomkrieg etwas Zweckmäßiges oder als gäbe es nur eine einzige Menschennatur. Daß bis jetzt noch kein atomarer Weltkrieg ausgebrochen ist, gilt als Gewähr dafür, daß es auch künftig so bleiben wird. Doch wir könnten nur einen erleben, und dann wäre es zu spät, die Statistik anzugleichen.

Wie einige andere Staaten unterhalten auch die USA eine offizielle Stelle zur Eindämmung des Rüstungswettlaufs. Doch welche Bedeutung den beiden Aktivitäten in Wahrheit beigemessen wird, enthüllt ein Etatvergleich: Während sich der Verteidigungshaushalt 1980 auf 153 Milliarden Dollar belief, stehen der *Arms Control and Disarmament Agency* jährlich ganze 0,018 Milliarden Dollar zur Verfügung. Müßte sich eine vernünftige Gesellschaft nicht genau umgekehrt verhalten und mehr für Kriegsforschung und -verhütung als für die Vorbereitung des nächsten bewaffneten Zusammenstoßes aufwenden? Kriegsursachen lassen sich aufdecken, auch wenn wir im Augenblick nur wenig davon verstehen, vermutlich, weil seit Sargon von Akkad für Abrüstung zu wenig bis gar nichts aufgewendet wurde. Mikrobiologen und Ärzte erforschen Krankheiten zu Heilungszwecken, selten aus Begeisterung für die Erreger. Im selben Sinne sollten wir auch den Krieg erforschen, den Einstein treffend eine Kinderkrankheit nannte. Immerhin haben wir heute einen Punkt erreicht, an dem die weitere Verbreitung nuklearer Waffen und der Widerstand gegen nukleare Abrüstung jeden Bürger unseres Planeten bedrohen. Sonderinteressen und Sonderfälle gibt es nicht mehr. Um zu überleben, um einen Rechtsrutsch der Richardsonschen Kurve zu verhüten, müssen wir unter vollem Einsatz unserer Intelligenz und unserer Mittel unser Geschick selbst in die Hand nehmen.

Wir, die Geiseln der atomaren Drohung – d.h. alle Völker der Erde – müssen uns über konventionelle und nukleare Kriegführung informieren, um dann unsere Regierungen zur Ordnung zu rufen. Wir müssen uns die wissenschaftlichen und technologischen Kenntnisse aneignen, die uns die einzig vorstellbaren Mittel zum Überleben liefern können. Wir müssen den Mut aufbringen, die eingefahrenen sozialen, politischen, wirtschaftlichen und religiösen Vorstellungen neu zu überdenken, und uns mit allen Mitteln klarmachen, daß unsere Mitmenschen rund um die Welt auch Menschen sind. Natürlich fallen uns diese Schritte schwer. Aber wie Einstein zu entgegnen pflegte, wenn seine Anregungen als undurchführbar oder mit der

»menschlichen Natur« unvereinbar abgelehnt wurden: Wie sieht die Alternative aus?

Während Säugetiere ihre Jungen beschnuppern und hätscheln, sie an sich drücken, fürsorglich belecken und umhegen, ist Reptilien ein solches Verhalten wesensfremd. Falls es nun zutrifft, daß R-Komplex und limbisches System unter unserem Schädeldach in ungesichertem Waffenstillstand koexistieren und ihren uralten Instinkten folgen, müßte elterliche Liebe und Zärtlichkeit die Säugetiernatur in uns stärken, Mangel an physischer Zuneigung dagegen unser Reptilienerbe fördern – was auch tatsächlich der Fall zu sein scheint. Jedenfalls sprechen gewisse Anhaltspunkte für diese Annahme. So haben Harry und Margaret Harlow in Laborexperimenten herausgefunden, daß Affen, die in physischer Isolation in Käfigen aufgezogen wurden, obwohl sie ihre Artgenossen sehen, hören und riechen konnten, eine Reihe mürrischer, introvertierter, selbstzerstörerischer oder anderweitig anomaler Züge entwickelten. Ganz Ähnliches beobachtet man auch bei Kindern, die ohne physische Zärtlichkeit – gewöhnlich in Heimen – aufwachsen und so ein als Mirasmus bekanntes Syndrom an den Tag legen.

Der Neuropsychologe James W. Prescott hat in einem aufschlußreichen statistischen Querschnitt durch 400 vorindustrielle Gesellschaften festgestellt, daß Kulturen mit zärtlicher Kleinkinderpflege im großen und ganzen nicht zu Gewalttätigkeit neigen. Ebensowenig Gesellschaften, die sich zwar nicht sonderlich um das Kind kümmern, aber den Geschlechtstrieb der Jugendlichen nicht unterdrücken. Nach Prescotts Meinung setzen sich Kulturen mit einem Hang zur Gewalttätigkeit aus Individuen zusammen, denen zumindest in einer der beiden kritischen Lebensphasen, Kindheit oder Jugend, die Freuden des Körpers versagt blieben. Umgekehrt beobachtet man in Gesellschaften, in denen körperliche Zärtlichkeit an der Tagesordnung ist, kaum Diebstahl, institutionalisierte Religion und Prunken mit Besitz und Reichtum, während dort, wo Kleinkinder körperlich gezüchtigt werden, auch eine Neigung zu Sklaverei, häufig sogar zur Tötung, Folterung und Verstümmelung des Gegners auftritt; außerdem sind solche Gesellschaften von der Inferiorität der Frauen überzeugt und glauben an ein oder mehrere ins Alltagsleben eingreifende übernatürliche Wesen.

Wir besitzen nicht genügend Einblick in das menschliche Verhalten, um den zugrundeliegenden Mechanismus wirklich zu durchschauen; immerhin aber können wir Mutmaßungen anstellen und vor allem die Bedeutung dieser Wechselbeziehungen erkennen. Wie Prescott schreibt: »Die Wahrscheinlichkeit, daß eine Gesellschaft, die ihre Kleinkinder mit liebevoller Zärtlichkeit behandelt *und* voreheliche Geschlechtsbeziehungen duldet, physisch gewalttätig wird, liegt bei zwei Prozent. Die Wahrscheinlichkeit, daß sich diese Kombination zufällig ergibt, beträgt 1:125000. Eine zweite die menschliche Entwicklung betreffende Variable, die sich mit so hoher Wahrscheinlichkeit voraussagen ließe, ist mir nicht bekannt.« Wie Kleinkinder nach physischer Zärtlichkeit hungern, fühlen sich Jugendliche unwiderstehlich zum anderen Geschlecht hingezogen. Ließe man sie schlicht gewähren, könnten sich Gesellschaften entwickeln, in denen die Erwachsenen weder Aggression noch Reviergehaben, weder Komment noch eine soziale Rangordnung dulden würden (auch wenn die Kinder diese vom Reptiliengehirn diktierten Verhaltensweisen im Zuge ihrer Entwicklung wohl

nach wie vor durchliefen). Träfen Prescotts Annahmen zu, wären Kindesmißhandlung und strenge Unterdrückung des Geschlechtstriebs in einem Zeitalter der Kernwaffen und wirksamen Verhütungsmittel ein Verbrechen nicht nur am einzelnen, sondern an der ganzen Menschheit. Natürlich bedarf diese provokative These noch der Erhärtung. Trotzdem können wir schon jetzt unseren persönlichen, unpolemischen Beitrag zur Zukunft der Welt leisten, indem wir unsere Kinder liebevoll in die Arme schließen.
Wenn aber – wie Individualcharakter, Menschheitsgeschichte und Untersuchungen quer durch die Kulturen nahelegen – der Hang zu Sklavenhaltung und Rassismus, zu Weiberhaß und Gewalttätigkeit miteinander verknüpft sind, besteht auch gelinder Anlaß zum Optimismus. Immerhin hat sich in neuerer Zeit in der Gesellschaft so mancher grundlegende Wandel vollzogen. So ist in den letzten zweihundert Jahren ein jahrtausendealter Schandfleck der Menschheit wie die Sklaverei in einer wie ein Lauffeuer um sich greifenden Revolution auf unserem Planeten fast restlos abgeschafft worden; rückt die Frau, unter dem Patriarchat jahrtausendelang politisch und wirtschaftlich rechtlos, allmählich selbst in den rückständigsten Gesellschaften zur gleichberechtigten Partnerin des Mannes auf; wurden erstmals in der Geschichte der Neuzeit größere Angriffskriege nicht zuletzt deshalb eingestellt, weil die Bürger der Angreifernationen Abneigung und Widerwillen bekundeten. Der altbekannte Appell an Vaterlandsbegeisterung und Nationalstolz zieht nicht mehr so recht. Und überall auf der Welt werden, vermutlich im Zuge des steigenden Lebensstandards, die Kinder besser behandelt. In den letzten paar Jahrzehnten hat eine weltweite Tendenzwende erste Veränderungen auf den fürs Überleben der Menschheit entscheidenden Sektoren gebracht. Ein neues Bewußtsein entwickelt sich – das Bewußtsein, daß wir alle derselben Spezies angehören.

»Aberglauben [ist] Feigheit vor dem Göttlichen«, schrieb Theophrastus, der zur Zeit der Gründung der Alexandrinischen Bibliothek lebte. Wir bewohnen ein Universum, in dem im Inneren der Sterne Atome entstehen; in dem in jeder Sekunde tausend Sonnen zu strahlen beginnen; in dem in den Lüften und Wassern junger Planeten durch Sonnenlicht und Blitze der Lebensfunken gezündet wird; in dem von Zeit zu Zeit durch Explosion eines Sterns irgendwo in der Milchstraße der Rohstoff für die Evolution des Lebens anfällt; in dem hundertmilliardenmal etwas so Großartiges wie eine Galaxis Gestalt gewinnt. Wie farblos nehmen sich neben diesem Kosmos der Quasare und Quarks, der Schneeflocken und Leuchtkäfer, in dem es Schwarze Löcher und andere Universen und außerirdische Zivilisationen geben mag, deren Radiobotschaften in diesem nämlichen Moment auf der Erde eintreffen, die Anmaßungen des Aberglaubens und der Pseudowissenschaft aus; und wie wichtig ist es für uns, die Wissenschaft, dieses ureigenste Unterfangen des Menschen, voranzutreiben und allgemeinverständlich darzustellen.
Jeder Aspekt der Natur enthüllt ein tiefes Geheimnis, das uns in ehrfürchtiges Staunen versetzt. Theophrastus hatte recht: Wer sich vor dem Universum fürchtet, wie es wirklich ist, wer Wissen vortäuscht, das nicht existiert, und sich einen Kosmos ausmalt, in dessen Mittelpunkt der Mensch steht, läßt sich vom Aberglauben in flüchtiges Behagen lullen, weicht der Welt aus, statt sich ihr zu stellen. Wer hingegen den Mut aufbringt, den Kosmos selbst dort in seinem Aufbau und Gewebe zu erforschen, wo er weit von sei-

Rekonstruktion der Schriftrollenregale *(armaria)* der großen alexandrinischen Bibliothek, die auf ihrem Höhepunkt über eine halbe Million unwiederbringlich verlorener Rollen besaß.

nen Wünschen und Vorurteilen abweicht, wird in seine tiefsten Geheimnisse eindringen.

Keine Art auf Erden außer uns treibt Wissenschaft. Sie ist eine rein menschliche, durch natürliche Auslese in der Großhirnrinde entwickelte Erfindung – entwickelt aufgrund ihrer Brauchbarkeit. Zwar ist sie weder vollkommen noch über Mißbrauch erhaben, ein Werkzeug nur, aber doch bei weitem das beste, über das wir verfügen – sich selbst berichtigend, dynamisch, auf alles anwendbar. Sie verfährt nach zwei Grundsätzen. Erstens: Es gibt keine geheiligten Wahrheiten; alle Annahmen müssen kritisch überprüft werden; autoritäre Lehrmeinungen sind wertlos. Und zweitens: Was sich mit den Fakten nicht vereinbaren läßt, muß aufgegeben oder neu überdacht werden. Wir müssen den Kosmos zu verstehen trachten, wie er ist, und nicht, wie wir ihn uns wünschen, nur weil wir Wunsch und Wirklichkeit verwechseln. Das Augenfällige kann falsch, das Unerwartete wahr sein. Wir Menschen verfolgen, wofern man den Rahmen nur weit genug spannt, überall die gleichen Ziele. Die Erforschung des Kosmos aber liefert uns den denkbar weitesten Kontext. Auf ihrer gegenwärtigen Kulturstufe ist die Menschheit nichts weiter als ein anmaßender Neuling, der nach viereinhalb Jahrmilliarden auf dem Schauplatz unseres Planeten auftauchte, sich ein paar Jahrtausende umschaute und sogleich im Besitz ewiger Wahrheiten wähnte. In einer so schnellem Wandel unterworfenen Welt wie der unseren jedoch muß diese Einbildung geradewegs ins Verderben führen. Keine Nation, keine Religion, kein Wirtschaftssystem, keine Wissensinstitution kann alle für unser Überleben notwendigen Antworten kennen. Es muß viele unseren derzeitigen Gesellschaftssystemen weit überlegene Möglichkeiten geben, und es ist unsere Aufgabe, sie im Namen unserer Wissenschaftstradition ausfindig zu machen.

Einmal nur hat sich in der vergangenen Menschheitsgeschichte eine glanzvolle wissenschaftliche Zivilisation abgezeichnet. Als Nutznießerin des ionischen Erwachens hatte sie ihre Hochburg in der Bibliothek von Alexandria aufgerichtet, wo vor 2000 Jahren die besten Köpfe der Antike die Grundlagen für das systematische Studium der Mathematik, Physik, Biologie, Astronomie, Geographie und Medizin legten, Grundlagen, auf denen wir heute noch aufbauen. Errichtet und unterhalten wurde die Bibliothek, die von ihrer Gründung im 3. vorchristlichen Jahrhundert bis zu ihrer Zerstörung 700 Jahre später als Kopf und Herz der antiken Welt fungierte, von den Ptolemäern, den griechischen Königen, die als Anteil am Reich Alexanders des Großen Ägypten geerbt hatten.

Unter ihnen rückte Alexandria zur Verlagshauptstadt unseres Planeten auf. Natürlich gab es damals noch keine Druckerpressen. Die Bücher mußten von Hand abgeschrieben werden und waren dementsprechend teuer. Dennoch besaß die Alexandrinische Bibliothek die exakteste Kopiensammlung der Welt, und außerdem wurde hier die Kunst der kritischen Herausgabe erfunden. Auch das Alte Testament in der uns bekannten Fassung geht weitgehend auf die in der Alexandrinischen Bibliothek angefertigten griechischen Übersetzungen zurück. Die Ptolemäer investierten einen guten Teil ihres unermeßlichen Reichtums in den Erwerb von Büchern aus aller Welt, aus Afrika, Persien, Indien und Israel, vor allem aber aus Griechenland. So bedrängte Ptolemäus III. Euergetes die Athener, ihm die Originalmanuskripte oder offiziellen Staatskopien der großen Tragödien von Sophokles, Aischylos und Euripides zum Kopieren zu überlassen. Aber die Athener, die diese Manuskripte, ähnlich wie die Engländer die handschriftlichen Kopien und ersten Folioausgaben von Shakespeare, als kulturelles Erbe heilig hielten, wollten die Originale erst nicht aus der Hand geben, ließen sich dann aber durch Hinterlegung einer ansehnlichen Summe doch dazu bewegen. Ptolemäus jedoch veranschlagte die Schriftrollen höher als Gold und Silber und gab das Pfand leichten Herzens hin. Die kostbaren Manuskripte wurden der Bibliothek einverleibt, und die Athener mußten sich wohl oder übel mit den Kopien begnügen, die der Herrscher ihnen ohne sonderliche Zerknirschung überreichen ließ. Nur selten hat ein Staatswesen das Streben nach Wissen so aktiv unterstützt.

Doch die Ptolemäer sammelten das bereits gewonnene Wissen nicht nur, sondern bauten es durch großzügige Förderung und Finanzierung der wissenschaftlichen Forschung auch immer weiter aus. Die Ergebnisse konnten sich sehen lassen: Eratosthenes berechnete exakt die Größe der Erde, fertigte eine Weltkarte an und bewies, daß man von Spanien westwärts segelnd Indien erreicht; Hipparch katalogisierte als erster die Position und Größe der Sterne und entdeckte dabei Veränderungen, die ihn die Erkenntnis, daß Sterne entstehen, jahrhundertelang gemächlich ihre Bahn ziehen und schließlich wieder verlöschen, vorwegnehmen ließ; Euklid schrieb ein Lehrbuch über Geometrie, das 23 Jahrhunderte lang an den Schulen verwendet wurde und Keplers, Newtons und Einsteins wissenschaftliches Interesse wecken half; Galen verfaßte Werke über die Heilkunst und Anatomie, die die Medizin bis zur Renaissance beherrschten. Und dazu kamen, wie wir weiter vorn bereits gesehen haben, noch viele andere mehr.

Alexandria war die größte Stadt der antiken Welt. Hier ließen sich Angehörige aller Nationen nieder, trieben Handel und widmeten sich der Gelehrsamkeit. Tagtäglich drängten sich Kaufleute, Wissenschaftler und Touristen in den Häfen, tauschten Griechen, Ägypter, Araber, Syrer, Hebräer, Perser, Nubier, Phönizier, Italer, Gallier und Iberer Waren und Ideen aus. Hier dürfte das Wort *Kosmopolit** – Bürger nicht nur einer Nation, sondern des Kosmos – seine wahre Bedeutung erhalten haben. Bürger des Kosmos …

* Der Begriff wurde vom rationalistischen Philosophen und Platokritiker Diogenes geprägt.

Hier liegen ohne allen Zweifel die Ursprünge der modernen Welt. Warum aber ist die Saat nicht aufgegangen und gediehen? Warum ist der Westen statt dessen in einen tausendjährigen dumpfen Schlaf gesunken, bis Kolumbus und Kopernikus und ihre Zeitgenossen die in Alexandria geleistete Vorarbeit wiederentdeckten – eine Frage, die sich nicht ohne weiteres beantworten läßt. Fest steht aber, daß sich in der ganzen Geschichte der Bibliothek kein Hinweis darauf findet, daß irgendeiner ihrer namhaften Wissenschaftler und Gelehrten die damals gängigen politischen, wirtschaftlichen und religiösen Annahmen ernstlich in Frage gestellt hätte. Die Unvergänglichkeit der Sterne wurde bezweifelt – die Berechtigung der Sklaverei nicht. Wissenschaft und Bildung ganz allgemein waren das Vorrecht weniger Privilegierter. Die breite Bevölkerung ahnte nicht, welch große Entdekkungen hinter den Mauern ihrer Bibliothek gemacht wurden. Sie erfuhr nichts von den neuen Erkenntnissen, die weder erläutert noch allgemeinverständlich dargestellt wurden, und hatte damit wenig Anteil an der Forschung. Entdeckungen auf dem Gebiet der Mechanik und der Dampftechnologie wurden hauptsächlich zur Verbesserung der Waffen, zur Untermauerung des Aberglaubens und zum Vergnügen der Könige eingesetzt. Daß Maschinen dem Volk mehr Freiheit verschaffen könnten, entging den Wissenschaftlern der damaligen Zeit.* Da die großen geistigen Errungenschaften der Antike kaum unmittelbare praktische Auswirkungen zeitigten, fing das Volk für die Wissenschaft auch nicht Feuer, und so gab es kein Gegengewicht gegen geistige Trägheit, Pessimismus und die abscheulichsten Auswüchse des Mystizismus. Als sich der Mob schließlich zusammenrottete, um die Bücherei niederzubrennen, trat ihm niemand entgegen, um ihm Einhalt zu gebieten.

Als letzte Vertreterin der Wissenschaft arbeitete in der Bibliothek eine Frau von einer auch heute noch bewundernswert vielseitigen Bildung: die Mathematikerin, Astronomin, Physikerin und Leiterin der neuplatonischen Schule der Philosophie Hypatia. 370 in Alexandria geboren, zu einer Zeit, in der Frauen als Eigentum behandelt wurden und wenig zu sagen hatten, bewegte sich Hypatia frei und unbefangen in Domänen, die traditionellerweise den Männern vorbehalten blieben. Die Berichte schildern sie übereinstimmend als große Schönheit mit vielen Verehrern, die jedoch alle Heiratsanträge ausschlug. Alexandria, seit langem schon unter römischer Herrschaft, stand zu diesem Zeitpunkt unter großem Druck. Die Sklaverei hatte der klassischen Zivilisation die Lebenskraft ausgesaugt, und die wachsende christliche Kirche festigte ihre Macht und suchte die heidnische Kultur und ihren Einfluß auszurotten. Hypatia stand im Epizentrum dieser mächtigen sozialen Kräfte. Der Erzbischof von Alexandria, Kyrillos, verachtete sie wegen ihrer engen Freundschaft mit dem römischen Statthalter und als Symbol der von der Urkirche weitgehend mit Heidentum gleichgesetzten Gelehrsamkeit und Wissenschaft. Hypatia jedoch setzte trotz drohender Gefahr für Leib und Leben ihre Lehr- und Publikationstätigkeit fort, bis sich 415 der von Kyrillos aufgehetzte Mob auf dem Weg zur Bibliothek auf sie stürzte, sie vom Wagen zerrte, ihr die Kleider vom Leib riß und mit Muschelschalen das Fleisch von den Knochen schnitt. Ihre Überreste

* Mit einer einzigen Ausnahme: Die von Archimedes während seines Aufenthaltes in der Alexandrinischen Bibliothek erfundene Wasserschraube wird in Ägypten noch heute zur Bewässerung der Felder eingesetzt. Doch selbst Archimedes hielt derartige Erfindungen für weit unter der Würde der Wissenschaft.

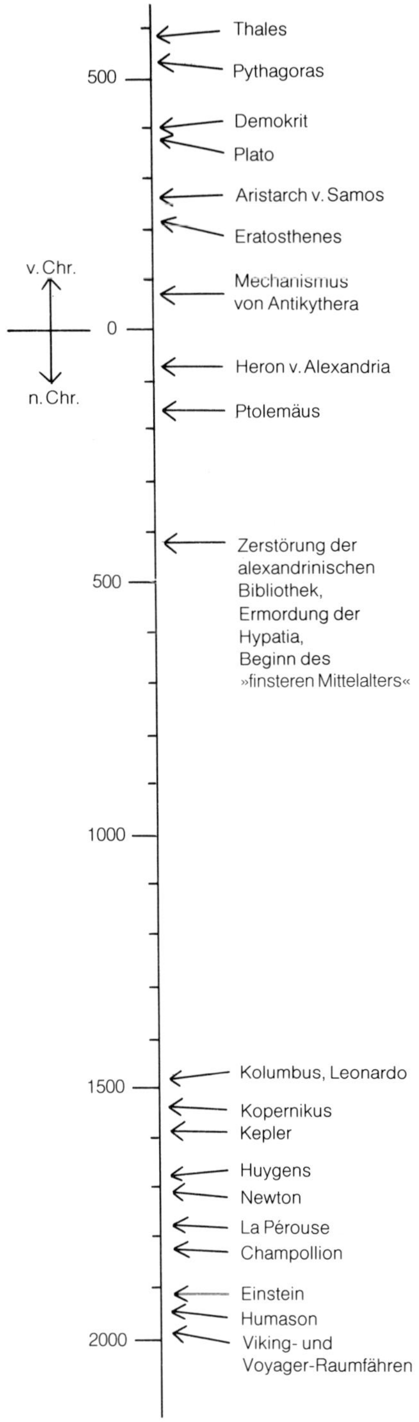

Zeitliche Abfolge einiger der im vorliegenden Buch beschriebenen Persönlichkeiten, Maschinen und Ereignisse. Beim Mechanismus von Antikythera handelte es sich um einen im antiken Griechenland entwickelten astronomischen Computer, und Heron von Alexandria experimentierte bereits mit Dampfmaschinen. Um 500 brach dann eine tausendjährige Finsternis an – eine schmerzliche Einbuße für die Menschheit.

wurden verbrannt, ihre Werke getilgt, ihr Name vergessen und Kyrillos zum Heiligen erhoben.
Uns ist vom Glanz der Alexandrinischen Bibliothek nur eine schwache Erinnerung verblieben. Schon bald nach Hypatias Tod wurden die letzten Überreste zerstört. Es war, als hätte sich die ganze damalige Zivilisation eigenhändig einen Teil des Gehirns weggeschnitten und damit die meisten Erinnerungen, Entdeckungen, Ideen und Leidenschaften unwiederbringlich ausgelöscht. Der Verlust scheint unermeßlich. In manchen Fällen sind uns – eine Tantalusqual – nur die Titel der vernichteten Werke erhalten, meist jedoch kennen wir weder Titel noch Verfasser. Von 123 in der Bücherei aufbewahrten Sophoklesdramen haben nur sieben überlebt, freilich nicht die hier aufbewahrten, denn die Schriftrollen dieser grandiosen Bibliothek sind samt und sonders untergegangen. Ein ähnliches Zahlenverhältnis gilt auch für die Werke von Aischylos und Euripides – gerade, als wären von einem Mann namens William Shakespeare nur *Coriolan* und *Das Wintermärchen* erhalten geblieben, während andere, zu Lebzeiten des Dramatikers offensichtlich hochberühmte Stücke wie *Hamlet, Macbeth, Julius Caesar, König Lear, Romeo und Julia* untergegangen wären.
Im modernen Alexandria spielt die ehedem so berühmte Bibliothek wie die voraufgegangene, jahrtausendealte ägyptische Kultur keine große Rolle mehr. Nur wenige interessieren sich noch dafür, geschweige denn, daß sie mehr darüber wissen. Ereignisse aus jüngerer Zeit, andere kulturelle Imperative haben sich, wie überall auf der Welt, in den Vordergrund geschoben. Wir unterhalten nur eine äußerst dürftige Beziehung zu unserer Vergangenheit. Und doch finden sich nur einen Steinwurf von den Ruinen des Serapeums entfernt Überreste vieler Kulturen: rätselhafte Sphinxe aus dem Ägypten der Pharaonen; eine große Säule, die irgendein Speichellecker aus der Provinz dem römischen Kaiser Diokletian zum Dank dafür errichtete, daß er die Alexandriner nicht gänzlich verhungern ließ; eine christliche Kirche; viele Minarette; und das Warenzeichen der modernen Industriezivilisation – Etagenhäuser, Autos, Straßenbahnen, städtische Elendsviertel und ein Mikrowellen-Relaisturm. So haben sich Millionen Fäden aus der Vergangenheit zu den Kabeln und Trossen der modernen Welt verschlungen.
Unsere Errungenschaften bauen auf der Leistung von vierzigtausend Generationen auf, Menschen, die mit Ausnahme eines winzigen Bruchteils als Namenlose längst vergessen sind. Von Zeit zu Zeit stolpern wir über eine bedeutendere Kultur wie die von Ebla, die vor wenigen Jahrtausenden blühte und bis vor kurzem völlig unbekannt war. Wie wenig wir doch über unsere eigene Vergangenheit wissen! Inschriften, Papyri und Bücher binden die Menschheit in die Zeit ein, und so ist es uns vergönnt, wenigstens ein paar Stimmen, ein paar schwache Rufe unserer Brüder und Schwestern zu hören, die uns in ferner Vergangenheit voraufgegangen sind. Welch freudiges Erkennen, wenn wir entdecken, wie ähnlich sie uns sind!
Wir haben uns in diesem Buch einigen unserer Vorfahren zugewandt, deren Namen nicht untergegangen sind: Eratosthenes, Demokrit, Aristarch, Hypatia, Leonardo, Kepler, Newton, Huygens, Champollion, Humason, Goddard, Einstein ... Sie alle sind Vertreter der westlichen Kultur, handelt es sich doch bei der auf unserem Planeten im Entstehen begriffenen wissenschaftlichen Zivilisation im wesentlichen um eine Zivilisation westlicher Prägung. Daneben jedoch haben auch alle anderen Kulturen – die chinesi-

sche so gut wie die indische, westafrikanische und mittelamerikanische – durch schöpferische Denker maßgeblich zu unserer globalen Gesellschaft beigetragen, jener einen, weltumspannenden Gemeinschaft, die sich dank der Fortschritte in der Kommunikationstechnik auf unserem Planeten in geradezu halsbrecherischem Tempo herausbildet. Wir befinden uns bereits im Endstadium dieser Entwicklung: Gelingt es uns, die Selbstzerstörung zu vermeiden und die Erde zusammenzuschließen, ohne doch die kulturellen Unterschiede zu verwischen, können wir auf unsere Leistung stolz sein.

Unweit der Stelle, an der einst die Alexandrinische Bibliothek stand, findet sich heute eine Sphinx ohne Kopf aus der Zeit des Pharaos Haremhab (8. Dynastie, d.h. rund ein Jahrtausend vor Alexander) und in Sichtweite des Löwenkörpers ein moderner Mikrowellen-Relaisturm – zwei Schöpfungen, durch den fortlaufenden Faden der Menschheitsgeschichte miteinander verknüpft. Zwischen Sphinx und Turm ist nur ein Augenblick der kosmischen Zeit, nur ein Moment der rund fünfzehn Jahrmilliarden seit dem Urknall verstrichen. Fast alle Zeugnisse vom Werden des Universums von damals bis heute sind vom Wind der Zeit verweht, fast alle Beweise der kosmischen Evolution noch gründlicher zerstört als sämtliche Papyrusrollen der Alexandrinischen Bibliothek. Und doch ist es uns dank Mut und Intelligenz geglückt, ein paar flüchtige Blicke auf den verschlungenen Pfad unserer eigenen Entwicklung zu werfen:

Nach dem explosiven Materie- und Energieerguß des Urknalls verharrte der Kosmos über unbekannte Zeiträume hin im Zustand der Formlosigkeit. Es gab weder Galaxien noch Planeten, noch Leben. Überall herrschte tiefes, undurchdringliches Dunkel, Wasserstoffatome im leeren Raum. Dann bildeten sich da und dort unmerklich dichtere Gasansammlungen, kondensierten zu Materieballungen – Regentropfen aus Wasserstoff, massereicher als Sonnen. In diesen Gaskugeln entzündete sich erstmals das in der Materie schlummernde nukleare Feuer. Eine erste Sternengeneration entstand und überflutete den Kosmos mit Licht. Doch dieses Licht fiel weder auf Planeten, noch gab es Lebewesen, den Glanz der Himmel zu bewundern. Aber tief im Inneren der stellaren Schmelzöfen entstanden durch die Alchimie der Kernfusion schwere Elemente, lieferte die bei der Wasserstoffverbrennung anfallende Asche die atomaren Bausteine künftiger Planeten und Lebensformen. Bald hatten massereiche Sterne ihren Vorrat an Kernbrennstoff aufgezehrt und gaben, von gewaltigen Explosionen erschüttert, ihre Substanz größtenteils wieder an das dünne Gas ab, aus dem sie sich vordem verdichtet hatten. Hier, in den dunklen schweren Wolken zwischen den Sternen, bildeten sich aus vielen Elementen neue Regentropfen, trat die zweite Sternengeneration ins Dasein. In ihrem Umfeld wuchsen kleinere Regentropfen, blieben aber viel zu winzig, um das nukleare Feuer zu entzünden, Tröpfchen im interstellaren Nebel, im Begriff, sich zu Planeten zu formen. Darunter auch eine kleine Welt aus Stein und Eisen, die Urerde.

Während die Erde zur festen Form gerann und sich erwärmte, wurden die in ihrem Inneren gefangenen Methan-, Ammoniak-, Wasser- und Wasserstoffgase freigesetzt und bildeten die Uratmosphäre und die ersten Meere. Sternenlicht der Sonne überflutete und erwärmte die Urerde, peitschte Stürme auf, erzeugte Blitz und Donner. Vulkane brachen aus, Lava ergoß sich. Moleküle der Uratmosphäre, durch diese Gewalten zertrümmert, schlossen sich zu neuen, immer komplexeren Verbindungen zusammen, die sich in den Urmeeren lösten und sie in eine dünne warme Suppe verwandelten. Auf der Oberfläche von Tonen organisierten sich Moleküle, liefen verwickelte chemische Reaktionen ab, bis eines Tages schließlich ein Molekül entstand, das durch Zufall aus den anderen Molekülen der Suppe grobe Kopien seiner selbst zu bilden vermochte. Mit der Zeit traten immer feiner strukturierte, immer exakter sich selbst verdoppelnde Moleküle auf, wobei die zur Weiterkopierung geeignetsten Kombinationen durch natürliche Auslese ausgesiebt wurden. D. h., wer sich besser auf die Verdoppelung verstand, erzeugte auch mehr Kopien, bis die Urmeersuppe durch diesen Umwandlungs- und Verdichtungsprozeß schließlich ausgedünnt und von komplexen, sich verdoppelnden organischen Molekülen aufgezehrt war: So war schrittweise, fast unmerklich, Leben entstanden.

Einzellige Pflanzen entwickelten sich, das Leben begann seine eigene Nahrung zu erzeugen und durch Photosynthese die Atmosphäre zu verändern. Die geschlechtliche Fortpflanzung kam auf, ehedem freilebende Formen schlossen sich zu komplexen Zellen mit spezialisierten Funktionen zusammen. Chemische Rezeptoren setzten den Kosmos instand, zu schmecken und zu riechen. Einzellige Organismen weiteten sich zu vielzelligen Kolonien aus, deren verschiedene Teile sich zu Organsystemen spezialisierten. Augen und Ohren bildeten sich heraus, setzten den Kosmos instand, zu sehen und zu hören. Pflanzen und Tiere fanden das Land bewohnbar, begannen es zu besiedeln, bis auf der Erde summendes, schwirrendes Leben herrschte, bis es allenthalben kroch und wimmelte, kletterte, segelte, flatterte, schwebte und flog. Riesenkolosse donnerten durch den dampfenden Dschungel, kleine Geschöpfe tauchten auf, lebend geboren, statt aus hartschaligen Behältern geschlüpft, mit einer den Urmeeren ähnlichen Flüssigkeit in den Adern und durch Schnelligkeit und List dem Daseinskampf gewachsen. Dann, vor einem Augenblick erst, kletterten ein paar kleine Baumbewohner auf den Boden herunter, richteten sich auf und erlernten den Umgang mit Werkzeugen, zähmten andere Tiere, machten sich Pflanzen und Feuer dienstbar und erfanden die Sprache. So gelangte die Asche der Sternalchimie zu Bewußtsein. In immer schnellerem Tempo erfand sie Schrift, Städte, Kunst und Wissenschaft und schickte Raumschiffe zu den Planeten und Sternen – um nur einiges von dem aufzuzählen, was Wasserstoffatome im Verlauf einer fünfzehn Jahrmilliarden dauernden kosmischen Evolution vollbrachten.

Das Ganze klingt wie ein Mythos und ist doch nur die Beschreibung der von der zeitgenössischen Wissenschaft aufgedeckten kosmischen Evolution. Wir selbst, ein schwieriges Produkt dieser Entwicklung, sind uns, auch wenn wir unseren eigenen Fortbestand gefährden, in Kenntnis dieser Evolution im klaren, wie sehr alle Geschöpfe dieser Erde als jüngste Erzeugnisse der galaktischen Wasserstoffindustrie unserer liebenden Fürsorge bedürfen. Und da es anderswo im Kosmos ebenso erstaunliche, wenn auch völlig andersartige Umformungen der Materie geben mag, horchen wir sehnsüchtig ins All hinaus.

Vor diesem Hintergrund nimmt sich unsere alteingefahrene Gewohnheit, Einzelmenschen oder Gesellschaften von etwas anderem Zuschnitt als dem unseren (wie immer dieser aussehen mag) als fremdartig, ja befremdend mit Mißtrauen oder gar Ablehnung zu begegnen (man denke nur an den negativen Beigeschmack von Begriffen wie Ausländer oder Fremdarbeiter) reichlich sonderbar aus. Denn in Wirklichkeit stellen die Monumente und kulturellen Errungenschaften der einzelnen Zivilisationen nur verschiedene Ausformungen des Menschseins dar. Ein außerirdischer Beobachter fände die Unterschiede zwischen den einzelnen Menschen und ihren Gesellschaften im Vergleich zu ihren Gemeinsamkeiten minimal. Und noch etwas sollten wir uns in diesem Zusammenhang vor Augen halten: Mag der Kosmos auch noch so dicht mit intelligenten Lebewesen besiedelt sein, Menschen – daran läßt die Darwinsche Lehre keinen Zweifel – gibt es nur auf der Erde, nur hier, auf unserem kleinen Planeten. Wir sind eine ebenso seltene wie bedrohte Art, jeder einzelne von uns stellt in kosmischer Sicht eine Kostbarkeit dar. Schlagen wir also dem Andersdenkenden nicht gleich den Schädel ein. Denn in hundert Milliarden Galaxien werden wir seinesgleichen nicht noch einmal begegnen.

Die Menschheitsgeschichte läßt sich als Prozeß deuten, in dem wir uns langsam unserer Zugehörigkeit zu einer größeren Gruppe bewußt geworden sind. Anfangs beschränkte sich unsere Loyalität nur auf uns selbst und unsere nächsten Angehörigen, dann auf herumziehende Jäger- und Sammlertrupps, schließlich auf Stämme, Dorfgemeinschaften, Stadtstaaten, Nationen. So hat sich der Kreis unserer Lieben stetig erweitert. Mittlerweile haben wir uns zu Supermächten (um unseren eigenen bescheidenen Begriff zu gebrauchen) organisiert, in denen Menschengruppen mit unterschiedlichem ethnischem und kulturellem Hintergrund auf die eine oder andere Weise zusammenwirken – unbestreitbar eine humanisierende, charakterbildende Erfahrung. Doch um zu überleben, müssen wir unsere Loyalität noch weiter spannen und die ganze menschliche Gemeinschaft, den ganzen Planeten Erde, einbeziehen. Vielen politischen Machthabern freilich wird diese Idee nur wenig behagen; sie werden, um die eigene Macht bangend, von Treulosigkeit und Verrat sprechen. Dennoch werden die wohlhabenden Staaten ihren Reichtum mit den armen teilen müssen, bleibt uns doch, wie H. G. Wells in anderem Zusammenhang bemerkte, nur die Wahl zwischen dem Universum und dem Nichts.

Vor Jahrmillionen gab es auf der Erde noch keinen Menschen. Und wer wird in Jahrmillionen auf ihr anzutreffen sein? Nachdem in den abgelaufenen 4,6 Jahrmilliarden in der Geschichte unseres Planeten kein nennenswerter Vorstoß nach außen erfolgt war, dringen neuerdings winzige unbemannte Raumsonden, elegante, schimmernde Flugkörper, von der Erde ins Sonnensystem vor. Zwanzig Welten haben wir so einer ersten Erkundung unterzogen, darunter alle mit bloßem Auge sichtbaren Planeten, all jene über den nächtlichen Himmel ziehenden Lichter, die die Wißbegier und Begeisterung unserer Vorfahren weckten. Falls wir überleben, wird unsere Zeit aus zwei Gründen in die Geschichte eingehen: einmal, weil es ihr gelungen ist, in dieser gefährlichen technologischen Jugendphase die Selbstzerstörung zu vermeiden; und zum anderen, weil unsere Epoche die Reise zu den Sternen eingeleitet hat.

Uns bleibt nur eine Alternative, die im übrigen nicht der Ironie entbehrt. Dieselben Trägerraketen, die unsere Sonden zu den Planeten befördern, dienen auch zum Transport nuklearer Sprengköpfe in »Feindesland«. Die radioaktiven Energiequellen von Viking und Voyager entstammen derselben Technologie, die auch Kernwaffen baut. Mit den gleichen Radio- und Radartechniken, mit denen wir ballistische Raketen aufspüren und steuern und uns gegen Angriffe abschirmen, kontrollieren und lenken wir auch un-

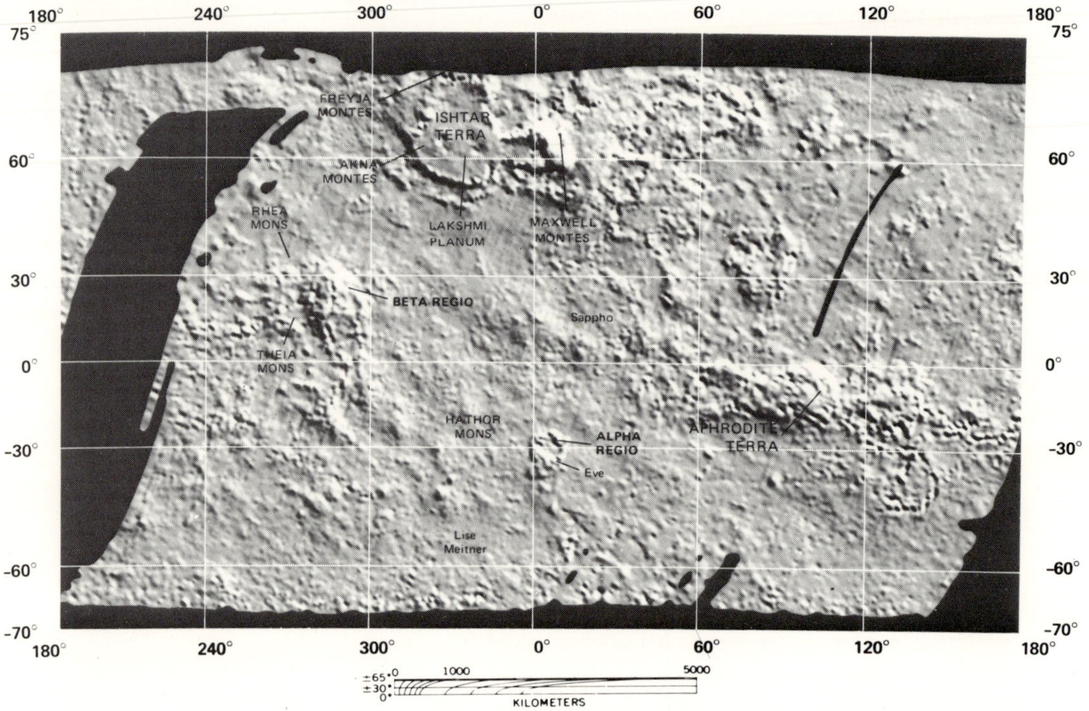

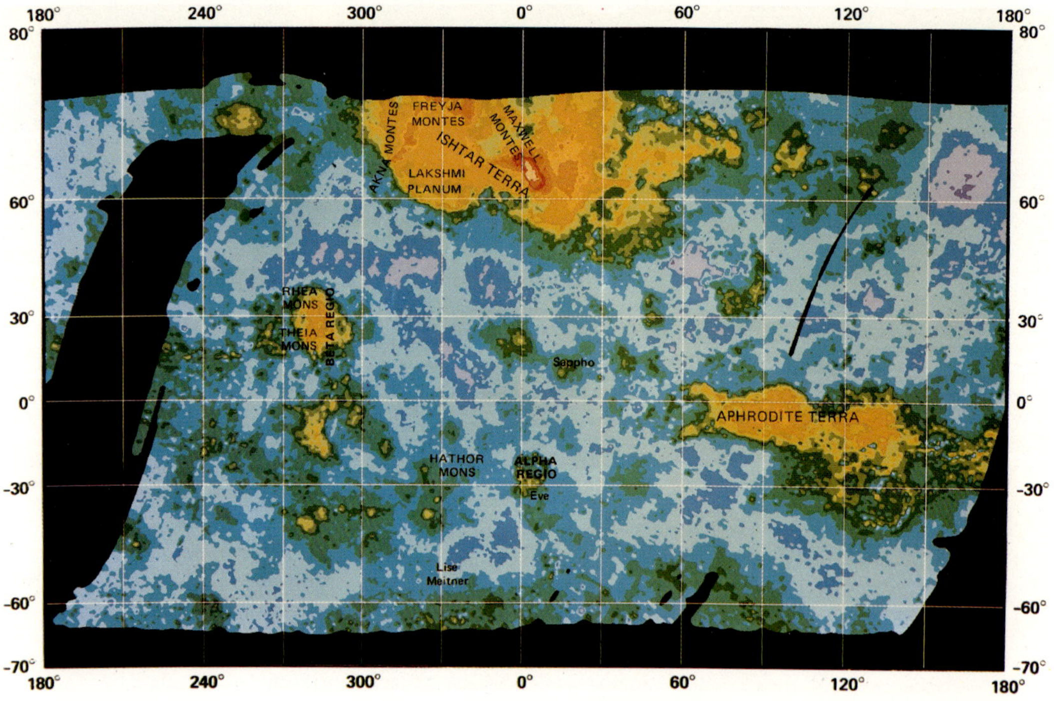

Radarerforschung zweier Welten. Auf den Karten *oben* wurde erstmals die ständig wolkenverhangene Venusoberfläche in globalem Maßstab erfaßt. Die Daten stammen von der Pioneer-Sonde, die von einer Umlaufbahn unmittelbar über den Wolken aus Radarsignale auf die Venusoberfläche funkte und wieder auffing. Wie man sieht, gibt es auf dem Planeten Berge, Krater und zwei große Kontinente (orange): Aphrodite Terra und Ischtar Terra (*folgende Seite oben* eine Zeichnung). Die Raumsonden Venera 9 und 10 landeten bei Beta Regio. Die mit schwarzen Streifen abgedeckten Regionen werden zur Zeit mit Radar erforscht. Die zur Sondierung der Venusoberfläche konstruierte Radaranlage wurde auf der Erde über den wolkenbedeckten Dschungeln von Guatemala und Belize getestet. Dabei entdeckte der Archäologe R. E. W. Adams zu seiner Überraschung ein bis dahin unbekanntes, auf gewöhnlichen Photographien *(folgende Seite unten)* nicht erkennbares verwickeltes Netz aus Geraden und Wellenlinien *(Mitte),* das sich bei den nachfolgenden Ausgrabungen als Kanalsystem der alten Maya

(250 v. Chr. –900 n. Chr.) entpuppte. Das erklärt, wie die Maya eine Hochkultur mit mehreren Millionen Menschen unterhalten konnten. Nach Ansicht mancher Historiker haben alle Hochkulturen der Erde mit dem Bau eines Kanalnetzes ihren Anfang genommen. So dient die Erforschung anderer Welten auf vielerlei Weise dem besseren Verständnis unserer eigenen.

M. frdl. Gen. d. NASA.

Der Jahreshaushalt der Raumwissenschaften in den Vereinigten Staaten seit Gründung der NASA. Um der Inflation Rechnung zu tragen, wurden die Beträge auf den Dollarkurs von 1967 umgerechnet. Das Ansteigen der Ausgaben zu Beginn der siebziger Jahre zeigt die Entwicklung der Viking-Mission zum Mars an. In diesen Dimensionen würden ein tatkräftig vorangetriebenes Planetenforschungsprogramm und die Radiosuche nach außerirdischer Intelligenz den US-Bürger pro Jahr rund einen Dollar kosten.

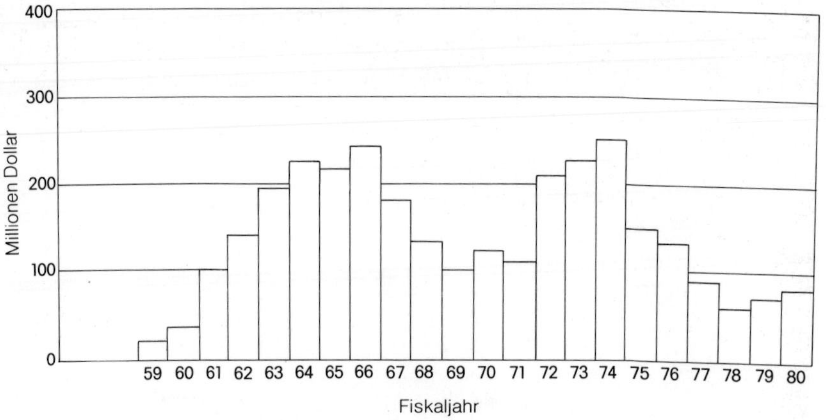

sere Landesonden auf den Planeten und horchen nach Signalen im Umfeld anderer Sterne angesiedelter Zivilisationen ins All hinaus. Benutzen wir diese Technologien zur Selbstzerstörung, wird es mit Sicherheit keinen Vorstoß mehr zu den Planeten und Sternen geben. Doch dieser Satz ist umkehrbar: Peilen wir auch weiterhin die Planeten und Sterne an, wird unser Nationaldünkel zusehends schwinden, und aus der neugewonnenen kosmischen Sicht werden wir erkennen, daß unsere Forschungen nur im Namen und Auftrag aller Völker des Planeten Erde durchführbar sind. So werden wir unsere Kräfte nicht auf ein todbringendes Unterfangen konzentrieren, sondern sie dem Leben weihen: der Erweiterung unseres Verständnisses der Erde und ihrer Bewohner und der Suche nach Leben anderswo im All. Die Erforschung des Weltraums mit unbemannten und bemannten Flugkörpern erfordert in vielem dieselben technologischen und organisatorischen Fähigkeiten und ebensoviel Mut und Entschlossenheit wie der Krieg. Sollte es, statt zum Atomkrieg, wirklich zur Abrüstung kommen, könnte die Rüstungsindustrie der Großmächte auf moralisch einwandfreies Terrain überwechseln und ihre Energien ohne weiteres in den Dienst der Weltraumforschung stellen.

Ein vernünftiges, selbst ein ehrgeiziges Programm der Planetenforschung mittels unbemannter Raumsonden kostet, wie der Raumforschungsetat der Vereinigten Staaten laut obiger Tabelle beweist, nicht viel. Und in ähnlich bescheidenem Rahmen halten sich auch die – im übrigen um ein Mehrfaches höheren – Aufwendungen der Sowjetunion. Zusammengenommen entsprechen diese Ausgaben pro Jahrzehnt nur dem Kostenaufwand für zwei bis drei Atom-U-Boote bzw. der jährlichen Kostenexplosion bei einem einzigen Waffensystem unter vielen. Allein im letzten Quartal des Jahres 1979 stiegen die Kosten für das US-F/A-18-Flugzeugprogramm um 5,1, für die F-16 um 3,4 Milliarden Dollar. Das gesamte von den USA und der UdSSR bisher durchgeführte Planetenforschungsprogramm mittels unbemannter Sonden hat bedeutend weniger verschlungen als die verwerfliche Bombardierung Kambodschas 1970–75, bei der sich die Amerikaner ihren Nationaldünkel sieben Milliarden Dollar kosten ließen. Die Gesamtkosten der Vikingmission zum Mars oder der Voyagermission ins äußere Sonnensystem liegen unter denen der Sowjetinvasion 1979/80 in Afghanistan. Hinzu kommt noch, daß Investitionen in die Raumforschung durch Bereitstellung technischer Arbeitsplätze und Ankurbelung der Spitzentechnologie als wirtschaftlicher Multiplikator wirken: Einer Untersuchung zu-

Zwei menschliche Fußabdrücke. Der obere stammt aus Tansania und ist 3,6 Millionen Jahre alt, der untere im Mare Tranquillitatis auf dem Mond prägte sich 1969 ein. M. frdl. Gen. v. Mary Leakey und der National Geographic Society sowie der NASA.

folge soll jeder für die Planetenforschung aufgewendete Dollar der Volkswirtschaft sieben zusätzliche einbringen. Dennoch konnten viele wichtige und durchaus realisierbare Missionen aus Geldmangel nicht in Angriff genommen werden, darunter der Bau von Geländefahrzeugen zur Erkundung der Marsoberfläche, Kometen- und Titansonden sowie die umfassende Suche nach Radiosignalen anderer Zivilisationen aus dem All.

Die Kosten für größere Weltraumprojekte wie z.B. die Errichtung ständiger Basen auf dem Mond oder die Erforschung des Mars durch Menschen liegen allerdings so hoch, daß in nächster Zukunft wohl kaum daran zu denken ist, es sei denn, wir erzielten bei der nuklearen und konventionellen Abrüstung unerwartete Fortschritte. Doch selbst dann sind die eingesparten Gelder hier auf der Erde vorerst dringender vonnöten. Früher oder später aber werden wir, sofern wir uns nicht selbst vernichten, zweifelsohne solche Missionen in Angriff nehmen, denn ein Verharren im selben Zustand gibt es für eine Gesellschaft nicht. Auch Einstellungen und Verhaltensweisen pflegen sich nach Art von Zins und Zinseszins zu summieren, so daß bereits eine gelinde Abkehr, eine geringfügige Vernachlässigung der Raumforschung über Generationen hin einen spürbaren Niedergang nach sich zieht. Konzentrieren wir hingegen auch nur einen kleinen Teil unserer Kräfte auf außerirdische Abenteuer, auf das »Sternenwagnis«, wie wir in Erinnerung an Kolumbus sagen könnten, schaffen wir im Verlauf von Generationen Grundlagen für eine Präsenz des Menschen auf anderen Welten, für seine freudige Teilhabe am Kosmos.

1979 entdeckte die Paläanthropologin Mary Leakey in der Asche, die vor rund 3,6 Jahrmillionen im heutigen Nordtansania nach einem Vulkanausbruch auf die umliegende Savanne niedergegangen war, die Fußspuren eines frühen Hominiden, vielleicht des Urahnen der gesamten heutigen Menschheit. In einer 380000 Kilometer weit entfernten trockenen Ebene, die die Menschen in einer optimistischen Sekunde Meer der Ruhe tauften, finden sich gleichfalls Abdrücke – die Fußspuren des ersten Menschen, der eine andere Welt betrat. So sind wir in 3,6 Jahrmillionen oder 4,6 bzw. 15 Jahrmilliarden wahrhaftig ein gutes Stück vorangekommen.

Wir, die lokale Verkörperung eines zum Bewußtsein seiner selbst erwachten Kosmos, haben über unseren Ursprung nachzudenken begonnen: Sternenstoff, der über die Sterne nachsinnt, Organismen aus zehn Milliarden Milliarden Milliarden Atomen, die über die Evolution der Atome grübeln, suchen wir den langen Weg zurückzuverfolgen, auf dem, zumindest auf unserer Erde, Bewußtsein entstand. So kann unsere Loyalität nur der Menschheit und unserem Planeten gelten: *Wir* treten für die Erde ein. Unsere Pflicht heißt überleben – nicht nur unseretwegen, sondern auch um des riesigen, uralten Kosmos willen, aus dem wir hervorgegangen sind.

Heimatplanet einer jungen, gegen die Selbstvernichtung ankämpfenden technischen Zivilisation, aufgenommen von einem zeitweiligen Außenposten in der Nähe seines einzigen natürlichen Satelliten. Die Erde, die auf ihrer Bahn um die Sonne täglich zweieinhalb Millionen Kilometer zurücklegt, bewegt sich achtmal so schnell, wie die Sonne um das Zentrum der Milchstraße rotiert, und vielleicht doppelt so schnell, wie unsere Galaxis auf den Virgo-Haufen zufällt: Wir sind von jeher Raumfahrer. M. frdl. Gen. d. NASA.

Danksagung

Außer den schon in der Einleitung Erwähnten bin ich den vielen zu Dank verpflichtet, die diesem Buch großzügig Zeit und Rat gewidmet haben: Carol Lane, Myrna Talman und Jenna Arden; David Oyster, Richard Wells, Tom Weidlinger, Dennis Gutierrez, Rob McCain, Nancy Kinney, Janelle Balnicke, Judy Flannery und Susan Racho vom *Cosmos*-Fernsehteam; Nancy Inglis, Peter Mollmann, Marylea O'Reilly und Jennifer Peters von Random House; Paul West dafür, daß er mir den Titel für Kapitel 5 überließ; und George Abell, James Allen, Barbara Amago, Lawrence Anderson, Jonathon Arons, Halton Arp, Asma El Bakri, James Blinn, Bart Bok, Zeddie Bowen, John C. Brandt, Kenneth Brecher, Frank Bristow, John Callendar, Donald B. Campbell, Judith Campbell, Elof Axel Carlson, Michael Carra, John Cassani, Judith Castagno, Catherine Cesarsky, Martin Cohen, Judy-Lynn del Rey, Nicholas Devereux, Michael Devirian, Stephen Dole, Frank D. Drake, Frederick C. Durant III, Richard Epstein, Von R. Eshleman, Ahmed Fahmy, Herbert Friedman, Robert Frosch, Jon Fukuda, Richard Gammon, Ricardo Giacconi, Thomas Gold, Paul Goldenberg, Peter Goldreich, Paul Goldsmith, J. Richard Gott III, Stephen Jay Gould, Bruce Hayes, Raymond Heacock, Wulff Heintz, Arthur Hoag, Paul Hodge, Dorrit Hoffleit, William Hoyt, Icko Iben, Mikhail Jaroszynski, Paul Jepsen, Tom Karp, Bishun N. Khare, Charles Kohlhase, Edwin Krupp, Arthur Lane, Paul MacLean, Bruce Margon, Harold Masursky, Linda Morabito, Edmond Momjian, Edward Moreno, Bruce Murray, William Murnane, Thomas A. Mutch, Kenneth Norris, Tobias Owen, Linda Paul, Roger Payne, Vahe Petrosian, James B. Pollack, George Preston, Nancy Priest, Boris Ragent, Dianne Rennell, Michael Rowton, Allan Sandage, Fred Scarf, Maarten Schmidt, Arnold Scheibel, Eugene Shoemaker, Frank Shu, Nathan Sivin, Bradford Smith, Laurence A. Soderblom, Hyron Spinrad, Edward Stone, Jeremy Stone, Ed Taylor, Kip S. Thorne, Norman Thrower, O. Brian Toon, Barbara Tuchman, Roger Ulrich, Richard Underwood, Peter van de Kamp, Jurrie J. Van der Woude, Arthur Vaughn, Joseph Veverka, Helen Simpson Vishniac, Dorothy Vitaliano, Robert Wagoner, Pete Waller, Josephine Walsh, Kent Weeks, Donald Yeomans, Stephen Yerazunis, Louise Gray Young, Harold Zirin und der National Aeronautics and Space Administration.

Außerdem danke ich Edwardo Castañeda und Bill Ray für die Hilfe bei Spezialphotographien.

Anhang 1

Reductio ad absurdum und die Quadratwurzel aus zwei

Wie weiter vorn angemerkt, bewiesen die Pythagoreer die Irrationalität der Quadratwurzel aus zwei durch die sogenannte *reductio ad absurdum*. Bei diesem Beweisverfahren geht man von der Richtigkeit einer Annahme aus, zieht die daraus folgenden Schlüsse und leitet aus einem etwaigen Widerspruch die Falschheit der Ausgangsbehauptung ab. Schauen wir uns daraufhin, um das Verfahren an einem modernen Beispiel zu erläutern, einmal folgenden Aphorismus des berühmten Physikers Niels Bohr an: »Das Gegenteil einer großen Idee ist wiederum eine große Idee.« Falls diese Aussage zuträfe, hätte sie zumindest etwas bedenkliche Folgerungen – man denke nur ans Gegenteil der Goldenen Regel oder von Geboten wie »Du sollst nicht lügen« und »Du sollst nicht töten«. Schauen wir also einmal, ob Bohrs Aphorismus seinerseits eine große Idee ist. Ist er das, muß die Gegenaussage »Das Gegenteil jeder großen Idee ist keine große Idee« gleichfalls zutreffen. Damit aber haben wir den Ausspruch *ad absurdum* geführt. Denn wenn die Gegenaussage falsch ist, brauchen wir uns mit dem Aphorismus, der sich dann ja selbst unter die nicht großen Ideen einreiht, nicht weiter aufzuhalten.

Im folgenden wollen wir die Irrationalität der Quadratwurzel aus zwei mittels einer modernen, mehr auf einfache Algebra gestützten *reductio ad absurdum* beweisen, wobei Argumentation und Gedankengang mindestens ebenso interessant sind wie die Schlußfolgerung:

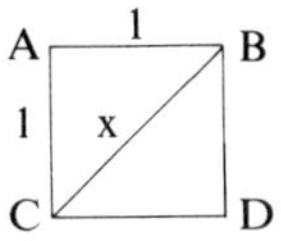

Nehmen wir ein Quadrat, dessen Seiten 1 Einheit lang sind (egal, ob 1 cm, 1 Zoll oder 1 Lichtjahr). Die Diagonale BC teilt dieses Quadrat in zwei rechtwinklige Dreiecke, für die der pythagoreische Lehrsatz gilt: $1^2 + 1^2 = x^2$. Da aber $1^2 + 1^2 = 1 + 1 = 2$ ergibt, ist $x^2 = 2$ und $x = \sqrt{2}$, die Quadratwurzel aus zwei. Nehmen wir nun einmal an, daß $\sqrt{2}$ eine rationale Zahl, also der Bruch zweier ganzer Zahlen ist, die wir p und q nennen wollen: $\sqrt{2} = p/q$; wir können p und q beliebig groß ansetzen; es müssen nur ganze Zahlen sein, und außerdem sollen sie (eine durchaus zulässige Forderung) keine gemeinsamen Faktoren haben. Das hieße beispielsweise, statt $\sqrt{2} = 14/10$ zu schreiben, würden wir den Faktor 2 herausziehen und anstelle von $p = 14$ und $q = 10$ $p = 7$ und $q = 5$ setzen. Ebenso würden wir natürlich auch mit jedem anderen gemeinsamen Faktor in Zähler und Nenner verfahren. Dennoch stünde uns eine unendliche Zahl von ps und qs zur Wahl. Quadrieren wir nun beide Seiten der Gleichung $\sqrt{2} = p/q$, erhalten wir $2 = p^2/q^2$ oder, wenn wir beide Seiten mit q^2 multiplizieren,

$p^2 = 2q^2$. (Gleichung 1)

p^2 ist also irgendeine Zahl mal 2. Demnach muß p^2 eine gerade Zahl sein. Da aber die Quadratzahlen ungerader Zahlen ebenfalls stets ungerad sind ($1^2 = 1$, $3^2 = 9$, $5^2 = 25$, $7^2 = 49$ usf.), muß auch p selbst eine gerade Zahl sein, die wir $p = 2s$ schreiben können, wobei s für irgendeine andere ganze Zahl steht. Setzen wir nun in die Gleichung 1 statt p 2 s ein, so ergibt sich $p^2 = (2s)^2 = 4s^2 = 2q^2$

Teilen wir nun beide Seiten durch den gleichen Faktor 2, ergibt sich

$q^2 = 2s^2$.

Also ist q^2 ebenfalls eine gerade Zahl. Dasselbe gilt, wenn wir den gleichen Beweisgang wie für q anwenden, auch für p. Wenn aber p und q beide gerade Zahlen, also beide durch 2 teilbar sind, sind sie nicht auf ihren niedrigsten gemeinsamen Faktor reduziert worden. Somit findet sich eine unserer Ausgangsannahmen widerlegt: *reductio ad absurdum*. Aber welche? Da es keinen Beweis dafür gibt, daß die Eliminierung gemeinsamer Faktoren unstatthaft ist, daß man also zwar wohl 14/10, nicht aber 7/5 schreiben darf, muß der Fehler bei unserer Prämisse liegen, kann es sich bei p und q um keine ganzen Zahlen handeln, muß die $\sqrt{2}$ irrational sein, was auch in der Tat zutrifft: $\sqrt{2} = 1{,}4142135\ldots$

Welch verblüffender, unerwarteter Schluß! Welch eleganter Beweis! Und dennoch fühlten sich die Pythagoreer gezwungen, diese große Entdeckung geheimzuhalten.

Anhang 2

Die fünf regelmäßigen Körper

Ein regelmäßiges Polygon (griechisch für »vielwinklig«) oder Vieleck ist eine zweidimensionale Figur mit einer bestimmten Anzahl (n) gleicher Seiten. So erhalten wir bei $n = 3$ ein gleichseitiges Dreieck, bei $n = 4$ ein Quadrat, bei $n = 5$ ein Fünfeck und so fort. Ein Polyeder (griechisch für »vielseitig«) oder Vielflächner ist eine dreidimensionale Figur, deren Flächen sämtlich von Polygonen gebildet werden. So besteht z. B. ein Kubus aus 6 quadratischen Flächen. Die Zahl dieser regelmäßigen Körper, wie die konvexen und geschlossenen Polyeder auch genannt werden, beschränkt sich auf 5 – eine für das Denken der Pythagoreer wie für das Werk von Johannes Kepler grundlegende Tatsache. Am leichtesten läßt sich der Nachweis aufgrund eines erst viel später von Descartes und Leonhard Euler entdeckten Zusammenhangs zwischen der Anzahl der Flächen (f), der Anzahl der Kanten (k) und der der Ecken (e) eines regelmäßigen Körpers führen:

$e - k + f = 2$ (Gleichung 2)

Ein Kubus z. B. hat 6 Flächen ($f = 6$) und 8 Ecken ($e = 8$): $8 - k + 6 = 2$, $14 - k = 2$, also $k = 12$, mithin (laut Gleichung 2) 12 Kanten, was auch zutrifft. (Ein einfacher geometrischer Beweis für Gleichung 2 findet sich in dem in der Bibliographie aufgeführten Buch von Courant und Robbins.) Aus Gleichung 2 nun können wir den Beweis ableiten, daß es nur 5 regelmäßige Körper gibt:

Jede Kante eines regelmäßigen Körpers stellt eine zwei aneinanderstoßenden Vielecken gemeinsame Seite dar. So bildet jede Kante eines Würfels die Grenze zwischen zwei Quadraten. Zählen wir alle Seiten aller Flächen eines Polyeders zusammen (nf), haben wir jede Kante doppelt gezählt. D. h.

$nf = 2k$ (Gleichung 3)

Führen wir nun für die Zahl der an jeder Ecke zusammenstoßenden Kanten den Buchstaben r ein, so ergibt sich z. B. beim Kubus $r = 3$. Außerdem verbindet jede Kante 2 Ecken miteinander. Zählen wir sämtliche Ecken zusammen (re), haben wir die Kanten gleichfalls doppelt gezählt:

$re = 2k$ (Gleichung 4)

Ersetzen wir nun e und f in Gleichung 2 durch die Ergebnisse aus Gleichung 3 und 4, so erhalten wir

$$\frac{2k}{r} - k + \frac{2k}{n} = 2,$$

und wenn wir beide Seiten dieser Gleichung durch 2k teilen,

$$\frac{1}{n} + \frac{1}{r} = \frac{1}{2} + \frac{1}{k} \qquad \text{(Gleichung 5)}$$

Da das einfachste Vieleck ein Dreieck mit 3 Seiten ist, wissen wir, daß n 3 oder mehr ist. Außerdem wissen wir, daß r 3 oder mehr ist, da in jedweder Ecke eines Polyeders mindestens 3 Flächen zusammenstoßen. Beliefen sich aber sowohl n als auch r *gleichzeitig* auf mehr als 3, ergäbe die linke Seite der Gleichung 5 weniger als 2/3, d. h., die Gleichung ginge nur dann auf, wenn k negativ wäre. Damit haben wir die Möglichkeit, daß entweder $n = 3$ und $r = 3$ oder mehr bzw. $r = 3$ und $n = 3$ oder mehr, *ad absurdum* geführt.

Bei $n = 3$ lautet Gleichung 5

$(1/3) + (1/r) = (1/2) + (1/k)$ oder

$$\frac{1}{r} = \frac{1}{k} + \frac{1}{6} \qquad \text{(Gleichung 6)}$$

In diesem Fall kann r nur gleich 3,4 oder 5 sein. (Wenn es 6 oder mehr betrüge, ginge die Gleichung nicht mehr auf.) Bei $n = 3$ und $r = 3$ erhalten wir einen regelmäßigen Körper, bei dem in jeder Ecke 3 Dreiecke zusammenstoßen. Laut Gleichung 6 hat er 6 Kanten; laut Gleichung 3 4 Seiten; laut Gleichung 4 4 Ecken: eindeutig eine Pyramide oder ein Tetraeder. Bei $n = 3$ und $r = 4$ haben wir einen regelmäßigen Körper mit 8 Flächen, bei dem in jeder Ecke 4 Dreiecke zusammenstoßen: das Oktaeder; und bei $n = 3$, $r = 5$ ein Polyeder mit 20 Flächen, bei dem in jeder Ecke 5 Dreiecke zusammenstoßen, das Ikosaeder (vgl. Abb. S. 70).

Bei $r = 3$ lautet Gleichung 5

$$\frac{1}{n} = \frac{1}{k} + \frac{1}{6}$$

und aus denselben Gründen kann n nur 3,4 oder 5 sein. $n = 3$ bezeichnet ebenfalls das Tetraeder; $n = 4$ einen regelmäßigen Körper mit 6 Quadraten, den Kubus oder Würfel; und $n = 5$ entspricht einem regelmäßigen Körper mit 12 fünfeckigen Flächen, dem Dodekaeder (vgl. Abb. S. 196).

Andere ganzzahlige Werte für n und r scheiden aus, was wiederum bedeutet, daß es nur 5 regelmäßige Körper geben kann – ein wunderschöner, mit Hilfe der abstrakten Mathematik gezogener Schluß, der jedoch, wie wir gesehen haben, auf die praktischen menschlichen Belange eine tiefgreifende Wirkung ausüben sollte.

Weiterführende Literatur

Mehr wissenschaftliche Bücher sind mit einem Sternchen gekennzeichnet

1. Kapitel

Boeke, K. *Cosmic View: The Universe in Forty Jumps.* New York: John Day, 1957.

Fraser, Peter Marshall. *Ptolemaic Alexandria.* Drei Bände. Oxford: Clarendon Press, 1972.

Morison, Samuel Eliot. *Admiral of the Ocean Sea: A Life of Christopher Columbus.* Boston: Little, Brown, 1942.

Sagan, Carl. *Broca's Brain: Reflections on the Romance of Science.* New York: Random House, 1979.

2. Kapitel

Altenborough, David. *Das Leben auf unserer Erde.* Berlin: Parey, 1979.

* Dobzhansky, Theodosius, Ayala, Francisco J., Stebbins, G. Ledyard and Valentine, James. *Evolution.* San Francisco: W. H. Freeman, 1978.

Evolution. A Scientific American Book. San Francisco: W. H. Freeman, 1978.

Gould, Stephen Jay. *Ever Since Darwin: Reflections on Natural History.* New York: W. W. Norton, 1977.

Handler, Philip (ed.). *Biology and the Future of Man.* Committee on Science and Public Policy, National Academy of Sciences. New York: Oxford University Press, 1970.

Huxley, Julian. *New Bottles for New Wine: Essays.* London: Chatto and Windus, 1957.

Kennedy, D. (ed.). *Cellular and Organismal Biology.* A Scientific American Book. San Francisco: W. H. Freeman, 1974.

* Kornberg, A. *DNA. Replication.* San Francisco.: W. H. Freeman, 1980.

* Miller, S. L. und Orgel, L. *The Origins of Life on Earth.* Englewood Cliffs, N.J.: Prentice-Hall, 1974.

Orgel, L. *Origins of Life.* New York: Wiley, 1973.

* Roemer, A. S. »Major Steps in Vertebrate Evolution.« *Science,* Vol. 158, p. 1629, 1967.

* Roland, Jean Claude. *Atlas of Cell Biology.* Boston: Little, Brown, 1977.

Sagan, Carl. »Life«. *Encyclopaedia Britannica,* 1970 und spätere Auflagen.

* Sagan, Carl und Salpeter, E. E. »Particles, Environments and Hypothetical Ecologies in the Jovian Atmosphere.« *Astrophysical Journal Supplement* 1976, Vol. 32, p. 737.

Simpson, G. G. *Auf den Spuren des Lebens.* Berlin: Colloquium, 1957.

Thomas, Lewis. *Das Leben überlebt: Geheimnis der Zellen.* Köln: Kiepenheuer u. Witsch, 1976.

* Watson, J. D. *Molecular Biology of the Gene.* New York: W. A. Benjamin, 1965.

Wilson, E. O., Eisner, T., Briggs, W. R., Dikkerson, R. E., Metzenberg, R. L., O'Brien, R. D., Susman, M. und Boggs, W. E. *Life on Earth.* Stamford: Sinauer Associates, 1973.

3. Kapitel

Abell, George und Singer, B. (eds.). *Science and the Paranormal.* New York: Simon and Schuster, 1980.

* Beer, A. (ed.). *Vistas in Astronomy: Kepler,* Vol. 18. London: Pergamon Press, 1975.

Caspar, Max. *Johannes Kepler,* Stuttgart, 1948.

Cumont, Franz. *Astrology and Religion Among the Greeks and Romans.* New York: Dover, 1960.

Koestler, Arthur. *Die Nachtwandler.* Bern, Stuttgart: Scherz, 1959.

Krupp, E.C. [Hrg.] *Astronomen, Priester, Pyramiden.* München: Beck, 1980.

Pannekoek, Anton. *A History of Astronomy.* London: George Allen, 1961.

Rey, H. A. *The Stars: A New Way to See Them,* 3. Auflage. Boston: Houghton Mifflin, 1970.

Rosen, Edward. *Kepler's Somnium.* Madison, Wis.: University of Wisconsin Press, 1967.

Standen, A. *Forget Your Sun Sign.* Baton Rouge: Legacy, 1977.

Vivian, Gordon und Raiter, Paul. *The Great Kivas of Chaco Canyon.* Albuquerque: University of New Mexico Press, 1965.

4. Kapitel

Chapman, C. *The Inner Planets.* New York: Scribner's, 1977.

Charney, J. G. (Hg.). *Carbon Dioxide and Climate: A Scientific Assessment.* Washington, D.C.: National Academy of Sciences, 1979.

Cross, Charles A. and Moore, Patrick. *The Atlas of Mercury.* New York: Crown Publishers, 1977.

* Delsemme, A.H. (Hg.). *Comets, Asteroids, Meteorites.* Toledo: University of Ohio Press, 1977.

Ehrlich, Paul R., Ehrlich Anne H. und Holden, John P. *Humanökologie.* Berlin: Springer, 1979.

* Dunne, James A. und Burgess, Eric. *The Voyage of Mariner 10.* NASA SP-424. Washington, D.C.: U.S. Government Printing Office, 1978.

* El-Baz, Farouk. »The Moon After Apollo.« *Icarus,* Vol. 25, p. 495, 1975.

Goldsmith, Donald (ed.). *Scientists Confront Velikovsky.* Ithaca: Cornell University Press, 1977.

Kaufmann, William J. *Planets and Moons.* San Francisco: W. H. Freeman, 1979.

* Keldysh, M. V. »Venus Exploration with the Venera 9 and Venera 10 Spacecraft.« *Icarus,* Vol. 30, p. 605, 1977.

* Kresak, L. »The Tunguska Object: A Fragment of Comet Encke?« *Bulletin of the Astronomical Institute of Czechoslovakia,* Vol. 29, p. 129, 1978.

Krinov, E. L. *Giant Meteorites.* New York: Pergamon Press, 1966.

Lovelock, L. *Gaia.* Oxford: Oxford University Press, 1979.

* Marov, M. Y. »Venus: A Perspective at the Beginning of Planetary Exploration.« *Icarus,* Vol. 16, p. 115, 1972.

Masursky, Harold, Colton, C.W. und El-Baz, Farouk (eds.). *Apollo Over the Moon: A View from Orbit.* NASA SP-362. Washington, D.C.: U.S. Government Printing Office, 1978.

* Mulholland, J. D. und Calame, O. »Lunar Crater Giordano Bruno: AD 1178 Impact Observations Consistent with Laser Ranging Results.« *Science,* Vol. 199, p. 875, 1978.

* Murray, Bruce und Burgess, Eric. *Flight*

to Mercury. New York: Columbia University Press, 1977.

* Murray, Bruce, Greeley, R. und Malin, M. *Earthlike Planets*. San Francisco: W. H. Freeman, 1980.

Nicks, Oran W. (Hg.). *This Island Earth*. NASA SP-250. Washington, D.C.: U.S. Government Printing Office, 1970.

Oberg, James. »Tunguska: Collision with a Comet.« *Astronomy*, Vol. 5, No. 12, p. 18, December 1977.

* Pioneer Venus Results. *Science*, Vol. 203, No. 4382, p. 743, February 23, 1979.

* Pioneer Venus Results. *Science*, Vol. 205, No. 4401, p. 41, July 6, 1979.

Press, Frank und Siever, Raymond. *Earth*, second edition. San Francisco: W. H. Freeman, 1978.

Ryan, Peter und Pesek, L. *Das Sonnensystem*. München: List, 1981.

* Sagan, Carl, Toon, O. B. und Pollack, J. B. »Anthropogenic Albedo Changes and the Earth's Climate.« *Science*, Vol. 206, p. 1363, 1979.

Short, Nicholas M., Lowman, Paul D., Freden, Stanley C. und Finsh, William A. *Mission to Earth: LANDSAT Views the World*. NASA SP-360. Washington, D.C.: U.S. Government Printing Office, 1976.

Skylab Explores the Earth. NASA SP-380. Washington, D.C.: U.S. Government Printing Office, 1977.

The Solar System. A Scientific American Book. San Francisco: W. H. Freeman, 1975.

Urey, H. C. »Cometary Collisions in Geological Periods.« *Nature*, Vol. 242, p. 32, March 2, 1973.

Vitaliano, Dorothy B. *Legends of the Earth*. Bloomington: Indiana University Press, 1973.

* Whipple, F. L. *Comets*. New York: John Wiley, 1980.

5. Kapitel

* American Geophysical Union. *Scientific Results of the Viking Project*. Reprinted from the *Journal of Geophysical Research*, Vol. 82, p. 3959, 1977.

Batson, R. M., Bridges, T. M. und Inge, J. L. *Atlas of Mars: The 1:5,000,000 Map Series*. NASA SP-438. Washington, D.C.: U.S. Government Printing Office, 1979.

Bradbury, Ray, Clarke, Arthur C., Murray, Bruce, Sagan, Carl und Sullivan, Walter. *Mars and the Mind of Man*. New York: Harper and Row, 1973.

Burgess, Eric. *To the Red Planet*. New York: Columbia University Press, 1978.

Der Mensch auf seiner Erde. Eine Befragung in Flugbildern. Freiburg i. B.: Atlantis, 1975[2].

Glasstone, Samuel. *Book of Mars*. Washington, D.C.: U.S. Government Printing Office, 1968.

Goddard Robert H. *Autobiography*. Worcester, Mass.: A. J. St. Onge, 1966.

* Goddard, Robert H. *Papers*. Three volumes. New York: McGraw-Hill, 1970.

Hartmann, W. H. and Raper, O. *The New Mars: The Discoveries of Mariner 9*. NASA SP-337. Washington, D.C.: U.S. Government Printing Office, 1974.

Hoyt, William G. *Lowell and Mars*. Tucson: University of Arizona Press, 1976.

Lowell, Percival. *Mars*. Boston: Houghton Mifflin, 1896.

Lowell, Percival. *Mars and Its Canals*. New York: Macmillan, 1906.

Lowell, Percival. *Mars as an Abode of Life*. New York: Macmillan, 1908.

Mars as Viewed by Mariner 9. NASA SP-329. Washington, D.C.: U.S. Government Printing Office, 1974.

Morowitz, Harold. *The Wine of Life*. New York: St. Martin's, 1979.

* Mutch, Thomas A., Arvidson, Raymond E., Head, James W., Jones, Kenneth L. und Saunders, R. Stephen: *The Geology of Mars*. Princeton: Princeton University Press, 1976.

* Pittendrigh, Colin S., Vishniac, Wolf und Pearman, J. P. T. (eds.). *Biology and the Exploration of Mars*. Washington, D.C.: National Academy of Sciences, National Research Council, 1966.

The Martian Landscape. Viking Lander Imaging Team, NASA SP-425. Washington, D.C.: U.S. Government Printing Office, 1978.

* Viking 1 Mission Results. *Science*, Vol. 193, No. 4255, August 1976.

* Viking 1 Mission Results. *Science*, Vol. 194, No. 4260, October 1976.

* Viking 2 Mission Results. *Science*, Vol. 194, No. 4271, December 1976.

* »The Viking Mission and the Question of Life on Mars.« *Journal of Molecular Evolution*, Vol. 14, Nos. 1–3. Berlin: Springer-Verlag, December 1979.

Wallace, Alfred Russell. *Is Mars Habitable?* London: Macmillan, 1907.

Washburn, Mark. *Mars At Last!* New York: G. P. Putnam, 1977.

6. Kapitel

* Alexander, A. F. O. *The Planet Saturn*. New York: Dover, 1980.

Bell, Arthur E. *Christiaan Huygens and the Development of Science in the Seventeenth Century*. New York: Longman's Green, 1947.

Doebell, Clifford. *Anton van Leeuwenhoek and His »Little Animals«*. New York: Russell and Russell, 1958.

Duyvendak, J. J. L. *China's Discovery of Africa*. London: Probsthain, 1949.

* Gehrels, T. (ed.). *Jupiter: Studies of the Interior, Atmosphere, Magnetosphere and Satellites*. Tucson: University of Arizona Press, 1976.

Haley, K. H.: *The Dutch in the Seventeenth Century*. New York: Harcourt Brace, 1972.

Huizinga, Johan. *Holländische Kultur im siebzehnten Jahrhundert*. Basel, Stuttgart: Schwabe, 1961.

* Hunten, Donald (Hg.). *The Atmosphere of Titan*. NASA SP-340. Washington, D.C.: U.S. Government Printing Office, 1973.

* Hunten, Donald und Morrison, David (eds.). *The Saturn System*. NASA Conference Publication 2068. Washington, D.C.: U.S. Government Printing Office, 1978.

Huygens, Christiaan. *The Celestial Worlds Discover'd: Conjectures Concerning the Inhabitants, Planets and Productions of the Worlds in the Planets*. London: Timothy Childs, 1798.

* »First Scientific Results from Voyager 1.« *Science*, Vol. 204, No. 4396, June 1, 1979.

* »First Scientific Results from Voyager 2.« *Science*, Vol. 206, No. 4421, p. 927, November 23, 1979.

Manuel, Frank E. *A Portrait of Isaac Newton*. Washington: New Republic Books, 1968.

Morrison, David und Samz, Jane. *Voyager to Jupiter*. NASA SP-439. Washington, D.C.: U.S. Government Printing Office, 1980.

Needham, Joseph. *Science and Civilization in China*, Vol. 4, Part 3, pp. 468–553. New York: Cambridge University Press, 1970.

* Palluconi, F. D. und Pettengill, G. H. (eds.). *The Rings of Saturn*. NASA SP-343. Washington, D.C.: U.S. Government Printing Office, 1974.

Rimmel, Richard O., Swindell, William und Burgess, Eric. *Pioneer Odyssey*. NASA SP-349. Washington, D.C.: U.S. Government Printing Office, 1977.

* »Voyager 1 Encounter with Jupiter and Io.« *Nature*, Vol. 280, p. 727, 1979.

Wilson, Charles H. *Die Früchte der Freiheit. Holland und die europäische Kultur des 17. Jh.* München: Kindler, 1968.

Zumthor, Paul. *Daily Life in Rembrandt's Holland*. London: Weidenfeld and Nicolson, 1962.

7. Kapitel

Baker, Howard. *Persephone's Cave*. Athens: University of Georgia Press, 1979.

Berendzen, Richard, Hart, Richard und

Seeley, Daniel. *Man Discovers the Galaxies.* New York: Science History Publications, 1977.

Farrington, Benjamin. *Greek Science.* London: Penguin, 1953.

Finley, M.I. *Die Sklaverei in der Antike.* München: Beck, 1981.

Frankfort, M. [u.a.] *Frühlicht des Geistes.* Stuttgart: Kohlhammer, 1954.

Heath, T. *Aristarchus of Samos.* Cambridge: Cambridge University Press, 1913.

Heidel, Alexander. *The Babylonian Genesis.* Chicago: University of Chicago Press, 1942.

Hodges, Henry. *Technology in the Ancient World.* London: Allan Lane, 1970.

Jeans, James. *Der Werdegang der exakten Wissenschaft.* Bern: Francke, 1948.

Lucretius Carus. *Über die Natur der Dinge (De rerum natura).*

Murray, Gilbert. *Five Stages of Greek Religion.* New York: Anchor Books, 1952.

Russell, Bertrand. *Philosophie des Abendlandes.* Darmstadt: Holle, 1951².

Sarton, George. *A History of Science,* Vols. 1 and 2. Cambridge: Harvard University Press, 1952, 1959.

Schrödinger, Erich. *Die Natur und die Griechen.* Wien: Zsolnag, 1955.

Vlastos, Gregory. *Plato's Universe.* Seattle: University of Washington Press, 1975.

8. Kapitel

Barnett, Lincoln. *Einstein und das Universum.* Hamburg: Fischer, 1952.

Bernstein, Jeremy. *Albert Einstein.* München: dtv, 1975.

Borden, M. und Graham, O.L. *Speculations on American History.* Lexington, Mass.: D.C. Heath, 1977.

* Bussard, R.W. »Galactic Matter and Interstellar Flight.« *Astronautica Acta,* Vol. 6, p. 179, 1960.

Cooper, Margaret. *The Inventions of Leonardo Da Vinci.* New York: Macmillan, 1965.

* Dole, S.H. »Formation of Planetary Systems by Aggregation: A Computer Simulation.« *Icarus,* Vol. 13, p. 494, 1970.

Dyson, F.J. »Death of a Project.« [Orion.] *Science,* Vol. 149, p. 141, 1965.

Gamow, George, *Mr. Tompkins in Paperback.* Cambridge: Cambridge University Press, 1965.

Hart, Ivor B. *Mechanical Investigations of Leonardo Da Vinci.* Berkeley: University of California Press, 1963.

Hoffman, Banesh. *Albert Einstein: Creator and Rebel.* New York: New American Library, 1972.

* Isaacman, R. und Sagan, Carl. »Computer Simulation of Planetary Accretion Dynamics: Sensitivity to Initial Conditions.« *Icarus,* Vol. 31, p. 510, 1977.

Lieber, Lillian R. und Lieber, Hugh Gray. *The Einstein Theory of Relativity.* New York: Holt, Rinehart and Winston, 1961.

MacCurdy, Edward (Hg.). *Notebooks of Leonardo.* Two volumens. New York: Reynal and Hitchcock, 1938.

* Martin, A.R. (Hg.). »Project De Daedalus: Final Report of the British Interplanetary Society Starship Study.« *Journal of the British Interplanetary Society,* Supplement, 1978.

McPhee, John A. *The Curve of Binding Energy.* New York: Farrar, Straus and Giroux, 1974.

* Mermin, David. *Space and Time and Special Relativity.* 1968 New York: McGraw-Hill.

Richter, Jean-Paul. *Notebooks of Leonardo Da Vinci.* New York: Dover, 1970.

Schlipp, Paul A. (ed.). *Albert Einstein: Philosopher-Scientist,* 3. Auflage, 1970. zwei Bände. La Salle, Ill.: Open Court.

9. Kapitel

Eddy, John A. *The New Sun: The Solar Results from Skylab.* NASA SP-402. Washington, D.C.: U.S. Government Printing Office, 1979.

* Feynman, R.P., Leighton, R.B. und Sands, M. *The Feynman Lectures on Physics.* Reading, Mass.: Addison-Wesley, 1963.

Gamow, George. *Eins, zwei, drei … Unendlichkeit.* Hannover: Schmidt-Küster, 1956.

Kasner, Edward und Newman, James R. *Mathematics and the Imagination.* New York: Simon and Schuster, 1953.

Kaufmann, William J. *Stars and Nebulas.* San Francisco: W.H. Freeman, 1978.

Maffei, Paolo. *Monsters in the Sky.* Cambridge: M.I.T. Press, 1980.

Murdin, P. and Allen, D. *Catalogue of the Universe,* New York: Crown Publishers, 1979.

* Shklovskii, I.S. *Stars: Their Birth, Life and Death.* San Francisco: W.H. Freeman, 1978.

Sullivan, Walter. *Black Holes: The Edge of Space, The End of Time.* New York: Doubleday, 1979.

Weisskopf, Victor. *Das Wunder des Wissens.* München: Desch, 1964.

Abell, George. *The Realm of the Universe.* Philadelphia: Saunders College, 1980.

Berman, Louis und Evans, J.C. *Exploring the Cosmos.* Boston: Little, Brown, 1980.

Hartmann, William K. *Astronomy: The Cosmic Journey.* Belmont, Cal.: Wadsworth, 1978.

Jastrow, Robert und Thompson, Malcolm H. *Astronomy: Fundamentals and Frontiers,* 3. Auflage. New York: Wiley, 1977.

Pasachoff, Jay M. und Kutner, M.L. *University Astronomy.* Philadelphia: Saunders, 1978.

Zeilik, Michael. *Astronomy: The Evolving Universe.* New York: Harper and Row, 1979.

10. Kapitel

Abbott, Edwin. *Flächenland. Eine Geschichte von den Dimensionen.* Leipzig, 1929.

* Arp, Halton. »Peculiar Galaxies and Radio Source.« *Science,* Vol. 151, p. 1214, 1966.

Bok, Bart and Bok, Priscilla. *The Milky Way,* 4. Auflage. Cambridge: Harvard University Press, 1974.

Campbell, Joseph. *The Mythic Image.* Princeton: Princeton University Press, 1974.

Ferris, Timothy. *Galaxien.* Basel: Birkhäuser, 1981.

Ferris, Timothy. *The Red Limit: The Search by Astronomers for the Edge of the Universe.* New York: William Morrow, 1977.

Gingerich, Owen (Hg.) *Cosmology + 1.* A Scientific American Book. San Francisco: W.H. Freeman, 1977.

* Jones, B. »The Origin of Galaxies: A Review of Recent Theoretical Developments and Their Confrontation with Observation.« *Reviews of Modern Physics,* Vol. 48, p. 107, 1976.

Kaufmann, William J. *Black Holes and Warped Space-Time.* San Francisco: W.H. Freeman, 1979.

Kaufmann, William J. *Galaxies and Quasars.* San Francisco: W.H. Freeman, 1979.

Rothenberg, Jerome (Hg.). *Technicians of the Sacred.* New York: Doubleday, 1968.

Silk, Joseph. *The Big Bang: The Creation and Evolution of the Universe.* San Francisco: W.H. Freeman, 1980.

Sproul, Barbara D. *Primal Myths: Creating the World.* New York: Harper and Row, 1979.

* Stockton, A.N. »The Nature of QSO Red Shifts.« *Astrophysical Journal,* Vol. 223, p. 747, 1978.

Weinberg, Steven, *Die ersten drei Minuten: Der Ursprung des Universums.* München-Zürich: Piper, 1977.

* White, S.D.M. und Rees, M.J. »Core Condensation in Heavy Halos: A Two-Stage Series for Galaxy Formation and Clustering.« *Monthly Notices of the Royal Astronomical Society,* Vol. 183, p. 341, 1978.

11. Kapitel

Human Ancestors. Readings from Scientific American. San Francisco: W.H. Freeman, 1979.

Koestler, Arthur. *Der göttliche Funke*. Bern-München: Scherz, 1966.

Leaky, Richard E. und Lewin Roger. *Wie der Mensch zum Menschen wurde*. Hamburg: Hoffmann & Campe, 1978.

* Lehninger, Albert L. *Biochemistry*. New York: Worth Publishers, 1975.

* Norris, Kenneth S. (Hg.). *Whales, Dolphins and Porpoises*. Berkeley: University of California Press, 1978.

* Payne, Roger und McVay, Scott. »Songs of Humpback Whales.« *Science*, Vol. 173, p. 585, August 1971.

Restam, Richard M. *The Brain*. New York: Doubleday, 1979.

Sagan, Carl. *Die Drachen von Eden*. München-Zürich: Droemer, 1978.

Sagan, Carl. *Signale der Erde*. München-Zürich: Droemer, 1980.

* Stryer, Lubert. *Biochemistry*. San Francisco: W.H. Freeman, 1975.

The Brain. A Scientific American Book. San Francisco: W.H. Freeman, 1979.

* Winn, Howard E. und Olla, Bori L. (Hgg.). *Behavior of Marine Animals*, Vol. 3: *Cetaceans*. New York: Plenum, 1979.

12. Kapitel

Asimov, Isaac. *Extraterrestrial Civilizations*. New York: Fawcett, 1979.

Budge, E.A.W. *Egyptian Language: Easy Lessons in Egyptian Hieroglyphics*. New York: Dover Publications, 1976.

de Laguna, Frederica. *Under Mount St. Elias: History and Culture of Yacutat Tlingit*. Washington, D.C.: U.S. Government Printing Office, 1972.

Emmons, G.T. *The Chilkat Blanket*. New York: Memoirs of the American Museum of Natural History, 1907.

Goldsmith, D. und Owen, T. *The Search for Life in the Universe*. Menlo Park: Benjamin/Cummings, 1980.

Klass, Philip: *UFO's Explained*. New York: Vintage, 1976.

Krause, Aurel. *Die Tlinkit-Indianer*. 1885.

La Pérouse, Jean F. de G., Comte de. *Voyage de la Pérouse Autour du Monde* (4 Bände). Paris: Imprimerie de la Republique, 1797.

Mallove, E., Forward, R.L., Paprotny, Z. und Lehmann, J. »Interstellar Travel and Communication: A Bibliography.« *Journal of the British Interplanetary Society*, Vol. 33, No. 6, 1980.

* Morrison, P., Billingham, J. und Wolfe, J. (eds.). *The Search for Extraterrestrial Intelligence*. New York: Dover, 1979.

* Sagan, Carl. *Communication with Extraterrestrial Intelligence (CETI)*. Cambridge: M.I.T. Press, 1973.

Sagan, Carl and Page, Thornton (eds.). *UFO's: A Scientific Debate*. New York: W.W. Norton, 1974.

Shklovskii, I.S. and Sagan, Carl. *Intelligent Life in the Universe*. New York: Dell, 1967.

Story, Ron. *The Space-Gods Revealed: A Close Look at the Theories of Erich von Daniken*. New York: Harper and Row, 1976.

Vaillant, George. *Die Azteken*. Köln: DuMont Schauberg, 1957.

13. Kapitel

Drell, Sidney D. und Von Hippel, Frank. »Limited Nuclear War.« *Scientific American*, Vol. 235, p. 2737, 1976.

Dyson, F. *Disturbing the Universe*. New York: Harper and Row, 1979.

Glasstone, Samuel (ed.). *The Effects of Nuclear Weapons*. Washington, D.C.: U.S. Atomic Energy Commission, 1964.

Humboldt, Alexander von. *Kosmos*. 5 Bände, 1845–62.

Murchee, G. *The Seven Mysteries of Life*. Boston: Houghton Mifflin, 1978.

Nathan, Otto und Norden, Heinz (Hgg.). *Albert Einstein. Über den Frieden*. Bern: Lang, 1975.

Perrin, Noel. *Giving Up the Gun: Japan's Reversion to the Sword 1543–1879*. Boston: David Godine, 1979.

Prescott, James W. »Body Pleasure and the Origins of Violence.« *Bulletin of the Atomic Scientists*, p. 10, November 1975.

* Richardson, Lewis F. *The Statistics of Deadly Quarrels*. Pittsburgh: Boxwood Press, 1960.

Sagan, Carl und Agol, Jerome. *Nachbarn im Kosmos*. München: Kindler, 1975.

World Armaments and Disarmament. SIPRI Yearbook, 1980 and previous years, Stockholm International Peace Research Institute. New York: Crane Russak and Company, 1980 and previous years.

Anhang

Courant, Richard und Robbins, Herbert. *Was ist Mathematik?* Berlin: Springer, 1962.

Register

G

H

I

T

U